건설재료학

최연왕 · 김기형 · 오성록 · 최재진

도서출판 동화기술

머리말

건설기술의 발전은 재료의 발달과 함께 이루어져 왔으며, 이에 따라 다양한 종류의 건설재료가 개발되고 그 특성의 고도화도 진행되고 있다.

이러한 건설재료들에 대하여 그 특성을 잘 이해하고 토목구조물의 설계 및 시공을 할 때 적재적소에 이를 사용함으로써 공용기간 동안 그 기능을 충분히 유지할 수 있는 구조물을 경제적으로 만드는 것이 가능하다.

본서에서는 토목구조물을 구성하는 기본재료인 시멘트, 골재, 혼화재료 등으로 이루어지는 콘크리트와 그 밖에 강재, 역청재료의 특성 및 관리방법을 다루었다. 또한 콘크리트 구조물의 보수 보강 재료 및 공법을 소개하고 콘크리트 재료 시험방법을 사진과 함께 설명함으로써 대학 및 전문대학의 교재로서 활용할 수 있도록 내용을 구성하였다.

특히 최근에 토목구조물에 대한 설계기준이나 시방서의 내용이 크게 달라졌고 한국산업규격의 내용도 국제표준화를 이루는 방향으로 개정되는 등 많은 변화가 있었기 때문에 그러한 것을 책의 본문에 충분히 반영하였다.

그러나 내용에 있어서 미흡한 부분이 많이 있을 것으로 생각되므로 이에 대해서는 앞으로 꾸준히 보완해 가도록 노력할 것이며 아울러 여러분의 많은 지적과 조언을 부탁드린다.

끝으로 이 책을 출간함에 있어 아낌없는 성원을 해주신 도서출판 동화기술 관계자 여러분의 노고에 깊이 감사드린다.

저자 일동

목 차

1

총 론

1.1 개요

토목과 건축 구조물의 역사는 재료(材料)의 역사라고 표현해도 과언이 아니다. 건설재료는 고대 로마의 석재로부터 산업혁명 시기의 철강, 시멘트, 콘크리트 그리고 현대의 철근 콘크리트 및 프리스트레스트 콘크리트, 구조용 강재에 이르기까지 구조물의 발전에 중요한 영향을 미쳐 왔다. 최근에는 비철금속 합금은 물론 합성수지와 같은 고분자 재료 등 건설 분야에서 사용되는 재료의 종류가 매우 다양해졌다. 또한 많은 구조물들이 가혹한 기상작용과 주위환경의 영향을 크게 받으며 최근에는 장대화, 고층화 및 고기능화 됨에 따라 고성능, 고품질 및 고내구성을 가지는 재료가 요구된다.

건설재료는 다음과 같은 조건을 만족하는 것이어야 한다.

1) 작업성, 강도 등의 사용 목적에 맞는 공학적 성질
2) 사용 환경에 맞는 안전성과 내구성
3) 대량공급 및 경제성
4) 운반, 취급 및 가공 용이성

훌륭한 구조물을 경제적으로 만들기 위해서는 재료의 올바른 선정이 중요하며, 또 그 특성을 정확히 파악하여 적절히 사용하는 것이 무엇보다 중요하다. 이하에서는 구조물을 구성하는 콘크리트와 강재를 중심으로 한 주요재료의 특성과 적용방법 등을 다루며, 한국산업규격(KS)에 규정된 각 재료의 물리적 성질과 기계적 성질 등의 실험방법도 기술한다.

1.2 재료의 분류

건설재료를 용도, 생산 및 화학조성에 따라 분류하면 각각 다음과 같다.

(1) 용도에 의한 분류

1) **재료** : 구조물의 주체가 되며, 강도 및 내구성이 필요한 콘크리트, 금속재료, 역청재료, 석재, 목재 등의 재료

2) **부재료** : 구조물의 주체가 되는 재료에 부가하여 보조적인 역할을 하는 유리, 콘크리트 혼화재료, 도료, 고무 등의 재료

(2) 생산에 의한 분류

1) **천연재료** : 흙, 목재, 석재, 천연골재, 천연아스팔트, 천연수지 등 자연상태로 이용하는 재료
2) **인공재료** : 시멘트, 콘크리트, 금속재료, 역청재료, 합성수지, 유리 등 자연재료를 가공하여 성질을 개선한 재료

(3) 화학조성에 따른 분류

1) **유기재료** : 목재, 역청재료(아스팔트, 콜타르), 고분자재료(합성수지, 플라스틱) 등
2) **무기재료** : 금속재료 – 철금속재료(강, 주철, 스테인리스 스틸)와 비철금속재료(구리, 알루미늄, 납) 등

   비금속재료 – 석재, 골재, 점토제품, 시멘트, 혼화재료, 콘크리트 등

1.3 재료의 일반적 성질

건설재료는 사용목적에 맞는 공학적 성질과 경제적 조건을 갖추어야 하며, 공학적 성질은 일반적으로 기계적(역학적) 성질, 물리적 성질 및 화학적 성질로 나뉜다.

1.3.1 기계적 성질

재료의 기계적 성질 가운데 기본적인 것은 다음과 같다.

(1) 탄성과 소성

재료에 외력이 작용하면 변형(deformation)이 발생하게 되며, 외력을 제거할 경우 원래의 모양 및 크기로 돌아가는 성질을 탄성(elasticity)이라고 한다. 그러나 외력을 제거한 후에도 변형이 원래대로 돌아가지 않는 현상을 소성(plasticity)이라고 한다.

일반적으로 완전 탄성체와 완전 소성체는 존재하기 어렵다. 그러나 많은 재료의 경우 응력의 크기가 일정 범위 이내에 있을 때는 탄성변형을 나타내며, 그 이상의 응력에서는 소성변형을 일으키기 때문에 공학적으로 사용되는 범위에서는 탄성체로 취급해도 좋은 때가 많다.

(2) 강도

부재나 시험체에 외력(external force)이 작용하면 이에 상응하는 내력(internal force)이 발생한다. 이 힘의 크기를 단면적으로 나눈 값을 응력(stress)이라고 하며, 일반적으로 그 단위는 N/mm^2(MPa)로 나타낸다.

외력에 의하여 부재 내부에 발생된 응력이 재료에 따라서 정해지는 일정한 값을 초과할 경우 파괴가 발생하며, 이때의 응력을 재료의 강도(strength)라고 한다. 구조물을 구성하는 재료는 구조물이 외력을 받는 경우 잘 저항할 수 있는 충분한 강도를 가져야 한다.

강도는 재료가 파괴에 도달했을 때의 외력을 공시체의 최초 단면적으로 나눈 것으로서 단위는 일반적으로 N/mm^2(MPa)로 나타낸다. 이때 강도는 하중 재하속도 및 작용상태에 따라 정적강도, 충격강도 및 피로강도 등으로 구별한다.

1) **정적강도** : 재료에 충격을 고려할 만큼 빠르지도 않고 크리프를 고려할 정도로 느리지도 않은 속도로 하중을 가하여 파괴시켰을 때의 응력을 정적강도(static strength)라 하며, 하중이 작용하는 방법에 따라 압축강도(compressive strength), 인장강도(tensile strength), 휨강도(flexural strength), 전단강도(shearing strength), 비틀림강도(torsional strength) 및 지압강도(bearing strength) 등으로 분류한다.
2) **충격강도** : 충격강도(impact strength)는 충격하중에 대한 저항성을 말하며, 이는 재료의 파괴에 요구되는 에너지로써 나타낸다.
3) **피로한계** : 하중을 반복해서 받는 재료는 정적강도보다 작은 하중에서 파괴될 수 있는데 이와 같은 현상을 피로파괴라 한다. 강재나 콘크리트 재료의 경우 무한히 반복되는 하중 재하에 견딜 수 있는 응력의 최대치를 피로한계(fatigue limit)라고 한다. 피로한계는 응력(S)과 그 응력의 반복 작용에 대해 견딘 횟수(N)와의 관계를 나타낸 S-N 곡선으로부터 구하며, 강철의 경우 그 피로한계는 인장강도의 약 1/2 정도이다.

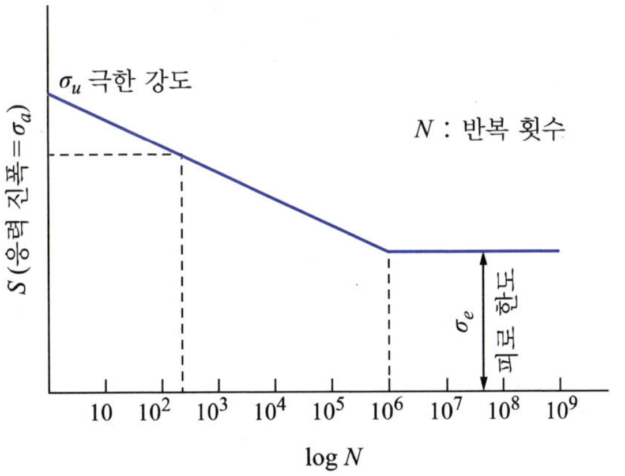

그림 1.1 $S-N$ 곡선 예

(3) 응력 – 변형률 곡선

물체가 외력을 받아 변형되는 양을 단위길이당의 변형량으로 나타낸 것이 변형률(strain)이며, 그 단위는 무차원이다. 재료의 응력과 변형률의 관계를 나타낸 그림을 응력 - 변형률 곡선(stress-strain diagram)이라 하며, 대표적인 예로서 연강재와 고장력강의 응력과 변형률의 관계는 그림 1.2와 같다.

연강재의 경우는 항복점이 비교적 뚜렷하게 나타나며 파괴 시에는 단면이 축소되면서 늘어나는 연성을 나타낸다. A는 비례한계(proportional limit)로서 탄성한도 내에서 응력과 변형률이 비례하는 최대한도를 나타내며, B는 탄성한계(elastic limit)로서 외력을 제거해도 영구변형이 생기지 않고 원래의 상태로 돌아가는 응력의 최대한도이다. 응력이 더욱 크게 되면 응력의 증가 없이도 급격히 변형이 증가하며, 이 시점을 항복(yielding)이라 한다. C는 상항복점(upper yield point)으로써 외력은 증가하지 않지만 변형이 급격히 증가할 때의 응력이며, D는 하항복점(lower yield point)으로써 일반적으로 항복강도(f_y)라 한다. E는 극한강도(ultimate strength)로써 응력의 최대값을 나타내며, F는 재료가 파괴되는 파괴점(breaking point)이다. 연강재와 같은 연성재료는 파괴에 가까울수록 단면이 축소되며, 이때 시험후의 최소 단면적과 시험전의 단면적과의 차를 시험전의 단면적 값으로 나눈 값을 단면수축률(reduction of area)이라고 한다.

연강과 같이 연성이 큰 재료에서는 항복점을 알 수 있지만 그 외의 많은 재료에서는 항복점이 명확하지 않다. 고장력강의 경우도 항복점이 명확하지 않으며, 이 때문에 응력을 가한 후 응력을 0으로 되돌렸을 때 남는 잔류변형률(residual strain)이 0.2%가 된 경우 그 가한 응력을 항복강도로 간주하며 이것을 0.2% 내력이라고 한다(그림 1.2의 (b) 참조).

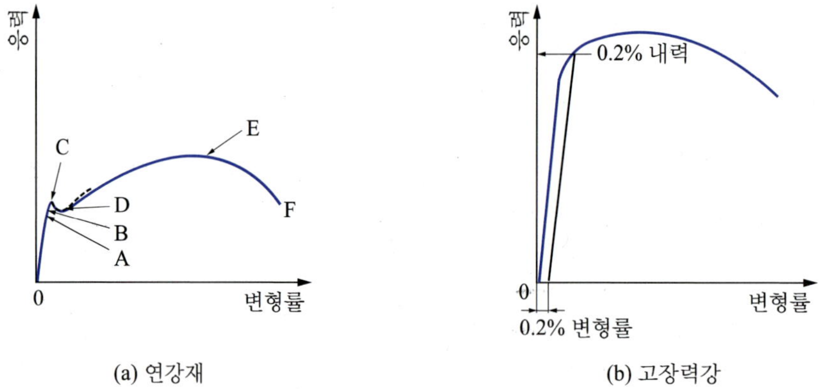

그림 1.2 건설재료의 응력 – 변형률 곡선

(4) 반복하중 하에서의 응력 – 변형률 곡선

강재에 가한 응력을 제거하였을 때, 가해졌던 응력이 탄성한계 이내일 경우 변형은 원래대로 되돌아오지만, 탄성한계를 넘는 응력이 가해진 경우에는 하중을 제거하더라도 그림 1.3에서와 같이 일부 변형은 회복되지 않는다. 이 회복되지 않은 변형을 나타낸 변형률을 잔류변형률 또는 소성변형률이라고 한다. 잔류변형률이 생긴 상태에서 다시 응력을 가하면 하중을 제거하였을 때의 곡선으로 되돌아와 하중 제거점 이후는 강재의 초기 재하 시의 곡선과 일치하게 된다.

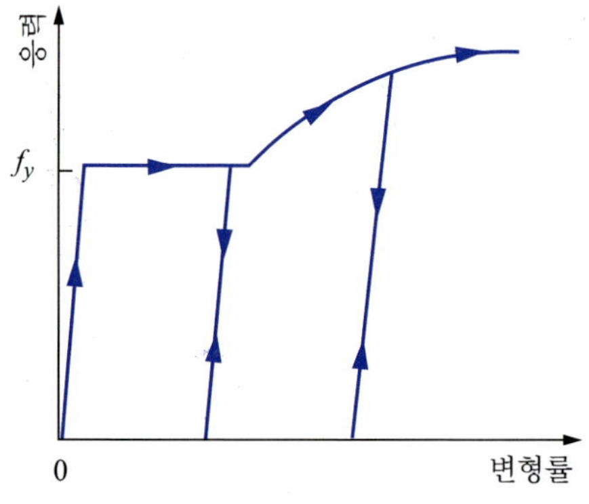

그림 1.3 하중 재하 및 제거 시의 응력 – 변형률 곡선

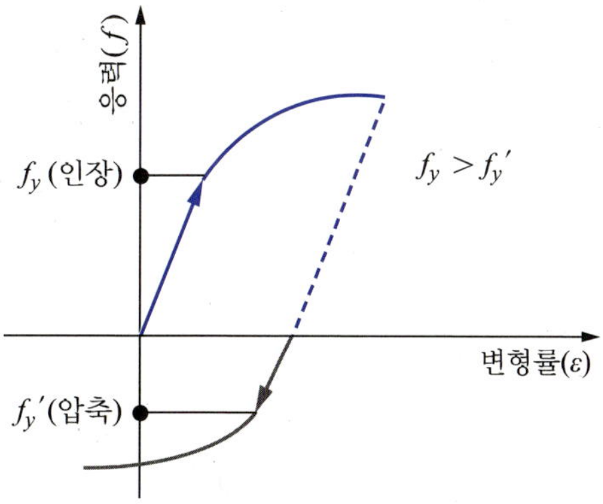

그림 1.4 인장과 압축을 받는 강재의 이력곡선

탄성한계를 넘어 정부(正負)의 반복하중을 가하면, 응력 - 변형률 곡선은 그림 1.4와 같은 이력곡선(히스테리시스 루프)을 그리게 된다. 즉, 탄성한도를 초과하는 하중을 가한 후, 역방향의 하중을 가하면 역방향의 탄성한도가 단순재하의 경우보다도 낮은 점으로 나타난다. 이와 같은 역방향 재하시의 탄성한도 저하를 바우싱거 효과(Bauschinger effect)라 하고, 그 저하 정도는 변형률 이력에 영향을 받는다.

(5) 탄성계수

재료는 비례한도 이하에서 응력과 변형률이 비례한다. 이 성질을 후크의 법칙(Hooke's law)이라 한다. 또 단면적 A인 재료에 외력 P가 작용하여 길이 l이 Δl만큼 변화된 경우, 후크의 법칙에 따라 응력 f는 변형률 ϵ과 비례하기 때문에 이 비례상수를 E라 하면 다음 식이 된다.

$$E = \frac{f}{\epsilon} = \frac{P/A}{\Delta l/l} = \frac{P\,l}{A\Delta l}$$

이 비례상수 E를 탄성계수(modulus of elasticity) 또는 영계수(Young's modulus)라고 한다. 즉, 탄성계수는 응력 - 변형률 관계도에서 비례한도 내에서의 경사각(θ)의 탄젠트 값으로서 정의된다. 또 재료가 단면적 A 내에 V의 전단력을 받아 길이 l에 e_v의 전단변형을 일으킨 경우, 전단탄성계수 G는 다음 식으로 구한다.

$$G = \frac{V/A}{e_v/l} = \frac{V\,l}{A\,e_v}$$

(6) 푸아송 비

탄성체는 인장력이나 압축력이 작용할 때 그 응력의 방향으로 변형이 생기는 동시에 그 직각의 횡방향으로도 변형이 생긴다. 이들 변형률의 비를 푸아송 비(Poisson's ratio) v라고 하며 그 역수를 푸아송 수(Poisson's number) m이라고 한다.

$$v = 1/m = \text{횡방향 변형률} / \text{종방향 변형률}$$

(7) 크리프

일정한 외력이 장시간 작용할 때 시간이 경과함에 따라서 변형이 증가하는 현상을 크리프(creep)라 한다. 크리프 현상은 구조물의 파괴를 일으키는 요인이 될 수 있기 때문에 구조물의 안전성을 확보하기 위해 설계 시 이를 고려해야 한다.

(8) 릴랙세이션

고장력 강재인 PC 강재를 일정한 크기의 인장응력, 예를 들면, 0.2% 내력을 어느 정도 초과하는 정도의 응력 하에서 긴장해 두면, 시간의 경과와 함께 신장량이 점차 증가하는 크리프 현상이 나타난다. 또한, PC 강재를 비교적 높은 인장응력(예를 들면, 0.2% 내력에 가까운 응력)으로 긴장해서 일정 길이로 유지해 두면, PC 강재의 인장응력이 감소된다. 이 현상을 릴랙세이션(relaxation)이라 한다.

일반적으로 최초에 부여한 인장응력이 클수록 PC 강재의 릴랙세이션은 크다.

(9) 기타 성질

1) **강성(rigidity, stiffness)** : 외력을 받아도 변형을 적게 일으키는 재료를 강성이 큰 재료라고 한다. 부재의 강성은 재료의 탄성계수, 단면2차모멘트 및 길이에 따라서 결정된다.
2) **연성(ductility)** : 연성은 재료에 인장력을 주었을 때 가늘고 길게 늘어나는 성질을 말한다.
3) **취성(brittleness)** : 작은 변형에도 쉽게 파괴되는 성질을 말한다. 콘크리트, 유리, 주철 등은 취성재료에 속하며, 특히 유리는 취성이 큰 재료이다. 구조물이 취성을 가지면 갑작스런 파괴의 위험성이 증가한다.
4) **인성(toughness)** : 인성은 재료가 하중을 받아 파괴될 때까지의 에너지 흡수능력을

나타내며, 인성이 큰 재료란 높은 외력에 견딜 수 있는 동시에 큰 변형을 나타내는 성질을 가진 것으로 고무, 연강 등이 이러한 재료에 속한다.

취성재료와 인성재료의 응력 - 변형률 곡선을 나타낸 것이 그림 1.5이다.

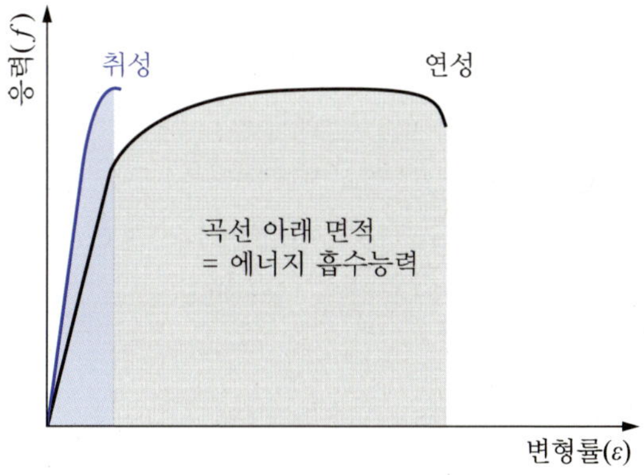

그림 1.5 취성재료와 인성재료의 응력 – 변형률 곡선

5) **전성(malleability)** : 재료를 두드릴 때 얇게 퍼지는 성질을 말한다. 납, 금 등은 전성이 큰 재료이다.
6) **경도(hardness)** : 재료의 긁기, 절단, 마모 등에 대한 저항성을 말한다.

1.3.2 물리적 성질

재료의 물리적 성질 가운데 중요한 것은 다음과 같다.

(1) 밀도

밀도(density)는 재료의 질량을 부피로 나눈 값으로 재료마다 고유한 값을 가진다. 단위는 g/mL 또는 g/cm^3 등을 주로 사용한다. 또한 일반적으로 재료 속의 공극과 수분을 제외시킨 부피로서 계산한 밀도를 진밀도라 하며, 공극과 수분을 제외하지 않고 계산한 밀도를 겉보기 밀도라고 한다.

(2) 단위용적질량

단위용적질량(unit mass)은 단위용적당의 질량을 말하며 단위질량이라고도 한다. 단위는 일반적으로 kg/m^3 또는 kg/L를 사용한다.

(3) 함수율

함수율(water content)은 재료에 포함되어 있는 물의 질량을 재료의 건조질량으로 나눈 값으로, 완전히 건조시킨 것의 함수율은 0이다.

(4) 흡수율

흡수율(absorption ratio)은 흡수량(표면수는 포함하지 않음)을 재료의 건조질량으로 나눈 값으로, 재료의 흡수 능력을 나타낸다.

(5) 비열

질량 1 g의 재료의 온도를 1℃ 올리는데 필요한 열량을 그 재료의 비열(specific heat)이라 말하며 단위는 일반적으로 cal/g · ℃ 또는 kcal/kg · ℃를 사용한다.

(6) 열전도율

열전도율(thermal conductivity)은 단위두께를 갖는 재료의 두 면에 단위온도차를 두어서 단위시간에 전해지는 열량을 말한다. 단위는 일반적으로 cal/cm · sec · ℃, kcal/m · h · ℃를 사용한다. 또 열전도율의 역수를 열전도 비저항이라 말하며 단열효과를 나타낼 때에 사용된다.

(7) 열팽창계수

열팽창계수(coefficient of thermal expansion)는 재료가 온도변화에 따라서 팽창, 수축하는 비율을 말한다. 이때 두 점간의 거리의 경우는 선팽창계수라 하며, 재료의 체적의 경우는 체적팽창계수라 한다. 일반적으로 체적팽창계수는 선팽창계수의 3배 정도이며, 단위는 1/℃이다.

(8) 음에 대한 성질

재료에 음을 투사하면 재료를 통과하게 된다. 강도 e의 음을 투사한 경우 반사된 양을 e_1, 재료를 통과한 양을 e_2라고 할 때 반사율은 e_1/e, 투과율은 e_2/e, 흡음률은 1

$-e_1/e$로 나타낸다.

흡음률(sound absorbing coefficient)은 밀도가 클수록 작고, 음의 진동수에 따라서도 다르지만 콘크리트 벽에서 약 0.02, 두께 2.5 mm의 유공코르크 판에서 약 0.1~0.3이다.

투과율의 역수를 차음률(sound insulating coefficient)이라 하며, 차음도(감음도) R은 dB(데시벨) 단위의 다음 식으로 나타낸다.

$$R = 10\log_{10}\frac{e}{e_2}$$

이 R값은 밀도가 클수록 크며, 음의 진동수에 따라 다르지만 두께 50 mm의 콘크리트 벽에서 10~25 dB 정도이다.

(9) 연화점, 인화점 및 연소점

아스팔트와 같은 재료를 가열하면 점차 연화하여 고체로부터 액체에 가깝게 변화한다. 이 연화상태가 일정 조건에 다다르는 온도를 연화점(softening point)이라 한다. 더욱 온도가 상승하면 인화점(flash point)을 지나 연소를 시작한다. 이때의 온도를 연소점(burning point)이라 한다.

1.3.3 내구성

구조물은 파손되지 않고 사용기간이 가능한 길어야 하는데, 이는 사용재료 자체의 내구성과 관계가 있다. 내구성(durability)은 건습, 동결융해, 마모, 화학작용 등에 저항하는 성질로서 재료를 선정할 때에는 사용 환경에 따라 다음의 내구성에 대한 검토가 필요하다.

1) **내후성(weather resistance)** : 동결융해, 건습, 온도변화 등의 기상작용에 저항하는 성질
2) **내마모성(abrasion resistance)** : 유수(流水), 유사(流砂), 기계적 작용 등의 마모작용에 저항하는 성질
3) **내식성(corrosion resistance)** : 철강의 녹, 목재의 부식 등의 작용에 저항하는 성질
4) **화학약품 저항성(chemicals resistance)** : 산, 알칼리, 염류, 기름 등의 작용에 저항하는 성질

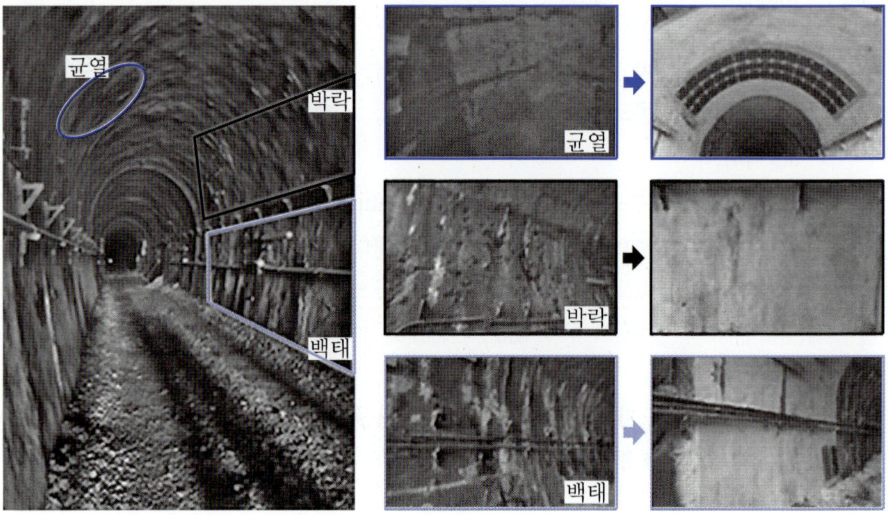

그림 1.6 콘크리트 구조물의 내구성 관련 피해사례[1)]

1.4 재료의 표준화 및 규격

공업제품에 대하여 일정 규격을 정하여 품질, 모양, 치수, 사용방법 및 시험방법 등을 정하여 통일시키는 일은 생산자 측이나 소비자 측에 모두 도움이 된다. 또한 이것에 의해 생산능률의 증진과 생산비의 저하, 품질개선, 재료의 절약, 유통 및 소비의 합리화 및 기술 향상에도 기여할 수 있다. 우리나라에서는 산업표준화법에 따라 1962년부터 한국산업규격(Korea Industrial Standards, KS)을 제정 운영하고 있으며, 이는 크게 다음 세 가지 규격으로 분류할 수 있다.

1) **제품 규격** : 제품의 모양, 치수, 품질 등을 규정한 것
2) **방법 규격** : 시험, 분석, 검사 및 측정방법, 작업표준 등을 규정한 것
3) **전달 규격** : 용어, 기술, 단위, 수열 등을 규정한 것

각각의 규격에 대해서는 규격명 외에 기본, 기계, 전기, 금속, 광산, 토목 건축, 일용품, 식료품, 섬유, 요업, 화학, 의료, 수송기계, 조선, 항공 및 정보산업 등 16부문으로 나누어 알파벳으로 기호화 하고 아라비아 숫자를 붙여 규격번호를 부여하고 있으며 주기적으로 적부심의를 거쳐 규격을 확인, 개정 및 폐지한다.

표 1.1 한국산업규격의 분류[2)]

부 분	분류기호	부 분	분류기호
기 본	A	섬 유	K
기 계	B	요 업	L
전 기	C	화 학	M
금 속	D	의 료	P
광 산	E	수송기계	R
토 건	F	조 선	V
일용품	G	항 공	W
식료품	H	정보산업	X

표 1.2 ASTM 규격의 분류

분류기호	부 분
A	철강, 주물, 도금 등
B	비철금속, 도선, 야금 등
C	시멘트, 콘크리트, 세라믹, 바닥재, 유리 등
D	페인트, 종이, 석유류, 고무, 플라스틱 등
E	금속관련 시험방법 등
F	특정 용도의 재료
G	금속의 부식, 피로, 열화 등
PS	잠정 규격

표 1.3 KS와 ASTM 규격의 예

규격 번호		규격 명
KS	KS D 3504	철근 콘크리트용 봉강
	KS F 2527	콘크리트용 골재
	KS F 4009	레디믹스트 콘크리트
	KS L 5201	포틀랜드시멘트
	KS L ISO 679	시멘트의 강도 시험방법
ASTM	ASTM A370	Test methods and definitions for mechanical testing of steel products
	ASTM C39	Standard test method for compressive strength of cylindrical concrete specimens
	ASTM C94	Standard specification for ready-mixed concrete
	ASTM C143	Standard test method for slump of hydraulic cement concrete

국외의 규격으로는 미국의 ASTM(American Society for Testing and Materials)과 ANSI(American National Standards Institute)의 규격, 영국의 BS(British Standards), 독일의 DIN(Deutsche Normen), 일본의 JIS(Japanese Industrial Standards), 프랑스의 NF(Normes Francaises) 등이 있으며, 1947년에는 국제표준화기구(ISO, International

Organization for Standardization)가 설립되어 세계 각국의 산업규격을 통일시키는 일을 진행하여 왔다.

1.5 국제단위계

국제단위계(International System of Units)는 1960년 국제도량형총회(CGPM)에서 국제적인 표준으로 채택한 단위계로서 SI 단위계라고도 한다. 이 단위계에서는 기본단위로서 길이에 미터(m), 무게에 킬로그램(kg), 시간에 초(s), 전류에 암페어(A), 온도에 켈빈(K), 물질량에 몰(mol), 광도에 칸델라(cd)의 7가지 기본단위와 이로부터 유도된 유도단위를 사용한다.

SI 단위계는 국가측정표준을 정하는 단위의 체계로서 세계 대부분의 나라에서 법제화를 통하여 이를 공식적으로 채택하고 있다. 우리나라에서도 국가표준기본법에 의거하여 SI 단위를 법정단위로 채택하고 있다.

SI 단위계에서 길이는 [m], 속도는 [m/s], 가속도는 [m/s^2], 질량은 [kg], 힘은 질량과 가속도의 곱[$kg \cdot m/s^2$]으로 [N](뉴턴), 압력은 단위면적당의 힘[N/m^2]으로 [Pa](파스칼)을 각각 사용한다.

SI 단위로 큰 수와 작은 수는 기본단위의 앞에 다음의 접두어를 붙여 표현한다.

10^9 G(기가), 10^6 M(메가), 10^3 k(킬로), 10^2 h(헥토), 10^1 da(데카),
10^{-1} d(데시), 10^{-2} c(센티), 10^{-3} m(밀리), 10^{-6} μ(마이크로), 10^{-9} n(나노)

예로서, 길이는 [mm]나 [km] 등으로 나타낸다. [mm]의 경우 앞의 m은 밀리를, 뒤의 m은 단위의 [m](미터)를 나타내며, 10^{-3} m를 나타낸다. 또 [km]의 경우 k(킬로)는 접두어로 10^3을 나타내어 10^3 m를 나타낸다.

SI 단위와 중력단위의 관계를 보면, 지구상의 질량 1 kg의 물체는 지구의 인력(중력가속도 9.81 m/s^2)을 받아 지구 중심으로 향하는 힘(질량 × 가속도 = 1 kg × 9.81 m/s^2) 9.81 N을 받는다.

종전에 사용하였던 중력단위에서 1 kg의 질량은 1 kg_f의 중력을 받는 것을 나타냈기 때문에 중력단위와 SI 단위는 다음의 관계가 있다.

$$1\ kg_f = 9.81\ N$$

또 강도나 응력은 단위면적당 받는 힘으로 SI 단위에서는 [N/m^2] 또는 N/mm^2을 사용한다. 중력단위의 강도나 응력 1 kg_f/cm^2를 SI 단위 N/mm^2로 환산하면 1 kg_f/cm^2 = 0.0981 N/mm^2로서 약 1/10이 된다.

참고문헌

1. 한국철도기술연구원, 노후 콘크리트 시설물 보수·보강 기술, 2020.
2. KS 총람, 한국표준협회, 2017.
3. 건축재료의 이해, 김태곤, 2017.

2

시멘트

2.1 개요

시멘트(cement)라는 말의 어원은 '굳힌다', '접합한다', '굳힌 것', '결합된 것' 등의 의미를 가지며, 어떤 물질과 물질을 서로 이어 붙이거나 결합시키는 물질을 말한다. 그러나 보통의 경우 건설소재로써 사용하는 시멘트의 의미는 수분과 접할 때 열이 발생되는 화학적인 반응의 결과로써 응결현상(유동성을 잃고 응고하는 현상)과 경화하는 현상(시간이 흐를수록 강도가 높아지는 현상)이 발생되는 물질을 뜻한다. 따라서 넓은 의미의 시멘트는 물질을 접착시키는 물질을 총칭하지만 건설공사에 있어서의 시멘트는 포틀랜드시멘트(portland cement)와 포틀랜드시멘트계 혼합시멘트를 말한다.

최근까지 시멘트 기원의 시작은 약 4,500~5,000년 전의 이집트시대로 거슬러 올라가서 피라미드를 건설할 때로 보아왔다. 그러나 최근에 기원전 약 7,000년경으로 추정되는 석회 콘크리트 바닥이 지중해 연안 지역에서 발견됨에 따라 이를 시멘트의 기원으로 보아야 한다는 주장이 설득력을 얻고 있다.

이집트 피라미드의 줄눈재에는 상대적으로 낮은 온도로 가열시켜 얻은 소석고를 사용한 석고모르타르 또는 석회석을 구워 만든 생석회와 소석고를 혼합해서 만든 공기중에서 경화하는 기경성(氣硬性) 시멘트가 이용되었을 것으로 추정되고 있다.

또 초기의 구조물로서 고대 그리스 로마시대에는 대성당이나 건물의 지하 기초의 축조에 소석회와 모래 및 화산재를 섞어 만든 석회모르타르가 널리 사용되었다. 그 대표적인 것으로 로마의 콜로세움(Colosseum)과 판테온(Pantheon) 그리고 급수용(給水用) 수도(Roman aqueducts) 등은 현존하는 고대의 콘크리트 구조물로써 콘크리트 재료의 우수성을 잘 보여주고 있다.

근세에 와서 1,756년 영국의 존 스미톤(J. Smeaton)은 이전의 기경성(氣硬性) 시멘트와 달리 수중에서 경화하는 수경성(水硬性) 석회를 발명하였다. 수경성은 석회석 중에 포함된 점토분의 효과에 의한 것으로 영국의 에디스톤(Eddystone) 등대 건설에 이 시멘트가 사용되었다. 1796년에는 영국의 제임스 파커(James Parker)가 점토를 포함한 석회석을 1,000℃로 소성한 후 분쇄하는 방식에 의하여 로만시멘트(Roman cement)를 제조하였으며, 이 시멘트는 굳는 속도가 이전의 시멘트와 비교하여 빠른 특징을 가졌다.

오늘날의 시멘트는 1,824년 영국의 조셉 아스프딘(Joseph Aspdin)이 석회석을 구워 생석회를 만들고 이것에 물을 가해 미분말의 소석회를 만든 다음 점토를 혼합하고 다시 소성로에서 800℃까지 소성하여 클링커를 생산한 후 미분쇄하여 시멘트를 제조하는 방법을 개발하고 그 특허를 얻음으로써 유래된다. 이렇게 만든 시멘트는 굳은 후의 상태가 영국의 포틀랜드 섬에서 생산되는 석재와 비슷하다고 하여 포틀랜드시멘트(Portland cement)라는 이름이 붙여졌다.

표 2.1은 중요한 시멘트의 발달과정을 보인 것이다. 국내의 시멘트 공업은 1919년 당시 일본의 오노다 시멘트社가 회전소성로(rotary kiln) 1기로 연간 생산량 6만 톤 규모의 시멘트 공장을 평양 근교에 건설함으로써 시작되었다. 해방 전까지는 시멘트 공장의 건설이 주로 북한지역에 집중되었으며, 남한에서는 1942년 동해안 삼척에 시멘트 공장이 처음으로 건설되었다. 그리고 1950년대 중반 경상북도 문경에 두 번째 시멘트 공장이 준공되었다. 그 후 시멘트 산업은 꾸준한 발전을 거듭하여 우리나라의 경제성장과

표 2.1 시멘트의 발달과정

연 도	내 용
기원전	이집트 피라미드의 축조에 석고 또는 소석고 사용 로마시대에 소석회와 모래를 혼합한 모르타르를 사용 또, 여기에 화산재를 섞어 사용
1756	수경성 석회 발명, Eddystone 등대에 사용
1796	로만시멘트(Roman cement) 제조
1824	포틀랜드시멘트 발명
1862	고로슬래그시멘트 제조
1867	철근 콘크리트 발명
1871	회전소성로(kiln) 등장
1887~1897	클링커 광물 분류
1907	알루미나시멘트 발명
1919	국내 시멘트 공장 건설
1924	조강시멘트 발명
1936	팽창시멘트 발명
1968	초속경시멘트 발명

표 2.2 우리나라의 시멘트 생산 및 클링커 생산 실적[2)] (단위 : 천톤)

연 도	클링커 생산	시멘트 생산
1970	6,266	5,822
1975	10,642	10,129
1980	17,115	15,573
1985	20,557	20,498
1990	29,281	33,575
1995	51,894	55,130
2000	45,719	51,255
2005	43,071	47,197
2010	44,853	47,420
2015	47,015	52,044
2019	45,932	50,635

더불어 크게 성장되었다. 국내에서의 시멘트 생산 실적을 살펴보면 1990년 2,928만 톤, 1995년 5,513만 톤, 2000년 5,126만 톤, 2010년 4,742만 톤 및 2015년 5,204만 톤이었으며, 현재 연간 약 5,000만 톤 전후의 시멘트가 생산되고 있다.[1)]

표 2.2에는 우리나라의 시멘트 및 클링커 생산 실적을 나타냈다.

2.2 시멘트의 종류

시멘트의 종류는 다양하며 주요 시멘트에는 다음과 같은 것들이 있다.

(1) 포틀랜드시멘트

1) 보통포틀랜드시멘트(1종, ordinary portland cement, KS L 5201)
2) 중용열포틀랜드시멘트(2종, moderate heat portland cement, KS L 5201)
3) 조강포틀랜드시멘트(3종, high-early strength portland cement, KS L 5201)
4) 저열포틀랜드시멘트(4종, low heat portland cement, KS L 5201)
5) 내황산염포틀랜드시멘트(5종, sulfate resisting portland cement, KS L 5201)
6) 백색포틀랜드시멘트(white portland cement, KS L 5204)

(2) 혼합시멘트

1) 고로슬래그시멘트(blast-furnace slag cement, KS L 5210)
2) 포졸란시멘트(pozzolan cement, KS L 5401)
3) 플라이애시시멘트(flyash cement, KS L 5211)

(3) 특수시멘트

1) 초속경시멘트(regulated-set cement or jet cement)
2) 알루미나시멘트(high-alumina cement)
3) 팽창시멘트(expansive cement)
4) 유정(油井)시멘트(oil well cement)
5) 콜로이드시멘트(colloid cement)

한국산업규격(KS)에는 특수시멘트를 제외한 포틀랜드시멘트와 혼합시멘트에 대한 품질규격이 규정되어 있다.

그 밖의 시멘트로써 모르타르 마감용 메이슨리시멘트(masonry cement, KS L 5219), 내화물용 알루미나시멘트(alumina cements for refractories, KS L 5205), 하수용 흄관에 사용되는 내산성시멘트, 오토클레이브 양생제품에 사용하는 오토클레이브용 시멘트 등이 있다.

국내에서 생산되는 시멘트는 보통포틀랜드시멘트가 대부분이며, 일반적으로 시멘트라 하면 보통포틀랜드시멘트를 의미한다고 생각해도 좋다.

2.3 시멘트의 제조

2.3.1 원료

포틀랜드시멘트의 원료로는 석회질 재료로써 석회석에서 얻는 산화칼슘(CaO), 실리카(SiO_2), 산화알루미나(Al_2O_3) 및 산화제2철(Fe_2O_3) 등 을 함유한 점토를 사용하며, 성분조정을 위하여 규석 및 철광석 등이 사용된다. 이들 원료는 분쇄하여 적당한 비율로 충분히 혼합한 후 소성로에서 소성한 다음 급속히 냉각시켜 클링커(clinker)를 얻는다. 이 클링커에 응결조정용으로 3∼5%의 석고($CaSO_4 \cdot 2H_2O$)를 첨가 및 분쇄하여 포틀랜드시멘트를 얻는다.

시멘트 1 ton을 제조하기 위해서는 대략 석회석 1,260 kg, 점토 200 kg, 규석 20 kg, 철광석 20 kg 및 석고 35 kg 정도가 필요하며, 석회질 원료와 점토질 원료와의 비는 약 4 : 1이다.

2.3.2 제조방법

시멘트의 제조공정은 ① 원료를 조합, 건조, 분쇄, 혼합 및 저장하는 원료처리공정, ② 조합된 원료를 가열하여 소결한 다음 냉각하여 클링커(clinker)를 얻는 소성공정, ③ 소성한 클링커에 석고를 가하여 분쇄한 다음 포장하는 시멘트의 제품공정으로 크게 나눌 수 있다(그림 2.1 참조).

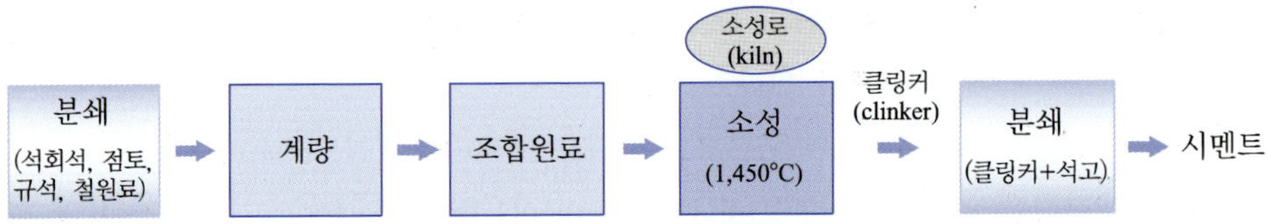

그림 2.1 포틀랜드시멘트의 제조공정

포틀랜드시멘트의 제조방법은 사용하는 원료의 처리방법에 따라 건식법(dry process), 습식법(wet process) 및 반건식법으로 대별되며, 현재는 열효율이 좋은 건식법이 세계적으로 널리 사용되고 있다.

건식법은 석회석, 점토 및 철광석 등 을 건조시킨 후 적당한 비율로 조합하여 원료분쇄기에서 미분쇄하고, 공기에 의하여 혼합하는 사일로(air blending silo) 등에서 균일하게 혼합한 것을 직접 소성로로 보내어 소성한다.

반건식법은 건식법과 같은 방법으로 미분쇄한 건조상태의 원료에 10～12%의 물을 가하여 지름 약 12 mm의 알갱이 상태로 만들고 이를 예열 및 건조시켜 소성로 안에서 소성하여 클링커를 제조하는 방식이다.

습식법은 원료를 건조시키지 않고 적당한 비율로 조합한 후 원료분쇄기에서 분쇄할 때 물을 가하여 미분쇄한다. 분쇄된 슬러리(slurry) 상태의 원료를 충분히 혼합한 다음 그 상태로 소성로에 공급하거나 필터를 사용하여 수분의 일부를 제거한 후 소성로에 공급하여 소성한다. 근래에는 습식법이 열손실이 많기 때문에 거의 사용되지 않고 있다.

혼합시멘트는 클링커와 혼합재를 동시에 분쇄하거나 별도로 분쇄한 후 혼합하여 제조한다. 플라이애시시멘트는 플라이애시와 시멘트를 균일하게 혼합하여 제조한다.

한편, 시멘트 제조공정 중 가장 중요한 공정이라고 할 수 있는 소성공정은 프리히터(pre-heater)에서 예열된 원료가 고온의 소성로를 지나가는 과정에서 시멘트 반제품인 클링커가 되는 과정으로 이때 표 2.3과 그림 2.2에 나타낸 바와 같은 화학변화 및 시멘트 광물이 생성된다.

소성로는 회전소성로(rotary kiln)로서 두꺼운 강판으로 안쪽에 내화벽돌을 붙인 지름 3～6 m, 길이 50～200 m 정도인 것이 주로 사용된다. 또 소성로는 원료투입구로부터 약 3～5°의 하향 기울기로 되어 있기 때문에 원료는 소성로의 회전(보통 1분에 2～3회)에 따라 서서히 이동하여 소성영역으로 들어간다. 소성로 내에는 아래쪽 위치에서 건조시킨 미분탄 또는 중유를 공기와 함께 뿜어 넣어 1,400～1,500℃의 고온상태가 된다. 현재는 회전소성로 안의 배기가스 열을 예열기 즉, 서스펜션 프리히터(suspension pre-heater)로 보내어 원료를 800℃ 가까운 온도로 예열시켜 점토의 탈수분해가 이루어지는 동시에 원료 중 $CaCO_3$의 대부분이 다음 식과 같은 탈탄산반응(脫炭酸反應)에 의하여 부피가 약 1/2로 감소된 것을 소성로로 보냄으로써 열효율을 높이고 있다.

$$CaCO_3 \rightarrow CaO + CO_2 \uparrow$$

소성로에서 만들어진 용융상태의 클링커는 냉각기에 의해 급냉시켜야 하며, 시멘트 분쇄기에서 3～5%의 석고와 함께 미세하게 분쇄하여 포틀랜드시멘트를 제조한다.

표 2.3 소성공정 중 클링커의 화학변화[3)]

온도(℃)	화학변화
～100	각종 원료의 수분증발
450～500	점토류의 탈수 반응, Al_2O_3와 SiO_2 결합의 이완
600～700	석회석 중의 $MgCO_3$ 분해($\rightarrow MgO+CO_2$)
800～850	석회석 중의 $CaCO_3$ 분해($\rightarrow CaO+CO_2$)
1,000～1,200	$2CaO \cdot SiO_2$의 생성
1,200～1,450	$3CaO \cdot SiO_2$의 생성
1,450～냉각	액상에서 aluminate상(주성분 : $3CaO \cdot Al_2O_3$), ferrite상(주성분 : $4CaO \cdot Al_2O_3 \cdot Fe_2O_3$)이 간극물질로서 생성

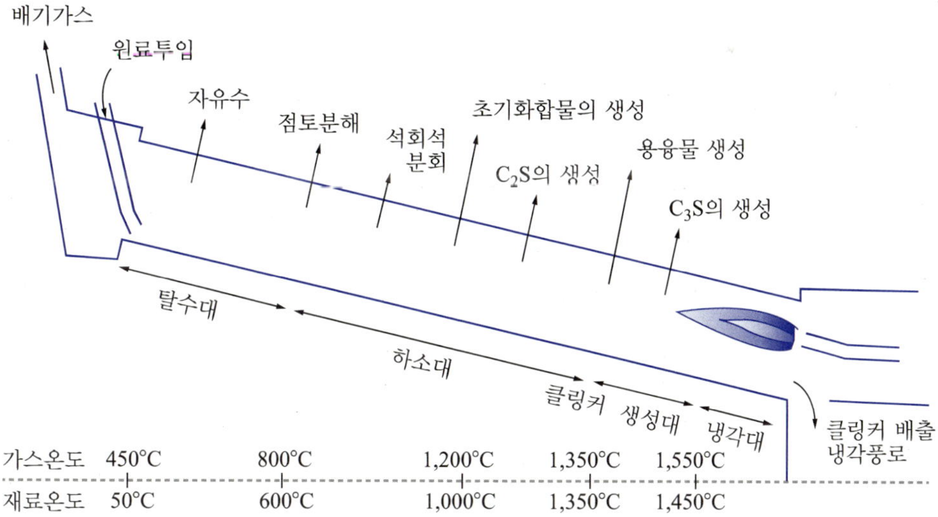

그림 2.2 소성로에서의 클링커 생성과정[3)]

2.4 시멘트의 화학성분 및 클링커의 광물조성

2.4.1 시멘트의 화학성분

포틀랜드시멘트를 구성하는 화학성분은 시멘트의 종류에 따라 다소 차이가 있으며 같은 종류의 시멘트에서는 비교적 작은 범위에서 화학성분이 변화한다. 그러나 혼합시멘트의 경우는 혼합하는 슬래그, 실리카질 혼합재, 플라이애시 등의 화학성분 및 혼합량에 차이가 있기 때문에 같은 종류의 시멘트라도 포틀랜드시멘트보다는 화학성분의 변화가 크다.

포틀랜드시멘트의 화학성분은 주성분으로 CaO, SiO_2, Al_2O_3 외에, 소량의 Fe_2O_3, MgO, 알칼리 및 SO_3 등으로 구성된다. 전형적인 포틀랜드시멘트의 화학성분은 CaO 60～67%, SiO_2 17～25%, Al_2O_3 3～8%, Fe_2O_3 0.5～6%, MgO 0.1～4.0%, NaO와 K_2O 0.2～1.3%, SO_3 1～5%의 범위이다.

(1) CaO, SiO_2, Al_2O_3

포틀랜드시멘트 원료의 배합비를 정하는 데는 다음과 같은 각종 성분비율이 이용된다. 그 예로서 보통포틀랜드시멘트의 수경률(水硬率)은 2.05～2.15의 범위, 규산율은 2.3～3.5의 범위이며, 알루미나철률은 보통 1.6～2.0 범위이다.

$$\text{수경률(hydraulic modulus)} = \text{H.M.} = \frac{CaO - 0.7 \times SO_3}{(SiO_2 + Al_2O_3 + Fe_2O_3)}$$

$$\text{규산율(silica ratio)} = \text{S.M.} = \frac{SiO_2}{(Al_2O_3 + Fe_2O_3)}$$

$$\text{알루미나철률(alumina-iron ratio)} = \text{AR} = \frac{Al_2O_3}{Fe_2O_3}$$

수경률이 크면 $3CaO \cdot SiO_2$가 많이 생성되기 때문에 초기강도가 높고 수화열이 큰 시멘트가 만들어진다.

규산율이 커지면 원료 배합물의 소성을 위해 높은 온도가 필요하며, 소성로의 내화물을 침식하여 운전에 지장을 초래할 수 있다. 또한 완성된 클링커는 $2CaO \cdot SiO_2$를 많이 함유하기 때문에 강도 발현이 느린 장기강도형의 시멘트가 된다. 규산율이 낮으면 원료 배합물의 소성이 용이하며 $3CaO \cdot Al_2O_3$가 많이 생성되어 초기강도형의 시멘트가 된다.

(2) MgO 및 알칼리

산화마그네슘(MgO)은 석회석에서 유래하며, 양이 많으면 클링커 중에 미 반응된 상태인 유리마그네시아로 남게 되어 수화반응에 의해 서서히 팽창하여 콘크리트에 균열을 일으킬 우려가 있기 때문에 시멘트 중의 MgO 함량을 5% 이하로 제한하고 있다. MgO의 양은 보통포틀랜드시멘트에서는 1.5% 정도이다. 알칼리는 주로 점토질 원료에서 유래하는 것으로 보통포틀랜드시멘트에는 0.5~1.0% 정도가 포함되어 있다.

시멘트에 함유되어 있는 나트륨이나 칼륨 등의 알칼리금속은 조건에 따라서는 골재 중의 비결정질의 실리카와 반응하여 팽창성 물질을 생성시킬 수 있다. 이것을 알칼리 골재반응이라 하는데, 이 반응이 진행되면 콘크리트가 팽창하여 표면에 거북등과 같은 모양의 균열을 비롯하여 콘크리트의 팽창에 기인된 각종 균열이 발생되고, 콘크리트의 열화가 진행된다. 이와 같은 알칼리 골재반응을 억제하기 위한 방법으로써 알칼리양(알칼리 총량$=Na_2O+0.658K_2O$)이 0.6% 이하인 시멘트를 사용하거나 혼합재의 사용비율이 큰 플라이애시시멘트나 고로슬래그시멘트를 사용하는 것이 효과적이다.

(3) SO_3

석고($CaSO_4 \cdot 2H_2O$)는 시멘트의 응결 조절 작용을 가지며, 시멘트 응결과 밀접한 관계가 있는 C_3A의 수화를 늦추는 역할을 한다. 이는 C_3A와 $CaSO_4$와의 반응에 의해 생성된 C_3A-$CaSO_4$-H_2O 복염이 C_3A를 일정시간 덮어 수화(水和)를 억제하기 때문이다. KS규격에서는 3.5% 이하로 규정하고 있다. 한편 시멘트 제조 시 시멘트 분쇄기에서 석고가 탈수하여 반수 또는 무수석고 상태로 되어 물과 혼합 시 급격히 수화하게 되며 이수석고로 되면서 응결하는 위응결(僞凝結, false set)을 일으킬 수 있다. 위응결은 일시적으로 응결한 것 같은 상태를 나타내는 현상으로 다시 혼합 조작을 계속하면 경직성이 풀리고 유동성이 다시 나타난다.

(4) 강열감량

강열감량(loss on ignition)은 시멘트를 약 1,000℃로 가열하였을 때의 질량감소를 말하며, 이에 포함된 성분은 부착수분과 결합수분, CO_2 및 기타 휘발 성분이다. 신선한 시멘트의 강열감량은 통상 0.5~0.8% 정도로 석고의 결정수량과 거의 같은 양이다.

시멘트가 풍화하면 강열감량이 많아지기 때문에 시멘트가 풍화된 정도를 판정하는데 이용되며, 석회석의 경우는 강열감량에 의하여 품질을 어느 정도 예측할 수 있다.

(5) 불용해 잔분

불용해 잔분(insoluble residue)은 시멘트를 염산(HCl) 및 탄산나트륨($NaHCO_3$) 용액으로 처리하였을 때 용해되지 않는 부분을 말하며, 주로 산에 용해되지 않는 실리카(SiO_2)이다. 포틀랜드시멘트의 경우는 보통 불용해 잔분이 첨가된 석고 중 점토분에 의한 것이기 때문에 그 양이 매우 많지 않는 한 시멘트의 품질에 영향을 미치지는 않는 것으로 본다.

일반적으로 시멘트의 불용해 잔분은 0.1~0.6% 정도이다.

(6) 유리석회

시멘트 중의 유리석회(free-CaO)는 수화반응에 기여하지 못하며, 이것이 시멘트 중에 다량 존재할 경우 수산화칼슘($Ca(OH)_2$)으로 변화하여 콘크리트의 체적 팽창에 의한 변형이나 붕괴의 원인이 된다.

2.4.2 클링커의 광물조성

소성과정을 통하여 생산된 클링커(clinker)는 다음 4가지의 주된 화합물 즉, 알라이트(alite, C_3S), 벨라이트(belite, C_2S), 알루미네이트상(aluminate phase, C_3A) 및 훼라이트 고용체(ferrite, C_4AF)로 구성되며, 소량의 MgO, CaO 및 황산알칼리가 공존한다.

1) **규산3석회(C_3S, $3CaO \cdot SiO_2$)** : 수화열이 규산2석회(C_2S, $2CaO \cdot SiO_2$)에 비하여 크며, 조기강도가 크다.
2) **규산2석회(C_2S, $2CaO \cdot SiO_2$)** : 수화열이 작아서 강도 발현은 늦지만 장기강도 발현성 및 화학저항성이 우수하다.
3) **알민산3석회(C_3A, $3CaO \cdot Al_2O_3$)** : 수화속도가 매우 빠르며 발열량 및 수축이 크다.
4) **알민산철4석회(C_4AF, $4CaO \cdot Al_2O_3 \cdot Fe_2O_3$)** : 클링커의 소성에 도움이 되기 때문에 소성상 필요하다. 강도증진에는 큰 효과가 없으나 화학저항성이 양호하고 수화열이 적으며, 수축도 적다.

각각의 클링커 화합물은 화학조성이 다르므로 수화반응 속도에 차이가 있을 뿐 아니라 수화생성물의 물성에 미치는 영향도 다르며, 그 특성을 개괄적으로 나타내면 표 2.4와 같다. 클링커 화합물의 수화속도 및 재령에 따른 강도특성은 그림 2.3 및 그림 2.4와 같다. 또한 각종 포틀랜드시멘트의 클링커 화합물의 함유량은 대략 표 2.5에 나타낸 범위에 있다.

C_3S 및 C_2S는 시멘트 강도의 대부분을 지배하는 것으로 그 합이 포틀랜드시멘트에서는 70~80% 범위이다. C_3S는 수화에 의한 발열이 C_2S에 비하여 크므로 조기발열성을 나타낸다. 이와 반대로 C_3S가 적으며, C_2S가 많을 경우 강도의 발현은 늦지만 1년 이상의 장기재령 이후 C_3S가 많은 것보다 강도가 높게 된다.

표 2.4 클링커 화합물 특성의 상대적 비교[4)]

특 성		C_3S	C_2S	C_3A	C_4AF
강도 발현	단기	대	소	대	소
	장기	중	대	소	소
수화열		120 cal/g	60 cal/g	200 cal/g	100 cal/g
화학저항성		중	대	소	대
건조수축		중	소	대	소

표 2.5 각종 포틀랜드시멘트 중의 클링커 화합물량의 예[5)] (단위 : %)

종 류	C_3S	C_2S	C_3A	C_4AF
보통포틀랜드시멘트	50	25	9	9
중용열포틀랜드시멘트	42	36	3	12
조강포틀랜드시멘트	65	11	8	8
내황산염포틀랜드시멘트	63	15	1	15

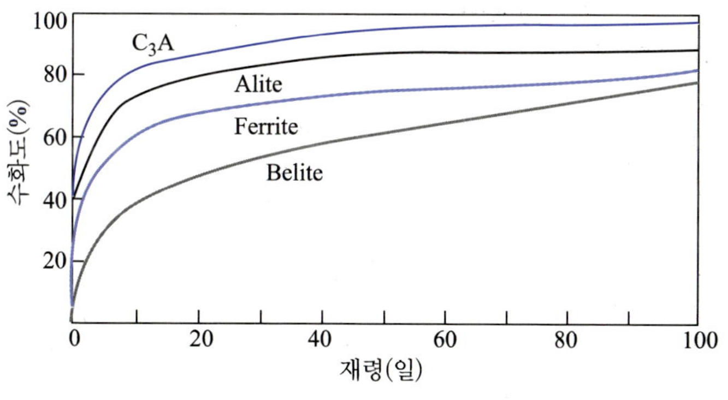

그림 2.3 시멘트 화합물의 수화속도[3)]

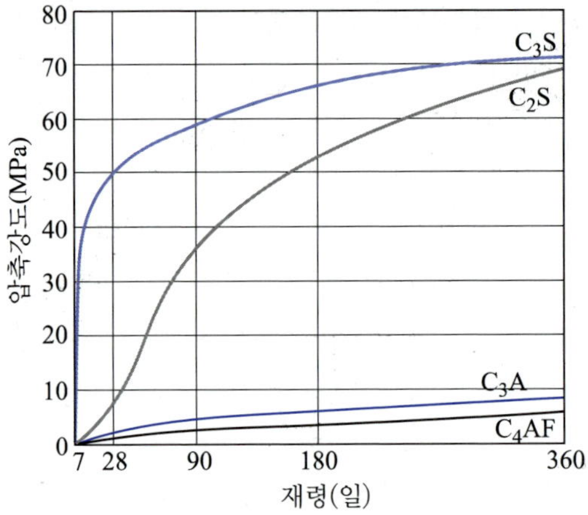

그림 2.4 클링커 화합물의 압축강도[6)]

C_3A는 수화속도가 매우 빠르며, 발열량 및 수축이 크다. 시멘트의 좋지 않은 성질이 C_3A에 기인하는 경우가 많기 때문에 이 양은 가능하면 적은 것이 좋지만 시멘트 특성상 어느 정도의 양이 필요하다.

2.5 시멘트의 수화

시멘트에 물을 가하여 혼합하면 발열반응이 일어나게 되며, 시멘트의 수화(hydration)라고 한다. 그 결과, 시간의 경과에 따라 수화물(水和物)이 생성된다. 이 때 생성되는 주요 수화물은 에트린가이트(ettringite, $3CaO \cdot Al_2O_3 \cdot 3CaSO_4 \cdot 32H_2O$), C-S-H($3CaO \cdot 2SiO_2 \cdot 3H_2O$ 또는 $CaO \cdot SiO_2 \cdot H_2O$) 및 수산화칼슘($Ca(OH)_2$) 등이다.

표 2.6은 포틀랜드시멘트의 개략적인 수화반응에 대하여 나타낸 것이다.

표 2.6 포틀랜드시멘트의 수화반응[7)]

$2(3C_3S)$	$+\ 11H_2O$	$=\ 3CaO \cdot 2SiO_2 \cdot 3H_2O$ (칼슘 실리케이트 수화물, C-S-H)	$+\ 3(CaO \cdot H_2O)$ (수산화칼슘)
$2(2C_2S)$	$+\ 9H_2O$	$=\ 3CaO \cdot 2SiO_2 \cdot 3H_2O$ (칼슘 실리케이트 수화물, C-S-H)	$+\ CaO \cdot H_2O$ (수산화칼슘)
$3C_3A$	$+\ 3(CaO \cdot SO_3 \cdot 2H_2O)$ (석고)	$+\ 26H_2O$	$=\ 6CaO \cdot Al_2O_3 \cdot 3SO_3 \cdot 32H_2O$ (에트린가이트)
$2(3C_3A)$	$+\ 6CaO \cdot Al_2O_3 \cdot 3SO_3 \cdot 32H_2O$ (에트린가이트)	$+\ 4H_2O$	$=\ 3(4CaO \cdot Al_2O_3 \cdot SO_3 \cdot 12H_2O)$ (calcium monosulfoaluminate)
$3C_3A$	$+\ CaO \cdot H_2O$ (수산화칼슘)	$+\ 12H_2O$	$=\ 4CaO \cdot Al_2O_3 \cdot 13H_2O)$ (tetracalcium aluminate hydrate)
C_4AF	$+\ 10H_2O$	$+\ 2(CaO \cdot 2H_2O)$ (수산화칼슘)	$=\ 6CaO \cdot Al_2O_3 \cdot Fe_2O_3 \cdot 12H_2O)$ (calcium aluminoferrite hydrate)

시멘트가 물과 접촉하면 곧바로 수화반응을 시작한다. C_3S는 가수분해(加水分解)를 일으켜 토버모라이트 겔(tobermorite gel)이라고 불리는 C-S-H겔 $Ca(OH)_2$가 되며, 토버모라이트 겔은 시멘트 입자의 표면을 얇은 층으로 덮어씌운다. $Ca(OH)_2$는 액상으로 녹아서 수분 사이에 포화상태에 이른다.

C_3A는 더욱 급속하게 수화하여 $3CaO \cdot Al_2O_3 \cdot 6H_2O$로 된다. 이때 석고가 없다면 이른바 순결(瞬結, flash set)을 일으켜 유동성을 잃게 된다. 그러나 석고가 용액 중에 존재하기 때문에 이것과 반응하여 불용성의 칼슘설퍼알루미네이드(calcium sulfoaluminate) 또는 에트린가이트(ettringite)라 부르는 물질을 생성한다. 이 겔(gel) 모양의 물질이 용액 중의 C_3A의 농도를 저하시키고 C_3A의 급속한 수화반응을 억제시킴으로써 시멘트 응결(set)을 정상화시킨다.

일반적으로 클링커 화합물의 70~80%를 이루는 C_3S와 C_2S에 의한 수화생성물인 매우 미세한 토버모라이트 겔과 수산화칼슘이 중요한 역할을 하며 포틀랜드시멘트의 응결, 경화는 토버모라이트 겔을 주체로 하는 소위 시멘트 겔의 생성에 의해 초래되는 것으로 볼 수 있다.

포틀랜드시멘트와 물이 접촉한 후 24시간 동안의 수화발열속도(rate of heat evolution)를 나타낸 것이 그림 2.5이다. 초기수화반응에 의한 발열속도는 전도식 열량계로 측정하며 시멘트의 수화기구를 고찰하는데 널리 이용된다.

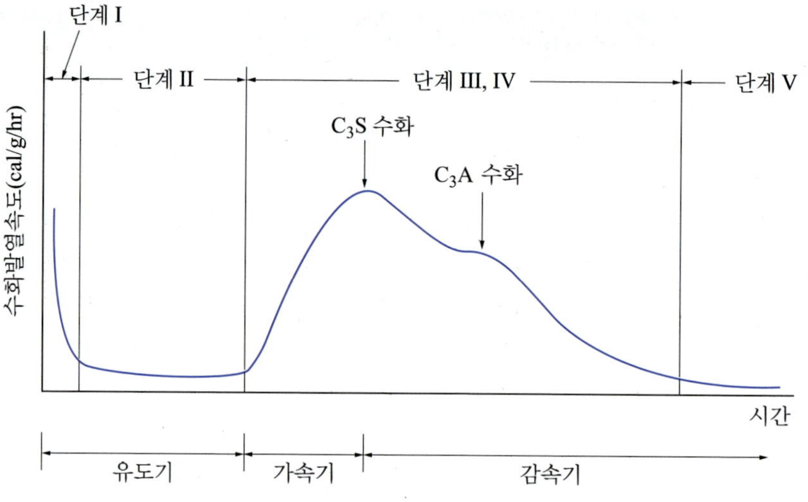

그림 2.5 포틀랜드시멘트의 수화발열곡선[3)]

그림에서 단계 I은 급격한 발열현상이 일어나는 단계로서 약 15분 정도에서 끝난다. 이 단계에서 C_3S는 그 입자표면에서 Ca^{2+}이온과 OH^-이온을 방출하는 가수분해(hydrolysis)가 일어나며 C_3A는 석고와 반응하여 에트린가이트를 생성한다.

단계 II는 수화반응의 일시 정지단계로서 수 시간 지속된다. 이 단계에서 C_3S는 Ca^{2+}이온과 OH^-이온이 어느 정도 포화상태에 달하여 가수분해반응은 급격히 떨어지며 C_3A는 그 입자 표면에 에트린가이트 수화로 피막이 형성되어 물의 침투를 방해하므로 수화속도가 급격히 저하한다. 이 기간을 휴지기, 정지기 또는 유도기(induction period)라 한다.

단계 III은 C_3S의 수화가 다시 가속되어 발열이 일어나는 초결과 종결 사이에 해당되는 단계로서 수화개시로부터 4～8시간 후의 기간이다. 이 단계의 초기에서 Ca^{2+}이온과 OH^-이온은 어떤 포화농도에 달하여 이 용액으로부터 $Ca(OH)_2$의 육각판상 결정과 겔상의 작은 CSH 수화물이 석출되며 C_3S는 다시 급격한 수화반응이 일어나 발열 최고치를 나타낸다.

단계 IV는 C_3A의 초기수화로 생성된 칼슘설퍼알루미네이트가 모노설퍼알루미네이트(monosulfoaluminate, $3CaO \cdot Al_2O_3 \cdot CaSO_4 \cdot 12H_2O$)로 전환하여 급격한 발열이 일어나는 단계로서 수화개시로부터 12시간 후부터 24시간까지의 기간이다.

다음으로 단계 V는 C_3S와 C_3A의 수화반응이 정상상태(steady state)로 된 단계이며 수화개시로부터 24시간 이후의 기간에 해당된다.[3)]

2.6 시멘트의 일반적 성질

시멘트의 성질로서 중요한 것은 밀도, 분말도, 안정성, 응결, 강도 등이고 중용열포틀랜드시멘트에서는 수화열의 한도가 문제가 된다. 물리적 성질과 시멘트의 품질에 대하여 설명하면 다음과 같다.

(1) 밀도

밀도(density)는 실리카(SiO_2)와 철(Fe_2O_3)이 많을수록 크게 된다. 포틀랜드시멘트의 밀도는 3.05 g/cm^3 이상으로 규정되어 있으며, 일반적으로는 보통포틀랜드시멘트의 경우 3.15 g/cm^3 정도, 조강포틀랜드시멘트 3.13 g/cm^3 정도, 중용열포틀랜드시멘트 3.20 g/cm^3 정도이다. 혼합시멘트의 경우는 혼합재가 많을수록 밀도는 작아진다. 밀도는 콘크리트 단위질량의 계산, 콘크리트 배합설계 등에 필요하다. 또한 시멘트가 풍화되거나 소성이 불충분할 때 밀도가 저하하기 때문에 이들의 판단에도 어느 정도 도움이 된다. 밀도시험에는 르샤틀리에 밀도병(Le Chatelier flask)을 사용하고 정제한 광유를 사용해서 시험한다.

(2) 분말도

시멘트 분말도(fineness)는 브레인(blaine) 공기투과장치에 의하여 측정되는 시멘트 1 g이 가지는 비표면적(cm^2/g)으로 나타내거나 표준체 45 μm 또는 90 μm에 의하여 잔류되는 비율로 나타내는 방법이 있다. 일반적으로 시멘트의 비표면적은 2,800 cm^2/g 이상이다. 분말도가 크면 수분과 접하는 시멘트 표면적이 크게 되기 때문에 수화가 촉진되고 응결이 빨라져서 조강성을 나타낸다. 따라서 조강 및 초조강시멘트는 분말도를 보통의 시멘트에 비하여 크게 한다.

(3) 안정성

시멘트가 불안정하면 이상팽창 및 수축을 일으켜 콘크리트에 균열을 발생시키므로 구조물에 치명적인 손상을 주게 된다. 안정성(soundness)은 시멘트의 화학적 조성의 영향을 받으며, 클링커의 소성이 불충분하여 생긴 유리석회(free CaO)의 과다, MgO의 과다 및 석고 첨가량이 지나치게 많은 경우 불안정하게 된다. 시멘트의 안정성은 오토클레이브(autoclave) 팽창도 시험방법에 의해 시험하며, 이 시험에 의한 팽창도는 0.8%

이하로 규정되어 있다.

(4) 응결

시멘트 풀(cement paste)이 시간경과에 따라 수화(水和)에 의해 유동성을 상실하고 고화하는 현상을 응결(setting)이라 한다. 응결시간은 비카트(Vicat)장치 또는 길모아 침(Gillmore needle)에 의해 측정한다. 응결은 분말도가 클수록, C_3A가 많을수록, 온도가 높을수록, 습도가 낮을수록 빨라지며, 물-시멘트 비가 크거나 시멘트의 풍화(風化)가 진행되면 응결이 늦어진다.

정상적이 아닌 응결로서 위응결(false set)과 급결(flash set)이 있다. 위응결은 가응결이라고도 하는데 정상적인 응결을 하지 않고 수화초기에 시멘트 풀이 약간 굳어지는 현상으로 다시 비비면 그 후는 정상적인 응결을 나타내는 것을 말하며, 시멘트 중의 석고 탈수(반수석고, 가용성 무수석고)나 시멘트의 풍화에 의하여 일어난다. 그러나 순결이라고도 말하는 급결은 짧은 시간에 응결이 종료되는 것으로 다시 비벼도 문제가 해소되지 않으며 이 현상은 석고가 부족한 시멘트 또는 가용성 알루미나 성분이 많은 혼화재를 함유할 때 일어날 수 있다.

(5) 수화열

시멘트와 물의 반응은 발열반응이며, 시멘트의 종류에 따라 발열속도가 각기 다르기 때문에 필요에 따라 적절한 시멘트를 선정하여 사용한다. 그리고 물과 혼합한 후 일정 재령까지의 기간 중에 발생한 열량의 합계를 그 재령의 수화열(水和熱, heat of hydration)이라 하며 수화열이 큰 시멘트는 겨울철 공사에 사용하여 좋은 결과를 얻을 수 있으나 매시브(massive)한 콘크리트에서는 온도균열(thermal crack)의 원인이 된다. 표 2.7은 순수한 클링커 화합물의 수화열 측정결과를 나타낸 것이다.

표 2.7 순수한 클링커 화합물의 수화열(cal/g)[8)]

화합물	수화열(cal/g)
C_3S	120
C_2S	62
C_3A	207
C_4AF	100

(6) 강도

시멘트와 물의 반죽으로 시멘트 풀(cement paste)의 응결이 시작된 후 계속적인 반응에 의해 강도를 나타내는 경화(硬化, hardening)가 진행된다. 시멘트의 강도는 콘크리트의 강도와 밀접한 관련이 있어서 가장 중요한 성질이다. 시멘트의 강도 시험은 품질검사를 실시하는 동시에 그 결과로부터 같은 시멘트를 사용하여 만든 콘크리트의 강도를 어느 정도 추정할 수 있기 때문에 행해진다.

시멘트 강도 시험은 시멘트 풀의 강도를 시험하는 것이 좋겠지만 시멘트 풀의 강도가 콘크리트 또는 모르타르로 했을 때의 강도와 비례한다고 볼 수 없는 것으로 알려져 있다. 따라서 시멘트의 강도는 콘크리트로서 시험하는 것이 가장 바람직하겠지만 그 시험이 간단하지 않기 때문에 모르타르로 시험하도록 정하고 있다.

KS L ISO 679(시멘트의 강도 시험방법)는 시멘트 모르타르의 압축강도 및 휨강도의 시험방법에 대하여 규정한다. 이에 따르면 치수 40×40×160 mm의 각주형 공시체를 사용하고 공시체는 질량으로 시멘트 1에 대해서 물 0.5 및 잔골재 3의 비율로 혼합한 모르타르로 성형한다. 이때 잔골재는 ISO 표준모래를 사용하고 틀에 다진 공시체는 24시간 습윤양생한 후 탈형하여 강도측정시험을 할 때까지 수중양생 한다. 측정 재령에 이르렀을 때 시험체를 수중양생소로부터 꺼내어 휨강도를 측정한 후 나시 그 깨진 시편으로 압축강도 시험을 한다.

(7) 풍화

시멘트를 대기 중에 방치하거나 포대와 같은 통기성의 용기에 담아서 장기간 저장하면 공기 중의 수분과 탄산가스와의 반응에 의해 시멘트의 품질이 저하하는데 이것을 시멘트의 풍화(風化)라고 한다.

시멘트의 풍화기구는 시멘트 중의 규산3칼슘($3CaO \cdot SiO_2$)이 대기 중의 수분과 반응하여 규산칼슘 수화물과 수산화칼슘($Ca(OH)_2$)을 생성하고, 수산화칼슘이 다시 이산화탄소와 반응하여 탄산칼슘($CaCO_3$)과 물을 생성하는 과정으로 설명된다. 즉,

$$CaO + H_2O \rightarrow Ca(OH)_2$$

$$Ca(OH)_2 + CO_2 \rightarrow CaCO_3 + H_2O$$

한편 시멘트 중의 알루민산3칼슘($3CaO \cdot Al_2O_3$)은 석고 및 수분과 반응하여 칼슘설퍼알루미네이트 수화물 즉, 에트린가이트($3CaO \cdot Al_2O_3 \cdot 3CaSO_4 \cdot 32H_2O$)를 생성한다. 이와 같이 시멘트의 풍화는 완만한 수화반응과 탄산화반응에 의해 일어나는 것으로 이

과정에서 수경성 시멘트 화합물이 감소하는 동시에 생성된 탄산칼슘과 수화물에 의해 미수화 입자의 표면이 피복되기 때문에 시멘트 화합물의 수화반응이 저하된다.

풍화에 의한 시멘트의 성상변화는 저장방법이나 저장환경, 시멘트의 종류 등에 따라 차이가 난다. 포대시멘트를 창고에 장기간 저장한 경우의 시험결과에 의하면 저장기간의 경과에 따라 강열감량이 증가하고 밀도가 저하하며 강도가 저하하는 경향이 있다(그림 2.6 참조).

따라서 포대시멘트의 경우는 저장 중에 지면으로부터 습기를 받지 않도록 하기 위해서 창고의 마루와 지면 사이에 어느 정도의 거리가 필요하며, 현장에서의 목조창고를 표준으로 할 때는 그 거리를 0.3 m 이상으로 하면 좋다. 또 포대시멘트를 쌓아서 저장하는 경우 그 무게로 인해 하부의 시멘트가 고결할 우려가 있으므로 시멘트의 쌓아올리는 높이는 13포 이하로 하는 것이 바람직하며 저장기간이 길어질 경우는 7포 이상 쌓아올리지 않는 것이 좋다. 또한 저장 중에 약간이라도 굳은 시멘트는 공사에 사용하지 않아야 하며, 3개월 이상 저장한 시멘트는 사용하기에 앞서 시험을 실시하여 그 품질을 확인하여야 한다.

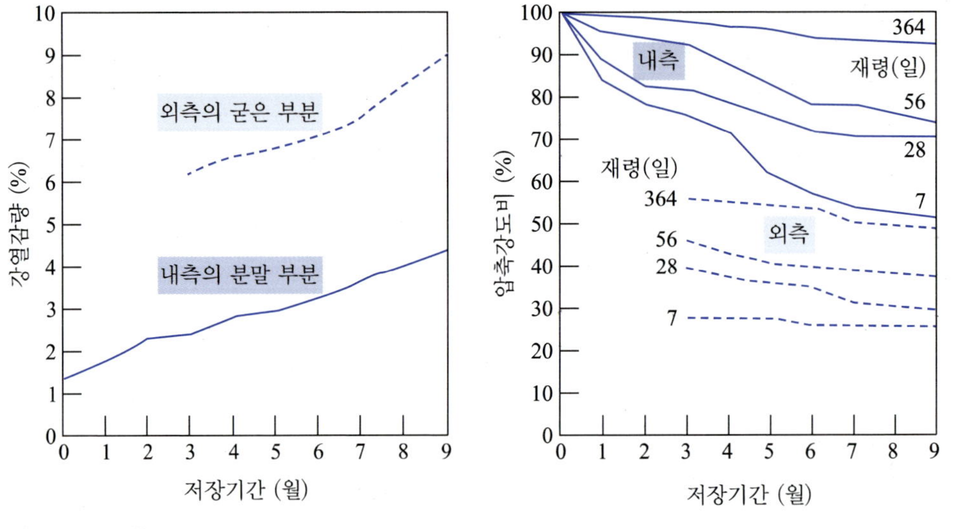

그림 2.6 포대시멘트의 저장기간에 따른 강열감량 및 압축강도비[9)]

2.7 포틀랜드시멘트

포틀랜드시멘트에 대한 규격(KS L 5201)에서는 포틀랜드시멘트 5종류(1종 보통포틀랜드시멘트, 2종 중용열포틀랜드시멘트, 3종 조강포틀랜드시멘트, 4종 저열포틀랜드시멘트 및 5종 내황산염포틀랜드시멘트)의 제조방법에 대하여 다음과 같이 정하고 있다. 즉, 포틀랜드시멘트는 포틀랜드시멘트 클링커에 적당량의 석고 및 분쇄조제를 가하여 분말로 한 것이다. 다만, 고로슬래그, 포졸란 및 플라이애시 중 한 종류를 시멘트의 5% 이내 그리고 석회석을 5% 이내에서 혼합분쇄 또는 단독분쇄 후 혼합할 수 있다.

KS L 5201에는 포틀랜드시멘트의 화학성분 및 물리성능에 대하여 표 2.8과 같이 규정하고 있다.

한편 백색포틀랜드시멘트에 대해서는 KS L 5204에서 규정하고 있다.

(1) 보통포틀랜드시멘트

일반적인 시멘트로서 보편적인 성질을 구비하고 있다. 보통포틀랜드시멘트는 토목, 건축의 각 공사에 사용하는 보편적인 시멘트로서 콘크리트 제품용으로서 가장 많이 사용되며, 우리나라 시멘트 생산량의 약 90% 이상을 차지하고 있다.

(2) 중용열포틀랜드시멘트

중용열포틀랜드시멘트는 수화열이 보통포틀랜드시멘트보다 낮고 건조수축도 적다. 조기강도는 보통포틀랜드시멘트보다 낮으나 장기강도는 거의 같다. 화학성분은 C_2S, C_4AF가 비교적 많고 C_3S와 C_3A는 적다.

중용열포틀랜드시멘트는 댐 등의 매스 콘크리트(mass concrete)용으로 사용되며 포장용 콘크리트로서도 적합하다. 우리나라에서는 충주댐 건설공사에 최초로 사용되었다.

한편 중용열포틀랜드시멘트보다 C_2S의 생성량을 늘려서 수화열이 보다 적도록 한 것을 저열포틀랜드시멘트라 한다.

(3) 조강포틀랜드시멘트

조강포틀랜드시멘트는 조기강도를 필요로 하는 경우 사용되며 조기강도가 크기 때문에 공기단축이 가능하고 도로 및 수중공사 등 긴급공사에 사용된다. 보통포틀랜드시멘트에 비하여 1일 강도 3배, 7일 강도 1.5배, 28일 강도 1.1배 정도가 된다. 그러나 수화열이 커서 매스 콘크리트에 사용하면 균열이 발생할 위험이 크다.

조강포틀랜드시멘트는 보통포틀랜드시멘트보다 C_3S의 양을 많게 하고 비표면적을 높게 되도록 분쇄하여 제조한다.

(4) 저열포틀랜드시멘트

중용열포틀랜드시멘트(low-heat portland cement)보다 발열량이 가장 적은 시멘트로서 7일과 28일의 수화열이 각각 250 J/g 이하 및 290 J/g 이하로 규정되어 있다. 고내구성이 우수하여 특수공사에 사용하며, LNG 탱크, 댐용 시멘트로서 적합하다.

(5) 내황산염포틀랜드시멘트

시멘트 경화체 중에서 칼슘알루미네이트 수화물은 콘크리트 외부로부터의 황산염과 반응하여 칼슘설퍼알루미네이트를 생성시킨다. 이것이 수화된 시멘트 페이스트의 골조 내에 형성됨으로써 체적 증가로 인해 콘크리트가 서서히 붕괴될 수 있다. 이 황산염에 의한 침식에 대한 대책으로서 C_3A의 양이 적은 내황산염포틀랜드시멘트를 사용하는 것이 효과적이다.

내황산염포틀랜드시멘트는 황산염을 함유한 물, 지하수 및 공장폐수 중에서 사용하기에 적합하도록 만든 시멘트이다. 이 시멘트는 황산염 저항성이 약한 C_3A의 양을 제한하고 그 저항성이 큰 C_4AF의 양을 크게 하며, C_3S도 C_2S보다 화학저항성이 작기 때문에 그 양을 상대적으로 적게 하여 제조한다.

(6) 백색포틀랜드시멘트

백색포틀랜드시멘트는 건축물의 도장용과 인조대리석 제작용 등에 주로 사용되는 시멘트로서 보통포틀랜드시멘트의 Fe_2O_3가 3% 정도인데 반해 백색포틀랜드시멘트에서는 0.3% 이하로 제한하고 있다. 보통포틀랜드시멘트의 색이 회색인 것은 Fe_2O_3와 MgO의 작용이며 Fe_2O_3의 양을 크게 줄임으로써 흰색의 시멘트가 얻어진다. 따라서 시멘트의 원료로는 철분, 마그네슘이 적은 백색점토를 사용하고 중유로 소성하며 분쇄 시에는 철 볼 대신에 알루미나 볼을 사용한다.

백색포틀랜드시멘트의 성질은 보통포틀랜드시멘트와 유사하다.

표 2.8 포틀랜드시멘트의 화학성분 및 물리성능[10)]

구분	항목	세부	보통 (1종)	중용열 (2종)	조강 (3종)	저열 (4종)	내황산염 (5종)
혼합재 함유량(%)			고로슬래그, 포졸란, 플라이애시 중 한 종류 5% 이내 + 석회석 5% 이내				
화학 성분	산화마그네슘, MgO(%)		5.0 이하	5.0 이하	5.0 이하	5.0 이하	5.0 이하
	삼산화황, SO_3(%)		3.5 이하	3.0 이하	4.5 이하	3.5 이하	3.0 이하
	강열감량(%)		5.0 이하	5.0 이하	5.0 이하	5.0 이하	5.0 이하
	C_3S(%)			50 이하			
	C_2S(%)					40 이상	
	C_3A(%)			8.0 이하		6.0 이하	4.0 이하
물리 성능	분말도(cm^2/g)		2800 이상	2800 이상	3300 이상	2800 이상	2800 이상
	안정도	오토클레이브 팽창도(%)	0.8 이하	0.8 이하	0.8 이하	0.8 이하	0.8 이하
		르샤틀리에 (mm)	10 이하	10 이하	10 이하	10 이하	10 이하
	응결시간 비카시험	초결(분)	60 이상	60 이상	45 이상	60 이상	60 이상
		종결(시간)	10 이하	10 이하	10 이하	10 이하	10 이하
	수화열(J/g)	7일		290 이하		250 이하	
		28일		340 이하		290 이하	
	압축강도 (MPa; N/mm^2)	1일			10.0 이상		
		3일	12.5 이상	7.5 이상	20.0 이상		10.0 이상
		7일	22.5 이상	15.0 이상	32.5 이상	7.5 이상	20.0 이상
		28일	42.5 이상	32.5 이상	47.5 이상	22.5 이상	40.0 이상
		91일				42.5 이상	

2.8 혼합시멘트

혼합시멘트는 포틀랜드시멘트 클링커에 적당량의 급냉고로슬래그 또는 포졸란 재료를 혼합·분쇄하여 포틀랜드시멘트의 특성을 보완한 것으로 여기에는 고로슬래그시멘트, 포틀랜드포졸란시멘트, 플라이애시시멘트 등이 있다.

(1) 고로슬래그시멘트

철광석, 코크스, 석회석 등을 용광로에서 용융하면 약 1,500℃의 쇳물과 함께 광물성분이 용해된 용융슬래그가 발생한다. 용융슬래그는 밀도의 차이를 이용하여 철과 분리하게 되는데 냉각방법에 따라 서냉슬래그(palletized slag - air cooled)와 급냉슬래그(granulated slag - water cooled)로 구분된다. 서냉슬래그는 용융슬래그를 자연 공기 중 냉각과 살수에 의해 냉각하여 결정화되며, 급냉슬래그는 용융슬래그에 고압의 물을 분사하여 급냉에 의해 모래상태로 유리질화 된다.

고로슬래그시멘트(blast-furnace slag cement)는 빠른 속도로 냉각시킨 급냉고로슬래그를 포틀랜드시멘트 클링커에 혼합하고 여기에 석고를 첨가해 분쇄하여 만들며, 시멘트 속에서 고로슬래그는 포틀랜드시멘트의 수화에 의하여 생성되는 수산화칼슘($Ca(OH)_2$) 또는 석고 등의 자극을 받아 수화하고 경화하는 성질 즉, 잠재수경성(潛在水硬性)을 가진다.

KS L 5210(고로슬래그시멘트)에서 고로슬래그는 그 품질특성 중 다음과 같이 정의되는 염기도가 1.6 이상인 것을 사용하도록 규정하고 있다. 고로슬래그는 염기도가 클수록 자극재의 존재 하에서 강한 수경성을 발휘한다.

$$\text{염기도} = \frac{\mathrm{CaO} + \mathrm{MgO} + \mathrm{Al_2O_3}}{\mathrm{SiO_2}}$$

고로슬래그시멘트는 고로슬래그의 혼합량에 따라 3종류(1종 : 5% 초과～30% 이하, 2종 : 30% 초과～60% 이하, 3종 : 60% 초과～70% 이하)로 나눈다.

고로슬래그시멘트는 고로슬래그의 혼합량이 많을수록 그 밀도는 작아지며, 보통포틀랜드시멘트와 비교하여 초기강도는 다소 낮으나 장기강도는 비슷하거나 약간 크다. 또 수화열이 비교적 적고 화학저항성과 수밀성이 크기 때문에 해수, 공장폐수 등에 접하는 콘크리트에 적합하며 댐, 하천, 항만 등의 토목공사에 이용된다.

KS L 5210에서 고로슬래그시멘트의 화학성분 및 물리성능에 대한 규정은 표 2.9에 나타낸 바와 같다.

표 2.9 고로슬래그시멘트의 화학성분 및 물리성능[11)]

<table>
<tr><th colspan="4"></th><th>1종</th><th>2종</th><th>3종</th></tr>
<tr><td colspan="4">슬래그 함유량(%)</td><td>5 초과 30 이하</td><td>30 초과 60 이하</td><td>60 초과 70 이하</td></tr>
<tr><td rowspan="3">화학
성분</td><td colspan="3">삼산화황, SO_3(%)</td><td>3.5 이하</td><td>4.0 이하</td><td>4.5 이하</td></tr>
<tr><td colspan="3">산화마그네슘, MgO(%)</td><td>5.0 이하</td><td>6.0 이하</td><td>6.0 이하</td></tr>
<tr><td colspan="3">강열감량(%)</td><td>3.0 이하</td><td>3.0 이하</td><td>3.0 이하</td></tr>
<tr><td rowspan="8">물리
성능</td><td colspan="3">분말도(cm^2/g)</td><td>3000 이상</td><td>3000 이상</td><td>3300 이상</td></tr>
<tr><td colspan="2" rowspan="2">안정도</td><td>오토클레이브
팽창도(%)</td><td>0.2 이하</td><td>0.2 이하</td><td>0.2 이하</td></tr>
<tr><td>르샤틀리에
(mm)</td><td>10 이하</td><td>10 이하</td><td>10 이하</td></tr>
<tr><td rowspan="2">응결
시간</td><td rowspan="2">비카
시험</td><td>초결(분)</td><td>45 이상</td><td>60 이상</td><td>60 이상</td></tr>
<tr><td>종결(시간)</td><td>7 이하</td><td>10 이하</td><td>10 이하</td></tr>
<tr><td colspan="2" rowspan="3">압축강도
(MPa;
N/mm^2)</td><td>3일</td><td>12.5 이상</td><td>10.0 이상</td><td>7.5 이상</td></tr>
<tr><td>7일</td><td>22.5 이상</td><td>17.5 이상</td><td>15.0 이상</td></tr>
<tr><td>28일</td><td>42.5 이상</td><td>42.5 이상</td><td>40.0 이상</td></tr>
</table>

(2) 포졸란시멘트

천연산이나 인공 실리카질 혼화재료를 총칭하여 포졸란(pozzolan)이라 하며, 이러한 포졸란을 포틀랜드시멘트 클링커에 조합하여 적당량의 석고를 가해 만든 시멘트를 포졸란시멘트(pozzolan cement) 또는 실리가시멘드(silica cement)라 한다.

포졸란시멘트의 가용성 SiO_2 등은 수화 시 생기는 $Ca(OH)_2$와 결합하여 불용성 규산칼슘 수화물 등을 생성시킨다. 이 작용을 포졸란 반응(pozzolanic reaction)이라 하며 이 작용에 의해 시멘트의 성질이 개선되고 장기강도가 증진된다. 또한 워커빌리티(workability)가 증진되고 단위수량을 감소시킬 수 있으므로 콘크리트의 내구성이 증가하며 건조수축량과 수화열이 적어지는 이점이 있는 반면 초기강도는 약간 작아지게 된다.

포졸란 재료로는 규산백토, 화산재 등의 규산질 혼합재가 있다.

KS L 5401에서는 실리카질 혼합재의 함유율에 따라 포졸란시멘트를 A종(5% 초과～10% 이하), B종(10% 초과～20% 이하), C종(20% 초과～30% 이하)의 3종류로 나누고 있다.

(3) 플라이애시시멘트

석탄을 곱게 빻은 미분탄을 사용하는 화력발전소에서 전기 집진기 등으로 포집한 플라이애시를 포틀랜드시멘트에 혼합한 것을 플라이애시시멘트(fly ash cement)라 한다. KS L 5211(플라이애시시멘트)에서는 플라이애시시멘트를 플라이애시의 혼합량에 따라 3종류(A종 : 5% 초과~10% 이하, B종 : 10% 초과~20% 이하, C종 : 20% 초과~30% 이하)로 구분하고 있다.

플라이애시는 둥근 모양으로 콘크리트에서 볼베어링(ball bearing)의 작용을 하여 워커빌리티를 증대시키고 단위수량을 감소시킨다. 또한 콘크리트의 내구성을 증가시키고 건조수축을 작게 하며 플라이애시의 포졸란 반응으로 인하여 콘크리트의 장기강도가 증가한다. 플라이애시시멘트는 수화열이 적어 댐 콘크리트용으로도 적합하다.

KS L 5211에서 플라이애시시멘트의 화학성분 및 물리성능에 대한 규정은 표 2.10에 나타낸 바와 같다.

표 2.10 플라이애시시멘트의 화학성분 및 물리성능[12)]

			1종	2종	3종
플라이애시 함유량(%)			5 초과 10 이하	10 초과 20 이하	20 초과 30 이하
화학성분	산화마그네슘, MgO(%)		5.0 이하	5.0 이하	5.0 이하
	삼산화황, SO_3(%)		3.0 이하	3.0 이하	3.0 이하
	강열감량(%)		3.0 이하	-	-
물리성능	분말도, 비표면적(cm^2/g)		2500 이상	2500 이상	2500 이상
	안정도	오토클레이브 팽창도 또는 수축도(%)	±0.5 이하	±0.5 이하	±0.5 이하
		르샤틀리에(mm)	10 이하	10 이하	10 이하
	응결시간 비카시험	초결(분)	60 이상	60 이상	60 이상
		종결(시간)	10 이하	10 이하	10 이하
	압축강도 (MPa; N/mm^2)	3일	12.5 이상	10.0 이상	7.5 이상
		7일	22.5 이상	17.5 이상	15.0 이상
		28일	42.5 이상	37.5 이상	32.5 이상

2.9 특수시멘트

특수시멘트는 특수한 목적을 위해 사용되는 시멘트로서 그 제조방법이나 화학조성 등이 포틀랜드시멘트와는 매우 다르다. 특수시멘트에는 알루미나시멘트, 초속경시멘트, 팽창시멘트, 고베라이트시멘트, 유정시멘트, 콜로이드시멘트 등 이외에도 다양한 종류가 있다.

(1) 알루미나시멘트

알루미나시멘트(high alumina cement)는 칼슘알루미네이트(calcium aluminate)를 주성분으로 하고 초조강성을 가지며, 물을 가한 후 6～12시간 정도에 보통포틀랜드시멘트의 재령 28일 강도를 발현한다. 또한 발열량이 크므로 긴급을 요하는 공사나 겨울철 공사를 할 때의 시공에 적합하다. 그리고 내화성이 있고 산, 염류, 해수 등의 화학적 침식에 대한 저항성이 크다.

알루미나시멘트의 응결, 경화는 양생온도에 따라 크게 영향을 받는다. 저온의 영향은 오히려 작고, 25～30℃ 온도 범위에서 응결, 경화가 현저히 지연되며, 30℃ 이상에서는 높은 강도를 기대할 수 없다. 따라서 알루미나시멘트는 25℃ 이하의 양생온도를 유지하는 것이 중요하다.

알루미나시멘트의 문제점으로는 발열량이 매우 큰 점, 물-시멘트 비를 작게 하고 저온으로 유지시키지 않으면 수화물의 전이에 의해 장기강도가 상당히 저하하는 점, 또 알루미나시멘트는 그 주요성분이 칼슘알루미네이트($CaO \cdot Al_2O_3$)로서 경화과정에서 포틀랜드시멘트와 같이 수산화칼슘($Ca(OH)_2$)을 생성시키지 않기 때문에 알칼리성이 약하여 철근 부식의 우려가 있으며 또한 가격이 높은 점 등의 단점이 있다.

(2) 초속경시멘트

초속경시멘트(regulated set cement)는 응결, 경화시간을 임의로 조정할 수 있는 시멘트로서, 특히 1～2시간 만에 실용할 수 있는 강도를 발현한다고 하여 one hour cement 또는 제트시멘트(jet cement)라고도 한다. 물을 가한 후 2～3시간에 약 10 MPa의 압축강도를 얻을 수 있다. 광물조성은 알루민산칼슘이 종래의 $C_3A(3CaO \cdot Al_2O_3)$의 형태가 아니고 활성화된 알루민산칼슘($C_{11}A_7 \cdot CaF_2$)의 형태로 존재하며 Al_2O_3의 양이 많기 때문에 그에 따라 황산칼슘양을 많게 한다. 또 지연제로서 유기산질의 특수한 것을 가함으로써 사용 가능한 시간을 실용적인 범위로 연장시킬 수 있다. 응결시간이 짧고 경화

시 발열이 크기 때문에 동절기공사, 긴급공사, 시멘트 2차 제품, 숏크리트(shotcrete), 그라우트용으로 사용된다.

초속경시멘트를 사용하는 콘크리트의 경우 주의사항은 다음과 같다.

1) 초결 후 급격히 경화가 진행되며 블리딩(bleeding)도 적기 때문에 표면 마무리와 탬핑(tamping)의 시기에 주의한다.
2) 경화발열에 의한 수분증발을 막기 위해 막양생제를 사용한다.
3) 포틀랜드시멘트나 염화칼슘 등을 함께 사용하지 않는다.
4) 콘크리트 타설 후 15∼25℃ 정도의 온도상승은 피할 수 없어 주의가 필요하다.

(3) 팽창시멘트

일반시멘트를 사용한 콘크리트는 경화과정 중의 건조에 의해 수축하고 이것이 철근 등에 구속된 경우 인장응력에 의해 균열이 발생되는 경우가 있다. 이 수축성을 개선시킬 목적으로 개발된 것이 팽창시멘트이다. 이것은 수화 시에 에트린가이트나 수산화칼슘의 미결정 등을 다량으로 생성함으로써 특수 팽창성을 가지게 되는 시멘트이다.

팽창시멘트는 초기재령에서 습윤상태로 유지하여 팽창시키고 그 후의 건조상태에서 생기는 수축을 상쇄시키는 것으로 팽창량의 크기에 따라 팽창시멘트와 무수축(혹은 수축보상용)시멘트로 나뉜다. 이 중 전자 즉, 팽창시멘트는 초기의 팽창을 크게 하고 이것을 강재 등으로 적당히 구속하여 영구재령에서의 팽창량을 잔존시켜 이것을 화학적 프리스트레스(chemical prestress)로서 유효하게 작용시키는 것이며, 무수축시멘트는 초기재령에서 약간의 팽창량을 주고 그 후의 콘크리트 수축에 기인한 유해한 인장응력을 제거 내지는 경감시키고자 하는 것이다.

우리나라에서 팽창시멘트는 시판되지 않고 팽창재가 혼화재로서 시판되고 있기 때문에 일반적으로는 혼합 시에 이것을 혼입시켜 팽창시멘트로서 사용한다.

팽창속도나 팽창량은 팽창재의 종류, 사용량, 배합, 시멘트나 골재의 품질, 양생조건, 구속조건에 따라 다르기 때문에 실제 사용에 있어서는 충분한 예비시험이 필요하며 시공에 세심한 주의를 기울여야 한다.

(4) 고베라이트시멘트

고베라이트시멘트는 클링커 중의 베라이트(belite, C_2S)의 양을 대폭적으로 증가시키고 알라이트(alite, C_3S)의 양을 적게 한 시멘트로서 수화열이 중용열포틀랜드시멘트보다도 낮고 발열속도가 완만한 특징을 가진다. 또한 이 시멘트를 사용한 콘크리트는 수화열이 대폭적으로 감소되고 장기강도가 높으며 유동성이 좋은 등의 특성이 있어서 고유동 콘크리트나 고강도 콘크리트에 종종 사용된다.

(5) 유정시멘트

유정(油井)을 굴착할 때 갱내에 삽입한 강관(케이싱)과 갱 벽과의 사이에 시멘트 슬러리를 충전시키는데 이 작업을 시멘팅(cementing)이라 하며, 이때 유정시멘트(oil well cement)가 사용된다. 시멘팅에 사용하는 시멘트 슬러리는 펌프 압송이 종료될 때까지 유동성을 잃지 않으며 압입 후에는 신속히 경화하여 소요의 강도를 발현하는 동시에 내황산염성이 높아야 한다. 석유층의 굴착에 있어서 심도에 따라 지층온도는 높게 되고 압력도 높게 된다. 유정시멘트에 대해서는 API(미국석유협회) 규격이 세계적으로 적용되고 있다.

(6) 콜로이드시멘트

시멘트 슬러리는 각종의 그라우트(grout) 공법에 이용되는데 암반 공극 등 미세한 공극부에 주입하는 경우는 초미분말성의 시멘트가 요구된다. 이 목적으로 개발된 것이 최대지름 40 μm 정도로 미분쇄한 콜로이드시멘트(colloid cement)이며, 그 특성으로는 공극에의 침투력이 강할 것, 분리저항성이 클 것 등이 요구된다. 터널 굴착시의 지수(止水) 및 댐의 지수공사 등에 주로 사용된다.

2.10 콘크리트 작업자의 안전 및 보건

콘크리트 작업자는 시멘트 화상이라 말하는 가성 화상(苛性火傷)을 입지 않도록 주의할 필요가 있다. 시멘트 화상은 피부에 염증을 일으켜 가려움, 붉어짐, 부어오름, 물집, 피부 벗겨짐 등의 문제를 야기하거나 심한 경우는 그 화상이 깊어져 흉한 상처를 남길 수도 있다.

또한 포틀랜드시멘트는 면역체계가 과도하게 반응하는 민감한 작업자에게 알레르기 형태의 피부염을 유발시킬 수 있다. 이는 시멘트에 미량 포함된 6가 크롬(Cr(VI))이 원인이 되어 발생되는 문제로서 작업자에 따라서는 단 한 번 또는 수개월 내지 수년 동안의 6가 크롬에의 노출에 의해 피부가 민감해질 수 있다고 알려져 있다. 일단 피부가 민감하게 된 이후에는 소량의 6가 크롬에의 가벼운 피부접촉만으로도 알레르기 형태의 피부염을 일으킬 수 있다. 시멘트에 노출된 작업자가 6가 크롬에 민감해졌는지의 여부는 피부 반응성 측정(skin patch test)과 같은 의학실험을 통해 확인할 수 있으며 빠른 진단과 치료는 시멘트 관련 피부질환이 만성 피부질환으로 진행하는 것을 막는데 도움이 된다고 한다.

한편 포틀랜드시멘트를 취급할 때의 피부질환 방지 지침(Preventing Skin Problems from Working with Portland Cement)[13]이 2008년 미국 노동부 산하의 노동안전위생국(OSHA, Occupational Safety and Health Administration)에 의해 제정된 바 있다.

이 지침은 고용주와 작업자에게 시멘트의 노출과 관련된 피부질환에 대하여 알게 하고, 포틀랜드시멘트를 취급할 때의 공기 중 분진 허용한도, 시멘트와 관련한 피부질환을 방지하기 위한 기준 등을 규정한다.

지침에 따르면 시멘트 관련 피부질환을 예방하기 위한 가장 좋은 방법은 시멘트와의 접촉을 최소화하는 것이며 아래에 나타낸 피부 위생 및 작업 방법을 따르는 것이 중요하다.

1) 긴 소매 셔츠나 테이프를 통해 장갑 안쪽에 모르타르나 콘크리트가 들어오지 못하게 하여 팔과 손을 보호할 것
2) 장갑의 내부를 깨끗하고 마른 상태로 유지할 것
3) 보호막 크림(barrier cream) 또는 투명 장갑은 효과적이지 않기 때문에 이를 사용하지 않을 것
4) 작업 중 시멘트와의 접촉을 피하기 위해서 방수 무릎 패드나 마른 무릎 판을 사용할 것
5) 시멘트를 취급할 때에는 적당한 눈 보호대를 착용할 것

또한 시멘트 취급 후 피부보호를 위해 필요한 일은 다음과 같다.

6) 콘크리트 또는 모르타르와 접촉하였던 피부부위를 찬 물로 깨끗하게 씻을 것
7) 씻을 때는 중성 또는 약한 산성 비누를 사용할 것
8) 마찰을 일으키거나 수분이 없는 핸드크림을 사용하지 않을 것
9) 시멘트 성분이 시계나 반지 주위에 남아 있을 수 있으므로 작업 시 착용하지 않을 것
10) 시멘트 성분을 피부에 남기고 흡수력을 향상시켜 피부를 자극할 우려가 있기 때문에 라놀린, 유성 젤리, 피부 연화 제품(skin softening product) 등을 사용하지 않을 것

참고문헌

1. 한국시멘트협회, http://www.cement.or.kr/, 2021.
2. 한국시멘트협회, 2019 한국의 시멘트산업 통계, 2020.
3. Sidney Mindess, J. Francis Young, David Darwin, Concrete(2nd ed.), Prentice Hall, 2003.
4. 콘크리트 기술 요점 '93, 일본콘크리트공학협회, 1993.
5. 시멘트 상식, 일본 시멘트협회, 1991.
6. R. H. Bogue, Chemistry of Portland cement, Reinhold Publishing Corporation, New York, 1955.
7. P. D. Tennis and H. M. Jennings, A model for two types of calcium silicate hydrate in the microstructure of Portland cement pastes, Cement and Concrete Research, Vol. 30, Issue 6, June 2000, pp. 855-863.
8. W. Lerch and R. H. Bogue, Heat of hydration of Portland cement pastes, J. Res. Nat. Rur. Stand., 12, No.5, 1934.
9. 小林和一, 吉田辛三郎, 콘크리트기술자를 위한 시멘트 화학잡론, 1984.
10. KS L 5201 포틀랜드시멘트, 2021.
11. KS L 5210 고로슬래그시멘트, 2017.
12. KS L 5211 플라이애시시멘트, 2019.
13. Occupational Safety and Health Administration, Preventing Skin Problems from Working with Portland Cement, 2008. (www.ohsa.gov/dsg/guidance/cement-guidance.html)
14. 森山容州, コンクリー ト材 料としての最近のセメント, Concrete Journal, Vol. 35, No. 4, April 1997, pp. 12-17.

3

골 재

3.1 개요

모르타르 또는 콘크리트를 제조하기 위하여 시멘트 및 물과 반죽 혼합하는 모래, 자갈, 부순돌, 기타 이와 유사한 입상의 재료를 골재(aggregate)라고 한다. 골재는 천연골재와 인공골재로 분류할 수 있으며, 천연골재는 하천골재, 바다골재, 산림골재 등이 있고, 인공골재에는 부순골재, 고로슬래그골재, 인공경량골재, 중량골재 등이 포함된다. 최근에는 골재 자원이 매우 다양화되고 있는 추세이며, 골재의 입형, 입도, 강도뿐만 아니라 바닷모래에 포함될 수 있는 염화물량이나 산림골재에 포함된 점토광물, 부순골재에 포함된 반응성 물질 등이 콘크리트 품질에 다양한 문제를 유발할 수 있으므로 사용에 주의가 필요하다.

골재의 공급현황을 살펴보면 1980년대 초까지는 하천골재의 비율이 90% 정도를 차지하여 골재의 주공급원이 하천이었다. 그러나 하천골재가 그동안 많이 소모되어 왔고 하천의 유지관리, 교량보호 등의 이유로 골재채취가 제한됨으로써 양질의 하천골재를 구하기가 매우 어렵게 되었다. 2000년대에 들어서 대략 하천골재 24%, 부순골재 45%, 그리고 바다골재가 26% 정도를 차지하는 것으로 나타남으로써 시간이 지남에 따라 하천골재의 공급비율이 급속히 감소하고 있다.

참고로 2000년대 초 국내의 채취원별 골재 채취량 현황을 나타낸 것이 표 3.1이다.

표 3.1 공급원별 골재 채취 현황(구성비)[1] (단위 : %)

구분(년도)	2011	2012	2013	2014	2015	2016	2017	2018	2019
하천골재	2.9	2.7	2	2	1	2	3	2.1	1.6
바다골재	29.3	30.2	29.9	38	26	33	25	12.5	3.7
산림골재	62.5	62.1	63.2	55	70	60	68	80.3	87.9
육상골재	5.3	5	4.9	5	3	5	4	5.1	6.8
합 계	100	100	100	100	100	100	100	100	100

한편 최근에는 시가지의 재개발이나 건물의 노후화, 기능 저하 등에 따라 콘크리트 건물의 해체가 늘고 있으며, 이것을 매립할 부지를 찾지 못하여 그의 처리에 부심하고 있는 실정이다. 그래서 콘크리트 폐재를 순환골재(recycled aggregate)로 만들어 이용하는 방안이 제안되고 있는데 이것은 폐 콘크리트의 매립으로 인한 환경문제를 해결한다는 측면 외에도 자원을 효율적으로 이용한다는 측면에서 큰 의미가 있다.

골재는 시멘트 콘크리트의 부피 중 약 80%, 아스팔트 콘크리트의 약 90%를 차지하기 때문에 골재의 제반 성질은 콘크리트의 품질에 크게 영향을 미친다. 따라서 소요의 품질을 가지는 콘크리트를 경제적으로 만들기 위해서는 콘크리트용 골재로서 요구되는 성질을 가지는 것이 필요하다.

골재에 요구되는 성질은 여러 가지인데 일반적으로 필요한 성질은 다음과 같다.

1) 단단할 것
2) 질량이 용도에 따라 적당할 것
3) 물리적, 화학적으로 안정하며 내구성이 클 것
4) 입형이 입방체 또는 원형에 가까울 것
5) 크고 작은 입자의 혼합상태가 적절할 것
6) 시멘트 페이스트(cement paste)와의 부착강도가 클 것
7) 깨끗하며, 유해물이 포함되어 있지 않을 것

3.2 골재의 분류

골재는 입자의 크기, 산지와 제조방법, 그리고 밀도 등에 따라 다음과 같이 분류된다.

3.2.1 입자의 크기에 의한 분류

골재는 체가름을 하였을 때 5 mm 체를 거의 다 통과하는 것을 잔골재(fine aggregate)라 하고, 5 mm 체에 거의 다 남는 것을 굵은골재(coarse aggregate)라 한다. 또한 일반적으로 5 mm 체를 질량으로 85% 이상 통과하는 것을 잔골재로 분류하고, 5 mm 체에 85% 이상 남는 것을 굵은골재로 분류한다. 즉, 현장의 골재는 체가름이 완전하지 않기 때문에 보통 굵은골재 속에 5 mm 체를 통과하는 것이 포함되기도 하고, 잔골재 속에는 5 mm 체에 남는 것이 포함되기도 한다. 그래서 각각의 경우에 대하여 여유를 두고 있으며, 여기에서 거의 다 남는다는 것은 85% 이상을 말한다.

3.2.2 산지 및 제조방법에 의한 분류

골재는 산지 또는 생산방법에 따라 천연골재와 인공골재로 분류된다. 천연골재에는 강모래, 강자갈, 육상모래, 육상자갈, 바닷모래, 바닷자갈 등이 있다. 인공골재로는 점토, 산업 부산물 등을 원료로 하여 가공한 것으로 인공경량골재, 고로슬래그 잔골재 및

고로슬래그 굵은골재 등이 있으며 암석을 분쇄한 부순굵은골재와 부순모래도 인공골재로 분류한다.

3.2.3 밀도에 의한 분류

일반적으로 골재는 밀도 2.50~2.70 g/cm^3 범위의 것을 보통골재, 밀도 2.50 g/cm^3 이하를 경량골재, 그리고 밀도 2.70 g/cm^3 이상을 중량골재로 분류한다. 보통골재나 경량골재는 보통의 구조물을 만들기 위한 콘크리트에 사용되고 경량골재는 경량 콘크리트를 만드는데 사용되며, 중량골재는 주로 방사선 차폐 콘크리트용으로 사용된다.

3.3 골재의 일반적 성질

3.3.1 함수상태

골재의 함수상태에는 절대건조상태(절건상태), 공기 중 건조상태(기건상태), 표면건조포화상태(표건상태) 및 습윤상태 등 4가지로 나누며 그 관계를 그림 3.1에 나타내었다.

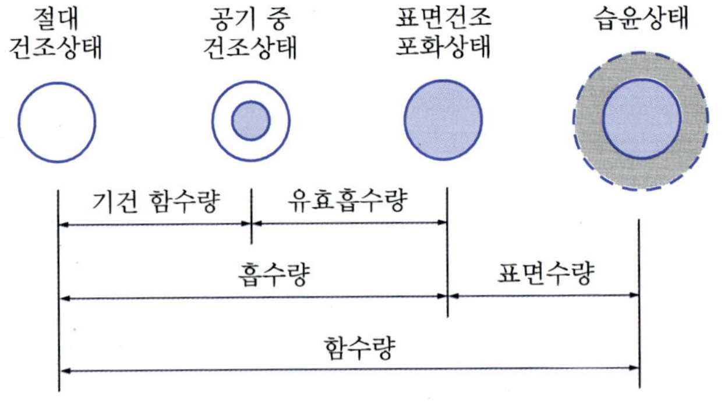

그림 3.1 골재의 함수상태[2)]

골재는 그 내부에 공극이 있다. 그리고 그 공극은 내부에 갇혀 있는 것과 표면까지 모세관 상태로 연속된 것이 있다.

골재의 절건상태(absolute dry condition of aggregate)란 골재의 표면 및 표면까지 연속된 공극에 전혀 수분이 존재하지 않는 상태로서 골재를 그 내부조직에 변화가 생기지 않을 정도의 온도인 100~110℃로 유지한 건조로에서 일정한 질량이 될 때까지 건조시킨 상태를 말하며 노건조상태(爐乾燥狀態)라고도 한다.

골재의 기건상태(air dry condition of aggregate)는 표면까지 연속된 모세관 공극의 일부에는 수분이 있지만 표면에는 수분이 없는 상태이다. 또 습윤상태(wet condition of aggregate)는 표면까지 연속된 공극이 모두 물로 채워지고 또 표면에도 수분이 존재하는 상태이다. 골재는 통상 기건상태로부터 습윤상태까지의 어느 함수상태에 있게 된다.

그리고 표건상태(saturated and surface-dry condition of aggregate)는 표면까지 연속된 공극에는 물이 채워져 있으나 표면에는 수분이 존재하지 않는 상태이다. 이 상태는 골재의 함수상태를 나타내는 경우 하나의 기준이 되며, 골재를 일정시간 수중에 침지하여 흡수시킨 후 표면수를 제거함으로써 얻어진다. 콘크리트 배합설계를 할 때에는 이 상태를 표준상태로 한다.

보통의 골재는 표건상태에 있지 않기 때문에 골재의 사용에 있어서는 표면건조포화상태로 조정하기 위한 수분의 과부족을 정확히 파악하는 것이 중요하다. 이 수분의 과부족을 양적으로 나타내는 것이 표면수율 및 유효흡수율이다. 특히 잔골재에 있어서는 표면적이 크기 때문에 표면수가 많아서 표면수율의 변동을 최소한으로 억제하는 동시에 정확히 그 값을 측정하는 것이 콘크리트의 품질 변동을 최소화하기 위해 매우 중요하다.

3.3.2 밀도, 흡수율 등 골재 고유의 성질

골재의 밀도, 흡수율, 안정성, 마모저항성 및 강도는 골재 고유의 성질로서 이들 성질은 골재의 적합 여부 등의 판정에 이용된다.

(1) 밀도

골재의 밀도에는 부피로서 골재 입자 내부의 공극을 포함시키지 않는, 골재를 분말상태로 하여 구한 진밀도와 공극을 부피에 포함시킨 겉보기 밀도가 있다. 실용적으로 중요한 성질은 입자 전체에 대한 것이기 때문에 골재의 밀도로서는 겉보기 밀도를 사용하는 것이 보통이며 단순히 밀도라고 하면 겉보기 밀도를 말한다. 겉보기 밀도에는 내부공극의 함수상태, 즉 표면건조포화상태, 공기 중 건조상태 또는 절대건조상태인가에 따라 표면건조포화상태의 밀도(표건밀도), 공기 중 건조상태의 밀도(기건밀도) 및 절대건조상태의 밀도(절건밀도)가 있다. 골재의 표면건조포화밀도(density in saturated surface-dry condition of aggregate)는 표면건조포화상태에서 골재의 질량을 같은 체적의 물의 질량으로 나눈 값으로 골재의 함수상태를 나타내는 기준이다.

골재의 밀도는 콘크리트의 단위질량에 직접적인 영향을 미친다. 각종 골재를 사용한 경우의 콘크리트 단위질량은 표 3.2와 같다.

표 3.2 각종 골재를 사용한 콘크리트의 단위질량[2)]

골 재	콘크리트의 단위질량(t/m^3)
천연골재	2.30～2.35
인공경량골재	1.50～1.70
인공경량골재에 일부 보통골재를 병용	1.70～2.00
고로슬래그 굵은골재와 강모래	2.25～2.35
중량골재	2.50～5.00

(2) 흡수율

골재를 물에 침지하여 골재입자의 내부공극을 물로 포화시켰을 때, 골재에 포함된 물의 질량을 절대건조상태의 질량에 대한 백분율로 나타낸 것을 흡수율(吸水率)이라고 한다.

흡수율은 골재입자 내부에 공극이 많고 적음과 밀접한 관계가 있다. 그러나 흡수율은 내부공극의 양을 완전히 나타내는 것은 아니다. 이것은 내부공극에는 매우 작은 것이 포함되어 있을 뿐만 아니라 외부와 연결되어 있지 않은 것도 있기 때문에 단순히 침지시키는 것만으로는 이들 공극을 완전히 물로 채울 수가 없기 때문이다.

공기 중 건조상태에서 표면건조포화상태까지의 사이에 골재가 흡수하는 수량을 유효흡수량이라 한다. 콘크리트 배합설계를 할 때 단위수량은 표면건조포화상태를 기준으로 하기 때문에 사용수량은 유효흡수량과 표면수량을 보정하여 정할 필요가 있다. 골재는 저장 시에 대부분 표면에 물을 함유하고 있다. 배합설계에서는 골재의 표면건조포화상태를 기준으로 하기 때문에 현장배합으로 변경 시에 골재의 표면에 묻어 있는 물의 비율을 확인하여야 한다. 표면수율은 골재의 표면건조포화상태의 질량에 대한 표면의 수량이며 측정에 소요되는 시간 등을 감안하여 신속한 측정이 필요한 경우에는 신속수분측정장치를 사용하기도 한다. 직접 측정으로 실시간 확인이 어려운 경우는 신뢰성이 확보된 자동측정장치를 사용하여 공정관리에 활용한다.

이상과 같은 골재의 함수상태를 식으로 나타내면 각각 다음과 같다.

흡수율 = (흡수량 / 절건질량) × 100 (%)

함수율 = (함수량 / 절건질량) × 100 (%)

유효흡수율 = (유효흡수량 / 절건질량) × 100 (%)

표면수율 = (표면수량 / 표건질량) × 100 (%)
또는 (표면수량 / 습윤상태의 질량) × 100 (%)

(3) 안정성

안정성이란 기상작용, 주로 동결융해작용에 대한 내구성을 말한다. 골재의 내부공극에 포함된 물은 동결 시 팽창하기 때문에 동결융해작용에 의해 골재는 서서히 손상된다.

골재의 안정성은 황산나트륨 포화용액에 골재를 침수시켜 건조시키는 조작을 반복하여 황산나트륨의 결정 팽창압에 의해 골재가 파손되는 정도를 조사하는 안정성 시험방법으로 어느 정도 평가할 수 있다.

안정성이 나쁜 골재를 사용하면 콘크리트의 동결융해작용에 대한 내구성이 저하한다. 그러나 촉신시험에 의해 구한 골재의 안정성과 콘크리트의 내구성 사이에는 반드시 명확한 관계가 있지는 않다. 이것은 골재의 촉진시험이 반드시 동결융해작용에 의한 손상기구(損傷機構)를 충실히 재현하는 것은 아니기 때문이다. 또 골재 중의 수분은 동결할 때 보다 작은 크기의 공극으로 이동하기 때문에 골재의 안정성은 내부공극의 많고 적음뿐 아니라 그의 크기, 분포상황, 연결상태와도 관계가 있다. 또한 콘크리트 중에서는 시멘트 페이스트에도 미세한 공극이 많이 존재하기 때문에 이것의 크기 및 이것과 골재의 공극과의 관계도 동결융해에 영향을 미친다. 따라서 골재의 안정성이 콘크리트의 내구성에 미치는 영향을 명확하게 하기 위해서는 콘크리트 중에서의 모든 공극의 구조와 동결융해작용에 대한 내구성과의 사이에 명확한 관계를 구하는 것이 필요하다. 그러나 현재 이들 사이에 명확한 관계가 밝혀져 있지 않다. 그러므로 골재의 안정성은 촉진시험결과와 콘크리트의 동결융해시험결과 및 기상조건 등을 종합적으로 판정하여 평가하는 것이 필요하다.

(4) 마모저항성

마모저항성은 차량의 타이어, 흐르는 물 등의 마모작용에 대한 저항성이다. 마모저항성은 굵은골재에 대해서는 로스앤젤레스 마모시험에 의해 평가된다. 일반적으로 콘크리트용 굵은골재의 마모감량은 40% 이하이어야 하며, 특히 마모작용을 받는 슬래브용 콘크리트에 쓰이는 굵은골재는 마모감량이 35% 이하인 것이 필요하다. 그러나 이 시험에서는 마모작용 이외에 충격작용에 의해서도 골재가 파쇄되기 때문에 이 결과에만 의해 골재의 마모저항성을 완전히 평가할 수는 없다. 또 잔골재에 대해서는 마모저항성을 시험하는 규격화된 방법이 없지만 굵은골재에 대한 방법을 준용하면 이것을 어느 정도 평가할 수 있을 것이다.

굵은골재의 마모저항성은 콘크리트의 마모저항성과 어느 정도의 상관성이 있다. 예를 들면 포장용 콘크리트에는 마모저항성이 큰 굵은골재를 사용하는 것이 필요하다. 그러나 콘크리트의 마모저항성은 굵은골재에만 의해 좌우되는 것이 아니라 잔골재의 마모저항성, 단위수량, 콘크리트의 강도 등과도 밀접한 관계가 있다.

(5) 강도

골재는 입상(粒狀)이기 때문에 그 강도를 직접 측정하는 것은 곤란하다. 그러나 천연골재와 부순굵은골재, 부순모래 등에서는 그 원래의 암석을 성형하여 강도 시험을 실시하는 것으로 대략적인 값을 알 수 있다. 암석의 압축강도는 그 분포의 범위가 매우 넓은데 대부분이 100 MPa 이상이며, 일반적인 경향으로서 밀도가 크고 흡수율이 작은 것은 강도가 큰 경향이 있다. 골재의 강도는 콘크리트의 압축강도에 영향을 미치지만 콘크리트의 압축강도가 매우 높지 않으면 그렇게 큰 영향을 미치지 않는다.

(6) 밀도, 흡수율, 안정성 및 마모저항성의 상관성

흡수율은 내부공극의 양에 의해 좌우되며 구성광물과는 거의 관계가 없다. 그 때문에 흡수율과 밀도는 본질적으로 그다지 관계가 있는 특성은 아니지만 보통의 골재에서는 이들 사이에 어느 정도의 상관관계가 있다(그림 3.2 참조). 이것은 보통의 암석에 있어서 구성광물의 진밀도가 크게 변화하지 않기 때문이다.

밀도와 흡수율은 골재 품질의 지표로서 중요시되는데 비교적 시험이 간단한 밀도 및 흡수율을 알면 이것으로부터 골재의 다른 고유의 성질을 어느 정도 추정할 수 있기 때문이다. 다시 말해서 그림 3.3 및 그림 3.4에 나타낸 바와 같이 흡수율과 안정성 및 마모저항성과의 사이에는 좋은 상관관계를 나타내며 밀도와의 사이에도 상관성이 있어서 골재의 다른 고유의 성질을 어느 정도 추정할 수 있다.

흡수율과 밀도는 서로 상관관계에 있음에도 불구하고 밀도와 다른 성질과의 사이에는 흡수율만큼의 상관성이 없다. 이것은 골재의 고유의 성질이 구성광물보다는 내부공극의 양과 보다 밀접한 관계가 있음을 나타낸다.

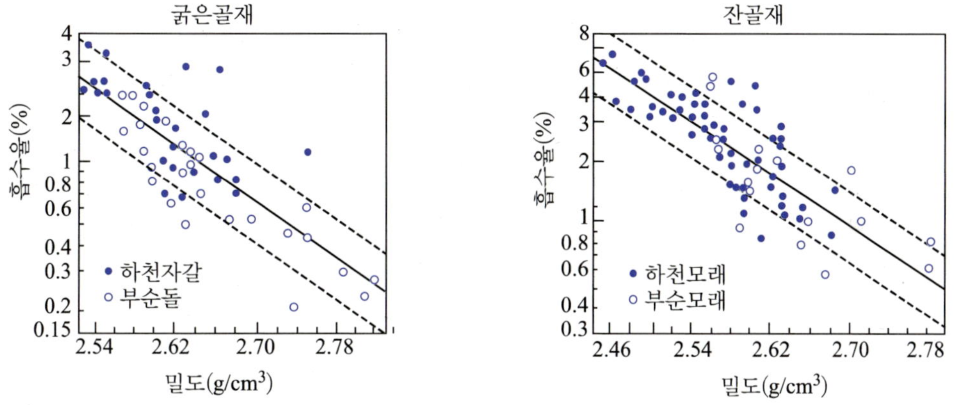

그림 3.2 밀도와 흡수율의 관계[3)]

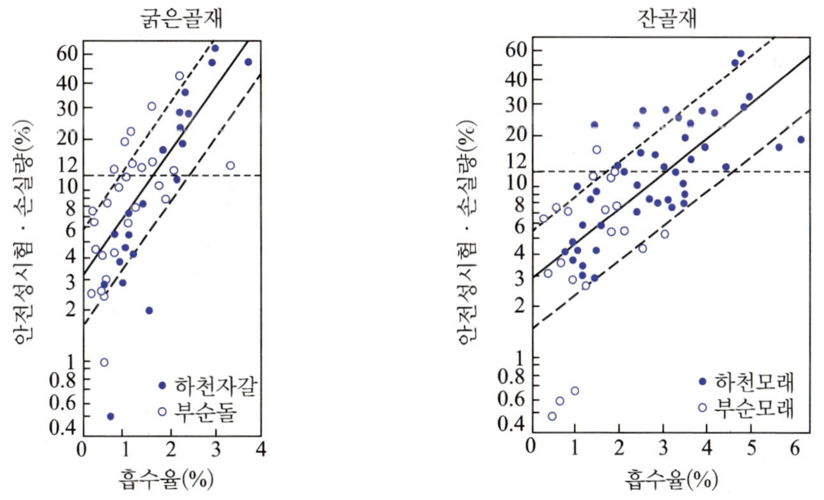

그림 3.3 흡수율과 황산나트륨에 의한 안정성 시험에서의 손실량 관계[3)]

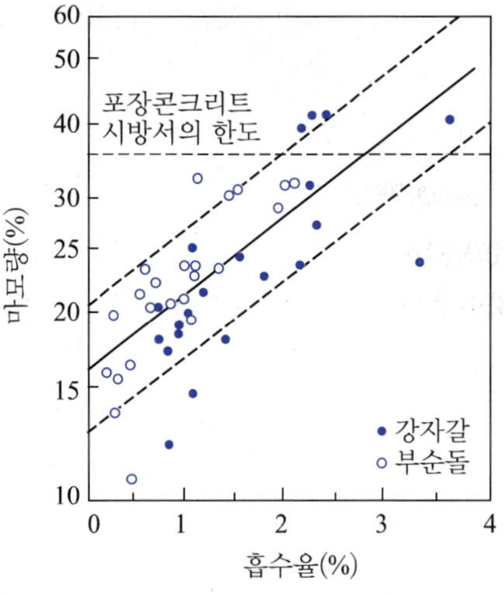

그림 3.4 흡수율과 로스앤젤레스 마모시험에 의한 마모량 관계[4)]

3.3.3 입형, 입도, 최대치수

(1) 입형

골재의 입형(粒形)은 콘크리트의 워커빌리티에 큰 영향을 미치며, 이것이 원형 또는 입방체에 가까울수록 단위수량이 적고 워커빌리티가 좋은 콘크리트가 얻어진다.

골재의 입형 판정을 위하여 실용적으로 널리 사용되는 지표는 실적률(實積率, percentage of solid)이다. 실적률은 골재입자 개개의 입형이 아니라 입자의 집합체로서 입형을 판정하려는 것이다.

골재의 밀도(G_s)를 알면 단위질량(W)으로부터 실적률(d) 및 공극률(v)은 다음과 같이 구해진다.

$$d = (W/G_s) \times 100\ (\%)$$

$$v = (1 - W/G_s) \times 100 = 100 - d\ (\%)$$

골재의 실적률은 그림 3.5 및 그림 3.6에 나타낸 바와 같이 콘크리트의 단위수량 및 최적잔골재율과의 사이에 직선관계를 갖는다. 즉 실적률이 1% 작은 굵은골재를 사용하여 워커빌리티가 같은 콘크리트를 얻으려 하는 경우 단위수량은 2～4% 정도, 잔골재율은 0.8% 정도 각각 증가시킬 필요가 있다.

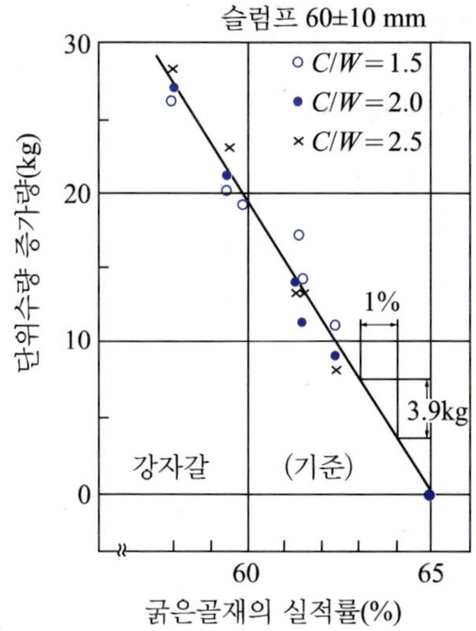

그림 3.5 사용한 굵은골재의 실적률과 소요단위수량의 관계[2)]

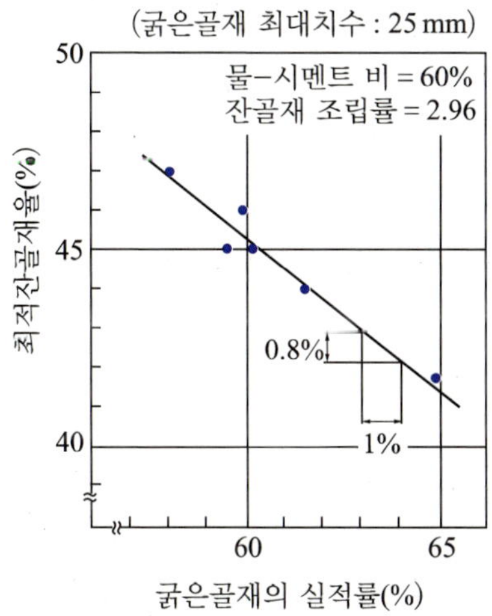

그림 3.6 사용한 굵은골재 실적률과 최적잔골재율의 관계[2)]

(2) 입도

골재의 크고 작은 입자의 혼합상태를 입도(粒度)라고 한다. 골재입자의 크기는 체가름에 의해 시험한다. 골재의 체가름 시험결과는 입형, 체가름 순서 및 체가름 시간 등에 따라서도 다르다. 그 때문에 체에 의한 경우는 표준화된 체를 사용하고 표준화된 방법에 따르는 것이 필요하다.

골재의 입도는 콘크리트의 워커빌리티에 영향을 미친다. 이것은 입도가 적당하면 골재입자 사이의 공극이 적어져 공극을 채울 시멘트 페이스트양이 적어지기 때문이다.

골재의 입도는 입도곡선에 의해 나타내며, 입도곡선 대신 이것을 숫자로 나타낸 것이 조립률(fineness modulus, F.M)이다. 골재의 조립률(fineness modulus of aggregate)은 80 mm, 40 mm, 20 mm, 10 mm, 5 mm, 2.5 mm, 1.2 mm, 0.6 mm, 0.3 mm 및 0.15 mm 체 등 10개의 체를 1조로 하여 체가름 시험을 하였을 때, 각 체에 남은 누계량의 전체 시료에 대한 질량백분율의 합을 100으로 나눈 값으로 나타낸다. 예를 들어 골재의 체가름 시험을 했을 때, 10 mm 체에 남는 누계량이라 함은 80 mm, 40 mm, 20 mm 및 10 mm 체에 각각 남는 시료량의 합계를 말한다.

체가름 시험결과로부터 조립률을 구하는 계산 예는 표 3.3과 같다. 조립률은 입경이 클수록 크고, 일반적으로 잔골재는 2.3～3.1, 굵은골재는 6～8이다. 또한 조립률이 s, g인 잔골재 및 굵은골재를 질량비 $m : n$으로 혼합한 혼합골재의 조립률 b는 다음 식으로 구할 수 있다.

$$b = \frac{m}{m+n}s + \frac{n}{m+n}g$$

골재의 비표면적은 입형이 같은 경우 입경과 거의 반비례하여 크게 되기 때문에 입도가 워커빌리티에 미치는 영향은 잔골재에 있어서 현저하게 된다. 즉 잔골재의 조립률이 작으면 콘크리트의 슬럼프가 감소할 뿐 아니라 조립률이 변화할 때에 동일한 슬럼프 값의 콘크리트를 얻기 위한 단위수량의 보정치도 크게 된다.

특히 0.3 mm 이하의 미립분은 그 영향이 크며, 이것이 과다하면 잔골재율을 조절하여도 소요의 워커빌리티를 얻는데 필요한 단위수량은 증가한다. 그러나 그 양이 부족하면 보수효과(保水效果)가 작아져 블리딩이 커진다. 따라서 잔골재에는 0.3 mm 이하의 입자가 적절히 포함되어 있는 것이 필요하다. 또 0.3～1.2 mm의 중간입자는 미립분만큼 현저한 영향은 없지만 이것이 부족하면 재료분리가 생기기 쉬우며, 같은 AE제량을 사용할 때 콘크리트의 공기량이 감소한다. 반면에 굵은골재의 입도가 콘크리트의 워커빌리티에 미치는 영향은 그다지 크지 않다. 된 반죽 콘크리트의 경우, 어떤 입경의 입자군을 제외시킴으로써 불연속 입도로 만들었을 때에도 워커빌리티가 양호하게 되는 일이 있을 정도이다. 그러나 묽은 반죽 콘크리트에서는 연속입도로 한 경우가 재료분리의 경향이 적다.

표 3.3 조립률 계산[5)]

체 치수 (mm)	각 체에 잔류하는 질량백분율(%)		누적잔류율(%)	
	잔골재	굵은골재	잔골재	굵은골재
50	-	0	-	-
* 40	-	0	0	0
30	-	15.0	-	-
25	-	15.6	-	-
* 20	-	18.6	0	49.2
15	-	10.5	-	-
* 10	-	19.2	0	78.9
* 5	0	20.1	0	99.0
* 2.5	15.3	1.0	15.3	100.0
* 1.2	25.7	-	41.0	100.0
* 0.6	21.1	-	62.1	100.0
* 0.3	20.0	-	82.1	100.0
* 0.15	15.9	-	98.0	100.0
pan	3.0	-	-	-
합 계	100.0	100.0	298.5	727.1
조립률(F.M)			298.5/100 = 2.99	727.1/100 = 7.27

*는 F.M의 계산에 사용

한국산업규격에서는 잔골재와 굵은골재의 입도 표준을 각각 표 3.4와 표 3.5와 같이 규정하고 있다. 잔골재 및 주로 사용되는 굵은골재의 표준입도를 그림으로 나타내면 그림 3.7과 같다.

표 3.4 잔골재의 입도 표준[5)]

체의 호칭치수 (mm)	체를 통과하는 것의 질량백분율(%)	
	부순잔골재	부순잔골재 이외의 잔골재
10	100	100
5	95~100	95~100
2.5	80~100	80~100
1.2	50~90	50~85
0.6	25~65	25~60
0.3	10~35	10~30
0.15	2~15	2~10

표 3.5 굵은골재의 입도 표준[5)]

골재 번호	체의 호칭 치수(mm) / 체의 크기(mm)	체를 통과하는 것의 질량백분율(%)												
		100	90	75	65	50	40	25	20	13	10	5	2.5	1.2
1	90～40	100	90～100		25～60		0～15		0～5					
2	65～40			100	90～100	35～70	0～15		0～5					
3	50～25				100	90～100	35～70	0～15		0～5				
357	50～5				100	95～100		35～70		10～30		0～5		
4	40～20					100	90～100	20～55	0～15		0～5			
467	40～5					100	95～100		35～70		10～30	0～5		
5	25～13						100	90～100	20～55	0～10	0～5			
57	25～5						100	95～100		25～60		0～10	0～5	
6	20～13							100	90～100		0～10	0～5		
67	20～5							100	90～100		20～55	0～10	0～5	
7	13～5								100	90～100	40～70	0～15	0～5	
78	13～2.5								100	90～100	40～75	5～25	0～10	0～5
8	10～2.5									100	85～100	10～30	0～10	0～5

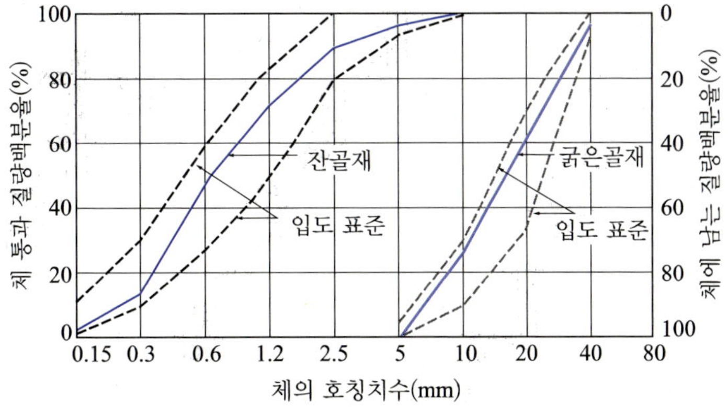

그림 3.7 골재의 표준입도 (467 골재의 표준입도)[2)]

(3) 굵은골재 최대치수

굵은골재의 최대치수(maximum size of coarse aggregate)는 질량으로 90% 이상이 통과한 체 중 최소의 체 치수로 나타낸 굵은골재의 치수이다. 굵은골재의 최대치수는 최대 낱알의 치수에 의하여 표시하는 것이 아니다. 굵은골재에는 모양이 얇은 것, 가늘고 긴 것 등이 섞여 있으므로 최대의 낱알을 단독으로 측정하여 최대치수로 정하는 것은 실제로 적당하지 못하다. 현재 국내에서는 대부분 부순굵은골재가 유통되고 있으므로 콘크리트 워커빌리티를 고려하여 최대치수를 선택 사용해야 한다. 입경이 다른 2종류의 입자군을 혼합하면 혼합된 것의 공극률은 혼합 전의 공극률보다도 적어진다. 그러므로 공극을 채우는데 필요한 시멘트 페이스트양을 감소시키기 위해서는 입경의 범위를 넓히는 것이 유효하다.

같은 슬럼프의 콘크리트를 얻으려 하는 경우는 그림 3.8에 나타낸 바와 같이 굵은골재의 최대치수가 클수록 단위수량이 적게 되어 유리하지만 굵은골재의 최대치수는 골재의 모양과 치수 및 배근간격에 따라 제한을 받는다.

철근 콘크리트의 경우 굵은골재 최대치수는 일반적으로 50 mm 이하이며, 부재 거푸집 양측면 최소치수의 1/5 또는 개별철근 및 다발철근의 최소수평순간격의 3/4을 넘어서면 안 되며, 일반적인 경우 25 mm, 단면이 큰 경우는 40 mm를 표준으로 한다. 무근 콘크리트의 경우에서도 40 mm를 표준으로 하며 부재 최소치수의 1/4을 초과하지 않도록 하고 있다. 그림 3.9는 굵은골재 최대치수가 콘크리트의 압축강도에 미치는 영향을 실험한 결과를 나타낸 것이다.

이 실험 예에서 콘크리트의 압축강도는 굵은골재 최대치수가 커짐에 따라 물-시멘트 비가 일정한 경우는 강도가 감소하나 이때 단위수량을 줄일 수 있기 때문에 슬럼프를 일정하게 되도록 단위수량을 조정한 경우는 강도가 증가하는 것을 나타낸다.

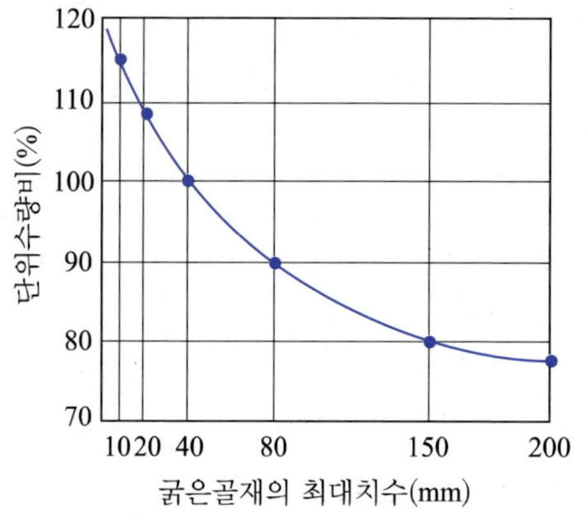

그림 3.8 굵은골재 최대치수와 콘크리트 단위수량의 관계[2)]

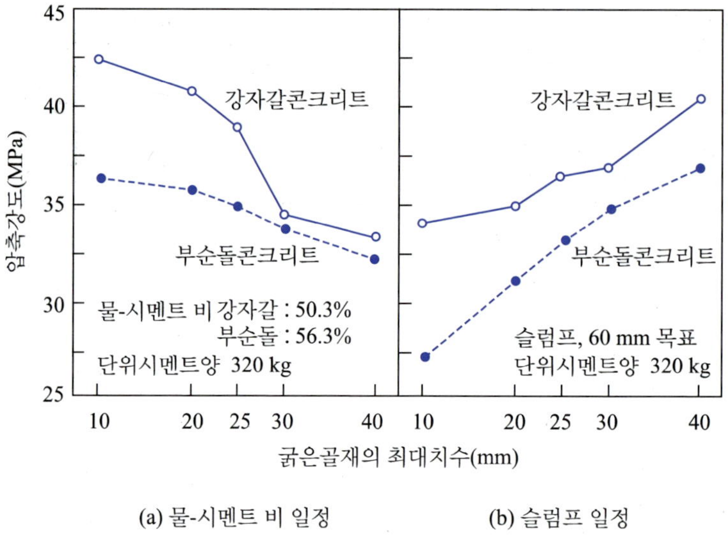

그림 3.9 굵은골재 최대치수와 콘크리트 압축강도의 관계[2)]

3.3.4 알칼리골재반응

골재의 화학적 안정성에 관한 사항으로는 알칼리골재반응이 있다. 이 반응은 반응성이 있는 골재가 시멘트, 바닷모래, 혼화제 등에서 콘크리트 중에 유입되든가 혹은 해수나 융빙제 등에 의한 외부로부터 들어오는 알칼리금속(Na, K)과 습도가 높은 조건에서 반응하여 이상팽창을 발생시켜 거북등 모양의 균열을 일으키는 것이다.

알칼리골재반응은 알칼리와 반응하는 광물의 종류에 따라 알칼리·실리카반응, 알칼리·탄산염반응, 알칼리·실리케이트반응 등으로 크게 구별할 수 있지만, 우리나라에서는 알칼리·탄산염반응이나 알칼리·실리케이트반응에 의한 큰 피해는 아직 보고된 바가 없다.

알칼리·실리카반응을 일으키기 쉬운 광물로서는 오팔(opal), 옥수(chalcedony), 트리디마이트(tridymite), 크리스토바라이트(cristobalite) 등이 있다.

이들의 광물을 함유한 암석으로는 안산암, 석영안산암, 유문암이나 응회암, 현무암, 혈암, 사암, 쳐트(chert), 이암, 기타 등으로 그 종류가 상당히 많다.

그러나 이런 종류의 암석이라도 실제로 콘크리트에 이상을 발생시키는 것은 많지 않으므로 과거의 사용실적에 의해 안정성이 확인되어 있는 경우에는 사용해도 좋을 것이다. 사용실적이 적은 골재나 과거에 알칼리골재반응에 의한 피해를 발생시킨 골재가 사용될 가능성이 있는 경우에는 미리 골재의 화학적 안정성에 관한 시험을 하여 그 품질을 확인하는 것이 중요하다.

알칼리골재반응에 대한 안정성은 우선 ASTM C 289「골재의 잠재반응성 시험방법(화학법)」 혹은 KS F 2545「골재의 알칼리 잠재반응 시험방법」 또는 이에 준하는 방법으로 시험하고, 이에 따라「유해」 혹은「잠재적으로 유해」 하다고 판정된 것에 대해서는 다시 ASTM C 227「시멘트 골재의 잠재적 알칼리 반응성 시험방법(모르타르 방법)」 혹은 KS F 2546「시멘트와 골재의 배합에 따른 알칼리 잠재반응 시험방법」 또는 이에 준하는 빙법에 의해, 재령 6개월에서 0.10%(혹은 재령 3개월에서 0.05%)보다 큰 팽창을 나타내는지의 여부에 의해 판정하고 있는 예가 많다. 이 경우 팽창량은 모르타르의 알칼리 농도에 따라 달라지므로 시험에 있어서의 알칼리 농도는 사용하는 시멘트의 품질이나 바닷모래 등의 사용재료로부터 유입되는 알칼리금속의 양 등을 고려해서 시공시의 조건에 맞는 값을 정하는 것이 필요하다.

또한 알칼리골재반응성은 콘크리트 공시체에 의한 장기시험의 결과에 의해 판정해야 한다고 하는 지적도 있다.

반응성의 골재를 부득이하게 사용하지 않으면 안 될 경우에는 저알칼리형 시멘트(전체 알칼리양 0.6% 이하), 소요량의 혼합재를 혼합한 고로슬래그시멘트 또는 플라이애시시멘트 등의 사용에 의해 알칼리골재반응을 충분히 억제할 필요가 있다. 이 경우 사용하는 시멘트의 품질 및 콘크리트의 배합은 구조물의 종류나 환경조건을 고려해서 정해야 한다.

골재의 물리적 안정성에 관해서는 건습의 되풀이 조건하에서 현저한 체적변화를 일으키는 광물이 있고 이를 함유한 골재를 사용하면 콘크리트에 팽창균열이나 골재알이

뽑혀 나오는 pop out 등의 현상이 생긴다. 이와 같은 유해광물의 예로서 몬모릴로나이트(montmorillonite) 및 로몬타이트(laumontite)가 있고, 이들은 암석의 구성 물질 일부로서 혹은 갈라진 틈을 채운 모양으로 거의 모든 종류의 암석에 존재하고 있는 것이다.

따라서 사용실적이 적거나 분말 X선 회절법 등에 의해 이들의 광물의 존재가 확인된 골재에 있어서는 이의 사용 여부에 대하여 충분히 검토할 필요가 있다.

3.3.5 골재에 관한 규격

콘크리트용 골재의 규격(KS F 2526)은 1966년에 제정되었다. 콘크리트용 부순골재의 규격은 1967년에 먼저 부순돌 규격(KS F 2527)이 제정되었고 부순모래의 사용이 증가하기 시작한 1983년에 부순모래(KS F 2558)가 규격화되었다. 그리고 콘크리트용 고로슬래그 굵은골재의 규격과 고로슬래그 잔골재의 규격이 1981년에 제정되었다.

종전의 콘크리트용 골재의 규격은 모두 5개 규격으로 구성되어 있었다. 1997년 개정에서 이 규격들을 KS F 2526(콘크리트용 골재), KS F 2527(콘크리트용 부순골재), KS F 2544(콘크리트용 고로슬래그 골재) 등 골재의 종류에 따라 크게 3가지 규격으로 통합 및 정비되었다. 이후 2016년 현행 콘크리트용 골재 종류에 대한 각 KS를 KS F 2527에 통합 및 정비되었으며, 그 주요 내용은 표 3.6, 표 3.7, 표 3.8 및 표 3.9와 같다. 또한 그 밖의 특수 골재에 대해서는 추가로 새로운 규정을 마련해 오고 있다.

표 3.6 골재의 물리적 성질[6)]

구 분			절대건조밀도 (g/cm^3)	흡수율 (%)	안정성 (%)	마모율 (%)	입자모양 판정 실적률 (%)	단위용적 질량 (kg/L)	팽창성[a] (%)
천연골재	굵은골재		2.5 이상	3.0 이하	12 이하	40 이하			
	잔골재		2.5 이상	3.0 이하	10 이하				
부순골재	굵은골재		2.5 이상	3.0 이하	12 이하	40 이하	55 이상		
	잔골재		2.5 이상	3.0 이하	10 이하		53 이상		
고로슬래그 골재[c]	굵은 골재	보통 품질	2.2 이상	6.0 이하				1.25 이상	
		고품질	2.4 이상	4.0 이하				1.35 이상	
	잔골재		2.5 이상	3.5 이하				1.45 이상	

전기로 산화 슬래그 골재	굵은 골재	보통 품질	3.1 이상 4.0 미만	2.0 이하				1.60 이상	
		고품질	4.0 이상 4.5 미만	2.0 이하				2.00 이상	
	잔골재	보통 품질	3.1 이상 4.0 미만	2.0 이하				1.80 이상	
		고품질	4.0 이상 4.5 미만	2.0 이하				2.20 이상	
동 슬래그 골재	잔골재		3.2 이상	2.0 이하				1.80 이상	
연 슬래그 골재	잔골재		3.2 이상	2.0 이하				1.70 이상	
페로니켈 슬래그 골재	잔골재		2.7 이상	3.0 이하				1.50 이상	
용융슬래그 골재	굵은골재		2.5 이상	3.0 이하	12 이하		55 이상		2 이하
	잔골재		2.5 이상	3.0 이하	10 이하		53 이상		2 이하
순환 골재	굵은골재		2.5 이상	3.0 이하	12 이하	40 이하	55 이상		
	잔골재		2.3 이상	4.0 이하	10 이하		53 이상		
구조용 경량 골재	인공 경량 골재	굵은골재					0.88 이하	1.04 이하[b]	
		잔골재					1.12 이하		
	천연 경량 골재	굵은골재					0.88 이하		
		잔골재					1.12 이하		
	바텀애시경량골재				10 이하		1.20 이하		

a KS F 2527:2020 부속서 C(모르타르 팽창률)에 따른다.

b 굵은골재와 잔골재를 혼합한 단위용적질량

c 고로슬래그 골재의 물리적 성질은 추가적으로 수중침지시험 및 자외선(360 nm)조사 시험을 수행하여야 함.

표 3.7 골재의 화학적 성질[6)]

구분			산화칼슘 (%) (CaO)	산화마그네슘 (%) (MgO)	황 (%) (S)	삼산화황 (%) (SO_3)	산화철 (%) (FeO)	금속철 (%) (Fe)	염기도 (CaO/SiO_2)
고로슬래그 골재	굵은골재	보통품질	45.0 이하		2.0 이하	0.5 이하	3.0 이하		
고로슬래그 골재	굵은골재	고품질	45.0 이하		2.0 이하	0.5 이하	3.0 이하		
고로슬래그 골재	잔골재		45.0 이하			0.5 이하	3.0 이하		
전기로 산화 슬래그 골재	굵은골재	보통품질	40.0 이하	10.0 이하			50.0 이하		2.0 이하
전기로 산화 슬래그 골재	굵은골재	고품질	40.0 이하	10.0 이하			50.0 이하		2.0 이하
전기로 산화 슬래그 골재	잔골재	보통품질	40.0 이하	10.0 이하			50.0 이하		2.0 이하
전기로 산화 슬래그 골재	잔골재	고품질	40.0 이하	10.0 이하			50.0 이하		2.0 이하
동 슬래그 골재	잔골재		12.0 이하		2.0 이하	0.5 이하	70.0 이하		
연 슬래그 골재	잔골재		20.0 이하		2.0 이하	0.5 이하	60.0 이하		
페로니켈 슬래그 골재	잔골재		5.0 이하	40.0 이하	0.5 이하		13.0 이하	1.0 이하	
용융슬래그 골재	굵은골재		45.0 이하		2.0 이하	0.5 이하		1.0 이하	
용융슬래그 골재	잔골재		45.0 이하		2.0 이하	0.5 이하		1.0 이하	
구조용 경량 골재	인공 경량골재	굵은골재							
구조용 경량 골재	인공 경량골재	잔골재							
구조용 경량 골재	천연 경량골재	굵은골재							
구조용 경량 골재	천연 경량골재	잔골재							
구조용 경량 골재	바텀애시경량골재					0.8 이하			

표 3.8 골재의 유해물질 함유량의 허용값(%)[6)]

구 분		점토 덩어리[a]	연한 석편[a]	0.08 mm 체 통과량[b]	석탄 및 갈탄[b]	염화물 (NaCl 환산량)[c]	강열 감량	이물질 함유량[d] 유기	이물질 함유량[d] 무기
천연골재	굵은골재	0.25 이하	5.0 이하	1.0 이하	0.5 이하 1.0 이하				
천연골재	잔골재	1.00 이하		3.0 이하 5.0 이하	0.5 이하 1.0 이하	0.04 이하			
부순골재	굵은골재			1.0 이하					
부순골재	잔골재			7.0 이하					
동 슬래그 골재	잔골재					0.03 이하			
연 슬래그 골재	잔골재					0.03 이하			
용융슬래그 골재	굵은골재			1.0 이하		0.04 이하			
용융슬래그 골재	잔골재			7.0 이하 5.0 이하		0.04 이하			
순환 골재	굵은골재	0.2 이하		1.0 이하				1.0 이하 (용적)	1.0 이하 (질량)
순환 골재	잔골재	1.0 이하		7.0 이하				1.0 이하 (용적)	1.0 이하 (질량)
구조용 경량골재 인공경량골재	굵은골재	2.0 이하					5 이하		
구조용 경량골재 인공경량골재	잔골재	2.0 이하					5 이하		
구조용 경량골재 천연경량골재	굵은골재	2.0 이하					5 이하		
구조용 경량골재 천연경량골재	잔골재	2.0 이하					5 이하		
구조용 경량골재 바텀애시 경량골재		2.0 이하		5.0 이하		0.025 이하	5 이하		

a 점토 덩어리와 연한 석편의 합이 5%를 넘으면 안 된다.
b 상부 숫자는 콘크리트 표면이 마모를 받거나 중요한 경우이며, 하부는 그 이외의 경우
c 무근 콘크리트에 사용할 경우에는 적용하지 않는다.
d 이물질이란 콘크리트에 포함될 경우 품질에 유해한 영향을 주는 물질로써 유기 이물질과 무기 이물질로 구분하며, 목재, 비닐, 천조각, 플라스틱, 종이류 등의 유기 이물질과 폐아스콘, 유리, 슬레이트, 적벽돌, 자기류, 타일류 등의 무기 이물질이 해당된다.

표 3.9 용융슬래그 골재의 유해물질 용출량 및 함유량의 허용값[6)]

구 분	카드뮴	납	육가크롬	비소	총 수은	셀레늄	불소	붕소
유해물질 용출량 (mg/L)	0.01 이하	0.01 이하	0.05 이하	0.01 이하	0.0005 이하	0.01 이하	0.8 이하	1 이하
유해물질 함유량 (mg/kg)	150 이하	150 이하	250 이하	150 이하	15 이하	150 이하	4000 이하	4000 이하

3.4 각종 골재의 특징

3.4.1 하천골재와 육상골재

모래와 자갈이라 하면 간단히 잔골재, 굵은골재를 가리키는 경우도 있지만 정확히는 자연작용에 의해 암석이 변화하여 만들어진 잔골재 및 굵은골재를 가리켜 사용하는 용어이다. 모래와 자갈은 채취한 장소에 따라 하천골재(강모래, 강자갈), 바닷모래, 육상골재 등으로 나뉜다. 공통적인 특징은 각이 없고 둥근 형상을 가지며 단일 암석을 파쇄한 부순골재와는 달리 여러 종류의 암석으로 구성되는 점이다. 천연의 암석은 풍화, 침식작용을 받아 하천을 유하하다가 퇴적되므로 골재의 크기 배열이 생겨서 상류일수록 큰 자갈이 퇴적되고 하류로 갈수록 가는 모래가 퇴적된다.

하천골재는 일반적으로 단단하고 내구적이며 각이 적고 입형이 양호한 것이 많다. 그러나 채취지점에 따라서는 극단적으로 입경이 크거나 작은 것이 있으며 같은 지점에서 채취한 경우에도 깊이방향으로 입도가 변화하는 경우도 적지 않다. 또 하천골재를 구성하는 암석은 상류의 지질을 반영하고 있기 때문에 상류의 지질이 연질의 암석으로 구성된 경우는 입경과 입도가 적당하여도 골재로서 적합하지 않은 것이 있다.

하천골재와 육상골재 등의 천연골재는 퇴적지의 조사, 채취, 운반, 입도 구분 및 세척의 공정을 거쳐 제품이 된다. 퇴적지의 조사에 있어서 입지조건 및 매장량은 물론 유해물질의 유무, 입도분포, 밀도, 흡수율 등을 조사해야 한다.

특히 입도분포에 대해서는 장소에 따라 입자가 큰 것만이 있거나 반대로 작은 입자만으로 구성된 것이 있으며 또 깊이에 따라 변화하는 것이 있다. 가는 모래에는 0.08 mm 체를 통과하는 미립분이나 유기불순물을 포함할 가능성이 있으며, 입자가 굵은모래의 경우는 콘크리트의 워커빌리티에 필요한 미립분이 부족한 경우가 많다.

육상골재는 과거의 하천 또는 범람지역에 접해 있는 논, 밭 등의 농지에 부존되어 있는 골재이다. 퇴적연대가 오래되지 않은 과거의 하천에서 채취된 골재의 품질은 하천모래, 하천자갈과 큰 차이가 없으나 미립분의 함유량이 매우 많고 또 표토에서 유기불순물이 혼입되는 경우가 많다. 채취시의 미립분 함유량은 통상 7~20% 정도라 하는데 물로 씻어내기가 어려운 문제점이 있다. 특히 풍화를 받기 쉬운 퇴적암으로 구성되어 있는 골재는 입자의 표면이 풍화하여 세립으로 변화한 경우도 있다.

(1) 미립분

미립자가 분산되어 골재 중에 포함되어 있는 경우는 소요의 반죽질기를 얻기 위한 단위수량이 증가하며 블리딩이 감소한다. 이것은 비표면적이 큰 것에 기인한다. 블리딩이 적은 것은 시공 직후의 콘크리트 표면의 급격한 건조를 초래하기 쉽고 결과적으로 플라스틱 수축 균열을 일으키기 쉽게 된다. 또 미립이기 때문에 블리딩이 적어도 레이턴스는 많게 되어 콘크리트의 마모저항성을 감소시키게 된다. 이 때문에 마모작용이 현저한 경우에 대해서는 함유한도를 더욱 낮게 억제하는 것이 필요하다. 그러나 빈배합 콘크리트의 경우, 미립분은 시멘트 페이스트양이 증가한 것과 같은 효과를 가져와서 오히려 워커빌리티가 개선되는 경우가 있으므로 경우에 따라서는 강도와 수밀성을 증가시키게 된다. 또 미립분이 골재의 표면에 부착되어 있는 경우는 워커빌리티에는 거의 악영향을 미치지 않지만 시멘트 페이스트와 골재 사이의 부착을 저해하여 강도를 감소시킨다.

한편 점토덩어리는 콘크리트 속에 약점을 만들어 강도를 저하시킬 위험성을 갖는다. 약 4%의 점토덩어리를 포함한 모르타르의 압축강도가 이를 포함하지 않은 것의 약 60%가 되었다는 실험결과가 있다. 어느 정도 단단한 덩어리는 물에 의해서도 제거할 수 없으며 믹서 내에서도 분쇄되지 않기 때문에 주의가 필요하다. 점토가 덩어리로 되어 있으면 습윤건조 또는 동결융해 등으로 인하여 점토덩어리 자신이 파괴되거나 콘크리트 표면을 손상시키기도 한다. 또한, 점토는 수분을 함유하고 있다가 건조수축 시 수분의 증발과 함께 점토가 함유된 부위를 중심으로 미립자성 균열이 발생할 수 있다. 덩어리로 되어 있지 않은 점토 등 미립물질의 양은 골재 씻기 시험의 결과로부터 판단할 수 있다.

골재 중의 미립분이 콘크리트의 단위수량과 압축강도에 미치는 영향을 시험한 예를 나타낸 것이 그림 3.10과 그림 3.11이다. 실험에 사용한 미립분은 유기물질을 함유하지 않은 것이다. 미립분의 양이 증가하는데 따라 콘크리트의 단위수량이 현저히 증가되며 압축강도가 저하하는 것을 알 수 있다.

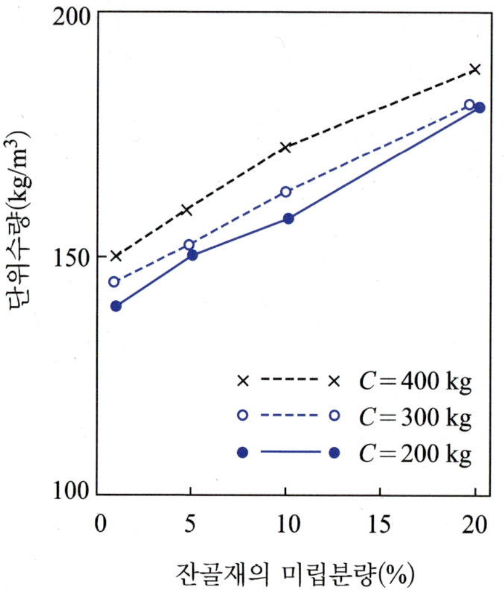

그림 3.10 미립분(점성토)을 함유한 콘크리트의 소요단위수량[13)]

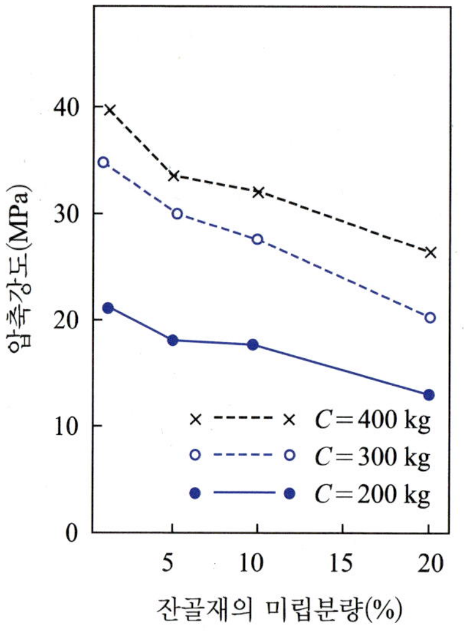

그림 3.11 미립분(점성토)을 함유한 콘크리트의 재령 28일 압축강도[13)]

알맞은 입도의 골재를 사용하면 콘크리트의 단위수량이 감소되며 재료분리의 경향도 감소된다. 잔골재는 0.3 mm 체 통과량이 10% 이하인 경우 펌프 압송 시 수송관이 막힐 우려가 있고 블리딩이 크게 되며 재료분리를 일으키기 쉽다.

그러나 그 체의 통과량이 30% 이상인 경우는 단위수량이 증가하게 된다. 다시 말해서 미립자가 많이 혼입되어 있으면 단위수량이 증가하여 강도저하, 건조수축의 증대 등 나쁜 영향이 있다. 그래서 각 규격은 골재 씻기시험에 의해 손실되는 양(0.08 mm 체 통과량)으로써 미립분의 혼입량을 제한한다.

육상모래를 사용한 경우 미립분이 원인이 되어 콘크리트에 초기균열이 생긴 예가 많다.

균열은 육상모래의 입도가 가는 것에 기인하는 경우가 있다. 육상모래의 입도는 하천모래와 같이 퇴적시의 상하류부에 따라 차이가 있으나 일반적으로 평야부에 퇴적한 골재는 세립인 것이 많다.

육상모래를 사용한 콘크리트는 탄성계수가 낮고 응결을 일으키는 시기가 빠른 경향이 있으므로 특히 여름철이나 바람이 강한 시기에 시공할 때는 초기양생에 주의가 필요하다. 육상모래(미립분량 9%), 이 모래를 1회 물로 씻은 것(미립분량 4%) 및 하천모래(미립분량 0.5%)를 사용한 콘크리트의 건조수축을 측정하여 비교한 실험결과를 나타낸 것이 그림 3.12이다. 이 그림에서 하천모래를 사용한 경우가 건조수축이 가장 작고 물로 씻은 육상모래는 하천모래와 근소한 차이를 나타내며 씻지 않은 육상모래는 큰 수축량을 나타내고 있다. 육상모래를 사용할 때의 콘크리트 건조수축의 증가는 사용수량이 많아진 것에 기인한 결과로 생각된다. 그 밖에도 미립분은 콘크리트 표면에 블리딩수와 함께 상승하여 레이턴스(laitance)의 원인이 되기 때문에 규정 한도 이상이 포함되지 않도록 하는 것이 중요하다.

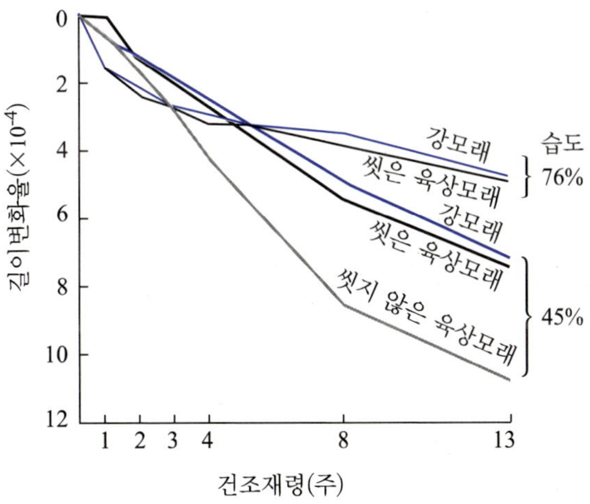

그림 3.12 육상모래를 사용한 콘크리트의 건조수축[8)]

(2) 유기불순물

자연에서 채취한 잔골재 또는 공사현장에서 터파기, 발파 등에 의해 발생한 원석, 원사를 사용하는 경우에는 점토성분이나 유기불순물 등이 포함될 가능성이 많다. 이는 적절한 시험을 통하여 확인하고, 잔골재 채취 혹은 가공 시 충분히 제거하여야 한다. 토분(실트입자, 점토입자 그리고 모래의 혼합으로 이루어진 쇄설퇴적물, 점토질 실트, 사질 점토질 실트, 실트질 점토, 사질 실트질 점토 등)이나 유기불순물은 콘크리트의 응결경화에 영향을 미치거나 균열을 유발하고 단위수량이 증가 및 강도가 현저히 작아지게 되는 원인이 된다.

잔골재 중의 유기불순물로서는 부식된 식물을 함유한 부식토(腐植土) 등에 후민산이나 탄닌산 등이 함유되어 있는 경우가 있다. 이들 유기불순물을 유해량을 함유한 모래를 콘크리트에 사용한 경우에는 시멘트 중의 석회분과 화합하여 유기석회염을 만들어 시멘트의 응결을 방해하고 콘크리트의 강도와 내구성 등을 저하시킨다.

골재에 부착한 유기불순물로서 대표적인 것은 후민산이다. 유기물량과 모르타르 강도와의 관계를 실험한 예를 표 3.10에 나타냈다. 이 실험에서도 표준색 이상으로 짙어지면 강도가 급격히 저하되며 유기물이 다량 존재하는 경우 강도가 전혀 발현되지 않음을 보여주고 있다. 모래의 유기불순물 함유 여부를 판정하는 방법으로는 통상 이들이 수산화나트륨(NaOH)에 용해되어 착색하는 것을 이용한 비색시험(比色試驗)에 의해 판정하도록 한 KS F 2510(모래의 유기불순물 시험방법)이 있다. 이 시험에서는 표준색 용액을 만들어 그 용액과 수산화나트륨 3% 수용액에 모래를 넣은 시험용액의 색을 비교하여 유기불순물 유무를 판정한다.

그러나 이 비색시험방법은 석탄, 갈탄과 같은 유기물, 망간 등의 유기질과 같이 시멘트의 수화에 그다지 영향을 미치지 않는 것을 함유하고 있어도 현저하게 착색하는 경우가 있어서 유해불순물의 함유량을 항상 정확히 검출할 수 있는 방법은 못 된다. 그래서 일반적으로 시험용액의 색이 표준색 용액보다 짙은 경우에도 그 모래를 사용하여 만든 모르타르 공시체의 압축강도가 그 모래를 수산화나트륨 3% 용액으로 씻은 다음 물로 충분히 씻어 사용한 모르타르 공시체 압축강도의 95% 이상이면 그 모래를 사용하여도 좋다고 본다.

한편 비색시험에서는 전혀 착색되지 않지만 유해한 유기물로서 당류가 있다. 이들이 골재에 혼입되는 경우는 드물지만 시멘트양의 1% 정도의 혼입에서 재령 28일이 되어도 전혀 강도가 발현되지 않을 정도로 그 해는 크기 때문에 주의가 필요하다.

표 3.10 유기물량과 모르타르 강도와의 관계[9)]

사용 모래		모르타르 강도비(%)		
유기물량(배)	미립분량(%)	3일	7일	28일
0.6	1.9	123	95	101
1.0	2.9	100	100	100
1.5	2.9	46	57	90
2.0	3.3	59	76	94
3.0	1.6	20	58	67
4.2	3.8	1.5	5	5
6.0	4.7	1.1	0.4	0.3

(주) 유기물량은 표준색에 대한 색의 배율을 나타낸 것이다.

(3) 기타

기타 골재 중의 유해물로서 석탄, 갈탄, 연석(軟石), 운모, 황화물, 황산염 등이 있다.

석탄과 갈탄은 모두 그 입자가 약하기 때문에 콘크리트 강도를 저하시키거나(표 3.11 참조), 내마모성, 내후성을 저해하기 쉽다. 이들은 밀도가 2.0 g/cm^3 이하이기 때문에 중유에 의해 존재의 유무를 검출할 수 있다. 석탄과 갈탄 이외에도 밀도 2.0 g/cm^3 이하의 것이 있기 때문에 이 시험에 의해 완전히 석탄과 갈탄이라고 결정을 내리기는 어렵다. 그러나 밀도가 2.0 g/cm^3 이하인 입자는 석탄과 갈탄이 아니더라도 일반적으로 연질이기 때문에 혼입되는 것은 바람직하지 않다. 잔골재의 경우는 유기불순물의 비색시험에 의해서도 검출할 수 있다.

연석이란 황동으로 된 봉에 의해 긁기 경도를 시험하여 검출되는 것으로 굵은골재에 포함된다. 이 연석은 주로 마모저항성을 감소시키는 작용이 있다. 그러나 강자갈에 대하여 실험한 결과에 의하면 이것이 10% 이상 함유되어 있는 경우가 있지만 연석을 포함한 굵은골재를 사용하여도 강도저하는 거의 없는 경우가 많기 때문에 교통량이 많은 포장과 같이 표면의 경도가 특별히 요구되는 경우 이외에는 큰 문제가 되지 않을 수 있다.

운모는 이것이 함유되어 있으면 함유량의 증가에 따라 강도가 저하한다. 이것은 운모가 흡수성이 높고 수분에 의해 팽창, 파괴되기 때문이다. 상류지역의 지질에 따라 하천에 이것이 함유되는 것이 있으며 또 산모래에도 함유될 우려가 있기 때문에 주의가 필요하다.

표 3.11 석탄, 갈탄을 포함한 모래를 사용한 모르타르 강도 시험결과[2)]

사용모래				모르타르 압축강도(MPa)	
종 류	비 중	흡수율(%)	석탄 · 갈탄량(%)	7일	28일
하천모래 A	2.48	4.60	7.5	17	27
하천모래 B	2.59	1.94	0	23	32

(주) 모르타르의 물 - 시멘트 비 : 0.60

3.4.2 바다골재

바닷모래, 바닷자갈은 하구까지 운반된 모래와 자갈 또는 해안에 접한 경사면의 붕괴 및 파도에 의한 침식에 의해 세립화되어 퇴적된 것이다.

바닷모래의 사용량은 양질의 강자갈 부족에 따라 최근에 급격히 증가하고 있다.

바닷모래와 바닷자갈은 그 생성기구가 강모래, 강자갈과 같기 때문에 밀도, 흡수율, 입형 등의 면에서는 문제가 적다. 그러나 조개껍질, 산호 등의 혼입이 많으면 전체적으로 밀도가 저하하는 것이 있다. 또 바닷모래에서는 일반적으로 조립분이 적은 점 등 입도 면에서도 문제가 있다.

(1) 염화물

바닷모래의 사용에 있어서 최대의 문제점은 염화물이다. 염화물을 함유한 잔골재를 사용한 콘크리트의 경우에는 콘크리트 중의 염화물 함유량의 대부분이 잔골재로부터 유래된다. 또 염화물을 함유한 잔골재를 쓴 경우에는 대부분 콘크리트 중의 염화물 함유량이 강재 보호를 위한 허용한도 0.3 kg/m^3를 넘을 가능성이 크다. 따라서 콘크리트 중의 염화물 함유량을 일정값 이하로 억제하기 위해서는 잔골재의 염화물 함유량에 대한 제한이 필요하다.

염화물은 콘크리트의 제 성질에 대하여 경화를 약간 촉진시키며 장기강도의 증진을 다소 저해하는 정도로서 다른 성질에도 거의 영향을 미치지 않는다. 그러나 철근의 부식을 촉진시키는 중대한 악영향이 있다. 철근은 대기 중에서 표면에 Fe_2O_3의 피막이 형성되어 있지만 결함부가 있으면 이것이 양극으로 되며 안정부분이 음극으로 되는 국부전지를 형성하여 다음의 반응에 의해 붉은 녹을 만든다.

양극 $Fe \rightarrow Fe^{2+} + 2e$

$$Fe^{2+} + 2(OH)^- \rightarrow Fe(OH)_2$$

$$Fe(OH)_2 + 1/2\ H_2O + 1/4\ O_2 \rightarrow Fe(OH)_3$$ (붉은 녹)

음극 $2e + H_2O + 1/2\ O_2 \rightarrow 2(OH)^-$

알칼리 중에 있으면 $Fe(OH)_2$의 용해도가 감소하기 때문에 녹은 진행되지 않는다. 그러므로 중성화되지 않은 콘크리트 중에서 철근은 녹슬지 않는다. 그러나 Cl^- 이온이 존재하면 $Fe(OH)_2$가 Fe^{2+}로 되는 것을 촉진시켜 녹슬게 한다.

염화물은 이 기구에 의해 철근의 녹 발생을 촉진시키는데 콘크리트 중에서 철근의 녹의 정도는 다음의 각 조건에 따라서도 다르다. 즉,

1) 위의 반응이 진행되기 위해서는 물이 반드시 필요하기 때문에 수밀성이 우수한 콘크리트 중의 경우는 피복두께가 충분한 경우 녹 발생은 진행되기 어렵다.
2) Cl^- 이온은 주로 C_3A와 결합하여 안정한 Friedel염($3CaO \cdot Al_2O_3 \cdot CaCl_2 \cdot 10H_2O$)으로 되어 고정된다. 고정되는 Cl^-의 양은 시멘트 질량의 0.4~0.9%이며, 고정된 Cl^-는 녹 발생에 기여하지 않는다. 그러나 중성화에 의해 pH가 저하하거나 황산염이 가해지면 Cl^- 이온이 용출하여 녹 발생에 기여하게 된다.
3) Cl^-는 바닷모래에 포함되어 있을 뿐 아니라 혼화제 속의 염화칼슘, 혼합수, 해변에서 외부로부터의 침투 등에 의해서도 콘크리트 속에 들어가게 된다.
4) 철근의 가공부, PC강재 등에서는 국부전지를 형성하기 쉬워 녹 발생이 쉬워진다.

염화물이 함유된 바닷모래를 사용하면 콘크리트 속의 강재가 녹슬며 구조물의 내하력(耐荷力)을 저하시킬 우려가 많다. 레디믹스드 콘크리트에 대한 한국산업규격(KS F 4009)에서도 KS F 2515(골재 중의 염화물 함유량 시험방법)에 따라 시험하였을 때 염화물이 0.04% 이하이어야 하며, 0.04%를 초과하는 것에 대해서는 주문자의 승인을 얻어 0.1%까지 사용할 수 있도록 규정하고 있다.

바닷모래의 염분 함유량은 시료채취 위치 및 함수량 등에 따라 큰 차이가 있는 것으로 알려져 있다. 바닷모래의 염분 함유량은 NaCl양으로 환산하여 0.08~0.9%의 정도이다.

바닷물의 증발잔분(蒸發殘分)의 대부분은 NaCl이며 소량의 $MgCl_2$와 $MgSO_4$가 포함되어 있다. 바닷모래 채취시의 염분량으로 해저에서 채취한 경우 표면수량을 10%라 하고 바닷물 속의 염분량을 NaCl로서 3%라 가정할 때 이 염분이 혼입된다면 골재에 대하여 0.3%의 양이 된다. 바닷모래 중에 함유되는 염화물의 대부분(약 90%)을 구성하는 염화나트륨은 알칼리·실리카 반응을 촉진시키기도 한다. 바닷모래를 사용함에 있어서는 이 점에 대해서도 충분한 주의가 필요하다. 단, 무근 콘크리트 구조물에 사용할 콘크리트에 있어서는 염화물 함유량의 허용한도를 따로 정하지 않아도 좋다.

바닷모래 중의 염분이 허용한도를 넘는 경우에는 ① 제염, ② 콘크리트를 부배합(富配合)으로 하여 수밀성을 높임, ③ 방청제를 사용, ④ 아연도금을 한 철근을 사용하는 등의 조치가 필요하다.

바닷모래의 제염방법으로는 살수법, 침수법 및 자연방치법 등이 있다. 어느 방법을 사용하여도 쌓아 놓은 바닷모래의 상층부는 비교적 빨리 제염되는 반면 중하층부로 내려갈수록 제염시키기가 어려우며 경우에 따라서는 염분이 농축되는 부분까지 생길 수 있기 때문에 충분한 관리가 필요하다.

(2) 물리적 성질

동해안의 삼척 및 북평, 서해안의 인천 등에서 채취된 바닷모래의 물리적 성질을 시험한 예가 표 3.12이다. 이 표에서 바닷모래의 물리적 성질 가운데 밀도, 흡수량, 0.08 mm 체 통과량 및 안정성 등의 성질은 양질의 하천모래와 같은 정도의 양호한 상태를 나타낸다.

그러나 입자가 세립자이며 일정한 크기로 구성된 경우가 많다. 표에서도 바닷모래의 조립률(F.M)이 1.59～2.94로서 적정범위 2.3～3.1 이내에 있는 경우도 있지만 대부분 이보다 작은 값을 나타내고 있다. 따라서 조립률이 작은 바닷모래의 경우는 콘크리트용 골재로 이용하기 위해서 조립의 모래를 혼합하여 입도를 조정하는 것이 바람직하다.

단위체적질량은 1,460～1,700 kg/m^3 범위로서 양질의 하천모래 값 1,600～1,700 kg/m^{3}보다는 다소 작은 값을 나타내는 경우도 있다.

표 3.12 바닷모래의 물성시험결과[2)]

산지		밀도 (g/cm^3)	흡수율 (%)	안정성 (%)	조립률	단위질량 (kg/m^3)	0.08 mm 체 통과량 (%)	조개껍질량 (%)
동해안	1	2.67	1.3	2.4	2.07	1,576	-	-
	2	2.68	1.9	2.5	2.17	1,462	-	-
	3	2.66	1.9	2.5	2.07	1,475	-	-
	4	2.61	0.4	3.9	2.94	1,578	-	-
	1	2.58	1.5	O.K	1.59	1,520	3.5	8.25
	2	2.63	1.2	4.8	2.22	1,574	0.5	* 0.06
	3	2.62	0.9	4.2	2.29	1,662	0.2	* 0.45
서해안	1	2.60	0.9	O.K	2.56	1,610	0.9	2.65
	2	2.59	0.9	5.9	1.65	1,665	0.2	* 0.15
	3	2.62	0.7	5.4	1.91	1,705	0.1	* 0.03

(주) *표 : 2.5 mm 체에 남는 조개껍질의 전체시료에 대한 질량백분율

표 3.12에서 바닷모래 속의 조개껍질 함유량은 10% 미만이며, 2.5 mm 체에 남는 조개껍질량만을 시험한 결과는 0.5% 미만을 나타낸다.

바닷모래 속에 포함되어 있는 조개껍질은 탄산칼슘을 주성분으로 하며 연질인 것도 있지만 단단하고 치밀한 것이 대부분이기 때문에 형상에 의한 영향 이외에 본질적인 문제는 없다고 보고되고 있다. 조개껍질 중에는 편평하거나 속이 빈 부분이 있는 것이 있는데 이러한 것은 그대로 사용하면 콘크리트의 워커빌리티를 해치고 강도, 내구성 등의 성질을 저하시킬 우려가 있기 때문에 가능한 제거할 필요가 있다.

조개껍질의 영향에 대하여 일반적으로 세편(細片)의 혼입은 30% 정도까지는 문제가 되지 않는다고 보고되고 있으며 10 mm 정도의 트롬멜을 통과시키면 원래의 형태에 가까운 유해한 조개껍질은 거의 제거할 수 있다. 다만 오토클레이브 양생을 하는 경우에는 부적합하다고 하며 화재를 당할 경우 등을 고려하면 너무 많은 양의 혼입은 좋지 않다.

3.4.3 부순골재

원료의 채취에 앞서 원석의 골재로서 적합 여부를 천연골재의 경우와 같이 조사하는 외에 지질학적 조사에 의한 원석의 연속성 및 방향성, 채취 및 파쇄의 난이 등을 조사해야 한다.

채취는 다이너마이트 또는 드릴을 사용하고 노천굴착 또는 갱내굴착에 의해 행한다. 파쇄공정에서는 파쇄효율 및 제품의 입형과 입도가, 원료의 성상 및 입도 외에 원료의 공급방법, 파쇄기의 형식과 그의 사용방법에 따라서도 좌우되기 때문에 공정 및 파쇄기의 올바른 선정이 중요하다.

(1) 입도 및 입형

부순굵은골재의 사용량은 크게 증가하고 있으며 KS F 2527(콘크리트용 골재)에서 콘크리트용 부순돌에 관하여 제조, 분류 및 호칭방법, 품질 및 시험방법을 규정하고 있다.

부순돌은 현무암, 안산암, 경질 화강암, 경질 사암, 경질 석회암 또는 이들에 준하는 암석을 원석으로 하는 경우 콘크리트용 골재로서 강자갈과 본질적으로 다른 점이 없다. 그러나 부순돌은 모가 나 있기 때문에 같은 워커빌리티를 얻기 위해서는 단위수량이 증가하며 잔골재율을 증가시켜야 한다. 대체로 부순돌을 사용하는 경우 강자갈을 사용한 경우와 같은 워커빌리티를 얻기 위해서는 단위수량을 10% 정도, 잔골재율을 3~

5% 정도 증가시킬 필요가 있다. 특히 편평한 것이나 가늘고 긴 것은 그 영향이 크기 때문에 부순돌을 사용할 경우에는 입자의 모양이 중요한 의미를 가진다. 수밀성과 내구성은 부착강도보다 오히려 물-시멘트 비에 의해 지배되기 때문에 단위시멘트양을 일정하게 하여도 강자갈 콘크리트보다 열등하다. 그러나 골재알의 균일성이나 강도 등의 면에 있어서는 오히려 강자갈에 비하여 우수한 경우가 많은데, 표면이 거친 경우 골재와 시멘트 페이스트의 부착이 좋기 때문에 일반적으로 양질의 부순돌을 사용한 콘크리트의 강도는 하천자갈을 사용한 콘크리트보다 크다(표 3.13 참조).

표 3.13 하천자갈 및 부순돌을 사용한 콘크리트의 강도 비교[2)]

강도비	물-시멘트 비, 슬럼프 일정			단위시멘트양, 슬럼프 일정		
	압축강도	인장강도	휨강도	압축강도	인장강도	휨강도
부순돌콘크리트 / 하천자갈콘크리트	1.20~1.35	1.05~1.32	1.14~1.25	0.95~1.10	1.03~1.11	1.03~1.09

한편 부순모래는 초기에는 부순돌 제조시의 부산물로서 발생된 것을 재이용하였으나 현재는 이를 전용으로 제조하는 모래제조기(製砂機)에 의해 제조된다.

부순모래의 문제점은 입도 및 입형이다. 대체로 부순모래를 사용하면 같은 워커빌리티의 콘크리트를 얻기 위해 단위수량을 약 8% 증가시킬 필요가 있다.

부순돌의 실적률과 콘크리트 슬럼프와의 관계를 실험한 예를 그림 3.13에 나타냈다. 이 그림에 의하면 부순돌의 실적률이 작을수록 콘크리트의 슬럼프 저하가 크며 실적률이 특히 55% 이하인 경우 슬럼프가 급격히 저하된다.

그래서 KS F 2527(콘크리트용 부순골재)에서는 입자의 형상판정을 위해 입형판정 실적률을 사용하도록 하고 그 값을 콘크리트용 부순돌에 대해서는 55% 이상으로, 부순모래는 53% 이상으로 규정하고 있다.

이때 굵은골재의 입형판정 실적률 시험에는 건조된 부순돌로서 20~10 mm의 골재 24 kg, 10~5 mm의 골재 16 kg을 체가름하여 이들을 합쳐서 잘 혼합한 것을 사용한다. 그리고 잔골재의 입형판정 실적률 시험에는 물로 충분히 씻으면서 체가름하여 2.5 mm 체를 통과시키고, 1.2 mm 체에 남는 것을 취하여 건조시킨 시료를 사용하도록 규정되어 있다.

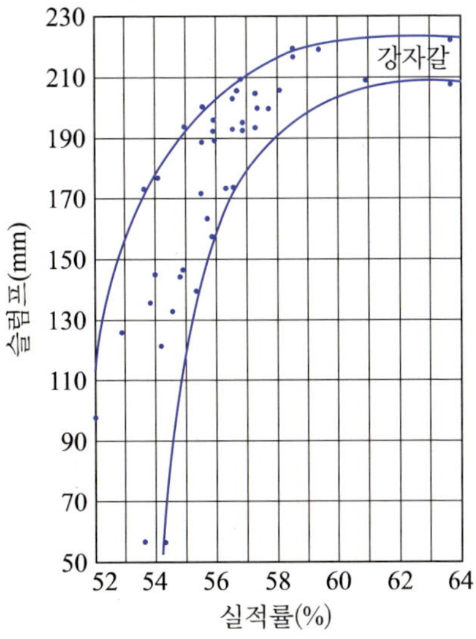

그림 3.13 부순돌의 실적률과 콘크리트의 슬럼프 관계[13)]

(2) 석분

부순모래는 입형이 모가 나 있고 석분(石紛)을 상당히 함유하는 경우가 많다. 부순모래에 함유되는 석분은 일반적으로 비표면적(Blaine 값)으로 1,500~8,000 cm^2/g 정도의 범위에 있는 입자로 되어 있으므로 콘크리트의 단위수량을 증가시키는 요인이 된다. 그래서 석분의 양이 3~7% 이상으로 너무 많으면 단위수량의 증가가 현저해지며, 블리딩이 적어져 플라스틱 수축균열이 생기기 쉬워지고 초결·종결이 상당히 빨라지는 점 등의 악영향이 나타난다. 또한 콘크리트의 강도가 저하되며 건조수축이 커지는 등의 좋지 못한 영향이 발생하므로 주의해야 한다. 한국산업규격에서는 부순골재의 미분량을 잔골재의 경우 7% 이하, 굵은골재의 경우 1% 이하로 규정하고 있다. 석분이 나쁜 영향을 미치는 것만은 아니다. 재료분리를 감소시키는 효과가 있기 때문에 부순모래의 경우는 오히려 3~5%의 석분이 혼입되어 있는 것이 좋다.

그림 3.14는 잔골재 중의 석분함량에 따른 콘크리트의 블리딩 시험결과이며, 그림 3.15는 석분함량에 따라 콘크리트에 필요한 단위수량 및 압축강도를 시험한 결과를 나타낸 것이다. 일반적으로 석분량이 증가하면 미립분의 증가로 블리딩이 감소되는 경향이 있으며, 콘크리트의 단위수량이 증가하며 압축강도가 저하된다. 그러나 그림에 나타낸 바와 같이 단위시멘트양이 매우 적은 경우에는 오히려 단위수량이 감소되고 콘크리트의 압축강도가 증가하는 경우도 있다.

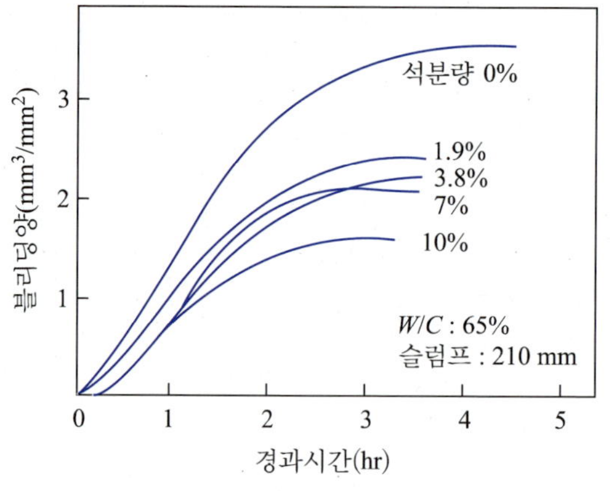

그림 3.14 석분을 함유한 콘크리트의 블리딩 시험결과[11)]

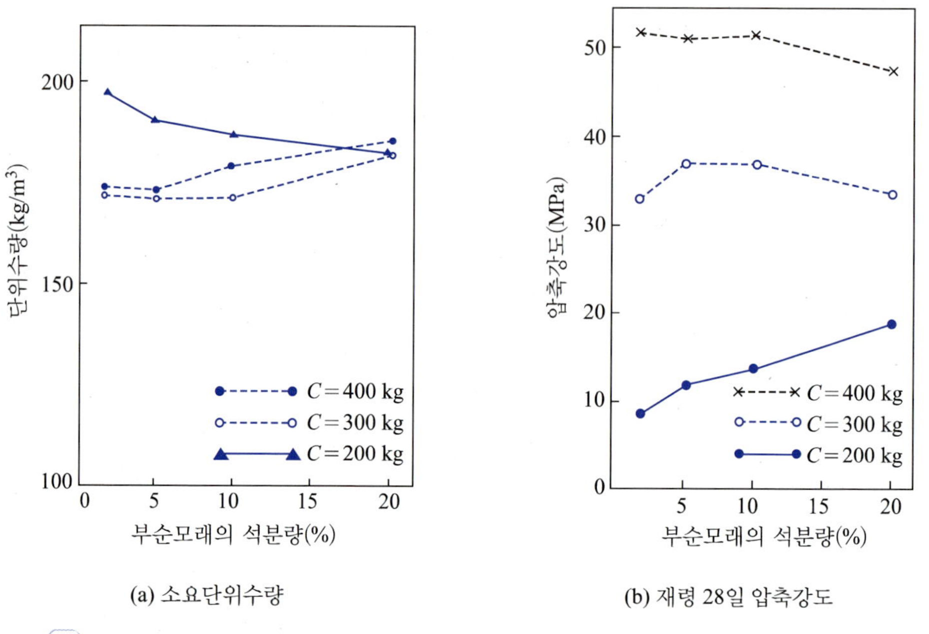

그림 3.15 석분을 함유한 콘크리트의 소요단위수량 및 재령 28일 압축강도[12)]

3.4.4 고로슬래그 골재

고로슬래그 잔골재와 고로슬래그 굵은골재는 용광로 내에서 선철과 동시에 생성되고 밀도차를 이용하여 선철과 분리된 용융슬래그를 원료로 하여 제조된다. 전로로부터도 슬래그가 생성되지만 이것은 팽창을 일으키기 때문에 콘크리트 골재용의 원료로서는 사용되지 않는다. 고로슬래그 굵은골재는 이 용융슬래그를 사용하여 서냉처리(徐冷處理), 파쇄, 입도조정의 공정을 거쳐 제조된다. 서냉처리는 노(爐)의 앞에 설치된 드라이 피트(피트 방식) 또는 노의 밖에 설치된 야드(야드 방식)에 용융슬래그를 유입하여 공기냉각과 살수에 의해 서서히 냉각하는 것이다. 이것에 의하여 슬래그는 단단한 결정질이 된다.

서냉슬래그는 냉각하는 과정에서 가스가 발생하기 때문에 표면에 크고 작은 기공이 생긴다. 이것이 보통의 부순돌과 다른 점이며, 굵은골재로 사용하는 경우 일반골재에 비해 단위수량과 잔골재율을 높여야만 소정의 워커빌리티를 얻을 수 있는 다소간의 문제점은 있다.

고로슬래그를 원료로 한 잔골재는 고로슬래그 굵은골재를 파쇄하는 것에 의해서도 제조되지만 실용적으로 공급되고 있는 것은 주로 이것과 제조방식이 전혀 다른 수쇄(水碎)슬래그라 불리는 것이다. 수쇄슬래그는 용융슬래그에 가압수를 분사하여 급냉함으로써 입상화(粒狀化)하는 것에 의해 제조된다. 즉 용융슬래그를 물에 의해 파쇄하는 것이다. 수쇄슬래그는 슬래그 온도, 수량, 수압 등에 따라 경질 또는 연질이 된다. 연질인 것은 고로시멘트의 원료로 사용되는 것이며 잔골재로 사용되는 것은 10~30%의 결정질을 포함한 경질의 것이다. 참고로 포항제철에서 생산된 고로슬래그의 화학성분을 분석한 예를 나타내면 표 3.14와 같다.

표 3.14 고로슬래그의 화학성분(%)[6)]

구 분	CaO	SiO_2	Al_2O_3	Fe_2O_3	MgO	K_2O	SO_3	Na_2O	S
고로슬래그 골재	45.0 이하	-	-	3.0 이하	-	-	0.5 이하	-	2.0 이하

(1) 고로슬래그 굵은골재

고로슬래그 굵은골재의 품질은 용융슬래그의 냉각조건에 따라 다르다. KS F 2527(콘크리트용 골재)에서는 밀도, 흡수율 등에 의해 고로슬래그 굵은골재를 표 3.15와 같이 보통품질(N) 및 고품질(H) 2종류로 분류한다.

표 3.15 고로슬래그 굵은골재의 분류[6)]

분 류	절건밀도(g/cm^3)	흡수율(%)	단위질량(kg/L)
N	2.2 이상	6.0 이하	1.25 이상
H	2.4 이상	4.0 이하	1.35 이상

고로슬래그 굵은골재는 강자갈에 비해 일반적으로 밀도가 작고 흡수율이 크다. 이것은 내부에 다량의 기포가 존재하기 때문이다. 실적률은 56~64%의 범위에 있는 것이 많고 입형은 보통의 부순돌과 같다고 보아도 좋다. 또 KS에서는 입도에 대하여 표 3.16과 같이 규정한 동시에 입도의 변동 허용범위도 조립률 ±0.30 이내로 제한하고 있다. 또 씻기시험에서 없어지는 양에 관해서는 전혀 규정을 두고 있지 않다. 이것은 고로슬래그 굵은골재에 포함된 미분은 주로 파쇄 시에 발생하는 것이며 점토나 실트가 포함될 우려가 없기 때문이다. 그러나 미분량이 많으면 굳지 않은 콘크리트에서는 부순돌에서의 미립분과 같은 나쁜 영향이 있을 것으로 보인다. 그래서 콘크리트 표준시방서에서는 이것을 5% 이하로 규정하고 있다.

고로슬래그 굵은골재는 부산물이기 때문에 강자갈이나 보통의 부순돌에서 보이지 않는 석회, 유황, SO_3, 철분 등의 유해물을 포함하는 것이 있다. 이들 유해물의 함유량 한도는 한국산업규격에 표 3.17과 같이 규정되어 있다.

석회를 다량으로 함유하면 규산2석회(C_2S)가, $\beta C_2S \rightarrow \gamma C_2S$와 같이 전이를 일으켜 붕괴할 우려가 있기 때문에 그 최대치가 규정된 동시에 자외선 조사(照射)시험이 규정되어 있다. 자외선을 조사하면 붕괴한 부분과 붕괴의 우려가 있는 부분이 황백색 또는 청동색으로 발광(發光)한다.

표 3.16 고로슬래그 굵은골재의 표준입도[6)]

고로슬래그 굵은골재 종류	입자 크기 범위 (mm)	체를 통과하는 질량백분율(%)							
		50 mm	40 mm	25 mm	20 mm	13 mm	10 mm	5 mm	2.5 mm
467	40~ 5	100	95~100	-	35~70	-	10~30	0~ 5	-
4	40~20	100	90~100	20~55	0~15	-	0~ 5	-	-
57	25~ 5	-	100	95~100	-	25~60	-	0~10	0~5
67	20~ 5	-	-	100	90~100	-	20~55	0~10	0~5
7	13~ 5		-	-	100	90~100	40~70	0~15	0~5

표 3.17 고로슬래그 굵은골재의 유해물 함유량의 한도[6)]

항 목		규정값
화학 성분	산화칼슘(CaO)	45.0% 이하
	황(S)	2.0% 이하
	3산화황(SO_3)	0.5% 이하
	산화철(FeO)	3.0% 이하
수중침지시험		균열, 분해, 니상화(泥狀化), 분화(粉化) 등의 현상이 없을 것
자외선(360 nm) 조사시험		발광하지 않거나 또는 균일한 자색을 띠고 있을 것

철화합물은 물과 반응하여 붕괴를 일으키기 때문에 최대값과 아울러 수중침지시험이 규정되어 있다. 수중침지시험으로 2일 이상 20℃의 수중에 침지하여 붕괴를 일으키지 않으면 합격으로 한다. 또 유해물로서의 염분 함유량에 대해서는 규정되어 있지 않지만 이것은 용융슬래그의 냉각에 해수의 사용이 금지되어 염분이 포함될 우려가 없기 때문이다.

고로슬래그 굵은골재를 사용한 콘크리트의 워커빌리티를 강자갈 콘크리트와 같이 하려는 경우는 부순돌 콘크리트와 거의 같은 단위수량 및 잔골재율로 할 필요가 있다. 그러나 적당한 AE제 또는 감수제를 사용하면 보통골재를 사용한 콘크리트와 같은 정도의 워커블한 콘크리트가 얻어진다.

경화한 고로슬래그 굵은골재 콘크리트의 성질도 거의 일반 굵은골재 콘크리트와 같은데 크리프 및 건조수축이 약간 작다는 보고도 있다. 또 고로슬래그 굵은골재는 흡수율이 크기 때문에 플레인 콘크리트(plain concrete)로 하는 경우는 동결융해작용에 대한 저항성이 상당히 저하한다. 그러나 AE콘크리트로 함으로써 보통의 콘크리트와 같은 저항성을 갖도록 할 수 있다.

고로슬래그 굵은골재는 건조상태로부터 흡수시키면 포화상태에 이르는데 상당한 시간이 필요한데 기건상태로부터 흡수시키면 비교적 단시간에 표건상태에 이르는 특성이 있다. 이 특성에 의해 고로슬래그 굵은골재를 기건상태로 사용하면 혼합 후의 슬럼프 저하가 크게 되는 경향이 있다. 또 운반에 콘크리트 펌프를 사용하는 경우 소위 압력흡수(壓力吸水)의 현상을 나타내어 폐색이 일어나는 경우가 있다. 그래서 고로슬래그 굵은골재의 사용에 있어서는 콘크리트의 혼합으로부터 치기에 이르는 작업 중에 흡수가 일어나지 않을 정도로 미리 흡수시키는 것(pre-wetting)이 필요하다.

(2) 고로슬래그 잔골재

고로슬래그를 원료로 하는 잔골재에는 여러 가지의 제조방법이 있는데 이하에서는 수쇄(水碎)슬래그에 대하여 기술한다.

고로슬래그를 잔골재로 사용하는 것의 검토는 양질의 강모래의 부족에 따른 것으로 현재 그 사용량은 극히 적다. 그림 3.16은 강모래와 수쇄슬래그 입자를 100배로 확대하여 촬영한 것이다. 수쇄슬래그는 일반적으로 각진 입형을 가지며 표면에 기공이 있기 때문에 같은 워커빌리티를 얻기 위해서는 양질의 강모래를 사용하는 경우에 비해 단위수량을 5～14% 정도, 잔골재율을 다소 크게 할 필요가 있다. 또 흡수율이 크고 밀도가 작으며 강모래에 비하면 다소 연질이기 때문에 같은 물-시멘트 비의 콘크리트에 대하여 시험하면 초기재령에서는 강모래의 경우보다 강도가 낮고 탄성계수도 어느 정도 낮다. 그러나 약간의 잠재수경성(潛在水硬性)을 가지기 때문에 장기에 걸쳐 습윤양생을 계속하면 강모래에 상당하는 강도를 나타낸다.

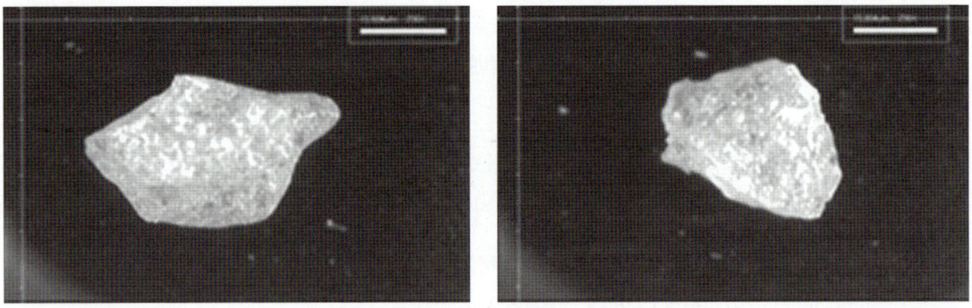

(a) 강모래

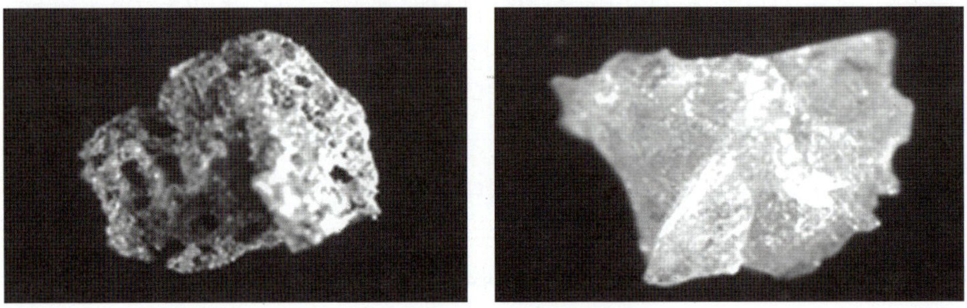

(b) 수쇄슬래그

그림 3.16 강모래와 고로수쇄슬래그의 입형사진(×100)[14)]

고로슬래그 잔골재에 대하여 KS F 2527(콘크리트용 골재)에서는 화학성분의 경우 고로슬래그 굵은골재와 같은 값이 규정되어 있으며 물리적 성질로서는 절대건조밀도 2.5 g/cm^3 이상, 흡수율 3.5% 이하, 단위질량 1,450 kg/m^3 이상으로 규정되어 있다. 한편 고로슬래그 잔골재는 입자의 크기에 따라 4종류로 구분하고 표 3.18과 같이 입도범위가 규정되어 있다.

표 3.18 고로슬래그 잔골재의 표준입도[6)]

체의 호칭치수 (mm) / 고로슬래그 잔골재의 종류	체를 통과하는 질량백분율(%)						
	10	5	2.5	1.2	0.6	0.3	0.15
5 mm	100	90～100	80～100	50～90	25～65	10～35	2～15
2.5 mm	100	95～100	85～100	60～95	30～70	10～45	2～20
1.2 mm	-	100	95～100	80～100	35～80	15～50	2～20
5～0.3 mm	100	95～100	65～100	10～70	0～40	0～15	0～10

3.4.5 경량골재

(1) 개요

콘크리트의 단위질량을 감소시키기 위해서는 밀도가 작은 골재를 사용하는 것이 효과적이며 건축물에서는 예부터 화산재 등이 사용되는 경우가 있었다. 그러나 이들은 대단히 취약하며 충분한 강도의 콘크리트를 얻기 어렵기 때문에 어느 정도 단단하며 또 밀도가 작은 골재를 인공적으로 제조하여 사용하고 있다. 경량골재는 천연경량골재(잔골재 및 굵은골재), 인공경량골재(잔골재 및 굵은골재), 바텀애시경량골재(잔골재)로 분류한다. 천연경량골재는 경석, 화산암, 응회암과 같은 천연재료를 가공한 골재이고, 인공경량골재는 고로슬래그, 점토, 규조토암, 석탄회, 점판암과 같은 원료를 팽창, 소성,

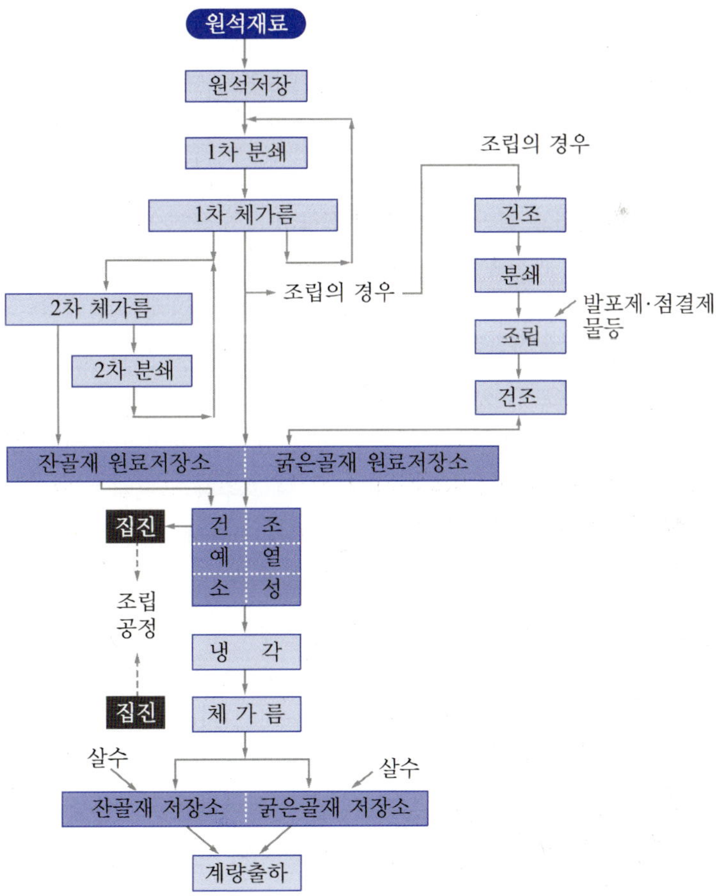

그림 3.17 인공경량골재의 제조공정[15)]

소괴하여 생산되는 골재이다. 또한 바텀애시경량골재는 화력발전소에서 부산되는 바텀애시를 파쇄·선별한 골재이다. 토목구조물에 사용되는 것은 이들 중 인공경량골재가 대부분이며 대부분 혈암을 원료로 하여 만든 것이다.

혈암을 원료로 하여 인공경량골재를 만드는 공정은 그림 3.17과 같다.

1차 파쇄는 원료를 20 mm 정도 이하로 파쇄하는 공정이다. 1차 체가름에서는 많은 경우 20 mm 이상, 20～5 mm 및 5 mm 이하로 분리된다. 잔골재의 경우는 이 체가름으로는 불충분하여 2차 체가름 및 2차 파쇄로 입도가 조정된다. 또 조립형(造粒形)의 경우 체가름은 불필요하고 0.3 mm 이하까지 분쇄하여 조립(造粒)된다.

소성은 회전소성로(rotary kiln)에 의해 이루어진다. 원료는 소성로 내에서 상온으로부터 서서히 온도가 올라가서 건조, 예열을 거쳐 1,000～1,300℃로 소성, 발포시킨다. 발포는 원료의 구성광물 중 일부가 가스화됨으로써 생긴다. 소성 이후는 냉각 및 체가름의 공정을 거쳐 제품이 된다.

(2) 인공경량골재의 성질

1) 밀도, 흡수율, 단위용적질량

인공경량골재는 일반적으로 유리질로서 투수성이 나쁜 외피부(外被部)와 미세한 독립적 기공을 갖는 내부로 구성된다. 이러한 내부가 있기 때문에 원료가 암석임에도 불구하고 밀도가 낮은 것이다. 일반적으로 인공경량골재의 절건밀도는 잔골재에서 1.6～1.8 g/cm^3, 굵은골재에서 1.25～1.35 g/cm^{3}의 범위가 많다. 잔골재의 밀도가 높은 것은 기공이 많은 내부가 거의 없어지기 때문이다.

인공경량골재의 내부공극은 매우 많다. 그러나 세공경이 매우 작기 때문에 흡수속도가 늦어 보통의 방법으로 흡수율을 구하면 흡수율은 크게 되지 않는다. 이 때문에 한국산업규격에서는 실용면을 고려하여 24시간 수중에 침지하여 흡수율을 구하는 것을 규정하고 있으며, 이에 의한 흡수율은 굵은골재에서 2～10%, 잔골재에서 6～10% 정도의 범위이다. 이 정도의 함수상태에 있는 경우 콘크리트 중에서 다시 흡수하여 그의 성질에 영향을 미치기 때문에 실용상으로는 보다 충분히 흡수시킨 상태에서 사용하는 것이 필요하다. 이 작업을 프리웨팅(pre-wetting)이라 한다.

경량골재의 단위용적질량은 KS F 2505에 따라 기건상태에서 측정하여, KS F 2527 표준에 적합한 소요의 단위용적질량을 가져야 한다. 천연경량골재와 인공경량골재는 표 3.19에서 제시된 단위용적질량 이하이어야 하고, 바텀애시경량골재는 1,200 kg/m^3 이하이어야 한다.

표 3.19 경량골재의 단위용적질량[15)]

종 류	단위용적질량의 최대값(kg/m³)	
	인공·천연 경량골재	바텀애시경량골재
잔골재	1,120 이하	1,200 이하
굵은골재	880 이하	
잔골재와 굵은골재의 혼합물	1,040 이하	

2) 안정성

인공경량골재의 안정성은 과거의 사용실적 또는 콘크리트에 사용한 경우의 동결융해 시험결과로부터 판단하는 것이 실용적이다. 충분히 흡수시킨 인공경량골재를 사용한 콘크리트의 동결융해시험결과에 의하면 인공경량골재 콘크리트는 강자갈 콘크리트보다 내구성이 상당히 떨어진다.

이것은 인공경량골재의 내부공극이 시멘트 페이스트보다 큰 것이 많아 동결 시에 수분이 시멘트 페이스트 부분으로 이동하여 이 부분을 열화시키기 때문이다. 그리고 충분히 흡수시키지 않고 사용하면 내구성은 그렇게 저하하지 않는다. 그러나 굳지 않은 콘크리트 측면에서는 흡수시키지 않고 사용하는 것은 곤란하다. 이러한 사항을 감안하여 콘크리트 표준시방서에서는 인공경량골재를 사용하는 경우 강자갈을 사용한 경우보다 공기량을 1% 많게 한 AE콘크리트로 하도록 규정하고 있다.

3) 입형, 입도

인공경량골재는 비조립형(非造粒形)인 것도 실적률이 60% 이상으로서 입형은 부순돌보다 양호하다. 잔골재는 비조립형인 것뿐으로 실적률은 53% 정도로서 역시 입형은

표 3.20 경량골재의 표준입도[15)]

골재의 치수 (mm) \ 체의 호칭 (mm)		각 체를 통과하는 질량백분율(%)								
		25	20	13	10	5	2.5	1.2	0.3	0.15
잔골재	5~0	-	-	-	100	85~100	-	40~80	10~35	5~25
굵은골재	25~5	95~100	-	25~60	-	0~10	-	-	-	-
	20~5	100	90~100	-	10~50	0~15	-	-	-	-
	15~5	-	100	90~100	40~80	0~20	0~10	-	-	-
	10~2.5	-	-	100	80~100	5~40	0~20	0~10	-	-
잔골재와 굵은골재의 혼합물	13~0	-	100	95~100	-	50~80	-	-	5~20	2~15
	10~0	-	-	100	90~100	65~90	35~65	-	10~25	5~15

양호하다고 할 수 있다. 경량골재의 입도는 KS F 2502 체가름시험에 따라 측정하며, KS F 2527의 표준입도를 만족해야 한다. 경량골재에 포함된 잔 입자(0.08 mm 체 통과량)는 씻기 시험에 따라 측정하며, 굵은골재는 1% 이하, 잔골재는 5% 이하이어야 한다. 경량골재의 입도의 표준은 표 3.20과 같다.

4) 부립률(浮粒率)

부립률이란 물에 뜨는 가벼운 입자의 전체량에 대한 질량백분율이다. 이러한 입자는 굳지 않은 콘크리트에 있어서 통상의 골재와는 반대로 콘크리트 중에서 떠오르는 분리현상을 일으키는 경향이 있다. 또 이러한 입자는 가벼울 뿐만 아니라 강도도 낮기 때문에 압축강도가 40 MPa 정도 이상의 콘크리트에서는 강도에 영향을 미치며, 10%의 부립률에서 약 10% 정도의 강도가 저하한다. 그래서 콘크리트 표준시방서에서는 부립률을 10% 이하로 규정하고 있다.

5) 유해물

경량골재의 유해물 함유량의 한도는 KS F 2534(구조용 경량골재)에 다음과 같이 정해져 있다. 즉 경량골재를 유기불순물 시험을 하였을 때, 표준색보다 진한 색을 나타내면 콘크리트의 품질에 해를 주지 않는다는 보장이 없는 한 사용하여서는 안 된다. 그리고 경량골재를 얼룩지는 정도에 대한 시험을 하였을 때, 진한 얼룩 또는 눈으로 식별할 때, 진한 얼룩으로 판명되고 화학적 시험에서 1.5 mg 이상의 산화철(Fe_2O_3)을 함유하고 있는 것은 사용하면 안 된다. 점토 덩어리의 양은 건조질량으로 2% 이하이어야 하며, 경량골재의 강열감량은 5% 이하로 규정되어 있다. 바텀애시경량골재의 삼산화황(SO_3) 성분은 0.8% 이하이어야 한다.

6) 내구성

경량골재 중 굵은골재와 잔골재의 안전성은 KS F 2507에 따라 측정하여, 각각 그 손실량이 12%와 10% 이하이어야 한다. 경량골재 안정성의 손실량이 허용 값을 넘는 골재라도 동일한 골재원에서 채취한 골재로 만든 콘크리트가 KS F 2456에 따른 급속동결융해시험결과 만족한 결과를 얻었거나, 또는 동일한 골재원이 없을 경우 만족한 결과를 입증할 수 있는 실례가 있을 경우에는 사용해도 좋다. 바텀애시경량골재의 염화물(NaCl 환산량) 함유량 측정은 KS F 2515에 따르며, 0.025 g/cm^3 이하이어야 한다.

(3) 인공경량골재 콘크리트의 성질

인공경량골재를 사용한 콘크리트의 성질은 다음과 같다.

표 3.21 경량골재 콘크리트의 종류[15)]

사용한 골재에 의한 콘크리트의 종류	사용골재		설계기준 압축강도 (MPa)	기건 단위질량 (kg/m^3)
	굵은골재	잔골재		
경량골재 콘크리트 1종	경량골재	모래, 부순모래, 고로슬래그 잔골재	18, 21, 24	1,700～2,000
경량골재 콘크리트 2종	경량골재	경량골재나 혹은 경량골재의 일부를 모래, 부순모래, 고로슬래그 잔골재로 대치한 것	15, 18, 21	1,400～1,700

1) 기건 단위질량

단위질량은 잔골재, 굵은골재 모두 경량골재를 사용한 경우에는 1.4～1.8 t/m^3, 굵은골재만 경량골재를 사용한 경우는 1.8～2.1 t/m^3 정도이다.

2) 강도

압축강도가 40～50 MPa 이하이면 보통골재 콘크리트와 같은 정도가 얻어진다. 그 이상에서는 시멘트 - 물 비를 크게 하여도 얻어지기 어렵게 된다. 습윤상태인 때는 인장 및 휨강도는 보통골재 콘크리트보다 약간 작지만 건조시키면 현저히 작아진다. 이것은 콘크리트 표면부와 내부와의 건조수축량 차가 보통골재 콘크리트보다 현저하기 때문이다. 경량골재 콘크리트의 압축강도는 28일 재령에서 3개의 공시체를 KS F 2405에 따라 시험한 평균값으로 한다. 단, 기건 단위질량 측정 시와 동일한 방식으로 만든 기건 상태의 공시체에 대해 시험한다. 인장강도는 28일 재령에서 2 MPa 이상이어야 한다. 이때 인장강도는 8개의 공시체를 KS F 2423에 따라 시험한 평균값으로 한다. 단, 기건 단위질량 측정 시와 동일한 방식으로 만든 기건상태의 공시체에 대해 시험한다.

3) 탄성계수

응력 - 변형률 곡선은 보통골재 콘크리트보다 기울기가 완만하며 직선부분이 파괴 부근까지 계속되는 모양을 나타낸다. 탄성계수는 보통골재 콘크리트와 같은 식으로 표시되며 보통골재 콘크리트의 약 70% 정도이다.

4) 크리프, 건조수축

크리프는 보통골재 콘크리트보다 크지만 탄성계수가 작기 때문에 크리프계수는 오히려 작게 된다. 건조수축 변형률을 공시체로 측정하면 보통골재 콘크리트보다 작다. 이것은 인공경량골재 콘크리트에서는 건조속도가 지연되기 때문이다.

5) 내구성 및 수밀성

프리웨팅한 경량골재를 사용하여 수중양생한 콘크리트의 동결융해에 대한 저항성은, 보통골재 콘크리트보다 떨어지나 건조시킨 골재를 사용하고 수중양생한 콘크리트의 경우에는 그렇게 나쁘지 않다. 또 공기량을 1% 정도 많게 한 AE콘크리트로 하면 실용상 충분히 내구적인 콘크리트가 얻어진다. 다짐과 양생을 주의하여 행하면 수밀성은 보통골재 콘크리트와 거의 같거나 그 이상이 된다.

3.4.6 중량골재

중량골재는 보통의 콘크리트에는 사용되지 않으며 그 사용량은 매우 적지만 방사선 차폐용 콘크리트에 때때로 사용되는 골재이다. 중요한 중량골재는 표 3.22와 같다. 방사선 중 차폐의 대상이 되는 것은 γ선, X선 및 중성자선이다. 이들 중 γ선의 차폐에 대해서는 다음과 같은 이유로 중량골재를 사용하는 것이 유리하다. X선의 경우에도 무거운 재료가 유리하지만 중성자선의 경우에는 γ선과 같은 간단한 법칙이 적용되지 않는다. γ선을 어느 물질로 흡수하는 경우의 흡수능력은 선흡수계수(線吸收係數)로 표시된다. 선흡수계수는 그 물질의 원자핵의 크기와 단위체적 중의 원자핵 수가 클수록 크게 된다.

표 3.22 중량골재의 예[2)]

종 류	밀도(g/cm^3)	콘크리트의 단위질량(t/m^3)
현무암	2.5 ~ 3.1	2.5
적철광	4.0 ~ 5.3	3.3 ~ 3.9
자철광	4.5 ~ 5.2	3.3 ~ 3.9
갈철광	2.7 ~ 4.0	2.7 ~ 3.3
중정석	4.0 ~ 4.7	3.0 ~ 3.6
철	7.8	4.4

그러나 선흡수계수를 물질의 밀도로 나눈 질량흡수계수는 차폐의 대상이 되는 1 ~ 3 MeV(밀리온엘렉트론볼트) 에너지의 γ선에 대해서는 물질에 의한 차가 거의 없다. 따라서 이러한 γ선에 대해서 선흡수계수는 물질의 밀도에 거의 비례하여 크게 된다. 따라서 콘크리트에 의해 γ선을 차폐하는 경우에는 중량골재를 사용하여 밀도를 크게 하는 것이 효과적이다. 또 실제로는 중량골재가 고가이기 때문에 보통골재를 사용하고 벽두께를 두껍게 하는 것이 경제적인 경우가 많다.

3.4.7 순환골재

우리나라는 건설폐재의 배출량이 2019년 기준 8,000만 톤 수준인 것으로 추산된다. 이렇게 막대한 양의 건설폐재를 매립하여 처리하는 데는 한계가 있기 때문에 정부에서는 1993년에 "자원의 절약과 재활용 촉진에 관한 법률 시행령"을 고시하여 연간 시공금액이 250억 원 이상인 건설업체는 각종 건설공사에서 발생하는 토사와 콘크리트 덩이 등의 부산물을 재활용하도록 의무화하였다. 이후 환경부에서는 "순환골재 등 의무사용건설공사의 순환골재·순환골재 재활용제품 사용용도 및 의무사용량 등에 관한 고시" 하여 순환골재를 일반건설공사에서는 골재 소요량의 35% 이상을, 아스팔트공사에는 30% 이상을 의무사용화 하고 있다. 또한 국토교통부에서는 제6차 골재수급 기본계획(2018~2023)을 발표하여 골재의 지속가능하고 안정적인 공급기반을 마련하기 위한 5년 단위의 중장기 계획을 수립하였으며, 순환골재의 품질 및 신뢰성을 향상시켜 사용량을 증대하기 위하여 정책마련이 진행되고 있다. 건설폐재의 약 60%에 해당하는 5,000만 톤 정도는 폐 콘크리트가 차지하는 것으로 추산된다. 폐 콘크리트는 주로 노후화된 구조물의 재건축이나 도시의 재개발을 위해 기존 콘크리트 구조물을 해체할 때 발생하는 것으로 현재는 이것을 대부분 매립하고 있으며 도로 노반재나 뒷채움재 등으로 일부 사용하고 있다. 폐 콘크리트는 재활용의 가능성이 높은 것으로서 노반재나 뒷채움재로의 활용 외에도 콘크리트용 순환골재로 이용하는 것은 환경문제의 해결뿐만 아니라 고갈되어가는 골재 문제를 해결할 수 있는 좋은 방안이 될 것이다. 순환골재(recycled aggregate)는 건설폐기물을 물리적 또는 화학적 처리과정 등을 거쳐 생산되는 품질기준에 적합한 골재를 말한다.

순환골재를 콘크리트용 골재로서 이용하는 방안의 연구로서 처음에는 콘크리트 덩이를 파쇄하여 단순히 체로 체가름하여 사용하는 것이 검토되었다. 그런데 이것을 전량 사용한 콘크리트의 품질은 크게 저하되기 때문에 순환골재와 일반골재를 어떤 비율로 사용하는 방안이 검토되었다. 또한 순환굵은골재에 붙어 있는 모르타르를 최소한으로 제거한 소위 고도처리한 골재로서 이용하는 방안도 연구되어 왔다.

표 3.23 순환골재의 품질[16)]

구 분		순환굵은골재	순환잔골재	관련시험규정
절대 건조 밀도(g/cm^3)		2.5 이상	2.3 이상	KS F 2503
흡수율(%)		3.0 이하	4.0 이하	
마모감량(%)		40 이하	-	KS F 2508
입자모양 판정실적률(%)		55 이상	53 이상	KS F 2527
0.08 mm 체 통과량 시험에서 손실된 양(%)		1.0 이하	7.0 이하	KS F 2511
알칼리 골재 반응		무해할 것		KS F 2545
점토덩어리량(%)		0.2 이하	1.0 이하	KS F 2512
안정성(%)		12 이하	10 이하	KS F 2507
이물질 함유량(%)	유기이물질	1.0 이하(용적)		KS F 2576
	무기이물질	1.0 이하(질량)		

순환골재 콘크리트에 사용되는 일반골재의 품질은 KS F 2527의 규격에 적합하여야 하며, 순환골재의 품질은 KS F 2573의 규격에 만족하여야 한다. 콘크리트에 사용되는 순환골재의 물리·화학적 성질은 표 3.23의 표준에 적합한 것이어야 한다.

한편 콘크리트에 사용되는 순환골재의 입도는 표 3.24의 표준에 적합한 것이어야 하며, 순환골재 콘크리트의 제조에 있어서 순환굵은골재의 최대치수는 25 mm 이하로 하되, 가능하면 20 mm 이하의 것을 사용하는 것이 좋다.

표 3.24 순환골재의 입도[16)]

체의 호칭			체를 통과하는 것의 질량백분율(%)										
			40 mm	25 mm	20 mm	15 mm	10 mm	5 mm	2.5 mm	1.2 mm	0.6 mm	0.3 mm	0.15 mm
순환 굵은 골재	최대 치수 (mm)	25	100	95~100		25~60		0~10	0~5				
		20		100	90~100		20~55	0~10	0~5				
순환잔골재							100	90~100	80~100	50~90	25~65	10~35	2~15

현재까지 연구된 결과를 바탕으로 순환골재를 사용한 콘크리트의 성질에 대하여 기술하면 다음과 같다.

1) 순환골재의 운반 및 저장은 가능하면 골재의 종류, 품종별로 분리하며, 크고 작은 입자가 분리되지 않도록 하여야 한다. 또한, 저장시설에는 살수설비를 갖추어 프리

웨팅이 가능하도록 하고 배수가 쉽도록 하여야 한다.

2) 순환골재를 사용할 때는 골재의 혼입률을 확인할 수 있도록 별도의 계량 및 관리방안을 마련하여야 한다.
3) 순환골재를 계량할 경우, 1회 계량 분량에 대한 계량오차는 ±4%로 한다.
4) 순환골재를 사용한 콘크리트의 설계기준 압축강도는 27 MPa 이하로 하며, 용도의 제한은 없으나 서중 및 한중 콘크리트를 제외한 특수 콘크리트에는 사용하지 않는다.
5) 순환골재를 사용한 콘크리트의 순환골재 사용비율은 표 3.25와 같이 한다.
6) 순환골재를 사용하여 설계기준 압축강도 27 MPa 이하의 콘크리트를 제조할 경우 순환굵은골재의 최대 치환량은 총 굵은골재 용적의 60%, 순환잔골재의 최대 치환량은 총 잔골재 용적의 30% 이하로 한다.
7) 순환골재를 사용하여 설계기준 압축강도 27 MPa 미만의 콘크리트를 제조할 경우 사용되는 순환골재의 최대 치환량은 순환골재의 종류에 관계없이 총 골재 용적의 30%로 한다.
8) 순환골재 콘크리트의 공기량은 보통골재를 사용한 콘크리트보다 1% 크게 한다.

표 3.25 순환골재 사용비율[16)]

설계기준 압축강도 (MPa)	사용 골재	
	굵은골재	잔골재
27 이하	굵은골재 용적의 60% 이하	잔골재 용적의 30% 이하
	혼합사용 시 총 골재 용적의 30% 이하	

현재의 상황에서 순환골재의 생산원가가 높으며 순환골재를 사용한 콘크리트의 품질이 저하하는 것은 사실이나 골재의 고갈문제를 어느 정도 해결할 수 있고, 매립으로 인한 환경파괴를 막는다는 관점에서 보면 순환골재의 사용은 가까운 시일 내에 일반화되어야 할 일이다.

3.5 골재의 저장 및 관리

콘크리트의 배합에는 골재의 밀도, 흡수율, 단위질량, 입도 및 표면수율이 영향을 미치지만 골재관리의 대상이 되는 것은 주로 잔골재의 표면수율과 입도이다.

골재의 입도가 적당하면 골재의 단위질량이 크고 공극률이 작으며, 콘크리트로서는 시멘트 페이스트가 절약되고, 밀도가 높은 것이 얻어지기 때문에 경제적인 콘크리트가 된다.

또한 입도는 콘크리트의 워커빌리티에 큰 영향을 주므로 특히 잔골재 입도의 변동에 유의하여야 한다. 잔골재 입도변화가 크면 시방배합을 수정할 필요가 있다. 보통 현장에서는 잔골재가 습윤상태로 있는 것이 보통이지만 표면수량이 있으면 콘크리트를 혼합할 때 콘크리트의 수량이 표면수량만큼 많아져서 물-시멘트 비, 워커빌리티 등에 변화를 초래하므로 현장배합 시에는 반드시 조정하여야 한다.

골재의 관리로서는 표면수량 관리가 매우 중요하며 일반적으로 잔골재의 표면수율이 1% 변하면 슬럼프는 30~40 mm, 강도는 6~8% 정도 변화한다고 보아도 좋다. 골재의 상태에 따른 표면수율의 개략치를 나타내면 표 3.26과 같다.

표 3.26 골재의 표면수율 근사치[17)]

골재의 상태	표면수율(%)
젖은 자갈 또는 부순돌	1.5~2
많이 젖은 모래(손에 쥐면 손바닥이 젖음)	5~8
보통 젖은 모래(손에 쥐면 쥔 형태가 남고 손바닥에 약간의 수분이 묻음)	2~4
젖은 모래(손에 쥐어도 형태가 곧 무너지고 손바닥에 약간 축축한 감이 있음)	0.5~2

골재는 잔골재, 굵은골재를 별도로 또는 골재의 종류별로 구분하여 저장하고 이물질이 들어가지 않도록 한다.

잔골재는 보통 습윤상태에 있기 때문에 입자가 크고 작은 것으로의 분리가 적으나 굵은골재는 최대치수가 클수록 분리가 일어나기 쉽다.

최대치수가 50 mm 이상인 골재를 사용할 경우는 대소 2종의 크기로 체가름 하여 따로따로 저장한다. 또 최대치수가 50 mm 이하인 경우에도 중요한 공사에서는 2종류 이상으로 체가름 하여 분리하여 저장하는 것이 바람직하다.

잔골재의 표면수는 앞에 기술한 바와 같이 콘크리트의 배합에 미치는 영향이 크므로 배수가 잘 되는 장소에 저장하고 지붕을 만들어 빗물의 영향을 받지 않도록 해야 한다.

겨울철에는 골재에 빙설이 혼입하거나 동결되지 않도록 하며 여름철에는 햇빛을 직접 받지 않도록 유의해야 한다.

참고문헌

1. 국토교통부 (시도별 골재채취현황 보고자료)
2. 김생빈, 민창식 외 2명, 건설재료학, 기문당, 2012.
3. A.M. Neville, Properties of Concrete, 5th Edition, PrenticeHall, 2011.
4. P. Kumar Metha, Paulo J.M. Monteiro, Concrete Microstructure, Properties, and Materials, 4th Edition, McGraw-Hill, 2013.
5. KS F 2502 굵은골재 및 잔골재의 체가름 시험방법, 2019.
6. KS F 2527 콘크리트용 골재, 2020.
7. KCS 14 20 10 일반 콘크리트, 2021.
8. Malkit Singh, Rafat Siddique, Compressive strength, drying shrinkage and chemical resistance of concrete incorporating coal bottom ash as partial or total replacement of sandConstruction and ,Building Materials Volume 68, Pages 39-48. 2014.
9. KS F 2510 콘크리트용 모래에 포함되어 있는 유기 불순물 시험방법, 2017.
10. Zhiquan Zhang, Yufen Zhang, ChanggenYan, Yunxiao Liu, Influence of crushing index on properties of recycled aggregates pervious concrete, Construction and Building Materials, Volume 135, pages 112-118, 2017.
11. Hamed Bayesteh, Mahdi Sharifi, Ali Haghshenas, Effect of stone powder on the rheological and mechanical performance of cement-stabilized marine clay/sand, Construction and Buildingm Volume 262, 2020.
12. Hamed Bayesteh, Mahdi Sharifi, Ali Haghshenas, Effect of stone powder on the rheological and mechanical performance of cement-stabilized marine clay/sand, Construction and Buildingm Volume 262, 2020.
13. Sidney Mindess, J. Francis Young, Concrete, Prentice Hall, 2002.
14. 오성록, 파이넥스슬래그 잔골재를 사용한 콘크리트의 품질특성 연구, 공학석사 학위논문, 세명대학교, 2012.
15. KCS 14 20 20 경량골재 콘크리트, 2021.
16. KCS 14 20 21 순환골재 콘크리트, 2021.
17. KCS 14 20 10 일반 콘크리트, 2021.
18. 長瀧重義外, コンクリ-ト材料(新體系土木工學28), 技報堂出版, 1979.
19. 輕量骨材コンクリ-トハンドブック編輯委員會編, 輕量骨材コンクリ-トハンドブック, 日刊工業新聞社, 1996.
20. 金宰永, 骨材産業의 展望과 發展方向(1), 骨材, 한국골재협회, 1994.
21. 윤재환, 골재의 품질이 콘크리트에 미치는 영향과 현장관리방법, 骨材, 한국골재협회, 1994.

22. 重倉, 戸田, 山砂の利用に關する研究 その1-4, 日本建築學會論文報告集大會號, 1969～1972.
23. 堀田宣雄, 北村隆, 石粉,泥土の混入がコンクリ-トの性質に及ぼす影響, セメントコンクリ-ト, No.318, 1973.
24. 森茂二郎7編, 實用コンクリ-ト技術(上), 建築技術, 1977.
25. 松藤泰典, 重藤和之, 微粉末がコンクリ-トの諸性質に及ぼす影響, 日刊生コンクリ-ト, 6(10), 1987.
26. 中村修吾, 海砂の品質, コンクリ-トジヤ-ナル, 12(10), 1987.
27. 崔乘和, 콘크리트用 海砂의 除鹽效果에 대한 硏究, 東國大學校 碩士學位論文, 1979.
28. 玄錫訓, 海砂의 使用에 관한 硏究, 제5회 레미콘 기술 세미나, 한국레미콘공업협회, 1989.
29. 申鉉黙, 콘크리트用 잔골재로서의 海砂의 利用, 대한토목학회논문집, 제26권 제2호, 1978.
30. 石川達成夫ほか, "コンクリ-ト用細骨材としての海砂の問題點", コンクリ-トジヤ-ナル, 11(10), 1973.
31. 川田尙哉, "海砂がセメントコンクリ-トに及ぼす影響", コンクリ-トジヤ-ナル, 2(10), 1974.
32. Sidney Mindes, J. Francis Young, David Darwin, Concrete, Second Edition, Prentice Hall
33. Michael S.Mamlok, John P. Zaniewski, Materials for Civil and Construction Engineers, PEARSON.
34. 한국콘크리트학회, 콘크리트 표준시방서 해설, 2021.

4

혼화재료

4.1 개요

4.1.1 혼화재료의 정의

혼화재료는 콘크리트나 모르타르의 혼합 시 필요에 따라 첨가하는 물, 시멘트, 골재 및 섬유보강재 이외의 재료로서 콘크리트나 모르타르의 작업성, 경제성, 에너지 절약 등과 같은 제 성질을 개선·향상시킬 목적으로 사용되는 재료이다.

혼화재료는 기존의 시멘트, 물, 골재만으로는 품질이 좋은 콘크리트를 제조하기에는 불충분하다는 인식하에 최근 가장 많은 변화 및 눈부신 발전을 하고 있는 재료이며, 양질의 혼화재료를 적절하게 이용하면 효과가 크다는 것은 기존의 수많은 사용실적으로부터 인정되고 있지만, 혼화재료 중에는 사용실적이 적거나 KS 규정 등에도 품질규격이 정해져 있지 않은 것도 많아 이러한 혼화재료인 경우에는 기존의 사용 예에서 효과를 조사하거나 시험을 통하여 그 품질을 충분히 확인한 후에 사용해야 한다.

4.1.2 혼화재료의 역사

혼화재료의 역사는 고대 로마시대부터 화산재 등의 무기질 재료 및 짐승의 피, 우유, 돼지기름 등의 유기질 재료를 콘크리트에 혼합하여 사용한 기록이 있다. 그러나 포졸란질의 미분말을 제외하면 근대적 의미의 혼화재료는 1938년 AE제의 미국특허와 1944년의 미국재료시험협회(ASTM)에서 시험법이 만들어진 이후 콘크리트 공사에 본격적으로 사용되었다.

포졸란질 재료로 고로슬래그의 이용은 1824년의 Joseph Aspdin의 포틀랜드시멘트 발명보다 이전인 1774년 Loriot에 의해 소석회와 함께 모르타르에 사용한 실적이 있으며, 1865년 독일에서 처음으로 슬래그 - 석회 시멘트의 사용이 상업화된 이후 프랑스에서는 1889년부터 슬래그시멘트로서 생산 사용하였다.

또한 플라이애시를 콘크리트에 사용하기 위한 착상은 1914년에 발표된 문헌이 최초이며, 1948년에서 1953년 사이 미국에서 건설한 Hungry Horse 댐에서 플라이애시를 혼화재로 처음 사용한 이후 세계적으로 고로슬래그와 더불어 가장 널리 콘크리트용 혼화재로 사용된 대표적인 혼화재료이다.

4.1.3 혼화재료의 종류

혼화재료는 콘크리트에 요구되는 성능과 시공방법 등에 따라 종류가 다양하며, 혼화재료의 성능도 한 가지만이 아니고 몇 개의 부수적인 성능과 효과를 가지고 있는 경우가 많아 사용목적을 달성하기 위해서는 현장에 적합한 것을 선정하는 것이 필요하다.

미국콘크리트학회(ACI)에서는 혼화재료를 광물질 혼화재료(mineral admixture)와 화학 혼화재료(chemical admixture)로 구분하고 있으나 국내 및 일본의 경우 소요의 성능을 얻기 위한 사용량에 의해 혼화재(混和材)와 혼화제(混和劑)로 분류하고 있다.

혼화재는 혼화재료 중 플라이애시, 고로슬래그 미분말, 실리카흄, 팽창재 등과 같이 사용량이 비교적 많아 그 자체의 부피가 콘크리트의 배합계산에 포함되는 것으로 콘크리트 등의 비비기 용적에 포함되어 계산되는 재료이며, 혼화제는 혼화재료 중 약품적으로 소량 사용하는 AE제, 감수제, AE감수제, 유동화제, 고성능감수제, 고성능AE감수제, 지연제 등과 같이 사용량이 비교적 적어서 그 자체의 부피가 콘크리트의 배합계산에 무시되어 콘크리트 등의 비비기 용적에 계산되지 않는 재료로 정의한다. 일반적으로 콘크리트나 모르타르의 혼합 시 사용량이 시멘트 질량의 5% 이상인 것을 혼화재, 1% 전후인 것을 혼화제로 구분한다.

또한 혼화재료를 용도 및 효과별로 구분하면 나음과 같다(콘크리트 표준시방서).

(1) 혼화재

1) 포졸란 작용이 있는 것 : 플라이애시, 규조토, 화산회, 규산백토
2) 주로 잠재수경성이 있는 것 : 고로슬래그 미분말
3) 경화과정에서 팽창을 일으키는 것 : 팽창재
4) 오토클레이브양생에 의하여 고강도를 나타내게 하는 것 : 규산질 미분말
5) 착색시키는 것 : 착색재(着色材)
6) 기타 : 고강도용 혼화재, 폴리머, 증량재(增量材) 등

(2) 혼화제

1) 워커빌리티와 내동해성을 개선시키는 것 : AE제, AE감수제
2) 배합이나 경화 후의 품질이 변치 않도록 하고, 유동성을 대폭 개선시키는 것 : 유동화제
3) 큰 감수효과로 강도를 크게 높이는 것 : 고성능감수제
4) 응결, 경화시간을 조절하는 것 : 촉진제, 지연제, 급결제, 초지연제

5) 방수효과를 나타내는 것 : 방수제
6) 기포의 작용에 의해 충전성을 개선하거나 질량을 조절하는 것 : 기포제, 발포제
7) 염화물에 의한 철근의 부식을 억제시키는 것 : 방청제
8) 소요의 단위수량을 현저히 감소시켜 내동해성을 개선시키는 것 : 고성능AE감수제
9) 점성을 증대시켜 수중에서의 재료분리를 억제시키는 것 : 수중불분리성 혼화제
10) 기타 : 프리팩트 콘크리트용 혼화제, 수중 콘크리트용 혼화제 등

4.2 혼화재(混和材)

4.2.1 고로슬래그 미분말

(1) 개요

고로슬래그 미분말(ground granulated blast-furnace slag)은 제철소에서 선철을 제조할 때 고로(高爐)에서 밀도의 차에 의해 분리되는 용융슬래그를 찬 공기나 냉수로 급히 식힌 입상(粒狀)의 수쇄슬래그를 분쇄기(ball mill, roller mill)로 미분쇄하여 얻는 산업 부산물이다.

고로슬래그 미분말은 주로 고로시멘트의 원료로 사용되어 왔지만 1950년대 이후로 남아프리카, 오스트리아, 영국, 캐나다 및 미국 등에서 콘크리트용 혼화재로서 사용하기 시작하여 1983년 캐나다(CSA A363), 1982년 미국(ASTM C989), 1986년 일본(JIS A6206) 등에서 이미 규격화되었으며, 국내에서는 1997년 콘크리트용 혼화재로서 사용하는 고로슬래그 미분말에 대하여 규정(KS F 2563)을 마련하였다.

고로슬래그 미분말은 유리질의 불안정한 칼슘 - 실리카질 광물로 이루어져 물과 접촉하여도 수화반응은 거의 진행되지 않으나, 시멘트 수화반응 시에 생성되는 수산화칼슘($Ca(OH)_2$)과 같은 알칼리성 물질의 자극을 받아 수화물을 생성하여 경화하는 잠재수경성이 있다. 고로슬래그 미분말을 혼화재로 사용할 경우 미세 결정구조 및 화학적 성질이 포틀랜드시멘트 경화체와는 다른 특성을 가지며, 포틀랜드시멘트만을 사용한 콘크리트에 비해 다음과 같은 면에서 장점을 가진다.

1) 수화발열 속도의 감소 및 콘크리트의 온도상승 억제에 효과가 있다.
2) 장기강도가 향상된다.
3) 수밀성이 향상된다.

4) 염화물이온 침투 억제에 의한 철근 부식 억제에 효과가 있다.
5) 황산염 등에 대한 화학저항성이 향상된다.
6) 알칼리 실리카 반응의 억제에 효과가 있다.
7) 블리딩이 작고 유동성이 향상된다.

이와 같은 장점은 고로슬래그 미분말의 분말도가 블레인 비표면적으로 3,000~4,000 cm^2/g 정도에서의 특성이지만 최근 분쇄기술의 발전에 따라 분말도를 10,000 cm^2/g까지 미분쇄하는 것이 가능해짐으로써 기존의 분말도와는 상당히 다른 특성을 나타내고 있으므로 고로슬래그 미분말을 혼화재로 사용할 경우 분말도 및 혼합률을 사용 목적에 맞게 적절하게 선택하여야 한다.

(2) 화학성분 및 물리적 성질

고로슬래그 미분말의 주요 화학성분은 SiO_2, Al_2O_3, CaO의 3성분으로 그림 4.1의 3성분계를 통하여 알 수 있듯이 보통포틀랜드시멘트와 비교해서 유리석회(CaO)가 적고, 실리카(SiO_2)가 많다. 일반적으로 고로슬래그 미분말의 화학성분량은 철광석에 의하여 변화하지만 SiO_2 33~35%, Al_2O_3 14~18%, CaO 38~45%, MgO 4~8%, Fe_2O_3 0.5~2% 정도의 범위에 있다. 고로슬래그 미분말에 대한 국내 규정은 2020년에 개정된 KS L 5210의 고로슬래그시멘트에 사용하는 고로슬래그의 품질 규정과 콘크리트용 혼화재로서의 규정은 KS F 2563의 규정이 있다.

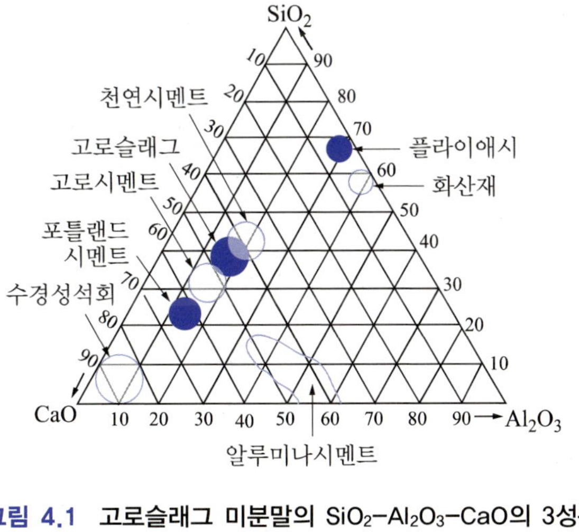

그림 4.1 고로슬래그 미분말의 SiO_2–Al_2O_3–CaO의 3성분계[1)]

표 4.1 고로슬래그 미분말의 품질규정[2)]

항 목		종 류			
		고로슬래그 미분말			
		1종	2종	3종	4종
밀도(g/cm^3)		2.80 이상	2.80 이상	2.80 이상	2.80 이상
비표면적(cm^2/g)		8,000~10,000	6,000~8,000	4,000~6,000	2,750~3,500
활성도 지수(%)	재령 7일	95 이상	75 이상	55 이상	-
	재령 28일	105 이상	95 이상	75 이상	60 이상
	재령 91일	105 이상	105 이상	95 이상	80 이상
플로값 비(%)		95 이상	95 이상	95 이상	95 이상
산화마그네슘, MgO(%)		10 이하	10 이하	10 이하	10 이하
삼산화황, SO_3(%)		4.0 이하	4.0 이하	4.0 이하	2.5 이상 4.0 이하
강열감량(%)		3.0 이하	3.0 이하	3.0 이하	3.0 이하
염화물이온(%)		0.02 이하	0.02 이하	0.02 이하	0.02 이하

표 4.1은 KS F 2563의 콘크리트용 고로슬래그 미분말의 화학성분 및 물리적 성질의 규정이다.

또 이 규정에서는 고로슬래그 미분말을 비표면적에 따라 분류하여 비표면적이 8,000~10,000 m^2/g인 경우에 1종, 6,000~8,000 m^2/g인 경우에 2종, 4,000~6,000 m^2/g인 경우에는 3종으로 분류하고 있다. 최근 수화열 저감을 목적으로 비표면적 2,750~3,500 m^2/g인 4종이 2020년에 추가되어 개정되었으며, 4종은 매스콘크리트용 현장 배처 플랜트에만 적용하고 있다.

고로슬래그 미분말의 품질을 평가하는 방법 중 하나인 염기도(b)는 다음 식과 같이 제시되며 염기도가 크다는 것은 SiO_2가 적고, 결정학적으로 불안정한 상태에 있기 때문에 고로슬래그 미분말의 반응성이 크다는 것을 의미하며, 염기도가 1.60 이상인 것을 사용한다. 고로슬래그 미분말의 밀도는 평균 2.91 g/cm^3 정도로 플라이애시나 실리카흄에 비하면 포틀랜드시멘트와의 밀도차가 적어 혼화재로 사용할 경우 혼합 및 분산특성이 우수하다.

$$b = \frac{CaO + MgO + Al_2O_3}{SiO_2}$$

여기서, b : 염기도

CaO : 고로수쇄슬래그 중 산화칼슘의 함유량(%)

MgO : 고로수쇄슬래그 중 산화마그네슘의 함유량(%)

Al_2O_3 : 고로수쇄슬래그 중 산화알루미늄의 함유량(%)
SiO_2 : 고로수쇄슬래그 중 이산화규소의 함유량(%)

그림 4.2 고로슬래그 미분말의 입형(2,000배 확대)[1)]

(3) 고로슬래그 미분말을 사용한 콘크리트의 품질

1) 굳지 않은 콘크리트

슬럼프는 고로슬래그 미분말의 혼합량에 따라 같거나 약간 크게 되는 경향이 있어 동일한 슬럼프의 콘크리트를 만들 경우 그림 4.3에서와 같이 고로슬래그 미분말을 혼화재로 사용한 경우가 보통 콘크리트보다 단위수량을 2~5% 정도 감소시킬 수 있으며 혼합률이 증가할수록 단위수량은 감소된다.

공기량은 고로슬래그 미분말의 혼합량이 증가할수록, 분말도가 클수록 감소하는 경향이 있으므로 그림 4.4에서와 같이 동일한 공기량을 얻기 위한 AE제의 사용량은 증가된다.

블리딩은 고로슬래그 미분말의 혼합량이 클수록 감소하며, 응결은 고로슬래그 미분말의 혼합에 의해 지연되고, 초결시간, 종결시간 등은 길어진다. 또한 블리딩이나 응결시간은 보통 콘크리트와 비교해서 고로슬래그 미분말을 사용한 경우가 온도에 의한 영향을 받기 쉬우며 어느 것이나 온도가 낮으면 증가한다.

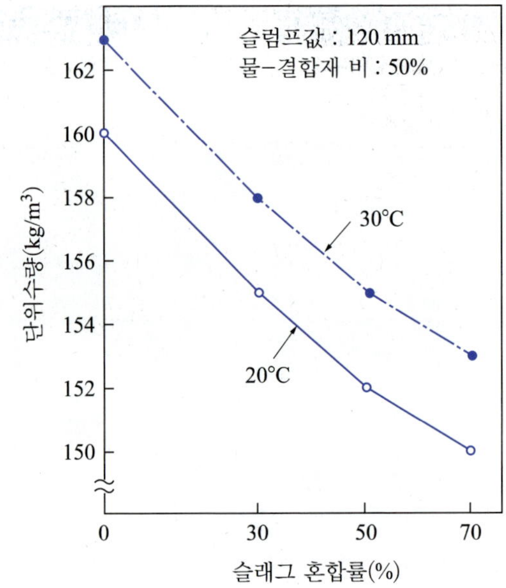

그림 4.3 고로슬래그 미분말의 혼합률과 단위수량과의 관계[2)]

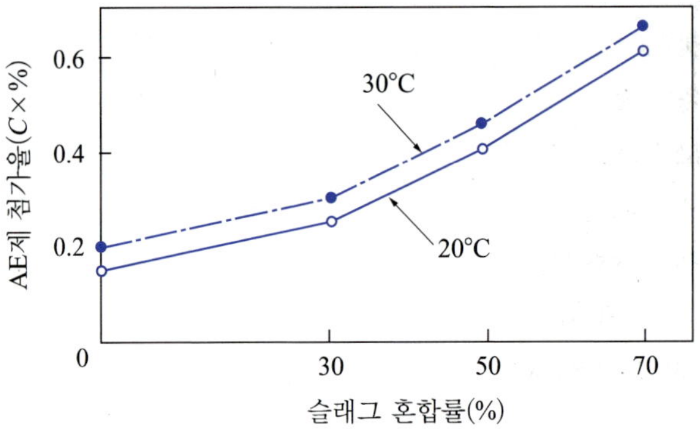

그림 4.4 고로슬래그 미분말의 혼합률과 AE제의 사용량과의 관계[2)]

2) 강도

고로슬래그 미분말을 사용한 콘크리트의 강도 발현은 고로슬래그 미분말의 품질이나 혼합률, 양생조건 등의 영향을 받는다. 분말도가 3,000~4,500 cm^2/g의 고로슬래그 미분말을 사용한 콘크리트의 재령 7일 이전의 압축강도는 보통 콘크리트와 비교해서 작으나 28일 이후의 장기강도에서는 잠재수경성의 영향으로 고로슬래그 미분말을 사용한 콘크리트의 강도가 커지게 된다. 그러나 분말도 8,000 cm^2/g 이상의 고로슬래그 미분말을 사용한 경우 재령 7일 강도에서 보통 콘크리트의 강도를 상회한다는 연구보고가 있다. 일반적으로 고로슬래그 미분말을 사용한 콘크리트의 초기강도는 고로슬래그 미분말의 분말도가 클수록 크다. 고로슬래그 미분말을 사용한 콘크리트는 콘크리트의 온도 및 양생온도의 영향을 크게 받아 온도 10℃ 이하에서는 장기에 걸쳐 강도 발현이 좋지 않다.

고로슬래그 미분말을 사용한 콘크리트의 압축강도와 인장강도의 관계 및 압축강도와 정탄성계수와의 관계는 고로슬래그 미분말의 품질이나 양생조건 등에 따라 변동은 있지만 보통 콘크리트의 경향과 같다.

3) 발열특성

고로슬래그 미분말을 사용한 콘크리트의 단열온도 상승량은 혼합률이 작을수록, 반죽된 콘크리트의 온도가 클수록 커지며 경우에 따라서는 보통포틀랜드시멘트만을 사용한 경우보다 커질 때도 있다. 또한 발열속도는 혼합률이 클수록, 분말도가 작을수록 늦어진다. 일반적으로 고로슬래그 미분말의 분말도 및 혼합률을 적절하게 선정하면 콘크리트 구조물의 최고온도 도달시간을 늦추고 또한 최고온도를 작게 할 수 있으므로 온도 균열 억제에 효과적이다.

4) 내구성

고로슬래그 미분말은 플라이애시나 실리카흄과 같이 알칼리 골재반응의 억제효과가 있으며, 동결융해 저항성은 보통 콘크리트와 비교해서 동등하거나 약간 우수한 저항성을 나타낸다. 고로슬래그 미분말을 사용한 콘크리트는 시멘트 수화 시에 발생하는 수산화칼슘과 고로슬래그 성분이 반응하여 콘크리트의 알칼리성이 다소 저하되기 때문에 콘크리트의 중성화가 빠르게 진행되며, 혼합률 70% 정도가 되면 중성화 속도가 보통 콘크리트의 2배 정도가 되는 경우도 있다. 그러나 염소이온의 침투에 대하여는 고로슬래그 미분말의 혼합이 유효하기 때문에 콘크리트의 덮개가 충분히 확보되면 콘크리트 중의 철근 보호 성능 면에서 보통 콘크리트보다 유리하다.

5) 수밀성

고로슬래그 미분말을 사용한 콘크리트는 보통 콘크리트에 비해 총 세공량은 약간 많아지지만 세공경은 매우 작아지기 때문에 수밀성이 향상된다.

4.2.2 플라이애시

(1) 개요

플라이애시(fly ash)는 석탄을 원료로 하는 화력발전소 등에서 미분탄을 약 1,400~1,500℃의 고온으로 연소했을 때 연소보일러에서 부산물로 발생되는 연소 폐가스로부터 집진장치에 의해 회수된 미분말의 석탄회(石炭灰)이다.

플라이애시는 산업폐기물로서 발생 초기에는 전량 매립재 등으로 사용되었으나 미국 및 캐나다를 중심으로 콘크리트용 혼화재로 댐 및 수리구조물에 사용됨에 따라 그 실용성이 높이 평가되어 미국의 경우 1954년에 플라이애시에 대한 규격이 처음 제정되었고 1968년 ASTM C 618에서 콘크리트용 혼화재로서 천연포졸란과 함께 플라이애시를 규정하였다. 국내 규격으로는 KS L 5405에서 플라이애시의 품질을 규정하고 있다.

플라이애시는 인공포졸란에 속하며 자체적으로는 수경성이 거의 없지만 실리카 성분이 석회와 시멘트의 수화생성물인 수산화칼슘과 상온에서 서서히 반응하여 불용성의 칼슘실리케이트 및 칼슘알루미네이트 수화물을 생성하여 경화하는 포졸란 반응을 한다. 또한 플라이애시의 입형이 구형(球形)을 이루고 있어 콘크리트의 유동성을 개선시켜 준다.

플라이애시를 혼화재로 사용할 경우 폐자원 활용으로 인한 자원절약 등의 경제적인 측면 이외에도 다음과 같은 면에서 콘크리트의 성능을 개선시키는 장점을 가진다.

1) 콘크리트의 워커빌리티를 좋게 하고 단위수량을 감소시킨다.
2) 초기강도는 작아지나 장기강도가 향상된다.
3) 수화열 저하에 의해 콘크리트의 온도가 감소된다.
4) 수밀성이 향상된다.
5) 건조, 습윤에 따른 체적변화와 동결융해에 대한 저항성을 향상시킨다.
6) 알칼리 실리카 반응의 억제에 효과가 있다.

그러나 플라이애시는 콘크리트용 혼화재로 사용할 때 위와 같은 장점이 있지만 미연소탄소량, 입자표면에서 유기혼화제의 흡착, 입경분포, 1 μm 이하의 미립분의 영향, 제조공장 및 시기 등에 따른 품질변동 등의 문제점이 있기 때문에 사용할 때 유의하여야 한다. 또한 최근에 와서 플라이애시의 생산은 증대하는 경향이 있으나, 양질의 플라이애시를 대량으로 계속 입수하기는 곤란하므로, 사용할 경우에는 그의 공급량이나 품질도 확인해 둘 필요가 있다.

(2) 화학성분 및 물리적 성질

플라이애시는 대체적으로 일부 결정성 물질과 함께 약간의 탄소를 함유하는 유리질의 구상(球狀)으로 화학성분 및 분포는 원탄 및 연소조건 등의 영향으로 매우 폭이 넓고 다양하다.

플라이애시의 화학성분은 SiO_2, Al_2O_3, Fe_2O_3, CaO, MgO 및 SO_3로 이루어져 있으며, 이들 성분 중 주요성분은 SiO_2 25~60%, Al_2O_3 5~25%, Fe_2O_3 10~30%로서 미국의 ASTM의 플라이애시 분류에 따르면 이들 3성분의 합이 70% 이상인 플라이애시를 Class F, 상대적으로 이들 3가지 성분의 합이 적고(50% 이상) CaO로 나타나는 칼슘혼합물의 양이 많은 플라이애시를 Class C로 분류하고 있다.

표 4.2 플라이애시 품질규정[3)]

항 목		종 류			
		플라이애시			
		1종	2종	3종	4종
이산화규소, SiO_2(%)		45 이상	45 이상	45 이상	45 이상
수분(%)		1 이하	1 이하	1 이하	1 이하
강열감량(%)		3 이하	5 이하	8 이하	5 이하
밀도(g/cm^3)		1.95 이상	1.95 이상	1.95 이상	1.95 이상
유리, CaO(%)		2.5 이하	2.5 이하	2.5 이하	2.5 이하
반응성, CaO(%)		10 이하	10 이하	10 이하	10 이하
SO_3(%)		3.5 이하	3.5 이하	3.5 이하	3.5 이하
MgO(%)		4.0 이하	4.0 이하	4.0 이하	4.0 이하
총 인산염, P_2O_5(%)		5.0 이하	5.0 이하	5.0 이하	5.0 이하
수용성 인산염, P_2O_5(mg/kg)		100 이하	100 이하	100 이하	100 이하
염화물, Cl^-(%)		0.05 이하	0.05 이하	0.05 이하	0.05 이하
총 알칼리(%)		5.0 이하	5.0 이하	5.0 이하	5.0 이하
안정도	오토클레이브 팽창도(%)	0.8 이하	0.8 이하	0.8 이하	0.8 이하
	르샤틀리에(Le Chatelier)(mm)	10 이하	10 이하	10 이하	10 이하
분말도	45 μm 체 잔분(망 체 방법)(%)	10 이하	40 이하	40 이하	70 이하
	비표면적(브레인 방법)(cm^2/g)	4,500 이상	3,000 이상	2,500 이상	1,500 이상
플로값 비(%)		105 이상	95 이하	85 이상	75 이상
활성도 지수(%)	재령 28일	90 이상	80 이상	80 이상	60 이상
	재령 91일	100 이상	90 이상	90 이상	70 이상

플라이애시에 대한 국내 규격은 표 4.2에서와 같이 2018년 개정된 KS L 5405의 품질규정으로 미국의 경우처럼 플라이애시의 종류를 구분하고 있지 않다. 플라이애시의 미연소탄소 함유량을 나타내는 방법으로 강열감량이 쓰이며 미연소탄소 함유량이 많을수록 강열감량이 일반적으로 크기 때문에 KS에서는 플라이애시의 종류에 따라 규정하고 있다. 또한 플라이애시의 밀도는 시멘트보다 일반적으로 작으며 보통 2.2~2.8 g/cm^3 정도이다.

(3) 플라이애시를 사용한 콘크리트의 품질

1) 굳지 않은 콘크리트

플라이애시는 그림 4.5와 같이 둥근모양의 미립자로 이루어져 있어서 시멘트 페이스트의 유동성을 개선시키고 소요의 반죽질기를 얻기 위한 콘크리트의 단위수량을 감소시킨다. 단위수량의 감소에 의해 콘크리트 내부의 수분이동을 줄임으로써 공기의 연행 여부에 관계없이 블리딩을 줄일 수 있다.

그러나 미연소탄소량이 많은 플라이애시는 거친 입자의 함유비율이 높아서 단위수량을 증가시키는 경우가 있으며, AE콘크리트의 경우 미연소탄소분에 의해 AE제 등이 흡착되어 연행공기량이 현저히 감소하기 때문에 목표 공기량을 얻기 위해서는 일반적으로 AE제의 사용량이 크게 증가된다.

그림 4.5 플라이애시의 입형(2,000배 확대)[4)]

2) 강도

플라이애시를 혼합한 콘크리트의 압축강도는 그림 4.6에서와 같이 초기재령에서는 보통 콘크리트보다 낮지만 재령이 길어짐에 따라 포졸란 반응에 의해 강도 증진효과가 크며, 플라이애시 혼합률의 영향을 받아 재령 28일 이후의 장기재령에서는 혼합률 10~20%에서 강도 발현이 가장 크게 나타난다. 또한 플라이애시를 혼합한 콘크리트의 압축강도와 인장강도의 관계는 보통 콘크리트의 경향과 비슷하며, 정탄성계수는 초기재령에서는 보통 콘크리트보다 작으나 장기재령에서는 약간 증가하는 경향이 있다.

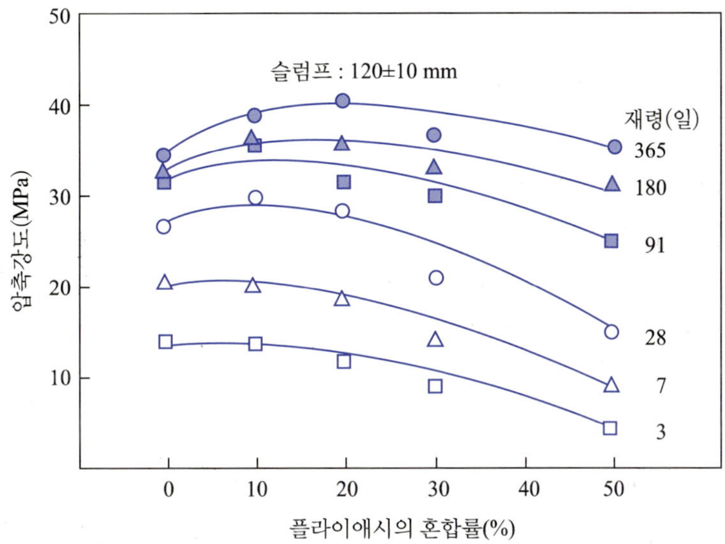

그림 4.6 플라이애시의 혼합률과 콘크리트 압축강도와의 관계[4)]

3) 발열특성

플라이애시에 의한 포졸란 반응은 시멘트의 수화생성물인 수산화칼슘과 플라이애시가 반응하여 칼슘실리케이트 수화물 및 칼슘알루미네이트 수화물을 생성하기 때문에 그 반응속도는 시멘트와 비교해서 상당히 늦으며 수화발열량도 적다. 따라서 플라이애시를 혼화재로 사용한 콘크리트는 콘크리트의 초기온도상승을 억제에 유용하여 매스콘크리트 공사나 교량공사에 많이 이용된다.

4) 내구성

플라이애시를 혼합한 콘크리트의 동결융해에 대한 저항성은 적절하게 공기를 연행했을 경우 보통 콘크리트와 뚜렷한 차이는 없으며, 포졸란 반응에 의한 알칼리 골재반응 억제 효과가 있다. 콘크리트의 열화요인 중 하나인 황산염에 대한 저항성은 플라이애시 혼합에 의한 시멘트양의 감소(C_3A의 감소) 및 포졸란 반응에 의한 수산화칼슘양이 감소하여 에트린가이트(ettringite) 생성이 감소되기 때문에 크게 개선된다.

5) 수밀성

포졸란 반응에서 생성되는 칼슘실리케이트 수화물은 시멘트에서 생성되는 칼슘실리케이트 수화물과는 달리 비표면적이 큰 저칼슘형 수화물로서 시멘트 페이스트 조직을 치밀하게 하여 물의 침투를 억제함으로써 수밀성을 향상시킨다.

4.2.3 실리카흄

(1) 개요

실리카흄(silica fume)은 제강용(製鋼用)의 탈산(脫酸)제로 사용되는 페로실리콘 합금이나 실리콘 금속 등의 규소 합금을 전기로(2,000℃)에서 제조할 때 발생하는 폐가스를 집진하여 얻어지는 산업부산물의 총칭이다. 입경이 1 μm 이하로, 평균입경이 0.1 μm 정도, 비표면적은 약 200,000 cm^2/g의 구형(球形)의 초미립자이다.

실리카흄을 혼합한 콘크리트에 관한 연구는 1950년 노르웨이에서 처음 시작되었는데 실리카흄을 혼합하면 콘크리트의 워커빌리티가 급격히 저하되기 때문에 실용화되지 못했으나 1960년대 개발된 고성능감수제와 더불어 1978년 노르웨이에서 콘크리트용 혼화재로서의 규격이 제정됨에 따라 실용화되기 시작하였다.

실리카흄의 주요 생산국은 소련, 미국, 노르웨이, 브라질 등이다. 일본의 경우 1985년에는 약 2만 5천 톤이었던 것이 1991년에는 1만 톤 정도로 생산량 감소가 현저하며, 국내의 경우 경기, 강원, 경북 등지에서 생산설비가 존재하였으나 전력과다소비 산업으로 폐지 또는 전환되어 현재는 거의 생산이 중단된 상태이다.

주성분은 비정질(非晶質)의 이산화규소(SiO_2)가 대부분이며, 수산화칼슘과의 반응에 의해 칼슘실리케이트 수화물을 만든다. 실리카흄을 시멘트의 일부로 치환시킨 콘크리트는 보통의 콘크리트와 비교해서 재료 분리가 잘 생기지 않고, 블리딩이 적으며 강도 증가가 현저하고 수밀성이나 화학저항성이 향상된다는 등의 이점이 있다. 그 반면 단위수량의 증가, 건조수축의 증가 등의 결점도 있다. 따라서 사용에 있어서는 고성능감수제와의 병용 등의 고려가 필요하다.

실리카흄을 콘크리트용 혼화재로 사용할 경우 다음과 같은 면에서 콘크리트의 성능을 개선시키는 장점을 가진다.

1) 강도증진 효과가 뛰어나다.
2) 투수성이 작아 수밀성이 향상된다.

3) 수화초기의 발열량이 작아 콘크리트의 온도상승 억제에 효과가 있다.
4) 염화물이온 침투 억제에 효과가 있다.

이와 같은 장점의 대부분은 슬래그 미분말 및 플라이애시와 같은 포졸란 반응을 하는 재료의 특징과 유사하지만 실리카흄은 초미립재로서 고강도용 재료로 주로 사용되며, 산업부산물이지만 세계적으로 생산량이 적고 국내에서는 전량 수입에 의존하고 있기 때문에 고가(高價)의 재료이다.

(2) 화학성분 및 물리적 성질

실리카흄은 대부분이 비결정질(非結晶質)로 SiO_2량이 90% 이상이며 미량성분으로 Al_2O_3, Fe_2O_3, CaO 등이 함유되어 있으나 화학성분은 제품의 종류에 따라 다소 변화한다. 실리카흄의 색깔은 일반적으로 백색에 가까운 회색이며 입자의 형상은 그림 4.7과 같이 구형(球形)의 초미립자로 밀도는 2.1～2.2 g/cm^3 정도이고, 비표면적은 200,000～250,000 cm^2/g으로 보통포틀랜드시멘트의 70～80배이다.

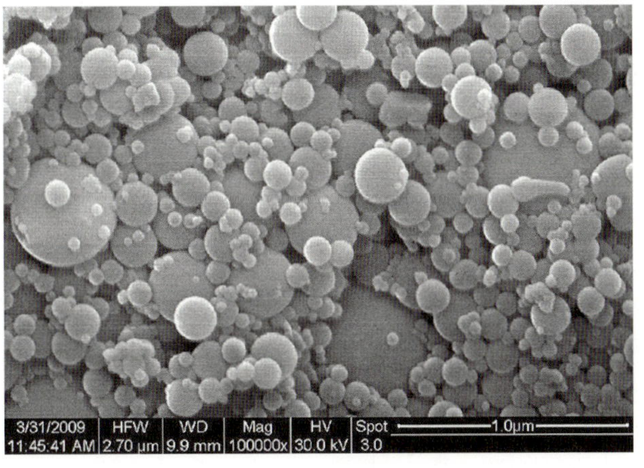

그림 4.7 실리카흄의 입형(20,000배)[5)]

(3) 실리카흄을 사용한 콘크리트의 품질

1) 굳지 않은 콘크리트

실리카흄은 비표면적이 크고 수산화칼슘과 단시간에 반응하여 겔 상태의 물질을 생성한다. 동일한 슬럼프를 얻기 위해서는 그림 4.8과 같이 실리카흄의 혼합률이 증가하는데 따라 단위수량이 거의 선형적으로 증가하기 때문에 고성능감수제를 사용하여 단위수량을 낮출 필요가 있다.

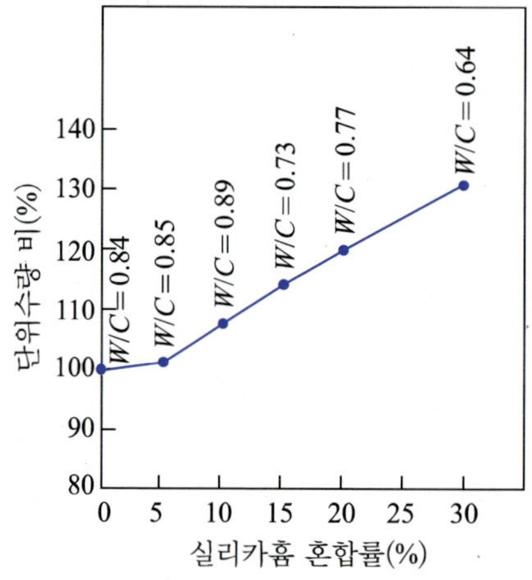

그림 4.8 실리카흄의 혼합률과 단위수량의 관계[6)]

또한 실리카흄 미세분말 영향으로 시멘트 페이스트의 점착성이 증가하여 콘크리트의 재료분리저항성이 증대되며 블리딩양은 감소된다. 그러나 비표면적이 크고 미연소 탄소가 함유되어 있어 AE제가 흡착되기 때문에 소요의 공기량을 얻기 위해서는 그림 4.9와 같이 AE제의 사용량이 크게 증가한다.

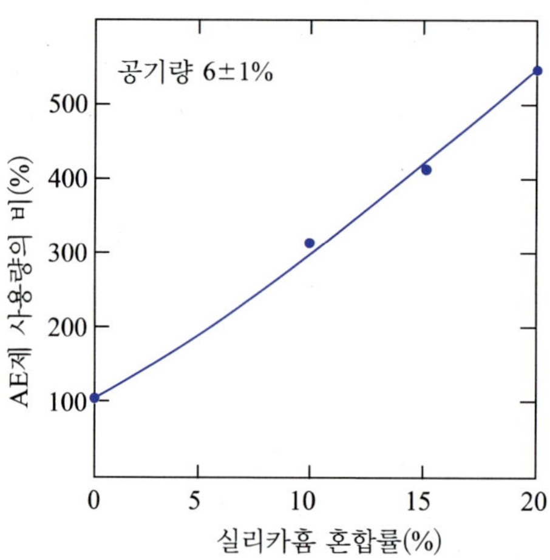

그림 4.9 실리카흄의 혼합률과 AE제 사용량과의 관계[6)]

2) 강도

실리카흄을 사용한 콘크리트의 압축강도 발현성은 매우 양호하며 이러한 원인은 마이크로 필러(micro filler)효과 및 포졸란 반응이 동시에 작용함으로써 강도를 향상시키기 때문이다. 마이크로 필러효과란 초미립의 실리카흄이 0.5～1.0 μm의 시멘트 입자 둘레에 생기는 공극에 충전되어 그림 4.10과 같이 아주 치밀한 구조를 만들기 때문에 골재와 결합재간의 부착력이 증가하여 콘크리트의 강도가 증가되는 현상을 말한다.

실리카흄의 혼합률은 그림 4.11에서와 같이 5～15%에서 강도증진 효과가 크며 다른 포졸란 재료와 달리 초기에 포졸란 반응이 일어나는 특징을 가지고 있다.

실리카흄을 혼합한 콘크리트의 휨 및 할렬인장강도는 압축강도의 경향과 유사하며 정탄성계수는 동일한 압축강도 수준에서는 실리카흄을 사용한 경우가 낮은 탄성계수를 가진다.

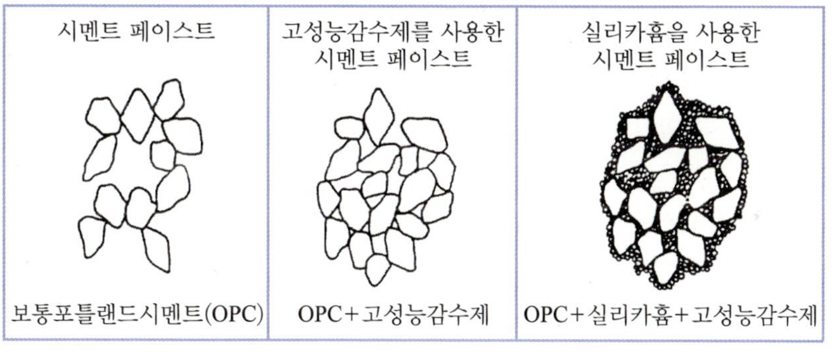

그림 4.10 실리카흄의 필러효과[4)]

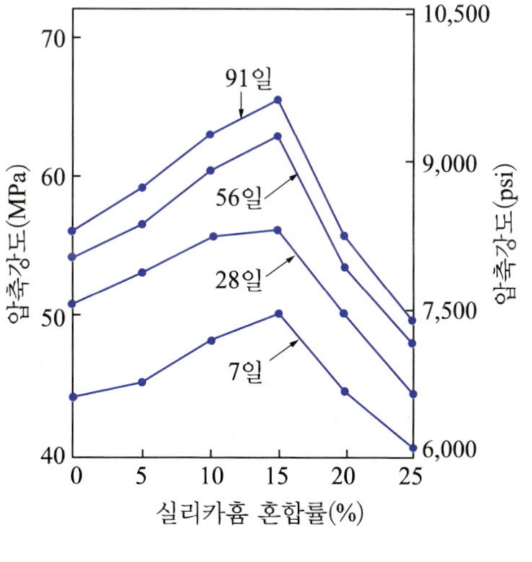

그림 4.11 실리카흄 혼합률과 압축강도와의 관계[6)]

3) 내구성

실리카흄의 혼합률 15% 이하에서는 적절한 공기량을 가질 경우 충분한 동결융해 저항성을 가지지만 혼합률이 20~30%에 이르게 되면 동결융해 저항성이 저하한다.

일반적으로 실리카흄을 사용하면 수밀성이 증진되어 염소이온 침투가 감소되고 염산, 황산 및 유기산에 대한 화학저항성이 향상되기 때문에 실리카흄은 고내구성 콘크리트의 제조에 효과적이다.

4.2.4 팽창재

(1) 개요

팽창재(expansive producing admixtures)는 콘크리트의 건조수축, 수화열에 의한 온도응력 및 크리프 등에 의해 발생하는 구조물의 균열 및 변형을 방지할 목적으로 사용되는 재료이다. 팽창재는 에트린가이트계와 석회계로 대별되고 있으며 시멘트에 10% 정도를 혼합함에 따라 밀도가 낮은 에트린가이트의 침상결정 및 수산화칼슘의 판상결정을 다량으로 생성하여 콘크리트 중의 공극을 충전하여 팽창시킨다.

ACI의 기준에 의하면 에트린가이트계 팽창재를 K, M, S형의 3가지로 분류하고 있으며, 일본에서 개발된 석회계 팽창재인 O형이 있다. 현재 국내에서의 팽창재 사용실적은 거의 없는 상황이나 콘크리트의 건조수축에 기인하는 철근 콘크리트의 균열방지, 각종 시멘트 2차 제품의 균열억제 등의 목적으로 그 사용이 증가할 것으로 예상된다. 팽창재를 사용하는 목적은 다음과 같다.

1) 콘크리트의 수축보상에 따른 균열 저감용
2) 화학적 프리스트레스의 도입에 따른 균열내력 증대 및 단면 축소용
3) 팽창력 이용에 따른 충전효과용

(2) 화학성분 및 물리적 성질

팽창재에 대한 국내의 규격은 표 4.3에서와 같이 2020년에 개정된 KS F 2562의 콘크리트용 팽창재 품질규정이 있으며, 표 4.4는 팽창재의 화학성분 및 물리적 성질을 나타낸 예로서 제품 1, 2는 에트린가이트계이며, 제품 3, 4는 석회계이다.

표 4.3 팽창재의 품질규정[7)]

<table>
<tr><th colspan="3">항 목</th><th>규정값</th></tr>
<tr><td rowspan="2">화학성분</td><td colspan="2">산화마그네슘(%)</td><td>5 이하</td></tr>
<tr><td colspan="2">강열감량(%)</td><td>3 이하</td></tr>
<tr><td rowspan="10">물리적 성질</td><td colspan="2">비표면적(cm²/g)</td><td>2,000 이상</td></tr>
<tr><td colspan="2">1.2 mm 체 잔유율(%)</td><td>0.5 이하</td></tr>
<tr><td rowspan="2">응결</td><td>초결(분)</td><td>60 이후</td></tr>
<tr><td>종결(시간)</td><td>10 이내</td></tr>
<tr><td rowspan="2">팽창성(길이변화율) (%)</td><td>7일</td><td>0.025 이상</td></tr>
<tr><td>28일</td><td>−0.015 이상</td></tr>
<tr><td rowspan="3">압축강도(MPa)</td><td>3일</td><td>12.5 이상</td></tr>
<tr><td>7일</td><td>22.5 이상</td></tr>
<tr><td>28일</td><td>42.5 이상</td></tr>
</table>

표 4.4 팽창재의 물리적 성질 및 화학성분[8)]

<table>
<tr><th rowspan="2">No.</th><th rowspan="2">밀도 (g/cm³)</th><th rowspan="2">분말도 (cm²/g)</th><th colspan="8">화학성분(%)</th></tr>
<tr><th>ig.loss</th><th>SiO₂</th><th>Al₂O₃</th><th>Fe₂O₃</th><th>CaO</th><th>MgO</th><th>SO₃</th><th>Total</th></tr>
<tr><td>1</td><td>3.00</td><td>2,500</td><td>0.8</td><td>4.0</td><td>10.0</td><td>1.0</td><td>51.2</td><td>0.6</td><td>31.9</td><td>99.5</td></tr>
<tr><td>2</td><td>3.00</td><td>3,200</td><td>1.2</td><td>3.1</td><td>6.3</td><td>0.4</td><td>58.0</td><td>0.3</td><td>29.6</td><td>98.9</td></tr>
<tr><td>3</td><td>3.14</td><td>3,500</td><td>0.4</td><td>9.6</td><td>2.5</td><td>1.3</td><td>67.3</td><td>0.4</td><td>18.0</td><td>99.5</td></tr>
<tr><td>4</td><td>3.11</td><td>4,120</td><td>0.6</td><td>3.9</td><td>1.8</td><td>2.4</td><td>63.6</td><td>1.6</td><td>25.6</td><td>99.5</td></tr>
</table>

(3) 팽창재를 사용한 콘크리트의 품질

팽창재를 사용한 굳지 않은 콘크리트의 성질은 보통 콘크리트와 크게 다르지 않으며, 경화한 콘크리트의 성질 및 주의사항은 다음과 같다.

1) 팽창재를 사용한 콘크리트는 재령 7일까지 팽창이 급속히 진행되기 때문에 재령 7일까지 충분한 습윤양생을 유지하여야 한다.
2) 팽창재의 혼합량이 증가함에 따라 압축강도는 증가하지만 팽창재 혼합량이 시멘트양의 11%보다 많아지면 팽창률이 급격히 증가하여 압축강도는 팽창률에 반비례하여 감소한다.
3) 팽창재를 사용한 콘크리트의 동결융해 저항성은 무구속 상태의 경우에는 보통 콘크리트에 비해서 매우 작지만, 구속 조건하에서 팽창시킨 경우는 보통 콘크리트와 비슷한 저항성을 나타낸다.

4) 건조수축 변형률은 팽창재를 구속 조건하에서 사용한 경우에는 보통 콘크리트에 비해 절반 정도 감소된다.

5) 팽창재를 사용한 콘크리트의 수밀성은 보통 콘크리트에 비해서 작아지는 경향이 있다.

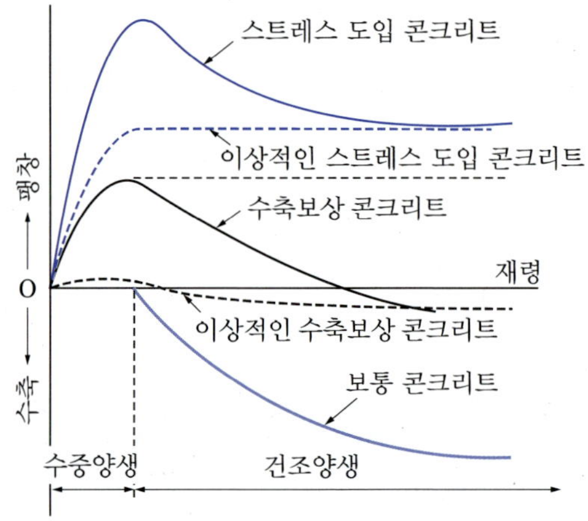

그림 4.12 팽창재를 사용한 콘크리트의 팽창특성[9)]

4.2.5 착색재

(1) 개요

착색재는 도료나 뿜어 붙이기 재료 등과는 달리 국한된 부분에 색을 입히는 것이 아니라 콘크리트와 모르타르 내·외부 전체에 색을 입히는 혼화재로서 콘크리트 구성성분의 일부로 콘크리트 본래의 특성을 손상시키지 않으며 마감재로서의 기능도 함께 갖고 있어서 착색재를 혼합한 콘크리트를 착색 콘크리트 또는 컬러 콘크리트라고 한다. 국내의 경우 착색재의 사용실적은 적으며 이에 대한 규격도 마련되지 않은 실정이나 점차 수요가 급증할 것으로 예상되는 재료이다.

착색재는 크게 염료와 안료로 구분되며, 염료는 물에 용해되는 착색재로 침투수에 의해 용출되어 색이 변하거나 주위를 오염시키는 경우가 있으며, 안료는 물과 용매에 녹지 않은 색깔을 가진 미립분말로 무기안료와 유기안료로 분류되며 염료에 비해 보다 안정된 성질을 가지고 있어 콘크리트용 착색재로 주로 사용되고 있다.

유기안료는 색조가 선명하고 착색력이 크지만 열과 빛에 대하여 내구적이지 못해 변색이 쉬우며, 무기안료는 열, 빛, 알칼리 등에 대해서 화학적으로 안정적이며 색깔은 유기안료에 비해서 선명하지 않지만 일반적으로 경제성과 질적인 면에서 유리하기 때문에 많이 사용하고 있다.

(2) 콘크리트용 착색재의 요구 성질 및 종류

콘크리트용 착색재로 요구되는 성질은 다음과 같다.

1) 분산성이 좋을 것 : 분산이 잘 되지 않는 안료는 불균일한 색의 원인이 된다.
2) 내광성(耐光性)이 좋을 것 : 태양광선과 같은 빛의 작용으로 변색, 퇴색되지 않을 것
3) 내약품성(특히 내알칼리성)이 좋을 것
4) 농도가 짙어 진한 색을 가질 것 : 가능한 적은 양으로 착색효과가 클 것
5) 입자가 미세할 것 : 착색력은 안료의 입경의 제곱에 반비례한다.
6) 콘크리트의 물성을 현저히 저하시키지 않을 것
7) 경제적일 것

콘크리트의 착색에 사용되는 안료는 표 4.5와 같다.

표 4.5 콘크리트용 착색용 안료의 종류[8)]

색	명 칭	발색 성분
적색	천연, 합성산화철	산화제2철 Fe_2O_3
갈색	합성산화철	산화제2철 Fe_2O_3
황색	합성산화철(산화철)	수산화철 $Fe_2O_3 \cdot H_2O$
녹색	산화크롬	산화크롬 Cr_2O_3
청색	ultramarine blue	유기안료
	코발트블루	$CoO \cdot nAl_2O_3$
검정색	카본블랙	탄소 C
	흑색합성산화철(철흑)	Fe_2O_4 또는 $Fe_2O_3 \cdot FeO$
백색	산화티탄	TiO_2

(3) 착색재를 사용한 콘크리트의 품질

착색재로 사용되는 안료의 입경은 시멘트의 입경보다 훨씬 작기 때문에 안료의 혼합에 따라 콘크리트의 수량을 증가시키게 되어 결국 물-시멘트 비가 높아져 강도가 저하하는 경향을 보인다. 그러나 착색재의 사용량이 시멘트 질량의 5% 이하일 경우 그

영향은 작으며, 10% 정도까지는 실용상 좋지 않은 영향을 받지 않고 사용하는 것이 가능하다. 그러나 안료의 종류에 따라서는 공기포가 과잉 연행되며, 강도를 크게 저하시키는 것이 있기 때문에 주의해야 한다.

4.2.6 기타 혼화재

최근 사용되고 있는 혼화재로서는 메타카올린, 규산질 미분말, 석회석 미분말 등이 있다. 이들 혼화재는 아직 품질의 규격이 없고, 또 사용방법도 다양하므로 사용 시에는 미리 충분히 조사, 시험을 하여 품질을 확인하고 사용방법도 검토하여야 한다. 즉, 그 혼화재가 콘크리트의 워커빌리티, 강도, 내구성, 수밀성, 체적변화, 강재를 보호하는 성능, 경제성 등에 미치는 영향을 검토해야 한다. 주요 혼화재의 특성은 다음과 같다.

(1) 메타카올린

국내에 풍부한 카올린 원료를 특수한 전처리를 거쳐 소성한 후 미분화한 것이다. 실리카흄과 유사한 효과를 가지고 있으나, 메타카올린을 혼입할 경우 메타카올린의 재료 특성상 급격한 수분흡수로 인한 초기 유동성의 급격한 감소 및 점도의 증가 등 워커빌리티에 문제가 발생할 수 있음에 유의하여야 한다.

(2) 규산질 미분말

석영 등을 주성분으로 하고 있는 것으로, 오토클레이브 양생을 하는 콘크리트에 고강도 콘크리트용으로 사용하는 혼화재이다. 한편 규산질 미분말과는 달리 상온에서 수산화칼슘과 반응하여 칼슘실리케이트 수산화물을 만드는 포졸란으로는 플라이애시, 실리카흄 이외에 천연산으로 규산백토, 화산회, 규조토가 있고 인공산으로는 소성점토 등이 있다.

(3) 석회석 미분말

석회석을 주원료로 하는 시멘트 생산 공정에서 발생하는 미분말과 석회석을 분쇄하여 미분말로 제조하는 두 가지로 구분할 수 있다. 석회석 미분말은 탄산칼슘($CaCO_3$)이 주성분으로 시멘트 수화물에 특별한 영향이 없고, 미세한 분말이므로 굳지 않은 상태에서 점성증진에 의한 재료 분리 방지, 응결 촉진, 수화열 저감의 효과를 나타낼 수 있다. 경화상태에서는 공극충전에 의한 압축강도 증진 및 수밀성 향상 등의 특성이 기대된다.

4.3 혼화제(混和劑)

4.3.1 화학혼화제의 작용

국내 산업규격에 의한 콘크리트용 화학혼화제(KS F 2560)는 계면(표면)활성작용에 의해 콘크리트의 성질을 개선시키기 위하여 사용되는 혼화제로 규정하여 계면활성작용 중에서 특히 기포작용이 현저한 것을 AE제, 습윤 및 분산작용이 현저한 것을 감수제(減水劑)라 하며 이 두 가지 성질을 가지는 것을 AE감수제, 더욱더 분산성이 뛰어난 것을 고성능감수제로 분류하고 있다. 이외의 특수한 혼화제로서는 방청제, 방수제, 발포제 및 수중불분리성 혼화제 등이 있다.

계면활성제는 용액 중에 매우 작은 양이 존재하여도 용액에 접촉하는 기체 - 액체, 액체 - 액체, 고체 - 액체의 계면에 흡착하여 표면에너지를 저하시키는 계면활성작용을 한다. 이러한 작용의 원인은 계면활성제의 1분자 중에 기름에는 잘 녹지만 물에 잘 녹지 않은 친유기(親油基) 또는 소수기(疎水基)와 물에 잘 녹고 기름에 녹기 어려운 친수기(親水基)로 구성되어 있기 때문이다. 계면활성제를 사용할 경우 공통적으로 발생하는 계면활성작용은 크게 기포, 분산, 습윤 작용으로 구분할 수 있다.

(1) 기포작용

계면활성제를 함유하는 용액에 기계적 방법으로 공기를 용액 중에 넣으면 그림 4.13과 같이 계면활성제는 공기와 물의 계면에 집중하여 소수기는 공기를 향하여 배열되고 용액 측에 친수기가 배열된 흡착막이 생성되어 기포가 생성된다. 이 때 발생된 기포 가운데 기포성이 우수하고 생성된 기포가 안정된 것이 AE제로서 사용된다.

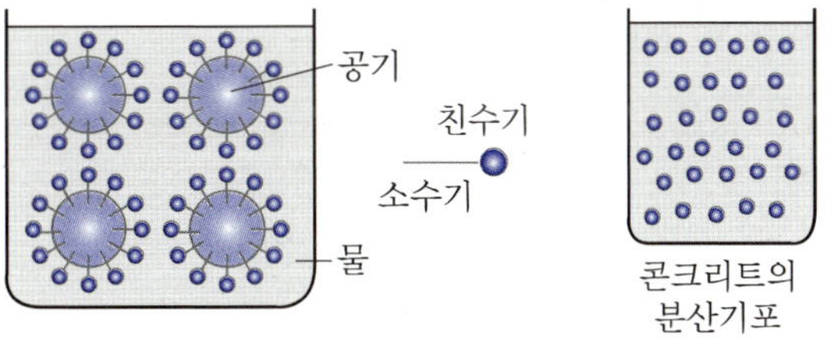

그림 4.13 계면활성제의 기포작용[1)]

(2) 분산작용

시멘트 입자는 비표면적이 크기 때문에 혼합수 속에서 입자간 응집력이 입자 표면을 적시는 힘보다도 크게 되어 입자는 분산되지 않고 응집하여 안정화하려는 성질이 있다. 이 수용액에 천연계의 고분자 전해질인 리그닌 설폰산염과 같은 계면활성제를 가하면 수중에서 리그닌 설폰산의 음이온과 칼슘 양이온으로 해리된 이온 중 시멘트 입자와의 친화성이 큰 음이온 부분이 급속히 응집상태의 시멘트 입자 표면에 흡착하여 그림 4.14와 같이 시멘트 입자는 정전기적인 상호 반발작용에 의하여 분산되어 재응집이 방지된다. 이러한 분산작용에 의하여 응집된 시멘트 입자가 분산하면 입자 간에 물이 침투하여 시멘트 페이스트의 유동성을 증대시킨다.

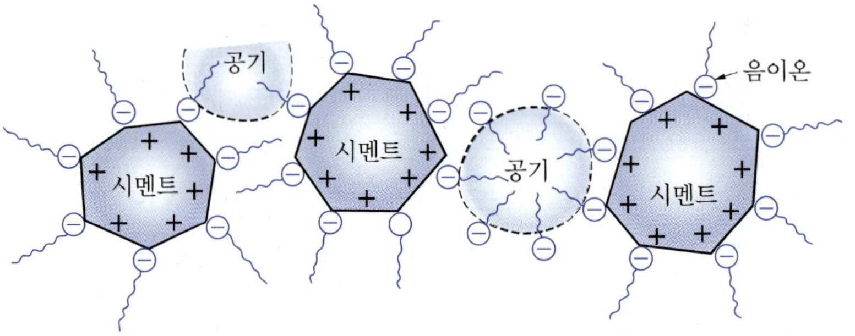

그림 4.14 계면활성제의 분산작용[4)]

(3) 습윤작용

습윤작용은 일반적으로 계면활성제의 분산작용 결과로 시멘트 입자가 분산하면 물과 접촉하는 입자표면이 크게 되어 물의 접촉 및 침투가 용이하여 시멘트의 수화반응이 촉진되는 작용으로 강도 발현이 좋아진다. 한편, 표 4.6은 현재 우리나라에서 적용하고 있는 콘크리트용 화학혼화제의 요구성능 예이다. 혼화제를 사용한 콘크리트의 혼화제를 사용하지 않은 콘크리트에 대한 비를 나타낸 것이다.

표 4.6 콘크리트용 화학혼화제의 요구성능[10]

항 목		AE제	감수제			AE감수제			고성능AE감수제	
			표준형	지연형	촉진형	표준형	지연형	촉진형	표준형	지연형
감수율 (%)		6 이상	4 이상	4 이상	4 이상	10 이상	10 이상	8 이상	18 이상	18 이상
블리딩양의 비 (%)		75 이하	100 이하	100 이하	100 이하	70 이하	70 이하	70 이하	60 이하	70 이하
응결 시간의 차 (분)	초결	−60~+60	−60~+90	+60~+210	+30 이하	−60~+90	+60~+210	+30 이하	−30~+120	+90~+240
	종결	−60~+60	−60~+90	+210 이하	0 이하	−60~+90	+210 이하	0 이하	−30~+120	+240 이하
압축 강도 비 (%)	재령 3일	95 이상	115 이상	105 이상	125 이상	115 이상	105 이상	125 이상	135 이상	135 이상
	재령 7일	95 이상	110 이상	110 이상	115 이상	110 이상	110 이상	115 이상	125 이상	125 이상
	재령 28일	90 이상	110 이상	110 이상	110 이상	110 이상	110 이상	110 이상	115 이상	115 이상
길이변화 비 (%)		120 이하	120 이하	120 이하	120 이하	120 이하	120 이하	120 이하	110 이하	110 이하
동결융해에 대한 저항성 [상대동탄성 계수(%)]		80 이상	-	-	-	80 이상	80 이상	80 이상	80 이상	80 이상
경시 변화량	슬럼프 (mm)	-	-	-	-	-	-	-	60 이하	60 이하
	공기량 (%)	-	-	-	-	-	-	-	±1.5 이내	±1.5 이내

* 콘크리트의 슬럼프 값은 80 mm 및 180 mm에 대해 시험하되, AE제 및 AE감수제의 동결융해에 대한 저항성(상대동탄성계수) 시험은 슬럼프 80 mm, 고성능AE감수제의 동결융해에 대한 저항성(상대동탄성계수) 및 경시 변화량 시험은 슬럼프 180 mm의 콘크리트에 대하여 각각 적용한다.

4.3.2 AE제

(1) 개요

AE제(air entraining admixture)는 계면활성제의 일종으로 미세한 크기의 독립기포를 콘크리트 내부에 발생시켜 콘크리트의 워커빌리티와 동결융해에 대한 저항성을 갖도록 하기 위해서 사용되는 콘크리트용 화학혼화제이다.

1934년 미국에서 콘크리트 포장도로의 동해(凍害) 조사과정에서 연구가 시작되어 동결융해 저항성을 강화하기 위해서는 독립된 미세한 공기포를 연행하는 것이 효과적이라는 것이 알려지면서 세계 각국에서 사용하게 되었다.

콘크리트에는 혼화제를 첨가하지 않아도 자연적으로 혼입되는 공기가 1% 전후에 있으며 이러한 공기를 갇힌 공기(entrapped air)라 한다. 이 공기는 입경이 500~700 μm 정도로 비교적 크며, 불규칙하게 분포되어 존재한다.

AE제에 의해 콘크리트 중에 생성된 공기를 연행공기(entrained air)라 하며 입경이 25~250 μm 정도로 미세하며 입형은 구형(球形)으로 콘크리트 중에 균일하게 분포된다. 이러한 연행공기는 콘크리트 내부에서 볼베어링(ball-bearing) 같은 움직임을 하기 때문에 워커빌리티를 개선하여 단위수량을 감소시켜 블리딩 등의 재료분리를 작게 한다. 또한 적당량의 연행공기는 콘크리트 중의 자유수가 동결될 때의 수압 흡수 및 완화와 자유수의 이동을 가능하게 하므로 동결융해에 대한 내구성을 현저하게 개선시킨다.

(2) 종류 및 규격

AE제는 계면활성작용 중 기체 - 액체 계면에서 주로 작용하며 기포성을 중시한 계면활성제이며 일반적으로 음(陰)이온계와 비(非)이온계로 분류한다.

시판되고 있는 AE제의 대부분을 차지하고 있는 음이온계의 화학적인 주성분은 친수성이 큰 수지산염, 황산에스테르, 설퍼네이트계가 이용되고 있으며, 비이온계는 수용액 중에서 이온으로 해리(解離)하지 않으나 분자 자체가 계면활성작용을 하는 에테르계, 에스테르계가 사용되고 있다.

AE제는 일반적으로 액체로 되어 있으며, 콘크리트 1 m^3 중에 많은 기포가 존재하며 기포간격계수는 150~250 μm 정도로 작다.

표 4.7 AE제의 품질규정[10)]

품질항목		규정치
감수율(%)		6 이상
블리딩양의 비(%)		75 이하
응결시간의 차(min)	초결	−60~+60
	종결	−60~+60
압축강도의 비(%)	재령 3일	95 이상
	재령 7일	95 이상
	재령 28일	90 이상
길이변화 비(%)		120 이하
동결융해에 대한 저항성(상대동탄성계수, %)		80 이상

AE제의 사용에 대한 국내 규격은 표 4.7에서와 같이 KS F 2560의 콘크리트용 화학 혼화제에서 규정하고 있다. 이 규격에서 AE제는 슬럼프 80 mm의 된 반죽 콘크리트에 대하여 시험하도록 하고 있다.

(3) AE제를 사용한 콘크리트의 품질

1) 굳지 않은 콘크리트

굳지 않은 콘크리트의 내부에 자연상태로 포함되어 있는 갇힌 공기는 비교적 입경이 큰 부정형의 기포이지만, AE제를 사용하여 얻어지는 구형의 독립된 미세 기포인 연행 공기는 시멘트나 골재의 경계면에 부착하여 시멘트 페이스트의 점성을 증가시키고 골재 주변에서 볼베어링과 같은 작용에 의해 워커빌리티를 개선하며 단위수량을 감소시킨다. 즉, 연행공기는 콘크리트의 품질을 개선하기 위하여 계획적으로 콘크리트 속에 발생시킨 미소하고 독립된 수없이 많은 기포이며 갇힌 공기는 AE제 등을 사용하지 않은 경우에도 콘크리트 속에 자연히 포함되는 공기이다. 공기연행 콘크리트 내부에도 (1～2)%의 갇힌 공기가 분포되어 있는데, 연행공기와 갇힌 공기를 구별할 수 없기 때문에 공기연행 콘크리트의 공기량이라 함은 이 양자의 합계를 말한다.

AE제를 사용한 콘크리트의 공기량은 AE제의 사용량, 사용재료, 온도, 배합, 혼합시간 및 운반시간 등에 따라 변화하기 때문에 다음과 같은 연행공기량에 영향을 미치는 요인에 대하여 충분한 검토가 필요하다.

① AE제의 사용량

콘크리트의 다른 조건을 일정하게 하면 공기량 10% 정도 이내에서는 AE제의 사용량과 공기량은 그림 4.15에서와 같이 비례한다.

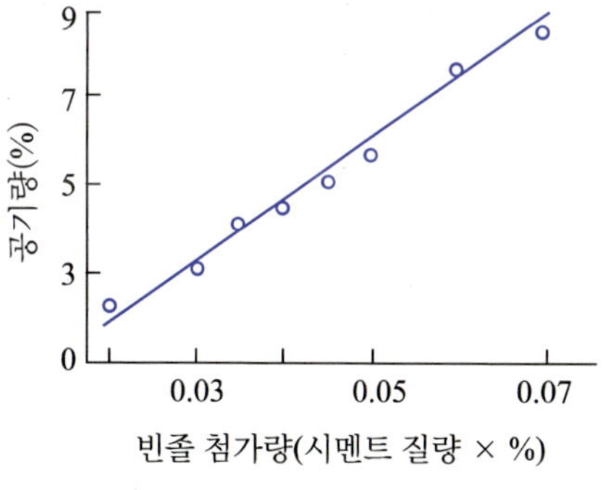

그림 4.15 AE제의 사용량과 공기량의 관계[11]

② **시멘트의 종류 및 혼화재**

시멘트의 분말도가 증가하면 공기량은 감소한다. 시멘트의 비표면적이 3,750 cm^2/g인 경우 2,750 cm^2/g의 비표면적을 가진 시멘트보다 동일한 공기량을 얻는데 AE제량이 약 1.5배 소요된 실험결과가 보고되어 있다.

댐 콘크리트 등에 사용하는 중용열포틀랜드시멘트의 경우 단위시멘트양과 슬럼프를 동일하게 하면 소정의 공기량을 얻기 위한 AE제량은 보통포틀랜드시멘트의 경우와 거의 같다.

고로슬래그시멘트의 경우 소정의 공기량을 연행시키기 위해 필요한 AE제의 양은 보통포틀랜드시멘트의 경우보다 약간 많은 1.2배 정도가 필요하며, 플라이애시를 혼화재로 사용하는 경우 플라이애시의 미연소 탄소에 의해 AE제가 흡착되기 때문에 미연소 탄소의 함유량이 많으면 공기량이 감소된다.

③ **잔골재의 입도**

단위잔골재량이 많으면 공기량은 증가하며 잔골재의 입도는 공기량에 큰 영향을 미친다. 잔골재를 몇 개의 입경으로 나누어 각 입경의 잔골재를 사용한 모르타르의 공기량을 측정한 표 4.8의 결과로부터 잔골재 속에 0.15～0.6 mm의 크기를 가지는 입자부분이 많으면 공기량은 증가하며 1.2 mm 이상 또는 0.15 mm 이하의 부분이 많으면 감소하는 것을 알 수 있다. 부순모래를 사용한 콘크리트는 강모래를 사용한 콘크리트의 2배 정도의 AE제가 소요된다.

표 4.8 잔골재의 입경별 모르타르의 공기량[4)]

잔골재의 입경(mm)	공기량(%)
1.17～0.59	15～20
0.59～0.30	30～35
0.30～0.15	45～50
0.15 이하	0～1

④ **콘크리트의 배합**

일반적으로 콘크리트의 슬럼프 값이 크면 공기량이 증가되는 경향이 있으며 슬럼프 150 mm 이상의 묽은 반죽에서는 오히려 공기량이 감소된다. 단위시멘트양이 증가하면 공기량은 감소하기 때문에 일반적으로 AE제의 사용량은 시멘트의 질량에 대한 비로써 나타낸다.

⑤ **콘크리트 온도**

콘크리트를 혼합하였을 때 콘크리트의 온도가 낮으면 공기량은 증가하고 온도가 높으면 공기량은 감소한다. 그림 4.16에 의하면 콘크리트 온도 21℃에서의 공기량을 100으로 했을 때 10℃에서의 공기량은 약 40% 증가하고 40℃에서는 약 30% 감소함을 알 수 있다.

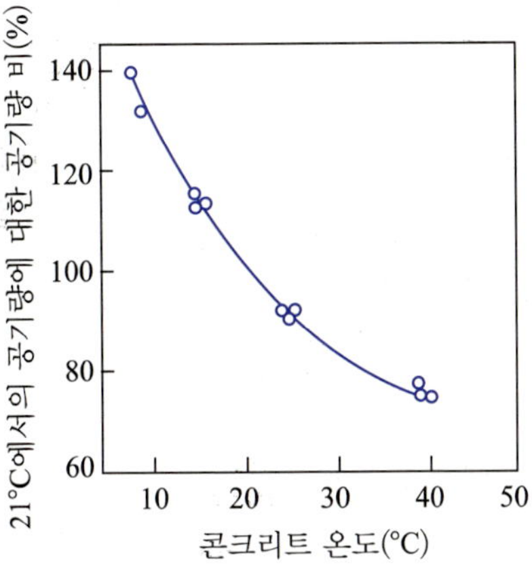

그림 4.16 콘크리트의 온도와 공기량의 관계[11)]

⑥ 혼합시간

콘크리트의 혼합시간이 너무 짧으면 연행공기가 충분히 발생하지 않으며 너무 길어도 오히려 공기량은 감소한다. 일반적으로 최초의 1~2분에서 공기량이 급증하며 3~5분 정도에서 최대가 되는데 이것은 콘크리트의 배합, 믹서의 종류에 따라 다르며 빈배합일수록 짧은 시간 내에 최대공기량에 도달하기 쉽다.

2) 경화한 콘크리트

일반적으로 공기량 2% 이하에서는 내동해성(耐凍害性)의 효과가 없고 6% 이상에서는 강도의 저하가 크기 때문에 굵은골재의 최대치수에 따라 공기량을 콘크리트 용적의 4~7% 정도로 정한다. 표 4.9는 일반적인 공기량의 추천 값을 나타낸 것이다.

그러나 AE제의 종류 및 혼합시간에 따라서 콘크리트 중의 기포의 지름과 그 분포상태가 달라 공기량은 적절하여도 100 μm 정도 이하의 미소한 지름의 기포가 현저히 부족하거나, 기포간격계수가 200 μm 이상이면 동결융해에 대한 내구성을 충분히 확보하지 못하기 때문에 기포의 입경분포상태 및 기포간격계수에 대한 검토가 필요하다. 그림 4.17 및 표 4.10에 각종 AE제에 의한 기포의 입경분포와 기포간격계수 및 동결융해 저항성을 실험한 결과를 나타내었다.

표 4.9 콘크리트 내구성을 고려한 AE공기량 표준[4)]

콘크리트의 종류	굵은골재 최대치수(mm)	적절한 공기량(%)
무근 콘크리트	16	7.0
	19	6.0
	25	5.0
	40	4.5
	50	4.0
	80	3.5
철근 콘크리트	25~40	4.0~6.0
포장 콘크리트	40 이하	4.0~5.0
댐 콘크리트	40	3.0~5.0
	80	2.5~4.5
	150	2.0~4.0

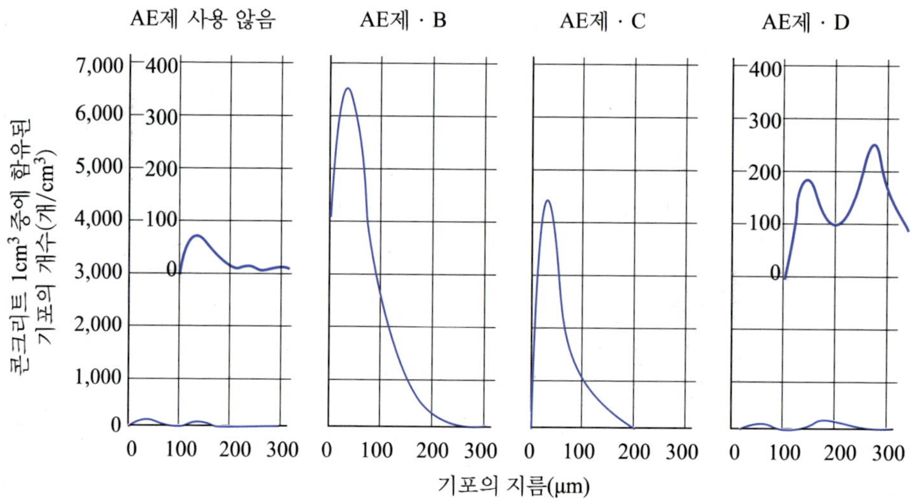

그림 4.17 기포의 입경분포[11)]

표 4.10 기포의 입경분포와 동결융해시험결과[4)]

AE제의 종류		공기량 (%)	기포의 비표면적 (cm^2/cm^3)	기포간격계수 (μm)	콘크리트 1 cm^3 중 기포의 개수 (개/cm^3)	혼합 직후 공기량 (%)	동결융해시험결과 동탄성계수 백분율(%) 0	15	30	60	90	120	150 사이클
사용 않음		1.1	143	659	2,840	1.8	100	12	8	-	-	-	-
레진계	B	4.2	207	239	28,040	4.3	100	95	92	91	91	91	92
알킬벤존계	C	4.0	254	200	15,220	3.7	100	94	94	92	92	93	91
비이온계	D	4.6	122	413	6,430	4.1	100	24	18	-	-	-	-

또한 동결융해 저항성은 동일한 공기량이라도 물-시멘트 비에 따라 다르며 그림 4.18에서와 같이 물-시멘트 비가 작을수록 동결융해 저항성에 유리함을 알 수 있다. 일반적으로 콘크리트의 물-시멘트 비를 일정하게 하고 공기량을 증가시키면 공기량 1%에 대해 압축강도는 그림 4.19에서와 같이 약 4~6%, 휨강도는 2~3%, 탄성계수는 $7\sim8\times10^2$ MPa 정도 감소하며 철근과의 부착강도가 작아지는 경향이 있다.

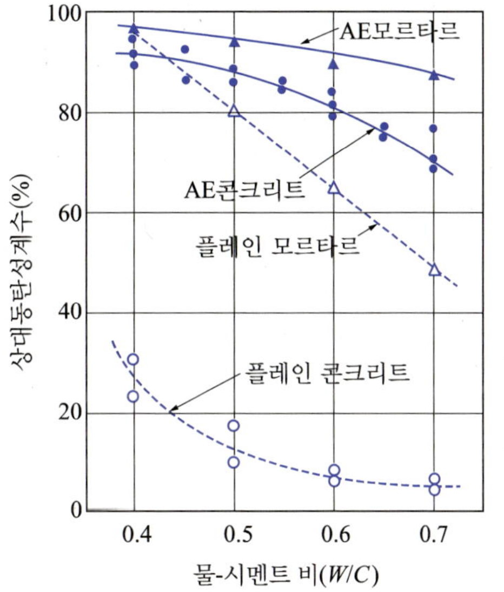

그림 4.18 콘크리트의 물-시멘트 비와 동결융해 저항성의 관계[11)]

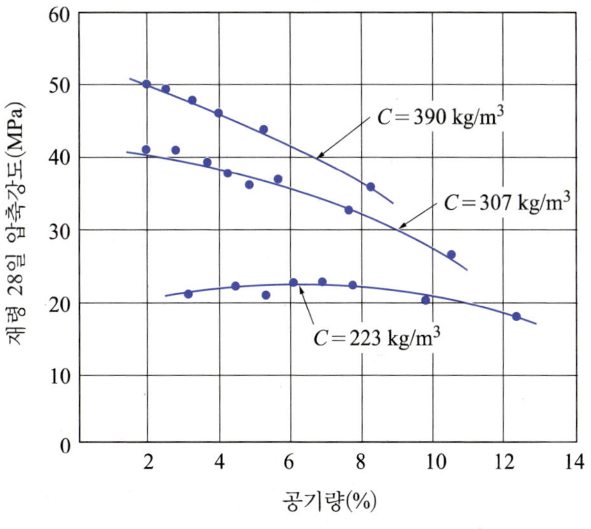

그림 4.19 공기량과 콘크리트의 압축강도와의 관계[11)]

4.3.3 감수제, AE감수제

(1) 개요

감수제(water reducing admixture)는 계면활성제의 일종으로 기포작용은 하지 않고 분산 및 습윤작용에 의해 시멘트 입자를 분산시켜 시멘트 페이스트의 유동성을 증가시킴으로써 콘크리트의 워커빌리티를 개선하여 단위수량을 감소시키는 혼화제이다.

AE감수제는 감수제가 가지는 감수작용과 더불어 AE제의 성능인 공기연행성을 겸비하여 워커빌리티 개선 및 내동해성을 향상시키기 위한 혼화제이다.

일반적으로 혼화제를 사용하지 않은 기준 콘크리트와 비교해서 감수제를 첨가한 경우의 감수효과는 4~6%, AE제만 첨가한 경우의 감수효과는 6~8% 정도임에 비해 AE감수제를 사용한 경우는 연행공기의 효과가 부과되어 10~15%로 큰 감수효과를 얻을 수 있다.

한국산업규격에서는 레디믹스트 콘크리트의 경우 AE콘크리트를 표준으로 규정하고 있기 때문에 국내에서는 AE작용을 함께 가지는 AE감수제가 보다 널리 사용되고 있다.

(2) 종류 및 규격

감수제, AE감수제의 주성분은 계면활성제이며, 콘크리트의 응결, 초기경화의 속도에 따라 표준형, 지연형, 촉진형으로 분류되며 그 화학적 조성성분으로 리그닌 설폰산염계, 옥시칼본산염, 폴리올 복합체, 알킬아릴 설폰산염 등이 있다.

감수제 및 AE감수제의 사용에 대한 국내 규격은 표 4.6에서와 같이 KS F 2560의 콘크리트용 화학혼화제에서 AE제와 함께 규정하고 있다.

(3) 감수제, AE감수제를 사용한 콘크리트의 품질

1) 굳지 않은 콘크리트

감수제, AE감수제를 사용하면 소정의 워커빌리티를 갖는 콘크리트의 단위수량을 대폭 감소시킬 수 있으며, 특히 AE감수제의 경우 3~6%의 적정량의 공기를 연행시키면 시멘트 분산제의 감수효과와 더불어 연행공기에 의한 감수효과가 합쳐져 단위수량을 10~15% 감소시킬 수 있다. 감수제, AE감수제 중 지연형의 혼화제는 콘크리트의 응결을 지연시키기 때문에 콜드조인트(cold joint)의 방지와 서중 콘크리트의 시공에 사용되며, 시멘트의 수화발열속도를 어느 정도 지연시키고 감수효과에 의한 단위시멘트양의 감량에 의해 수화발열량의 감소를 기대할 수 있기 때문에 매스 콘크리트에도 사용된다.

촉진형은 응결의 촉진효과와 초기강도를 증대시키는 효과가 있어 저온 시 콘크리트 초기강도 발현의 촉진과 거푸집 존치기간(存置期間) 단축 등의 목적으로 사용된다.

그러나 감수제를 과량 사용하면 응결, 경화가 현저히 지연되거나 심한 경우 경화하지 않는 문제점이 발생되기도 한다. 그림 4.20은 리그닌계 감수제의 사용량에 따른 콘크리트 응결시간을 Proctor 관입저항시험으로 측정한 예로서 표준사용량(1배)의 4배 정도까지는 응결이 현저히 지연되며 일정시간이 경과한 후에는 순조로운 응결을 나타냈지만 7배 이상 사용하면 10여 일이 지나도록 종결에 도달하지 않았음을 보여주고 있어 감수제의 계량관리를 철저히 하는 것이 필요하다.

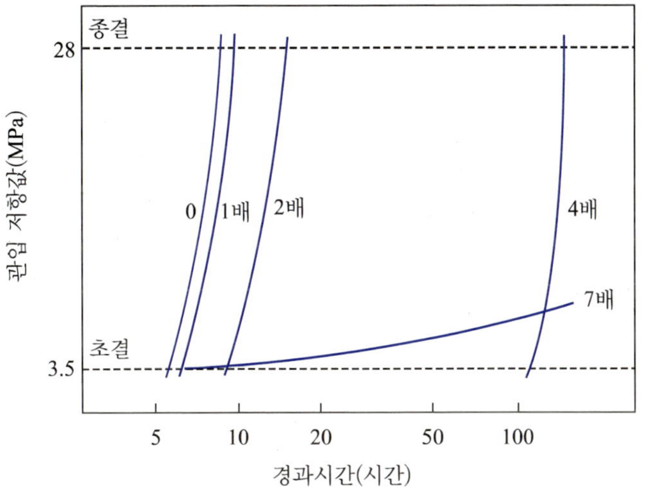

그림 4.20 감수제의 사용량과 콘크리트의 응결시간과의 관계[12)]

2) 경화한 콘크리트

감수제 또는 AE감수제를 사용하면 단위수량이 감소하여 콘크리트의 압축강도는 증가한다. 콘크리트의 반죽질기와 시멘트양이 일정한 경우 10~20% 정도 강도가 증가하며, 강도를 일정하게 한 경우는 단위시멘트양을 6~12% 정도 감소시킬 수 있다.

감수제 또는 AE감수제를 사용한 콘크리트는 재료분리가 작고 균질하기 때문에 밀실하게 되어 수밀성이 현저히 개선되며, 수밀성 개선에 따른 미세구조의 치밀화는 각종 화학물질에 의한 침식작용, 해수의 작용 및 중성화에 대한 저항성이 향상되어 내구성 측면에서 매우 유효하다. AE제, 감수제, AE감수제의 효과를 종합하여 나타내면 표 4.11과 같다.

표 4.11 계면활성제의 주요 효과[4)]

중요한 효과 \ 계면활성제의 종류		AE제	감수제			AE감수제		
			표준형	지연형	촉진형	표준형	지연형	촉진형
굳지 않은 콘크리트	단위수량의 감소	○	△	△	△	◎	◎	◎
	단위시멘트양의 감소	–	◎	◎	◎	◎	◎	◎
	공기연행성	◎	–	–	–	◎	◎	◎
	워커빌리티의 개선	◎	○	○	○	◎	◎	◎
	블리딩의 감소	◎	△	△	△	◎	◎	◎
	콘크리트 응결의 지연	–	–	◎	×	–	◎	×
	콘크리트 응결의 촉진	–	–	×	○	–	×	○
	펌퍼빌리티의 개선	○	◎	◎	◎	○	○	○
	피니셔빌리티의 개선	○	○	○	○	○	○	○
	슬럼프 저하의 방지	–	○	◎	–	○	◎	–
경화한 콘크리트	초기강도의 증대	–	○	–	◎	○	–	◎
	수화열의 증대	–	○	◎	×	○	◎	×
	수밀성의 증대	○	○	○	○	◎	◎	◎
	중성화에 대한 저항성의 증대	○	○	○	○	◎	◎	◎
	동결융해작용 저항성의 증대	◎	–	–	–	◎	◎	◎
	화학적 침식작용 저항성의 증대	○	○	○	○	◎	◎	◎
	마모작용 저항성의 증대	–	○	○	○	○	○	○

(주) ◎ : 효과 큼, ○ : 효과 있음, △ : 효과 조금 있음, × : 사용 불가, – : 관계 없음

4.3.4 고성능감수제

(1) 개요

고성능감수제(high range water reducing admixture)는 1960년대 서독과 일본에서 개발한 감수제의 일종으로서 일반 감수제와 비교해서 시멘트 입자를 분산시키는 분산능력이 현저하게 높으며 다량으로 사용해도 응결의 지연, 과도한 공기연행 및 강도저하 등의 나쁜 영향 없이 단위수량을 대폭 감소시키는 것이 가능한 혼화제를 말한다.

일반적으로 같은 슬럼프의 콘크리트를 만드는데 있어서 감수제의 감수율이 10～15% 정도인데 비하여 고성능감수제는 20～30%로 큰 편이고, 물-시멘트 비가 작아도 슬럼프가 큰 콘크리트를 만들 수 있어 고강도 콘크리트에 이용된다. 고성능감수제는 그 사용 목적에 따라 고성능감수제와 유동화제(superplasticizer)로 분류되지만 기본적인 성능은 동일하다. 즉 고성능감수제의 뛰어난 시멘트 분산효과를 이용하여 보통 콘크리트와 동일한 작업성능을 가지면서 물-시멘트 비 감소와 고강도화를 주목적으로 하는 경우에는 "고성능감수제"라고 부르며, 동일한 물-시멘트 비의 콘크리트에 첨가하여

콘크리트의 품질은 변동없이 작업성을 크게 향상시킨 콘크리트를 제조할 경우에는 “유동화제”로 불리운다.

(2) 종류 및 규격

고성능감수제는 대부분 음이온계 계면활성제로서 폴리알킬아릴 설폰산염계(나프탈렌 설폰산염계), 멜라민포르말린수지 설폰산염류의 계통에 속한 것을 주성분으로 하고 있으며 이외에 공기량의 안정성과 응결지연성을 부여하는 성분들이 혼입되어 있다.

고성능감수제에 대한 품질규정은 국내에는 KS F 2560의 콘크리트용 화학혼화제에 표 4.12에서와 같이 2019년도 개정 시 추가로 규정하였다.

미국의 경우 ASTM C 494의 화학혼화제에서 Type F 고성능감수제 및 Type G 고성능감수제 지연형으로 규정하고 있으며, 일본의 경우에는 표 4.13과 같이 유동화제의 품질규준을 토목, 건축학회에서 통일하여 규정하고 있다.

최근에는 고성능감수제에 AE제를 첨가한 고성능AE감수제를 많이 사용하는 추세에 있다.

표 4.12 고성능AE감수제의 품질규정[10)]

품질항목 \ 종류		고성능AE감수제 표준형	고성능AE감수제 지연형
감수율(%)		18 이상	18 이상
블리딩양의 비(%)		60 이하	70 이하
응결시간 차(min)	초결	−30～+120	+90～+240
	종결	−30～+120	+240 이하
압축강도 비(%)	재령 3일	135 이상	135 이상
	재령 7일	125 이상	125 이상
	재령 28일	115 이상	115 이상
길이변화 비(%)		110 이하	110 이하
동결융해에 대한 저항성(상대동탄성계수, %)		80 이상	80 이상
경시변화량	슬럼프(mm)	60 이하	60 이하
	공기량(%)	±1.5 이내	±1.5 이내

표 4.13 유동화제의 품질규정[4)]

품질항목 \ 종 류		감수제	
		표준형	지연형
슬럼프(mm)	베이스 콘크리트	80 ± 1	
	유동화 콘크리트	200 ± 1	
공기량(%)	베이스 콘크리트	4.5 ± 0.5	
	유동화 콘크리트	4.5 ± 0.5	
블리딩양의 차(mm^3/mm^2)		1 이하	2 이하
응결시간의 차(min)	초결	−30 ~ +90	+60 ~ +210
	종결	−30 ~ +90	+210 이하
압축강도의 비(%)	재령 3일	90 이상	90 이상
	재령 7일	90 이상	90 이상
	재령 28일	90 이상	90 이상
길이변화 비(%)		120 이하	120 이하
동결융해에 대한 저항성(A법, 상대동탄성계수, %)		90 이상	90 이상

(3) 고성능감수제, 유동화제를 사용한 콘크리트의 품질

1) 굳지 않은 콘크리트

고성능감수제의 감수효과는 첨가량의 증가에 비례하여 증가하며, 다른 화학혼화제보다 큰 20% 이상의 감수효과가 얻어진다.

고성능감수제의 첨가량과 슬럼프 증가량은 그림 4.21과 같이 거의 비례하지만 첨가량이 과대하면 슬럼프는 한계 값인 230~240 mm가 되어 더 이상 증가하지 않고 플로값만 증가하여 재료분리가 현저하게 나타난다. 고성능감수제의 사용량은 제조사마다 다르지만 1% 내외로 사용된다.

고성능감수제를 사용한 유동화 콘크리트는 경과시간에 따른 슬럼프 손실은 그림 4.22에서와 같이 유동화제의 종류별로 다르지만 보통 콘크리트와 비교해서는 크기 때문에 슬럼프 손실 억제에 대한 방안을 검토해야 한다.

또한 고성능감수제를 사용한 콘크리트의 블리딩양은 보통 콘크리트와 비교해서 30% 정도로 현저하게 적으며, 공기량은 고성능감수제가 본질적으로 공기를 연행시키지 않기 때문에 혼화제를 사용하지 않은 보통 콘크리트와 차이가 없다.

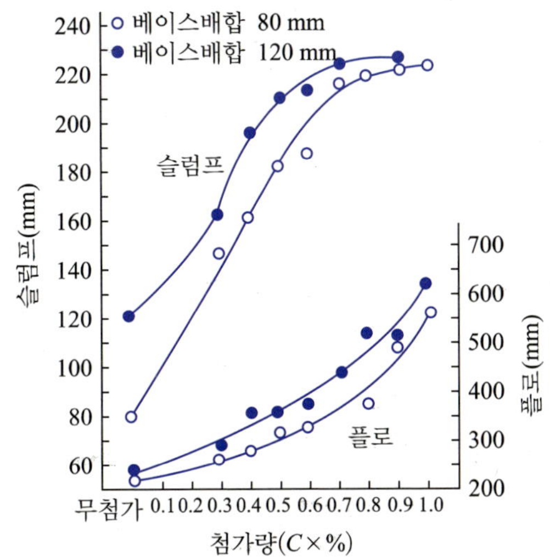

그림 4.21 고성능감수제의 첨가량과 슬럼프 및 플로[13)]

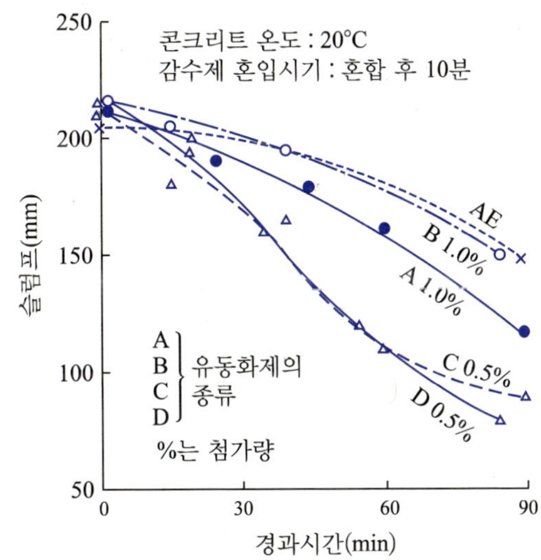

그림 4.22 유동화 콘크리트의 경과시간에 따른 슬럼프 변화[13)]

2) 경화한 콘크리트

고성능감수제를 사용하면 유동성을 유지하면서 단위수량을 감소시키는 것에 의해 물-시멘트 비를 저하시켜 콘크리트의 고강도화가 가능하며, 동일한 물-시멘트 비의 경우에도 고성능감수제를 사용한 콘크리트는 그림 4.23에서와 같이 시멘트가 크게 분산되어 압축강도는 일반적으로 크다.

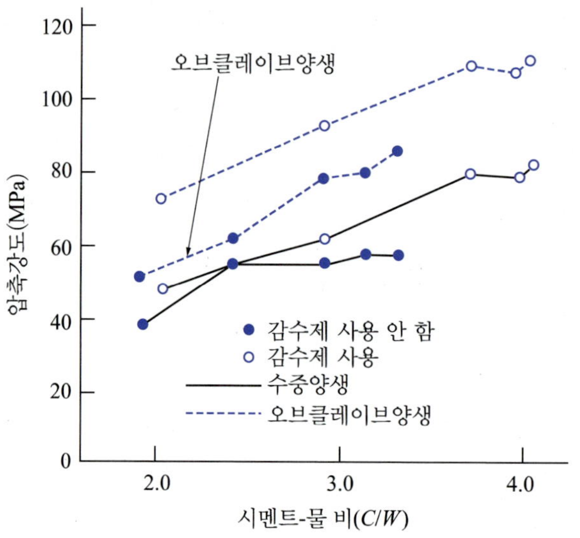

그림 4.23 고강도 콘크리트의 시멘트 – 물 비와 압축강도의 관계[14)]

고성능감수제를 사용한 콘크리트의 정탄성계수 변화는 거의 없으며, 건조수축은 고성능감수제를 사용하면 수량이 대폭 감소하기 때문에 크게 감소되며, 공기량을 연행시키지 않아도 고성능감수제를 사용하여 물 - 시멘트 비를 대폭 감소시키면 동결융해에 대한 저항성은 양호하게 된다.

4.3.5 응결, 경화 조정제

(1) 개요

시멘트 페이스트는 시간이 경과함에 따라 수화반응에 의하여 유동성과 점성을 상실하고 곧 경화하기 시작한다. 이러한 시멘트의 응결, 경화 속도를 촉진시키거나 지연시킬 목적으로 사용되는 혼화제를 응결, 경화 조정제라 한다.

일반적으로 응결, 경화 조정제는 급결제, 촉진제, 지연제, 초지연제 등이 있으며 촉진제와 지연제는 특별한 경우를 제외하고는 단독으로 사용하는 예가 드물며 KS F 2560의 콘크리트용 화학혼화제에는 감수제나 AE감수제에 응결 속도 기능을 부여한 촉진형과 지연형이 표준형과 구분되어 성능규격이 분류되어 있다.

(2) 급결제

급결제(quick-setting admixture)는 응결시간을 매우 빨리 하여 순간적인 응결과 경화가 요구되는 숏크리트 공법 및 그라우트에 의한 지수공법(止水工法) 등에 사용된다.

급결제의 중요한 성질은 시멘트의 응결을 순간적으로 일으키는 것으로 무기계의 $CaCl_2$, Na_2CO_3, $Al(OH)_3$, $NaAlO_2$ 등의 염화물이나 유기계로는 글리세린이나 트리에탄올아민(TEA) 등이 알려져 있으며 실제 널리 쓰이는 것은 무기계가 많다.

급결제를 사용한 콘크리트의 1～2일까지의 강도 증진은 매우 크지만 장기강도는 일반적으로 느린 경우가 많으며, 급결제를 사용할 때 호스가 막히는 경우가 많으므로 주의하여 사용하여야 한다.

(3) 촉진제

촉진제(accelerating admixture)는 거푸집의 조기탈형에 의한 거푸집 사용 회전율을 높이고, 한랭 시의 콘크리트 응결과 경화불량 방지 및 양생기간의 단축 등을 목적으로 사용하는 혼화제이다.

촉진제로는 보통 염화칼슘 또는 염화칼슘을 포함한 감수제가 사용되고 있으나 염화칼슘은 철근 콘크리트 구조물에서 철근 부식을 촉진할 우려가 있으므로 시멘트 질량에 대하여 2% 이하로 사용하는 것이 바람직하다. 촉진제로 사용하는 염화칼슘은 5～10℃의 저온에서 강도 발현 증진이 우수하기 때문에 한중 콘크리트에 사용하는 것이 유효하다.

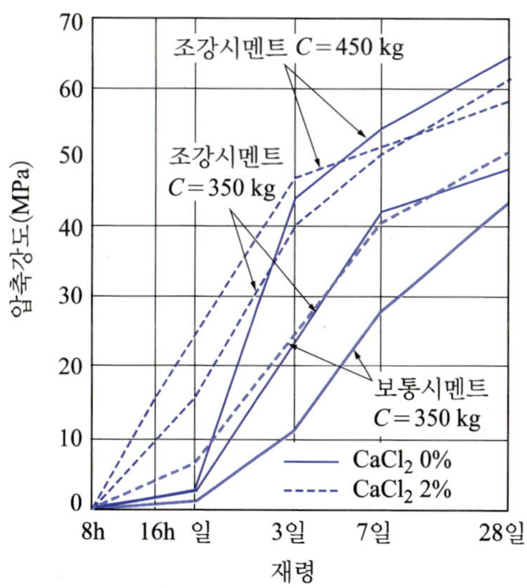

그림 4.24 염화칼슘을 혼합한 포틀랜드시멘트의 압축강도(10℃ 양생)[15]

(4) 지연제

지연제(retarding admixture)는 시멘트의 수화반응을 늦추어 응결과 경화시간을 길게 할 목적으로 사용되는 혼화제로서 조기 경화현상을 보이는 서중 콘크리트나 수송거리가 먼 레디믹스트 콘크리트에 첨가하여 사용된다.

지연제의 성분은 리그닌설폰산과 리그닌설폰산염, 옥시카르본산과 옥시카르본산염, 폴리알코올류, 셀룰로오스류, 당류 등이 있으며 대부분의 응결지연제는 리그닌설폰산염계와 옥시카르본산염계에 속하고 있다.

지연제의 응결지연 작용은 무첨가에 비해 60~120분 정도 지연시키도록 하고 있으나 시멘트의 종류, 시공시의 온도, 물-시멘트 비 등의 영향을 받기 때문에 사전에 시험을 통하여 그 효과를 확인해야 한다.

(5) 초지연제

초지연제는 지연제의 효과를 극대화한 것으로 첨가량을 사용목적에 따라 적절하게 조절하면 수시간에서 수일간까지 응결지연이 가능하며 콘크리트의 경화 후의 물성에도 나쁜 영향을 미치지 않은 혼화제이다.

초지연제는 대체로 유기계의 옥시카르본산염을 주성분으로 하고 있으며 지연효과 외에 감수작용 및 워커빌리티 개선에도 효과가 있다.

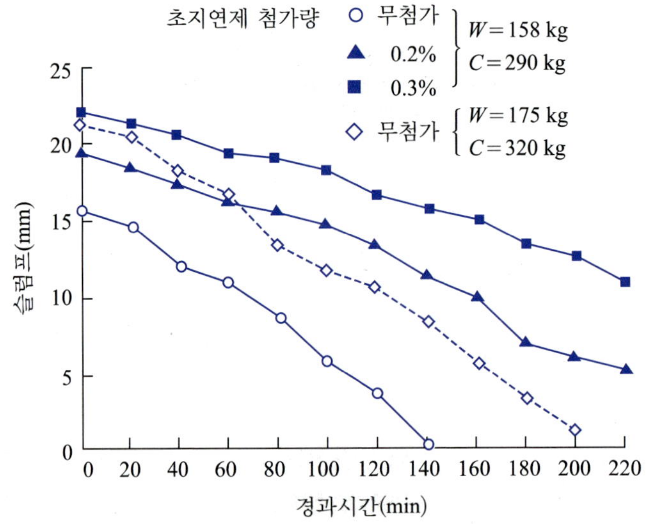

그림 4.25 초지연제의 첨가량에 따른 콘크리트의 슬럼프 손실[16)]

또한 그림 4.25와 같이 초지연제의 사용은 슬럼프 저하를 억제하는데 효과가 있으며, 초지연제 첨가와 압축강도와의 관계는 지연작용 때문에 초기재령에서 강도 저하 현상이 일어나며 첨가량이 많을수록 그 경향은 현저하지만 재령 28일에서는 압축강도가 증가한다.

4.3.6 기포제, 발포제

(1) 개요

기포제와 발포제는 콘크리트의 단위질량을 가볍게 하거나, 단열성 및 내화성 등의 성질을 개선할 목적으로 사용되는 혼화제이다.

이들 중 계면활성작용 및 교반에 의한 물리적인 수법으로 기포를 도입시키는 혼화제를 기포제라 하며, 시멘트의 수화에 의한 화학반응으로 가스를 발생시켜 기포를 도입시키는 것을 발포제로 구분하고 있다.

기포 콘크리트는 한랭지인 북구(北歐)지역을 중심으로 1929년경부터 공업화되었으며, 현재 사용되고 있는 기포 콘크리트의 90% 이상은 ALC(autoclaved light-weight concrete)로 대표되는 오토클레이브 양생에 의해 생산되는 경량프리캐스트 패널이다.

(2) 기포제

기포제는 AE제와 동일하게 계면활성작용으로 기포를 도입하는 혼화제로서 AE제를 사용한 콘크리트의 공기량이 4~6% 정도이지만 기포제를 사용하면 최대 85%까지 공기량을 얻을 수 있다. 기포제의 종류는 합성계면활성제계, 수지 비누계 및 단백질계로 대별되지만 모두 계면활성제계에 포함된다.

(3) 발포제

발포제(gas-forming admixture)는 모르타르 및 콘크리트 중에서 화학반응에 의해 가스를 발생시켜 기포를 얻는 것으로서 입경이 50 μm 이하의 금속 분말상이 대부분이다. 발포제의 대표적인 것으로서 알루미늄 분말이 있으며, 이 금속알루미늄 분말과 시멘트 중의 알칼리와 반응하여 생성되는 수소가스를 이용한다.

수소가스 이외의 산소가스 및 염소가스는 철근의 부식을 촉진시킬 수 있으므로 주의하여야 하며, 탄산가스는 콘크리트의 중성화를 촉진시키는 결점이 있어 바람직하지 못하다.

발포제를 PC용 그라우트에 사용하면 발포작용에 의해 모르타르나 시멘트 페이스트를 팽창시켜 굵은골재의 간극이나 PC강재의 주위에 충분히 잘 채워지도록 하는 충전작용을 함으로써 부착을 좋게 한다.

4.3.7 방수제

(1) 개요

방수제(water-proofing admixture)는 모르타르나 콘크리트의 내부공극을 충전하여 불투수성층을 형성함에 의해 콘크리트의 흡수성과 투수성을 줄일 목적으로 이용되는 혼화제이다.

방수제는 건축분야에 있어서 주로 모르타르에 혼입하여 목욕탕, 세면장 등의 지상구조물의 한정된 장소 및 지하구조물에서 사용되며, 토목분야에서는 토목구조물 그 자체의 방수를 목적으로 콘크리트에 혼입, 도포하여 콘크리트를 방수하는데 이용되고 있다.

방수제를 사용한 콘크리트가 수밀성을 높이는 기능과 사용되는 방수제의 종류는 다음과 같다.

1) 미세한 물질을 혼입하여 공극을 물리적으로 충전시킨다(규산질 분말).
2) 공극에 수밀성을 높이는 막을 형성시킨다(고무라텍스계, 고분자에멀션).
3) 수화반응을 촉진시켜서 생기는 시멘트 겔에 의해 조기에 공극을 충전시킨다(염화칼슘계).
4) 발수성(撥水性) 물질을 혼합하여 흡수성을 개선시킨다(지방산계).

(2) 방수제를 사용한 콘크리트의 품질

방수제를 사용한 콘크리트는 일반적으로 공기량이 증가되며 워커빌리티는 염화칼슘계 및 지방산계를 제외하면 양호한 편이며 압축강도는 다소 저하하는 경향을 나타낸다. 현재 국내의 방수공법으로는 아스팔트 방수를 비롯하여 시트방수, 도막방수 등의 전용피복층에 의한 피막방수공법이 주류를 차지하고 있으나 방수제를 사용한 모르타르 및 콘크리트는 그의 방수성에 대한 신뢰성에 약간의 문제가 있기는 하지만 단가가 싸고 워커빌리티나 내후성이 양호한 것이 많다. 또한 보수하기 쉬운 점 등의 이점이 있기 때문에 지하실, 수조 등 광범위하게 이용된다. 최근에는 원자력 발전소의 냉각용 해수 순환조나 고형 폐기물 탱크 등에도 이용되고 있다. 그러나 시판되고 있는 방수제의 종류 및 성분에 따라 방수효과는 있으나 콘크리트의 다른 성질을 해치는 경우가 있으므로 사용에 앞서 충분한 검토를 필요로 한다.

4.3.8 방청제

(1) 개요

방청제(corrosion-inhibiting admixture)는 콘크리트 중의 염화물에 의해 철근이 부식되는 것을 억제할 목적으로 사용하는 혼화제이다.

콘크리트는 보통시멘트 수화에 의해서 생기는 수산화칼슘($Ca(OH)_2$)에 의해서 강알칼리성(pH 12.5～13)을 나타내며, 그 속에 매입된 철근의 표면은 얇은 부동태 피막(passivity layer)으로 피복되어 부식으로부터 보호된다. 그러나 콘크리트 중에 일정량 이상의 염화물이 존재하면 염소이온의 작용에 의해 부동태 피막이 파괴되고 부식되기 쉬운 상태로 되며 또 콘크리트가 중성화한 경우에는 부식의 진행이 가속화된다. 철근은 부식하게 되면 본래의 2.5배로 팽창하여 콘크리트 덮개에 균열이 발생하게 된다. 이 때문에 철근 콘크리트에 사용되는 콘크리트는 될 수 있는 한 염화물이 혼입하지 않도록 하는 것이 중요하며, 해사의 세척이 불충분한 경우 등 염화물이 어느 정도 혼입되는 것을 고려할 때에는 적절한 방청제를 사용하는 등의 조치를 취해야 한다.

(2) 철근의 부식

물이 있는 상태에서 철의 부식은 전기화학반응에 의한 것이다. 실제로 철근 표면에는 안정된 산화피막이 존재하지만 이 피막은 결함부분이 많아 결함부분에 물이 존재하면 국부전지가 형성되어 그림 4.26과 같은 반응에 의해 부식이 발생한다.

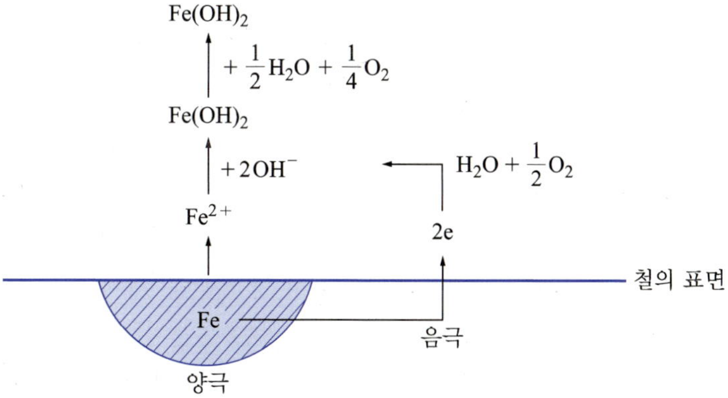

그림 4.26 철근의 부식반응기구[1)]

그림 4.26의 양극, 음극 반응식에서 염화물이온(Cl^-)은 반응물질에 포함되어 있지 않지만 Cl^-이온은 부식반응에 있어서 주로 부동태 피막의 파괴작용 및 부식전류의 흐름을 촉진시키는 역할을 한다. 콘크리트 내부의 철근 부식은 여러 인자에 의해서 영향을 받고 있지만 일정량 이상의 염화물이온에 의한 철근 부식이 가장 중요한 요인으로 알려져 있다.

일반적으로 콘크리트 재료 중에 포함된 염화물이온은 보통포틀랜드시멘트 질량의 경우 약 0.4%까지는 Friedel's염이라는 복염(複鹽)으로 고정되어 있어 철근의 부식에는 직접 관여하지 않기 때문에 각국의 염화물이온 허용치를 시멘트 질량에 대한 비율로 정하고 있는 경우가 많다. 그러나 Friedel's염은 주로 시멘트 속의 C_3A의 수화물로 생성되기 때문에 시멘트의 종류나 화학조성에 따라 생성량이 변화되고, 복염은 화학적으로 불안정하기 때문에 온도 등의 주위환경 조건변화에 따라서도 생성량이 변화된다.

또한 해양환경에 노출된 경우에는 외부에서 침투하는 염화물이온량이 크게 증가되는 경우가 많기 때문에 국내 및 일본의 경우 콘크리트 1 m^3 속의 총 염화물량으로 규정하고 있다.

표 4.14 염화물이온 함유량 허용치[17]

측정항목 \ 구분	레디믹스트 콘크리트	일반 콘크리트
콘크리트 중의 염화물이온 총량	콘크리트 출하지점에서 0.3 kg/m^3 이하, 다만 구입자 승인 시 0.6 kg/m^3 이하.	비빌 때 염화물이온양 0.3 kg/m^3 이하
잔골재 중의 염화물량	NaCl 0.04% 이하, 단 구입자 승인 시 0.1% 이하	잔골재의 절대건조질량에 대해 0.02% 이하 (NaCl로 환산 시 0.04% 해당)

(3) 종류 및 규격

방청제의 주성분은 아황산소다, 인산염, 염화제1주석, 리그닌설폰연화칼슘염 등이 있으며, 방청제의 방식방법은 철근 표면의 부동태 피막을 보강하는 방법, 산소를 소비하거나 염소이온을 결합하여 고정하는 방법, 콘크리트의 내부를 치밀하게 하여 부식성 물질의 침투를 막는 방법 등이 있다. 최근 철근 콘크리트 구조물에서 바닷모래 중의 염분에 의한 철근의 부식을 억제하기 위한 방청제는 ① 부동태 피막형성형 방청제, ② 침전 피막형성 방청제, ③ 흡착 피막형성형 방청제 등 세 형태로 분류된다. 거의 대부분이 아초산염을 주성분으로 하는 것으로 금속표면을 산화시켜 부동태 피막을 형성하여 부식을 억제한다. 어느 것이든 장기에 걸쳐 방청효과가 크고, 콘크리트의 응결, 경화나 내구성을 해치지 않고 다루기가 쉬우며, 인체에 유해한 성분을 함유해서는 안 된다.

방청제의 품질에 관한 규격은 표 4.15에서와 같이 KS F 2561의 철근 콘크리트용 방청제에서 규정하고 있다.

표 4.15 철근 콘크리트용 방청제의 품질[18)]

시험 항목	규 정		
철근의 염수 침지시험	부식이 안 될 것		
콘크리트 중의 철근 부식촉진시험	방청률 95% 이상		
콘크리트의 응결시간 및 압축강도 시험	응결시간 차	초결	±60분 이내
		종결	
	압축강도비	7일	0.90 이상
		28일	

4.3.9 수중불분리 혼화제

(1) 개요

수중불분리 혼화제(non dispersible underwater concrete admixtures)는 해양 및 항만 공사 등의 수중공사에서 콘크리트를 타설할 경우 물속에서도 재료분리가 적은 콘크리트를 제조할 목적으로 사용되는 혼화제이다.

수중에서 타설하는 콘크리트는 물과의 접촉에서 시멘트, 잔골재, 굵은골재의 재료분리가 발생하고 시멘트 성분의 상당량이 수중에 유출되어 콘크리트의 품질이 불균일하게 되고 강도와 수밀성이 저하되는 문제가 발생된다.

이러한 문제점을 해결하기 위하여 1977년 독일에서 콘크리트가 물에 씻기는 작용에 대한 재료분리 저항성을 갖는 화학혼화제를 개발하여 사용하기 시작하여 최근 국내에서도 이러한 혼화제를 수중불분리 혼화제 또는 특수 수중 콘크리트용 혼화제로 분류하여 수중 콘크리트에 사용하고 있다.

(2) 종류 및 규격

수중불분리 혼화제의 주성분은 수용성 고분자로 되어 있으며 셀룰로오스계와 아크릴계의 두 종류가 시판되고 있으나, 주로 셀룰로오스계가 사용되고 있다. 셀룰로오스계의 혼화제는 비이온계의 수용성 셀룰로오스 에테르로 OH기를 갖고 친수성이 큰 HEC(히드록시에틸셀룰로오스), HEMC(히드록시에틸메틸셀룰로오스), HPMC(히드록시프로필

메틸셀룰로오스) 등이 사용되고 있다. 이들은 분자량, 치환기의 종류 등에 따라 수용성으로 하였을 때에 나타내는 점성이 상당히 다르며 제품에 따라서도 다소 차이가 있다. 이들 수용성 셀룰로오스 에테르는 콘크리트와 같이 pH가 높은 용액 중에서 용해속도가 크고 콘크리트 중에서 반응, 겔화, 분해 등의 화학변화를 일으키지 않는 특징이 있다. 아크릴계는 폴리아크릴아미드의 중합체를 주성분으로 한다.

수중불분리 혼화제의 표준사용량은 콘크리트의 경우 셀룰로오스계에서 2~3 kg/m^3, 아크릴계에서 3~4 kg/m^3 정도이다. 수중불분리성 혼화제의 품질에 대한 규정은 표 4.16에서와 같이 2010년 한국콘크리트학회의 제규준(KCI-AD102 : 2010)인 "콘크리트용 수중불분리 혼화제 품질규준"이 있다.

표 4.16 수중불분리 혼화제를 첨가한 콘크리트의 품질규준[19)]

항 목			규준값
블리딩률(%)			0.1 이하
응결시간(시간)		초결	5 이상
		종결	30 이하[1)]
압축강도[2)]	수중제작 공시체에 의한 압축강도(N/mm^2)	재령 7일	13 이상
		재령 28일	23 이상
	공기 중 제작 공시체의 압축강도에 대한 수중제작 공시체의 압축강도비(%)	재령 7일	60 이상
		재령 28일	70 이상
휨강도[2)]	공기 중 제작 공시체의 휨강도에 대한 수중제작 공시체의 휨강도비(%)	재령 7일	50 이상
		재령 28일	60 이상
수중낙하시험	현탁물질(mg/L)		150 이하
	pH		12 이하

(주) 1) 응결지연형 수중불분리 혼화제에 대해서는 이 값을 적용하지 않는다.
2) 수중제작 공시체의 수중낙하조건은 실제의 시공조건과 비교해서 매우 엄격한 수준으로 설정하고 있다.

(3) 수중불분리성 혼화제를 사용한 콘크리트의 품질

1) 굳지 않은 콘크리트

수중불분리 혼화제를 첨가하면 점성이 커져 재료분리 없이 높은 유동성을 가지며, 높은 유동성에 의해 충전성 및 셀프 레벨링성이 향상된다. 또한 수중불분리 혼화제는 콘크리트의 보수성을 향상시켜 블리딩은 거의 발생하지 않는다.

2) 경화한 콘크리트

수중불분리 혼화제를 첨가한 콘크리트의 강도는 수중에서 제작한 공시체의 강도로 평가되는 것이 원칙이지만 수중과 공기 중의 강도비로서 평가되기도 한다. 수중공시체의 압축강도에 미치는 중요한 요인은 수중불분리 혼화제의 첨가량과 물-시멘트 비이다. 혼화제의 첨가율이 강도에 미치는 영향을 나타낸 그림 4.27에 의하면 물에 대한 혼화제 첨가량이 8% 이상이면 수중에서 제작한 공시체의 압축강도는 기중에서 제작한 공시체의 압축강도의 80% 정도 이상이 되지만 첨가량이 작아지면 급격한 강도 저하가 생기는 것을 알 수 있다.

이러한 실험 결과로 혼화제 첨가량의 하한 값을 1.0% 정도로 정하는 경우가 많으며, 혼화제 첨가량이 일정하면 물-시멘트 비에 의한 압축강도의 영향은 보통 콘크리트의 경우와 같은 경향을 나타내고 있다.

또한 수중불분리 혼화제를 사용한 콘크리트의 인장강도, 휨강도 및 탄성계수와 압축강도와의 관계는 보통 콘크리트에서의 관계와 같은 경향을 나타내며, 재료분리 및 블리딩이 적어 철근과의 부착강도는 향상되지만, 보수성이 높아 건조수축은 20~30% 정도 크게 되며 동결융해 저항성은 다소 떨어지는 경향이 있다. 이상과 같은 혼화제 이외에도 증점제, 보수제, 알칼리골재반응 방지제, 중성화저지제 등과 같은 다종다양한 혼화제가 콘크리트의 성능 개선을 위하여 사용되고 있다.

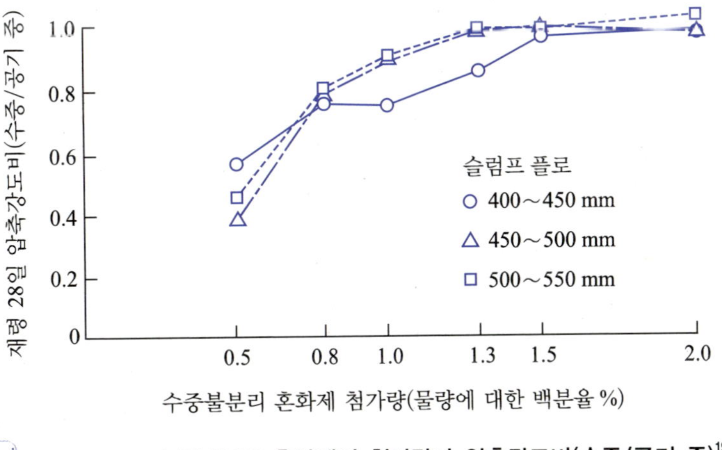

그림 4.27 수중불분리 혼화제의 첨가량과 압축강도비(수중/공기 중)[19]

참고문헌

1. P.Kumar Metha, Paulo J.M. Monteiro, Concrete Microstructure, Properties, and Materials, 4th Edition, McGraw-Hill, 2013.
2. KS F 2563 콘크리트용 고로슬래그 미분말, 2020.
3. KS L 5405 플라이애시, 2018.
4. A.M. Neville, Properties of Concrete, 5th Edition, PrenticeHall, 2011.
5. 김연희, 최응규, 박종근, 건식 및 습식 나노 혼화재를 사용한 시멘트 모르타르의 강도 특성, 한국산학기술학회논문지, Vol.12, No.3, pp.1452-1457, 2011.
6. D.Raharjo, A.Subakti, Tavio, Mixed Concrete Optimization using Fly Ash, Silica Fume and Iron Slag on the SCC's Compressive Strength, Procedia Engineering, 54, 827-839, 2013.
7. KS F 2562 콘크리트용 팽창재, 2020.
8. 김생빈, 민창식 외 2명, 건설재료학, 기문당, 2012.
9. 홍창우 외 4명, 건설재료학, 동화기술, 2019.
10. KS F 2560 콘크리트용 화학혼화제, 2019.
11. Hammad Ahmed Shah, Qiang Yuan, Shenghao Zuo, Air entrainment in fresh concrete and its effects on hardened concrete-a review, Construction and Building Materials, 1-17, 2020.
12. Bing Ma, Ming Ma, Xiaodong Shen, Xuerun Li, Xiaodong Wu, Compatibility between a polycarboxylate superplasticizer and the belite-rich sulfoaluminate cement: Setting time and the hydration properties, Construction and Building Materials, 51(31), 47-54, 2014.
13. ŞakirErdoğdu, Effect of retempering with superplasticizer admixtures on slump loss and compressive strength of concrete subjected to prolonged mixing, Cement and Concrete Research, 35(5), 907-912, 2005.
14. BiljanaI lić, Aleksandra Mitrović, Ljiljana Miličić, MiodragZ dujić, Compressive strength and microstructure of ordinary cured and autoclaved cement-based composites with mechanically activated kaolins, Construction and Building Materials, 178, 92-101, 2018.
15. Smrati Jain, Bulu Pradhan, Fresh, mechanical, and corrosion performance of self-compacting concrete in the presence of chloride ions, Construction and Building Materials, 247, 118517, 2020.
16. S Chandra, J Björnström, Influence of superplasticizer type and dosage on the slump loss of Portland cement mortars—Part II, Cement and Concrete Research, 32, Issue 10, 1613-1619, 2002.
17. KS F 4009 레디믹스트 콘크리트, 2021.
18. KS F 2561 철근 콘크리트용 방청제, 2018.

19. KCI-AD102 콘크리트용 수중불분리성 혼화제 품질규격, 2010.
20. 김정호, 윤재환, "AE제와 감수제", 한국콘크리트학회지, 제8권, 2호, 1996. 4.
21. 대한토목학회, 고로슬래그시멘트 및 고로슬래그 미분말을 사용한 콘크리트의 설계·시공지침(안), 1995. 8.
22. 대한토목학회, 유동화 콘크리트 시공지침(안)·동해설, 1991. 10.
23. 대한토목학회, 콘크리트용 수중불분리성 혼화제 품질규준(안), 1995. 10.
24. ACI Committee 212, "Chemical Admixtures for Concrete", ACI Manual of Concrete Practice, 1994.
25. ACI Committee Report, ACI 226, 1R-87, "Granulated Blast-Furnace Slag as a Cementitious Constituent in Concrete", ACI Materials Journal, Vol.84, No.4, 1987, pp.327～342.
26. ACI Committee 226.3R-87, "Use of Fly Ash in Concrete", ACI Mannual, Part 1, 1994.
27. ACI committee 223, "Standard Practice for the Use of Shrinkage Compensating Concrete", ACI Mannual, 1994.
28. K.L. Saucier, et al., "Antiwashout Admixtures in Underwater Concrete", Chemical Admixtures, ACI Compilation 23, 1991.
29. M.R. Rixom, N.P. Mailvaganam, "Chemical Admixtures for Concrete", E. & F.N. Spon(London), 1986.
30. V. M. Malhotra, "Fly Ash, Silica Fume Concrete-Properties, Applications and Limitations", Concrete International, Vol.5, May, 1983.
31. V. M. Malhotra and P. Kumar Mehta, Pozzolanic and cementitious materials, Gordon and Breach Publishers, 1996.
32. 笠井芳夫, 小林正几, セメント・コンクリ-ト用混和材料, 技術書院, 1993.
33. 日本建築學會, 高爐スラグ微分末を用いたコンクリ-トの技術の現狀, 1992.
34. 文翰英, 崔然汪, "高爐슬래그 微粉末을 混和材로 使用한 高强度 콘크리트의 强度特性에 대한 研究", 大韓土木學會 論文集, 第16卷, 第3號, 1996. 7.
35. 最近のコンクリ-ト用 混和劑特集, コンクリ-ト工學, Vol.26, No.3, 1988. 3.
36. 三浦正夫 外, '高性能減水劑の應用', "流動化コンクリ-トへの適用例-暑中コンクリート", コンクリ-ト工學, Vol.18, No.7, July, 1980, pp. 52-57.
37. 五味秀明, "膨脹材", コンクリ-ト工學, V.26, No.4, 1988.4.
38. 椎葉大和, "超遲延劑", コンクリ-ト工學, Vol.26, No.3, 1988.3.
39. 田中秀男, "發泡劑·起泡劑", コンクリ-ト工學, Vol.26, No.3, 1988.3.
40. 工藤秬弘, "防せい劑", セメント・コンクリ-ト, No.427, 1982.9.
41. 土木學會, 高性能AE減水劑を用いたコンクリ-トの施工指針(案), 平成 5年 7月.
42. 이종하, 고로슬래그 치환율 및 잔골재의 입도분포 변화, 석사 논문, 한국교통대학교, 2004.
43. 군산대학교 산학협력단, 순환골재 콘크리트의 구조성능평가 및 사용지침 개발, 환경산업선진화기술개발사업 3차년도 최종보고서, 2017.

5

물

5.1 개요

혼합수는 콘크리트 부피의 약 15%를 차지하며 콘크리트에 소요의 유동성을 주는 동시에 시멘트와 수화반응을 일으켜 경화를 촉진시키는 등의 역할을 하는 콘크리트 기본 재료 중 하나이다. 수질이 부적당한 물을 사용하면 콘크리트의 응결경화, 강도 발현, 체적변화 등에 악영향을 미칠 우려가 있기 때문에 혼합수는 콘크리트의 응결경화, 강도의 발현, 체적변화, 워커빌리티 등의 품질에 나쁜 영향을 미치거나 강재를 녹슬게 하는 물질이 유해 함유량 이상 함유해서는 안 된다. 혼합수는 특별한 맛이나 냄새, 빛깔, 탁도 등이 없는 음료로 적당한 깨끗한 물이어야 한다. 공장하수 및 도시하수 등으로 오염된 하천수 등에는 황산염, 옥화물(沃化物), 인산염, 붕산염, 탄산염이나 납, 아연, 동, 주석, 망간 등의 화합물이나 알칼리 등의 무기물 및 당류, 펄프폐액, 부식물질 등의 유기 불순물이 함유되어 있을 수가 있다. 미량이라도 이와 같은 물질을 함유하는 물을 혼합수로 사용하면 콘크리트의 응결경화, 강도의 발현, 체적변화, 워커빌리티 등에 좋지 않은 영향을 미칠 수가 있다.

5.2 혼합수 중의 불순물 영향

수중에 함유된 불순물에는 현탁물질(점토, 후민산, 산화아연 등), 가용성 증발잔유물(Ca^{2+}, Mg^{2+}, Na^{+}, K^{+}, HCO_3^{-}, SO_4^{2-}, Cl^{-} 등의 조합에 의한 염류), 가용성 유기물질(당류, 후민산 나트륨 등) 등이 있다. 콘크리트의 품질에 미치는 영향은 불순물의 종류와 농도, 몇 종류의 불순물의 조합 등에 따라 다르다. 표 5.1은 수중에 포함된 단독의 염류가 모르타르에 미치는 영향을 나타낸 것이다.

염화물은 1,000~2,000 ppm 이하의 농도에서는 영향이 작다. 10,000 ppm을 넘으면 응결이 촉진되며 초기의 강도는 증가하지만 장기재령에서 강도의 신장은 작다.

염화나트륨과 염화칼슘 등은 농도가 증가하면 수축을 증가시키는 경향이 있다. 탄산염은 응결촉진작용을 나타내며 농도가 높을 때에는 이상응결을 일으킬 우려가 있다. 당류, 후민산 등의 유기불순물은 현저히 응결을 지연시키며 혼입량이 많을 때에는 콘크리트의 경화와 강도 발현을 크게 저하시킨다.

표 5.1 각종 염류가 모르타르의 응결시간, 강도, 수축에 미치는 영향[1]

종 류	증류수를 혼합수로 사용한 모르타르에 대한 비교		
	응 결	강 도	건조수축
염화나트륨	다소 촉진성	장기강도 저하	증대
염화칼슘	촉진성	초기강도 증대	증대
염화암모늄	촉진성	단기강도 증대	증대
탄산나트륨	촉진성이 현저하다, 이상응결성	장기강도 저하	증대
황산칼륨	영향은 작다	영향은 작다	영향은 작다
황산칼슘	촉진성	장기강도 저하	증대
초산납	지연성이 현저하다	초기강도 저하	-
초산아연	지연성이 현저하다	초기강도 저하	-
붕사	이상응결의 경향	전체적으로 강도 저하	증대
후민산나트륨	지연성이 현저하다	전체적으로 강도 저하	다소 증대

(주) 1) 염류의 용해농도는 10,000 ppm
2) 건조조건은 온도 20±1℃, 습도 50±3%

5.3 혼합수의 종류

물은 인공적으로 처리된 물(상수돗물, 공업용수), 천연수(하천수, 지하수, 바닷물 등), 한 번 이용된 물(회수수, 공업폐수, 하수)로 분류할 수 있다. 일반적으로 사용되고 있는 혼합수는 상수돗물, 지하수, 회수수(回收水)가 대부분이며 바닷물 등이 사용되는 예는 적다.

(1) 상수돗물

하천수, 지하수 등을 수원으로 한 것으로 유해한 염류나 유기물 등은 거의 함유하지 않으며 수질이 보증된 것이다. 콘크리트용의 혼합수로 문제가 없다.

(2) 하천수

하천수는 일반적으로 콘크리트용의 혼합수로서 적합하다. 다만, 공업폐수로 오염된 것은 사용할 때에 주의가 필요하다.

(3) 지하수

지하수는 알칼리금속, 칼슘, 마그네슘, 철 또는 망간 등의 염화물, 초산염, 탄산염 등을 용해하고 있으며, 하천수와 비교하여 탄산과 중탄산염의 함유량이 많다. 일반적으로 혼합수로서 유해량의 염류를 포함하는 경우는 드물어 혼합수로서 사용되고 있다. 해안지대에 가까운 지하수에서는 염소이온을 다량으로 함유한 것이 있어 철근 콘크리트에 사용할 때에는 주의가 필요하다. 염소이온의 허용한도는 3,000 ppm 정도이다. 또 유기물을 함유한 지하수를 혼합수로 사용하면 콘크리트가 경화불량을 일으키는 경우가 있다. 예를 들면 갈탄 지대에서 보이는 담황색으로부터 다갈색의 색조를 띤 지하수나 후민산이 포함된 지하수와 같은 경우 혼합수로서 적당하지 않기 때문에 시험에 의해 사용 여부를 결정할 필요가 있다.

(4) 해수

해수에는 Na^{+}, Mg^{2+}, Cl^{-}, SO_4^{2-} 등의 이온이 용해되어 있으며 전체 중 Cl^{-}이온이 55%, Na^{+}이온이 31% 정도를 차지한다. 해수를 혼합수로서 사용하면 응결시간이 촉진되고 조기강도의 발현이 약간 빠르게 되나 장기강도의 신장이 작다(그림 5.1 참조). 또 알루미나시멘트는 바닷물과 혼합하면 급결을 일으킬 우려가 있기 때문에 주의가 필요하다.

한편 철근 콘크리트에 대해서는 내부 철근의 녹 발생을 촉진시킬 우려가 있기 때문에 사용이 금지되어 있다. 해수 중의 염화물의 허용한도는 규격에 따라 다른데 바닷모래의 절건질량에 대하여 NaCl로 환산하여 0.1%를 넘어서는 안 된다. 예로 단위수량 150 kg/m^3, 단위시멘트양 300 kg/m^3, 단위잔골재량 600 kg/m^3, 단위굵은골재량 1,200 kg/m^{3}인 배합의 콘크리트를 생각하면 바닷모래 중의 염화물을 Cl^{-}이온으로 환산하면 허용치는 약 2,400 ppm이 된다. 따라서 해수중의 Cl^{-}(18,000 ~ 19,000 ppm)은 크게 이것을 상회하는 값이기 때문에 혼합수로 사용해서는 안 된다.

가외 철근이 배치되지 않은 무근 콘크리트에서는 해수를 써도 상관없으나 해수를 사용하면 장기 재령에서 콘크리트의 강도 증진이 떨어지고, 내구성이 적어지는 경향이 있고 백화가 생기기 쉬운 점 등의 실험결과도 보고되고 있다. 또 해안 근처의 지하수에서는 염화물이 함유되어 있는 경우가 많다. 부득이 염화물을 많이 함유한 지하수 등을 사용하는 경우에는 혼합수 이외의 재료에 함유된 염화물의 양도 고려해서 콘크리트 중의 염화물의 총량이 허용한도를 넘지 않는다는 것을 확인하여야 한다. 양생수는 혼합수만큼 엄격한 판정기준을 적용하지 않지만 기름, 산, 염류 등 콘크리트의 표면을 해칠 물질의 유해량을 함유해서는 안 된다.

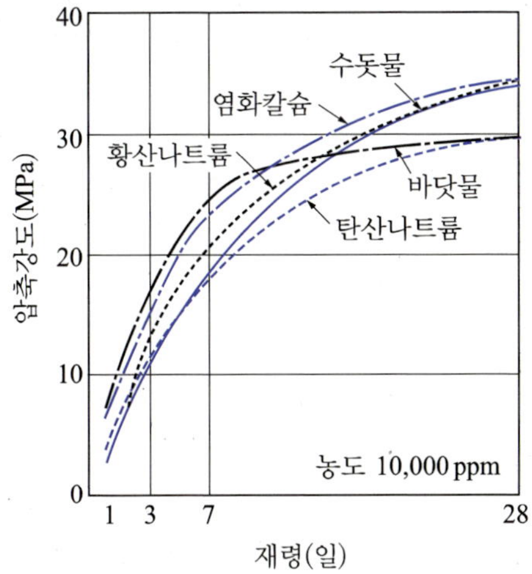

그림 5.1 각종 염류를 혼입한 콘크리트의 재령과 강도의 관계[2)]

(5) 회수수

레디믹스트 콘크리트 공장으로부터 배출되는 물, 즉 콘크리트 운반차나 믹서를 세척한 물은 pH가 12 정도의 높은 알칼리성을 띠며, 시멘트 등의 미립분과 골재를 포함한다. 이것으로부터 골재를 회수하고 남는 물은 슬러지 고형분을 포함하지 않는 상징수(上澄水)와 슬러지 고형분을 포함한 슬러지수로 구분되는데 이를 회수수라 한다.

상징수는 일반 혼합수와 동일하게 콘크리트용 혼합수로 사용할 수 있으며, 슬러지수는 교반, 침전 또는 응집제에 의한 농축 등의 조작을 거쳐 고형분을 소정농도 이하로 관리함으로써 콘크리트용 재료로 재이용할 수 있게 된다.

회수수를 사용한 콘크리트는 그림 5.2에 나타낸 바와 같이 단위수량이 증가하기 때문에 건조수축이 어느 정도 증가하고 강도가 저하하는 경향이 있기 때문에 사용할 때 다음과 같은 고려를 필요로 한다.

1) 슬러지 고형분의 시멘트 질량에 대한 첨가율은 3% 이하로 할 것.
2) 물-시멘트 비 및 반죽질기를, 수돗물을 사용한 콘크리트와 같게 하기 위하여 단위시멘트양에 대한 슬러지 고형분 첨가율 1%에 대하여 단위수량을 1～1.5% 증가시킬 것.
3) 잔골재율을 슬러지 고형분의 시멘트에 대한 첨가율 1%에 대해 약 0.5% 감소시킬 것.
4) 공기량을 수돗물을 사용한 콘크리트와 같게 하기 위하여 필요에 따라 AE제의 첨가

량을 증가시킬 것. 감수제에 대해서도 같은 경향이 보이기 때문에 필요에 따라 공기량 조절제의 첨가량을 증가시킬 것.

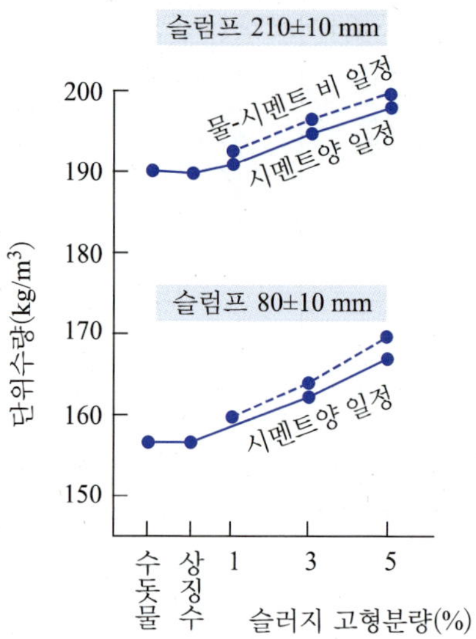

그림 5.2 슬러지 고형분량과 콘크리트 단위수량의 관계[3]

(6) 기타의 물

공장폐수는 공장의 종류나 공정에 따라 수질이 크게 다른 데 일반적으로 유기물에 의해 오염된 것이 많아서 콘크리트용으로 부적당하다. 또 도시하수의 경우도 다량의 고형분과 유기물이 포함되어 있어서 콘크리트용의 물로서 사용할 수 없다.

5.4 적합 여부의 판정방법

상수돗물로서 적합한 물은 콘크리트의 혼합수로서 사용할 수 있다. 수질에 의문이 있을 때에는 화학분석을 하거나 모르타르 시험을 실시한다. 전자의 방법으로는 용해화학성분과 시험결과를 비교하여 적합 여부를 판단한다. 현탁물질(수중의 점토나 부유물로서 여과시켰을 때 여과지에 남은 물질)은 2,000 ppm, 용해성 증발잔유물(물에 용해되어 있는 염류나 유기물로 여과지를 통과한 여과액을 105～110℃로 증발시킨 후에 남은 물질)은 1,000 ppm이 한계치라고 할 수 있다.

모르타르의 압축강도에 의한 콘크리트용 혼합수의 시험은, 기준수(증류수 또는 상수돗물)를 사용한 모르타르를 만들고 이것과 같은 물-시멘트 비를 갖는 검사할 물을 사용한 공시체를 제작하여 재령 7일과 28일에 있어 후자의 압축강도가 전자의 90% 이상일 때에는 일반적으로 혼합수로서 사용할 수 있다. 또 공업배수 등으로 오염되어 있을 우려가 있을 때에는 응결이 지연되는 일이 있기 때문에 이러한 경우에는 응결시험을 병행하여 실시하는 것이 좋다. 시멘트의 응결시간 차이는 초결 30분 이내, 종결 60분 이내인 것이 일반적인 판정기준이 된다.

레디믹스트 콘크리트에 대한 한국산업규격(KS F 4009)에서는 혼합수를 상수돗물, 상수도 이외의 물 및 회수수로 구분하여 표 5.2의 품질규정을 두고 있다.

표 5.2 레디믹스트 콘크리트의 혼합수에 대한 규정[1)]

혼합수의 종류	시험항목	품 질
상수돗물	색도	5도 이하
	탁도(NTU)	0.3 이하
	수소이온 농도	5.8～8.5
	증발잔류물	500 mg/L 이하
	염소이온(Cl^-)량	250 mg/L 이하
	과망간산칼륨 소비량	10 mg/L 이하
상수돗물 이외의 물	현탁물질량	2 g/L 이하
	용해성 증발잔유물량	1 g/L 이하
	염소이온(Cl^-)량	250 mg/L 이하
	시멘트 응결시산의 자	초결은 30분 이내, 종결은 60분 이내
	모르타르의 압축강도비	재령 7일과 재령 28일에서 90% 이상
회수수	염소이온(Cl^-)량	250 mg/L 이하
	시멘트 응결시간의 차	초결은 30분 이내, 종결은 60분 이내
	모르타르의 압축강도비	재령 7일과 재령 28일에서 90% 이상

참고문헌

1. 김생빈, 민창식 외 2명, 건설재료학, 기문당, 2012.
2. Shuo Zhang. et. al, Effects of salt solution on the mechanical behavior of concrete beams externally strengthened with AFRP, 2019.
3. Ghada Mourtada Rabie. et. al, Influence of using dry and wet wastewater sludge in concrete mix on its physical and mechanical properties, 2019.
4. KS F 4009 레드믹스트 콘크리트, 2016.
5. 건설교통부, 콘크리트 표준시방서, 2003.
6. 한국콘크리트학회 편, 최신콘크리트공학, 2005.
7. W. J. McCoy, Mixing and Curing Water for Concrete, ASTM STP, 169 B, 1978.
8. 長瀧重義外, コンクリ-ト材料(新體系土木工學28), 技報堂出版, 1980.
9. 河野俊夫, "水", コンクリ-ト工學, Vol.16, No.10, 1978. 10.
10. 仕入豊和, "コンクリ-トの性質に及ぼす練りまぜ水の水質の影響", セメント・コンクリート, No.310, 1972. 12.
11. 岸谷孝一, "海水による鐵筋の腐蝕とその對策", コンクリ-トジャーナル, 1972. 8.
12. 三村秀一, "コンクリ-ト用水としての水質調査", セメント・コンクリ-ト, No.268, 1969. 6.
13. 岸谷孝一, "コンクリ-ト材料-水・骨材に含まれる不純物", コンクリ-トジャーナル, Vol. 4, No.9, 1966. 9.
14. 日本コンクリ-ト會議, 回收水研究委員會報告書, 1975. 3.
15. 中重光・谷川恭雄, "生コンスラッジに關する研究の現狀", コンクリ-ト工學, Vol.33, No. 6, 1995. 6.
16. Sidney Mindes, J. Francis Young, David Darwin, Concrete, Second Edition, Prentice Hall
17. Michael S.Mamlok, John P. Zaniewski, Materials for Civil and Construction Engineers, PEARSON.
18. 한국콘크리트학회, 콘크리트 표준시방서 해설.

6

콘크리트

6.1 개요

콘크리트(concrete)라는 말은 라틴어의 "concretus"에서 유래하며 "성장하는 것(to grow)"라는 의미를 갖는다. 콘크리트는 경과시간에 따라서 재료특성이 계속하여 변화해 가는 특징이 있다. 콘크리트는 토목공사에 사용하는 대표적인 재료로서 시멘트(결합재), 물, 잔골재, 굵은골재 및 필요에 따라서 혼화재료를 혼합하여 만들어지며 시멘트와 물을 혼합한 것을 시멘트 페이스트(cement paste)라 하고 시멘트 페이스트에 잔골재를 혼합한 것을 모르타르(mortar)라고 한다.

넓은 의미에서 콘크리트는 아스팔트 콘크리트(asphalt concrete), 플라스틱 콘크리트(plastic concrete), 폴리머 함침 콘크리트(polymer impregnated concrete) 등을 포함한다.

일반적으로 콘크리트의 재료 구성비율은 그림 6.1과 같으며, 용적으로 약 70%가 골재이고, 나머지 약 30%는 시멘트 페이스트와 공기이다. 시멘트 페이스트는 골재 사이의 간극을 채우고 굳지 않은 콘크리트(fresh concrete)의 유동성을 갖게 하며, 경화 후에는 골재와 결합하여 강도를 발휘한다. 경화한 콘크리트(hardened concrete)의 성질은 시멘트 페이스트의 품질에 지배되지만 콘크리트 용적의 대부분을 차지하는 골재의 성질에 의하여 크게 영향을 받는다.

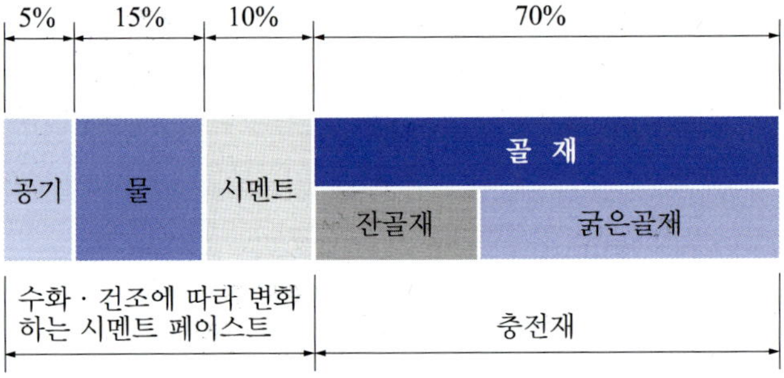

그림 6.1 콘크리트의 구성재료[1)]

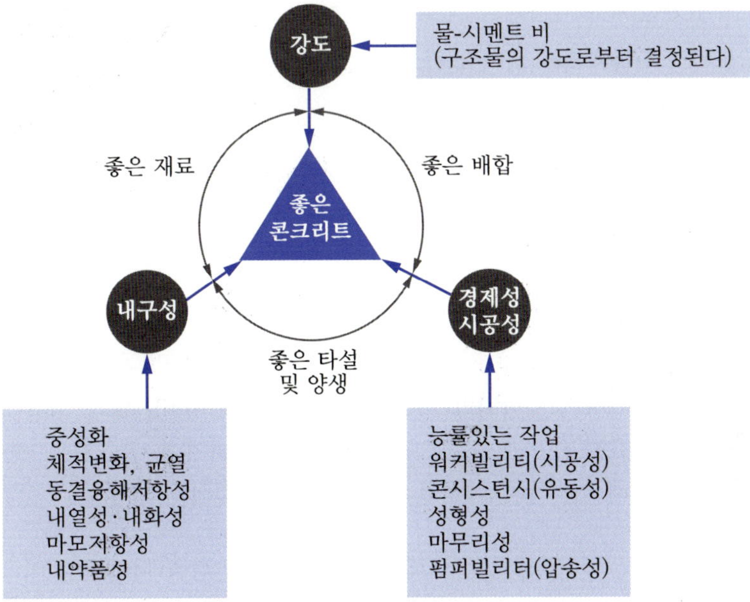

그림 6.2 양질의 콘크리트의 조건[1)]

토목재료로서 콘크리트의 장·단점은 표 6.1과 같다.

표 6.1 콘크리트의 장·단점[2)]

장 점	단 점
• 그기, 모양에 제한 없이 부재나 구조물 제조 가능 • 재료의 확보 및 운반이 용이함 • 내구성, 내화성, 내진성 양호 • 임의의 목표 강도를 쉽게 얻을 수 있음 • 시공 시 특별한 숙련공이 필요 없음 • 유지비가 거의 들지 않으며 경제적임 • 역학적인 결점을 다른 재료로 보강 가능	• 비강도가 작음. 즉 사중에 비해 강도가 작음 (단, 중력댐, 콘크리트 침목 등에서는 장점이 됨) • 압축강도는 큰 데 비해 인장강도와 휨강도가 작음 • 건조, 수축 등에 의한 균열이 생기기 쉬움 • 구조물의 개조나 철거 시 파괴가 곤란하고 재활용이 어려움 • 경화하는데 시간이 많이 걸리기 때문에 시공일수가 길게 요구됨

6.2 굳지 않은 콘크리트의 성질

굳지 않은 콘크리트(fresh concrete)란 믹싱 직후부터 시간이 경과함에 따라 유동성을 상실하고, 응결과정을 거쳐 소정의 강도를 나타낼 때까지의 콘크리트를 말한다.

굳지 않은 콘크리트는 거푸집 구석구석 또는 철근 사이를 충분히 잘 채울 수 있도록 충전성이 양호해야 되며 운반, 다지기 및 마무리하기가 쉽고 재료분리 및 블리딩이 적어야 된다. 굳지 않은 콘크리트의 성질을 나타내는 용어는 다음과 같이 정의된다.

- **워커빌리티(workability)** : 반죽질기 여하에 따른 작업의 난이도 및 재료분리에 저항하는 정도를 나타내는 성질
- **반죽질기(consistency)** : 주로 물의 양이 많고 적음에 따른 반죽의 되고 진 정도를 나타내는 성질
- **성형성(plasticity)** : 거푸집에 쉽게 다져 넣을 수 있고, 거푸집을 제거하면 천천히 형상이 변하기는 하지만 허물어지거나 재료분리하지 않는 성질
- **피니셔빌리티(finishability)** : 굵은골재의 최대치수, 잔골재율, 잔골재의 입도, 반죽질기 등에 따른 마무리하기 쉬운 정도를 나타내는 성질

이와 같은 굳지 않은 콘크리트의 성질의 상관성을 나타낸 것이 그림 6.3이다.

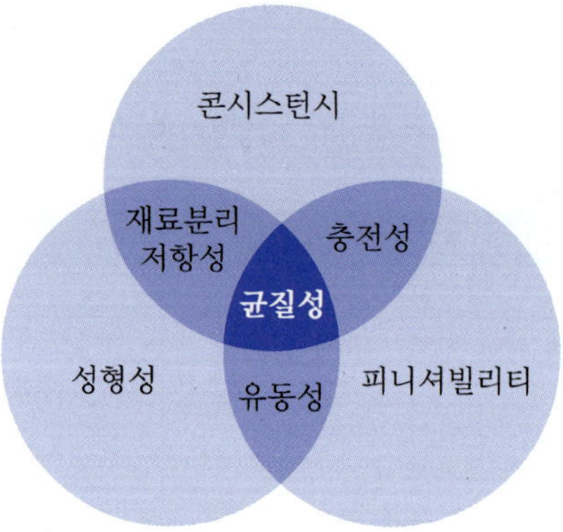

그림 6.3 굳지 않은 콘크리트의 제 성질의 상관성[1)]

6.2.1 워커빌리티의 영향 요인

(1) 사용재료의 영향

1) 시멘트

단위시멘트양, 시멘트의 종류, 분말도, 풍화의 정도 등이 많은 영향을 미치며, 단위시멘트양이 클수록, 즉 부배합의 경우가 빈배합의 콘크리트보다 워커블하고 성형성이 좋

으며, 시멘트양이 적으면 재료분리의 경향이 생긴다. 일반적으로 혼합시멘트는 보통포틀랜드시멘트와 비교해서 워커빌리티를 좋게 하며, 비표면적이 2,800 cm^2/g 이하인 시멘트를 사용하면 점성이 적으며 워커빌리티가 나빠지고 블리딩도 커진다.

2) 단위수량

단위수량이 클수록 콘크리트의 반죽질기가 크게 되지만 단위수량이 너무 많아지면 재료분리를 일으키며, 워커빌리티가 나빠진다. 단위수량이 너무 적으면 콘크리트는 된 반죽이 되며 또한 유동성이 적게 되어 역시 시공이 곤란하다. 일반적으로 단위수량이 1.2% 증감하면 슬럼프는 10 mm 증감한다.

3) 골재

잔골재의 미립분 중에서 0.3 mm 이하는 콘크리트의 점성을 증가시키며 성형성을 좋게 한다. 입도분포는 조립과 세립이 적절하게 혼합된 연속입도가 바람직하며, AE콘크리트의 경우에는 AE제의 공기연행성이 잔골재의 입경 크기에 따라 달라진다. 잔골재의 모양은 둥근 모양의 자연모래가 모난 것이지만 편평한 것이 많은 부순모래에 비하여 워커블한 콘크리트를 얻기 쉽다. 잔골재량을 증가시키면 동일한 워커빌리티를 얻기 위해 단위수량이 증가된다.

굵은골재는 모양의 영향이 매우 크며, 모난 골재를 사용하면 콘크리트의 워커빌리티가 나빠진다. 입자의 표면적이나 입도분포도 워커빌리티에 큰 영향을 미친다. 굵은골재의 최대치수는 콘크리트의 워커빌리티에 영향을 미치고 단위굵은골재량이 너무 많거나 적어도 워커빌리티는 나빠진다.

4) 혼화재료

계면활성제의 일종인 AE제, 감수제 등을 사용함으로써 단위수량의 감소, 공기연행 등에 의해 콘크리트의 워커빌리티를 크게 개선시킬 수 있으며 응결경화 시간을 연장함으로써 콘크리트를 워커블한 상태로 장시간 유지할 수도 있다. 또한 플라이애시, 고로슬래그 분말 등의 포졸란 재료는 세립이 부족한 잔골재를 사용한 콘크리트의 워커빌리티 개선에 유효하다.

(2) 공기량의 영향

AE제나 AE감수제 등에 의해서 연행된 미세공기포는 볼베어링(ball bearing) 작용에 의해 콘크리트의 워커빌리티를 개선시키며 공기량 1% 증가에 따라서 슬럼프가 약 20 mm 증가되며 슬럼프가 일정하면 단위수량을 약 3% 감소시킬 수 있다.

(3) 배합 및 믹싱조건의 영향

콘크리트를 구성하는 재료의 사용량이나 물-시멘트 비(또는 물-결합재 비), 잔골재율, 잔-굵은골재 비 등은 콘크리트의 워커빌리티에 큰 영향을 미치며, 혼합시간이 불충분하거나 과도하게 길게 되면 워커빌리티에 나쁜 영향을 준다.

(4) 온도의 영향

온도가 높을수록 슬럼프는 감소되며, 또한 수송에 의한 슬럼프의 감소도 현저하다.

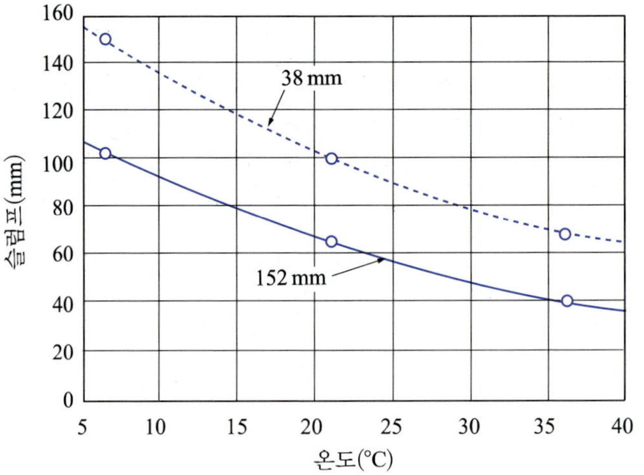

그림 6.4 콘크리트 온도와 슬럼프와의 관계[3)]

(5) 경과시간의 영향

굳지 않은 콘크리트는 믹싱 후 경과시간에 따라서 워커빌리티가 감소된다. 그 원인으로는 골재의 혼합수 흡수 및 증발, 수화반응에 의한 혼합수의 소실 등이다. 물-시멘트 비 40%의 굳지 않은 콘크리트의 경과시간에 따른 슬럼프변화 예를 나타낸 것이 그림 6.5이다.

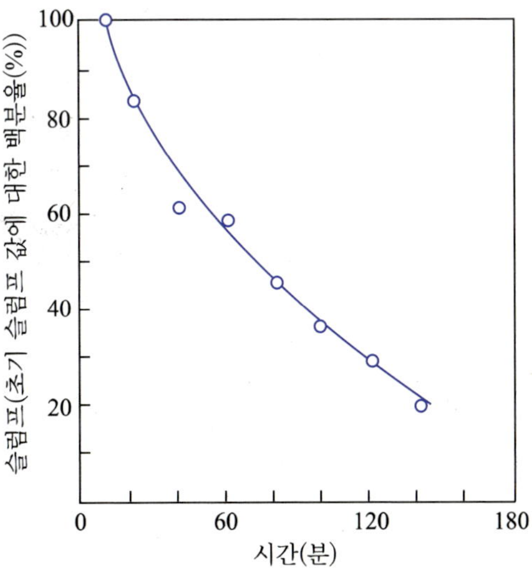

그림 6.5 경과시간에 따른 콘크리트의 슬럼프 변화[3)]

6.2.2 워커빌리티의 측정방법

워커빌리티를 정량적으로 정확하게 측정하는 방법은 아직 확립되지 않았으며 대상 구조물의 종류, 형상, 치수, 배근상태, 시공방법에 따라서도 워커빌리티에 대한 평가가 다르게 나타난다. 콘크리트의 워커빌리티는 반죽질기에 좌우되는 경우가 많으므로 일반적으로 반죽질기를 측정하여 그 결과에 따라 워커빌리티의 정도를 판단한다. 현재 제안되어 있는 시험방법은 다음과 같다.

(1) 슬럼프 시험(slump test)

콘크리트의 반죽질기를 간단히 측정할 수 있는 방법으로 세계 각국에서 널리 이용되고 있다. 이 시험은 KS F 2402(콘크리트의 슬럼프 시험방법)에 의하며 슬럼프 몰드는 그림 6.6의 밑지름 200 mm, 윗면의 지름 100 mm, 높이가 300 mm이고, 다짐봉(tamping bar)은 지름 16 mm, 길이 500 mm인 강봉을 사용한다. 몰드 속에 콘크리트를 용적으로 같은 양을 3회로 나누어 넣고 다짐봉으로 각각 25회씩 균일하게 다진 다음 몰드를 조용히 수직으로 들어올린다. 이때 300 mm 높이의 콘크리트가 가라앉은 값이 슬럼프 값(slump value)이다.

슬럼프는 콘크리트가 자중에 의하여 변형을 일으키려는 힘과 변형에 저항하는 힘이 평형이 되었을 때를 말하며, 콘크리트가 무너지거나 일정하게 침하하지 않는 경우에는 슬럼프 시험의 적용은 의미가 없다. 또한 굵은골재의 최대치수가 40 mm를 넘는 경우에는 체로 쳐서 이를 제거한 다음에 시험을 실시해야 한다. 슬럼프 시험 후 콘크리트를 가볍게 두드려서 변형의 상태를 관찰함으로써 성형성을 정확하게 판정할 수 있다. 즉 슬럼프가 동일한 콘크리트라 하더라도 측면의 태핑에 의한 변형의 차이에 따라 재료분리하기 쉬운 콘크리트와 성형성이 좋은 콘크리트를 구별할 수 있다. 슬럼프가 30～180 mm 범위 밖의 콘크리트는 다른 시험방법에 의하여 워커빌리티를 측정하는 것이 좋다.

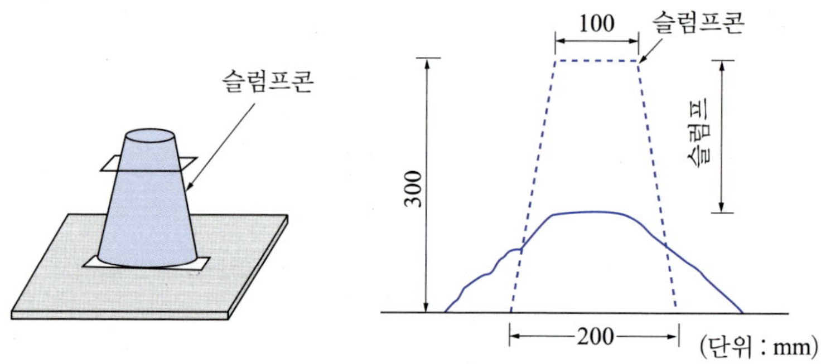

그림 6.6 슬럼프 시험기 및 시험방법[4)]

(2) 구 관입 시험(ball penetration test)

Kelly ball 관입 시험이라고도 하며 그림 6.7과 같은 전체 중량이 약 13.6 kg인 반구를 콘크리트 표면에 놓았을 때 구의 자중에 의하여 구가 콘크리트 속으로 가라앉는 관입깊이를 측정하는 시험방법이다. 특히 포장 콘크리트와 같이 평면으로 타설된 콘크리트의 반죽질기를 측정하는데 편리하며, 관입 값의 1.5～2배가 슬럼프 값과 거의 비슷하다.

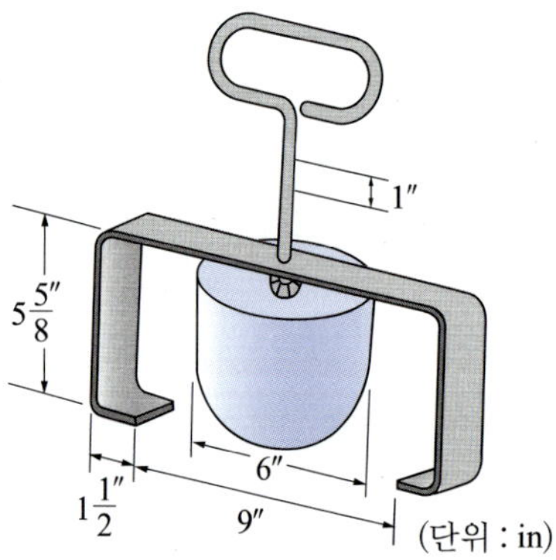

그림 6.7 구 관입 시험기[5)]

(3) 비비 시험(Vee-Bee test)

이 시험방법은 포장 콘크리트와 같이 슬럼프 시험으로 측정하기 어려운 비교적 된 비빔 콘크리트에 적용하는 것으로서 그림 6.8과 같이 진동대 위에 원통용기를 고정시켜 놓고 그 속에 슬럼프 시험과 같은 조작으로 슬럼프 시험을 실시한 후, 투명한 플라스틱 원판을 콘크리트 면 위에 놓고 진동을 주어 원판의 전체 면에 콘크리트가 완전히 접할 때까지의 시간을 초(sec)로 측정하는 시험으로 측정값을 VB값(Vee-Bee degree) 또는 침하도라고 한다.

(4) 리몰딩 시험(remolding test)

시험장치는 그림 6.9와 같으며, 시험방법은 슬럼프 몰드 속에 콘크리트를 채우고 원판을 콘크리트 면에 얹어 놓고 약 6 mm의 상하운동을 주어 콘크리트의 표면이 내외가 동일한 높이가 될 때까지의 낙하횟수로써 반죽질기를 나타낸다.

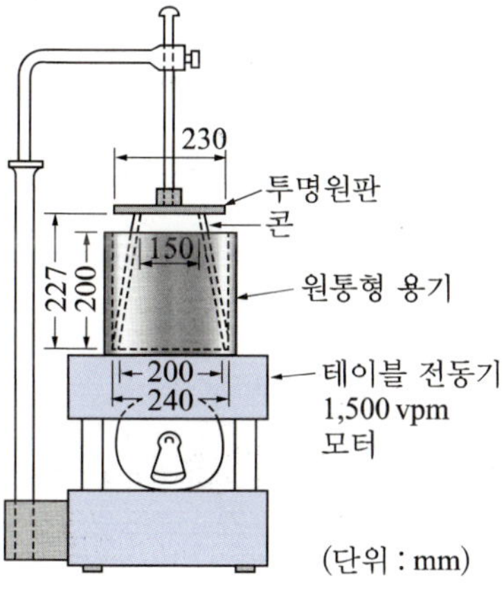

그림 6.8 비비 시험기[6]

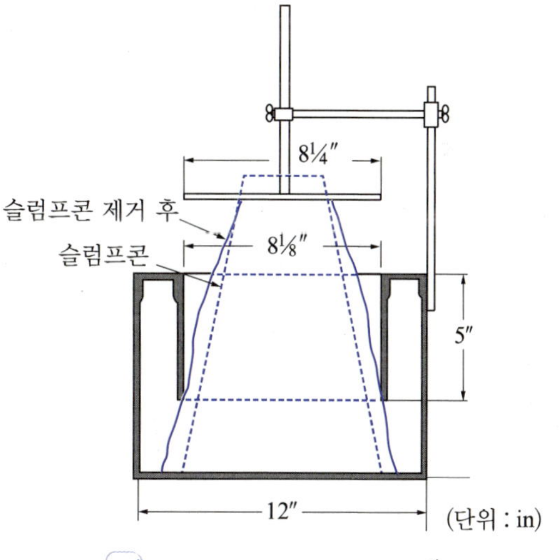

그림 6.9 리몰딩 시험기[5]

(5) 다짐계수(compacting factor test)

슬럼프가 매우 작고 진동다짐을 실시하는 콘크리트에 유효한 시험방법으로서 장치는 그림 6.10과 같으며 용기 A, B 및 C에 차례로 콘크리트를 낙하시켜 용기 C에 채워진 콘크리트의 질량(w)을 측정하고, 용기 C와 동일한 용기에 콘크리트를 충분히 채워 다진 후 질량(W)을 측정하여 w/W의 비를 구하여 워커빌리티의 척도로 하고자 하는 방법이다.

콘크리트의 다짐계수와 슬럼프와의 관계를 나타낸 것이 표 6.2이다.

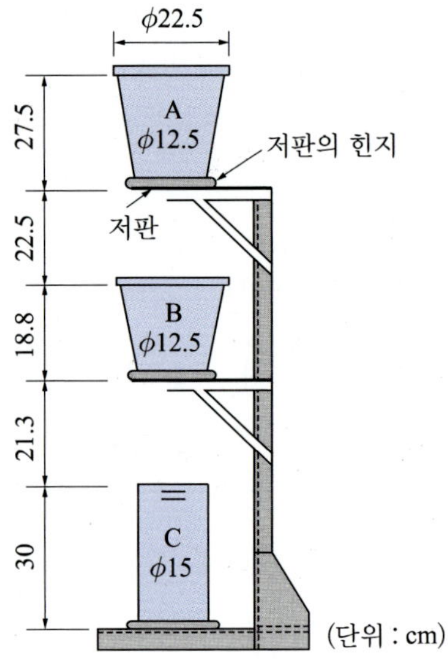

그림 6.10 다짐계수 측정 시험기[5)]

표 6.2 슬럼프와 다짐계수 및 VB값과의 관계[7)]

유동성	슬럼프(mm)	다짐계수	VB값(초)
매우 된 반죽	0	0.65~0.68	32~18
된 반죽	0~25	0.75~0.78	18~5
보통	25~50	0.83~0.85	5~3
양호	50~100	0.90~0.92	3
묽은 반죽	100~125	0.92~0.95	2
매우 묽은 반죽	150	0.95	1

6.2.3 재료분리

콘크리트는 밀도와 입자 크기 등의 물리적인 특성이 다른 여러 종류의 재료로 구성되므로 믹싱, 운반, 다지기 등의 시공 중에 품질의 균질성을 상실하기 쉽다.

콘크리트는 어느 부분을 채취해도 그 구성요소인 시멘트, 물, 잔골재, 굵은골재의 구성비율이 동일해야 하지만, 이 균질성이 소실되는 현상을 재료분리(segregation)라 한다. 즉, 굵은골재가 국부적으로 집중하거나 수분이 콘크리트의 표면으로 모이는 현상 등이 있으며 이는 각 구성요소의 밀도가 다른 것에 기인하는 현상으로 콘크리트는 본질적으로 믹서에서 배출될 때부터 운반, 타설, 다짐의 공정과정에서 분리하려는 성격을 가지고 있다. 재료분리가 발생한 콘크리트는 강도, 수밀성, 내구성 등에 나쁜 영향을 미친다.

(1) 콘크리트 타설 작업 중에 발생하는 재료분리

묽은 반죽의 콘크리트를 어느 높이에서 낙하시키거나 믹싱시간의 부족 또는 믹싱 후 경과시간이 지나치게 오래 걸릴 경우에 재료분리의 경향이 생기기 쉬우며, 재료분리의 원인은 다음과 같다.

1) 굵은골재의 최대치수가 지나치게 큰 경우
2) 입자가 거친 잔골재를 사용한 경우
3) 단위골재량이 너무 많은 경우
4) 단위수량이 너무 많은 경우
5) 배합이 적절하지 않은 경우

재료 분리의 대책은 다음과 같다.

1) 잔골재율을 크게 한다.
2) 물 - 시멘트 비를 작게 한다.
3) 잔골재 중의 0.15 ~ 0.3 mm 정도 크기의 세립분을 많게 한다.
4) AE제, 플라이애시 등의 혼화재료를 적절히 사용한다.

일반적으로 부배합(rich mix) 콘크리트, 슬럼프 50 ~ 100 mm 정도의 콘크리트 및 AE콘크리트는 재료분리가 작다.

(2) 콘크리트 타설 작업 후 발생하는 재료분리

1) 블리딩

콘크리트 타설 작업 후 시멘트, 골재입자 등이 침하하여 물이 분리 상승되어 콘크리트 표면에 떠오르는 현상을 블리딩(bleeding)이라고 한다. 블리딩이 크면 상부의 콘크리트가 다공질이 되며 강도, 수밀성 및 내구성이 감소되고, 골재입자나 수평철근의 밑부분에 수막을 만들어 시멘트 페이스트와의 부착을 저해하며 수밀성을 감소시킨다(그림 6.11 참조). 블리딩을 적게 하기 위해서는 단위수량을 적게 하고, 골재입도가 적당해야 한다. 특히 0.15~0.3 mm 정도의 세립분의 영향이 크다. 블리딩에 영향을 미치는 요인은 다음과 같다.

① **사용재료의 영향**

시멘트의 분말도가 증가하면 그림 6.12와 같이 블리딩은 감소하며 보통포틀랜드시멘트에 비하여 조강포틀랜드시멘트, 실리카시멘트를 사용한 콘크리트는 블리딩양이 적고 중용열포틀랜드시멘트나 플라이애시시멘트를 사용한 콘크리트는 블리딩양이 많다. 한편 입자가 작은 잔골재를 사용하면 블리딩양은 크게 되며 일반적으로 잔입자가 많을수록 블리딩양은 적게 된다. 부순돌을 사용한 콘크리트는 강자갈 사용 콘크리트보다 블리딩이 크지만 AE콘크리트로 하면 그 차이가 거의 없다. AE제, 감수제는 그림 6.13과 같이 블리딩을 저감시키는 데 효과적이다.

② **콘크리트 배합의 영향**

콘크리트의 블리딩은 단위수량이 클수록, 단위시멘트양과 잔골재량이 작을수록 크며, 콘크리트의 온도가 낮을수록 크기 때문에 동일한 배합이라도 겨울철의 블리딩이 여름철보다 크게 된다.

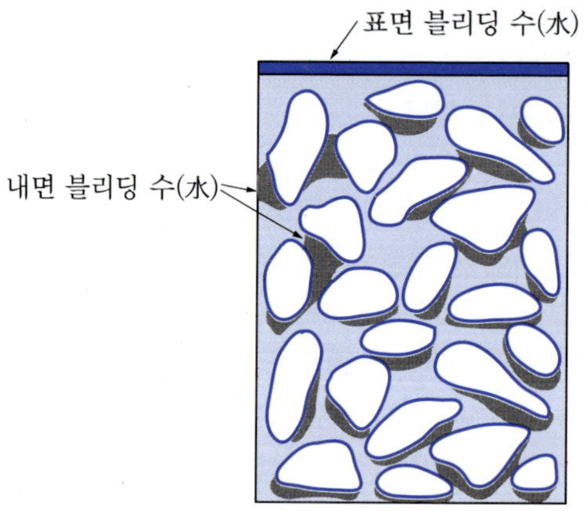

그림 6.11 블리딩에 의한 콘크리트 내부의 수막현상[2)]

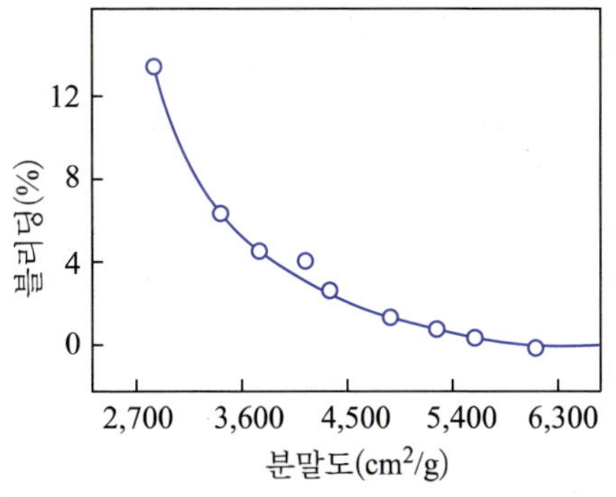

그림 6.12 콘크리트의 블리딩률과 시멘트의 분말도와의 관계[5)]

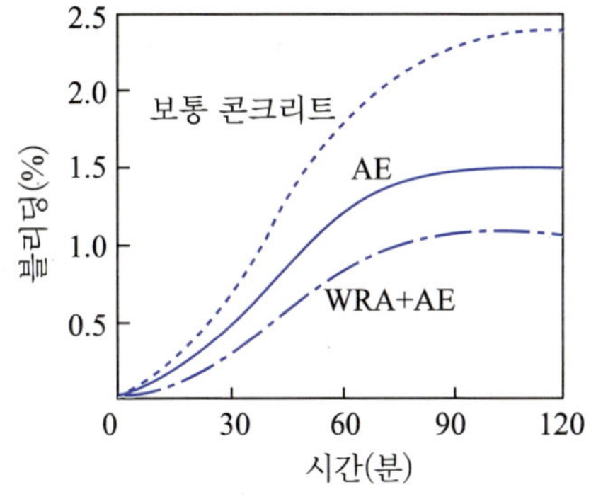

그림 6.13 콘크리트의 블리딩 시험결과[5)]

2) 레이턴스

콘크리트 표면에 블리딩에 의해서 떠올라와 침전한 미세한 물질을 레이턴스(laitance)라고 한다. 레이턴스는 시멘트나 모래 속의 미립자의 혼합물로서 강도가 거의 없으며, 콘크리트의 작업이음 시 제거하지 않고 콘크리트를 타설하면 이음부가 약점의 원인이 된다. 레이턴스를 제거하는 방법으로는 워터제트, 압축공기, 샌드블라스팅 등이 있다.

6.2.4 굳지 않은 콘크리트의 균열

콘크리트 타설 후부터 응결이 종료할 때까지 발생하는 균열을 일반적으로 초기균열이라고 한다. 초기균열은 그 원인에 따라서 침하수축균열, 표면의 급속건조에 의하여 생기는 플라스틱 수축균열, 거푸집 변형에 따른 균열, 진동 및 재하에 따른 균열 등으로 크게 나눌 수 있다.

(1) 침하수축균열

침하수축균열은 콘크리트 타설 후 1~3시간에 주로 발생하며 콘크리트의 표면 근처에 있는 철근, 매설물 또는 입자가 큰 골재 등이 콘크리트의 침하를 국부적으로 방해하기 때문에 발생한다(그림 6.14 참조). 블리딩이 클수록 균열 발생의 정도가 높아진다.

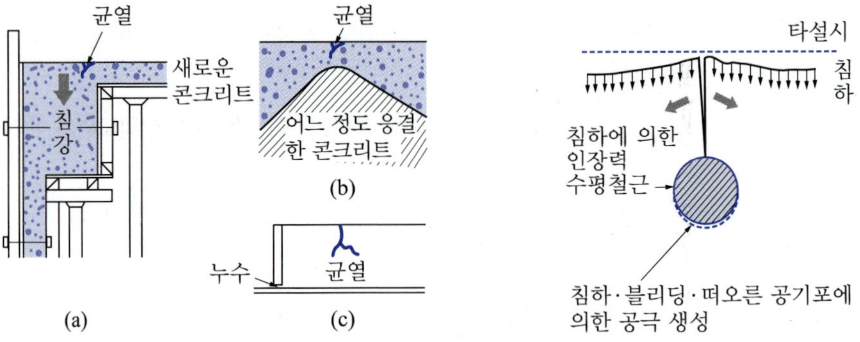

그림 6.14 침하수축균열[8)]

침하수축균열의 방지 대책은 다음과 같다.

1) 단위수량을 되도록 적게 하고, 슬럼프가 작은 콘크리트를 잘 다짐해서 시공한다.
2) 침하 종료 이전에 점착력을 잃지 않는 시멘트와 혼화재를 선정한다.
3) 타설 속도를 늦게 하고 1회 타설 높이를 작게 한다.
4) 침하 종료단계에서 다시 표면 마무리를 하여 균열을 제거한다.

(2) 플라스틱 수축균열

콘크리트 표면에 물의 증발속도가 블리딩 속도보다 빠른 경우와 같이 급속한 수분 증발이 일어나는 경우에 콘크리트 표면에 생기는 가늘고 얇은 균열을 말한다(그림 6.15 참조).

플라스틱 수축균열을 방지하기 위해서는 수분의 증발을 방지하고 마무리를 지나치게 하거나 콘크리트 표면에 급격한 온도 변화가 일어나지 않도록 한다. 콘크리트 타설 구획의 주위를 시트로 감싸고 타설 종료 후는 콘크리트 표면을 피복하고 여름철에는 일광의 직사나 바람에 노출되지 않도록 하고 필요에 따라서 적절한 살수를 하는 등 양생에 충분한 배려를 하여야 한다.

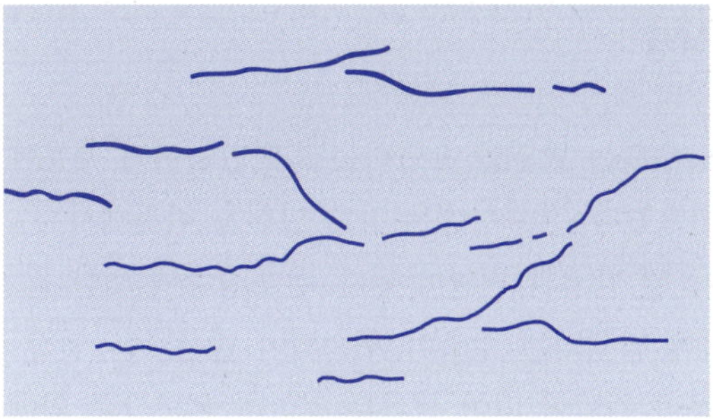

그림 6.15 플라스틱 수축균열[9)]

(3) 거푸집 변형에 의한 균열

굳지 않은 콘크리트가 점차로 유동성을 잃고 굳어져 가는 시점에서 거푸집 긴결 철물의 부족, 동바리의 부적절한 설치에 의한 부등침하, 콘크리트의 측압에 따른 거푸집의 변형 등에 의해 발생하며, 콘크리트의 소성변형 저항능력보다 외력에 의한 변형이 크게 되면 균열을 일으킨다(그림 6.16 및 6.17 참조).

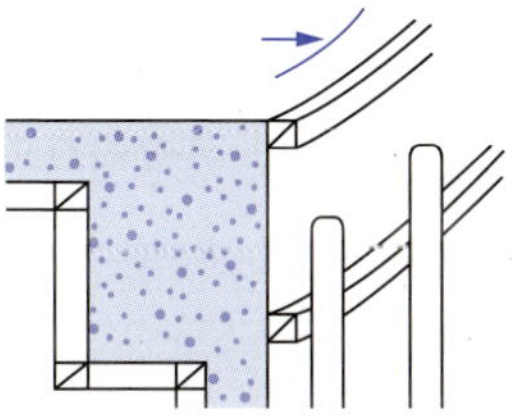

그림 6.16 거푸집 변형에 따른 균열[10)]

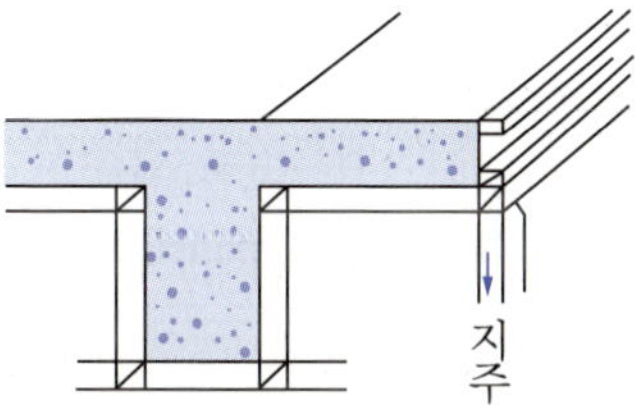

그림 6.17 지주침하에 따른 균열[10)]

(4) 진동 및 재하에 따른 균열

콘크리트 타설을 완료할 즈음에 근처에서 말뚝을 박거나 기계류 등의 진동이 원인이 되어 균열이 발생된다. 초기재령에서 재하하게 되면 지보공의 변형, 침하 등에 따라서 균열을 일으키는 경우가 있기 때문에 주의해야 한다.

6.2.5 온도상승

시멘트의 수화는 발열을 수반하는 화학반응이기 때문에 콘크리트는 경화과정에서 온도상승을 일으킨다. 온도상승은 강도 발현을 비롯해서 콘크리트의 제 성질에 영향을 미치며 또한 균열 발생의 원인이 된다. 온도상승에 의한 균열을 온도 균열이라고 하며 온도 강하 시에 발생되는 수축이 구속되어 발생하는 인장응력, 단면내의 온도차에 의한 인장응력 등이 원인이 되어 생기는 것이며 온도상승 외에 구속의 정도에 큰 영향을 받는다. 매스 콘크리트의 시공에 있어서는 반드시 온도상승의 영향을 고려해야 한다. 구속형태에 따른 온도균열현상은 크게 내부구속과 외부구속에 의한 균열로 대별된다. 내부구속 균열은 내·외부의 온도차가 원인이다. 타설 후 1～5일 사이에 주로 발생하며 온도가 하강하는 시기에 주로 발생한다. 균열 폭은 0.1～0.3 mm 정도이며 규칙성은 없고 단면 관통 현상은 없다. 외부구속 균열은 지반 및 기 타설 콘크리트 면에 타설한 경우에 주로 발생한다. 수화열로 상승된 콘크리트온도가 시간이 지나면서 외기온도로 안정될 때까지의 하강온도차가 클수록 균열발생도 크다. 대체로 온도가 하강하면서 균열발생이 시작되며, 균열 폭은 0.2～0.5 mm 정도로서 세로방향의 곧게 뻗은 관통균열이 발생할 가능성이 크다.

온도상승에 의한 균열을 방지하기 위해서는 수화열이 적은 중용열포틀랜드시멘트를 사용하거나, 플라이애시 등의 혼화재를 사용하고, 굵은골재 최대치수를 가능한 크게 하여 단위시멘트양을 감소시킨다. 시공측면에서는 재료 및 콘크리트의 냉각, 적당한 간격의 신축줄눈(expansion joint)의 설치, 타설속도의 조절 등의 고려가 필요하다.

6.3 경화한 콘크리트의 성질

콘크리트 구조물의 설계 및 해석에서는 강도 및 변형특성 등의 역학적 성질이 가장 중요시되고 있다. 경화한 콘크리트의 성질로서는 역학적 성질 외에도 체적변화, 질량, 내구성 등의 물리적 성질 및 화학적 성질도 중요하다.

6.3.1 단위체적질량

콘크리트의 질량은 골재의 종류, 굵은골재의 최대치수, 콘크리트의 배합, 건습의 정도에 따라서도 다르다. 콘크리트의 질량은 단위체적질량(kg/m^3), 또는 공기 중 건조밀도(기건밀도)로 나타낸다. 각종 골재를 사용한 콘크리트의 밀도는 표 6.3과 같다.

표 6.3 각종 콘크리트의 밀도[11]

콘크리트의 종류	잔골재	굵은골재	기건밀도(g/cm³)
중량 콘크리트	중정석	중정석	3.40~3.62
	적철광	적철광	3.03~3.86
	자철광	자철광	3.40~4.04
	자철광	철편	3.80~5.12
보통 콘크리트	하천모래	하천자갈	2.20~2.40
경량 콘크리트	하천모래	팽창혈암	1.70~2.00
	팽창혈암	팽창혈암	1.40~1.70
	화산암	화산암	1.20~1.60
기포 콘크리트	-	-	0.55~1.20

6.3.2 압축강도

콘크리트의 강도는 보통 압축강도를 지칭한다. 철근 콘크리트 부재의 설계에서도 압축강도만을 활용하는 경우가 많으며 압축강도로부터 다른 강도와 콘크리트의 품질을 추정할 수 있다. 콘크리트의 강도는 일반적으로 표준 양생한 재령 28일의 압축강도를 기준으로 한다. 단, 댐 콘크리트는 재령 91일의 압축강도, 포장 콘크리트는 재령 28일의 휨강도를 기준으로 한다.

콘크리트의 강도에 영향을 미치는 주된 요인은 그림 6.18과 같다.

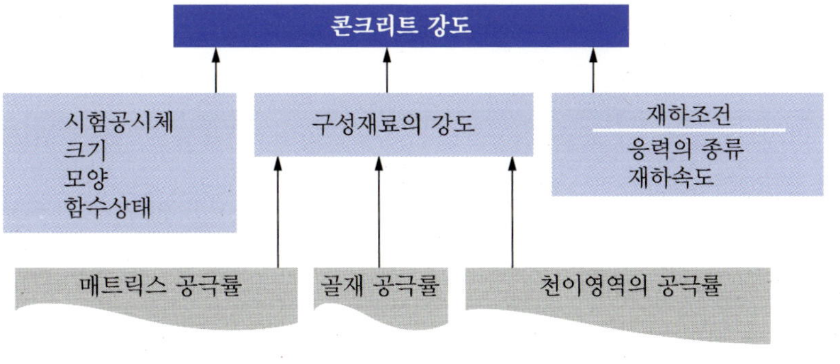

그림 6.18 콘크리트 강도에 영향을 미치는 요인[5]

(1) 재료품질의 영향

1) 시멘트

골재가 단단하고, 물-시멘트 비, 양생 등의 기타 관련요인이 일정하다면 콘크리트의 압축강도는 시멘트의 종류와 시멘트의 강도에 의해 좌우된다.

시멘트의 강도와 콘크리트의 압축강도와는 다음의 관계가 성립된다.

$$f_{cu} = K(AX+B)$$

여기서, f_{cu} : 콘크리트의 압축강도

X : 시멘트-물 비

A, B : 상수

K : 시멘트의 강도

2) 골재

보통 콘크리트에서 골재의 강도는 시멘트 페이스트의 강도보다 크므로 골재 강도의 변화는 콘크리트 강도에 거의 영향을 미치지 않는다. 그러나 천연경량골재나 약한 석편이 많이 포함된 경우에는 콘크리트의 강도가 저하한다. 콘크리트의 강도가 고강도일수록 골재의 강도가 콘크리트의 강도에 큰 영향을 미친다.

골재의 표면이 거칠수록 골재와 시멘트 페이스트와의 부착이 좋기 때문에 일반적으로 부순돌을 사용한 콘크리트의 강도는 강자갈을 사용한 콘크리트보다 강도가 크다(표 6.4 참조). 물-시멘트 비가 일정할 때 굵은골재 최대치수가 클수록 콘크리트의 강도는 작아지며, 이러한 경향은 그림 6.19에서와 같이 물-시멘트 비가 작을수록 더욱 커진다.

표 6.4 보통골재와 부순돌을 사용한 콘크리트의 강도 비교[5)]

강도비	물-시멘트 비, 슬럼프 일정			시멘트양, 슬럼프 일정		
	압축강도	인장강도	휨강도	압축강도	인장강도	휨강도
부순돌 콘크리트 /강자갈 콘크리트	1.20~ 1.35	1.05~ 1.32	1.14~ 1.25	0.95~ 1.10	1.03~ 1.11	1.03~ 1.09

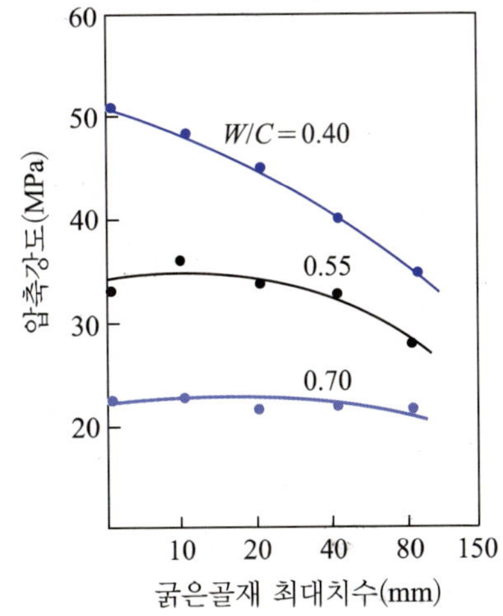

그림 6.19 굵은골재 최대치수와 압축강도와의 관계[5)]

3) 혼합수

혼합수의 양은 콘크리트에 미치는 영향이 매우 크며 수질도 시멘트의 응결, 콘크리트의 강도, 콘크리트 표면의 얼룩, 철근의 부식 등에 큰 영향을 미칠 수 있다. 일반적으로 음료수로 사용할 수 있는 정도이면 사용할 수 있다.

해수는 대체로 약 3.5%의 염도(NaCl 78%, $MgCl_2$ 및 $MgSO_4$ 15%)를 가지고 있으며 콘크리트의 조기강도를 다소 증가시키는 경향이 있으나 장기강도를 감소시킨다. 해수와 같이 염화물을 다량 포함한 물은 콘크리트의 표면에서 백화현상(efflorescence)을 일으키며 철근을 부식시킬 위험이 있으므로 사용 전에 충분히 검토해야 한다.

(2) 배합의 영향

콘크리트 강도에 가장 큰 영향을 미치는 것은 물-시멘트 비(W/C)이다. 이와 관련한 중요한 강도이론은 다음과 같다.

1) 물-시멘트 비설(water-cement ratio theory)

1919년 D. A. Abrams는 깨끗하고 단단한 골재를 사용한 콘크리트의 강도는 다음 식과 같이 시멘트 페이스트의 물-시멘트 비에 의하여 결정된다고 하였다.

$$f_{28} = \frac{A}{B^X}$$

여기서, f_{28} : 재령 28일 콘크리트의 압축강도

X : 물 - 시멘트 비(용적비)

A, B : 시멘트 품질 등에 의하여 정해지는 상수

그림 6.20은 압축강도와 물 - 시멘트 비와의 관계를 나타낸 것이며 다짐의 정도도 콘크리트의 압축강도에 큰 영향을 미친다(그림 6.21 참조).

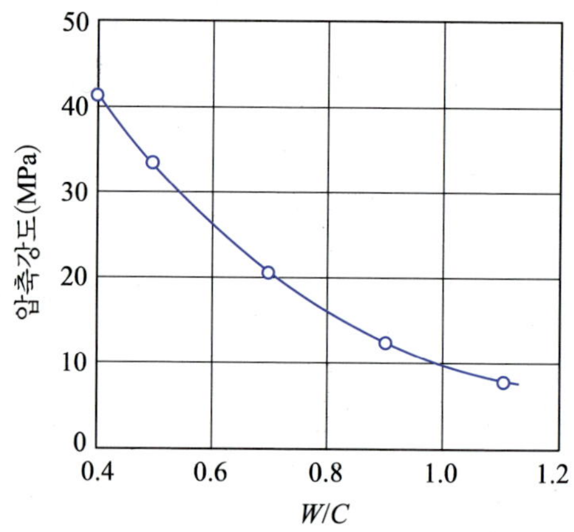

그림 6.20 압축강도와 물 – 시멘트 비와의 관계[5)]

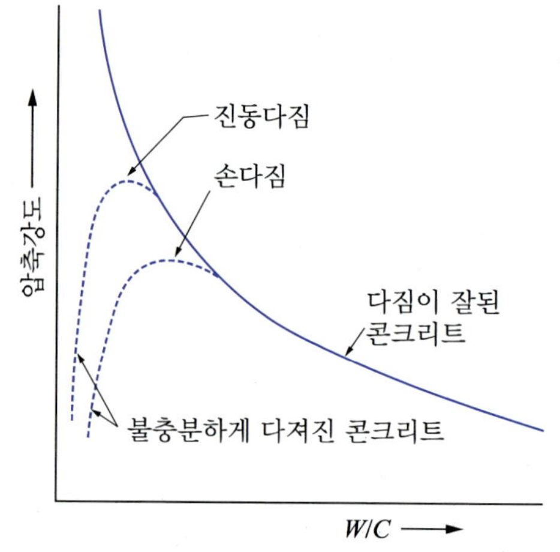

그림 6.21 콘크리트의 강도에 미치는 다짐의 영향[5)]

2) 시멘트 - 물 비설(cement-water ratio theory)

1925경 I. Lyse는 강도와 시멘트 - 물 비와의 사이에는 다음과 같은 관계가 성립한다고 하였다(그림 6.22 참조).

$$f_{cu} = A + B(C/W)$$

여기서, A, B : 실험정수

이 식은 보통 콘크리트의 배합설계에 유효하게 이용된다.

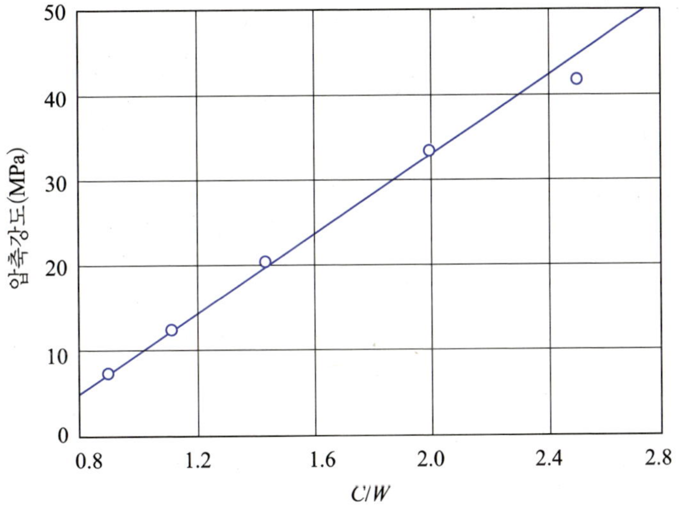

그림 6.22 시멘트 - 물 비와 압축강도와의 관계[1)]

3) 시멘트 - 공극 비설(cement-void ratio theory)

콘크리트 강도는 공극 - 시멘트 비(void-cement ratio)에 의하여 영향을 받으며 공극이 많은 매우 된 반죽의 콘크리트와 AE콘크리트 등에서 잘 적용된다.

$$f_{cu} = A + B(v/c)$$

여기서, c : 시멘트의 절대용적
v : 공극의 용적(공기 등)
A, B : 상수

(3) 공기량의 영향

물-시멘트 비가 일정할 때 공기량 1% 증가하는데 따라 압축강도는 4~6% 감소한다. 그러나 AE콘크리트 경우는 소요 워커빌리티를 얻는데 있어서 단위수량이 적게 사용되기 때문에 단위시멘트양과 슬럼프를 일정하게 할 경우 AE제를 사용하지 않는 콘크리트와 압축강도가 거의 비슷하다.

(4) 시공방법의 영향

1) 혼합방법

콘크리트의 혼합시간이 길면 시멘트와 물과의 접촉이 좋게 되기 때문에 일반적으로 강도는 증대한다. 이러한 경향은 빈배합일수록, 굵은골재 최대치수가 작을수록, 된 반죽일수록 효과가 크다. 혼합시간은 믹서의 형식, 용량에 따라 다르므로 시험에 의하여 정해야 한다.

2) 진동다짐

진동기(vibrator)로 다짐을 할 경우 된 반죽의 콘크리트는 강도가 증대되지만 묽은 반죽에서는 그 효과가 작다. 진동을 주게 되면 콘크리트 속의 기포가 적어지며, 치밀한 콘크리트가 된다. 묽은 반죽의 경우 진동시간이 너무 길어지면 재료분리가 발생하며 오히려 강도는 저하된다. 또한 응결 도중 적당한 시기(0.5~2시간)에 재 진동을 하게 되면 강도가 오히려 증대하는 경우도 있다.

3) 성형압력

콘크리트를 가압 성형하여 경화시키면 일반적으로 강도는 크게 된다. 이것은 가압에 의하여 기포나 잉여수분이 배출됨으로써 강도가 증대되는 것이다. 특히 묽은 반죽 콘크리트의 경우에 효과가 크다.

(5) 양생방법 및 재령의 영향

콘크리트에 일정한 기간 동안 충분한 습도, 적당한 온도를 유지시키며 유해한 응력을 가하지 않는 것을 양생(curing)이라 한다.

양생방법에는 여러 가지가 있으나 보통은 습윤상태로 유지하여 콘크리트 중의 수분이 급격히 증발하지 않도록 하는 것을 습윤양생(wet curing)이라 한다. 습윤상태로 하는 방법은 수중, 습사, 분무, 살수, 피막 등이 있으며 가장 효과적인 것은 수중양생(water curing)이다. 시멘트의 수화반응을 촉진시키기 위한 방법으로 증기, 온수 등을 사용하는 고온양생방법과 한중 콘크리트에 대해서는 전기, 전열양생방법 등이 있다.

1) 건습

콘크리트의 강도는 건습, 양생온도 및 재령 등에 따라 영향을 받는다. 습윤양생 후 공기 중에 건조시키면 강도가 20～40% 증가하며 건조상태의 공시체를 다시 습윤상태에 두면 강도가 다시 증가한다.

2) 양생온도

양생온도가 강도에 미치는 영향은 시멘트의 품질, 배합 등에 따라 다르다. 일반적으로 양생온도 4～40℃의 범위에서는 온도가 높을수록 재령 28일까지의 강도는 커진다. 그러나 너무 지나치게 온도가 높으면 오히려 강도 발현에 나쁜 영향을 미친다(그림 6.23 참조).

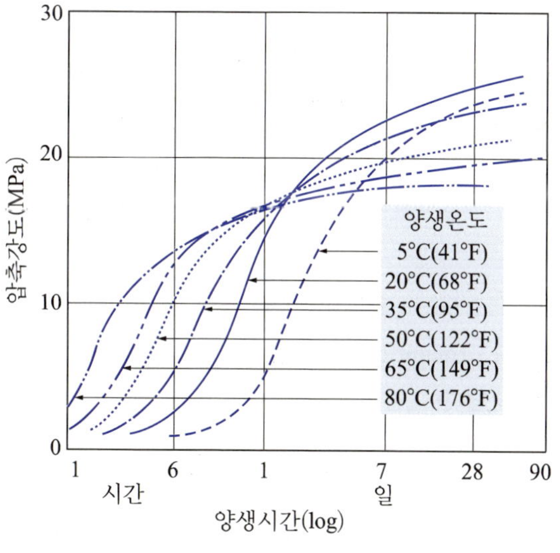

그림 6.23 양생온도 및 시간에 따른 콘크리트의 압축강도[5)]

3) 재령

콘크리트의 강도는 재령에 따라 증가하며 증가비율은 재령이 짧을수록 현저하다(그림 6.24 참조). 강도의 증진과 재령과의 관계는 시멘트의 종류, 골재의 성질, 양생상태에 따라 현저하게 다르다. 습윤양생한 콘크리트 또는 모르타르의 재령과 강도와의 관계를 나타내는 실험식은 D. A. Abrams나 C. Bach에 의하면 다음과 같다.

$$f_{cu} = A \log t + B$$

여기서, A, B : 상수, t : 재령(일)

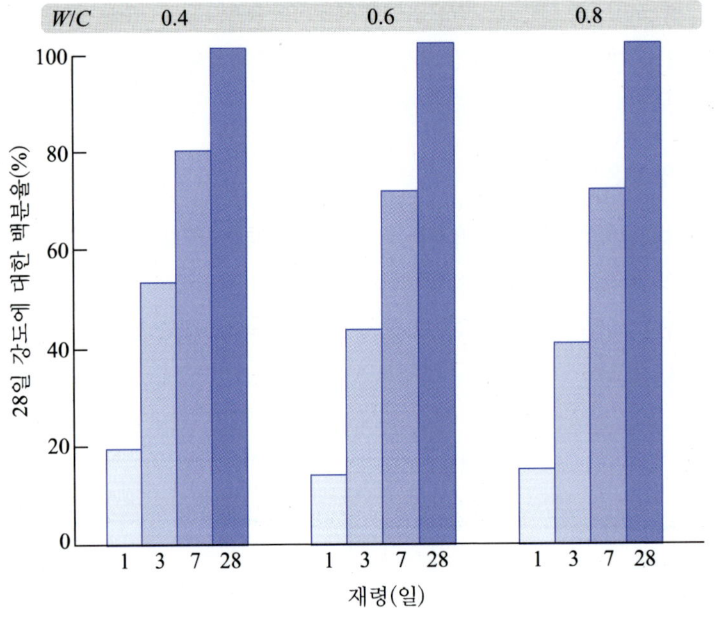

그림 6.24 재령에 따른 콘크리트의 압축강도[5)]

콘크리트의 강도는 양생온도에도 영향을 받기 때문에 양생온도를 고려하여 온도와 재령과의 성숙도(maturity) M 또는 DD(degree-day)로 나타내며 Plowman은 다음 관계식으로 나타냈다(그림 6.25 참조).

$$f_{cu} = \alpha \log 10M + \beta$$

여기서, α, β : 실험상수, M : $\Sigma(10+T)$℃ $\times\, t$(일)

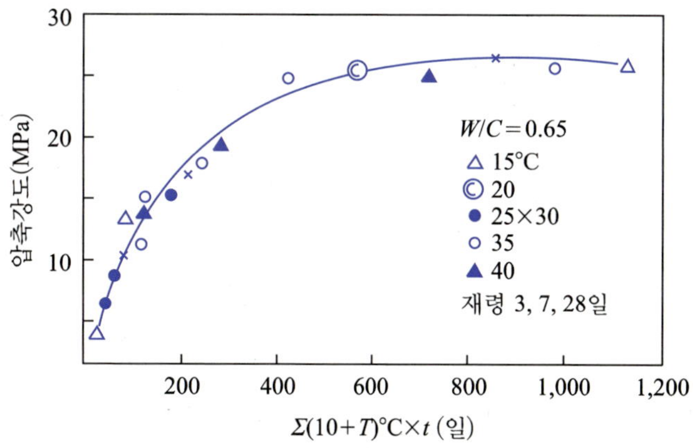

그림 6.25 압축강도와 성숙도와의 관계[12)]

콘크리트의 강도는 보통 재령 28일을 표준으로 하지만, 경우에 따라서는 초기재령의 강도를 사용하여 28일 강도를 추정할 수 있다. 28일 강도에 대한 보통시멘트 콘크리트의 재령별 상대강도는 다음 표 6.5를 이용하여도 좋다.

표 6.5 28일 강도에 대한 상대강도[13)]

재 령	7일	14일	28일	91일	6개월	1년	2년	5년
강도비	0.67	0.86	1.00	1.17	1.23	1.27	1.31	1.35

(6) 시험방법의 영향

동일한 콘크리트라도 공시체의 모양, 크기 및 재하 방법 등에 의하여 강도가 다르다.

1) 공시체의 모양과 크기

공시체의 모양과 크기가 콘크리트의 강도에 미치는 영향은 다음과 같다.

① 원주형과 각주형 공시체는 직경 또는 한 변의 길이 d와 높이 h와의 비 h/d의 값이 작을수록 압축강도가 크다.

② h/d가 동일하면 원주형 공시체가 각주형보다 압축강도가 크다.

③ 150 mm 입방체 공시체의 강도는 ϕ150×300 mm의 원주형 공시체 강도의 1.16배 정도 크다.

④ 모양이 다르면 크기가 작은 공시체의 압축강도가 더 크다.

KS F 2405에 의하면 콘크리트의 압축강도 시험은 공시체의 높이가 지름의 2배인 원주형 공시체를 사용하는 것을 표준으로 하며, 표준공시체로서는 ϕ150×300 mm를 채용하고 있다. 다만 굵은골재의 최대치수가 25 mm 이하일 때는 ϕ100×200 mm를 사용해도 좋다.

콘크리트 구조물에서 채취한 코어(core)의 압축강도를 측정할 때 높이가 지름의 2배가 되는 시험편을 얻기가 어려운 경우 또는 원주형 공시체가 아닌 각주 공시체(prism specimen)나 입방체 공시체(cube specimen)를 사용하여 압축강도 시험을 실시할 경우 이들 강도 시험값을 표준공시체의 강도로 환산하는데 표 6.6과 표 6.7을 이용해도 좋다.

표 6.6 표준공시체에 대한 환산표(강도보정계수)[5)]

h/d	2.00	1.75	1.50	1.25	1.10	1.00	0.75	0.50
계수	1.00	0.98	0.96	0.94	0.90	0.85	0.70	0.50

표 6.7 원주형, 정육면체형 및 각주형 공시체의 상호관계[5)]

시험체 / 재령	원주형(mm)			정육면체형(mm)		각주형(mm)	
	150×150	150×300	200×400	150	200	150×300	200×400
7일	0.67	0.51	0.48	0.72	0.66	0.48	0.48
28일	1.12	1.00	0.95	1.16	1.15	0.93	0.92
3개월	1.47	1.49	1.27	1.55	1.42	1.27	1.27
1년	1.95	1.70	1.78	1.90	1.74	1.68	1.60

(주) 150×300 mm 공시체의 재령 28일 강도를 기준으로 나타낸 값임.

2) 공시체 표면의 모양

공시체의 표면은 공시체의 축에 직각이어야 한다. 가압면이 평면이 아니면 공시체에 편심하중 또는 집중하중이 작용하여 실제의 강도보다 작은 응력에서 파괴된다. 공시체의 가압면이 0.05 in(약 1.3 mm) 정도 오목할 때 최대 5%의 강도가 감소되며, 0.05 in 볼록할 때 최대 30% 정도 강도가 감소된다고 한다. 캡핑(capping)으로 공시체 표면을 평면이 되도록 하여 압축강도 시험을 실시하는데 캡핑의 두께는 가능한 얇은 것이 좋으나 2~3 mm 정도가 적당하며 6 mm를 넘으면 강도저하가 발생한다. 캡핑 재료로서는 시멘트 페이스트, 유황과 플라이애시와 같은 미분말 재료와의 혼합물 등이 있다. 공시체 표면의 연마방법도 이용된다.

3) 재하속도

압축강도 시험의 재하속도(loading speed)는 콘크리트의 강도에 영향을 미치며, 일반적으로 재하속도가 빠를수록 강도가 크게 나타난다. 이 경향은 10 MPa/sec를 넘으면 급격히 증대한다. 압축강도 시험 시의 재하속도를 0.6±0.4 MPa/sec로 규정하고 있으며, 인장이나 휨강도 시험 시의 재하속도는 각각 달리 규정하고 있다.

6.3.3 기타 강도

(1) 인장강도(tensile strength)

콘크리트의 인장강도는 압축강도의 약 1/8~1/13 정도이며 콘크리트의 압축강도 f_{cu}와 인장강도 f_t의 비인 취성계수(coefficient of brittleness) f_{cu}/f_t의 값은 압축강도가 클수록 크다(표 6.8 참조). 또한 콘크리트를 건조시키면 습윤상태의 콘크리트보다 인장강도가 저하된다. 이러한 경향은 흡수량이 큰 인공경량골재 콘크리트에 있어서 더욱 현저하다.

일반적으로 철근 콘크리트 설계 시 인장강도는 무시하지만, 보의 사인장 응력, 도로 포장판, 슬래브 및 수조의 설계에서는 인장강도가 매우 중요하다.

표 6.8 콘크리트의 압축, 인장 및 휨강도와 각 강도비[11)]

강도(MPa)			강도비		
압축강도	휨강도	인장강도	압축강도/인장강도	휨강도/인장강도	압축강도/휨강도
10	2.1	1.0	9.6	1.97	4.9
20	3.3	1.9	10.8	1.78	6.1
30	4.3	2.5	12.0	1.70	7.0
40	5.2	3.1	12.9	1.67	7.7
50	6.1	3.7	13.5	1.64	8.2
60	6.8	4.1	14.1	1.60	8.8

콘크리트의 인장강도 시험방법은 직접인장시험과 간접인장시험이 있는데 KS F 2423의 쪼갬 인장 시험(splitting tensile test)이 일반적으로 사용된다. 이 방법은 원주형 공시체를 그림 6.26과 같이 옆으로 놓고 상하방향에서 가압하여 공시체를 할열시켜 그 때의 파괴하중 P로부터 다음 식을 사용하여 인장강도를 구한다.

$$f_{sp} = 2P/\pi dl$$

여기서, f_{sp} : 인장강도(MPa)

d : 공시체의 지름(mm)

P : 시험기에 나타난 최대하중(N)

l : 공시체의 길이(mm)

쪼갬에 의한 인장강도는 직접인장시험 결과와 거의 비슷한 값을 나타낸다.

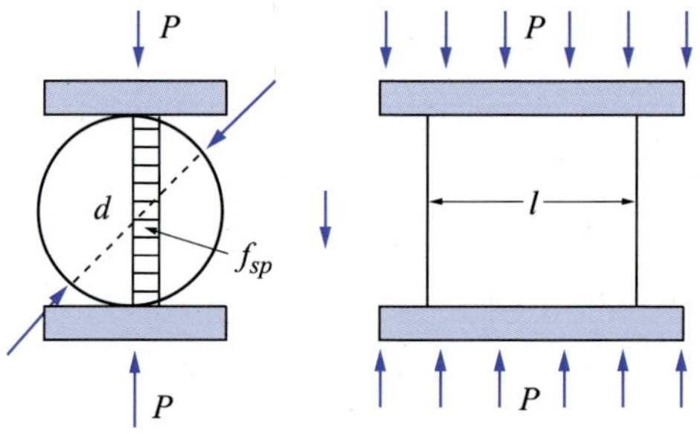

그림 6.26 쪼갬 인장강도 시험방법[14)]

(2) 휨강도(flexural strength)

콘크리트의 휨강도는 파괴계수(modulus of rupture)라고도 하며 압축강도의 1/5~1/8 정도이다. 장방형 보를 그림 6.27과 같이 중앙집중 재하(center point loading) 또는 3등분점 재하(third point loading)에 의하여 다음 식으로 구하며 KS F 2408에는 3등분점 재하에 대하여 규정하고 있다.

$$f_r = M/Z$$

여기서, f_r : 휨강도(MPa)

M : 최대 휨모멘트(N · mm)

Z : 보의 단면계수(mm^3)

* 이때, 직사각형 단면의 보의 단면계수는 $Z = bh^2/6$이다.

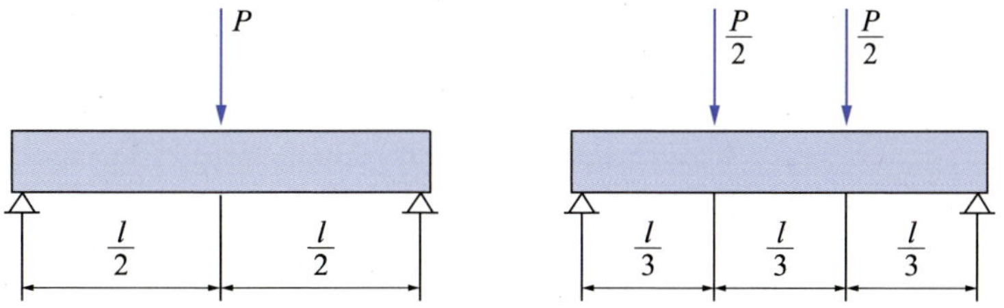

(a) 중앙집중 재하　　(b) 3등분점 재하

그림 6.27 콘크리트의 휨강도 시험[15)]

콘크리트의 휨강도는 도로, 공항 등의 콘크리트 포장의 설계기준강도, 이들 콘크리트의 품질결정 및 관리 등에 사용된다. 한편, 3등분점 재하에 의한 휨강도 f_r는 다음 식으로 계산한다.

1) 공시체가 지간(span)의 3등분점 내부에서 파괴될 때

$$f_r = Pl/bd^2$$

여기서, P : 최대하중(N)
l : 지간(mm)
b : 파괴단면의 평균 폭(mm)
d : 파괴단면의 평균높이(mm)

2) 공시체의 중앙 3등분 밖에서 파괴되고, 하중의 작용점으로부터 파괴단면까지의 거리가 지간의 5% 이내일 때

$$f_r = 3Pa/bd^2$$

여기서, a : 파괴 면과 이것에 가까운 지점과의 거리(mm)

3) 공시체가 3등분점 외부에서 파괴되고, 하중의 작용점으로부터 파괴단면까지의 거리가 지간의 5% 이상일 때는 무효로 한다.

(3) 전단강도(shear strength)

콘크리트와 같은 취성재료의 전단강도는 그림 6.28에서와 같이 직접전단 시험에 의하여 구한다. 최대하중 P를 측정하여 전단응력이 휨(세로)방향에 일정하게 분포한다고 가정하고 다음 식으로 구한다. 이와 같이 구한 직접전단강도(shear strength)는 압축강

도의 1/4~1/6, 인장강도의 2.3~2.5배 정도이다.

$$V_c = P/A$$

여기서, V_c : 직접 전단강도(MPa)

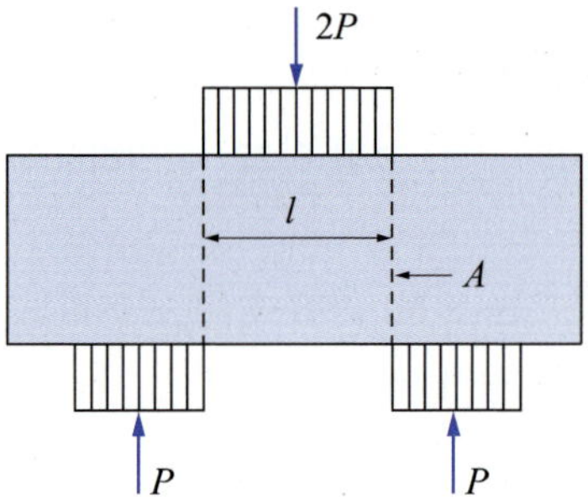

그림 6.28 직접전단 시험[5)]

(4) 부착강도(bond strength)

철근 콘크리트가 성립하기 위해서는 철근과 콘크리트가 항상 일체가 되어 하중에 저항해야 된다. 철근과 콘크리트 사이에는 부착이 필수적이며, 부착의 정도를 부착강도라 한다. 부착강도는 철근과 시멘트 페이스트와의 순부착력, 철근과 콘크리트 사이의 마찰력 및 철근표면의 굴곡에 의한 기계적 저항력 등에 의한다.

부착강도 시험방법은 그림 6.29와 같은 각종 시험방법이 제안되고 있다. 일반적으로 잡아빼기 시험이 많이 사용되고 있으며, 이 방법은 콘크리트 속에 묻어둔 철근에 인장력을 가하여 콘크리트에 대한 철근의 미끄러지는 양을 측정하여 인장력과 미끄러지기 시작할 때의 하중과 미끄러진 양에 대한 하중 또는 최대하중을 취하며, 부착응력은 철근의 표면에 일정하게 분포한다고 가정하여 다음 식으로 계산한다.

$$\tau_o = P/\pi d l$$

여기서, τ_o : 부착강도(MPa)

l : 묻힌 길이(mm)

P : 최대하중(N)

d : 철근 지름(mm)

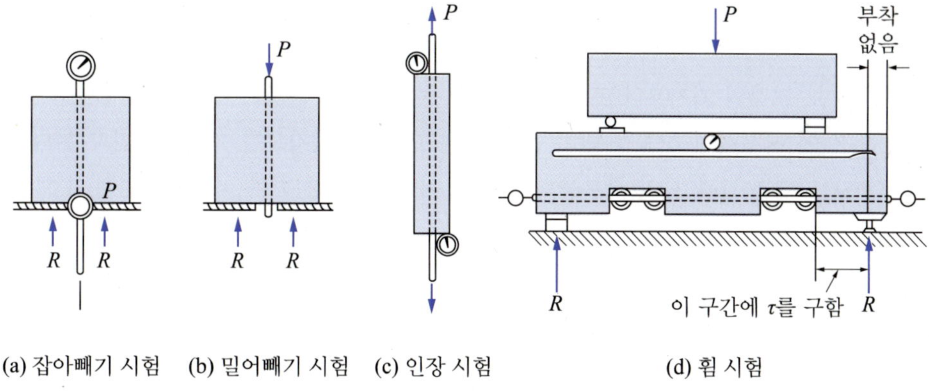

그림 6.29 각종 부착 시험방법[5)]

부착강도는 철근의 종류 및 지름, 콘크리트 속의 철근 위치 및 방향, 묻힌 길이, 콘크리트의 덮개 및 콘크리트의 품질 등에 따라 달라진다. 그림 6.30은 콘크리트의 압축강도와 원형철근 및 이형철근의 부착강도와의 관계를 나타낸 것으로서, 압축강도의 증가에 따라 부착강도는 증가하며, 부배합의 경우 이형철근의 부착강도가 원형철근의 약 2배이다.

또한 수평철근의 부착강도는 연직철근의 1/2～1/4 정도이며, 수평철근의 아래쪽 콘크리트 두께가 클수록 부착강도는 저하한다. 그 이유는 콘크리트 속의 고체입자 침하, 블리딩 등에 의해서 철근 밑에 공극, 수막이 생겨 부착을 약하게 만들기 때문이다.

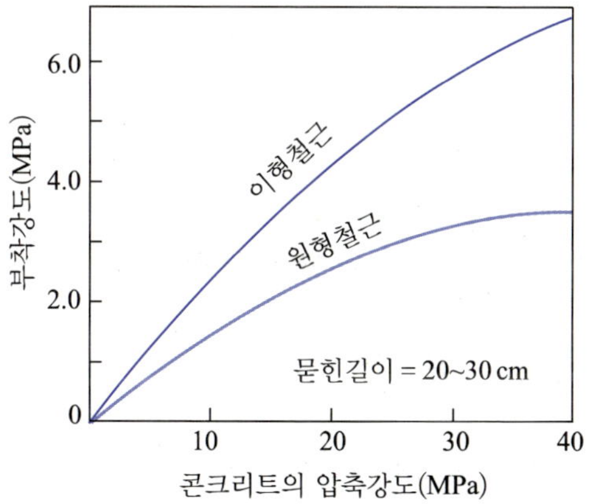

그림 6.30 콘크리트의 압축강도와 부착강도와의 관계[5)]

(5) 지압강도(bearing strength)

교각의 지지부나 프리스트레스트 콘크리트의 긴장재 정착부 등에서 부재의 일부분만이 국부적인 하중을 받는 경우의 콘크리트 압축강도를 지압강도라고 한다. 지압강도는 그림 6.31과 같이 국부응력에 의한 최대압축하중 P를 국부재하면적 A'로 나눈 값으로 구한다.

$$f_{bk} = \frac{P}{A'}$$

여기서, f_{bk} : 지압강도(MPa)

A' : 지압면적(mm^2)

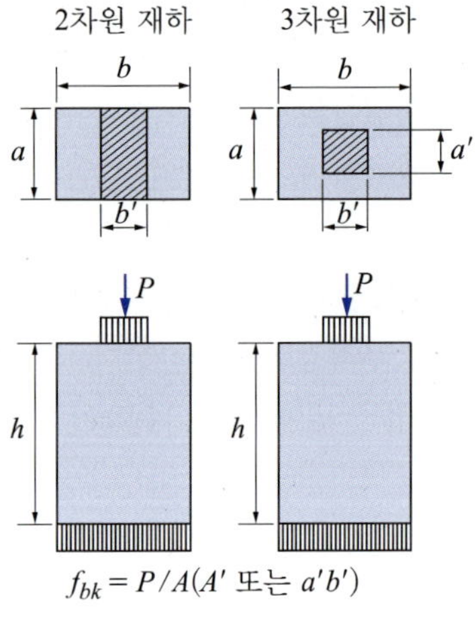

그림 6.31 지압강도 시험[5)]

(6) 피로강도(fatigue strength)

콘크리트는 다른 재료와 마찬가지로 반복하중을 받거나 일정한 하중을 지속적으로 받게 되면 피로 때문에 정적파괴하중보다 작은 하중에서 파괴된다. 전자를 피로파괴(fatigue fracture)라 하며, 후자를 크리프파괴(creep fracture)라 한다. 피로에 의한 파괴강도는 주로 작용하는 응력의 상한치와 하한치의 범위와 반복횟수에 의하여 변화한다.

보통 무한대의 반복횟수에 견딜 수 있는 응력의 최대를 내구한계(endurance limit) 또는 피로한계(fatigue limit)라 한다. 또 소정의 반복횟수에 견디는 응력의 한도를 피로강도라 하며, 반복횟수와 함께 나타낸다. 콘크리트의 피로한계는 다음과 같다. 대기 중에서는, ① 압축에 대하여 정적파괴강도의 50～60%, ② 휨강도에 대해서 평균 55% 정도, ③ 인장에 대해서 약 55% 정도이다. 그러나 수중에서는 이들 값의 80% 정도이다.

콘크리트의 200만회 피로강도는 정적파괴강도의 50～60% 정도라 한다. 피로에 의한 강도저하의 원인은 콘크리트 속의 미세한 균열(micro crack)의 발생이며 이 미세한 균열은 콘크리트의 응력이 $0.5f_c$ 정도일 때 발생하기 시작하여 반복재하에 의하여 발달하여 파괴한다. 한편 콘크리트의 크리프한계는 콘크리트 정적강도의 70～80% 정도이다.

(7) 충격강도

충격강도는 말뚝의 항타, 충격하중을 받는 기계기초, 프리캐스트부재 취급 중의 충돌 등과 같은 경우에 중요하다. Green은 충격에 대한 기준으로서 콘크리트가 반복타격에 견딜 수 있는 능력과 에너지를 흡수할 수 있는 능력을 제안하고 있다. 콘크리트에 충격을 준 후 측정한 콘크리트의 압축강도는 정적하중강도에 비하여 측정치의 분산도가 심하다. 즉 정적재하 시험에서는 국부적으로 다소 높은 응력을 받는 부분이 있더라도 응력을 덜 받고 있는 부분의 크리프와 같은 보조기능이 있는 반면에 충격시험에서는 변형이 매우 짧은 시간 동안에 일어나기 때문에 응력의 재분배가 일어나지 않고 국부적인 취약부분이 콘크리트의 강도에 크게 영향을 주기 때문이다.

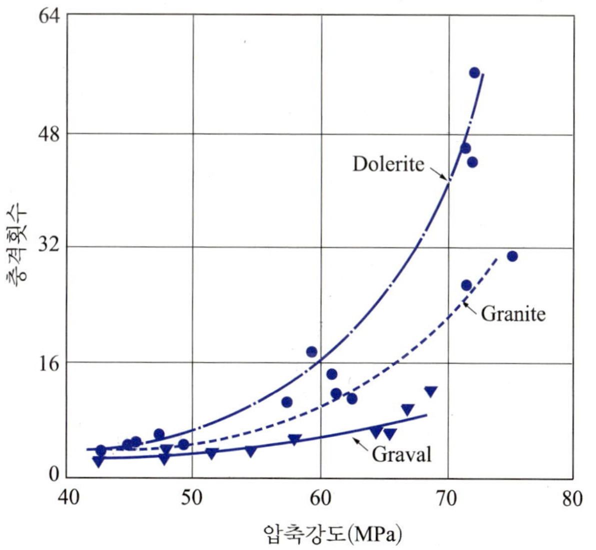

그림 6.32 압축강도와 충격횟수와의 관계[5)]

동일한 압축강도의 콘크리트라도 사용골재의 종류에 따라서 충격강도가 다르다(그림 6.32 참조). 부순골재처럼 골재표면이 거칠수록 충격강도는 높다. 콘크리트의 충격강도는 압축강도보다 인장강도와 더 밀접한 관계가 있다. 부순돌보다는 강자갈로 만든 콘크리트의 충격강도가 낮은데, 이는 부순돌이 모르타르와 굵은골재 사이의 부착은 충분치 못하지만 반면에 표면이 거칠어 파괴부분에서 골재의 강도능력을 최대한 발휘할 수 있기 때문이다.

6.3.4 탄성과 소성

(1) 응력 – 변형률 곡선(stress–strain curve)

콘크리트는 탄성체가 아니기 때문에 응력과 변형률의 관계는 강재의 경우와 다르게 그림 6.33과 같이 하중재하의 초기단계에서부터 곡선을 나타내며 엄밀히 직선부분은 존재하지 않는다. 그러므로 콘크리트는 후크의 법칙(Hooke's Law)이 성립하지 않는 재료, 즉 비선형(비탄성)재료이다. 콘크리트의 응력 - 변형률 곡선의 형태는 콘크리트의 강도, 품질 등에 따라 다르지만 일반적으로 고강도 콘크리트의 경우 곡선의 기울기가 강도가 낮은 콘크리트 쪽의 기울기보다 급하다. 하중이 작은 초기에는 거의 직선에 가깝지만 하중의 증가와 더불어 점차 곡선을 나타낸다.

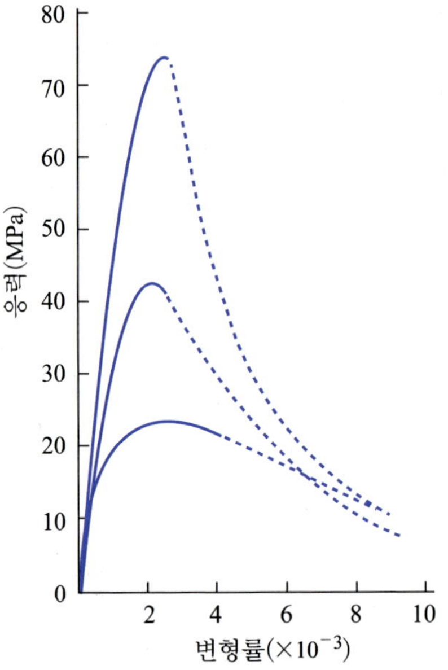

그림 6.33 콘크리트의 응력 – 변형률 곡선[5)]

그림 6.34는 콘크리트의 구성 재료인 골재, 시멘트 경화체의 응력 - 변형률 곡선을 나타낸 것으로서, 이들의 응력 - 변형률 곡선은 모두 직선적이다. 이에 비해서 콘크리트가 곡선적인 응력 - 변형률 곡선을 가지는 이유는 골재입자와 시멘트 페이스트의 계면에 존재하는 결함, 하중의 상승에 따른 계면의 부착균열(bond crack)의 발달 및 부착균열이 발달하여 생기는 모르타르 균열(mortar crack or matrix crack) 등을 들 수 있다.

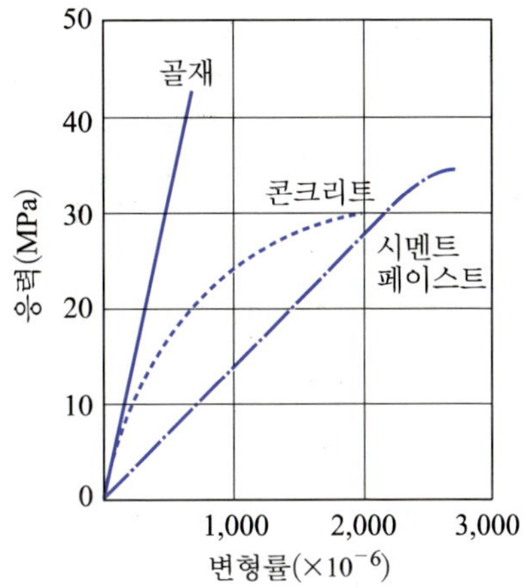

그림 6.34 골재, 시멘트 및 콘크리트의 응력 – 변형률 곡선[5)]

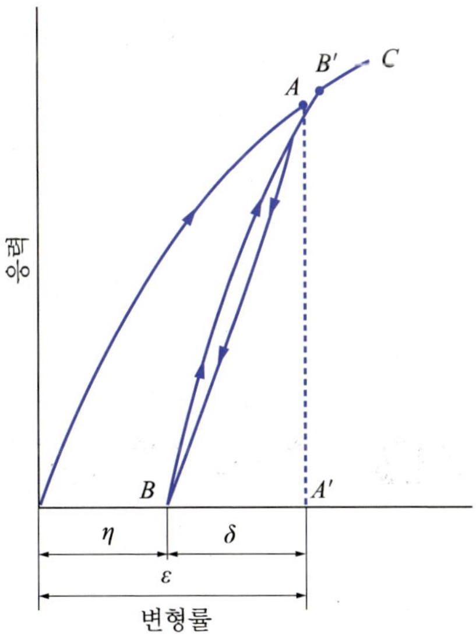

그림 6.35 콘크리트의 응력과 변형률과의 관계[1)]

콘크리트는 그림 6.35의 응력 - 변형률 곡선에서 알 수 있듯이 작은 하중 하에서도 잔류 변형률(η) 또는 소성 변형률이 생긴다. 그리고 전 변형률(ϵ)에서 잔류 변형률을 뺀 것을 탄성 변형률(δ)이라 하며, 탄성 변형률은 하중을 제거하면 회복하는 변형률이다.

보통 콘크리트에서 잔류 변형률에 대한 전 변형률의 비는 응력이 클수록 크고, 파괴강도의 50% 정도의 응력에서 약 10% 정도이다.

(2) 정탄성계수(static modulus of elasticity)

정적하중에 의하여 얻어진 응력 - 변형률 곡선에서 구한 탄성계수를 정탄성계수라 한다.

콘크리트의 정탄성계수는 초기탄성계수, 할선탄성계수 및 접선탄성계수 등이 있으며 일반적으로는 할선탄성계수로 나타낸다. 이때 할선탄성계수를 구할 때의 응력은 파괴강도의 1/3～1/4로 한다. 이 값은 허용응력을 파괴강도의 1/3～1/4로 취하는 것에 상당한다. 콘크리트의 탄성계수는 일반적으로 압축강도 및 밀도가 클수록 크다. 콘크리트구조설계기준에서 콘크리트의 탄성계수는 다음 식을 사용하여 구한다.

$$E_c = 0.077 m_c^{1.5} \sqrt[3]{f_{cu}} \ \ \text{(MPa)}$$

여기서, m_c : 콘크리트의 질량(kg/m^3)

f_{cu} : 재령 28일 콘크리트의 평균압축강도(MPa) ($= f_{ck} + \Delta f$)

* Δf는 f_{ck}가 40 MPa 이하이면 4 MPa, 60 MPa 이상이면 6 MPa이며, 그사이는 직선 보간으로 구한다.

단, 콘크리트의 질량이 천연골재를 사용했을 때 W=2,300 kg/m^{3}라 한다면 다음 식으로 구한다.

$$E_c = 8{,}500 \sqrt[3]{f_{cu}} \ \ \text{(MPa)}$$

표 6.9 콘크리트의 탄성계수($\times 10^4$ MPa)[11]

골재의 종류 \ 설계기준강도(MPa)	18	21	30	40	50
보통골재	2.00	2.17	2.60	3.00	3.35
경량골재	1.15	1.25	1.49	1.72	1.92
경량골재 일부 사용	1.38～1.60	1.49～1.74	1.78～2.08	2.06～2.40	2.30～2.68

(3) 푸아송 비(Poisson' s ratio)

콘크리트의 공시체에 단순 압축력 또는 단순 인장력을 가할 때 공시체의 축방향 변형률(ϵ_l)과 축과 직각방향 변형률(ϵ_t)과의 비 $v = \epsilon_l / \epsilon_t$를 푸아송 비라 한다(그림 6.36 참조). 푸아송 비의 역수 $m = 1/v$을 푸아송 수(Poisson's number)라 한다.

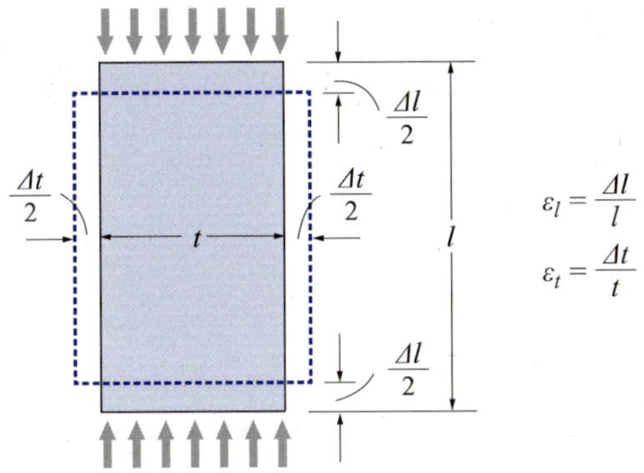

그림 6.36 콘크리트 공시체의 변형률[16)]

푸아송 비는 탄성계수와 마찬가지로 사용재료, 강도 등에 따라 다르지만 일반적으로 허용응력 부근에서는 1/5~1/7, 파괴응력 부근에서는 1/2~1/4 정도이다.

한편 경량 콘크리트의 푸아송 비는 보통 콘크리트와 거의 같거나 약간 크다.

(4) 전단탄성계수(shear modulus, modulus of rigidity)

후크의 법칙이 성립하는 재료의 전단탄성계수 G는

$$G = v_n / \gamma$$

여기서, v_n : 전단응력(MPa)

γ : 전단변형률

그러나 콘크리트의 경우, 영계수와 마찬가지로 전단탄성계수를 구하기가 쉽지 않으므로 탄성계수 E_c와 푸아송 수 m을 사용하여 다음 식으로 산출하는 경우가 많다.

$$G = E / 2 \cdot m / (m+1)$$

여기서, $m = 5 \sim 7$ 정도이므로 $G \fallingdotseq (0.42 \sim 0.44) \cdot E$가 된다.

(5) 동탄성계수(dynamic modulus of elasticity)

콘크리트의 동탄성계수는 공명진동수나 초음파와 같은 파장이 짧은 펄스(pulse)의 전달속도를 구하여 산출한다. 콘크리트의 동탄성계수(E_d)는 정탄성계수(E_s)와 반드시 일치하지는 않는다. 이들 탄성계수의 관계 $E_d/E_s = 1.04 \sim 1.37$ 정도로서 압축강도가 클수록, 장기재령일수록 이 비가 작아진다.

동탄성계수도 정탄성계수와 마찬가지로 콘크리트의 강도에 의해서만 정해지는 것이 아니고 사용재료의 종류, 배합, 건습의 정도 등에도 관계가 있으며 동결융해작용 등에 의한 콘크리트의 열화 정도를 파악하는 좋은 척도로 사용된다.

6.3.5 체적변화

경화한 콘크리트의 체적은 수분, 온도의 변화에 따라 변화한다. 이 체적변화는 콘크리트의 구조물에 여러 가지 악영향을 미친다. 예를 들면 구속된 콘크리트에 수축이 생기면 인장강도가 부족하게 되고 균열이 발생한다.

(1) 건조수축(drying shrinkage)

콘크리트는 그림 6.37에서와 같이 습윤상태에서 팽창하고 건조하면 수축한다. 콘크리트를 수중에서 양생하면 $100 \sim 200 \times 10^{-6}$ 정도의 팽창을 나타내고 물로 포화된 콘크리트 공시체를 완전히 건조시키면 $600 \sim 900 \times 10^{-6}$ 정도 수축한다. 콘크리트 표준시방서에서 부정정구조물 설계계산에 사용되는 건조수축계수는 시방서 개정 전은 표 6.10의 값을 표준으로 하였으나 현재는 여러 요인을 고려하여 재계산하도록 규정하고 있다. 건조수축변형률의 예측에는 다음 식 등이 참고가 된다.

$$\epsilon_{sh}(t) = \frac{t}{a+t} \times k_s \times k_h \times \epsilon_{su}$$

여기서, t : 콘크리트의 수중양생 후 경과된 시간(일)

a : 습윤양생=35, 증기양생=55

k_s : 콘크리트 체적과 표면적과의 비에 따른 보정계수

k_h : 상대습도 보정계수

ϵ_{su} : 최초 건조수축 변형률

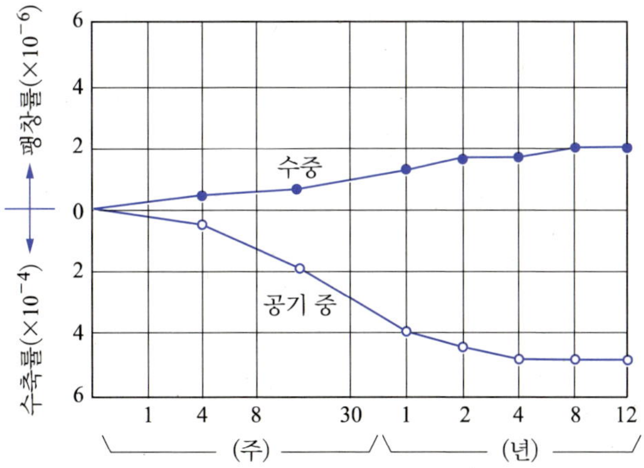

그림 6.37 장기재령에서 콘크리트의 변화[5)]

표 6.10 설계계산에 사용되는 콘크리트의 건조수축계수[13)]

구조물의 종류		건조수축계수
라 멘		0.00015
아치*	철근량 0.5% 이상	0.00015
	철근량 0.1 ~ 0.5%	0.00020

* 아치 축방향 철근 단면적이 아치 폭 1 m에 대하여 8 cm^2 이상이고, 아치 단면의 0.1% 이상인 것으로 한다.

콘크리트의 건조수축에 영향을 미치는 요인은 단위수량, 시멘트의 품질과 양, 골재품질과 양, 공기량, 양생방법 및 부재의 모양과 크기 등을 들 수 있다. 이 중에서도 단위수량이 가장 큰 영향을 미치며 단위시멘트양 및 물 - 시멘트 비의 영향은 비교적 작다. 시멘트 화학성분 중에서는 C_3A 함유량이 크면 수축이 크며 골재의 탄성계수와 압축강도도 영향을 미친다. 건조수축은 분말도가 큰 시멘트일수록, 흡수량이 많은 골재일수록, 온도가 높을수록, 습도가 낮을수록, 그리고 단면치수가 작을수록, 중성화가 진행될수록 크다.

그림 6.38은 단위수량과 건조수축과의 관계를 나타낸 것이다.

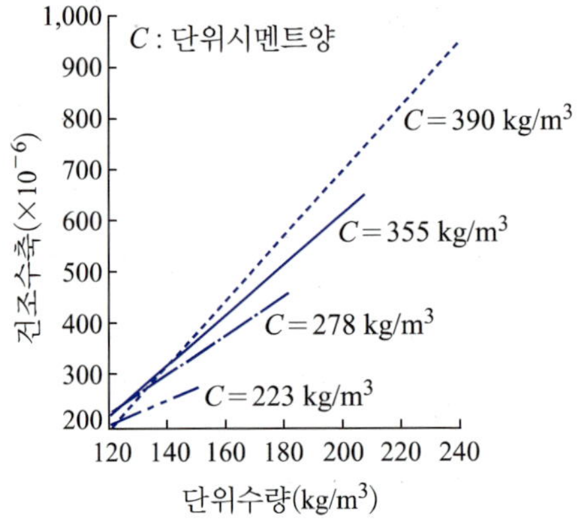

그림 6.38 단위수량과 건조수축과의 관계[5)]

(2) 온도변화에 따른 체적변화

콘크리트의 온도변화에 의한 체적변화는 물 - 시멘트 비나 시멘트 페이스트의 양 등의 영향은 비교적 적고, 사용골재의 암질에 지배되는 경우가 많다. 체적변화는 사용골재의 암질이 석영질인 경우가 가장 크며 사암, 화강암, 현무암, 석회암의 순으로 작아진다.

콘크리트의 열팽창계수는 재료, 배합 등에 따라 다르나 보통 온도변화의 범위에서는 1℃에 대하여 $7 \sim 13 \times 10^{-6}$ 정도이고 경량 콘크리트는 보통 콘크리트의 70～80% 정도이다. 일반적으로 설계계산에는 콘크리트의 열팽창계수를 1℃당 10×10^{-6}의 값을 이용한다.

6.3.6 크리프(Creep)

콘크리트에 일정한 하중을 지속적으로 재하하면 응력의 변화 없이도 변형은 시간에 따라 증가한다. 이와 같이 시간에 따라 증가하는 변형을 크리프라 한다(그림 6.39 참조).

크리프의 발생은 시멘트 페이스트의 점탄성적 성질과 시멘트 페이스트와 골재 사이의 소성적 성질의 복합작용에 기인한다. 구체적으로는 연속재하에 의한 겔수(gel water)의 완만한 압출이 주원인이며 시멘트 페이스트의 점성유동, 미세공극의 폐쇄, 결정의 이동 및 미세균열의 발생 등의 영향이 추가되어 일어난다. 크리프의 발생 기구는 건조수축과 거의 동일한 것으로서 구별해서 취급하기 어렵다.

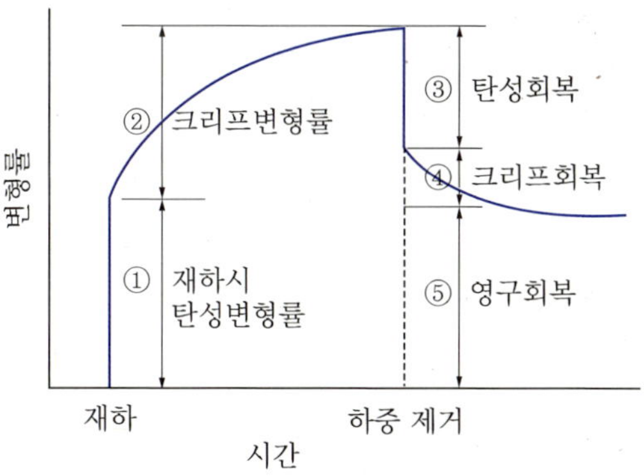

그림 6.39 콘크리트의 크리프곡선[16)]

크리프에 영향을 미치는 주된 요인은 시멘트의 성질, 골재의 광물적 성질 및 입도, 배합시의 물 - 시멘트 비 및 골재량, 재하시의 재령, 재하기간 중의 온도와 습도, 재하응력의 크기와 하중의 종류, 공시체의 크기 등이 있으며, 일반적으로 다음과 같다.

1) 재하기간 중의 대기의 습도가 낮을수록, 그리고 온도가 높을수록 크리프는 크다.
2) 재하시의 재령이 작을수록 크리프는 크다.
3) 부재치수가 작을수록 크리프는 크다.
4) 재하응력이 클수록 크리프는 크다.
5) 배합이 나쁠수록, 그리고 양호한 배합의 경우 물 - 시멘트 비가 클수록, 시멘트양이 많을수록 크리프는 크다.
6) 조직이 밀실하지 않은 골재를 사용하거나, 골재의 입도가 부적당하여 공극이 많으면 크리프는 크게 된다.
7) 조강시멘트는 보통시멘트보다 크리프가 작다.

그림 6.40 및 그림 6.41은 지속응력과 콘크리트의 크리프와의 관계 및 단위크리프와 압축강도와의 관계를 나타낸 것이다. 소정의 하중에 의한 크리프변형률과 탄성변형률의 비를 크리프계수(creep coefficient)라고 하며, 이를 식으로 표시하면 다음과 같다.

$$\phi_t = \epsilon_c / \epsilon_e$$

여기서, ϕ_t : 크리프계수

ϵ_c : 크리프변형률

ϵ_e : 탄성변형률(순간적으로 생기는 변형률)

콘크리트의 크리프계수는 보통의 대기 중에서 실내의 경우 3.0, 실외의 경우 보통 콘크리트에 대해 2.0, 경량 콘크리트에 대해 1.5를 표준으로 한다. 인공경량골재 콘크리트의 크리프변형률은 일반적으로 보통 콘크리트보다 크고 탄성변형률도 크기 때문에 크리프계수는 적다.

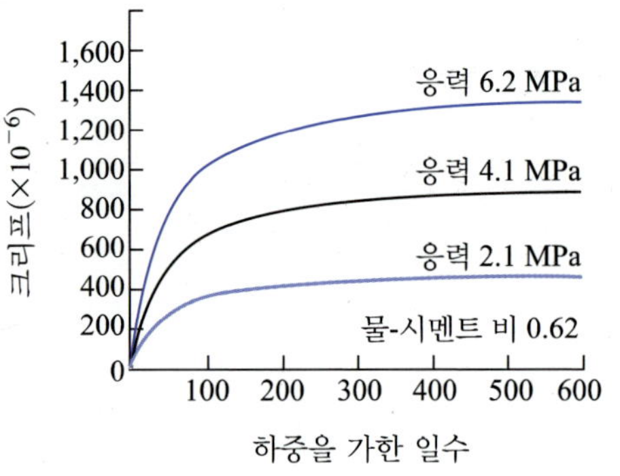

그림 6.40 지속응력과 콘크리트의 크리프와의 관계[5)]

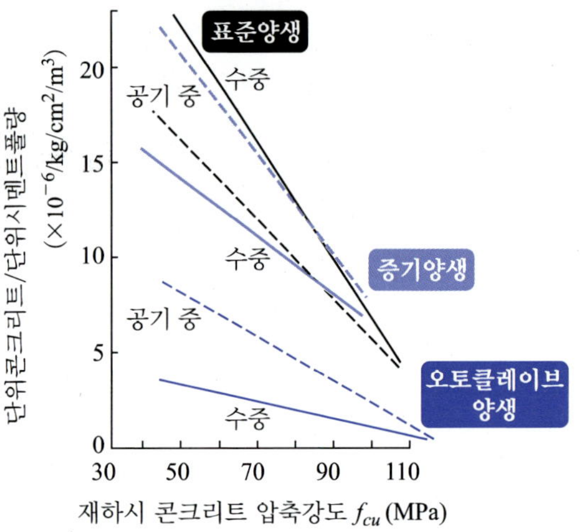

그림 6.41 단위크리프와 압축강도와의 관계[5)]

6.3.7 내구성(durability)

콘크리트의 내구성(耐久性)에는 기상작용, 화학약품, 해수 및 전류의 작용 등에 대한 내구성을 들 수 있다.

(1) 기상작용에 대한 내구성

기상작용에 의한 콘크리트의 성능저하는 동결융해작용, 탄산가스의 작용, 건습의 반복작용, 온도변화, 유수(流水)의 작용 등이 있다. 일반적으로 체적변화가 작고 수밀성이 큰 콘크리트일수록 내구성이 크다.

1) 동결융해작용에 대한 내구성

동결융해에 의한 콘크리트의 열화는 모세관수의 동결에 의한 체적팽창이 직접적인 원인이 아니고 이로 인하여 동결되지 않은 물의 압력이 높아져서 이것에 의하여 콘크리트 속의 미세균열이 생기기 때문이다.

AE콘크리트에서는 그림 6.42와 같이 콘크리트 공극 중에 존재하는 공극수가 동결하면 팽창압이 발생하며 이에 따라서 아직 동결되지 않은 물들이 다른 공기포로 이동하여 팽창압이 완화되기 때문에 동결융해작용에 대한 저항성이 증가하며 물-시멘트 비가 작은 콘크리트는 동결 가능한 물 및 수압을 생기게 하는 물이 적기 때문에 동결융해에 대한 저항성이 크다. 건조한 공시체는 포수상태(飽水狀態)의 공시체보다 내구적이다(그림 6.43, 그림 6.44 참조).

이때 동결융해에 대한 내구성을 판단하는 데는 다음의 내구성 지수(durable factor)를 사용한다.

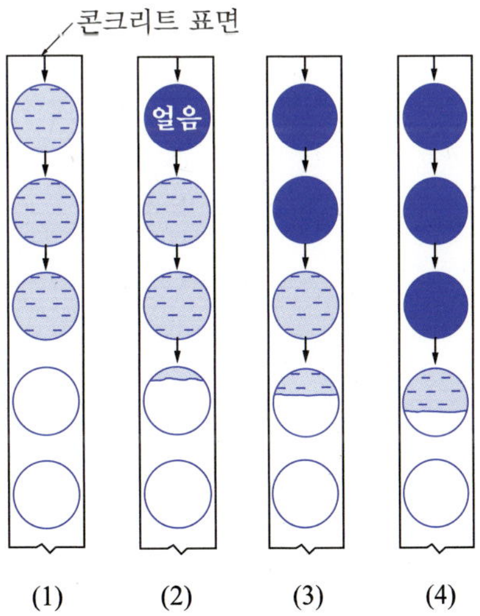

그림 6.42 동결작용에 따른 공극수 이동[5)]

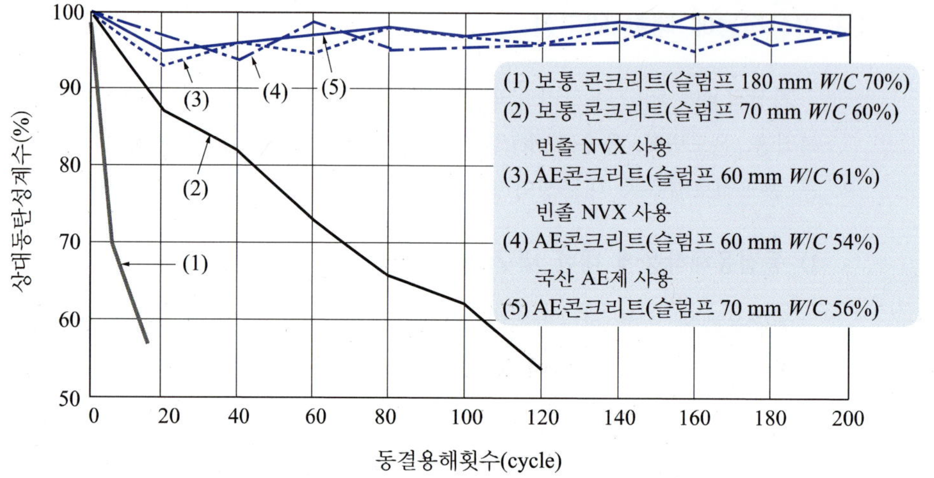

그림 6.43 각종 콘크리트의 동결융해시험결과[17)]

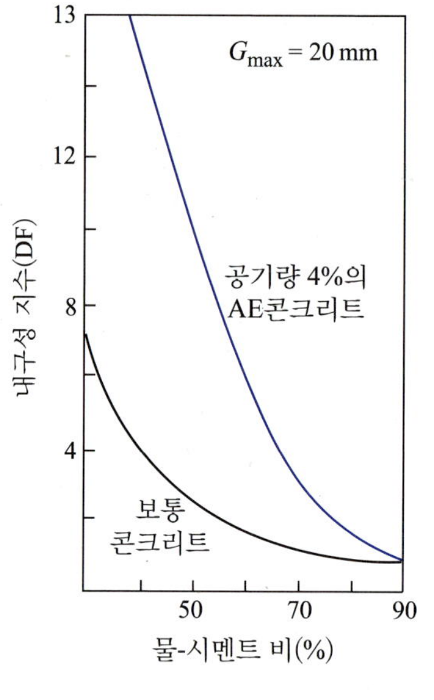

그림 6.44 물 – 시멘트 비와 내구성 지수와의 관계[17)]

$$\text{내구성 지수(DF)} = \frac{P \cdot N}{M}$$

여기서, P : 동결융해 N사이클일 때의 상대동탄성계수(%)

$$\frac{E_n}{E_o} \times 100 = \frac{f_n^2}{f_o^2} \times 100(\%)$$

N : P가 사전에 결정된 값(예를 들면, 60%에 도달할 때)에서의 동결융해 사이클 수, 또는 P가 사전에 결정된 사이클 수(예를 들면, 300)에서 60%로 되지 않을 때는 그 사이클 수(예를 들면, 300)

M : 폭로(曝露)를 중지시켜야 할 소정의 사이클 수(예를 들면, 300)

한편 골재의 성질도 콘크리트의 동결융해에 대한 저항성에 큰 영향을 미친다. 인공경량골재 콘크리트의 동결융해작용에 대한 내구성은 보통 콘크리트보다 못하지만, 적당한 공기량을 가진 콘크리트의 경우 충분히 내구적인 경량골재 콘크리트 구조물을 만들 수 있다.

2) 건습의 반복작용에 대한 내구성

콘크리트가 급격하게 건조하게 되면 내부는 습윤상태이지만 표면이 건조하여 수축하기 때문에 표면에 수축균열이 발생한다. 이 균열은 건습의 반복에 의하여 진행된다. 건습 반복작용과 동결융해작용이 중복하여 작용할 때는 매우 가혹한 조건이 된다.

3) 중성화(탄산화)에 대한 내구성

경화한 콘크리트의 표면에서는 공기 중의 탄산가스 작용을 받아 다음과 같은 반응에 의해 서서히 수산화칼슘이 탄산칼슘으로 바뀐다.

$$Ca(OH)_2 + CO_2 \rightarrow CaCO_3 + H_2O$$

이 반응은 콘크리트에 수축과 균열 발생의 위험성을 가져오며, 동시에 콘크리트의 중성화(carbonation), 즉 알칼리성의 상실을 촉진시킨다. 콘크리트 속의 철근이 녹이 생기지 않는 것은 콘크리트가 알칼리성이기 때문이며 중성화가 철근의 위치까지 도달하면 수분과 탄산가스에 의해 철근은 부식된다(그림 6.45 참조).

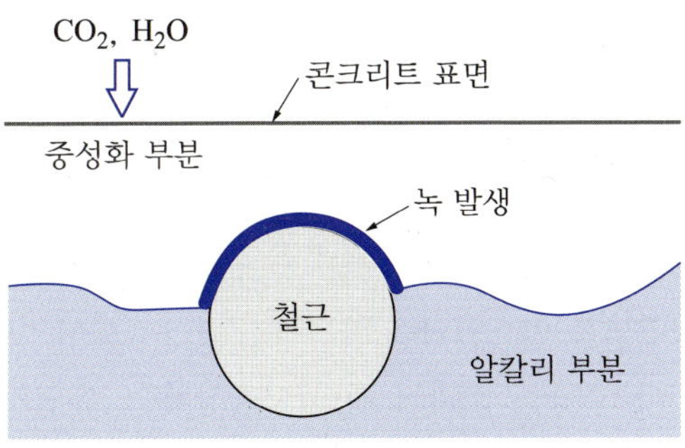

그림 6.45 중성화 모식도[5)]

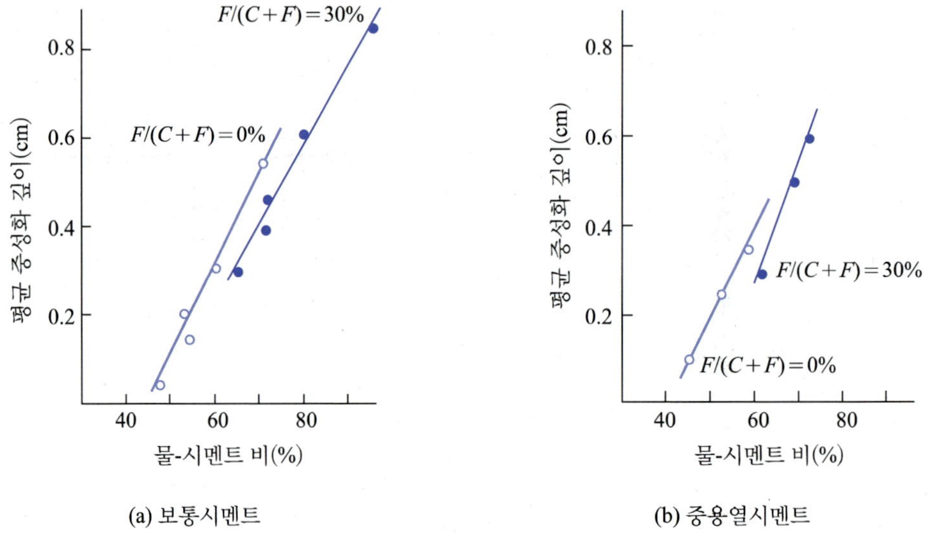

그림 6.46 콘크리트의 물 – 시멘트 비와 재령 2년의 중성화 깊이와의 관계[5)]

철근이 녹이 슬면 체적이 늘어나며, 철근의 부식에 따른 균열이 발생하여 피복두께가 탈락되고 파괴하게 된다. 콘크리트의 중성화에 미치는 요인 중에서 중요한 것은 물-시멘트 비와 환경조건으로서 혼합시멘트, AE제, 감수제를 사용한 콘크리트라도 그 중성화의 깊이는 순시멘트양과 물량의 비로 정리하면 거의 일직선상에 놓이며 그림 6.46에서도 이와 같은 관계가 잘 나타나 있으며 $F/(C+F)$는 플라이애시의 대체율을 나타낸다.

콘크리트의 중성화는 공기 중의 탄산가스 농도가 높을수록 또 온도가 높을수록 빨라진다.

중성화의 판정은 페놀프탈레인 1%의 알코올 용액을 콘크리트의 단면에 뿌려 조사하는 방법이 일반적이다. 중성화되지 않은 부분은 붉은 보라색으로 착색되고 중성화된 부분은 착색되지 않는다.

(2) 화학약품에 대한 내구성

산, 알칼리, 염류, 동식물성 기름, 유기산 당류 등의 화학물질은 시멘트 수화물과 반응하여 팽창균열을 일으키거나 반응물질이 용출되어 다공화됨으로써 콘크리트의 성능을 저하시킨다. 이러한 화학적 침식은 공장폐수, 온천지대, 산성하천유역 및 하수도처리시설 등에 콘크리트 구조물을 축조할 경우 발생하며 열화상황은 화학약품의 종류와 원인에 따라 각각 다르다.

1) 황산염에 의한 열화

황산염은 각종 공업원료 및 비료로서 널리 사용되고 있고 온천 및 하천수에도 함유되어 있으며 해수 중에도 포함되어 있어 콘크리트를 열화시킨다.

물에 잘 녹는 황산염은 시멘트 수화물인 수산화칼슘과 반응하여 석고($CaSO_4 \cdot 2H_2O$)를 생성하여 체적을 증대시키고 더욱이 이 석고는 시멘트 중의 칼슘알루미네이트 수화물과 반응하여 팽창성의 에트린가이트(ettringite, $3CaO \cdot Al_2O_3 \cdot 3CaSO_4 \cdot 32H_2O$)를 생성하며 이때 큰 팽창압을 일으키기 때문에 콘크리트에 팽창균열 및 조직붕괴를 유발한다.

$$Ca(OH)_2 + Na_2SO_4 \rightarrow CaSO_4 \cdot 2H_2O + 2NaOH \text{ [석고]}$$

$$3CaO \cdot Al_2O_3 \cdot 6H_2O + CaSO_4 + H_2O$$
$$\rightarrow 3CaO \cdot Al_2O_3 \cdot 3CaSO_4 \cdot 32H_2O \text{ [ettringite]}$$

2) 산에 의한 열화

황산, 염산 등 강한 무기산은 시멘트 수화물 중의 석회, 규산, 알루미나 등을 용해하므로 콘크리트가 심하게 침식되어 붕괴한다. 초산, 기타 유기산의 작용은 무기산에 비하여 약하나 상당한 피해를 준다(그림 6.47 참조).

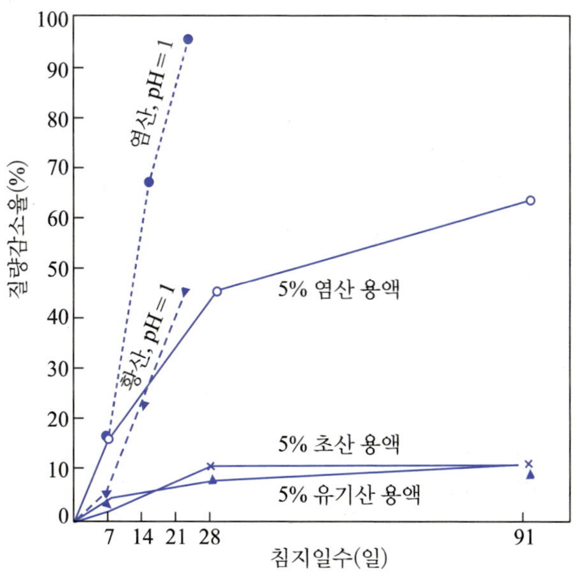

그림 6.47 각종 산 용액에 침지한 콘크리트의 질량변화[18)]

열화의 진행에는 산의 종류 및 농도 외에 기온, 건습 반복의 유무, 충격 및 마모작용의 유무 등의 환경조건도 작용한다. 산에 의한 열화는 화학공장 및 도금공장 등에서 사용되는 고농도의 유기산뿐만 아니라, 온천 및 산성하천 등의 비교적 저 농도의 산까지 광범위하다. 산에 의한 열화는 콘크리트 표면이 연화되어 우선 표층의 시멘트 부분이 용해되며, 계속 진행되면 골재가 떨어져 나가고 다음에는 더욱 손상이 심해져 단면이 감소된다.

3) 유류, 당류 및 부식성 가스 등에 의한 열화

동식물유의 주성분은 고급 지방산과 글리세린의 에스테르에서 소량의 유리지방산을 함유한다. 유리지방산은 직접 콘크리트를 침식한다. 지방산, 글리세린, 에스테르는 가수분해하여 시멘트 경화체 중의 수산화칼슘과 반응하여 팽창을 일으켜 콘크리트에 균열 발생을 초래하게 한다.

설탕, 과당, 당밀 등의 당류의 수용액도 콘크리트를 침식한다. 당은 시멘트 경화체 중의 수산화칼슘과 반응하여 가용성의 당산칼슘염을 생성하여 용출에 의하여 조직을 다공화 시킨다. 한편, 콘크리트를 침식하는 부식성 가스에는 황화수소, 이산화황, 불화수소, 염화수소 및 질소산화물 등이 있다. 황화수소는 화학공장 및 제철공장 등에서 발생되는 것뿐만이 아니라 온천지대, 하수도, 하수처리시설의 열화원인으로서 문제가 되고 있다.

(3) 해수의 작용에 대한 내구성

철근 콘크리트가 해양 환경에 장기간 노출하게 되면 해수 중의 화학적 작용에 의하여 콘크리트가 침식되고 콘크리트 중의 철근이 부식하게 된다. 특히 한랭지에 있어서 동결융해와의 상승작용, 파도 및 수압과 같은 물리적 작용과 감조구역(感潮區域)에서 건조, 습윤의 반복 등의 영향을 받을 경우 콘크리트 구조물의 내구성이 크게 저하되어 심하면 구조물이 파괴에 이른다.

1) 해수 중의 염류에 의한 콘크리트의 열화

해수 중에는 염소이온(Cl^-), 황산염이온(SO_4^{2-}), 마그네슘이온(Mg^{2+}), 나트륨이온(Na^+) 등 많은 종류의 염류가 다량으로 함유되어 있으며, 이 염류들은 콘크리트 구조물에 나쁜 영향을 미치며 콘크리트를 열화, 침식시킨다. 그 중에서도 황산염이온과 염소이온이 가장 큰 영향을 미친다. 해수 중의 황산염이온은 시멘트 수화물과 반응하여 팽창성 물질을 생성함으로써 콘크리트를 팽창붕괴시키며, 염소이온은 시멘트 중의 수산화칼슘과 반응하여 생성된 가용성의 $CaCl_2$를 생성 및 용출에 따른 콘크리트의 다공화현상으로 콘크리트가 열화한다.

2) 염화물에 의한 철근의 부식

건전한 콘크리트 중의 철근은 일반적으로 부식하지 않는다. 콘크리트는 강한 알칼리성이기 때문에 철근의 표면에 부동태 피막이라고 하는 얇은 산화피막을 형성하여 부동태화되기 때문이다. 그러나 알칼리 성분의 용출과 중성화에 의해서 콘크리트 중의 알칼리성이 저하되고 콘크리트 중의 각종 유해성분이 혼입되면 철근은 부식하기 쉽게 된다.

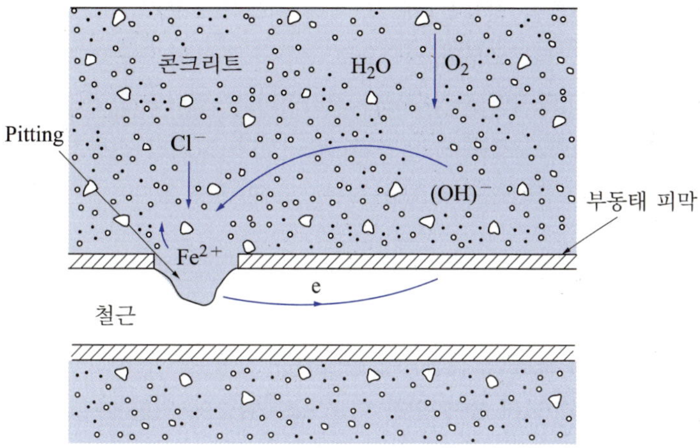

그림 6.48 염화물에 의한 철근의 전기화학적 부식[5)]

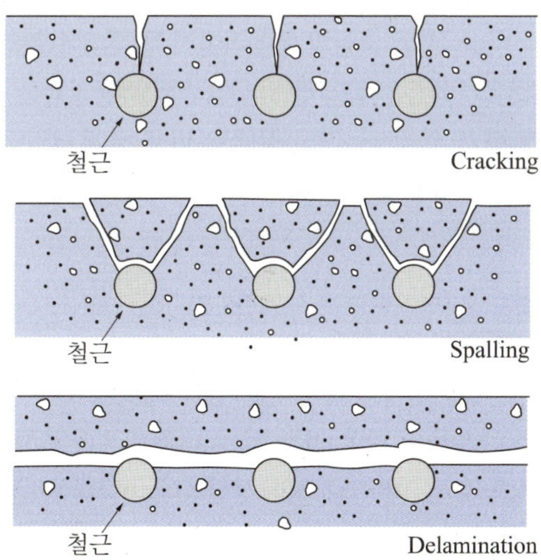

그림 6.49 철근 부식에 의한 콘크리트의 손상[5)]

콘크리트가 해양 환경에 노출되면 콘크리트 내부에 염분이 축적되어 철근표면의 부동태 피막에 결손이 생겨 부식이 발전된다(그림 6.48 참조). 철근에 부식이 발생하면 그림 6.49와 같이 콘크리트가 손상된다.

(4) 전류의 작용에 대한 내구성

철근 콘크리트에 고압의 전류가 철근에서 콘크리트를 향하여 흐르면 철근이 양극이 되어 산화되어 녹슬고, 체적이 팽창하여 콘크리트에 균열이 발생하며, 콘크리트가 염화칼슘 등의 염류를 함유할 때 그 피해가 크다.

반대로 콘크리트로부터 철근으로 전류가 흐르면 철근이 음극이 되어 철근에 가까운 콘크리트가 연화되어 부착강도가 저하한다. 콘크리트가 건조하여 있을 때는 전류는 극히 통하기 어렵고, 전류에 의한 피해도 적다. 그러나 전류가 교류이면 이런 손상은 생기지 않으며, 무근 콘크리트는 직류라도 피해가 없다.

(5) 침식에 대한 내구성

콘크리트의 표층이 침해되어 손상되는 것을 침식(erosion)이라 한다. 침식의 원인은 흐르는 물속의 모래 등에 의한 마모, 교통하중에 의한 마찰, 공동현상(cavitation)에 의한 침식 등이 있으며, 넓은 의미에서는 동결융해 및 화학적 침식도 포함된다.

고속으로 흐르는 물에 노출된 수리구조물의 표면에 굴곡이 있는 경우, 물의 흐름의 도약에 따라 심한 부압(負壓)이 생겨 공동현상(空洞現像)을 발생시킨다. 이 공동부는 물의 흐름에 따라 부압, 고압의 충격작용이 반복되어 콘크리트는 매우 심하게 침식된다.

침식에 대한 저항성은 콘크리트의 압축강도와 밀접한 관계가 있으며 침식에 대한 저항성을 크게 하기 위해서는 물-시멘트 비를 적게 하고, 강경하고 미분이 적은 골재를 사용하여 충분한 습윤양생을 하여 고강도, 고밀도로 하는 것이 중요하다.

6.3.8 수밀성

콘크리트는 물을 접하면 흡수하고 압력수(壓力水)가 작용하면 콘크리트 내부까지 침수한다. 수리 구조물은 말할 것도 없이 대부분의 구조물은 흡수와 투수에 대한 저항성, 즉 수밀성(水密性)은 매우 중요한 성질이다. 콘크리트는 본질적으로 다공질(多孔質)이기 때문에 흡수 및 투수가 가능한 요소들을 가지고 있다. 즉 시멘트의 수화에 필요한 수량 이외의 물을 사용하여 콘크리트를 만들기 때문에 내부에 생기는 모세관수극(毛細管水隙), 시멘트의 수화에 의한 경화수축에 의하여 생기는 공극, 블리딩에 의해 물이상승한 흔적과 골재 또는 철근 밑의 수극(水隙) 등이 있다. 콘크리트의 수밀성을 지배하는 것은 오히려 시공불량에 의하여 생긴 벌집 모양의 결함부(honey comb)의 존재, 불완전 이음부 등의 결함부분을 들 수 있다.

콘크리트의 수밀성은 물 - 시멘트 비가 적을수록, 굵은골재 최대치수가 클수록, 습윤양생이 충분할수록 크다. 수밀 콘크리트를 얻기 위한 콘크리트 표준시방서의 콘크리트의 배합 조건은 다음과 같다.

1) 배합은 콘크리트의 소요품질이 얻어지는 범위 내에서 단위수량 및 물 - 시멘트 비를 가급적 적게 하고, 단위굵은골재량을 가급적 크게 한다.
2) 콘크리트의 소요 슬럼프는 가급적 적게 하고 180 mm를 넘지 않도록 하며, 타설이 용이할 때에는 120 mm 이하로 한다.
3) 혼화제를 사용하여도 공기량은 4% 이하가 되게 한다.
4) 물 - 시멘트 비는 55～60% 이상이 되면 콘크리트의 수밀성은 감소하므로 55% 이하를 표준으로 한다.

또한 초기양생뿐만 아니라 계속해서 습윤상태에서 양생하는 것이 좋다.

6.3.9 내화성

화재와 같이 1,000℃ 정도의 고온에 일시적으로나마 노출되는 경우 이에 저항하는 성질을 내화성(耐火性)이라 한다. 콘크리트 및 철근 콘크리트는 현재 사용되고 있는 구조재료 중에서 내화성이 가장 풍부한 재료에 속한다.

콘크리트는 고온을 받으면 강도 및 탄성계수가 저하하며 철근과 콘크리트와의 부착력이 저하된다. 이것은 시멘트 페이스트의 탈수에 따른 수축과 골재의 온도상승 팽창에 따른 체적변화와 수산화칼슘 등의 시멘트 수화물의 분해 및 골재의 열분해, 철근과 콘크리트의 온도팽창계수의 상이성 등에 의한다. 인공경량골재 콘크리트가 고온을 받았을 때 압축강도의 감소는 일반적으로 보통 콘크리트보다 작다.

내화성이 있는 철근 콘크리트 구조물을 만들기 위하여 다음과 같은 방법을 취한다.

1) 콘크리트 덮개가 슬래브는 2.0～2.5 cm 이상, 기둥 및 보는 4.0～4.5 cm 이상이 필요하다.
2) 콘크리트가 벗겨지는 것을 방지하기 위하여 팽창성 금속(expanded metal)을 콘크리트 표층부에 넣는다.
3) 골재는 화산암, 슬래그 등이 내화적이다.

4) 콘크리트 표면을 단열재로 보호한다.

6.3.10 경화한 콘크리트의 균열

콘크리트 구조물에 발생한 균열(龜裂)은 구조물의 내력, 내구성, 방수성 및 미관 등에 악영향을 미치기 때문에 균열은 콘크리트 구조물을 건설할 때 가장 중요한 문제이다.

균열의 발생원인은 표 6.11에 나타낸 것처럼 많은 요인이 있고, 주요원인은 시공불량, 건조수축, 온도응력, 화학반응, 이상하중, 설계상의 잘못, 설계 시 구조세목의 불량 등이다. 여기에서는 응결, 경화과정 중에 발생되는 균열과 경화 후에 발생되는 균열로 나누어서 분류하고, 그 원인과 대책에 관하여 간단히 기술한다.

콘크리트의 역학적 성질의 결점은 파괴 시 변형이 압축에서 $2\sim4\times10^{-3}$, 인장에서 $1\sim2\times10^{-4}$ 정도로 작으며, 인장강도가 작고 체적변화(건조수축, 온도신축, 습도신축 등)가 큰 점 등이다. 이러한 결점은 바로 균열에 영향을 미친다.

표 6.11 균열손상의 주요 원인[5)]

분 류	내 용
재료적 성질	시멘트 이상응결, 콘크리트의 침하, 블리딩, 시멘트의 수화열, 시멘트의 이상팽창, 골재함유 진흙분, 반응성 골재 및 풍화암 사용, 콘크리트의 건조수축
사용환경조건	환경 온도, 습도의 변화, 부재 양면의 온습도의 차, 동결융해 반복 내부철근의 부식, 화재, 표면가열, 산, 염류의 화학작용
구조, 외력과의 관계	하중(설계하중 이내의 것), 하중(설계하중 초과하는 것), 하중(지진에 의한 것), 단면, 철근량의 부족, 구조물의 부등침하
시공과의 관계	혼화재료의 불균일한 분산, 과도한 비빔시간, 펌프 압송 시 시멘트양과 수량의 증대, 타설 순서의 차이, 급속한 타설 속도, 불충분한 다짐, 배근 산란, 피복두께 부족, 조인트 처리의 부적합, 거푸집에의 타설, 누수, 지지공의 침하, 거푸집의 조기 제거, 경화 전의 진동 및 재하, 초기양생 중의 급격한 건조, 초기동해

(1) 건조수축균열

건조수축은 정도의 차이는 있지만 모든 콘크리트에 생기며, 그 수축량이 부재단면의 표면과 내부에서의 차이도 있지만 철근 등에 의하여 구속되거나 또는 구조물의 기타 부분에 의하여 구속을 받는 것에 따라 콘크리트에 인장응력이 생긴다. 이 인장응력이 증가하여 어느 시점에서 콘크리트의 인장강도를 추월하게 되면 균열이 발생한다. 콘크리트의 건조수축으로 인한 균열발생과정을 그림 6.50에 나타내었다. 수축균열은 다음과 같은 특성이 있다.

1) 수축곡선이 일정하면 콘크리트의 탄성계수가 작고 초기 재령에서 건조를 개시한 것이 균열발생의 유무에 한해서는 유리하다.
2) 수축곡선이 일정하면 조강성의 콘크리트가 균열이 발생하기 쉽다.
3) 최종 수축량이 일정해도 수축 속도가 빠를수록 균열이 발생하기 쉽다. 따라서 급격한 건조는 피해야 한다. 벽, 슬래브 등의 얇은 부재에서는 건조가 급격하게 일어나기 쉽고, 두꺼운 부재에서는 자연적으로 건조가 늦어져 수축량도 작게 된다.
4) 장기간에 걸쳐 서서히 건조시킬수록 수축응력이 작게 되고 강도 발현에도 좋다.
5) 구속이 구조물의 기타 부분에 완전하게 행하여지지 않는 경우 대상 부재에 배치된 철근은 균열발생의 유무에는 상관없으나, 발생한 균열의 분산에는 효과적이다.

대책으로는 단위수량이 적은 밀실한 배합, 충분한 양생 및 팽창시멘트 또는 무수축성 시멘트를 이용한다. 수축균열을 피할 수 없을 경우에는 적당한 간격으로 줄눈을 설치하거나 철근을 조밀하게 배치하여 균열을 분산시킬 필요가 있다.

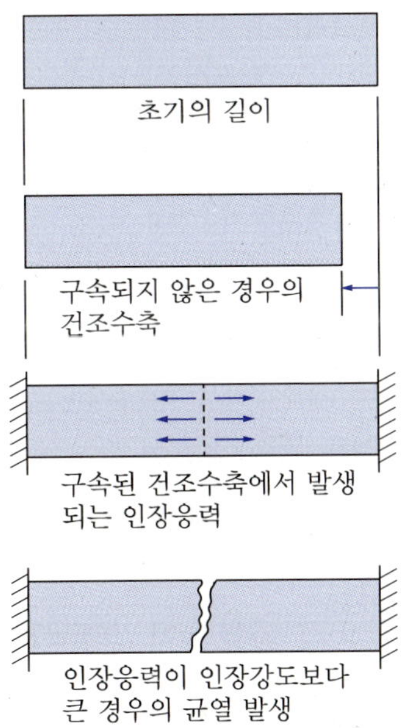

그림 6.50 건조수축으로 인한 균열발생과정[19]

(2) 온도균열

온도상승이 원인이 되어 발생한 균열을 온도균열이라고 한다. 온도균열은 다음과 같은 특징이 있다.

1) 온도균열을 일으킨 콘크리트에서는 상당히 큰 균열이 일어난다.
2) 온도균열은 재령이 짧은 시기에 발생한다. 그 시기는 온도상승이 최대에 도달하여 온도강하로 옮겨간 직후와 거의 일치한다.
3) 발생한 온도균열의 방향, 위치 및 폭은 규칙성이 있다.

그림 6.51은 온도균열의 발생 기구를 개념적으로 나타낸 것이다. 온도상승이 최대에 도달하고 난 다음 온도강하로 바뀌면 콘크리트는 수축한다. 이 수축이 방해를 받으면 인장응력이 발생하고 이것이 직접 균열발생의 원인이 된다.

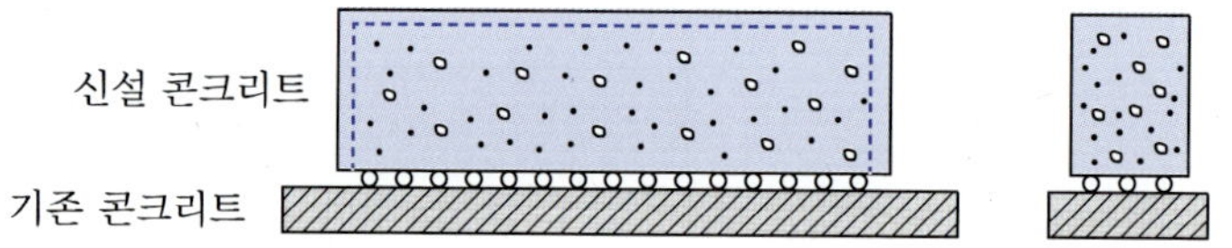

(a) 구속이 안 된 경우, 자유롭게 변형하여 균열이 발생하지 않는다.
온도강하 후의 자유변형

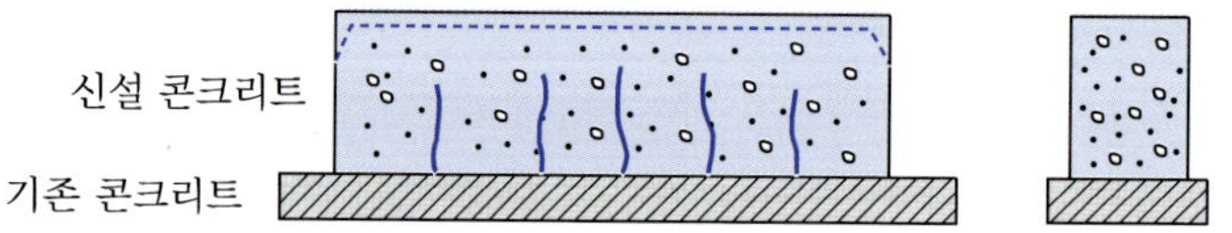

(b) 구속이 있는 경우, 균열을 일으킨다.
점선은 온도강하 후의 구속된 변형

그림 6.51 온도균열의 발생 기구[19]

온도균열에 대한 시공 상의 대책은 다음과 같다.

1) 단위시멘트양을 적게 할 것
2) 수화열이 낮은 시멘트를 선택할 것
3) 재료를 사용하기 전에 미리 온도를 낮추어(pre-cooling) 사용할 것
4) 양생방법에 주의할 것
5) 1회의 타설 높이를 줄일 것

6) 수축 이음부를 설치하고, 파이프를 사용하여 콘크리트 내부온도를 낮추어(pipe-cooling) 사용하는 등 종합적인 대책이 요망된다.

(3) 하중에 의한 휨균열

휨균열은 다음과 같은 일반적인 경향이 있다.

1) 균열폭은 철근의 응력에 거의 비례한다.
2) 콘크리트 표면의 균열폭은 철근의 피복두께에 비례한다.
3) 철근을 보의 인장부분에 잘 분포시키는 것이 균열 분산에 효과적이고, 철근비보다도 철근개수를 증대하는 것이 효과적이다.
4) 철근 지름의 영향은 거의 없다.

참고문헌

1. P. Kumar Metha, Paulo J.M. Monteiro, Concrete Microstructure, Properties, and Materials, 4th Edition, McGraw-Hill, 2013.
2. 김생빈, 민창식 외 2명, 건설재료학, 기문당, 2012.
3. A.M. Neville, Properties of Concrete, 5th Edition, PrenticeHall, 2011.
4. KS F 2402, 콘크리트의 슬럼프 시험방법, 2017.
5. 최재진, 박석균, 최연왕, 김기형, 최신 토목재료학, 기문당, 2007.
6. KS F 2427, 굳지 않은 콘크리트의 반죽질기 시험방법(비비방법), 2020.
7. 西村 昭, 藤井 學 : 最新 土木材料, 森北出板, 1975.
8. José Mora-Ruacho, Ravindra Gettu, AntonioAguado, Influence of shrinkage-reducing admixtures on the reduction of plastic shrinkage cracking in concrete, Cement and Concrete Reserch, Volume 39, Pages 141-146, 2009.
9. Sadegh Ghourchian, Mateusz Wyrzykowski, Mathieu Plamondon, Pietro Lura,On the mechanism of plastic shrinkage cracking in fresh cementitious materials, Cement and Concrete Research, Volume 115, Pages 251-263, 2019.
10. lRavindra K, Dhir OBE Jorgede Brito, Rui V.Silva, Chao Qun Lye, 7 : Fresh Concrete Properties, Woodhead Publishing Series in Civil and Structural Engineering, Pages 181-218, 2019.
11. 김성수, 류재석 외 2명, 토목재료학, 구미서관, 2016.
12. Marios Soutsos, Fragkoulis kanavaris, Compressive strength estimates for adiabatically cured concretes with the Modified Nurse-Saul (MNS) maturity function, construction and Building Materials, Volume 255, pages 119-236, 2020.
13. 한국콘크리트학회, 콘크리트구조설계기준 해설, 2021.
14. KS F 2423, 콘크리트의 쪼갬 인장강도 시험방법, 2021.
15. KS F 2408, 콘크리트의 휨강도 시험방법, 2021.
16. James M. Gere, Barry J. Goodno, SI 재료역학, CengageLearning, 2017.
17. Stefan Jacobsen, Hans Christian Gran, Erik. Sellevold, Jon Arne Bakke, High strength concrete — Freeze/thaw testing and cracking.
18. Jie Yuan, Zhenyu Du, Yue Wu, Feipeng Xiao, Freezing-thawing resistance evaluations of concrete pavements with deicing salts based on various surfaces and air void parameters, Construction and Building Materials, Volume 204, Pages 317-326, 2019.
19. 한국콘크리트학회, 콘크리트 표준시방서 해설, 2021.
20. 流動化콘크리트 施工指針(案), 大韓土木學會, 1991. 12.

21. 최재진, 콘크리트 품질문제의 유형과 대책, 한국레미콘공업협회, 1988.
22. 秋永守, 콘크리트의 균열조사, 보수·보강지침, 도서출판 건설도서, 1992.
23. 콘크리트의 균열과 대책, 도서출판 건설도서, 1996.
24. H. W. Reinhardt, Testing during Concrete Construction, Chapman and Hall, 1990.
25. A. M. Neville, Properties of Concrete, Longman, 1996.
26. Antonio Aguado et al., Concrete Technology, E and FN Spon, 1994.
27. F. Young, "Factors Affecting Slump Loss in Superplasticizer in Concrete", Proceedings of International Symposium on Superplasticizer in Concrete, Canada, July, 1981.
28. H.-J. Wierig, Properties of Fresh Concrete, Chapman and Hall, 1990.
29. Ikenaga, H., Ishigami, S. et al., "Study on Drying Shrinkage on High Strength Concrete", Proc. of Cement Association of Japan, Vol. 46, 1992.
30. J. G. L. Munday, "Transportation effects on Concrete Workability", Advances in Ready Mixed Concrete Technology, Pergamon Press, 1976.
31. J. Kropp and H. K. Hilsdorf, Performance Criteria for Concrete Durability, 1995.
32. Maage, M. et al., "Chloride Penetration in High Performance Concrete Exposed to Marine Environment", Utilization of High Strength Concrete Proceeding Volume 2, Symposium in Lillehammer, Norway, June 20-24, 1993.
33. M. Pigeon and R. Pleau, Durability of Concrete in Cold Climates, E and FN Spon, 1995. 5.
34. Petterson K. H., "Corrosion of Steel in High Performance Concrete", Utilization of High Strength Concrete Proceeding Volume 2, Symposium in Lillehammer, Norway, June 20-24, 1993.
35. P. K. Mehta, "Mechanism of Sulfate Attack on Portalnd Cement Concrete", Cement and Concrete Research 13, 1983.
36. V. M. Malhotra, "Fly Ash, Silica Fume Concrete-Properties", Applications and Limitations, Concrete International, Vol. 5, May, 1983.
37. 笠井芳夫 外, コンクリ-トの試験方法, 技術書院, 1993.
38. 片脇清士, 新しい土木材料とその展開, 山海堂, 1995.
39. 探谷泰文, "セメント・コンクリ-トの流動特性", セメント・コンクリ-ト, No.541, March, 1992.
40. 長瀧重義, コンクリ-トの高性能化, 技報堂出版, 1997.
41. Sidney Mindes, J. Francis Young, David Darwin, Concrete, Second Edition, Prentice Hall
42. Michael S.Mamlok, John P. Zaniewski, Materials for Civil and Construction Engineers, PEARSON.
43. 한국콘크리트학회, 콘크리트 표준시방서 해설, 2021.

7

콘크리트 배합설계

7.1 개요

콘크리트의 배합(mix proportion of concrete)이란 콘크리트를 만드는데 필요한 각 재료의 비율 또는 사용량을 말하며, 배합설계(mix design)란 소요의 강도, 내구성, 균일성, 수밀성, 작업에 알맞은 워커빌리티 등을 가진 콘크리트가 가장 경제적으로 얻어지도록 시멘트, 잔골재, 굵은골재, 물 및 혼화재료의 비율을 정하는 것을 말한다.

콘크리트 배합은 보통 1 m^3의 콘크리트를 만드는 데 필요한 각 재료의 무게 또는 절대용적으로 나타낸다. 이때 각 재료량을 단위수량, 단위시멘트양, 단위잔골재량, 단위굵은골재량 등으로 부르며, 이들을 질량으로 나타내면 질량배합이라 하고 절대용적으로 나타내면 용적배합이라 한다.

콘크리트 배합을 정할 때는 작업에 적합한 범위 내에서 단위수량을 적게 하는 것이 중요한데 단위수량이 적으면 요구되는 품질의 콘크리트를 얻는데 필요한 단위시멘트양이 적게 되고 또 건조수축이 작아져 콘크리트에 균열이 생길 우려도 적어진다.

콘크리트의 배합설계는 참고 배합표에 의한 방법과 시험비비기에 의한 방법이 있다. 이 중 참고 배합표를 사용하여 결정하는 방법은 간단하기는 하지만 주로 소규모 공사나 중요하지 않은 공사 이외에는 사용하지 않으며 일반적으로 시험비비기에 의한 방법이 가장 실용적이고 합리적인 방법이다.

7.2 배합 선정 시 고려사항

콘크리트 배합 선정 시 고려해야 할 사항은 다음과 같다.

(1) 소요의 강도를 가질 것

구조물은 재하되는 하중에 대하여 파괴의 위험이 없이 저항할 수 있는 소요강도를 가져야 하며, 이는 배합에서 물-시멘트 비 또는 물-결합재 비와 관계가 있다. 이때 콘크리트의 강도는 KS F 2403의 규정에 의하여 공시체를 제작하고 양생하여, KS F 2405의 압축강도 시험방법 및 KS F 2408의 휨강도 시험방법 등으로 시험한 결과를 확인한다.

(2) 작업에 적합한 워커빌리티를 가질 것

작업에 적합한 워커빌리티를 갖는 콘크리트란 콘크리트 부재의 크기와 형상, 콘크리트의 다지기 방법 등에 따라서 거푸집의 구석구석까지 콘크리트가 충분히 채워지도록 치고 다지는 작업이 용이함과 동시에 재료분리가 거의 생기지 않는 콘크리트를 말한다. 콘크리트의 워커빌리티는 그 배합에서 단위수량과 잔골재율의 영향을 크게 받는다.

(3) 기상작용, 화학작용 등에 의한 파괴 및 침식작용에 대하여 내구성을 가질 것

콘크리트의 내구성이란 사용기간 중 성능을 저하시키는 각종 요인에 대해 저항함으로써 콘크리트 성능을 장기간에 걸쳐 어느 범위 내로 유지시키는 성질을 말하며, 이것은 배합에서 물-시멘트 비 또는 물-결합재 비와 단위수량의 영향을 크게 받는다.

(4) 수밀성 및 기타 수요자가 요구하는 성능을 만족시킬 것

콘크리트는 본질적으로 기공을 가지고 있기 때문에 흡수 및 투수가 가능하다. 이 때문에 수리 구조물뿐만 아니라 일반 구조물에 있어서도 수밀성이 요구된다. 한중 콘크리트(cold weather concrete) 또는 서중 콘크리트(hot weather concrete)의 경우는 콘크리트의 온도가 일정범위를 넘지 않아야 하며, 경량 콘크리트나 중량 콘크리트의 경우는 콘크리트의 무게가 수요자가 요구하는 성능을 모두 갖추어야 한다.

(5) 경제적일 것

콘크리트의 성질은 재료, 시공, 강도 및 내구성 등을 모두 만족하는 범위 내에서 가장 경제적인 콘크리트 배합이 요구된다. 그러나 경제적이라 할지라도 단순히 시공시의 경제성뿐만 아니라 구조물의 유지관리 측면도 고려하여 종합적으로 판단할 필요가 있다.

7.3 배합의 종류

배합에는 시방배합(specified mix)과 현장배합(job mix)이 있으며, 콘크리트 1 m^3을 제조하는데 소요되는 각 재료량을 무게(kg)로 표시하는 질량배합(중량배합)과 절대용적으로 표시하는 용적배합이 있다.

(1) 시방배합

시방배합은 시방서 또는 책임기술자에 의하여 지시된 배합으로서, 골재는 표면건조 포화상태이며, 잔골재는 5 mm 체를 모두 통과하고, 굵은골재는 5 mm 체에 다 남는 골재를 기준으로 정한 배합이다.

(2) 현장배합

현장의 잔골재 중에는 크기가 5 mm 이상인 골재가 섞여 있고, 굵은골재 중에는 크기가 5 mm 이하인 골재가 섞여 있으므로 이에 대한 보정이 필요하다. 또한 잔골재는 일반적으로 습윤상태인 것을 사용하므로 표면수량의 보정이 필요하다. 굵은골재도 습윤상태라면 표면수량의 보정이 필요하며, 공기 중 건조상태(기건상태)에 있으면 유효흡수량의 보정이 필요하다. 그리고 혼화제는 대부분 물에 희석하여 사용하므로 혼화제 중의 수분량 보정을 필요로 한다. 이와 같이 현장에서 실제로 사용하는 배합은 골재의 상태 및 계량방법에 따라 보정해야 하며, 이 보정된 배합을 믹서 1배치당의 양으로 표시한 것을 현장배합이라 한다.

(3) 질량배합

질량배합(중량배합)은 콘크리트 1 m^3을 제조하는데 소요되는 각 재료량을 무게(kg)로 나타내는 배합으로 그 값은 재료의 절대용적에 밀도를 곱하면 얻어진다. 실험실 배합 및 레디믹스트 콘크리트 공장의 배합은 질량배합을 원칙으로 한다.

(4) 용적배합

콘크리트 1 m^3을 제조하는데 소요되는 각 재료량을 각 재료에 있어서 공극이 전혀 없는 절대용적(L)으로 표시하는 배합으로 용적배합은 현재 잘 사용되지 않고 있다.

7.4 배합설계의 순서

시험비비기를 통해 콘크리트의 배합을 정할 때는 먼저 시험비비기를 위한 콘크리트 배합의 결정이 필요하다. 이를 위해서 콘크리트 표준시방서 해설이나 미국콘크리트학회의 콘크리트 배합설계 지침(ACI 211-1)에 제시된 배합설계 참고 표를 활용하는 경우가 많다. 콘크리트 표준시방서 해설의 배합설계 참고 표는 굵은골재의 최대치수별 단위수량과 잔골재율의 대략적인 값 등을 제시하고 있으며, ACI 211-1의 배합설계 참고 표에서는 굵은골재의 최대치수별 단위수량과 단위굵은골재용적 등의 개략값을 제시하고 있다.[1)] 최근 국내에서는 건설기준이 각각의 건설분야에서 별도로 관리되어 왔지만 현재, 모든 관련 기준이 국가건설기준센터(Korea Construction Standards Center, KCSC)에 통합되어 관리되고 있다. 따라서, 콘크리트 배합설계의 경우 종래의 콘크리트 표준시방서에 따라 배합설계를 실시하였지만 2016년 건설기준 코드체계 전환에 따라 KCSC의 건설기준코드인 KCS 14 20 10 일반콘크리트로 통합되었다. 또한, 2021년 일반콘크리트의 배합설계 방법이 최신 기술 반영 및 적합성을 검토하여 개정되었다. KCS 14 20 10의 해설의 경우 종래와 동일하게 콘크리트 표준시방서 해설편에서 상세 정보를 제공하고 있다.

일반적인 콘크리트의 배합설계 순서는 다음과 같다.

1) 시멘트 및 골재의 밀도, 골재의 입도분석, 흡수량, 단위용적질량 및 마모율 등 사용재료의 품질시험을 실시한다.
2) 굵은골재의 최대치수와 굳지 않은 콘크리트의 슬럼프 및 공기량을 결정한다.
3) 구조물의 종류와 용도를 고려하여 물 - 결합재 비를 결정한다.
4) 단위수량, 단위시멘트양 및 단위혼화제량을 결정한다.
5) 잔골재율은 콘크리트가 소요의 워커빌리티를 얻는 범위에서 최소가 되도록 결정한다.
6) 잔골재량 및 굵은골재량은 결정한다.

또한 시험비비기를 진행할 때는 계속하여 다음을 진행한다.

7) 시험비비기를 하여 슬럼프와 공기량을 측정하고 단위수량, 잔골재율 및 단위AE제량의 적정값을 구한다.
8) 목표로 하는 강도가 얻어질 수 있는 범위 내에서 3종류의 물 - 결합재 비에 대한 배합을 정하고 압축강도 시험을 실시하여 물 - 결합재 비와 압축강도의 관계식을 구한다.
9) 이 관계식으로부터 배합강도에 해당하는 물 - 결합재 비를 구하며, 또한 구조물의 종류, 기상조건 및 시공방법 등도 고려해서 최종적으로 물 - 결합재 비를 결정한 후 각 재료의 단위량을 다시 산출한다.

7.5 국가건설기준에 따른 콘크리트 배합설계

국가건설기준 및 콘크리트 표준시방서 해설을 기준으로 콘크리트 배합을 정할 때의 순서를 나타내면 그림 7.1과 같다.

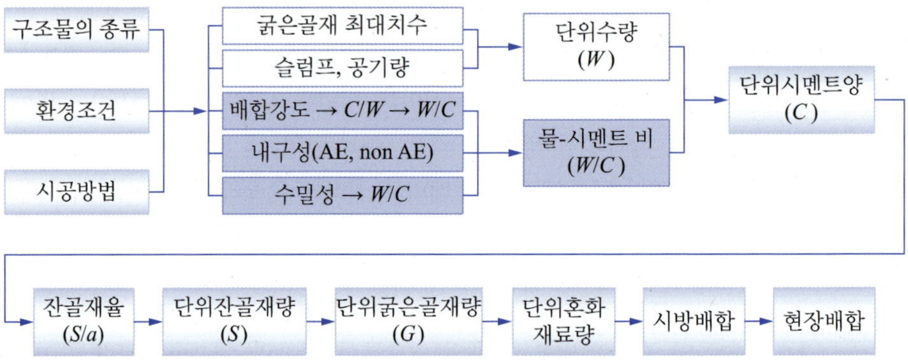

그림 7.1 콘크리트 배합설계 순서

(1) 굵은골재의 최대치수의 결정

콘크리트를 경제적으로 제조한다는 관점에서 보면 될 수 있는 대로 최대치수가 큰 굵은골재를 사용하는 것이 유리하지만, 철근 콘크리트 부재에서는 철근이 몹시 복잡하게 조립되어 있고 부재의 치수가 그다지 크지 않은 경우도 있으므로 콘크리트가 구석구석까지 잘 채워지도록 하기 위해 적당한 크기의 굵은골재를 사용해야 한다. 콘크리트 표준시방서 해설에 의하면 굵은골재의 최대치수는 거푸집 양 측면 사이의 최소 거리의 1/5, 슬래브 두께의 1/3, 개별 철근, 다발철근, 긴장재 또는 덕트 사이 최소 순간격의 3/4를 초과해서는 안 된다. 구조물의 종류에 따른 굵은골재 최대치수의 표준은 표 7.1에 나타낸 바와 같다.

표 7.1 굵은골재의 최대치수[2)]

구조물의 종류	굵은골재의 최대치수(mm)
일반적인 경우	20 또는 25
단면이 큰 경우	40
무근 콘크리트	40 부재 최소치수의 1/4을 초과해서는 안 됨

(2) 슬럼프값의 결정

콘크리트는 타설할 때의 슬럼프는 표 7.2의 값을 표준으로 한다. 여기에서 제시된 슬럼프 값은 구조물의 종류에 따른 슬럼프의 범위를 나타낸 것으로 실제로 각종 공사에서 슬럼프값을 정하고자 할 경우에는 구조물의 종류나 부재의 형상, 치수 및 배근 상태에 따라 적정한 값으로 정하되 충전성이 좋고 충분히 다질 수 있는 범위에서 되도록 작은 값으로 정해야 한다. 콘크리트의 운반시간이 길거나 기온이 높을 경우에는 슬럼프가 크게 저하되므로 슬럼프의 저하를 고려하여 배합을 정할 필요가 있다. 최근 화학혼화제의 경우 이전에 비하여 유동성이나 워커빌리티 유지 성능이 크게 발전되어 왔으며, 단위수량 저감 성능도 비약적으로 향상되어 시공에 필요한 작업성을 단위수량 증가 없이도 슬럼프를 높일 수 있다.

표 7.2 슬럼프의 표준값[2)]

종 류		슬럼프 값(mm)
철근 콘크리트	일반적인 경우	80 ~ 150
	단면이 큰 경우	60 ~ 120
무근 콘크리트	일반적인 경우	50 ~ 150
	단면이 큰 경우	50 ~ 100

(3) 공기량의 결정

적당량의 AE공기(entrained air)를 가지고 있는 콘크리트는 기상작용에 대한 내구성이 우수하다. 따라서 콘크리트 표준시방서 해설에서는 원칙적으로 표 7.3의 공기량을 가지는 AE콘크리트로 할 것을 규정하고 있다.

표 7.3 AE콘크리트 공기량의 표준값[2]

굵은골재의 최대치수 (mm)	공기량(%)	
	심한 노출[1]	일반 노출[2]
10	7.5	6.0
15	7.0	5.5
20	6.0	5.0
25	6.0	4.5
40	5.5	4.5

(주) 1) 노출등급 EF2 : 간혹 수분과 접촉하고 염화물에 노출되며, 동결융해의 반복작용에 노출되는 콘크리트
노출등급 EF3 : 지속적으로 수분과 접촉하나 염화물에 노출되지 않고 동결융해의 반복작용에 노출되는 콘크리트
노출등급 EF4 : 지속적으로 수분과 접촉하고 염화물에 노출되며, 동결융해의 반복작용에 노출되는 콘크리트
2) 노출등급 EF1 : 간혹 수분과 접촉하나 염화물에 노출되지 않고 동결융해의 반복작용에 노출되는 콘크리트

(4) 배합강도의 결정

국가건설기준 및 콘크리트 표준시방서 해설에서는 콘크리트 압축강도가 소요의 강도를 가지기 위하여 콘크리트 배합설계 시 배합강도(f_{cr})를 정하도록 규정하고 있다. 배합강도(f_{cr})는 현장콘크리트의 품질변동을 고려하여 구조계산에서 정해진 설계기준강도(f_{ck})와 내구성 설계를 반영한 내구성기준강도(f_{cd}) 중 큰 값으로 결정된 품질기준강도(f_{cq})보다 크게 정하여야 한다.

$$f_{cq} = \max(f_{ck}, f_{cd}) \text{ [MPa]}$$

여기서, f_{cq} : 품질기준강도 (=설계기준강도와 내구성기준강도 중 큰 값)
f_{ck} : 설계기준강도
f_{cd} : 내구성기준강도

배합강도(f_{cr})는 품질기준강도(f_{cq}) 범위를 35 MPa 기준으로 분류하고 있으며, 각 기준의 큰 값으로 정하여야 한다. 이때의 품질기준강도(f_{cq})는 기온보정강도값(T_n)을 더하여 계산한다.

$f_{cq} \leq 35$ MPa인 경우

① $f_{cr} = f_{cq} + 1.34s$ [MPa]

② $f_{cr} = (f_{cq} - 3.5) + 2.33s$ [MPa]

$f_{cq} > 35$ MPa인 경우

① $f_{cr} = f_{cq} + 1.34s$ [MPa]

② $f_{cr} = 0.9f_{cq} + 2.33s$ [MPa]

여기서, s : 압축강도의 표준편차(MPa)

f_{cq} : 품질기준강도

f_{cr} : 배합강도

레디믹스트 콘크리트의 경우 배합강도(f_{cr})를 호칭강도(f_{cn})보다 크게 정하며, 또한, 기온보정강도(T_n)를 더하여 호칭강도(f_{cn})를 사용한다.

$$f_{cn} = f_{cq} + T_n \text{ [MPa]}$$

여기서, f_{cn} : 호칭강도

T_n : 기온보정강도

표 7.4 콘크리트 강도의 기온에 따른 보정값(T_n)

결합재 종류	재령 (일)	콘크리트 타설일로부터 n일간의 예상평균기온의 범위 (℃)		
보통포틀랜드시멘트 플라이애시시멘트 1종 고로슬래그시멘트 1종	28	18 이상	8 이상~18 미만	4 이상~ 8 미만
	42	12 이상	4 이상~12 미만	-
	56	7 이상	4 이상~ 7 미만	-
	91	-	-	-
플라이애시시멘트 2종	28	18 이상	10 이상~18 미만	4 이상~10 미만
	42	13 이상	5 이상~13 미만	4 이상~ 5 미만
	56	8 이상	4 이상~8 미만	-
	91	-	-	-
고로슬래그시멘트 2종	28	18 이상	13 이상~18 미만	4 이상~13 미만
	42	14 이상	10 이상~14 미만	4 이상~10 미만
	56	10 이상	5 이상~10 미만	4 이상~ 5 미만
	91	-	-	-
기온이 4℃ 이하(한중 콘크리트)에서 콘크리트 강도의 기온에 따른 보정값 T_n(MPa)		0	3	6

콘크리트 압축강도의 표준편차는 실제 사용한 콘크리트의 30회 이상의 시험실적으로부터 결정하는 것을 원칙으로 한다. 그러나 압축강도의 시험횟수가 29회 이하이고

15회 이상인 경우는 그것으로 계산한 표준편차에 보정계수를 곱한 값을 표준편차로 사용할 수 있다.

표 7.5 시험횟수가 30회 미만일 때 표준편차의 보정계수[2)]

시험횟수	표준편차의 보정계수
15	1.16
20	1.08
25	1.03
30 이상	1.00

(주) 위 표에 명시되지 않은 시험횟수에 대해서는 직선 보간한다.

콘크리트 압축강도의 표준편차를 알지 못하거나 압축강도의 시험횟수가 14회 이하인 경우 콘크리트의 배합강도는 표 7.6과 같이 정할 수 있다.

표 7.6 압축강도의 시험횟수가 14회 이하이거나 기록이 없는 경우의 배합강도[2)]

호칭강도 (MPa)	배합강도 (MPa)
21 미만	$f_n + 7$
21 이상 35 이하	$f_n + 8.5$
35 초과	$1.1f_n + 5$

(5) 물 – 결합재 비의 결정

국가건설기준 및 콘크리트 표준시방서 해설에서는 콘크리트의 물-결합재 비(W/B)는 소요의 강도, 내구성, 수밀성 및 균열저항성 등을 고려하여 다음과 같이 정하도록 규정하고 있다.

1) 콘크리트의 압축강도를 기준으로 물-결합재 비를 정하는 경우
압축강도와 물-결합재 비와의 관계는 시험에 의하여 정하는 것이 원칙이며, 공시체의 재령은 28일을 표준으로 한다. 배합에 사용할 물-결합재 비는 기준 재령의 결합재-물 비(B/W)와 압축강도와의 관계식으로부터 구한다. 혼화재를 사용할 경우에는 일반적으로 B/W의 분자를 시멘트 질량과 혼화재 질량의 합계로 나타낸다. 우리나라에서는 토목공사의 경우 부득이 시험을 하지 못할 때 다음 식 즉, $f_{28} = -21 + 21.5B/W$에 의해 물-결합재 비를 구하는 경우가 있었다. 그러나 이 관계식에 의할 경우 비경제적인 설계가 되기 쉬우므로 현재는 이 식을 사용하지 않는다.

2) 콘크리트의 탄산화 작용, 염화물 침투, 동결융해 작용, 황산염 등에 대한 내구성을 기준으로 하여 물 - 결합재 비를 정할 경우 표 7.7에 따르며, 노출범주 및 등급은 표 7.8과 같다.

표 7.7 내구성 확보를 위한 요구조건

항목	노출범주 및 등급															
	일반	EC (탄산화)				ES (해양환경, 제설염 등 염화물)				EF (동결융해)				EA (황산염)		
	E0	EC1	EC2	EC3	EC4	ES1	ES2	ES3	ES4	EF1	EF2	EF3	EF4	EA1	EA2	EA3
내구성기준강도 f_{cd}(MPa)	21	21	24	27	30	30	30	35	35	24	27	30	30	27	30	30
최대 물 - 결합재 비[1]	-	0.60	0.55	0.50	0.45	0.45	0.45	0.40	0.40	0.55	0.50	0.45	0.45	0.50	0.45	0.45

(주) 1) 경량골재 콘크리트에는 적용하지 않음. 실적, 연구성과 등에 의하여 확증이 있을 때는 5% 더한 값으로 할 수 있음.

표 7.8 노출범주 및 등급

범주	등급	조건	예
일반	E0	물리적, 화학적 작용에 의한 콘크리트 손상의 우려가 없는 경우 철근이나 내부 금속의 부식 위험이 없는 경우	• 공기 중 습도가 매우 낮은 건물 내부의 콘크리트
EC (탄산화)	EC1	건조하거나 수분으로부터 보호되는 또는 영구적으로 습윤한 콘크리트	• 공기 중 습도가 낮은 건물 내부의 콘크리트 • 물에 계속 침지되어 있는 콘크리트
	EC2	습윤하고 드물게 건조되는 콘크리트로 탄산화의 위험이 보통인 경우	• 장기간 물과 접하는 콘크리트 표면 • 기초
	EC3	보통 정도의 습도에 노출되는 콘크리트로 탄산화 위험이 비교적 높은 경우	• 공기 중 습도가 보통 이상으로 높은 건물 내부의 콘크리트 • 비를 맞지 않는 외부 콘크리트[1),2)]
	EC4	건습이 반복되는 콘크리트로 매우 높은 탄산화 위험에 노출되는 경우	• EC2 등급에 해당하지 않고, 물과 접하는 콘크리트 (예를 들어 비를 맞는 콘크리트 외벽, 난간 등)
ES (해양환경, 제설염 등 염화물)	ES1	보통 정도의 습도에서 대기 중의 염화물에 노출되지만 해수 또는 염화물을 함유한 물에 직접 접하지 않는 콘크리트	• 해안가 또는 해안 근처에 있는 구조물[3)] • 도로 주변에 위치하여 공기 중의 제빙화학제에 노출되는 콘크리트

	ES2	습윤하고 드물게 건조되며 염화물에 노출되는 콘크리트	• 수영장 • 염화물을 함유한 공업용수에 노출되는 콘크리트
	ES3	항상 해수에 침지되는 콘크리트	• 해상 교각의 해수 중에 침지되는 부분
	ES4	건습이 반복되면서 해수 또는 염화물에 노출되는 콘크리트	• 해양 환경의 물보라 지역(비말대) 및 간만대에 위치한 콘크리트 • 염화물을 함유한 물보라에 직접 노출되는 교량 부위[4)] • 도로 포장 • 주차장
EF (동결융해)	EF1	간혹 수분과 접촉하나 염화물에 노출되지 않고 동결융해의 반복작용에 노출되는 콘크리트	• 비와 동결에 노출되는 수직 콘크리트 표면
	EF2	간혹 수분과 접촉하고 염화물에 노출되며 동결융해의 반복작용에 노출되는 콘크리트	• 공기 중 제빙화학제와 동결에 노출되는 도로 구조물의 수직 콘크리트 표면
	EF3	지속적으로 수분과 접촉하나 염화물에 노출되지 않고 동결융해의 반복작용에 노출되는 콘크리트	• 비와 동결에 노출되는 수평 콘크리트 표면
	EF4	지속적으로 수분과 접촉하고 염화물에 노출되며 동결융해의 반복작용에 노출되는 콘크리트	• 제빙화학제에 노출되는 도로와 교량 바닥판 • 제빙화학제가 포함된 물과 동결에 노출되는 콘크리트 표면 • 동결에 노출되는 물보라 지역(비말대) 및 간만대에 위치한 해양 콘크리트
EA (황산염)	EA1	보통 수준의 황산염 이온에 노출되는 콘크리트(표 7.1)	• 토양과 지하수에 노출되는 콘크리트
	EA2	유해한 수준의 황산염 이온에 노출되는 콘크리트(표 7.1)	• 토양과 지하수에 노출되는 콘크리트
	EA3	매우 유해한 수준의 황산염 이온에 노출되는 콘크리트(표 7.1)	• 토양과 지하수에 노출되는 콘크리트 • 하수, 오폐수에 노출되는 콘크리트

(주) 1) 중공 구조물의 내부는 도로로부터의 배수 또는 누출수에 의해 영향을 받을 수 있는 표면을 제외하고 노출등급 EC3로 간주할 수 있다.
2) 외부 콘크리트라고 하더라도 규정에 따라 방수처리된 표면은 노출등급 EC3로 간주할 수 있다.
3) 비래 염분의 영향을 받는 콘크리트, 해양환경의 경우 해안가로부터 거리에 따른 비래 염분량은 지역마다 큰 차이가 있으므로 측정결과 등을 바탕으로 한계 영향 거리를 정해야 한다. 또한 공기 중의 제빙화학제에 영향을 받는 거리도 지역에 따라 편차가 크게 나타나므로 기존구조물의 염화물 측정결과 등으로부터 한계 영향 거리를 정하는 것이 바람직하다.
4) 도로로부터 수평으로 10 m, 수직으로 5 m 이내에 있는 모든 콘크리트 노출면은 제빙화학제에 직접 노출되는 것으로 간주해야 한다. 또한 도로로부터 배출되는 물에 노출되기 쉬운 신축이음(expansion joints) 아래에 있는 교각 상부도 제빙화학제에 직접 노출되는 것으로 간주해야 한다.

표 7.9 황산염 이온 농도에 따른 노출등급

등급	토양내의 수용성 황산염(SO_4^{2-}) 질량비(%)[1]	물속에 용해된 황산염(SO_4^{2-}) (ppm)[2]
EA1	$0.10 \le SO_4^{2-} < 0.20$	$150 \le SO_4^{2-} < 1{,}500$, 해수
EA2	$0.20 \le SO_4^{2-} \le 2.00$	$1{,}500 \le SO_4^{2-} \le 10{,}000$
EA3	$SO_4^{2-} > 2.00$	$SOSO_4^{2-} > 10{,}000$

(주) 1) 토양 질량에 대한 비로 KS I ISO 11048에 따라 측정하여야 한다.
2) 수용액에 용해된 농도로 ASTM D516 또는 ASTM D4130에 따라 측정하여야 한다.

(6) 단위수량의 결정

콘크리트의 단위수량은 최대 185 kg/m^3 이내의 작업이 가능한 범위 내에서 될 수 있는 대로 적게 사용하며, 그 사용량은 시험을 통해 정하여야 한다. 일정한 슬럼프를 얻는데 필요한 단위수량은 굵은골재의 최대치수, 골재의 입도와 입형, 혼화재료의 종류, 콘크리트의 공기량 등에 따라 영향을 받으므로 이들 재료에 대한 시험을 하여 단위수량을 정한다.

콘크리트의 단위수량 및 잔골재율 등의 대략적인 표준은 표 7.10과 같다.

표 7.10 콘크리트의 단위굵은골재용적, 잔골재율 및 단위수량의 대략적인 표준값[3]

굵은골재 최대치수 (mm)	단위 굵은골재 용적 (%)	AE제를 사용하지 않은 콘크리트			AE콘크리트				
		갇힌 공기량 (%)	잔골재율 S/a (%)	단위수량 W (kg)	공기량 (%)	양질의 AE제를 사용한 경우		양질의 AE감수제를 사용한 경우	
						잔골재율 (%)	단위수량 (kg)	잔골재율 (%)	단위수량 (kg)
15	58	2.5	53	202	7.0	47	180	48	170
20	62	2.0	49	197	6.0	44	175	45	165
25	67	1.5	45	187	5.0	42	170	43	160
40	72	1.2	40	177	4.5	39	165	40	155

(주) 1) 이 표의 값은 보통의 입도를 가진 천연 잔골재(조립률 2.8 정도)와 부순 굵은골재를 사용한 물-결합재 비 55% 정도 슬럼프 80 mm 정도의 콘크리트에 대한 것이다.
2) 사용재료 또는 콘크리트의 품질이 주 1)의 조건과 다를 경우에는 위의 표의 값을 다음 표에 따라 보정한다.
3) 단위수량의 경우 건축공사에 납품되는 경우에는 185 kg 이하가 되도록 한다. 기타의 경우라도 가능한 단위수량은 작게 하는 것이 좋다.

표 7.11 단위수량 및 잔골재율 보정 방법[3)]

구 분	S/a의 보정(%)	W의 보정
잔골재의 조립률이 0.1만큼 클(작을) 때마다	0.5만큼 크게(작게) 한다.	보정하지 않는다.
슬럼프 값이 10 mm만큼 클(작을) 때 마다	보정하지 않는다.	1.2%만큼 크게(작게) 한다.
공기량이 1% 만큼 클(작을) 때마다	0.5～1.0만큼 작게(크게)한다.	3%만큼 작게(크게) 한다.
물-결합재 비가 0.05 클(작을) 때마다	1만큼 크게(작게) 한다.	보정하지 않는다.
S/a가 1% 클(작을) 때마다	보정하지 않는다.	1.5 kg만큼 크게(작게) 한다.
천연 굵은골재를 사용할 경우	3～5만큼 작게 한다.	9～15 kg만큼 작게 한다.
부순 잔골재를 사용할 경우	2～3만큼 크게 한다.	6～9 kg만큼 크게 한다.

(주) 단위굵은골재용적에 의하는 경우에는 모래의 조립률이 0.1만큼 커질(작아질) 때마다 단위굵은골재용적을 1%만큼 작게(크게) 한다.

(7) 단위결합재량의 결정

단위결합재량(B)은 단위수량과 물-결합재 비(W/B)로부터 다음 식으로 계산한다. 이때, 단위결합재량은 시멘트질 재료로서 단위시멘트양과 단위혼화재량을 합한 값이다.

$$B = \frac{W}{(W/B)}$$

(8) 단위혼화재료량의 결정

혼화재료에는 포졸란, 플라이애시 등과 같이 사용량이 비교적 많은 혼화재와 AE제, 감수제 등과 같이 사용량이 비교적 적은 혼화제로 구분된다.

일반적인 감수제의 사용량은 결합재 질량의 0.15～0.5% 정도이며, 단위AE제량은 소요의 공기량을 얻을 수 있도록 시험에 의하여 정한다. 혼화재료의 효과는 각 혼화재료의 특성이나 배합, 기타 시공조건에 따라 달라지므로 재료, 배합, 시공조건 등에 따라 사용목적에 적합하도록 시험을 하거나 경험값을 참고로 하여 사용량을 정한다.

(9) 잔골재율의 결정

잔골재율(sand percentage, S/a)은 콘크리트 속의 골재 절대용적에 대한 잔골재 절대용적의 백분율이다.

$$S/a = \left(\frac{\text{잔골재의 절대용적}}{\text{전체골재의 절대용적}}\right) \times 100(\%)$$

잔골재율은 소요의 워커빌리티를 얻을 수 있는 범위 내에서 단위수량이 최소가 되도록 시험에 의하여 정한다.

일반적으로 잔골재율을 작게 하면 소요의 워커빌리티를 얻기 위하여 필요한 단위수량은 적게 되어 단위결합재량이 적어지므로 경제적으로 되지만, 잔골재율이 너무 작게 되면 콘크리트는 거칠고 재료분리가 일어나는 경향이 있으며 워커블한 콘크리트를 얻기 어렵다. 잔골재율의 대략의 표준은 앞의 표 7.10에서 나타나 있다.

(10) 단위골재량의 결정

골재의 절대용적 $a\,(\text{L}) = 1{,}000 - \left(W + \frac{C}{G_C} + \text{Air} \times 10\right)$

또는 $a\,(\text{m}^3) = 1 - \left[\frac{W}{1{,}000} + \frac{C}{(G_C \times 1{,}000)} + \frac{\text{Air}}{100}\right]$

단위잔골재량 $S\,(\text{kg/m}^3) = a(\text{L}) \times \frac{S/a}{100} \times G_S$

또는 $S\,(\text{kg/m}^3) = a(\text{m}^3) \times \frac{S/a}{100} \times G_S \times 1{,}000$

단위굵은골재량 $G\,(\text{kg/m}^3) = a(\text{L}) \times \frac{(100 - S/a)}{100} \times G_G$

또는 $G\,(\text{kg/m}^3) = a(\text{m}^3) \times \frac{(100 - S/a)}{100} \times G_G \times 1{,}000$

단위혼화제량 $A_d\,(\text{g/m}^3) = C \times$ 혼화제 사용량(시멘트에 대한 질량비) $\times 1{,}000$

여기서, C : 단위시멘트양(kg/m^3)

W : 단위수량(kg/m^3)

G_C : 시멘트 밀도(g/m^3)

G_S : 잔골재 밀도(g/m^3)

G_G : 굵은골재 밀도(g/m^3)

Air : 공기량(%)

(11) 시방배합표 작성

이상의 결과를 표 7.12의 배합표로 작성한다.

표 7.12 배합의 표시법[3)]

<table>
<tr><th rowspan="3">굵은 골재 최대 치수 (mm)</th><th rowspan="3">슬럼프 (mm)</th><th rowspan="3">공기량 (%)</th><th rowspan="3">물-결합재비[1)] (%)</th><th rowspan="3">잔골재율 S/a (%)</th><th colspan="7">단위용적질량(kg/m³)</th></tr>
<tr><th rowspan="2">물 W</th><th rowspan="2">시멘트 C</th><th rowspan="2">잔골재 S</th><th colspan="2">굵은골재 G</th><th colspan="2">혼화재료</th></tr>
<tr><th>mm ~mm</th><th>mm ~mm</th><th>혼화재[1)]</th><th>혼화제[2)]</th></tr>
<tr><td></td><td></td><td></td><td></td><td></td><td></td><td></td><td></td><td></td><td></td><td></td><td></td></tr>
</table>

(주) 1) 포졸란반응성 및 잠재수경성을 갖는 혼화재를 사용하지 않는 경우에는 물-시멘트 비가 된다.
2) 여러 종류의 것을 사용할 경우에는 각각의 칸을 나누어 표시한다.

(12) 현장배합으로의 수정

시방배합의 콘크리트가 되도록 현장의 재료의 상태 즉, 골재의 표면수량, 잔골재 중의 굵은골재량, 굵은골재 중의 잔골재량을 고려하여 재료량을 수정하며 또한 1배치량으로 환산한다.

1) 골재의 입도에 따른 수정

시방배합의 단위잔골재량 : S

시방배합의 단위굵은골재량 : G

잔골재 속에 5 mm 체에 남는 것 : $a(\%)$

굵은골재 속에 5 mm 체를 통과하는 것 : $b(\%)$

입도보정 후의 단위잔골재량 : $Z_S{}'$

입도보정 후의 단위굵은골재량 : $Z_G{}'$

$$Z_S{}' = \frac{[100 \cdot S - b(S+G)]}{[100-(a+b)]}$$

$$Z_G{}' = \frac{[100 \cdot G - a(S+G)]}{[100-(a+b)]} \quad \text{또는} \quad Z_G{}' = S+G-Z_S{}'$$

2) 골재의 표면수량에 대한 보정

잔골재의 표면수율 : $c(\%)$
굵은골재의 표면수율 : $d(\%)$
현장배합의 단위잔골재량 : Z_S
현장배합의 단위굵은골재량 : Z_G
현장배합의 단위수량 : Z_W

$$Z_S = Z_S' + Z_S' \times \frac{c}{100}$$

$$Z_G = Z_G' + Z_G' \times \frac{d}{100}$$

$$Z_W = W - \left[\frac{(Z_S \cdot c + Z_G \cdot d)}{100} \right]$$

단위시멘트양(C) 및 AE제량 등은 시방배합과 동일하다.

(13) 배합설계 예

다음은 간단한 배합계산의 예이다. 보다 실질적인 상세한 배합설계 콘크리트 표준시방서 해설에 소개된 부록의 내용을 참고하는 것이 좋다.

설계조건

기상작용을 받는 보통의 철근 콘크리트 구조물로서 콘크리트의 호칭강도 24 MPa, 슬럼프 100 mm, 공기량 4.5%, 현장에서 예상되는 압축강도의 표준편차 4.5 MPa의 조건이다. 그리고 사용재료의 시험결과는 다음과 같다.

- 시멘트 밀도 : 3.15 g/m^3
- 잔골재 : 조립률 2.70, 밀도 2.60 g/m^3
- 굵은골재 : 최대치수 25 mm, 밀도 2.65 g/m^{3}의 부순 골재
- AE제 : 시멘트 질량의 0.02% 사용

풀이

① **배합강도비의 결정**

$$f_{cr} = f_{cn} + 1.34s = 24 + 1.34 \times 4.5 = 30.03\ \text{MPa}$$

$$f_{cr} = f_{cn} + 2.33s - 3.5 = 24 + 2.33 \times 4.5 - 3.5 = 30.99\ \text{MPa}$$

따라서 배합강도(f_{cr})는 이 중 큰 값 즉, 31 MPa로 정한다.

본 배합설계 예제에서는 사전에 같은 재료를 사용한 믹싱시험에서, 결합재 - 물 비(B/W)를 달리한 3 종류의 재령 28일 콘크리트 압축강도(f_{28}) 시험결과 다음의 관계식이 얻어졌다고 가정하고 재료량을 계산하기로 한다.

$$f_{28} = 18.0B/W - 10.1\ (\text{MPa})$$

배합강도 31 MPa에 해당하는 결합재 - 물 비(B/W)를 계산하면 2.28이 되므로 그 역수인 물 - 결합재 비(W/B)는 43.8%가 얻어진다.

콘크리트의 내구성을 고려한 물 - 결합재 비는 표 7.7에서 기상작용이 심한 경우로서 단면의 크기가 보통인 경우 최대 물 - 결합재는 50%이므로 여기서 물 - 결합재 비는 43.8%로 정한다.

② **잔골재율 및 단위수량의 결정**

잔골재율과 단위수량을 표 7.10과 표 7.11을 참고로 하여 제 조건에 맞도록 표 7.13과 같이 보정한다.

표 7.13 배합의 보정

조 건	보정계산	잔골재율(%)	단위수량(kg)
표 7.10의 값	-	42	170
모래의 조립률 2.70	$42 - \frac{2.80 - 2.70}{0.1} \times 0.5 = 41.5$	41.5	170
물 - 결합재 비 0.44	$41.5 - \frac{0.55 - 0.44}{0.05} \times 1 = 39.5$	39.5	170
슬럼프값 100 mm	$170 \times \{1 + (10 - 8) \times 0.012\} = 174$	39.5	174
공기량 4.5%	$39.5 + (5.0 - 4.5) \times 0.75 = 39.9$ $174 \times \{1 + (5.0 - 4.5) \times 0.03\} = 176$	39.9	176

③ **재료의 단위량**

$$\text{단위결합재량}(B) = \frac{176}{0.438} = 402\ \text{kg/m}^3$$

$$\text{골재의 절대용적}(a) = 1{,}000 - \left(\frac{402}{3.15} + 176 + 4.5 \times 10\right) = 651 \text{ L}$$

$$\text{단위잔골재량}(S) = 651 \times 0.399 \times 2.60 = 675 \text{ kg/m}^3$$

$$\text{단위굵은골재량}(G) = 651 \times 0.601 \times 2.65 = 1{,}037 \text{ kg/m}^3$$

$$\text{단위AE제량} = C \times 0.02\% = 402 \times 0.0002 = 0.08 \text{ kg/m}^3 = 80 \text{ g/m}^3$$

표 7.14 시방배합표

굵은골재의 최대치수 (mm)	슬럼프의 범위 (mm)	공기량의 범위 (%)	물－결합재 비 (%)	잔골재율 (%)	단위량(kg/m³)				AE제 (g/m³)
					물	시멘트	잔골재	굵은골재	
25	100	4.5	43.8	39.9	176	402	675	1,037	80

한편 현장의 골재상태가 체분석 결과 잔골재 속에 No.4 체에 남는 것이 5%, 굵은골재 속에 No.4 체를 통과하는 것이 10%이며, 잔골재의 표면수율 3.0%, 굵은 골재의 표면수율이 0.5%라고 하면 현장배합은 다음과 같이 계산된다.

④ **골재의 입도에 의한 수정**

$$\text{잔골재량}(Z_S') = \frac{[100 \cdot S - b(S+G)]}{[100-(a+b)]}$$

$$= \frac{100 \times 675 - 10(675 + 1{,}037)}{100-(5+10)} = 593 \text{ kg/m}^3$$

$$\text{굵은골재량}(Z_G') = S + G - Z_S' = 675 + 1{,}037 - 593 = 1{,}119 \text{ kg/m}^3$$

⑤ **골재의 표면수율에 대한 보정**

$$\text{잔골재 보정량}(S') = 593 \times \frac{3.0}{100} = 17.8 \text{ kg/m}^3$$

$$\text{굵은골재 보정량}(G') = 1{,}119 \times \frac{0.5}{100} = 5.6 \text{ kg/m}^3$$

따라서 현장배합으로 수정하면 각 재료의 양은 다음과 같다.

수량(W) = 176 − (17.8 + 5.6) = 152.6 kg/m³
시멘트양(C) = 402 kg/m³
잔골재량(S) = 593 + 17.8 = 610.8 kg/m³
굵은골재량(G) = 1,119 + 5.6 = 1,124.6 kg/m³
AE제량 = 80 g/m³

7.6 ACI 지침에 따른 콘크리트 배합설계

북아메리카에서 가장 널리 사용되는 배합설계방법은 미국콘크리트학회의 방법(ACI Recommended Practice 211.1)에 따른 것이다. 모든 배합설계는 첫 번에 개략적인 배합비를 계산하는 것으로 출발하기 때문에 시험비비기에 의해 배합의 적정여부를 확인해야 한다. ACI의 배합설계 절차는 다음과 같다.

(1) 요구되는 재료 특성 시험

잔골재와 굵은골재의 입도 분석, 골재의 단위질량, 밀도 및 흡수율

(2) 슬럼프의 결정

일반적으로 현장에 따라 정해지나 슬럼프가 정해지지 않은 경우는 표 7.15로부터 선정한다. 일반적으로 치기가 가능한 범위에서 낮은 값의 슬럼프로 정하는 것이 원칙이다.

표 7.15 슬럼프의 표준값[4)]

구조물의 종류	슬럼프값(mm)	
	최대	최소
철근 콘크리트 기초(벽체와 확대기초)	75	25
무근 콘크리트 확대기초, 케이슨 및 기초 벽체	75	25
보와 철근 콘크리트 벽체	100	25
기둥	100	25
포장판과 슬래브	75	25
매스 콘크리트	50	25

(3) 굵은골재 최대치수

구조부재 최소단면 치수의 1/5 이하, 슬래브 두께의 1/3 이하 또는 철근과 철근 또는 거푸집과의 순간격의 3/4 이하로 정한다. 이러한 규정 때문에 매스 콘크리트의 경우를 제외하고 굵은골재 최대치수는 보통 40 mm 이하로 제한된다.

(4) 단위수량과 공기량 추정

AE콘크리트 및 비공기연행 콘크리트에서 요구되는 단위수량의 추정값은 표 7.16에서 얻는다. 보통 미국의 북부 및 캐나다에서는 동결융해저항성을 높이기 위해 일반적으로 공기연행 콘크리트가 사용된다.

표 7.16 콘크리트 단위수량의 대략값[4)]

슬럼프 (mm)	굵은골재 최대치수에 따른 단위수량(kg/m³)							
	9.5[1)]	12.5[1)]	19[1)]	25[1)]	37.5[1)]	50[1),2)]	75[2)]	150[2)]
Non-AE콘크리트								
25～50	207	199	190	179	166	154	130	113
75～100	228	216	205	193	181	169	145	124
150～175	243	228	216	202	190	178	160	-
갇힌 공기량(%)	3	2.5	2	1.5	1	0.5	0.3	0.2
AE콘크리트								
25～50	181	175	168	160	150	142	122	107
75～100	202	193	184	175	165	157	133	119
150～175	216	205	197	184	174	166	154	-

슬럼프 (mm)	굵은골재 최대치수에 따른 단위수량(kg/m³)							
	9.5[1)]	12.5[1)]	19[1)]	25[1)]	37.5[1)]	50[1),2)]	75[2)]	150[2)]
전체 공기량(%)								
가벼운 노출 (Mild exposure)	4.5	4.0	3.5	3.0	2.5	2.0	1.5	1.0
보통의 노출 (Moderate exposure)	6.0	5.5	5.0	4.5	4.5	4.0	3.5	3.0
심한 노출 (Extreme exposure)	7.5	7.0	6.0	6.0	5.5	5.0	4.5	4.0

(주) 1) AE콘크리트에서 단위수량은 보통의 노출(Moderate exposure) 상태를 기준으로 한 값이다. 굵은골재는 부순돌을 기준으로 하였으며, 강자갈을 사용하는 경우는 단위수량을 Non-AE콘크리트에서 18 kg 적게, AE콘크리트에서 15 kg 적게 한다.
온도는 20～25℃를 기준으로 한다.
2) 40 mm 이상의 골재를 포함한 콘크리트는 슬럼프 측정 시 이를 제거한 후 측정한다.

(5) 물 – 시멘트 비

물-시멘트 비는 강도와 내구성 조건에 의해 지배된다.

1) 강도

사용할 재료에 의한 콘크리트 압축강도와 물-시멘트 비(W/C)의 관계식이 준비되지 않았다면 표 7.17에서 재령 28일의 압축강도에 따라 물-시멘트 비(W/C)를 정한다.

표 7.17 콘크리트의 물-시멘트 비와 압축강도의 관계[4)]

재령 28일의 압축강도 (MPa)[1)]	물-시멘트 비	
	Non-AE콘크리트	AE콘크리트
40	0.42	-
35	0.47	0.39
30	0.54	0.45
25	0.61	0.52
20	0.69	0.60
15	0.79	0.70

(주) 1) 압축강도는 공기량이 2%를 넘지 않는 Non-AE콘크리트와 전체 공기량이 6%인 AE콘크리트의 평균강도를 나타낸다.

2) 내구성

동결융해, 바닷물 또는 황산염에의 노출과 같은 가혹한 노출조건에 있는 경우 표 7.18의 물-시멘트 비(W/C) 요구조건을 만족해야 한다.

표 7.18 심한 노출(severe exposure) 환경에서의 AE콘크리트의 최대 물-시멘트 비[4)]

구조물의 종류	계속적으로 또는 종종 물로 젖으며 동결융해에 노출되는 구조물	바닷물 또는 황산염에 노출되는 구조물
얇은 단면 및 피복두께 5 mm 미만의 단면	0.45	0.40
기타 구조물	0.50	0.45

(주) 황산염 저항성 시멘트(ASTM C 150의 Type Ⅱ 또는 Type Ⅴ)가 사용되는 경우는 최대 물-시멘트 비를 0.05만큼 증가시킬 수 있다.

(6) 단위시멘트양 계산

단위수량과 물-시멘트 비(W/C)가 결정되면 단위시멘트양은 추정된 단위수량을 W/C 비로 나눔으로써 계산된다. 그러나 양호한 피니셔빌리티, 워커빌리티와 강도를 얻기 위해 일정 한도 이상의 단위시멘트양은 필요하다.

$$\text{단위시멘트양} = \frac{\text{단위수량}}{W/C}$$

(7) 단위굵은골재량

주어진 골재의 최대치수와 잔골재의 조립률에 따라 콘크리트에서 굵은골재가 차지하는 부피비는 다음 표 7.19에서 구한다. 이 값에 굵은골재의 절대건조상태(절건상태)에서의 단위용적질량을 곱하여 단위굵은골재량을 구한다.

절대건조상태는 단위굵은골재량을 표면건조 포화상태의 값으로 환산하기 위해 (1+흡수율/100)을 곱한다.

표 7.19 콘크리트의 단위체적당 단위굵은골재의 부피[4)]

굵은골재 최대치수 (mm)	잔골재 조립률에 따른 건조한 굵은골재의 부피			
	2.40	2.60	2.80	3.00
9.5	0.50	0.48	0.46	0.44
12.5	0.59	0.57	0.55	0.53
19	0.66	0.64	0.62	0.60
25	0.71	0.69	0.67	0.65
37.5	0.75	0.73	0.71	0.69
50	0.78	0.76	0.74	0.72
75	0.82	0.80	0.78	0.76
150	0.87	0.85	0.83	0.81

(8) 단위잔골재량

단위잔골재량은 전체 콘크리트 부피 1 m^3에서 물, 시멘트, 공기 및 굵은골재의 부피를 뺀 값에 잔골재의 밀도를 곱함으로써 계산된다.

(9) 시험비비기

이상의 계산결과를 사용하여 시험 배치의 비비기를 실시한다. 이때 허용하는 물-시멘트 비(W/C)의 범위를 넘지 않는 범위에서 목표슬럼프를 얻도록 수량을 조정한다. 그리고 콘크리트의 슬럼프, 단위용적질량, 혼합된 양, 공기량 및 재료분리, 블리딩, 피니셔빌리티 등을 측정하여 확인한다. 또한 경화 콘크리트의 압축강도 및 휨강도 시험을 실시한다.

(10) ACI 지침에 따른 콘크리트 배합설계 예

설계조건

동결융해가 일어날 수 있는 땅 위에 세워지는 기둥에 사용할 콘크리트의 배합비를 정하고자 한다. 콘크리트의 재령 28일 압축강도는 30 MPa이고, 목표 슬럼프 값은 75 ~ 100 mm이며, 굵은골재 최대치수는 25 mm로 한다. 그리고 사용하는 재료의 물성은 다음과 같다.

- 시멘트 : 보통포틀랜드시멘트, 밀도 = 3.15 g/cm^3
- 굵은골재 : 표면건조 포화상태의 밀도 = 2.65 g/cm^3
  흡수율 = 1.0%, 절대건조상태의 단위용적질량 = 1,600 kg/m^3
  표면수율 = 0%
- 잔골재 : 표면건조포화상태의 밀도 = 2.60 g/cm^3
  흡수율 = 1.2%, 조립률 = 2.70
  표면수율 = 2.5%

풀이

① 단위수량과 공기량 추정

동결융해가 일어날 수 있는 조건이므로 AE콘크리트로 한다. 다음 표 7.20에서 추천되는 공기량은 4.5%이고 단위수량은 175 kg/m^{3}이다.

표 7.20 단위수량과 공기량 추정[4)]

슬럼프 (mm)	굵은골재 최대치수에 따른 단위수량(kg/m^3)							
	9.5[1)]	12.5[1)]	19[1)]	25[1)]	37.5[1)]	50[1),2)]	75[2)]	150[2)]
AE콘크리트								
25 ~ 50	181	175	168	160	150	142	122	107
75 ~ 100	202	193	184	175	165	157	133	119
150 ~ 175	216	205	197	184	174	166	154	-
전체 공기량(%)								
Mild exposure	4.5	4.0	3.5	3.0	2.5	2.0	1.5	1.0
Moderate exposure	6.0	5.5	5.0	4.5	4.5	4.0	3.5	3.0
Extreme exposure	7.5	7.0	6.0	6.0	5.5	5.0	4.5	4.0

② **물 - 시멘트 비**

다음 표 7.21에서 재령 28일의 압축강도 30 MPa을 위한 물 - 시멘트 비(W/C)의 추정값은 0.45이다.

표 7.21 물 - 시멘트 비[4]

재령 28일의 압축강도 (MPa)[1]	물 - 시멘트 비(W/C)	
	Non-AE콘크리트	AE콘크리트
40	0.42	-
35	0.47	0.39
30	0.54	0.45
25	0.61	0.52
20	0.69	0.60
15	0.79	0.70

③ **단위시멘트양의 계산**

단위시멘트양 = 175/0.45 = 389 kg/m^3

④ **단위굵은골재량의 추정**

잔골재의 조립률 2.70에 대하여 다음 표 7.22에서 단위굵은골재량을 보간법으로 구하면

절대건조상태의 굵은골재 부피 = 0.68 m^3/m^3

따라서 절대건조상태의 단위굵은골재량 = 노건조한 굵은골재의 부피 × 절내건조상태의 단위용적질량 = 0.68×1,600 = 1,088 kg/m^3

따라서 표면건조 포화상태의 단위굵은골재량 = 1,088×(1 + 0.01) = 1,099 kg/m^3

표 7.22 단위굵은골재량의 추정[4]

굵은골재 최대치수 (mm)	잔골재의 조립률에 따른 건조한 굵은골재의 부피			
	2.40	2.60	2.80	3.00
9.5	0.50	0.48	0.46	0.44
12.5	0.59	0.57	0.55	0.53
19	0.66	0.64	0.62	0.60
25	0.71	0.69	0.67	0.65
37.5	0.75	0.73	0.71	0.69
50	0.78	0.76	0.74	0.72
75	0.82	0.80	0.78	0.76
150	0.87	0.85	0.83	0.81

⑤ 잔골재량의 추정

잔골재의 부피 = {1 − (물 부피 + 시멘트 부피 + 굵은골재 부피 + 공기량)} × 1,000

$= 1000 - (175 + 389/3.15 + 1099/2.65 + 4.5 \times 10) = 241.8\ \mathrm{L/m^3}$

따라서 단위잔골재량 = 241.8 × 밀도 = 241.8 × 2.60 = 629 $\mathrm{kg/m^3}$

⑥ 현장배합(골재의 표면수율 보정)

- 잔골재량 = 629(1 + 0.025) = 645 $\mathrm{kg/m^3}$
- 수량 = 175 − 645 × 0.025 = 159 $\mathrm{kg/m^3}$

기타 시멘트양 및 굵은골재량은 시방배합의 경우와 같다.

참고문헌

1. 이재현, 국내 실정을 고려한 콘크리트 배합설계 프로그램 개발, 공주대학교 석사학위 논문, 2020.
2. 국가건설기준센터, KCS 14 20 10 일반 콘크리트, 2021.
3. 한국콘크리트학회, 콘크리트 표준시방서 해설, 2021.
4. ACI 211.1-91(reapproved 2009), Standard Practice for Selecting Proportions for Normal, Heavyweight, and Mass Concrete.

8

각종 콘크리트

8.1 레디믹스트 콘크리트

레디믹스트 콘크리트(ready-mixed concrete)는 콘크리트 제조 전문 공장의 대규모 배치 플랜트에 의하여 각종 콘크리트를 주문자의 요구에 맞는 배합으로 계량, 혼합한 후 소정의 시간 안에 트럭 애지테이터로 시공 현장까지 운반하여 판매하는 콘크리트를 말한다.

우리나라에서는 1967년에 KS F 4009에 레디믹스트 콘크리트에 관한 규정이 제정되었으며, 레디믹스트 콘크리트를 약하여 레미콘이라고 한다.

레디믹스트 콘크리트는 공장에 따라 그 제조설비, 제조기술, 품질관리상태 등에 차이가 있으므로 공장을 선정할 때는 현장까지의 운반시간, 콘크리트의 타설능력, 공장의 제조설비, 품질관리상태 등을 고려해서 KS표시 허가 공장을 선정함이 좋다.

그림 8.1 레디믹스트 콘크리트의 생산[26)]

그림 8.2 레디믹스트 콘크리트의 타설[2)]

8.1.1 품질

1) 레디믹스트 콘크리트는 KS F 4009에 따라 품질을 지정하고 있으며, 콘크리트의 종류는 보통 콘크리트, 경량 콘크리트, 포장 콘크리트 및 고강도 콘크리트로 구분하고 있다. 또한 구입자는 굵은골재의 최대치수, 슬럼프 및 호칭강도를 조합한 표 8.1에 표시한 ○표를 한 범위 내에서 종류를 지정하는 것을 원칙으로 한다.

표 8.1 레디믹스트 콘크리트의 종류[1)]

콘크리트 종류	굵은골재의 최대치수 (mm)	슬럼프 또는 슬럼프 플로 (mm)	호칭강도(MPa; $=N/mm^2$)[1)]												
			18	21	24	27	30	35	40	45	50	55	60	휨 4.0[2)]	휨 4.5[2)]
보통 콘크리트	20, 25	80, 120, 150, 180	○	○	○	○	○	○	-	-	-	-	-	-	-
		210	-	○	○	○	○	○	-	-	-	-	-	-	-
		500*, 600*	-	-	-	○	○	○	-	-	-	-	-	-	-
	40	50, 80, 120, 150	○	○	○	○	○	○	-	-	-	-	-	-	-
경량 콘크리트	13, 20	80, 120, 150, 180, 210	○	○	○	○	○	○	○	-	-	-	-	-	-
포장 콘크리트	20, 25, 40	25, 65	-	-	-	-	-	-	-	-	-	-	-	○	○
고강도 콘크리트	13, 20, 25	120, 150, 180, 210	-	-	-	-	-	-	○	○	○	-	-	-	-
		500*, 600*, 700*	-	-	-	-	-	-	○	○	○	○	○	-	-

* 슬럼프 플로값을 의미함.

(주) 1) 종례 단위의 시험기를 사용하여 시험할 경우 국제단위계(SI)에 따른 수치의 환산은 1 $kg_f = 9.8$ N으로 환산한다. 즉, 1 MPa = 10.2 kg_f/cm^2가 된다.

2) 휨 4.0, 휨 4.5는 포장용 콘크리트에서 휨 호칭강도를 의미한다.

2) 레디믹스트 콘크리트를 주문할 때 사용하는 호칭강도는 재령 28일의 표준양생 공시체의 압축강도로 실제 구조물에서의 압축강도와는 다르다. 기온, 습도, 양생 등 시공 및 현장조건에 따라 실제 구조물 압축강도가 작아질 우려가 있으므로 반드시 구조계산으로 정해진 설계기준 압축강도와 최소 설계기준 압축강도 중에서 큰 값으로 결정된 것 보다 높은 호칭강도를 주문하여야 한다.

3) 압축 및 휨강도 시험 값이 1회의 시험결과는 구입자가 지정한 호칭강도의 85% 이상이라야 하며, 3회의 시험결과의 평균값은 구입자가 지정한 호칭강도 이상이라야 하는 두 조건을 만족하는지 확인한다.

4) 호칭슬럼프 및 슬럼프 플로의 허용오차는 표 8.2 및 표 8.3에 따른다.

표 8.2 슬럼프의 허용오차(mm)[1)]

슬럼프	슬럼프 허용오차
25	± 10
50 및 65	± 15
80 이상	± 25

표 8.3 슬럼프 플로의 허용오차(mm)[1)]

슬럼프 플로	슬럼프 플로의 허용오차
500	± 75
600	± 100
700[1)]	± 100

(주) 1) 굵은골재의 최대치수가 15 mm인 경우에 한하여 적용한다.

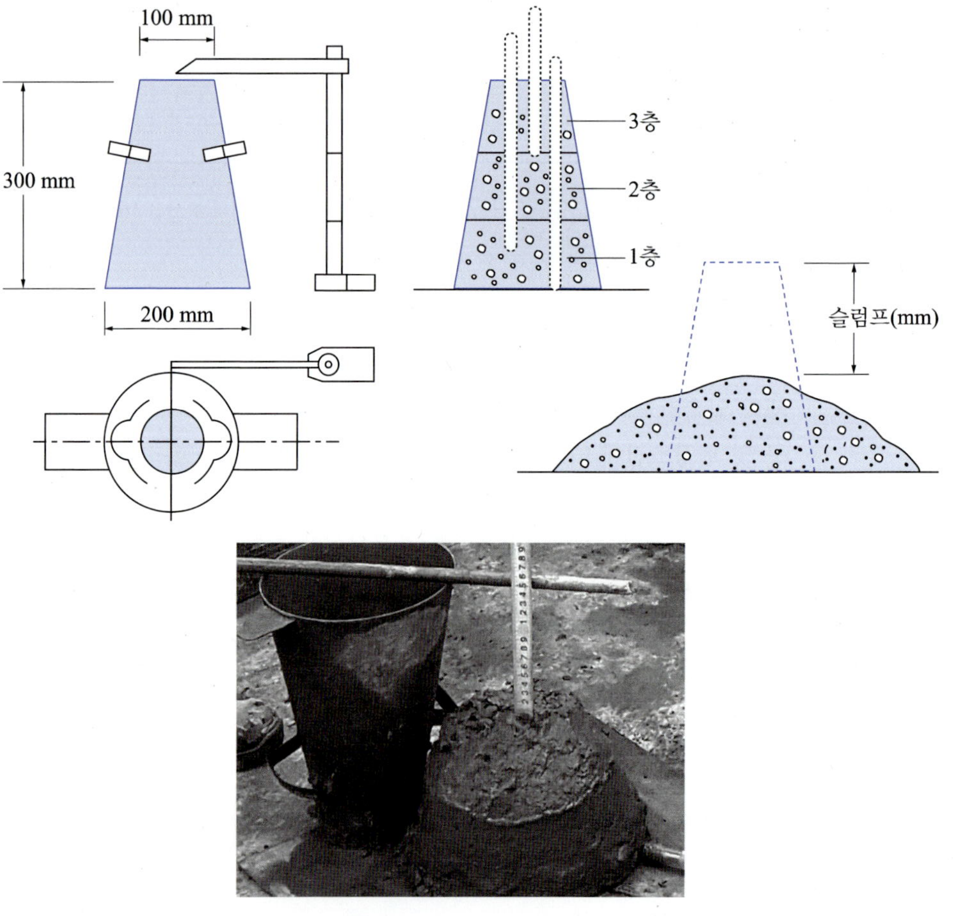

그림 8.3 슬럼프[2)]

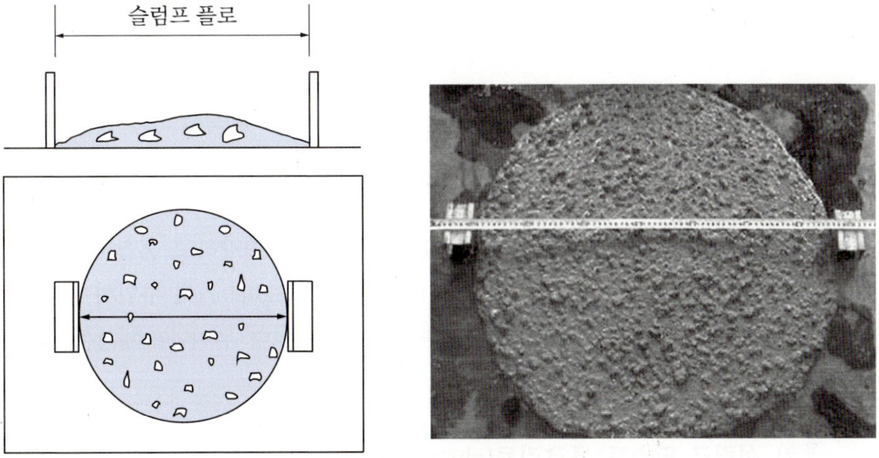

그림 8.4 슬럼프 플로[2)]

5) 공기량은 보통 콘크리트의 경우 4.5%, 경량 콘크리트의 경우 5.5%, 포장 콘크리트 4.5%, 고강도 콘크리트 3.5% 이하로 하되, 그 허용오차는 ±1.5%로 한다.
6) 염화물 함유량의 한도는 배출지점에서 염화물이온(Cl^-)량에 대한 0.30 kg/m^3 이하로 해야 한다. 다만, 구입자의 승인을 얻은 경우에는 0.60 kg/m^3 이하로 할 수 있다.

그림 8.5 공기량[3)]

8.1.2 제조 및 배합

레디믹스트 콘크리트는 제조 및 운반을 고려하여 다음 3가지 제조방법이 있다.

1) 센트럴 믹스트 콘크리트(central mixed concrete)

플랜트에 고정믹서가 설치되어 있어 각 재료를 계량하고 혼합하여 완전히 비벼진 콘크리트를 트럭믹서 또는 트럭 애지테이터(truck agitator)에 투입하여 운반 중에 교반하면서 지정된 공사현장까지 배달 공급하는 방식이며 우리나라에서는 이 방법이 사용되고 있다.

2) 쉬링크 믹스트 콘크리트(shrink mixed concrete)

플랜트의 고정믹서 중에서 어느 정도 콘크리트를 비빈 후 트럭믹서 또는 트럭 애지테이터에 투입하여 아직 혼합이 완전하지 않은 상태로 공사현장에 도달할 때까지의 운반시간 동안 혼합하여 도착했을 때는 완전히 혼합된 콘크리트로서 배달 공급하는 방식이다.

3) 트랜싯 믹스트 콘크리트(transit mixed concrete)

플랜트에는 고정믹서가 없고 각 재료의 계량장치만을 설치하고 있어 계량된 각 재료를 직접 트럭믹서에 투입하여 공사현장에 도착하는 시간 동안에 소요의 물을 가하여 교반 혼합하여 공사현장에 도착했을 때는 완전한 콘크리트로서 배달 공급하는 방식이다.

8.1.3 시공

1) 콘크리트는 비비고 난 후 타설이 끝날 때까지의 시간은 원칙적으로 외기온도가 25℃ 이상일 때는 1.5시간, 25℃ 미만일 때에는 2시간을 넘어서는 안 된다.
2) 콘크리트는 취급할 때마다 재료 분리가 일어나기 쉬우므로 타설한 콘크리트를 거푸집 안에서 횡방향으로 이동시켜서는 안 된다.
3) 시공이음은 구조물의 구조적 약점이 되고, 누수가 발생되기 쉽기 때문에 한 구획 내의 콘크리트는 타설이 완료될 때까지 연속해서 타설하여야 한다.
4) 균질의 콘크리트를 얻기 위해서 콘크리트는 그 표면이 한 구획 내에서는 거의 수평이 되도록 타설하고 균일하게 진동 다짐하여야 한다.
5) 콘크리트 타설의 1층 높이는 다짐능력을 고려하여 이를 결정하여야 하며, 콘크리트

를 2층 이상으로 나누어 타설할 경우, 상층의 콘크리트 타설은 원칙적으로 하층의 콘크리트가 굳기 시작하기 전에 해야 하며, 상층과 하층이 일체가 되도록 시공하여야 한다.

6) 콜드조인트가 발생하지 않기 위한 이어치기 허용시간 간격은 표 8.4와 같다.

표 8.4 허용 이어치기 시간간격[1)]

외기온도	허용 이어치기 시간간격
25℃ 초과	2.0시간
25℃ 이하	2.5시간

(주) 허용 이어치기 시간간격은 하층 콘크리트 비비기 시작에서부터 하층 콘크리트 타설 완료한 후, 정치시간을 포함하여 상층 콘크리트가 타설되기까지의 시간

7) 콘크리트 다지기에는 내부진동기의 사용을 원칙으로 하며, 얇은 벽 등 내부진동기의 사용이 곤란한 장소에서는 거푸집 진동기를 사용해도 좋다. 내부진동기의 사용방법은 다음과 같다.
   ① 진동다지기를 할 때에는 내부진동기를 하층의 콘크리트 속으로 0.1 m 정도 찔러 넣는다.
   ② 내부진동기는 연직으로 찔러 넣으며, 그 간격은 진동이 유효하다고 인정되는 범위의 지름 이하로서 일정한 간격으로 한다. 삽입간격은 일반적으로 0.5 m 이하로 하는 것이 좋다.
   ③ 1개소당 진동시간은 다짐할 때 시멘트 풀이 표면 상부로 약간 부상하기까지 한다.
   ④ 내부진동기는 콘크리트로부터 천천히 빼내어 구멍이 남지 않도록 한다.
   ⑤ 내부진동기는 콘크리트를 횡방향으로 이동시킬 목적으로 사용하지 않아야 한다.

8) 콘크리트는 타설한 후 습윤상태로 노출면이 마르지 않도록 하여야 하며, 수분의 증발에 따라 살수를 하여 습윤상태로 보호하여야 한다. 습윤상태로 보호하는 기간은 표 8.5와 같다.

표 8.5 습윤양생 기간의 표준[1)]

일평균기온	보통포틀랜드시멘트	고로슬래그시멘트 2종 플라이애시시멘트 2종	조강포틀랜드시멘트
15℃ 이상	5일	7일	3일
10℃ 이상	7일	9일	4일
5℃ 이상	9일	12일	5일

8.2 경량골재 콘크리트

경량골재 콘크리트(light-weight aggregate concrete)는 골재의 일부 또는 전부를 경량골재를 사용하여 설계기준 압축강도가 15 MPa 이상으로 기건 단위질량이 2,100 kg/m^3 이하의 범위에 해당하는 콘크리트를 말한다.

경량골재에는 천연경량골재, 인공경량골재 및 바텀애시경량골재가 있다. 일반적으로 천연경량골재는 모양이 좋지 않고 흡수율이 크기 때문에 구조용 콘크리트재료로서 적합하지 못하며, 인공경량골재(artificial lightweight aggregate)가 토목구조물에 널리 사용되고 있다.

경량골재 콘크리트는 표 8.6과 같이 경량골재 콘크리트 1종 및 2종으로 분류하고 있다.

표 8.6 경량골재 콘크리트의 종류

사용한 골재에 의한 콘크리트의 종류	사용골재	기건 단위질량 (kg/m^3)	레디믹스트 콘크리트로 발주 시 호칭강도[1] (MPa)
가. 경량골재 콘크리트 1종	굵은골재를 경량골재로 사용하여 제조	1,800～2,100	18, 21, 24, 27, 30, 35, 40
나. 경량골재 콘크리트 2종	굵은골재와 잔골재를 주로 경량골재로 사용하여 제조	1,400～1,800	18, 21, 24, 27

(주) 1) 레디믹스트 경량골재 콘크리트의 굵은골재 최대치수는 15 mm 또는 20 mm로 지정

8.2.1 품질

경량골재 콘크리트의 압축강도는 그림 8.6에서와 같이 시멘트-물 비 및 골재의 함수상태에 따라 변한다. 골재의 함수량이 증가하면 강도는 약간 저하한다.

경량골재 콘크리트는 어느 정도 이상의 압축강도의 범위에서는 물-시멘트 비를 감소시켜도 강도는 크게 증가하지 않는다. 인공경량골재의 경우 입경이 큰 경량골재는 강도가 약하기 때문에 경량골재를 사용한 고강도 콘크리트에서는 굵은골재의 최대치수에 따라서 콘크리트의 강도가 상당히 다르다.

인장강도와 시멘트-물 비와의 관계를 나타낸 것이 그림 8.7이며, 인장강도와 압축강도와의 관계를 나타낸 것이 그림 8.8이다. 이들 사이의 관계는 보통골재를 사용한 콘크리트와 거의 비슷하다.

부착강도는 슬럼프가 큰 빈배합 콘크리트의 경우에는 보통골재를 사용한 콘크리트의 약 50% 정도이지만 부배합 콘크리트의 경우에는 보통골재를 사용한 콘크리트와 거의 비슷하다고 한다. 경량골재 콘크리트의 200만 회의 압축피로강도는 정적강도의 50~55% 정도이며, 보통골재를 사용한 콘크리트의 약 75% 정도이다.

또한 인공경량골재 콘크리트의 응력 - 변형률 곡선은 거의 직선에 가깝다. 다시 말해서 경량골재 콘크리트의 응력 - 변형률 곡선은 동일 압축강도의 보통 콘크리트보다도 곡선의 곡률이 작으며, 탄성계수는 $1.2 \sim 2.0 \times 10^4$ MPa의 범위이며, 이 값은 보통 콘크리트의 50~70% 정도이다.

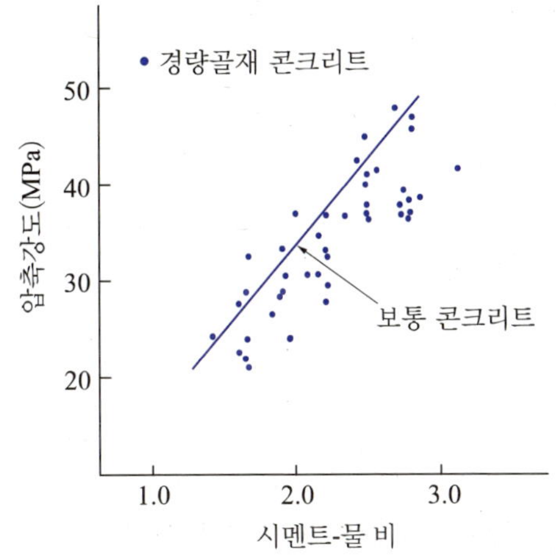

그림 8.6 경량골재 콘크리트의 시멘트 – 물 비와 압축강도 관계[5)]

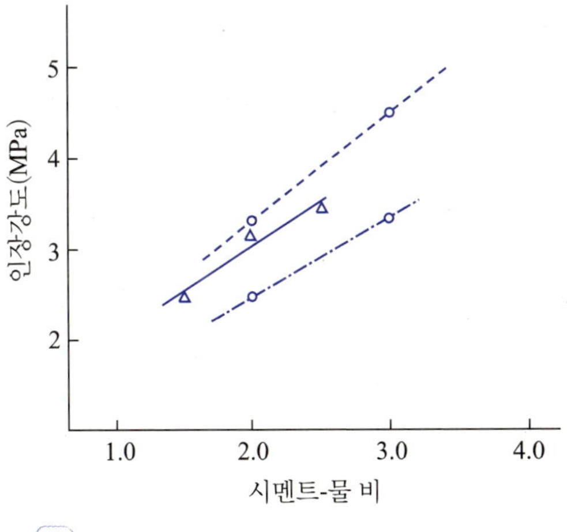

그림 8.7 시멘트 – 물 비와 인장강도[5)]

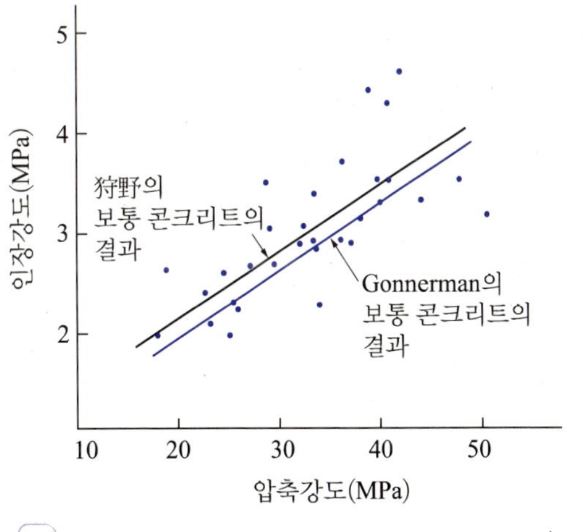

그림 8.8 압축강도와 인장강도와의 관계[5)]

푸아송 비는 1/6로 규정하고 있으나, 낮은 응력이 작용시의 푸아송 비는 0.2 전후로서 보통 콘크리트와 같으며, 파괴응력 부근에서는 보통 콘크리트의 경우처럼 푸아송 비가 급격히 증가하지 않는다.

8.2.2 재료 및 배합

1) 경량골재는 천연경량골재(잔골재 및 굵은골재), 인공경량골재(잔골재 및 굵은골재), 바텀애시경량골재(잔골재)로 분류하며, 천연경량골재는 경석, 화산암, 응회암과 같은 천연재료를 가공한 골재이고, 인공경량골재는 고로슬래그, 점토, 규조토암, 석탄회, 점판암과 같은 원료를 팽창, 소성, 소괴하여 생산되는 골재이다. 또한 바텀애시경량골재는 화력발전소에서 부산되는 바텀애시를 파쇄·선별한 골재이다.
2) 경량골재의 단위용적질량은 표 8.7과 같다.

표 8.7 경량골재의 단위용적질량[4)]

종 류	단위용적질량의 최대값(kg/m^3)	
	인공·천연 경량골재	바텀애시경량골재
잔골재	1,120 이하	1,200 이하
굵은골재	880 이하	
잔골재와 굵은골재의 혼합물	1,040 이하	

3) 경량골재 중 굵은골재의 부립률은 질량백분율로 10% 이하이어야 한다.
4) 경량골재 콘크리트는 공기연행 콘크리트로 하는 것을 원칙으로 한다.
5) 경량골재 콘크리트를 콘크리트 펌프로 압송하기 위해 콘크리트의 슬럼프를 크게 할 필요가 있을 때에는 유동화 콘크리트로 하여야 하며 그 외의 방법을 선택해서는 안 된다.
6) 경량골재 콘크리트는 가벼워서 슬럼프가 일반적으로 작게 나오는 경향이 있다. 슬럼프는 작업이 가능하도록 80～210 mm를 표준으로 한다.

그림 8.9 경량골재[6)]

8.2.3 시공

경량골재 콘크리트의 제조 시에는 골재를 프리웨팅(pre-wetting)할 필요가 있으며 일반적으로 경량골재 콘크리트 시공 시 유의해야 할 점은 다음과 같다.

1) 경량골재는 흡수율이 크고, 장기간에 걸쳐서 지속되기 때문에 골재의 함수량은 가능한 한 일정하도록 관리한다. 이것은 프리웨팅을 행한 경우에도 필요하다.
2) 운반중의 재료분리현상은 일반 콘크리트와는 반대로 골재가 위로 떠오르고 시멘트 페이스트가 가라앉는 경향이 있으므로 진동을 많이 주거나 장거리 운반은 피한다.
3) 경량골재 콘크리트는 다짐효과가 떨어지기 때문에 진동기를 이용할 필요가 있다.
4) 경량골재 콘크리트는 건조균열을 일으키기 쉽고, 이 균열이 유해한 영향을 미칠 우려가 있기 때문에 양생 중 습윤상태를 유지하도록 주의한다.

8.3 방사선 차폐용 콘크리트

방사선 차폐용 콘크리트(radiation shielding concrete)는 주로 생물체의 방호를 위하여 X선, γ선 및 중성자선 등의 방사선을 차폐할 목적으로 사용되는 콘크리트를 말한다.

방사선 차폐용 콘크리트는 소규모의 방시선 의료용, 원자력발전소 시설, 핵연료 재처리 및 저장시설 등의 콘크리트 구조물에 사용되며, 방사선의 차폐성능은 차폐체의 밀도와 두께에 비례하기 때문에 두께가 일정할 경우 밀도가 큰 만큼 차폐성능이 향상되기 때문에 일반적으로 밀도가 큰 중량골재를 사용하여 방사선 차폐용 콘크리트를 제조한다.

8.3.1 재료 및 배합

1) 철광석, 중정석, 기타의 중량골재를 사용한 방사선 차폐용 콘크리트의 단위용적질량은 3 ~ 5 t/m^3 범위이며, 대표적인 골재의 밀도와 콘크리트의 단위용적질량을 나타낸 것이 표 8.8이다.
2) 콘크리트의 슬럼프는 일반적인 경우 150 mm 이하로 하여야 한다.
3) 방사선 차폐용 콘크리트의 물 - 결합재 비는 일반적으로 50% 이하가 바람직하며 실제로 사용되고 있는 차폐용 콘크리트의 물 - 결합재 비는 대개 30 ~ 50% 범위이다.

표 8.8 각종 중량골재에 따른 콘크리트의 단위용적질량[7)]

종 류	골재의 밀도 (g/cm³)	콘크리트의 단위용적질량 (t/m³)
갈철광(褐鐵鑛) 콘크리트	일정하지 않음	2.6～2.7
동광재(童鑛滓) 콘크리트	3.05	2.7～3.0
적철광(赤鐵鑛) 콘크리트	4.0～5.3	2.9～3.1
중정석(重晶石) 콘크리트	4.2～4.7	3.3～3.6
자철광(磁鐵鑛) 콘크리트	4.5～5.2	3.5～3.8
철골재(鐵骨材) 콘크리트	7.0～8.0	3.5～6.0

그림 8.10 방사선 차폐용 콘크리트가 요구되는 구조물[8)]

8.3.2 시공

1) 굳지 않은 방사선 차폐용 콘크리트는 재료 분리가 적고, 블리딩과 수축률이 적은 콘크리트가 필요하며, 타설시 진동기를 사용할 때는 과도한 진동을 하지 않도록 시공해야 한다.

2) 방사선은 파장을 지닌 선(ray)으로 물체를 통과할 수 있기 때문에 이어치기에서 주의를 기울이지 않을 경우 누설의 위험성이 커질 수 있으므로 기밀이 최대한 유지되도록 하여야 한다.

8.4 순환골재 콘크리트

순환골재 콘크리트(recycled aggregate concrete)는 콘크리트 구조물을 해체한 폐 콘크리트로부터 물리적 또는 화학적 처리과정 등을 거쳐 제조한 순환골재를 일부 또는 전부를 사용한 콘크리트를 말한다.

순환골재는 일반골재와는 달리 폐 콘크리트의 파쇄, 선별, 입도조정 등의 공정을 통하여 생산되며, 폐 콘크리트에 존재하고 있던 원골재와 여기에 부착된 모르타르 및 골재의 품질을 저하시킬 수 있는 유기 및 무기 등의 이물질을 함유할 수 있다.

순환골재 콘크리트의 품질은 순환골재의 품질에 크게 좌우되며, 이러한 순환골재의 물리·화학적 성질은 "건설폐기물의 재활용촉진에 관한 법률" 제35조 규정의 표 8.9에 적합한 것이어야 한다.

표 8.9 순환골재의 품질[9]

구 분		순환 굵은골재	순환 잔골재	관련시험규정
절대 건조 밀도(g/cm^3)		2.5 이상	2.3 이상	KS F 2503(굵은골재) KS F 2504(잔골재)
흡수율(%)		3.0 이하	4.0 이하	KS F 2503
마모감량(%)		40 이하	-	KS F 2508
입자모양 판정실적률(%)		55 이상	53 이상	KS F 2527
0.08 mm 체 통과량 시험에서 손실된 양(%)		1.0 이하	7.0 이하	KS F 2511
알칼리 골재 반응		무해할 것		KS F 2545
점토덩어리량(%)		0.2 이하	1.0 이하	KS F 2512
안정성(%)		12 이하	10 이하	KS F 2507
이물질 함유량(%)	유기이물질	1.0 이하(용적)		KS F 2576
	무기이물질	1.0 이하(질량)		

그림 8.11 순환골재의 생산[10]

8.4.1 재료 및 배합

1) 순환골재 콘크리트는 순환골재에 포함될 수 있는 유해한 성분 때문에 가능한 혼합 시멘트를 사용하거나 시멘트 일부를 플라이애시 또는 고로슬래그 미분말을 혼합하여 사용하는 것이 좋다.
2) 순환굵은골재에는 그 표면에 모르타르가 부착되어 있으며, 순환잔골재에는 그것과 크기가 비슷한 입자형태로 존재한다. 이러한 모르타르 성분은 미수화 상태로도 존재하기 때문에 콘크리트의 알칼리양을 증가시켜 알칼리 골재반응에 의한 내구성 저하가 발생할 수 있다. 이러한 모르타르 성분은 흡수율을 높여 동결융해에 대한 저항성을 감소시킬 수 있다.
3) 순환굵은골재의 최대치수는 25 mm 이하 이지만 최대치수를 낮추는 것이 골재 표면의 모르타르가 적게 만들기 때문에 양질의 순환골재를 얻기 위해서는 가능하면 20 mm 이하의 것을 사용하는 것이 좋다.
4) 순환골재는 일반골재의 일부를 치환하여 사용하므로 일반골재의 계량오차 ±3%보다 큰 ±4%로 한다.
5) 순환골재를 사용한 콘크리트의 설계기준 압축강도는 27 MPa 이하로 한다.
6) 순환골재를 사용한 콘크리트의 순환골재 사용비율은 표 8.10과 같다.

표 8.10 순환골재 사용 방법 및 적용 가능 부위[9]

설계기준 압축강도 (MPa)	사용골재		적용 가능 부위
	굵은골재	잔골재	
27 이하	굵을골재 용적의 60% 이하	잔골재 용적의 30% 이하	기둥, 보, 슬래브, 내력벽, 교량 하부공, 옹벽, 교각, 교대, 터널 라이닝 공 등
	혼합사용 시 총 골재 용적의 30% 이하		콘크리트 블록, 도로 구조물 기초, 측구, 집수받이 기초, 중력식 옹벽, 중력식 교대, 강도가 요구되지 않는 채움재 콘크리트, 건축물의 비구조체 콘크리트 등

7) 순환골재 콘크리트는 순환골재의 잦은 품질변동을 고려하여 공기량은 보통골재를 사용한 콘크리트보다 1% 크게 하여야 한다.

8.4.2 시공

순환골재 콘크리트의 현장 적용은 사용되는 골재의 특성만 일반 콘크리트와 다를 뿐 대부분의 시공 관리는 일반 콘크리트와 동일하다.

8.5 섬유보강 콘크리트

섬유보강 콘크리트(fiber reinforced concrete)는 콘크리트의 취성적인 약점을 보강하고 균열에 대한 저항성을 높이기 위해 불연속의 단섬유를 콘크리트 중에 균일하게 분산시킴에 따라 인장강도, 휨강도, 및 인성 등을 개선하여 충격하중이나 지진하중에서도 충분한 내구성을 유지하도록 제조한 콘크리트를 말한다.

일반적으로 섬유보강 콘크리트의 특성은 콘크리트 중에 있어서의 섬유의 형상, 치수, 혼입률, 배향과 분산 및 콘크리트의 품질 등에 따라 영향을 받기 때문에 섬유의 품질 특성을 시험 등에 의해 충분히 확인한 다음에 사용하여야 한다.

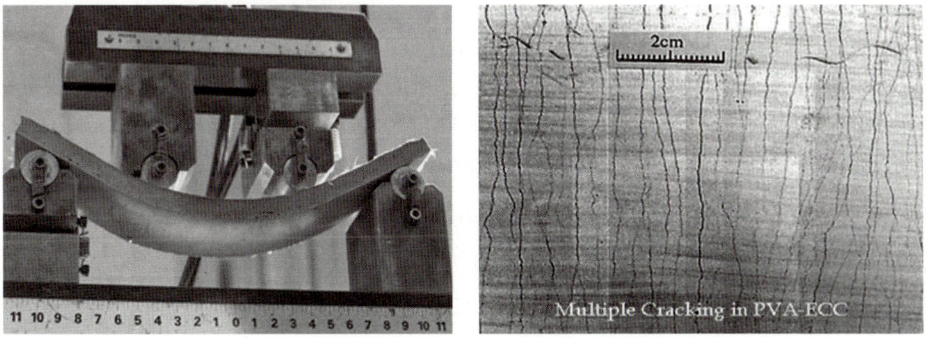

그림 8.12 섬유보강 콘크리트[11-12)]

8.5.1 재료 및 배합

1) 강섬유보강 콘크리트의 보강효과는 강섬유가 길수록 크며, 섬유의 분산 등을 고려하면 굵은골재 최대치수의 1.5 배 이상의 길이를 갖는 것이 좋다. 강섬유의 공칭길이는 20～60 mm, 형상비는 30～80 mm 범위를 표준으로 하고 있다.
2) 시멘트계 복합재료용 섬유로서 이용되는 섬유에는 강섬유, 내 알칼리성 유리섬유, 탄소섬유 등의 무기계 섬유와 아라미드섬유, 폴리프로필렌섬유, 비닐론섬유, 나일론 등의 유기계섬유로 분류되며 이들 섬유의 물리적 성질은 표 8.11과 같다. 이들 섬유는 사용목적에 따라 차이가 있으나 일반적으로 섬유와 시멘트 결합재 사이의 부착성이 양호하고, 섬유의 인장강도가 크며, 내구성, 내열성 및 내후성이 우수하여야 한다.

표 8.11 여러 가지 섬유의 물리적 성질[13)]

구분 / 섬유의 종류		지름 (10^{-3} mm)	길이 (mm)	밀도 (mg/mm³)	탄성계수 (×10³ MPa)	인장강도 (MPa)	파괴 때 변형률 (%)
강섬유		200~600	10~60	7.85	200	400~2,000	3.5
유리섬유	E-Glass	8~10	10~50	2.54	73.5	3,570	4.8
	Cem-Fil	125		2.54	81.6	2,550	3.6
탄소섬유	PAN계	7~8		1.78	370	2,500	~ 0.5
	Pitch계	9		2.00	280	2,500	~ 1.0
폴리비닐·알코올계				1.30	11~37	310~1500	3~13
폴리프로필렌섬유		100~600		0.90	3.6~18	260~710	5~21
아라미드섬유(HM-50)				1.45	63~136	70~920	2.1~2.7
폴리아라미드계(나일론)		>4	5~50	1.14	4.1	765~918	13.5
폴리에틸렌섬유				0.95	0.14~2.2	2,000~2,960	10~15
폴리에스테르계(테트론)				1.40	8.1	740~880	11~13
셀룰로오스계(레이온)				1.20	10.2	310~510	10~20

3) 섬유의 형상, 치수 및 혼입률은 섬유보강 콘크리트의 소요 압축강도, 휨강도 및 인성을 고려하여 정해야 하며 일반적인 비비기 방법에 의하여 혼입할 수 있는 섬유량은 콘크리트 용적의 0.5~2% 정도이다.

4) 믹서는 강제식 믹서를 사용하는 것을 원칙으로 하며, 파이버볼 등이 발생하지 않도록 섬유를 콘크리트 속에 균일하게 분산하여 비비기를 하여야 한다.

8.5.2 시공

1) 강섬유보강 콘크리트의 경우에는 강섬유 혼입률이 중요한 품질관리 항목이며, 일반 콘크리트에서 요구되는 항목에 추가로 강섬유 혼입률에 대해서도 표 8.12와 같이 품질관리 및 검사를 실시하여야 한다.

표 8.12 강섬유 혼입률에 대한 품질 검사[14)]

항 목	시험·검사 방법	시기·횟수	판정 기준
강섬유 혼입률	KCI-SF102	강도용 시험체를 채취할 때와 품질변화를 보였을 때	허용차(%) ±0.5
강섬유 혼입률 (숏크리트)	KCI-SF103	강도용 시험체를 채취할 때와 품질변화를 보였을 때	허용차(%) ±0.5

2) 강섬유보강 콘크리트의 경우에는 균열저항성과 인성이 중요한 품질관리 항목이며, 휨강도 및 휨인성 지수의 판정기준은 표 8.13에 따른다.

표 8.13 설계기준 휨강도와 휨인성 지수(MPa)[14]

설계기준 휨강도	휨인성 지수
4.5 이상	3.0 이상
5.5 이상	3.5 이상
7.0 이상	5.5 이상
9.0 이상	7.0 이상

8.6 유동화 콘크리트

유동화 콘크리트(superplasticized concrete)는 시공성 향상을 위하여 비비기를 완료한 기본배합의 콘크리트인 베이스 콘크리트에 시멘트 입자의 분산성이 우수한 유동화제를 첨가하여 유동성을 증대시킨 콘크리트를 말한다.

유동화 콘크리트는 장거리 운송, 도심 교통정체로 인한 운송지연 및 복잡한 현장구조물 등으로 타설 시간이 지연됨에 따라 베이스 콘크리트의 유동성이 떨어질 경우 일시적으로 유동성을 증대시키는 방법으로 현장에서 다양하게 적용할 수 있다.

유동화 콘크리트는 유동화제의 첨가에 의해 유동성을 크게 한 콘크리트로서 유동화제를 첨가하기 전의 콘크리트 강도, 기타의 품질이 나쁘게 되는 것은 거의 없다. 이 때문에 유동화 콘크리트의 사용은 콘크리트의 품질을 변화시키는 것이 아니라 치기 및 다짐 등의 시공성을 개선한 방법으로 이용되며 콘크리트 펌프에 의한 콘크리트의 압송성을 개선하기 위한 유효한 수단이 된다. 또한 슬럼프를 일반적인 콘크리트와 동일하게 한 유동화 콘크리트를 제조하려면 단위수량 및 단위시멘트양을 절감시키는 것이 가능하게 되므로 온도균열의 방지 및 콘크리트의 고품질에도 유용하다. 유동화의 기술은 콘크리트의 시공성 및 품질 개선을 하고자 하는 경우에 비교적 용이하게 채택할 수 있는 편리한 방법이며 그 응용성도 높다.

그러나 유동화 콘크리트는 유동화제의 첨가에 따른 유동성을 증대시키는 것이므로 워커빌리티 및 슬럼프의 경과시간에 따른 변화 등은 보통 콘크리트의 경우와 비교하여 상당히 크다. 또한 콘크리트의 배합 및 유동화제의 첨가량이 적절하지 않는 경우 콘크리트의 품질에 나쁜 영향이 생기며 소기의 목적이 달성될 수 없게 된다.

토목구조물에 유동화 콘크리트를 사용할 경우 다음과 같은 효과가 기대된다.

1) 유동성 향상에 따라 트럭 애지테이터에서의 배출이 용이하며 펌프압송효율, 충전성 등의 작업성 향상
2) 베이스 콘크리트의 단위수량을 적게 했을 경우 블리딩 감소, 강도 향상, 거푸집의 조기탈형, 마무리시간의 단축, 구조부재의 상·하 균질성 향상, 건조수축 저감에 의한 균열의 방지, 내구성, 수밀성, 철근 등에 대한 부착성의 향상
3) 베이스 콘크리트의 단위시멘트양, 단위수량을 줄일 경우, 경제성의 향상, 수화열의 감소에 의한 균열의 저감 등의 장점이 있다.

8.6.1 재료 및 배합

1) 유동화제는 표준형과 지연형이 있으며, 유동화 콘크리트의 품질에 대한 영향을 고려하여 선정하여야 한다. 특히 유동화제와 베이스 콘크리트에 사용한 공기연행제 및 감수제 등과의 상호작용에 따라 각각 그 효과에 영향을 미치므로 유동화제 선정 시 주의가 필요하다.
2) 유동화 콘크리트의 제조는 베이스 콘크리트에 유동화제를 첨가하는 방식으로 트럭 교반기에서 만들어지기 때문에 베이스 콘크리트의 품질에 유동화 콘크리트의 품질이 좌우된다.
3) 유동화 콘크리트의 슬럼프 증가량은 100 mm 이하를 원칙으로 하며, 일반적으로 베이스 콘크리트의 슬럼프는 80~120 mm 정도로 정하고 슬럼프 증가량을 50~80 mm로 하는 것이 바람직하다.
4) 유동화제를 사용할 경우 원액을 물에 희석시켜 사용하거나 분말을 물에 사용할 경우 콘크리트의 단위수량을 증가시키므로 유동화제의 원액 및 분말을 그대로 사용하여야 한다.

8.6.2 시공

1) 베이스 콘크리트를 유동화시키는 방법은 공사 현장에서 베이스 콘크리트에 유동화제를 첨가하여 트럭 교반기에서 균일하게 교반시키는 방법, 레디믹스트 콘크리트 공장에서 첨가하여 공장유동화 방법 및 공장에서 첨가하여 저속으로 교반하면서 운반하고 현장 도착 후 고속으로 유동화 시키는 3종류 방법이 있다.

2) 유동화 콘크리트의 재유동화는 유동화제의 과잉첨가에 따른 재료 분리 및 응결지연 등의 문제와 내구성 및 장기강도 등에 악영향을 줄 수 있기 때문에 원칙적으로 할 수가 없다.
3) 일반적으로 유동화제를 첨가 후 트럭 교반기의 교반시간은 총 30회 전후의 회전수로 고속의 경우 2~3분, 중속으로 3~5분 정도 혼합시키는 것이 바람직하다.

8.7 고유동 콘크리트

고유동 콘크리트(high-fluidity concrete)는 굳지 않은 상태에서 사용 재료들의 재료 분리 없이 높은 유동 및 충전성을 가진 콘크리트로 진동 및 다짐작업 없이 또는 추가의 다짐작업으로 거푸집 구석구석까지 재료 분리를 일으키지 않고 밀실하게 충전이 가능한 콘크리트를 말한다.

진동 및 다짐작업 없이 콘크리트 자중만으로 충전이 가능한 해외의 자기충전 콘크리트(self-compating concrete)와 달리 국내의 고유동 콘크리트는 일부 다짐작업을 허용하고 있다.

고유동 콘크리트는 일반 콘크리트로는 충전이 곤란한 과밀배근 및 단면이 복잡한 구조물에 적용할 수 있으며, 다짐작업 시 수반되는 소음 및 진동을 피할 수 있을 뿐만 아니라 연속적으로 다설직업이 가능함에 따라 공사기간을 단축할 수 있는 장점을 가지고 있다. 특히 다짐작업을 하지 않을 경우 균질한 콘크리트 구조체를 만들 수 있어 유지관리 측면에서 효율적이다.

고유동 콘크리트의 자기 충전성은 다음과 같이 3가지 등급으로 구분한다.

1) **1등급** : 최소 철근 순간격 35~60 mm 정도의 복잡한 단면 형상, 단면 치수가 작은 부재 또는 부위에서 자기 충전성을 가지는 성능
2) **2등급** : 최소 철근 순간격 60~200 mm 정도의 철근 콘크리트 구조물 또는 부재에서 자기 충전성을 가지는 성능 (일반적인 철근 콘크리트 구조물 또는 부재는 자기 충전성 등급을 2등급으로 정한다.)
3) **3등급** : 최소 철근 순간격 200 mm 정도 이상으로 단면 치수가 크고 철근량이 적은 부재 또는 부위, 무근 콘크리트 구조물에서 자기 충전성을 가지는 성능

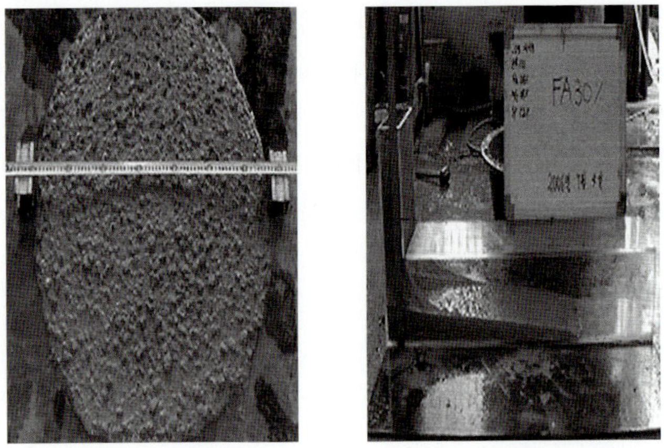

그림 8.13 고유동 콘크리트의 유동성[2)]

그림 8.14 고유동 콘크리트의 재료분리 저항성[2)]

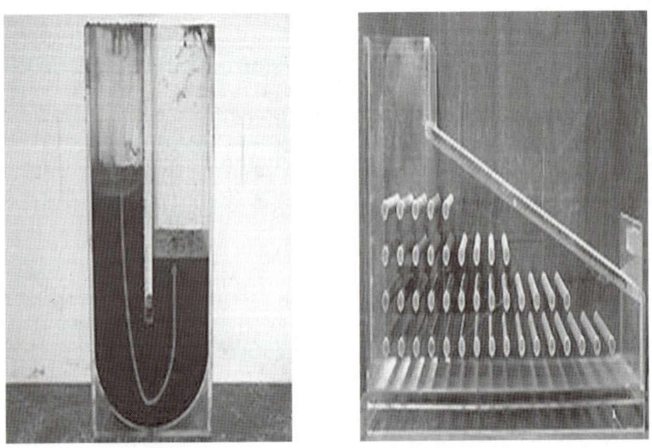

그림 8.15 고유동 콘크리트의 충전성[2)]

8.7.1 품질

1) 굳지 않은 콘크리트의 유동성의 슬럼프 플로의 범위는 600 mm 이상으로 한다.
2) 굳지 않은 콘크리트의 재료 분리 저항성은 슬럼프 플로 시험 후 콘크리트 중앙부에는 굵은골재가 모여 있지 않고, 주변부에는 페이스트가 분리되지 않아야 하며, 슬럼프 플로 500 mm 도달시간이 3～20초 범위를 만족하여야 한다.

8.7.2 재료 및 배합

1) 고유동 콘크리트의 재료분리 저항성은 시멘트 또는 각종 무기질 혼화재료의 분체량을 증가시켜서 점성을 높이거나 화학혼화제인 증점제를 사용함으로써 가능하기 때문에 사용할 각각의 재료를 충분히 검토한 후 사용하여야 한다.
2) 고유동 콘크리트에 사용되는 화학 혼화제 중 유동성능 향상에 사용되는 고성능 감수제의 주성분에는 나프탈렌계, 메라민계, 리그니계 및 폴리칼본산계 등이 있지만 최근에는 폴리칼본산계의 성능이 우수하여 많이 사용되고 있으며, 재료분리 저항성능 향상에 사용되는 증점제의 주성분에는 셀룰로오스계, 바이오폴리머계, 다당류폴리머계 및 아크릴계 등이 사용되고 있다.
3) 고유동 콘크리트에 사용되는 무기질 혼화재는 플라이애시, 고로슬래그 미분말 및 실리카흄과 같은 수경성 및 포졸란 반응으로 강도에 기여하는 것과 석회석 미분말처럼 비수경성으로 강도에 기여하지 않고 점성증가에만 기여하는 것이 있으므로 충분한 시험을 통하여 그 성능을 확인 후 사용하여야 한다.
4) 고유동 콘크리트를 제조하는 방법은 페이스트 중의 분체량을 증가시켜 페이스트의 항복값과 소성점도를 높이는 분체계 방법, 화학 혼화제인 증점제를 첨가하여 재료분리 저항성을 확보하는 증점계 방법 및 분체계와 증점계를 동시에 사용하는 병용계 방법이 있다.

8.7.3 시공

1) 고유동 콘크리트는 유동성이 크므로 타설 후 거푸집에 원칙적으로 액압이 작용하는 것으로 보아야 한다.
2) 고유동 콘크리트는 충전성이 크기 때문에 거푸집 이음면이 견고하게 밀착되지 않으면 누출될 수 있으므로 이음면을 밀실하게 조립하여야 한다.
3) 고유동 콘크리트는 거푸집면의 콘크리트 표면에 기포가 많이 잔존하는 경우가 많기

때문에 거푸집의 재질이나 박리제의 종류 등에 주의하여야 한다.

4) 고유동 콘크리트의 최대 자유낙하 높이는 5 m 이하로 하고 낙하로 인한 재료분리가 없어야 한다. 최대 수평 유동거리는 15 m 이하로 한다.

8.8 고강도 콘크리트

고강도 콘크리트(high strength concrete)는 설계기준 압축강도가 보통 또는 중량골재 콘크리트에서 40 MPa 이상, 경량골재 콘크리트에서 27 MPa 이상인 경우의 콘크리트를 말한다. 고강도 콘크리트는 혼화제인 고성능AE감수제가 1960년대 개발되면서 세계적으로 연구 및 실용화되기 시작하였으며, 최근 토목구조물 및 건축구조물이 장대화 및 초고층화 됨에 따라 콘크리트의 고강도 및 고성능화에 대한 필요성이 지속적으로 요구되고 있다.

일반적으로 고강도 콘크리트는 물 - 결합재 비를 감소시켜 시멘트 경화체의 조직을 치밀하게 하여 콘크리트의 강도향상 및 내구성 증진시킬 수 있으며, 국내의 경우 1997년 건축구조물인 타워팰리스에 80 MPa의 고강도, 2002년 선유도 보도교에 200 MPa의 초고강도 콘크리트를 적용한 실적이 있다. 또한, 2017년 도로 사장교인 춘천대교에 180 MPa, 쉘구조의 울릉도 리조트에 120 MPa가 적용되었으며, 2015년 미국 Hawkeye UHPC Bridge에 고강도 콘크리트가 적용되었다. 2022년 완공예정인 고덕대교에는 지간장이 540 m로 세계에서 가장 긴 사장교로 고강도 콘크리트가 적용되었다.

8.8.1 재료 및 배합

1) 고강도 콘크리트는 부배합, 즉 단위시멘트양이 많기 때문에 시멘트 대체 재료인 플라이애시, 고로슬래그 미분말 등을 사용하기도 하고, 보다 높은 강도를 발현하기 위해 실리카흄 등을 시멘트 대체재료로 사용한다.
2) 고강도 콘크리트는 고성능 감수제를 사용하여야 하며, 고성능 감수제의 경우 종류에 따라 효과가 다르기 때문에 가능한 시험배합을 거쳐 사용하여야 한다.
3) 고강도 콘크리트는 시멘트 페이스트 강도가 골재강도보다 상대적으로 강하기 때문에 굵은골재 파괴가 선행되는 경우가 많으며, 굵은골재 자체의 강도는 콘크리트 강도에 크게 영향을 미치기 때문에 단단하고 견고한 골재를 선별 사용하여야 한다.
4) 물 - 결합재 비는 강도에 가장 큰 영향을 미치기 때문에 40 MPa 이상의 강도 발현을

위해서는 가능한 45% 이하의 물-결합재 비 값으로 소요의 강도와 내구성을 고려하여 정한다.

5) 공기량이 많을수록 강도가 저하되기 때문에 기상의 변화가 심하거나 동결융해에 대한 대책이 필요한 경우에만 공기연행제를 사용한다.

8.8.2 시공

1) 고강도 콘크리트용 거푸집 및 동바리는 높은 측압과 유동성 증가에 대하여 충분히 저항할 수 있는 소정의 강도와 강성을 가지도록 시공하여야 한다.
2) 고강도 콘크리트는 결합재량이 많은 부배합이기 때문에 점성이 일반 콘크리트보다 높아 재료 분리 발생 가능성이 낮으므로 타설 품질에 악영향을 미치지 않는 범위에서 1 m 이하인 타설 낙하높이를 다소 조절할 수 있다.
3) 고강도 콘크리트는 점성이 높아 진동기의 진동이 전달되는 범위가 일반 콘크리트보다 크기 때문에 다짐시간이나 진동기의 삽입간격 등을 사전에 검토하여야 한다.
4) 고강도 콘크리트는 낮은 물-결합재 비를 가지므로 습윤양생 개시 시기를 일반 콘크리트 보다 빨리 실시하여야 한다.

그림 8.16 고강도 콘크리트가 요구되는 구조물[15)]

5) 고강도 콘크리트는 블리딩이 적고 타설 직전에 표면이 건조하여 표면 마무리가 어려워지는 경우가 있기 때문에 직사광선이나 바람에 의해 수분이 증발하지 않도록 하여야 한다.
6) 설계기준강도가 50 MPa 이상인 고강도 콘크리트의 경우 폭렬 방지를 위하여 섬유 혼입 및 이와 동등 이상의 성능을 발현할 수 있는 방안을 마련하여야 한다.

8.9 한중 콘크리트

한중 콘크리트(cold weather concrete)는 하루의 평균기온이 4℃ 이하로 되는 기상조건에서 콘크리트가 응결경화 반응이 몹시 지연되고 동결할 우려가 있을 때 시공되는 콘크리트를 말한다.

콘크리트가 응결, 경화의 초기단계에 동결하거나 여러 번의 동결융해작용을 받으면 쉽게 동결팽창하여 초기동해를 받는다. 초기동해를 받은 콘크리트는 그 후 적절한 양생을 실시해도 강도를 회복하기 힘들며 내구성 및 수밀성 등에 나쁜 영향이 오래도록 미치게 된다. 또한 콘크리트가 동결하지 않더라도 5℃ 정도 이하의 저온에 노출되면, 응결 및 경화반응이 상당히 지연되어 관리재령 내에 소정의 강도 발현이 이루어지지 않는다. 따라서 이러한 시기에 시공된 구조물이 하중을 받는 경우 균열, 잔류변형 등의 문제가 생기기 쉽기 때문에 적절한 조치를 취하여야 한다.

8.9.1 재료 및 배합

1) 시멘트는 포틀랜드시멘트를 사용하는 것을 표준으로 하고 있으며 매시브한 콘크리트의 경우에는 수화열에 의하여 균열이 발생할 우려가 있으므로 중용열포틀랜드시멘트 혹은 혼합시멘트로 사용하기도 한다. 수화열에 의한 균열의 문제가 없는 경우에는 조강포틀랜드시멘트나 초조강포틀랜드시멘트의 사용이 효과적이다.
2) 긴급공사용의 특수시멘트로서는 초속경시멘트를 사용하면 양생을 매우 짧은 시간으로 한정할 수 있어서 겨울철에도 수시간 후에 구조물을 사용할 수 있으나, 경화시간 조정제의 사용량에 따라 응결 및 경화성상이 대폭적으로 변하기 때문에 사용온도의 응결성상을 정확하게 파악해 둘 필요가 있다. 한편 시멘트는 어떠한 경우라도 직접 가열해서는 안 된다.
3) 골재는 동결되어 있는 그대로 사용하면 콘크리트의 온도가 낮아져서 콘크리트가 동

결할 우려가 있으며 또 골재에 빙설이 혼입되어 있는 경우 그대로 사용하면 콘크리트의 온도가 낮아질 뿐만 아니라 콘크리트의 단위수량을 일정하게 유지하기 어려워지므로 골재는 시트 등으로 덮어 저장하는 것이 좋다.

4) 골재는 온도가 균등하게 되고, 과도하게 건조하지 않는 방법으로 가열하고 어느 정도의 보온이 필요하다. 골재를 65℃ 이상으로 가열하면 취급이 곤란하고, 시멘트를 급결시킬 우려가 있다. 일반적으로 물과 골재의 혼합물의 온도를 40℃ 이하로 해두면 이러한 우려가 없어진다.
5) 재료를 가열하여 제조한 콘크리트의 대체적인 온도 T는 비비기 중에 콘크리트의 냉각을 고려하지 않으면 다음 식으로 계산할 수 있다.

$$T = \frac{C_s(T_a W_a + T_c W_c) + T_m W_m}{C_s + (W_a + W_c) + W_m}$$

여기서, W_a 및 T_a : 골재 질량(kg) 및 온도(℃)

W_c 및 T_c : 시멘트의 질량(kg) 및 온도(℃)

W_m 및 T_m : 비비기에 사용한 물의 질량(kg) 및 온도(℃)

C_s : 시멘트 및 골재의 비열로서 0.2로 가정해도 좋다.

6) 한중 콘크리트에서는 AE제 또는 AE감수제를 사용하는 것을 표준으로 하고 있다. 고성능감수제나 고성능 AE감수제를 사용하여 물-시멘트 비를 작게 하는 것이 동결에 대한 저항성을 높이는데 효과적이다. 그러나 낮은 온도에서의 감수성능, 워커빌리티의 변화 등에 주의할 필요가 있다.
7) 방동제(防凍劑), 내한제(耐寒劑) 등의 혼화제를 사용할 경우 사용효과 등을 충분히 조사하여 품질확인을 해야 한다.
8) 단위수량은 초기동해를 적게 하기 위하여 소요의 워커빌리티를 유지할 수 있는 범위 내에서 되도록 적게 정하여야 한다.
9) 한중 환경에 있어 동결융해 저항성을 갖는 콘크리트의 모세관 조직의 치밀화를 위하여는 물-결합재 비 60% 이하로 하여야 한다.

8.9.2 시공

(1) 비비기, 운반 및 타설

1) 콘크리트를 제조할 때 가열한 재료의 믹서 투입순서는 더운 물과 굵은골재, 다음에 잔골재를 넣어서 믹서안의 재료의 온도가 40℃ 이하로 되고 나서 최후에 시멘트를

넣는 것이 좋다.

2) 콘크리트의 보통 운반시간, 치기시간을 1시간으로 했을 때 콘크리트의 온도와 주위의 기온과의 차를 15% 정도라고 하며, 치기 종료 시의 콘크리트의 온도는 다음 식으로 추산할 수 있다.

$$T_2 = T_1 - 0.15(T_1 - T_0)t$$

여기서, T_2 : 치기 종료 시의 콘크리트 온도(℃)

T_1 : 믹싱시의 콘크리트 온도(℃)

T_0 : 주위의 기온

t : 비빈 후부터 치기를 끝냈을 때까지의 시간(h)

3) 콘크리트 타설 시의 온도는 구조물의 단면치수, 기상조건 등을 고려하여 5~20℃를 원칙으로 하고 있으며, 한중 콘크리트 시공시의 콘크리트 시공시의 콘크리트 온도의 기준 예를 나타낸 것이 표 8.14이다.

표 8.14 한중 콘크리트의 시공 시 콘크리트의 온도기준 예[16]

단 면		얇은 경우	두꺼운 경우
믹싱 후 콘크리트의 최저온도	기온 −1℃ 이상	13~16℃	10℃
	기온 −1~−18℃	16~19℃	13℃
	기온 −18℃ 이하	19~21℃	16℃
타설 시의 콘크리트의 최저온도[1)]		10~30℃	7℃

(주) 1) 콘크리트를 타설 후부터 3일 간은 이 온도보다 낮아지지 않도록 양생한다.

(2) 양생

1) 콘크리트는 타설 후 초기에 동결하지 않도록 잘 보호하여야 하고, 특히 구조물의 모서리나 가장자리의 부분은 보온하기 어려운 곳이어서 초기동해를 받기 쉬우므로 초기양생에 주의하여야 한다.

2) 콘크리트를 타설한 직후에 찬바람은 콘크리트 표면으로부터 수분의 증발을 촉진시켜서 표면 근처의 콘크리트 온도를 저하시키기 때문에 콘크리트 표면에 닿는 것을 방지하여야 한다.

3) 한중 콘크리트는 표 8.15의 소요 압축강도가 얻어질 때까지 콘크리트의 온도를 5℃ 이상으로 유지하여야 하며, 또한 소요 압축강도에 도달한 후 2일간은 구조물의 어느 부분이라도 0℃ 이상이 되도록 유지하여야 한다.

표 8.15 한중 콘크리트의 양생 종료 때의 소요 압축강도의 표준(MPa)[16)]

구조물의 노출 \ 단면	얇은 경우	보통의 경우	두꺼운 경우
(1) 계속해서 또는 자주 물로 포화되는 부분	15	12	10
(2) 보통의 노출상태에 있고 (1)에 속하지 않는 부분	5	5	5

4) 표 8.15의 강도를 얻기에 필요한 양생일수는 5℃ 및 10℃에서 양생할 경우 표 8.16과 같다.

표 8.16 소요의 압축강도를 얻는 양생일수의 표준(보통의 단면)[16)]

구조물의 노출상태 \ 시멘트의 종류		보통포틀랜드 시멘트	조강포틀랜드 보통포틀랜드+촉진제	혼합시멘트 B종
(1) 계속해서 또는 자주 물로 포화되는 부분	5 ℃	9일	5일	12일
	10 ℃	7일	4일	9일
(2) 보통의 노출상태에 있고 (1)에 속하지 않는 부분	5 ℃	4일	3일	5일
	10 ℃	3일	2일	4일

5) 한중 콘크리트의 보온양생 방법은 급열양생, 단열양생, 피복양생 및 이들을 복합한 방법 중 한 가지 방법을 선택하여 사용한다. 단열보온양생은 단열성이 높은 재료로 콘크리트의 수위를 덮어서 시멘트의 수화열을 이용하여 소정강도가 얻어질 때까지 보온하는 것이며, 급열양생은 기온이 낮은 경우 또는 단면이 얇은 경우에 보온만으로는 동결온도 이상의 온도를 유지할 수 없을 때 급열에 의하여 양생하는 것이다.

6) 콘크리트의 양생의 한 수단으로 콘크리트에 급열(給熱)하는 경우, 콘크리트가 가열되어 콘크리트로부터 물의 증발이 심해져서 건조되는 경우가 생기므로 주의해야 하며, 급열양생(給熱養生) 또는 보온양생(保溫養生)을 마친 후 온도가 높은 콘크리트를 갑자기 한기(寒氣)에 노출하면 콘크리트 표면에 균열이 생길 우려가 있으므로 적당한 방법으로 보호하여 서서히 식도록 해야 한다.

7) 양생을 마친 후 24시간까지 허용할 수 있는 온도강하의 최대치는 단면이 얇은 경우 22～28℃, 두꺼운 경우 17℃로 규정하고 있는 예가 있다.

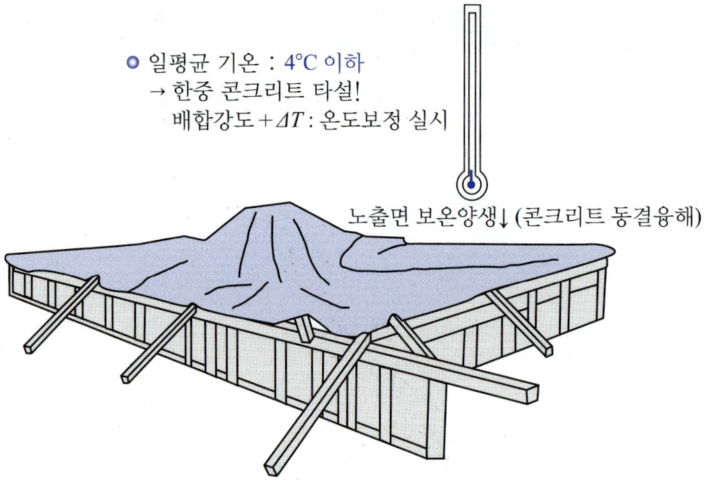

그림 8.17 한중 콘크리트 고려사항[17)]

8.10 서중 콘크리트

서중 콘크리트(hot weather concrete)는 하루 평균기온이 25℃를 초과하는 높은 외부기온으로 인하여 콘크리트의 슬럼프 저하나 수분의 급격한 증발 등의 염려가 있을 경우에 시공되는 콘크리트를 말한다.

기온이 높으면 그에 따라 콘크리트의 온도가 높아져서 소요수량의 증가, 수송 중의 슬럼프의 저하, 치기 후의 급격한 응결, 수화열로 인한 온도상승의 증가, 콜드조인트(cold joint)의 발생, 강도 감소 등의 불리한 결과가 생기므로 콘크리트의 온도가 쳐 넣은 때와 쳐 넣을 직후에 될 수 있는 대로 낮아지도록 재료의 취급, 비비기, 치기 및 양생에 대하여 특히 고려해야 한다. 또 기온이 높고 습도가 낮을 때에는 쳐 넣은 콘크리트의 표면에서 증발과 건조가 매우 빨라 균열이 생기는 경우가 있으므로 양생에 대하여 주의해야 한다.

서중 콘크리트로서 시공해야 할 기간을 일률적으로 정하기는 곤란하나 콘크리트를 쳐 넣을 때의 온도가 30℃를 넘으면 여러 가지 영향이 현저해지며, 쳐 넣을 때의 콘크리트의 온도는 기온보다 높아지는 일이 많은 점 등을 고려하면 하루의 평균기온이 25℃를 넘는 시기에는 서중 콘크리트의 시공을 되도록 준비하는 것이 좋다.

8.10.1 재료 및 배합

1) 시멘트의 온도가 콘크리트의 온도에 미치는 영향은 비교적 크지 않지만 보통시멘트 온도가 ±8℃ 차이가 있으면 콘크리트 온도는 ±1℃ 정도 변화한다. 그러므로 고온의 시멘트를 사용하지 않도록 주의해야 한다.
2) 골재의 온도가 콘크리트의 온도에 미치는 영향은 크며, 골재의 온도 ±2℃에 대하여 콘크리트 온도는 ±1℃ 정도 변화한다. 그러므로 장시간 뙤약볕에 방치했던 골재를 그대로 사용하면 콘크리트의 온도가 40℃ 이상으로 되어 소요의 단위수량의 증가, 수송중의 슬럼프의 저하, 또는 타설 후의 급격한 응결 등이 심해지는 경우가 있다. 그래서 골재는 적당한 시설로 일광의 직사를 피하거나 또는 굵은골재에 살수해야 한다.
3) 콘크리트의 온도를 낮추기 위해서는 될 수 있는 대로 낮은 온도의 물을 사용하는 것이 효과적이며 얼음을 사용하는 것도 콘크리트의 온도를 낮추기 위한 유효한 방법이며, 보통 물의 온도 4℃에 대하여 콘크리트의 온도 1℃ 정도 변화한다.
4) 감수제 또는 AE감수제를 사용할 경우, 표준형 대신 지연형을 사용하는 것이 효과적인 방법이라고 할 수 있다. 콜드 조인트의 발생을 방지할 목적으로 지연제 등을 사용할 경우에는 그 사용방법에 대하여 충분히 검토하고, 첨가량에 대해서 특별한 주의가 필요하다.
5) 유동화 콘크리트의 경우는 지연형 유동화제를 사용하던가 베이스 콘크리트에 지연형의 감수제 또는 AE감수제 등을 사용하는 것이 바람직하다.
6) 일반적으로는 기온 10℃의 상승에 대하여 단위수량은 2~5% 증가하므로 소요의 압축강도를 확보하기 위해서는 단위수량에 비례하여 단위시멘트양의 증가를 검토하여야 한다.

8.10.2 시공

1) 기온이 높은 시기에는 지반, 거푸집 등이 건조하기 쉬워 콘크리트의 유동성이 저하할 가능성이 있으므로 충분히 습윤상태를 유지해야 한다. 직사 일광에 따라서 거푸집, 철근 등이 고온상태로 되면, 콘크리트가 급격히 응결하여 품질에 나쁜 영향을 미친다. 그러므로 이러한 일이 일어날 우려가 있는 경우에는 살수 및 덮개를 해서 거푸집이나 철근이 고온으로 되는 것을 방지해야 한다.

2) 콘크리트의 슬럼프는 운반 중 시간의 경과에 따라서 감소하므로 비빈 후 장시간이 지난 콘크리트는 치기가 곤란해질 수도 있다. 일반적인 경우, 비빈 후 90분 이내이면 슬럼프의 손실량이 작아서 큰 문제는 없으나 기온의 상승과 더불어 슬럼프 손실이 증대하는 경향이 있으므로, 서중 콘크리트의 경우에는 비빈 후 1시간 이내에 타설하는 것이 바람직하며, 일반적인 대책을 강구했을 경우라도 1.5시간 이내에 타설하여야 한다.
3) 서중 콘크리트에서 쳐 넣을 때의 콘크리트온도가 높으면 여러 가지 나쁜 영향을 미치므로 가능한 콘크리트의 온도를 35℃ 이하로 낮추는 것이 바람직하다.
4) 콘크리트의 표면이 직사일광이나 바람에 노출되면 갑자기 건조해서 균열이 발생하기 쉬우므로 타설을 끝낸 콘크리트는 노출면이 건조하지 않도록 즉시 양생하여야 한다. 특히 타설 후 적어도 24시간 동안은 노출면이 건조하지 않도록 습윤상태를 유지해야 하며, 양생은 최소한 5일 이상 실시하는 것이 바람직하다.
5) 목재거푸집의 경우처럼 거푸집 판에 접해서 건조가 일어날 우려가 있는 경우에는 거푸집도 습윤상태로 유지해야 한다. 거푸집을 떼어낸 후에도 양생기간 동안은 노출면을 습윤상태로 유지하는 것이 바람직하다.

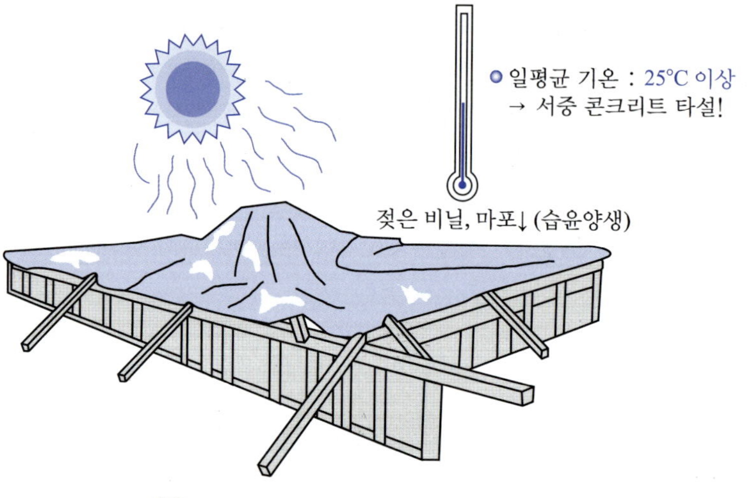

그림 8.18 서중 콘크리트 고려사항[17]

8.11 매스 콘크리트

매스 콘크리트(mass concrete)는 부재 또는 구조물의 치수가 커서 시멘트의 수화열에 의한 온도상승 및 강하를 고려하여 시공하는 콘크리트를 말한다. 매스 콘크리트로 다루어야 하는 구조물의 부재치수는 일반적인 표준으로서 넓이가 넓은 슬래브에서는 두께 0.8 m 이상, 하단이 구속된 벽체 구조에서는 두께 0.5 m 이상으로 보면 된다. 그러나 프리스트레스트 콘크리트 구조물 등 부배합의 콘크리트가 쓰이는 경우에는 더 얇은 부재라도 구속조건에 따라 매스 콘크리트로 분류된다.

단면치수가 큰 콘크리트 부재는 그림 8.19와 같이 콘크리트 타설 후 수화반응으로 인한 발열과정에서 콘크리트 내부는 온도가 높아져 팽창하지만 표면은 외기와 접해있어 변형이 크지 않기 때문에(내부구속) 응력 및 표면균열이 발생할 수 있으며, 타설 후 1～3일 경과 후의 냉각과정에서 콘크리트의 체적은 수축하지만 이러한 현상이 기초에 구속되어(외부구속) 콘크리트의 하부에 응력 및 균열이 발생할 수 있다. 특히 외부구속에 의한 균열은 구조물을 관통하는 경우도 있기 때문에 매스 콘크리트에서의 온도균열은 주의하여야 한다.

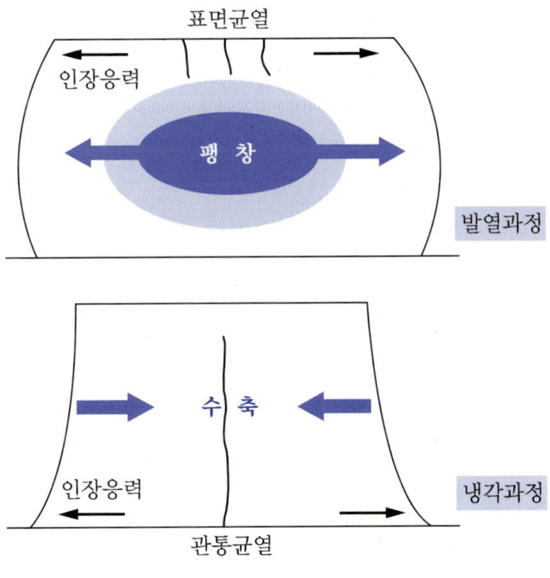

그림 8.19 수화열에 의한 온도균열 발생유형[18)]

8.11.1 온도균열의 제어

1) 매스 콘크리트에서는 구조물에 필요한 기능 및 품질을 손상시키지 않도록 온도균열을 제어하기 위하여 적절한 콘크리트의 품질, 적절한 시공방법의 선정 및 균열제어철근의 배치 등의 조치를 강구하여야 한다.
2) 매스 콘크리트의 설계 및 시공 상의 유의사항은 온도균열의 제어에 있으며 이를 위해서는 건설되는 구조물의 용도, 필요한 기능 및 품질에 대응하도록 균열발생방지 혹은 균열폭, 간격, 발생위치에 대한 제어를 실시하여야 한다.

댐 구조물

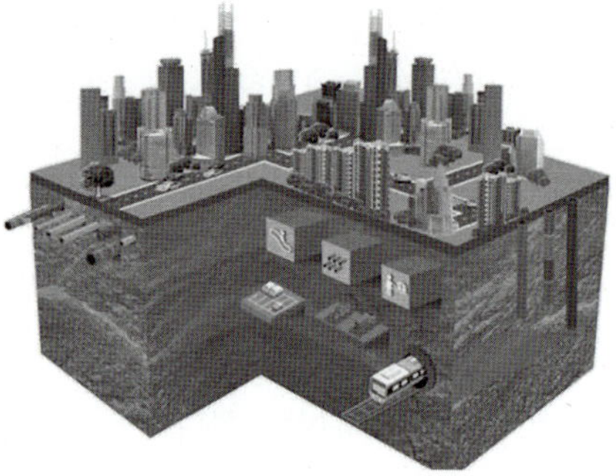

지하 대형구조물

그림 8.20 매스 구조물[19)]

3) 시멘트, 혼화재료 및 골재 등을 포함한 재료 및 배합의 적절한 선정, 블럭분할과 이음위치, 콘크리트치기의 시간간격의 선정, 거푸집의 재료와 구조, 콘크리트의 냉각 및 양생방법의 선정 등 시공 전반에 걸친 검토가 필요하다.
4) 구조물의 종류에 따라서는 수축이음으로 균열 발생 위치를 제어하는 것이 효과적인 경우도 있으며, 그 밖의 균열방지 및 제어방법으로서는 콘크리트의 프리쿨링(pre-cooling) 및 파이프쿨링(pipe-cooling) 등에 의한 온도저하 또는 제어방법, 팽창 콘크리트의 사용에 의한 균열방지방법 및 균열제어철근의 배치에 의한 방법 등이 있다.
5) 온도균열을 제어하기 위하여 수축이음을 둘 경우에는 구조물의 길이 방향에 일정 간격으로 단면감소부분을 만들어 그 부분에 균열을 유발시켜 기타 부분에서의 균열 발생을 방지함과 동시에 균열 개소에서의 사후 조치를 쉽게 하는 방법이 있다. 예정 개소에 균열을 확실하게 유도하기 위해서는 유발줄눈의 단면 감소율을 35% 이상으로 해야 한다.

6) 수축이음의 간격은 대략 콘크리트 1회 타설높이의 1～2배 또는 4～5 m 정도를 기준으로 하지만, 필요한 간격은 구조물의 치수, 철근량, 치기온도, 치기방법 등에 의해 큰 영향을 받으므로 이들을 고려하여 정할 필요가 있다. 균열유발부의 누수, 철근의 부식 등을 방지하기 위해서는 적당한 보수를 해야 한다. 수축이음 설치방법은 비교적 쉽게 균열제어를 할 수 있으나, 구조상의 취약부가 되지 않도록 구조형식 및 위치 등을 선정해야 한다.

8.11.2 온도균열지수에 의한 평가

1) 매스 콘크리트의 온도균열 발생에 대한 검토는 실적에 의한 평가와 온도균열 지수에 의한 평가 중 어느 한 방법을 선택하여 실시한다.
2) 균열발생에 대한 안정성의 척도를 온도균열지수라고 하며 콘크리트의 인장강도와 온도응력의 비로서 다음과 같다.

$$\text{온도균열지수 } I_{cr}(t) = \frac{f_{sp}(t)}{f_t(t)}$$

여기서, $f_t(t)$: 재령 t일에서 수화열에 의하여 발생된 부재 내부의 온도응력 최대값(MPa)

$f_{sp}(t)$: 재령 t일에서 재령 및 양생온도를 고려한 콘크리트 쪼갬 인장강도(MPa)

※ 압축강도를 통하여 인장강도의 근삿값을 다음 식을 통하여 구할 수 있다.

$$f_{sp}(t) = c\sqrt{f_{cm}(t)}$$

여기서, $f_{sp}(t)$: 재령 t일에서 콘크리트의 쪼갬 인장강도(MPa)

c : 콘크리트의 건조의 정도에 따라 다르지만 0.44를 표준으로 함.

$f_{cm}(t)$: 재령 t일에서 콘크리트의 평균압축강도(MPa)로서, 1～3종 시멘트의 경우 KDS 14 20 01의 식 (3.1-15)를 적용함. 고로슬래그시멘트, 플라이애시시멘트, 고로슬래그와 플라이애시가 동시에 혼입된 3성분계 시멘트 및 4종 시멘트의 경우에는 기존 자료를 참고하여 정하도록 함.

온도균열지수는 구조물의 중요도, 기능, 환경조건 등에 대응할 수 있도록 선정되어야 하며, 일반적인 철근이 배치된 구조물에서의 표준적인 온도균열지수의 값은 다음과 같다.

- 균열을 방지할 경우 : 1.5 이상
- 균열 발생을 제한할 경우 : 1.2 이상 1.5 미만
- 유해한 균열 발생을 제한할 경우 : 0.7 이상 1.2 미만

3) 일반적으로 온도균열지수와 온도균열 발생 확률과의 대략적인 관계는 그림 8.21과 같다.

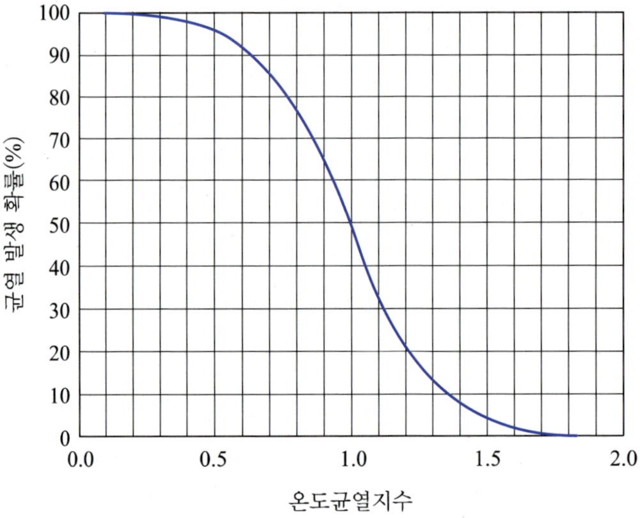

그림 8.21 온도균열지수와 균열 발생 확률[18)]

8.11.3 콘크리트의 열특성

1) 콘크리트의 단열온도상승은 사용하는 시멘트의 종류, 단위시멘트양, 칠 때의 온도 등을 기초로 하여 적절히 산정하며 구하는 방법은 다음과 같다.

$$Q(t) = Q_\infty (1 - e^{-rt})$$

여기서, Q_∞ : 최종단열온도상승량

r : 온도상승속도에 관한 계수

t : 재령(일)

$Q(t)$: 재령 t일에서의 단열온도상승량(℃)

2) 시멘트의 종류, 단위시멘트양 및 타설온도가 주어지면 표 8.17의 값을 이용하여 단열온도 상승 특성 곡선식을 얻을 수 있다.

표 8.17 Q_∞ 및 r의 표준값[18]

시멘트의 종류	타설온도 (℃)	$Q(t)=Q_\infty(1-e^{-rt})$			
		$Q_\infty(C)=aC+b$		$r(C)=gC+h$	
		a	b	g	h
보통포틀랜드시멘트	10	0.12	11.0	0.0015	0.135
	20	0.11	13.0	0.0038	−0.036
	30	0.11	12.0	0.0040	0.337
중용열포틀랜드시멘트	10	0.11	6.0	0.0003	0.303
	20	0.10	9.0	0.0015	0.279
	30	0.11	9.0	0.0021	0.299
조강포틀랜드시멘트	10	0.13	15.0	0.0016	0.478
	20	0.13	12.0	0.0025	0.650
	30	0.13	10.0	0.0014	1.720
저열포틀랜드시멘트	10	0.10	1.9	0.00018	0.229
	20	0.10	2.2	0.00032	0.225
	30	0.10	2.6	0.00062	0.218
고로슬래그시멘트	10	0.11	14.0	0.0014	0.073
	20	0.10	15.0	0.0025	0.207
	30	0.10	15.0	0.0035	0.332
플라이애시시멘트	10	0.15	−3.0	0.0007	0.141
	20	0.12	8.0	0.0028	−0.143
	30	0.11	11.0	0.0030	0.059

(주) 1) C는 결합재 질량으로서 단위는 kg/m^3임.
2) 이 표에서 결합재 질량을 기준으로 고로슬래그시멘트는 슬래그 40%, 플라이애시시멘트는 플라이애시 20%의 혼입률을 고려한 것임. 기타 혼입률의 경우 실제 단열온도 측정값과의 차이가 더 커질 가능성이 있음.
3) 플라이애시와 고로슬래그가 동시에 혼입된 3성분계 배합의 경우에는 기존의 실적을 참조함이 바람직함.

8.11.4 재료 및 배합

1) 매스 콘크리트의 재료 및 배합을 결정할 때에는 설계기준강도와 소정의 워커빌리티를 만족하는 범위 내에서 콘크리트의 온도상승이 최소가 되도록 해야 한다.
2) 콘크리트의 발열량은 대체적으로 단위시멘트양에 비례하므로 콘크리트의 온도상승을 감소시키는 데에는 소요의 품질을 만족시키는 범위 내에서 단위시멘트양이 적어

지도록 배합을 선정하여야 한다.

3) 매스 콘크리트에서는 중용열포틀랜드시멘트, 고로시멘트, 플라이애시시멘트 등의 저발열시멘트를 사용하는 것이 바람직하다. 이들 저발열시멘트는 장기재령의 강도증진이 보통포틀랜드시멘트에 비하여 크므로 91일 정도의 장기재령을 설계기준강도의 기준재령으로 하는 것이 좋다.

4) 구조체 콘크리트의 강도관리를 위한 공시체의 양생방법은 표준양생으로 한다. 포틀랜드시멘트에 고로슬래그미분말, 플라이애시 등을 혼합한 저발열시멘트의 경우에는 충분히 실험을 하여 그 특성을 확인해야 하며, 고로시멘트는 타설 시에 콘크리트 온도가 높을 경우 발열상태가 변동할 경우도 있으므로 발열성상을 확인해야 한다.

5) 매스 콘크리트의 거푸집에 대하여는 온도균열제어의 관점으로부터 그 재료 및 구조의 선정, 존치기간의 결정 등을 해야 한다. 매스 콘크리트의 거푸집은 온도균열제어를 하기 위해 온도 상승을 작게 하는 데는 방열성이 높은 거푸집이 좋으나, 콘크리트 내부와 표면 부근의 온도차가 커지는 경우에는 보온성이 좋은 거푸집을 사용하여 존치기간을 길게 하며, 탈형 후의 콘크리트표면의 급냉을 방지하기 위하여 시트 등으로 콘크리트 표면의 보온을 계속해 주어야 한다.

8.11.5 시공

1) 매스 콘크리트의 치기시간간격은 균열제어의 관점으로부터 구조물의 형상과 구속조건에 따라서 적절히 정해야 하며 매스 콘크리트를 몇 개의 평면블록 혹은 수평리프트로 나누어 칠 경우, 새로 치는 콘크리트는 먼저 친 콘크리트의 구속을 받아서 온도변화에 의한 응력은 콘크리트를 치는 시간간격이 길수록 신구 콘크리트의 유효탄성계수 및 온도차가 클수록 커지므로 콘크리트 치기를 장기간 중지하는 일은 피해야 한다.

2) 암반 등 구속정도가 큰 것 위에 몇 층으로 나누어 콘크리트를 쳐 이어나갈 경우, 치기시간 간격을 너무 짧게 하면 앞서 친 리프트로부터 새로 친 리프트에 온도 영향을 주게 되므로 결국 콘크리트 전체의 온도가 높아져서 균열발생의 가능성이 커질 경우도 있다.

3) 매스 콘크리트의 치기온도는 온도균열을 제어하기 위한 관점에서 될 수 있는 대로 저온으로 해야 한다. 콘크리트의 치기온도를 낮추는 것은 부재 내부의 온도차와 최고온도를 줄여주므로 온도균열을 제어하는데 매우 효과가 있다.

4) 콘크리트치기 온도를 낮추는 방법으로는 물, 골재 등의 재료를 미리 냉각시키는 프리쿨링(pre-cooling) 방법이 있는데, 프리쿨링 방법에는 냉수나 얼음을 따로 따로 혹

은 조합해서 사용하는 방법, 냉각한 골재를 사용하는 방법, 액체질소를 사용하는 방법 등이 있다.

5) 매스 콘크리트의 양생은 콘크리트의 온도변화를 제어하기 위하여 적절한 방법에 따라 실시해야 한다. 콘크리트 온도를 될 수 있는 대로 천천히 외기 온도에 가까워지도록 하기 위해 필요에 따라 콘크리트 표면의 보온 및 보호조치 등을 강구해야 한다.

6) 매스 콘크리트 치기 후의 온도제어 대책으로서 파이프쿨링(pipe-cooling)은 유효한 방법이다. 파이프쿨링을 할 때에는 소정의 효과를 거둘 수 있도록 파이프의 지름, 간격, 통수의 온도와 양 및 기간 등을 조절해야 한다.

8.12 수중 콘크리트

수중 콘크리트(underwater concrete)는 담수 중이나 안정액 중 혹은 해수 중에 타설되는 콘크리트를 말한다. 일반적으로 콘크리트는 공기 중에서 시공하는 것이 원칙이지만 부득이 수중에서 시공할 경우 품질의 균일성, 시공이음의 신뢰성, 철근과의 부착 등이 충분하지 못할 경우가 있으며, 이것을 확인할 적당한 방법도 없다. 그래서 수중에서 콘크리트를 시공해야 할 경우에는 공기 중에서 시공하는 경우보다 배합강도를 크게 하든지 또는 설계기순강도를 작게 하는 능의 고려를 하는 것이 좋다.

수중 콘크리트는 시공방법상 일반 수중 콘크리트, 현장 타설말뚝 및 지하연속벽에 사용하는 수중 콘크리트, 수중불분리성 콘크리트로 대별된다. 수중불분리성 콘크리트는 따로 분류하여 다음 장에서 설명하였으며, 본 장에서는 일반 수중 콘크리트 및 현장 타설말뚝 및 지하연속벽에 사용하는 수중 콘크리트를 중심으로 기술하였다. 일반 수중 콘크리트는 해양이나 하천의 수면 아래의 넓은 장소에서 비교적 넓은 면적에 콘크리트를 타설하는 경우로서 무근 콘크리트가 많으며, 현장 타설말뚝 및 지하연속벽에 사용하는 수중 콘크리트는 지중부의 비교적 좁은 공간에 콘크리트를 타설하는 경우로서 주로 철근 또는 철골철근 콘크리트 구조물에 적용된다.

8.12.1 재료 및 배합

1) 수중 콘크리트에 사용되는 굵은골재의 최대치수는 20 또는 25 mm 이하를 표준으로 하며, 부재 최소치수의 1/5 및 철근의 최소 순간격의 1/2을 초과해서는 안 된다.

2) 수중 콘크리트의 물-결합재 비 및 단위시멘트양은 표 8.18과 같다.

표 8.18 수중 콘크리트의 물-결합재 비 및 단위결합재량[20)]

종 류	일반 수중 콘크리트	현장 타설말뚝 및 지하연속벽에 사용하는 수중 콘크리트
물-결합재 비	50% 이하	55% 이하
단위결합재량	370 kg/m^3 이상	350 kg/m^3 이상

3) 수중 콘크리트는 다짐이 불가능하기 때문에 큰 유동성이 필요하다. 그러므로 슬럼프는 시공방법에 따라 표 8.19와 같이 설정하여야 한다.

표 8.19 수중 콘크리트의 슬럼프의 표준값(mm)[20)]

시공방법	일반 수중 콘크리트	현장 타설말뚝 및 지하연속벽에 사용하는 수중 콘크리트
트레미	130～180	180～210
콘크리트 펌프	130～180	-
밑열림 상자, 밑열림 포대	100～150	-

4) 수중 콘크리트는 재료분리를 적게 하기 위하여 단위시멘트양을 많게 하고, 잔골재율을 크게 하여 점성이 풍부한 콘크리트를 사용해야 한다. 잔골재율은 40～45%를 표준으로 하고, 굵은골재는 둥근모양의 입도가 좋은 자갈을 사용하는 것이 바람직하다.
5) 일반 수중 콘크리트는 수중에서 시공할 때의 강도가 표준공시체 강도의 0.6～0.8배가 되도록 배합강도를 설정하여야 하며, 현장 타설 콘크리트말뚝 및 지하연속벽 콘크리트는 수중에서 시공할 때 강도가 대기 중에서 시공할 때 강도의 0.8배, 안정액 중에서 시공할 때, 강도가 대기 중에서 시공할 때 강도의 0.7배로 하여 배합강도를 설정하여야 한다.
6) 물-결합재 비 콘크리트의 화학작용 및 철근의 부식작용 등을 고려하여 무근 콘크리트의 경우 55% 이하, 철근 콘크리트의 경우 50% 이하로 한다.

8.12.2 시공

수중 콘크리트는 결합재의 유실, 레이턴스의 발생을 방지하기 위해 물막이를 설치하여 물을 정지시킨 정수 중에서 타설하여야 하며, 완전히 물막이를 할 수 없는 경우에도 유속은 50 mm/s 이하로 하여야 한다. 또한 콘크리트를 수중에 낙하시키면 재료 분리가 일어나고 결합재가 유실되기 때문에 콘크리트는 수중에 낙하시키지 않아야 한다.

(1) 트레미에 의한 타설

1) 트레미의 안지름은 수심 3 m 이내에서 250 mm, 3～5 m에서 300 mm, 5 m 이상에서 300～500 mm 정도, 굵은골재 최대치수의 8배 이상이 되도록 하여야 한다.
2) 트레미의 하단에서 유출되는 콘크리트를 수중에서 멀리 유동시키면 품질이 저하되므로 트레미 1개로 타설할 수 있는 면적이 지나치게 크지 않도록 하여야 하며, 30 m^2 이하로 하여야 한다.
3) 트레미는 콘크리트를 타설하는 동안 하반부가 항상 콘크리트로 채워져 트레미 속으로 물이 침입하지 않도록 하여야 하며, 트레미는 콘크리트를 타설하는 동안 수평 이동시킬 수 없다.
4) 콘크리트를 수중 낙하시키면 재료 분리가 심하게 생기기 때문에 콘크리트를 타설할 때에 트레미의 선단부분에 밑뚜껑이 있는 것을 사용하거나 플란저를 설치하는 등의 대책을 취하여야 한다. 또한 콘크리트를 타설하는 동안 트레미의 하단을 타설된 콘크리트 면보다 300～400 mm 아래로 유지하면서 가볍게 상하로 움직여야 한다.

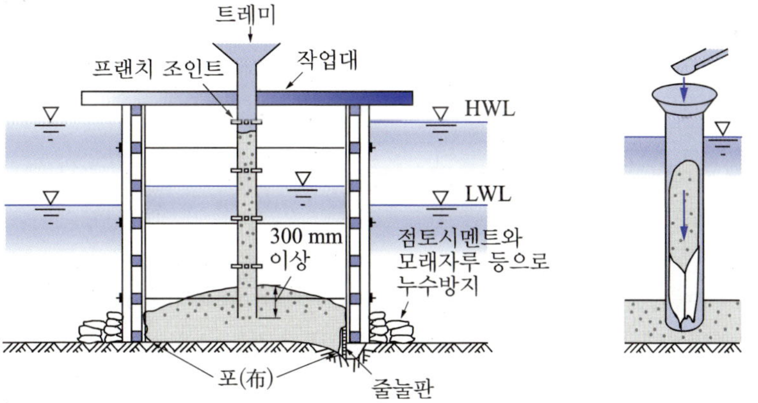

그림 8.22 트레미에 의한 타설[21)]

(2) 콘크리트 펌프에 의한 타설

1) 콘크리트 펌프에 의한 수중 콘크리트의 시공 예에 의하면 안지름은 굵은골재의 최대치수의 3～4배에 해당하는 100～150 mm 정도가 많이 사용되고 수송관 1개로 쳐지는 면적은 일반적으로 5 m^2 정도로 하여야 한다.

2) 배관을 이동할 때에는 배관 속으로 물이 역류하거나 배관 속의 콘크리트가 수중 낙하하는 일이 없도록 선단부분에 역류밸브를 붙여야 한다.
3) 콘크리트 타설 개시 시에는 콘크리트 펌프의 선단부에 스펀지 볼 등을 삽입하여 배관 내의 물과 콘크리트와의 접촉을 피하고, 타설 도중에는 배관 속을 콘크리트로 채우면서 배관 선단부분을 이미 타설된 콘크리트 속으로 300~400 mm 묻어 넣는 등의 조치를 취하여 콘크리트의 품질 저하를 피하여야 한다.

(3) 밑열림 상자 및 밑열림 포대에 의한 타설

1) 밑열림 상자나 포대 속에 콘크리트를 넣고 상자, 포대가 바닥에 닿으면 로프를 당겨서 밑을 열고 콘크리트를 배출하는 방법이다.
2) 밑열림 포대로서는 시트와 같은 종류가 많이 사용되고 있다. 트레미를 사용하는 것처럼 좋은 결과를 얻을 수 없으므로 소규모 공사에 한하여 사용하고 있다.
3) 밑열림 상자 및 밑열림 포대는 그 바닥이 콘크리트를 타설하는 면 위에 도달해서 콘크리트를 쏟아낼 때 쉽게 열릴 수 있는 구조이어야 한다.
4) 밑열림 상자나 밑열림 포대를 사용하여 수중 콘크리트를 타설하면 콘크리트가 작은 산 모양이 되어 거푸집 구석까지 콘크리트가 잘 들어가지 않는 경우가 있으므로 수심을 측정하여 깊은 곳에서부터 콘크리트를 타설한다.

8.13 수중불분리성 콘크리트

수중불분리성(水中不分離性) 콘크리트(anti-washout concrete under water)는 증점효과(增粘效果)에 의해 콘크리트가 수중에서 분리되지 않고 경화하기 전까지 시공할 수 있을 정도의 유동성을 확보할 수 있는 특수한 혼화제, 즉 수중불분리성 혼화제를 사용한 콘크리트를 말한다.

수중불분리성 콘크리트의 적용범위는 사석제방과 같은 소규모 공사에서부터 대규모 교각의 하부공사에 이르기까지 여러 가지 구조물에 사용되며 또한 그 종류도 무근 콘크리트, 철근 콘크리트, 철골 콘크리트 등 다양하다.

일반적으로 수중불분리성 콘크리트는 타설할 때 수중불분리성을 가지며, 다지지 않아도 시공이 될 정도의 유동성을 유지하고 경화 후에는 소정의 강도 및 내구성을 가져야 한다.

그림 8.23 수중불분리성 콘크리트의 특징 및 시공사례[22)]

8.13.1 재료 및 배합

1) 수중불분리성 콘크리트는 혼화제의 증점효과와 소정의 유동성을 확보하기 위하여 일반 수중 콘크리트보다도 단위수량이 크게 요구되므로 감수제, 공기연행감수제 또는 고성능 감수제를 사용하여야 한다.
2) 적절한 수중분리 저항성을 갖는 수중불분리성 콘크리트의 수중·공기 중 강도비는 일반적으로 0.7 이상이며, 철근 콘크리트와 같이 높은 품질의 콘크리트의 경우에 대한 수중·공기 중 강도비는 0.8 정도가 바람직하다.
3) 수중불분리성 콘크리트의 수중분리 저항성으로 수중분리도는 현탁 물질량은 50 mg/L 이하 및 pH는 12.0 이하이어야 한다.
4) 내구성을 고려하여 수중불분리성 콘크리트 물-결합재 비를 정할 경우 최대값은 표 8.20의 값을 표준으로 한다.

표 8.20 내구성으로부터 정해진 수중불분리성 콘크리트의 최대 물-결합재 비(%)[20)]

환경 \ 콘크리트의 종류	무근 콘크리트	철근 콘크리트
담수중	55	50
해수중	55	50

5) 수중불분리성 콘크리트의 충전성을 좋게 하기 위하여 굵은골재의 최대치수는 40 mm 이하, 부재 최소치수의 1/5을 표준으로 하며, 철근 최소간격의 1/2을 넘어서는 안 된다.
6) 공기량이 과대한 경우 압축강도가 저하할 뿐만 아니라 콘크리트의 유동중 공기포가

콘크리트로부터 떠오르는 것에 의해서 수질오탁, 품질의 변동 등의 원인이 되기 때문에 공기량은 4% 이하를 표준으로 한다.

8.13.2 시공

1) 타설은 유속이 50 mm/s 정도 이하의 정수 중에서 수중 낙하높이 0.5 m 이하이어야 한다.
2) 타설은 콘크리트 펌프 또는 트레미 사용을 원칙으로 하며, 수중불분리성 콘크리트를 콘크리트 펌프로 압송할 경우, 압송압력은 보통 콘크리트의 2~3배, 타설속도는 1/2~1/3 정도이므로 품질을 저하시키지 않도록 시공계획을 세워야 한다.
3) 수중낙하높이 0.5 m 이하, 수중유동거리 5 m 이하에서 친 수중불분리성 콘크리트 코아의 재령 28일에 있어서 압축강도는 수중제작 공시체의 동일 재령 압축강도와 동일한 정도 또는 그 이상으로부터 콘크리트의 배합강도를 정하는 것으로 한다.
4) 수중불분리성 콘크리트의 유동성은 슬럼프 플로로 설정하며, 시공조건에 따른 슬럼프 플로의 범위는 표 8.21과 같다.

표 8.21 수중불분리성 콘크리트의 슬럼프 플로[20)]

시공조건	슬럼프 플로의 범위(mm)
급경사면의 장석(1 : 1.5~1 : 2)의 고결, 사면의 엷은 슬래브(1 : 8 정도까지)의 시공 등에서 유동성을 적게 하고 싶은 경우	350~400
단순한 형상의 부분에 타설하는 경우	400~500
일반적인 경우, 표준적인 철근 콘크리트 구조물에 타설하는 경우	450~550
복잡한 형상의 부분에 타설하는 경우 특별히 양호한 유동성이 요구되는 경우	550~600

8.14 프리플레이스트 콘크리트

프리플레이스트 콘크리트(preplaced concrete)는 특정한 입도를 가진 굵은골재를 거푸집에 채워 넣고, 그 공극 속에 특수한 모르타르를 적당한 압력으로 주입하여 만든 콘크리트를 말한다.

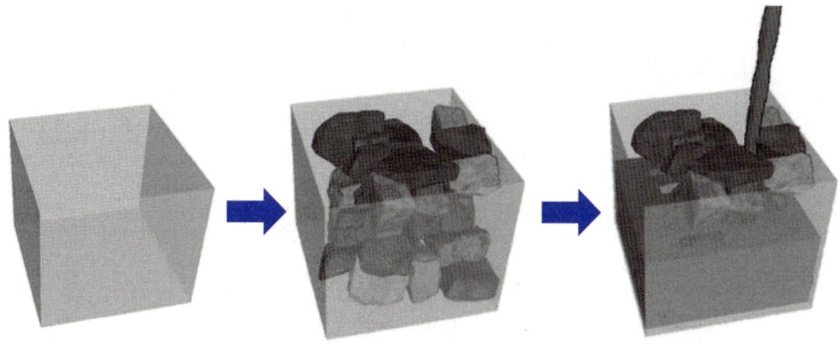

그림 8.24 프리플레이스트 콘크리트의 제작방법[23)]

특수한 모르타르란 유동성이 크고, 재료의 분리가 적고, 적당한 팽창성을 가진 주입 모르타르를 말한다. 일반적으로 포틀랜드시멘트와 모래 외에 플라이애시, 고로슬래그 미분말, 감수제 및 팽창제 등을 혼합한 것이다.

프리플레이스트 콘크리트는 수중에서 시공하는 경우가 많으나, 공기 중에서 시공되는 경우도 있다. 프리플레이스트 콘크리트가 응용되는 구조물은 그 종류, 중요성, 규모의 크기 등에 따라 여러 가지가 있으며, 대개의 경우 완성된 콘크리트의 품질을 확인하기가 곤란하고, 시공이 적절하지 못할 경우에는 결함을 일으키기 쉽다. 또한 프리플레이스트 콘크리트는 보통 콘크리트와 비교해서 콘크리트의 품질이 시공조건에 따라 영향을 받기 쉽고, 보통 콘크리트와 같은 방법으로 배합을 결정하기가 어려운 경우도 있다. 이 때문에 프리플레이스트 콘크리트 시공에 있어서는 과거의 공사 실적을 충분히 고려해서 소요 품질의 콘크리트가 확실히 얻어질 수 있도록 모르타르의 배합을 결정하고 안전한 시공방법을 채택하는 것이 특히 중요하다.

최근에는 대량으로 급속하게 시공하는 대규모의 프리플레이스트 콘크리트가 장대교의 하부공사에 쓰여지고 있으며 최근까지 상당량의 실적이 있다. 또한 고성능 감수제에 의하여 주입 모르타르의 물 - 결합재 비를 40% 이하로 낮추어 재령 91일에서 압축강도 40 MPa 이상이 얻어지는 고강도이면서 특수한 유동성을 가진 고강도 프리플레이스트 콘크리트가 개발되어 실용화되고 있다.

8.14.1 주입모르타르의 품질

1) 굳지 않은 상태에서 압송과 주입이 쉽고 굵은골재의 공극을 완벽하게 채울 수 있는 양호한 유동성을 가지며, 주입 작업이 끝날 때까지 이 특성이 유지되어야 한다.
2) 주입 모르타르의 유동성은 유하시간에 의해 설정하며, 유하시간의 설정값은 16~20

초를 표준으로 하고, 고강도 프리플레이스트 콘크리트는 유하시간 25～50초를 표준으로 한다.

3) 주입 모르타르의 재료분리 저항성은 블리딩률에 의해 설정하며, 블리딩률의 설정값은 시험 시작 후 3시간에서의 값이 3% 이하가 되는 것으로 하고, 고강도 프리플레이스트 콘크리트는 1% 이하를 표준으로 한다.
4) 주입 모르타르의 팽창성은 팽창률에 의해 설정하며, 팽창률의 설정값은 시험 시작 후 3시간에서의 값이 5～10%인 것을 표준으로 하고, 고강도 프리플레이스트 콘크리트는 2～5%를 표준으로 한다.

8.14.2 재료 및 배합

1) 프리플레이스트 콘크리트의 주입 모르타르는 유동성, 내화학성의 향상, 수화열의 억제 등의 목적으로 보통포틀랜드시멘트에 플라이애시 등의 혼화재를 혼입한 것을 사용하고 있으며, 그 혼합된 것을 결합재라고 한다.
2) 프리플레이스트 콘크리트용 주입 모르타르에 사용되는 혼화제는 유동성을 좋게 하고, 보수성(保水性)을 향상시켜서 재료분리를 방지하고, 응결을 지연시키며, 팽창성을 가지게 하는 등의 성질을 가지는 것이어야 한다.
3) 감수제, 발포제(發泡劑), 보수제, 지연제 등을 적당량 혼합한 프리믹스트(pre-mixed) 타입의 프리팩트 콘크리트용 혼화제가 있으며 일반적인 프리플레이스트 콘크리트에는 이러한 혼화제를 사용하는 것이 좋다.
4) 발포제는 일반적으로 알루미늄 분말이며, 알루미늄 분말에 의한 팽창효과는 알루미늄 분말의 품질, 온도, 배합, 비비기 시간, 주입 후의 압력 등에 의하여 변화된다. 기온이 10～20℃일 때 일반적으로 결합재에 대한 질량비로서 0.010～0.015% 정도를 사용한 예가 많다.
5) 물-시멘트 비가 적은 주입 모르타르는 온도가 높을 때 유동성을 상실하는 경향이 있으므로 지연제 또는 보수제를 사용하면 유동성을 유지하는 데는 효과가 있지만, 보수제는 콘크리트의 제 성질 특히 강도에 좋지 않은 영향을 미치므로 충분히 사전에 검토를 해야 한다.
6) 주입 모르타르의 유동성과 보수성을 좋게 하기 위하여 잔골재는 보통 콘크리트에서 사용하는 것보다 입도가 가는 것이 좋다. 잔골재는 입경 2.5 mm 이하, 조립률 1.4～2.2의 범위에 있는 것이 적당하다. 조립률이 지나치게 크면 주입 모르타르의 재료분리가 생기기 쉬워서 펌프나 송수관이 폐색되어 굵은골재의 공극 속에 주입 모르타르의 충전이 불완전하게 될 경우가 있다. 또 조립률이 지나치게 작으면 소요의 유동

성을 얻기 위한 단위결합재량과 단위수량이 많아져서 좋지 않다. 굵은골재의 공극 속에 주입한 주입모르타르의 유동성은 굵은골재의 최소치수와 밀접한 관계가 있다. 굵은골재의 최소치수는 실용상 지장이 없는 범위 내에서 될 수 있는 한 큰 것이 좋으며 최소치수의 하한값을 15 mm로 규정하고 있다.

7) 굵은골재의 최대치수는 일반적으로 최소치수의 2～4배 정도로 하고 있다. 굵은골재의 최대치수는 부재단면 최소치수의 1/4 이하, 철근 콘크리트의 경우는 철근의 순간격의 2/3 이하로 하는 것이 좋다.

8) 프리플레이스트 콘크리트 배합의 표시방법은 표 8.22와 같이 주입 모르타르의 유동성의 경우 깔때기의 유하시간으로 측정하며, 물 - 결합재 비, 잔골재 - 결합재와의 비 및 혼화재의 혼합률을 제시하고 단위량에서는 혼합수, 시멘트 이외에도 혼화제, 혼화재 및 팽창재로 표기한다.

표 8.22 배합의 표시방법[24)]

굵은골재			주입 모르타르									
최소치수 (mm)	최대치수 (mm)	공극률 (%)	유하시간 (s)	물 - 결합재 비 (%)	혼화재 혼합률 (%)	잔골재 결합재 비 (%)	단위질량(kg/m^3)				혼화제[1)]	팽창재[2)]
							물	시멘트	잔골재	혼화재		

(주) 1) 혼화제 사용량은 mL/m^3 또는 g/m^3으로 표시하고 희석하거나 또는 용해하지 않은 것을 말함.
2) 팽창재의 사용량은 g/m^3으로 표시하고 프리플레이스트 콘크리트용 혼화제에 포함되지 않은 것을 말함.

8.14.3 시공

1) 프리플레이스트 콘크리트의 시공 시 거푸집의 시공은 매우 중요하며, 거푸집은 골재와 모르타르의 압력에 충분히 견딜 수 있어야 하고, 기초와 거푸집 사이와 거푸집 이음부분 등으로부터 주입 모르타르가 새어 나오지 않도록 거푸집의 시공에 유의해야 한다.

2) 굵은골재를 채울 때는 철근, 주입관, 검사관 등이 소정 위치에 배치되어 있는지를 확인해야 한다. 굵은골재는 주입 전에 물로 충분히 적셔 놓아야 한다.

3) 주입관의 배치에 있어서 연직주입관의 수평간격은 2 m 정도를 표준으로 하며, 수평주입관의 수평간격은 2 m 정도, 연직간격은 1.5 m 정도를 표준으로 한다.

4) 수평주입관은 필요에 따라 역류 방지장치를 갖춘 주입관을 별도로 삽입하여 주입해

야 한다.

5) 모르타르 펌프는 충분한 압송능력을 보유하고 주입모르타르를 연속적으로 또 공기가 혼입하지 않도록 주입할 수 있어야 한다.
6) 주입은 최하부로부터 시작하여 상부로 향하는 것으로 하며, 모르타르 면의 상승속도는 0.3~2.0 m/h 정도로 해야 한다.
7) 연직주입관은 관을 뽑아 올리면서 주입하되, 주입관의 선단은 일반적인 경우 0.5~2.0 m 모르타르 속에 묻혀 있는 상태로 유지하는 것이 원칙이다.

8.15 숏크리트

숏크리트(shotcrete, sprayed concrete)는 컴프레샤 혹은 펌프를 이용하여 노즐 위치까지 호스 속으로 운반한 콘크리트를 압축공기에 의해 터널이나 큰 공동구조물(空洞構造物)의 라이닝, 비탈면, 법면 또는 벽면의 풍화나 박리, 박락(剝落)의 방지, 터널, 댐 및 교량의 보수·보강공사 등의 시공면에 뿜어서 만든 콘크리트를 말한다.

최근 숏크리트 공법은 지속적인 연구개발에 의하여 뿜어 붙이는 장비 및 혼화제 등이 급속하게 개량·개선되어 가설구조물뿐만 아니라 처음부터 영구구조물에도 사용되고 있다.

일반적으로 숏크리트의 품질은 타설 작업원의 숙련도에 의하여 성능변화가 크기 때문에 목표 성능을 확보하기 위해서는 타설 작업원의 기술 숙련도가 높아야 된다. 최근 들어 외국의 경우 이러한 타설 작업원의 숙련도에 따른 품질편차를 줄이기 위하여 로보틱스 기반의 전자동 숏크리트 타설장비를 상용화하여 적용하고 있는 실정이다.

그림 8.25 숏크리트 시공사례

숏크리트는 다음과 같은 장단점을 가지고 있다.

[장점]

- 급결제의 첨가에 의한 조기강도를 발현시킬 수 있다.
- 거푸집이 불필요하고, 급속시공이 가능하다.
- 비교적 소규모로 운반 가능한 기계설비로 시공할 수 있다.
- 윗쪽, 옆을 포함한 임의 방향으로 시공이 가능하다.
- 플랜트에서 떨어진 협소한 장소, 또 급경사면의 나쁜 작업조건하에서도 시공이 가능하다.

[단점]

- 리바운드 등의 재료손실이 많다.
- 평활한 마무리면을 얻기 어렵다.
- 뿜어 붙일 면에서 물이 나올 때는 부착이 곤란하다.
- 숏크리트 작업 시에 분진이 발생한다.
- 시공조건, 시공자의 기술에 따라 시공성, 품질 등에 변동이 생기기 쉽다.
- 수밀성이 다소 결여된다.

8.15.1 성능의 설정

1) 숏크리트의 뿜어 붙이기 성능은 반발률과 분진농도의 관계가 분명한 경우 표 8.23과 같이 분진농도와 표 8.24의 숏크리트의 초기강도로 설정한다.

표 8.23 분진농도의 표준값

환기 및 측정 조건	분진농도(mg/m^3)
• 환기조건 : 갱내 환기를 정지한 환경 • 측정방법 : 뿜어 붙이기 작업 개시 5분 후로부터 원칙으로 2회 측정 • 측정위치 : 뿜어 붙이기 작업 개소로부터 5 m 지점	5 이하

표 8.24 숏크리트의 초기강도 표준값

재 령	숏크리트의 초기강도(MPa)
24시간	5.0～10.0
3시간	1.0～3.0

(주) 영구 지보재 개념으로 숏크리트를 적용할 경우의 초기강도는 3시간 1.0～3.0 MPa, 24시간 강도 5.0～10.0 MPa 이상으로 하며, 장기강도의 감소를 최소화하여야 하며, 1.7.2 (2) 장기강도를 만족하도록 하여야 한다. (28일 재령 설계기준 압축강도는 35 MPa 이상)

2) 반발률과 분진농도의 관계가 불명확하고 새로운 혼화 재료를 사용하여 숏크리트를 시공하려고 할 경우에는 분진농도와 초기강도 이외에 뿜어 붙이기 성능의 하나로서 반발률의 상한치를 설정하여야 하는데 일반적으로 20～30%의 값을 표준으로 한다.
3) 숏크리트에 보강섬유를 사용한 섬유보강 숏크리트의 성능은 초기 및 장기 강도 이외에 휨강도와 휨인성을 설정하여야 한다.

8.15.2 재료 및 배합

1) 시멘트는 일반적으로 보통포틀랜드시멘트가 사용되지만 시공 후 빨리 강도를 얻는 것을 목적으로 하기 때문에 조강포틀랜드시멘트나 초조강성시멘트를 사용하기도 한다.
2) 숏크리트 혼합골재의 입도는 일반적으로 조립률이 3.4～4.1의 범위의 것이 바람직하다.
3) 잔골재는 천연골재와 부순골재가 사용되고, 굵은골재에는 최대치수로서는 10～13 mm의 경우가 많다. 굵은골재의 최대치수가 크면 리바운드가 많고 호스 속을 폐색시킬 염려가 있어 적절한 최대치수 및 입도분포를 갖는 굵은골재를 선정하는 것이 중요하다.
4) 터널공사와 같이 상향(上向)으로 50～100 mm 이상의 두께로 숏크리트를 시공하는 경우에는 급결제의 사용은 불가결하다. 급결제의 효과는 사용하는 시멘트의 종류 및 시공시의 온도, 콘크리트의 배합 등에 따라 달라지기 때문에 시공 시 그 첨가량은 시험에 의해 결정하는 것이 바람직하다.
5) 숏크리트의 부착이 충분치 않을 경우 철망으로 보강하며 용접메시 혹은 마름모 철망을 쓰며, 철망은 일반적으로 터널 등 지하구조물의 경우는 철선지름이 4～6 mm, 철망눈 치수 100～150 mm, 사면의 경우 철선지름이 2.0～2.6 mm, 철망눈 치수 50～75 mm의 철망을 사용한다.
6) 숏크리트의 배합강도는 구조물에 요구되는 설계기준 강도를 기준으로 현장에서 콘크리트의 품질변동을 고려하여 정해야 하며, 코어 채취에 의한 공시체의 압축강도는 터널라이닝에 사용될 때에는 18～35 MPa 정도, 콘크리트구조물 보수에 사용될 때에는 20～40 MPa 정도 및 비탈면보호에 사용될 때에는 17～28 MPa 정도이다.
7) 숏크리트의 배합을 결정할 때는 굵은골재의 최대치수는 10～15 mm 정도, 잔골재율은 55～75% 정도 및 단위시멘트양은 콘크리트의 경우 300～400 kg/m^3, 모르타르의 경우 400～600 kg/m^3 정도가 적당하다. 또한 물 - 시멘트 비는 40～60% 정도가 적당하며, 혼화재료는 급결제로서 시멘트중량의 5～8% 정도가 적당하다.

8.15.3 시공

1) 시공방법으로는 건식공법과 습식공법으로 크게 나누어지며 전자는 노즐에서 물과 드라이믹스(dry mix)된 재료를 혼합하는 것이므로 품질은 시공자의 숙련도, 능력에 의하여 좌우된다. 또한 분진의 발생이나 골재가 튀어나오는 리바운드양이 많다. 후자는 물을 포함한 각 재료를 미리 정확히 계량하고 또한 충분히 혼합할 수 있으므로 품질관리가 쉽고 분진의 발생, 리바운드양도 적다. 한편 건식과 습식의 중간적 공법을 사용하는 경우도 있다.
2) 건식 숏크리트는 배치 후 45분 이내에 뿜어 붙이기를 실시하여야 하며, 습식 숏크리트는 배치 후 60분 이내에 뿜어 붙이기를 실시하여야 한다.
3) 숏크리트는 타설되는 장소의 대기 온도가 32℃ 이하 및 10℃ 이상일 때 뿜어 붙이기를 실시하여야 한다.
4) 기존 콘크리트 면에 시공하는 경우에는 콘크리트 면을 거칠게 하고 부착을 저해하는 물질을 제거한다.
5) 시공면이 흡수성인 경우에는 충분하게 흡수시킨 후 압축공기로 표면의 수분을 제거한다.
6) 25 mm 이상의 두꺼운 모르타르 층을 시공하는 경우에는 20 mm 이하의 얇은 층으로 나누어 시공한다. 먼저 시공한 층이 완전하게 굳기 전에 다음 층을 시공하는 것이 좋다.
7) 일반적으로 노즐은 시공면에서 900 mm 위치로 유지한다.
8) 시공 후 충분한 온도와 습도를 유지하여 보통시멘트는 7일, 조강시멘트는 3일 이상의 양생을 실시하여야 한다.

참고문헌

1. KCS 14 20 10 일반 콘크리트, 2021.
2. 정재권, 보통강도 분체계 고유동 콘크리트의 개발 및 실용화 연구, 공학박사학위논문, 세명대학교, 2011.
3. 대윤계기산업주식회사, 디지털 공기량 측정기(DY-300), http://chloride.kr.ecplaza.net.
4. KCS 14 20 20 경량골재 콘크리트, 2021.
5. Katrin Schumacher. et. al, Lightweight aggregate concrete with an open structure and a porous matrix with an improved ratio of compressive strength to dry density, 2020.
6. 한아기초소재주식회사, 인공경량골재.
7. 최재진, 박석균, 최연왕, 김기형, 최신 토목재료학, 기문당, 2007.
8. 한국수력원자력, 원자력발전 백서, 2014.
9. KCS 14 20 21 순환골재 콘크리트, 2021.
10. 태성개발(주), 건설폐기물을 주원로료 하여 재생모래를 생산하는 시설, 2007.
11. The Concrete Countertop Institute, The Versatility of ECC Concrete, https://concretecountertopinstitute.com/free-training/the-versatility-of-ecc-concrete/
12. Yining Ding. et. al, Hybrid effect of basalt fiber textile and macro polypropylene fiber on flexural load-bearing capacity and toughness of two-way concrete slabs, 2020.
13. 김윤용, 김정수, 김희신, 하기주, 김진근, (2005), 마이크로역학에 의하여 설계된 ECC (Engineered Cementitious Composite)의 역학적 특성, 콘크리트학회 논문집, 17(5), 709-716.
14. KCS 14 20 22, 섬유보강 콘크리트, 2021.
15. 씨알디, 포항 관풍교, 2020; 포스코건설, 부산 엘시티, 2016.
16. KCS 14 20 40, 한중 콘크리트, 2021.
17. 삼표시멘트, 기술정보매거진, 2018.
18. KCS 14 20 42, 매스 콘크리트, 2021.
19. 현대건설㈜, 내외부 온도차 제어장비를 이용한 온도균열 저감 양생공법, 2016.
20. KCS 14 20 43, 수중 콘크리트, 2021.
21. 김성수, 류재석, 이승태, 정호섭, 토목재료학, 구미서관, 2016.
22. ATEK-MARINE, 수중불분리성 콘크리트용 혼화제, 2010.
23. 윤진영 외, 프리플레이스트 시공법을 이용한 경량 콘크리트 제조, 2017.
24. KCS 14 20 50, 프리플레이스트 콘크리트, 2021.
25. 한국콘크리트학회, 콘크리트 표준시방서 해설, 2021.
26. 성신양회주식회사, 레미콘제조공정.
26. A. M. Neville, Properties of Concrete, Longman, 1996.

27. Antonio Aguado et al., Concrete Technology, E and FN Spon, 1994.
28. F. Young, Factors Affecting Slump Loss in Superplasticizer in Concrete, Proceedings of International Symposium on Superplasticizer in Concrete, Canada, 1981.
29. H.-J. Wierig, Properties of Fresh Concrete, Chapman and Hall, 1990.
30. H. W. Reinhardt, Testing during Concrete Construction, Chapman and Hall, 1990.
31. J. D. Dewar, Manual of Ready-Mixed Concrete, Blackie, 1987.
32. J. Kropp and H. K. Hilsdorf, Performance Criteria for Concrete Durability, 1995.
33. Masuda, Y., The Concrete which Design Strength is 600 kg_f/cm^2 will not be a High Strength Concrete-A Target of the New RC Project, Cement and Concrete, 546, 1992.
34. M. Pigeon and R. Pleau, Durability of Concrete in Cold Climates, E and FN Spon, 1995.
35. M. W. Hyer, Stress Analysis of Fiber-Reinforced Composite Materials, WCB McGraw-Hill, 1997.
36. V. M. Malhotra, Fly Ash, Silica Fume Concrete-Properties, Applications and Limitations, Concrete International, 5, 1983.
37. Tachibana, D. et al., High Strength Lightweight Concrete Using High Performance Artificial Lightweight Aggregate, Utilization of High Strength Concrete Proceeding Volume 2, Symposium in Lillehammer, Norway, 1993.
38. 社團法人 日本コンクリ-ト工學協會, コンクリ-ト技術の要點, 1993.
39. 片脇淸士, 新しい土木材料とその展開, 山海堂, 1995.
40. 探谷泰文, セメント・コンクリ-トの流動特性, セメント・コンクリ-ト, 541, March, 1992.
41. 長瀧重義, コンクリ-トの高性能化, 技報堂出版, 1997.
42. 小林一輔, 新體系土木工學, 技報堂出版, 1980.
43. 土木學會コンクリ-ト委員會, 高强度コンクリ-ト設計·施工指針(案), 社團法人土木學會, 1980.

9

콘크리트 품질관리

9.1 개요

요구되는 품질을 가지며 균일한 품질의 콘크리트를 제조하기 위해 콘크리트 재료, 기계설비, 작업 등을 관리하여야 하며, 이러한 콘크리트의 품질관리는 구조물을 사용목적에 맞게 경제적으로 만들기 위해 매우 중요하다.

콘크리트의 품질 변동 원인은 다음과 같다.

1) 콘크리트를 구성하는 재료의 품질변동에 의한 것
2) 콘크리트 혼합 시 재료의 계량오차에 의한 것
3) 콘크리트의 혼합조건, 운반조건 및 양생조건의 변화에 의한 것
4) 시험오차에 의한 것

콘크리트의 배합을 정할 때 품질변동을 고려하기 위해서는 먼저 특성치의 변동을 통계적으로 파악하는 것이 필요하며 다음으로 변동을 안정시키는 방법을 기술적으로 또 통계적으로 확립시키는 일이 필요하다. 그러나 콘크리트의 배합을 정할 때 배합강도를 설계기준강도보다 어느 정도 크게 할 것인가는 강도의 변동을 알면 콘크리트 표준시방서 등의 규정에 따라 용이하게 정할 수 있다.

콘크리트의 품질변동을 어떤 범위 내로 유지시키기 위하여 콘크리트 압축강도 이외에 굳지 않은 콘크리트에서의 슬럼프와 공기량 및 경화한 콘크리트의 기타 특성도 관리의 대상이 된다.

콘크리트의 품질관리에는 일반적으로 통계적인 수법을 이용하기 때문에 통계적 품질관리라는 말을 사용한다. 품질관리에 통계적인 수법을 이용하면 데이터의 변동이 그 원인을 알 수 없는 우연의 법칙에 의한 것인가 아니면 그 원인을 알 수 있는 필연의 법칙에 의한 것인가를 판단할 수 있다. 품질의 변동이 필연의 법칙 즉, 표준 이외의 특별한 원인에 의해 일어나는 것이라면 그 때는 원인을 조사하여 이를 제거해야 한다.

9.2 데이터의 정리방법

9.2.1 통계량에 의한 품질변동의 표시방법

품질의 변동을 수치로 나타내기 위하여 통계량을 사용한다. 품질분포의 기준 위치를

나타내는 데는 보통 평균치 $\bar{x}$를 사용하고 중앙치를 사용할 때도 있다. 중앙치는 데이터를 크기의 순으로 나열하였을 때의 중앙값으로 데이터의 수가 짝수일 경우는 중앙의 2개 데이터의 평균치를 취한다.

데이터의 산포를 나타내는 척도로서는 잔차 제곱의 합, 불편분산, 범위 등이 주로 사용된다.

(1) 잔차 제곱의 합

잔차 제곱의 합(S)은 개개 데이터의 평균치로부터의 편차를 제곱하여 합한 것이다.

$$S = \sum_{i=1}^{n}(x_i - \bar{x})^2 = \sum_{i=1}^{n} x_i^2 - \frac{\left(\sum_{i=1}^{n} x_i\right)^2}{n}$$

(2) 분산 및 불편분산

잔차 제곱의 합을 데이터의 수로 나눈 것을 분산(s^2)이라 한다.

$$s^2 = \frac{S}{n} = \frac{\sum(x_i - \bar{x})^2}{n}$$

모집단의 분산의 추정치는 잔차 제곱의 합을 $n-1$로 나눈 값으로 불편분산(V)이라 한다. 이때 $n-1$은 자유도이다.

$$V = \frac{S}{n-1}$$

(3) 표준편차

잔차 제곱의 합을 데이터의 수로 나누어 제곱근을 구한 것을 표준편차(σ)라 한다.

$$\sigma = \sqrt{\frac{S}{n}}$$

모집단의 표준편차의 추정은 잔차 제곱의 합 S를 자유도 $n-1$로 나눈 불편분산의 제곱근으로 나타내며, 이것은 추정값으로 $\hat{\sigma}$로 나타낸다.

공정관리에 이용되는 표준편차는 이 불편분산의 제곱근을 사용한다.

$$\hat{\sigma} = \sqrt{\frac{S}{n-1}}$$

(4) 변동계수

표준편차와 평균치와의 비를 백분율로 나타낸 것을 변동계수(V)라 한다.

$$\text{시료의 변동계수} \quad V = 100 \times \frac{\sigma}{\overline{x}} (\%)$$

모집단의 변동계수는 모표준편차 σ와 모평균으로부터 구해지지만, 이 수치를 직접 알 수는 없으므로 데이터의 변동으로부터 추정한 모집단의 표준편차 추정치 $\hat{\sigma}$ 와 평균치 $\overline{x}$로부터 다음 식에 의해 계산한다.

$$\text{모집단의 변동계수} \quad V = 100 \times \frac{\hat{\sigma}}{\overline{x}} (\%)$$

(5) 범위

범위(R)은 n개의 데이터의 최대치에서 최소치를 뺀 것이다. 범위는 n이 10 이하일 때 사용된다. 계산이 간단함으로 $\overline{x}$와 한 조로 하여 $\overline{x}-R$ 관리도로서 많이 사용되고 있다.

(6) 정규분포곡선

콘크리트 관리에 사용되는 압축강도의 시험치는 일반적인 경우 동일 배치에서 채취한 공시체 3개의 평균치로 하는데 압축강도는 재료의 변동, 계량오차 등에 의해 변동하며, 보통의 관리상태에서 그 변동은 정규분포를 하고 있음이 경험적으로 알려져 있다.

품질의 편차가 확실한 원인(필연법칙)에 의한 변동이 제거되어 있고 우연히 생긴(우연법칙) 것이라면 이와 같은 상태를 안정상태(통계적 관리상태)라 말하고 통계적으로 취급할 수 있게 된다. 이와 같은 상태에서 만들어진 것의 품질에 대한 도수분포곡선을 그려보면 일반적으로 그림 9.1(a)와 같이 평균치에 대하여 좌우 대칭인 정규분포곡선이 된다. 콘크리트의 품질관리를 할 경우 일반적으로 정규분포를 한다고 보아도 좋으며 이 곡선의 높이가 높고 폭이 좁을수록 관리가 잘 되고 있음을 나타낸다.

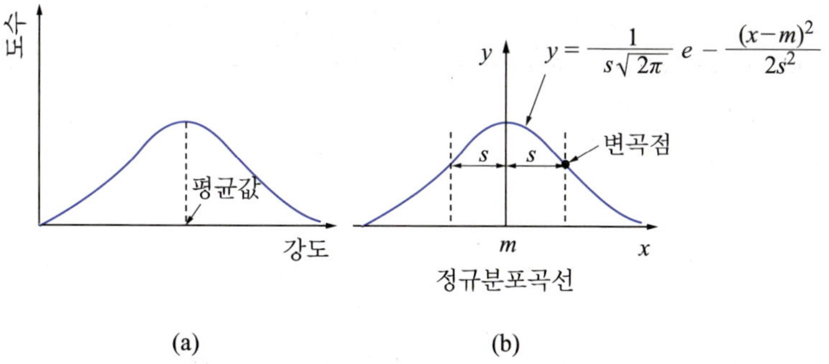

그림 9.1 정규분포곡선

정규분포곡선을 무차원화하여 곡선과 횡축이 이루는 면적이 1이 되도록 비율을 변화시키면 그림 9.1(b)와 같은 곡선이 얻어진다. 이 곡선은 확률밀도 함수라고 하며 그림 9.2에 나타낸 바와 같이 평균치 m을 중심으로 하여 이들이 표준편차 σ의 거리의 점이 곡선의 변곡점이 된다. 평균치로부터 $\pm\sigma$ 사이에 있는 면적 즉, 이 범위 내에 측정치가 들어갈 확률은 전체 면적의 68.3%를 차지하며, $\pm 2\sigma$와 $\pm 3\sigma$의 범위 내에 들어가는 확률은 각각 95.5%와 99.7%이다. 그리고 곡선의 한쪽을 제외한 $m-\sigma$, $m-2\sigma$, $m-3\sigma$보다 큰 것을 포함하는 확률은 각각 84.1%, 97.7%, 99.9%가 된다.

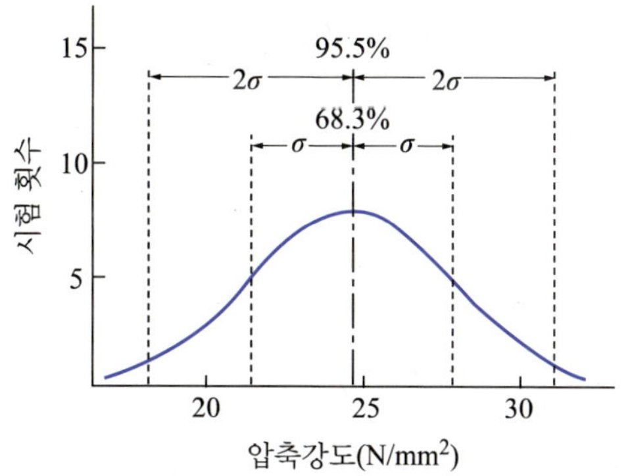

그림 9.2 압축강도의 정규분포곡선 예

9.2.2 데이터의 도표화 방법

어떤 특성치에 대해서 다수의 측정치가 있을 경우, 이들의 측정치를 표시하거나 그래프화 하여 원래의 측정치에 포함되어 있는 정보를 총괄해서 모집단의 특성을 기술하는 통계적 방법을 기술통계(descriptive statistics)라고 한다. 이 수법 중 도수분포표(frequency table)와 히스토그램(frequency histogram)이 널리 사용된다.

(1) 도수분포표

도수분포표를 작성하기 위해서는 측정치의 범위(range)를 어떤 개수(계급)로 분할할 필요가 있다. 이 분할을 위한 일정한 기준은 없지만, 데이터 크기의 범위를 6~20개 정도로 구분한다. 적절한 분할 수(N)가 정해지면 다음에 각 구간의 폭 및 구간의 경계치를 다음 사항에 주의하여 결정한다.

1) 각 구간의 폭은 범위를 분할수로 나눈 값에 가깝고, 또 측정단위의 정수배에 해당되는 수치로 한다.
2) 경계치는 각 구간의 중앙치가 보기 쉬운 수치가 되도록, 또 측정치가 경계치에 들어가지 않도록 측정단위의 1/2만큼 떨어진 값으로 한다.

이와 같이 하여 정한 각 구간에 들어가는 측정치의 도수(frequency)를 조사하여 도수분포표를 작성한다. 이 도수분포표의 일례를 표 9.1에 나타냈다. 표 중의 상대도수는 각각의 도수를 측정치의 총수로 나눈 값이다.

표 9.1 콘크리트 압축시험결과에 대한 도수분포표의 예

구간(N/mm²)	중앙치(N/mm²)	도 수	상대도수
25.25~26.75	24.5	1	0.01
26.75~28.25	26.0	5	0.05
28.25~29.75	27.5	13	0.13
29.75~31.25	29.0	25	0.25
31.25~32.75	30.5	28	0.28
32.75~34.25	32.0	18	0.18
34.25~35.75	33.5	8	0.08
35.75~37.25	35.0	2	0.02

(2) 히스토그램

도수분포표의 도수를 종축에 잡고 특성치를 횡축에 잡아서 도수 분포의 상태를 기둥 모양의 그래프로 도시한 것을 히스토그램이라고 한다. 표 9.1에 표시한 도수분포표로부터 히스토그램을 그리면 그림 9.3과 같다. 또 도수분포를 확률밀도함수의 그래프와 비교하고 싶은 경우에는 빈도도가 필요하게 되는데, 그를 위해서는 히스토그램의 종축을 히스토그램의 전면적으로 나누면 된다. 즉 히스토그램의 각 면적의 합계가 1이 되도록 한다. 예를 들면 그림 9.3의 종축을 100(측정치의 총수) × 1.5(각 구간의 폭) = 150으로 나누면 대응하는 빈도분포도가 얻어진다.

도수분포를 도수분포표나 히스토그램으로 나타내면 다음과 같이 측정치의 집단으로서의 특징을 파악할 수가 있다.

1) 측정치는 어떠한 값의 주위에 분포하는지
2) 측정치는 어떻게 산포하는지
3) 측정치의 분포는 중심에 대하여 대칭인가 비대칭인지
4) 특정치가 넓게 분포하는지 좁게 분포하는지
5) 특정치가 멀리 떨어진 것은 없는지

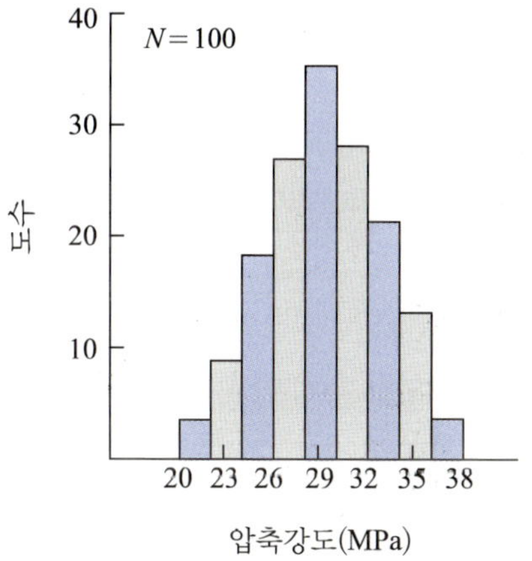

그림 9.3 히스토그램의 예

9.3 관리도법

9.3.1 관리도

품질관리를 통계적으로 하는 경우 보조가 되는 그림을 관리도(control chart)라 하며, 이것은 제품품질의 분포가 허용범위 이내에 있는지 또는 아닌지를 감시하는데 사용된다.

같은 원료를 사용하고 같은 작업을 하여도 만들어진 제품의 품질에는 변동이 있다. 이 변동은 2가지로 구분할 수 있다. 즉, 그 원인을 조사해 보아도 별로 뜻이 없는 우연적 변동과 보아 넘기기 어려운 원인(이상 원인)으로 인한 변동이 있다. 관리도를 사용하면 우연적 변동과 이상 원인에 의한 변동을 구분할 수 있다.

관리도에는 중심선과 상, 하 한 쌍의 관리한계선이 그어진다. 여기에 품질을 나타내는 점을 찍어나가면 우연적 변동에 의한 데이터는 한계선 안에 들어가고 이상 원인에 의한 데이터는 한계선 밖으로 벗어난다(그림 9.4 참조).

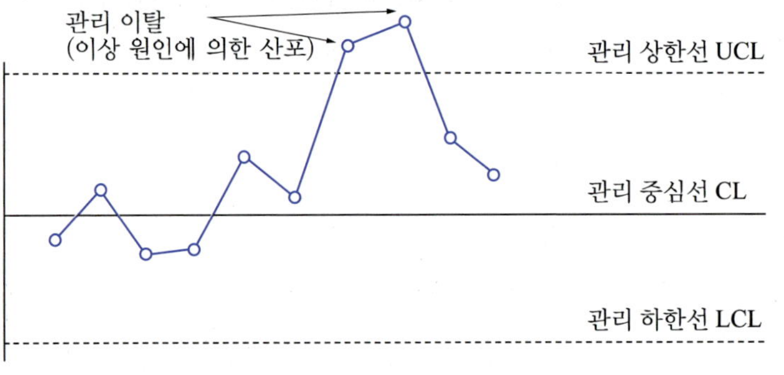

그림 9.4 관리도의 예

관리도를 작성하기 위한 수식은 비교적 간단하나 중요한 것은 관리도의 사용자가 현장에서의 기술적인 경험과 지식 그리고 정확한 판단력과 의지를 가지고 관리도를 어떻게 잘 활용하느냐 하는 점이다.

관리도에는 표 9.2에 나타낸 바와 같이 측정치의 종류에 따라 계량치(計量値)의 관리도와 계수치(計數値)의 관리도가 있다. 계량치 관리도는 품질을 대표하는 특성치를 측정하고 이를 표시하는 것으로서 이에는 측정치의 중심적 경향을 나타내는 평균치 $\overline{x}$ 관리도와 측정치의 분산을 나타내는 범위 R 관리도, 이를 결합한 평균치와 범위 $\overline{x}$-R 관리도, 평균치와 표준편차 $\overline{x}$-σ 관리도가 있다. 계수치 관리도는 제품의 합격여부를 판별하는 데 사용되는 것으로서 이에는 불량률 P 관리도, 불량개수 P_n 관리도, 불량개소 c 관리도, 단위규모당 결점개소 u 관리도가 있다.

콘크리트의 관리에는 $\overline{x}$-R 관리도가 사용된다. $\overline{x}$는 군(group) 내의 평균치, R은 군 내의 범위를 나타낸다. $\overline{x}$-R 관리도에서는 제조공정의 공정평균을 평균치 $\overline{x}$에 의하여 관리하고 공정의 편차는 범위 R에 의해서 관리하므로 $\overline{x}$ 관리도와 R 관리도를 함께 대응해서 사용한다.

표 9.2 관리도의 종류[1]

종 류	데이터의 종류	관리도	적용이론
계량치 관리도	길이, 질량, 강도, 화학성분, 압력, 슬럼프, 공기량, 생산량	$\bar{x}$-R 관리도(평균값과 범위의 관리도) $\bar{x}$-σ 관리도(평균값과 표준편차의 관리도) x 관리도(측정값 자체의 관리도)	정규분포
계수치 관리도	제품의 불량률	P 관리도(불량률 관리도)	이항분포
	불량개수	P_n 관리도(결점수 관리도)	
	결점 수 (시료크기가 같을 때)	c 관리도(결점수 관리도)	푸아송 분포
	단위당 결점 수 (단위가 다를 때)	u 관리도(단위당 결점수 관리도)	

9.3.2 $\bar{x}$-R 관리도의 작성법

(1) 데이터를 취하는 방법

관리를 하고자 하는 품질특성(슬럼프, 공기량, 강도 등)에 대한 계량치를 제품생산 순으로 시간마다 또는 개수마다 모아 시료를 취하여 적당한 시료 군을 결정한다. 1개의 군내(群內)에서는 평균치 및 편차가 그다지 크게 변하지 않고 군 간에서는 평균치와 편차가 변화할지도 모르는 군으로 분리하는 것이 필요하다. 군의 크기는 일반적으로 $n=3\sim5$가 좋다.

실제는 이 군의 분류를 어떻게 할 것인가는 쉽지 않은 문제이며 이것에 따라 관리도의 성공여부가 결정될 수 있다. 군(群)이 결정되면 군의 수 10개 이상의 데이터를 취한다. 군의 크기(군내 데이터의 수)는 일반적으로 같게 한다. 각각의 데이터에 대해 표 9.4와 같은 데이터 시트를 작성하고 평균치 $\bar{x}$와 범위 R을 계산한다.

(2) 관리선

관리도에는 공정에 이상한 변동이 발생하였는가를 판단하기 위하여 중심선의 상하에 관리한계선을 그린다. 이 관리한계선을 그리는 방법은 3σ 한계방식 즉, 평균치를 중심으로 한 표준편차의 3배의 폭으로 관리한계선을 그리는 방식이 표준이다.

관리한계선은 다음과 같이 구한다.

1) n이 일정한 경우

$\overline{x}$ 관리도의 중심선의 값은 각 군의 평균치 $\overline{x}$의 전체 평균치 $\overline{\overline{x}}$이다. 즉,

$$\overline{\overline{x}} = \sum\frac{\overline{x}}{k}$$

여기서, k는 군의 수이다.

R 관리도의 중심선의 값은 범위 R의 평균치 $\overline{R}$이다. 즉,

$$\overline{R} = \sum\frac{R}{k}$$

$\overline{x}$ 관리도의 관리한계선은 다음 식으로 구한다.

$$\text{CL(Center Line, 중심선)} = \overline{\overline{x}}$$

$$\text{UCL(Upper Control Line, 관리상한선)} = \overline{\overline{x}} + A_2\overline{R}$$

$$\text{LCL(Lower Control Line, 관리하한선)} = \overline{\overline{x}} - A_2\overline{R}$$

여기서, A_2는 n에 의해 정해지는 계수로 표 9.3에 따른다.

R 관리도의 관리한계선은 다음 식으로 구한다.

$$\text{CL} = \overline{R}$$

$$\text{UCL} = D_4\overline{R}$$

$$\text{LCL} = D_3\overline{R}$$

여기서, D_4 및 D_3는 n에 의해 정해지는 계수로서 표 9.3으로부터 구한다. 다만 n이 6 이하일 경우는 R 관리도의 관리하한선은 고려하지 않는다.

2) n이 일정하지 않은 경우

일반적으로 군의 크기를 일정하게 하여 관리도를 작성하지만 n이 일정하지 않을 때는 다음과 같이 한다.

$$\overline{\overline{x}} = \frac{\sum n_i \times (\text{크기 } n_i\text{인 군의 } \overline{x}\text{의 합})}{\sum n_i k_i}$$

여기서, k_i는 군의 크기 k_i인 군의 수이다.

범위 R의 평균치 $\overline{R}$는 다음 식으로 구한다.

$$\overline{R}_{(n_i)} = d_{2(n_i)} \hat{\sigma}$$

$$\hat{\sigma} = \frac{1}{k}\left(\frac{\sum R_{(n_1)}}{d_{2(n_1)}} + \frac{\sum R_{(n_2)}}{d_{2(n_2)}} + \cdots \right)$$

여기서, k : 전체 군의 수

$R_{(n_i)}$: 군의 크기가 n_i인 범위 R

$d_{2(n_i)}$: 군의 크기가 n_i인 d_2의 값(표 9.3 참조)

상하관리한계는 $\overline{\overline{x}}$와 $\overline{R}$를 사용하여, 앞에 설명된 식에 의해 구한다.

표 9.3 $\overline{x}-R$ 관리도의 계수표[1)]

n	2	3	4	5	6	7	8	9	10
A_2	1.880	1.023	0.729	0.577	0.488	0.419	0.373	0.337	0.308
D_3	-	-	-	-	-	0.076	0.136	0.184	0.223
D_4	3.267	2.575	2.282	2.115	2.004	1.924	1.864	1.816	1.777
d_2	1.128	1.693	2.059	2.326	2.534	2.704	2.847	2.970	3.078

표 9.4의 데이터에 대해서 계산을 해보면 다음과 같다.

$$N = 5 \times 22 + 4 \times 8 = 142$$

$$\overline{\overline{x}} = \frac{\sum\sum x}{N} = \frac{14,580}{142} = 102.7$$

$$\hat{\sigma} = \frac{1}{k}\left(\sum \frac{R_{(n_1)}}{d_{2(n_1)}} + \sum \frac{R_{(n_2)}}{d_{2(n_2)}} + \cdots\right) = \frac{1}{k}\left(\sum \frac{R_4}{d_{2(4)}} + \sum \frac{R_5}{d_{2(5)}}\right)$$

$$= \frac{1}{30}\left(\frac{200}{2.059} + \frac{590}{2.326}\right) = 11.6$$

$$\overline{R_4} = d_{2(4)}\hat{\sigma} = 2.059 \times 11.6 = 23.9$$

$$\overline{R_5} = d_{2(5)}\hat{\sigma} = 2.326 \times 11.6 = 27.0$$

$\overline{x}$ 관리도의 관리선

$$\text{CL} = \overline{\overline{x}} = 102.7$$

$$\text{UCL} = \overline{\overline{x}} + A_2\overline{R}$$

$n=4$일 때, $102.7+0.729\times23.9=120.1$

$n=5$일 때, $102.7+0.577\times27.0=117.6$

$$\text{LCL} = \overline{\overline{x}} - A_2\overline{R}$$

$n=4$일 때, $102.7-0.729\times23.9=85.3$

$n=5$일 때, $102.7-0.577\times27.0=87.1$

R 관리도의 관리선

$$\text{CL} = \overline{R}$$

$n=4$일 때, 23.9

$n=5$일 때, 27.0

$$\text{UCL} = D_4\overline{R}$$

$n=4$일 때, $2.282\times23.9=54.5$

$n=5$일 때, $2.115\times27.0=57.1$

$\text{LCL} = D_3\overline{R}$ ($n<6$이므로 LCL은 없다.)

표 9.4 $\bar{x}-R$ 관리도 데이터 시트

품질특성	슬럼프	측정방법	KS F 2402
측정단위	mm	측정자	

월일	조 번호	측정치					계	평균치	범위 R			
		x_1	x_2	x_3	x_4	x_5	Σx	$\bar{\bar{x}}$	R_1	R_2	R_3	R_4
	1	100	120	85	120	135	560	112				50
	2	90	90	80	110	130	500	100				40
	3	95	85	90	105	80	455	91				25
	4	110	90	110	70	100	480	96				40
	5	120	95	120	110		445	111			25	
	6	95	95	100	95	100	485	97				5
	7	100	110	90	90	85	475	95				25
	8	95	130	95	130		450	112			35	
	9	110	90	95	120	95	510	102				30
	10	90	115	95	100	110	510	102				25
	11	110	90	100	105		405	101			20	
	12	100	105	95	110	115	525	105				20
	13	110	90	100	110		410	102			20	
	14	105	110	105	120	125	565	113				20
	15	110	105	100	95	105	515	103				15
	16	100	120	85	120	135	560	112				50
	17	90	90	80	110	130	500	100				40
	18	95	85	90	105	80	455	91				25
	19	110	90	110	70	100	480	96				40
	20	120	95	120	110		445	111			25	
	21	95	95	100	95	100	485	97				5
	22	100	110	90	90	85	475	95				25
	23	95	130	95	130		450	112			35	
	24	110	90	95	120	95	510	102				30
	25	90	115	95	100	110	510	102				25
	26	110	90	100	105		405	101			20	
	27	100	105	95	110	115	525	105				20
	28	110	90	100	110		410	102			20	
	29	105	110	105	120	125	565	113				20
	30	110	105	100	95	105	515	103				15
						계	14,580				200	590

$N = 5\times 22+4\times 8 = 142.7$

$\bar{\bar{x}} = \dfrac{\Sigma\Sigma x}{N} = \dfrac{14,580}{142} = 102.7$

(3) 관리선의 검토

작성된 관리도를 조사하여 플롯한 모든 점이 관리한계 내에 있으면 그 공정은 안정된 상태에 있다고 생각하고 그 관리선을 계속 연장하여 공정관리에 이용한다.

관리한계를 벗어나는 점이 있으면 공정이 안정되지 않았다고 보고 그 원인을 조사한 다음 그 원인을 제거할 수 있을 경우에는 그 점을 제외하고 관리선을 다시 계산한다. 그러나 원인을 알 수 없는 경우 또는 원인을 알아도 그 원인을 제거할 수 없는 경우에는 그 점을 제외하지 않고 계산한다. 다시 계산한 관리한계를 벗어나는 점은 제거하지 않는다.

특성치에 대한 규격이 설정되어 있을 때에는 예를 들어 공정이 안정상태에 있어도 그 특성치가 규격을 벗어나서는 의미가 없다. 이와 같이 특성치가 규격을 만족하지 못할 경우는 그 공정을 근본적으로 재고하거나 또는 규격 자체의 변경에 대해서도 검토하여야 한다.

(4) 관리도를 보는 법

공정이 안정상태에 있고 규격을 만족하는 상태가 되었다면 그 관리선을 사용하여 공정을 관리하고 다음과 같이 안정상태를 판단한다.

관리한계를 벗어나는 점이 있으면 공정에 이상 원인이 있다고 보고 그 원인을 규명해야 한다. 따라서 관리도에 점을 플롯하였을 때 표 9.5에 의해 검토를 하고 그 원인을 조사할 필요가 있다.

이와 같이 관리도에 의해서 관리를 계속하는 경우라도 공정이 변화하거나 데이터를 취하는 방법이 변하면 관리선이 적당하지 않을 때도 있다. 이와 같은 경우에는 새로운 데이터로 새로운 관리선을 다시 계산할 필요가 있다.

표 9.5 관리도를 보는 방법[2)]

구 분	점의 배열	조 처
관리이탈	관리한계 밖으로 점이 벗어났을 때 (선 위에 있는 점은 벗어난 것으로 본다.) $\bar{x}$ 관리도 : 공정의 평균치의 변화를 나타낸다. R 관리도 : 공정의 산포의 변화를 나타낸다.	그대로 보아 넘기기 어려운 이상 원인이 있음을 나타내므로 그 원인을 조사하여 다시 발생되지 않도록 조처를 하여야 한다.
크기 7 이상의 점	중심선의 한쪽으로만 연속하여 7개 이상의 점이 있을 때	공정의 평균 또는 산포가 조금 변화하고 있음을 나타내므로 그 원인을 찾아보면 기술상 유익한 정보가 얻어진다.
한계 가까이의 점	점이 관리한계 안에 들어 있어도 관리한계폭의 2/3 이상 떨어진 곳에 연속 3점 중 2점이 있을 때	공정의 산포가 증가하였음을 나타낸다.
경향과 주기성 변동	연속 7점 이상의 점이 계속 위로 또는 아래로만 향하고 있을 때 또는 주기적인 변동을 보일 때	공정에 있어서 그와 같은 경향 또는 주기적 변동의 원인이 있을 것이므로 그것을 찾아내면 공정 관리상 유익한 정보가 얻어진다.
안정상태 (관리상태)	관리도에 플롯한 점을 관찰하여 연속 25점 이상에서 위에 열거된 문제가 발생하지 않는 상태	공정은 안정되어 있어 제품이 규격을 만족시키고 있다면 별도의 조처를 취할 필요가 없다.

참고문헌

1. 한국공업표준협회, 통계적 품질관리 입문, 1981.
2. コンクリ-トの 品質管理編纂委員會, コンクリ-トの品質管理, 日本規格協會, 1984.
3. 박성현·허문열, 전산통계, 경문사, 1983.
4. 박성현 외, 통계적 품질관리, 2013.
5. 염경철 외, 최신 통계적 품질관리, 이나무, 2017.

10

콘크리트 구조물의 보수 · 보강재료 및 공법

10.1 보수재료 및 보수공법

콘크리트는 경제적이고 수급이 쉬운 건설재료이지만 취성을 가지고 있으며 압축강도에 비하여 인장강도가 1/8～1/12 수준으로 낮으므로 균열이 쉽게 발생한다. 이렇게 발생한 균열은 내구적으로 문제를 증가시키고 최종적으로는 구조물의 성능저하 및 안전성 문제로 진전된다. 본 절에서는 균열 및 이와 관련된 단면보수에 대한 재료와 관련 기술의 일반을 다루고 있다. 균열 및 단연 보수의 목적은 손상이 없는 철근 콘크리트 부재에 발생하는 피해를 최소한으로 억제하고, 그 효과를 지속시키는 것으로 균열 및 결손단면이 존재하지 않은 시점에서 철근 콘크리트 구조물의 성능을 회복시키는 것이라 할 수 있다.

철근 콘크리트 구조물의 보수는 다음과 같은 성능저하 또는 열화현상을 고려하여 수행하는 것이 일반적이다.

- 철근 부식
- 누수 및 투수
- 사용자의 위험감
- 균열
- 과도한 변형

균열 및 단면 보수는 위에서 열거한 성능저하와 열화현상을 회복하기 위해 적절한 보수공법을 적용하고 콘크리트 내부로 공기, 수분, 염분 및 황화수소 등의 침입을 막으며, 내부철근의 부식과 균열주변부 콘크리트의 열화진행을 억제하는 것을 목적으로 한다. 합리적이고 경제적인 균열 및 단면보수를 위해서는 발생한 균열이 어떤 것인지, 어떠한 성능저하(피해)가 예상되는지를 검토하고 보수공법, 사용재료, 보수시기 등을 결정할 필요가 있다. 구체적으로는 균열의 원인, 균열의 종류 및 형태(폭, 밀도, 깊이), 균열의 진행성 여부, 구조물의 환경조건(온도, 습도, 누수와 침수)과 같은 사항을 파악 해 두는 것이 바람직하다.

10.1.1 개요

손상된 철근 콘크리트 구조물에 보수를 고려하는 경우에는 구조물의 열화 및 이에 따른 구조물의 성능저하 상황을 정확하게 평가하고, 그 후에 적절한 보수·보강공법, 보수시기 및 그에 필요한 재료를 선택해야 한다. 실제로 보수는 광의의 의미로 보강

(Retrofit, Restrengthening)을 포함하기도 하지만, 본 장에서는 보수에 대하여 설명하였다.

그림 10.1에 기본적인 보수설계의 흐름도를 나타내었고, 여기서는 크게 4가지의 작업으로 구성되어 있다.

1) 구조물의 열화 및 그에 따른 구조물의 성능저하상태의 평가·판정 작업
2) 열화 혹은 구조물 성능저하상태에 적합한 보수공법 선정
3) 선정된 보수공법에 시용되는 보수재료 선정
4) 선정된 보수공법의 성능조사

또한 보수설계에 있어서 고려해야 할 사항을 정리하면 다음과 같다.

1) 보수 여부 판정에 기인하여 보수범위와 규모(구조물 전체 혹은 부재)를 설정
2) 균열의 원인, 균열의 발생상황(종류, 균열폭, 깊이, 패턴 등), 구조물의 중요도 및 환경조건(일반환경, 공장지역, 염분환경지역, 온천지, 한냉지, 특수용도지역 등)을 파악
3) 보수 목적 및 회복 목표를 명확히 결정하고 2)의 환경조건을 고려하여 보수에 가장 적당하다고 생각되는 보수재료, 보수공법, 보수시기를 선정

최근 들어 보수재료는 콘크리트 전과정평가(LCC : Life Cycle Cost)에 고려되는 항목이며, 친환경성 평가에서도 중요하게 고려된다. 보수설계를 원만하게 하기 위해서는 구조물의 유지관리가 어떻게 되고 있는가에 관해서 미리 고려해 두는 것도 중요하다. 구조물의 유지관리에서는 구조물의 중요도, 목표내구수명 혹은 잔존수명, 환경조건 및 생애주기비용 등을 고려하여 구조물에 문제가 발생한 경우에 어떤 점에 중점을 두고 보수를 실행할 것인 가를 미리 명확하게 해 두어야 한다. 예를 들면, 비용을 중시하는 경우에서는 큰 초기비용을 들여 1회의 보수로 남은 공용기간의 성능 유지를 도모하는 것과 초기비용을 크게 하지 않고서 몇 번의 보수를 반복함으로써 성능 유지를 도모하는 것 등 적어도 2가지 이상을 고려하는 것이 가능하다. 목표내구수명에 따른 성능적 평가 이외에도 환경 안전성에 대한 영향 검토 역시 최근에 크게 부각되고 있으며 내하력 또는 구조성능이 부족한 경우에는 보강을 하여야 한다.

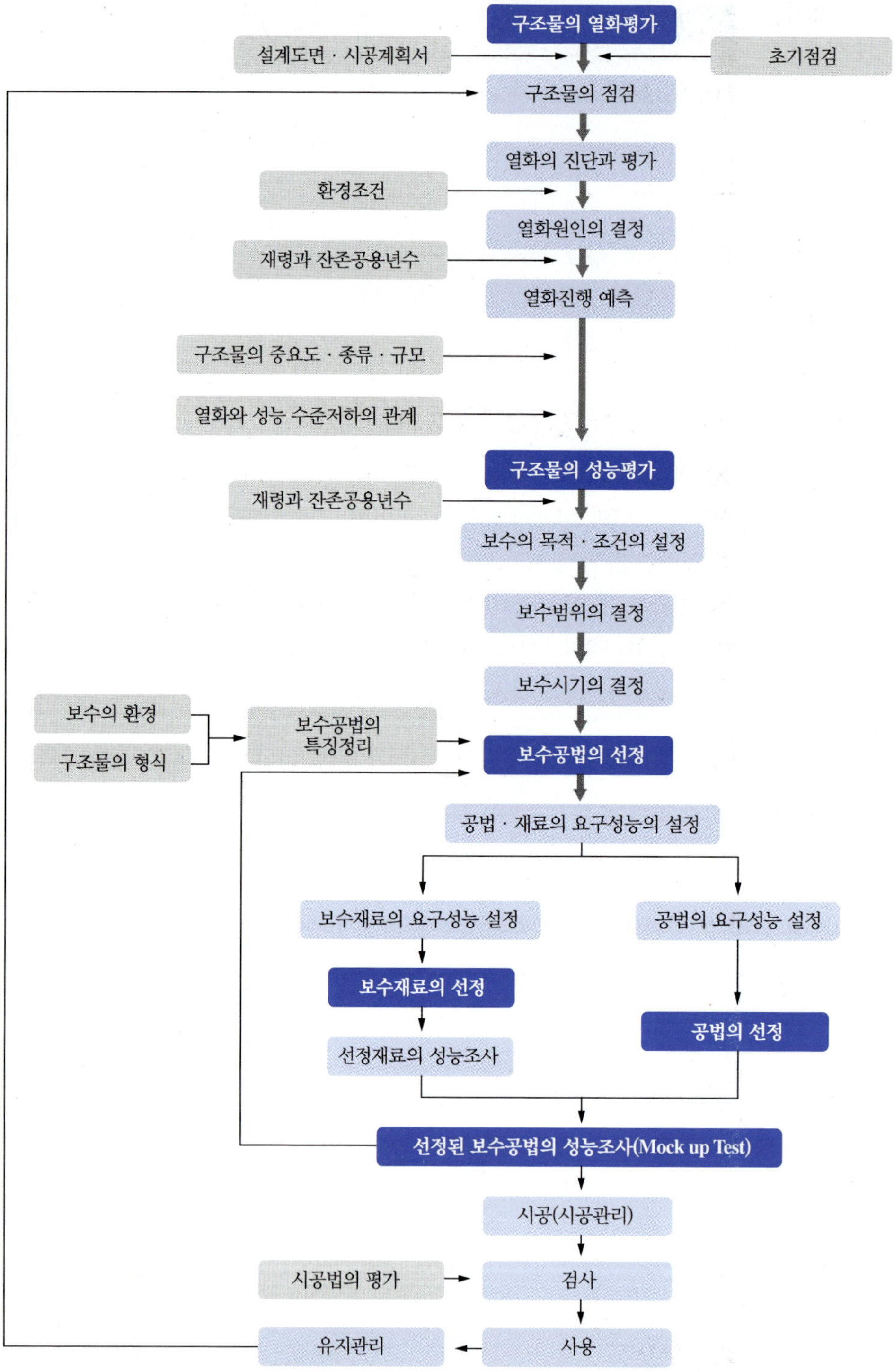

그림 10.1 보수설계의 흐름도[1]

10.1.2 보수의 범위 및 시기 결정

보수범위는 회복 목표 수준, 보수공법 등에 따라 구조물의 내하력 또는 구조성능에 영형을 미치지 않도록 설정한다. 이는 부분적인 보수와 전면적인 보수로 분류하여 고려할 수 있다. 부분적인 보수는 보수 대상 부위 중에서 부식되어 있는 철근 주변의 콘크리트를 제거하고, 부식되어 있는 부분은 전부 제거하는 것을 원칙으로 한다. 또한 전면적인 보수는 콘크리트의 균열이나 박리가 나타나고, 철근이 부식되어 있는 부위 및 녹물이 있는 부위는 물론 주변 부위에 대해서도 적절한 방법을 통하여 보수범위를 평가해야 한다. 균열 및 단면 보수공법으로서 주입 및 충전공법의 목적은 균열이 발생하여 야기되는 성능저하를 방지하기 위해 균열이 존재하지 않은 상태에 최대한 가깝도록 보수하는 것이다. 그림 10.2는 사용기간에 따른 열화의 정도 및 이에 따른 보수공법의 적용 가능한 시기에 대한 설명1로서 주공법은 잠복기에 적용하며 진전기에는 주공법의 성능을 유지하기 위해 추가적인 보조공법 적용이 필요하다. 보조공법은 크게 표면처리공법과 단면복원공법으로 구분할 수 있는데, 표면처리공법의 목적은 외부 염화물이온 등 부식성 물질의 침투를 막고, 철근부근의 염화물이온량을 부식발생한계량 이하로

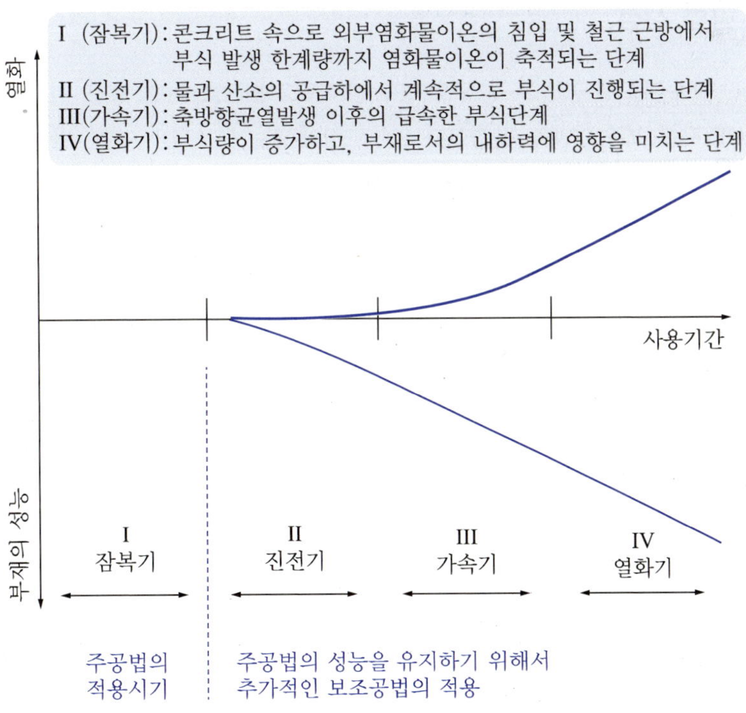

그림 10.2 보수의 적용시기[1)]

억제하는 것 혹은 이미 염해가 진행되고 있는 경우에는 철근의 부식속도의 저하, 균열 등에 의한 위험의 제거, 콘크리트 박락 등을 방지하기 위한 것이다. 그 적용 기능한 시기는 잠복기 또는 진전기에 시공하며 구조물의 중요도 및 내구수명 등을 고려하여 설정하도록 한다. 단면복원공법의 목적은 덮개 콘크리트의 박리·박락에 의해 강제를 보호하는 성능의 저하를 복원하고 부재단면을 복원하는 것으로 진전기 이후 적용하는 것이 일반적이다.

10.1.3 보수재료 및 공법 결정

(1) 필요성 판단

보수는 콘크리트에 생긴 균열 등 발생된 손상이 어느 정도까지 허용되는가의 판단이 필요하며, 이를 위해 구조설계기준, 콘크리트 표준시방서 등 각종 공인된 기준을 참조한다. 또한, 보강의 경우는 부재 단면의 확대 정도 등을 판단하여 안전율을 기준 이상으로 회복시킨다.

(2) 공법 선정

보수재료와 공법을 선정할 경우 내하력, 내구성, 미관 등을 검토하여 구조물의 결함에 따른 보수공법을 결정한다. 이 과정에서는 구조물의 결함 발생원인에 대한 정확한 추정이 중요하며, 이를 통해 적절한 공법 선정과 보수재료의 선박이 기능하다. 따라서 진단 시 수행한 각종 상태평가 및 안정성 평가결과, 시설물 관련 제반 자료 등을 고려하여 결함 발생원인에 대한 정확한 분석이 필요하고, 이후 결합부위 또는 부재에 가장 적합한 보수·보강공법을 선택하는 것이 바람직하다.

콘크리트 구조물에 발생되는 열화나 이상(異狀)은 균열, 박리, 유리석회, 누수, 철근노출 등이 있지만 복수의 이상이 동시에 나타나는 경우가 많고 손상 정도도 다양하다. 콘크리트 구조물의 보수는 조사 및 진단을 실시하여 열화 및 손상에 대해서 정밀하게 그 내용을 파악하는 것이 중요하다. 이는 손상의 정도, 원인, 부위 등에 따라 보수방법이 달라지기 때문이다. 보수의 목적은 열화되거나 손상된 구조물의 중요도, 열화 및 손상 정도에 따라 다르지만 크게 나누면 다음과 같다.

1) 현 상태의 구조적 안전성, 내구성, 기능성 등의 성질을 유지하기 위해 열화·손상의 진행을 억제하는 것
2) 열화·손상된 또는 그 가능성이 있는 구조물에 대해 실용상 지장이 없는 소요의 성

능까지 회복시키는 것

3) 열화·손상된 또는 그 가능성이 있는 구조물에 대해 그 성능을 초기 수준 이상으로 개선하는 것

이들 보수 목적에 따라 어떠한 보수방법이 유리한가를 선정해야 한다.

한편, 보수공법의 일반적 체계와 대표적인 보수공정을 그림 10.3과 그림 10.4에 각각 나타냈다. 보수공정은 열화 및 손상 정도에 따라 다르지만 일반적인 공정은 그림 10.4와 같으며 사용하는 재료도 일련의 시스템화되어 이용되는 경우가 많다.

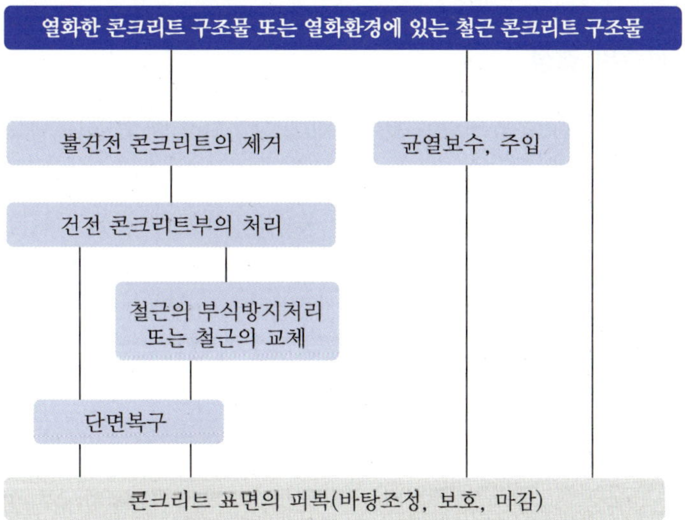

그림 10.3 철근 콘크리트 구조물의 보수공법체계[2)]

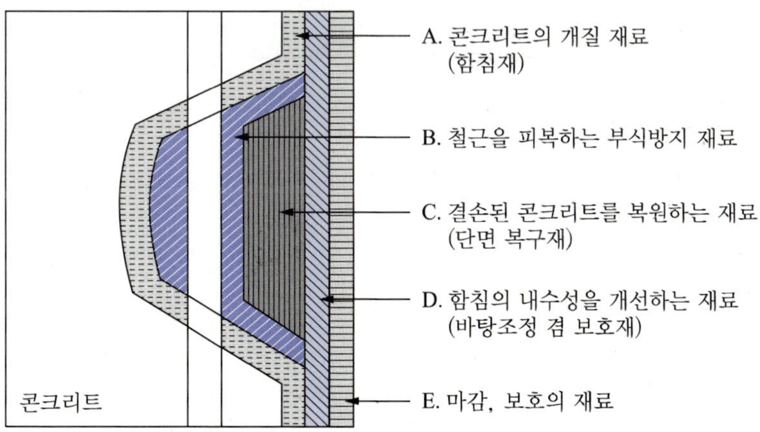

그림 10.4 보수공법의 대표적인 재료구성[1)]

(3) 보수·보강의 수준 결정

보수·보강의 수준은 위험도, 경제성, 환경성 등을 고려하여 다음 중에서 선택하는 것이 바람직하다.

1) 현상 유지(진행 억제)
2) 사용 시 지장이 없는 성능까지 회복
3) 초기 수준 이상으로 개선
4) 개축

(4) 우선순위 결정

각 시설물은 주요부재와 보조부재로 구성되어 있고, 이들 시설물에서 발생된 각종 결함에 대하여 보강을 보수보다, 주요부재를 보조부재보다 우선하여 보수·보강 우선순위를 결정한다. 또한 시설물에 대한 종합평가에는 부재 및 시설물에 발생한 결함 및 손상의 심각성과 부재 및 시설물의 중요도가 반영되어 있다. 따라서 보수의 우선순위는 평가단계의 역순으로 추적하여 평가등급이 낮고, 중요도가 큰 부재 및 시설물 순서로 우선순위를 결정할 수 있다.

(5) 선정 시 고려사항

표 10.1은 보수재료 및 공법을 선정할 때 고려할 사항들을 나타내고 있으며, 각각의 요구성능을 고려하여 선정하여야 한다.

표 10.1 보수재료 및 공법 선정 시 고려사항[3)]

구분	고려사항
내구성능	• 충분한 내구성 확보가 기능한 보수방안
내하성능	• 충분한 내하력 확보가 가능한 보강방안
환경친화	• 유해환경요소를 발생시키지 않는 방안 • 화재 등 재해의 피해를 최소화할 수 있는 방안 • 미관이 양호한 방안
시공성	• 시공성의 제약요소를 최소화할 수 있는 방안 • 시공이 간단한 방안 • 보수 및 보강 품질이 확실한 방안
경제성	• 경제적으로 유리한 방안 • 공기를 단축시킬 수 있는 방안 • 주변 민원발생을 최소화할 수 있는 방안

10.1.4 보수재료의 특성

일반적으로 철근 콘크리트 구조물에 사용하는 보수재료(보강재료에 대해서도 마찬가지임)는 모재인 철근 콘크리트에 적합한 재료를 선택하는 것이 바람직하며, 선정에 있어서 특히 주요한 성상을 열거하면 다음과 같다.

(1) 치수안정성

기존 콘크리트 구조물과 확실히 접합시키기 위해서는 경화 시 및 경화 후에 수축을 일으키지 않는 재료가 필요하다. 예를 들면, 시멘트계 그라우트재는 블리딩이 없고 경화수축이나 건조수축을 보상하는 팽창성 성분과 발포성 성분을 적절히 배합한 무수축 그라우트가 이용되고 있다.

(2) 열팽창계수

모재 콘크리트에 가능한 한 가까운 열팽창계수의 재료를 이용해야 한다. 콘크리트 구조물의 표면온도는 여름철 직사광선을 받는 면에서는 60℃ 이상에 달하는 경우도 있고, 전 계절을 통한 온도차를 고려해서 재료를 선정할 필요가 있다. 유기계의 단면복구재를 이용한 경우에는 모재 콘크리트와의 계면에서 열팽창·수축에 의한 균열이 발생할 수 있으므로 주의할 필요가 있다.

(3) 탄성계수

모재 콘크리트에 가까운 탄성계수의 재료를 선정할 필요가 있다. 특히, 동하중을 받는 부재나 구조부재의 단면복구의 경우, 탄성계수가 큰 부분에 응력이 집중하게 되므로 탄성계수에 대해 배려할 필요가 있다.

(4) 투습성

표면피복재나 큰 면적의 단면복구재에 수증기를 차단하는 재료를 사용하면 모재 콘크리트로부터 발생하는 수분이 보수재료의 계면에서 포착되어 표면피복재 등의 접착을 저해하는 경우가 있다. 콘크리트와 동정도의 투습성을 갖는 재료를 사용하는 것이 바람직하다.

(5) 도전(導電)성

노출철근을 보수하는 경우는 도전성을 갖는 재료로 복구하는 것이 바람직하다. 비도전성 재료를 이용하면 비보수부의 철근 사이에 매크로셀을 형성하여 그 부분의 부식을 촉진할 위험성이 있다. 유기계 단면복구재를 사용한 경우에는 비보수 부분의 철근의 부식이 촉진될 가능성도 있다.

참고로 표 10.2에는 보수재료로서 사용되는 에폭시수지계, 폴리에스테르수지계, 시멘트계 및 폴리머시멘트계 재료의 물리성상을 나타내었다. 또한 표 10.3에는 폴리머시멘트 모르타르계 단면복구재와 에폭시수지 모르타르계 단면복구재의 특성을 비교하여 나타내었다. 폴리머시멘트 모르타르계 재료의 물리성상은 모재 콘크리트에 가깝고 철근 콘크리트 구조물의 보수에 적합하다.

한편, 수지계 재료는 경화속도와 접착성, 내균열성 등의 점에서 폴리머시멘트 모르타르계 재료보다 뛰어난 성상을 가지고 있다. 기본적으로 철근 콘크리트 구조물의 보수에는 폴리머시멘트 모르타르를 포함한 시멘트계 재료를 중심으로 사용하고, 사용목적을 명확히 한 상에서 유기계 재료를 조합해 사용하는 것이 좋다.

표 10.2 콘크리트 보수재료의 물리성상[3)]

재료종류 / 항목	에폭시수지 그라우트, 모르타르 및 콘크리트	폴리에스타르 수지 그라우트, 모르타르 및 콘크리트	시멘트계 그라우트, 모르타르 및 콘크리트	폴리머시멘트계 그라우트, 모르타르 및 콘크리트
압축강도(MPa)	55～110	55～110	20～70	10～80
압축탄성계수($\times 10^4$ MPa)	0.05～2.0	0.2～1.0	2.0～3.0	0.1～3.0
휨강도(MPa)	25～50	25～30	2～5	1～30
인장강도(MPa)	9～20	8～17	1.5～3.5	2～8
파괴시의 신장(%)	0～15	0～2	0	0～5
열팽창계수($\times 10^{-6}$)	25～30	25～35	7～12	8～20
흡수율 25℃에서 7일간(%)	0～1	0.2～0.5	5～15	0.1～0.5
하중 하에서의 최대 사용온도(℃)	40～80	50～80	30℃ 초과 (배합설계에 의함)	100～300
강도 발현까지의 시간(20℃)	6～48시간	2～6시간	1～4주간	1～7일간

표 10.3 폴리머시멘트 모르타르계 단면복구재료와 에폭시수지 모르타르계 단면복구재료의 특성 비교[3)]

종류 / 항목	폴리머시멘트계 보수재	에폭시수지계 단면복구재
시공성	독성은 없고 시공기구의 청소가 간단하며 습윤면의 시공도 가능. 한 번에 두께치기시공이 안 되기 때문에 결손이 클 때는 공정이 늘어남.	경량골재 타입이면 한 번에 두께치기시공이 가능해 공정이 적게 소요됨. 경화제에 약간의 독성이 있는 것이 있고 시공기구의 청소도 하기 어려움.
경화성	보통타입의 것은 약간 경화가 늦어 공기가 길어짐. 단, 조강타입도 있음.	일반적으로 빠르고 경화제의 종류에 따라 경화속도의 조정이 가능함. 단, 경화의존성이 크고 저온 시에 경화하기 어려운 것도 있음.
각종 강도	콘크리트와 동정도	일반적으로 콘크리트보다 약간 큼. 특히 인장, 휨강도가 뛰어남.
탄성계수	콘크리트와 동정도	일반적으로 콘크리트보다 약간 작고 변형하기 쉬움. 단, 조정은 가능.
부착성	양호하지만 혼합된 폴리머의 종류에 따라 약간 다름.	폴리머시멘트계에 비해 꽤 큰 성능을 가짐.
흡수성	위와 같음	위와 같으며, 일반적으로 양호하지만 골재의 입도배열에 따라서는 불량한 것도 있기 때문에 주의가 필요함.
차염(遮鹽)성	위와 같음	위와 같음
가스 투과성	위와 같음	위와 같음
열팽창계수	콘크리트와 동정도	콘크리트보다 큼(2~4배).
내화·내열성	콘크리트와 동정도. 단, 폴리머의 혼합량이 많으면 내화성은 저하함.	온도가 높아지면 연화나 변형이 일어남.

10.1.5 보수재료의 종류

다음은 각 대표적 용도별 보수에 이용되는 재료 및 그 특성에 대해 알아보기로 한다.

(1) 균열보수재료

콘크리트에 발생한 균열을 충전 또는 주입함으로써 염분, 수분, 산소 등의 침투를 방지하는 재료로서, 보수에 있어서는 균열의 진행성 여부에 따라 또는 구조물 단면의 크기에 따라 사용할 재료를 검토하는 것이 중요하다. 기본적으로는 콘크리트와 완전히 일체화되는 재료가 가장 적당한 것으로 여겨진다.

균열보수재료의 종류에는 그림 10.5와 같은 것이 있다.

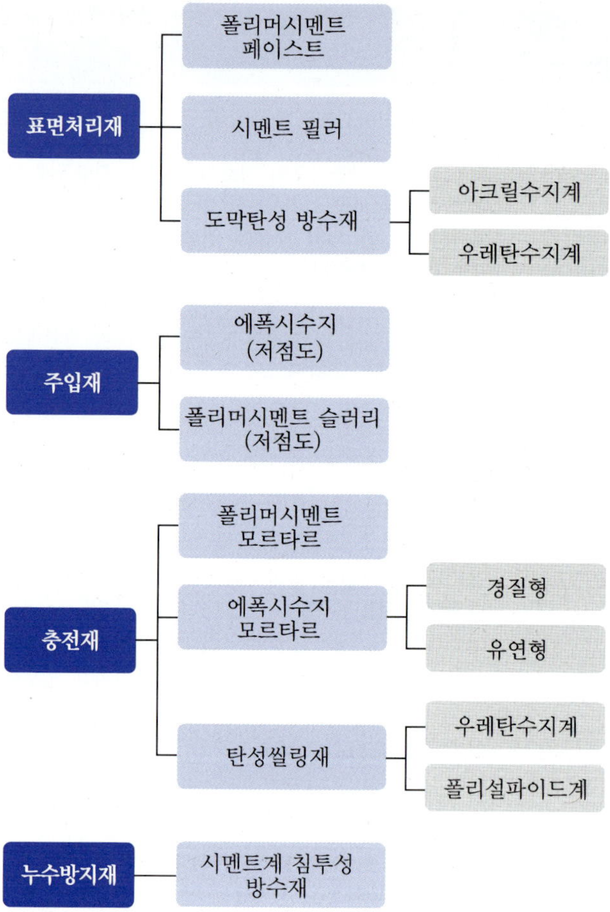

그림 10.5 균열보수재료의 종류[3)]

균열보수용 재료는 주로 콘크리트 본체에 생긴 균열이나 모르타르의 들뜸부 등에 주입하는 재료로 폴리머시멘트 슬러리계와 에폭시계의 주입재가 일반적으로 이용되고 있다. 에폭시수지계 주입재는 주입성이 좋고 균열폭 0.05 mm까지 주입할 수 있어 접착성이 높은 점 등의 특징과 장점을 가지고 있다. 그러나 2성분계 재료이기 때문에 계량과 혼합에 주의할 필요가 있고, 습윤개소에서는 접착성을 확보할 수 없는 경우가 있으며, 열팽창계수가 콘크리트에 비해 큰 점 등의 문제점도 있다.

한편, 시멘트계 주입재는 비교적 싸고 습윤면에서의 접착성이 좋으며 열팽창률이 콘크리트에 가까운데다 습윤개소에 적용할 수 있기 때문에 균열 부위로부터의 누수방지가 가능하다. 그래서 국부적인 철근의 부식이나 중성화 방지·억제 효과도 동시에 기대할 수 있는 등의 특징과 장점을 가지고 있다. 그러나 종래의 시멘트계 주입재는 미세한 균열(0.05 mm 정도)에는 주입이 가능하지 않고 전반적으로 접착성이 낮은 등의 문제점이 있었다. 현재, 이들을 개선하기 위해서 시멘트에 초미립자 시멘트(최대 입경 16 μm 이하)나 기타의 무기물을 주재로 하여 접착성을 부여하기 위해 폴리머디스퍼전을 배합한 초미립자 시멘트계의 폴리머시멘트 슬러리 주입재가 개발되고 있다. 이와 같은 초미립자계 폴리머시멘트 슬러리를 이용함으로써 균열폭 0.05 mm의 균열에 주입 가능한 것이 확인되고 있다. 일반적으로 시멘트계 재료를 주입하는 경우에는 주입개소가 습윤상태로 되어 있을 필요가 있고, 건조상태에 있으면 주입 도중에 막혀버릴 가능성이 있으므로 유의할 필요가 있다.

(2) 단면복구재료

단면복구재료란 콘크리트 구조물에서 손상에 의해 탈락된 콘크리트 부분과 보수시공을 하기 위해 벗겨낸 콘크리트의 결손 부분을 원래 형상대로 복구하는 재료이다. 콘크리트와 동등 이상의 강도, 콘크리트와 같은 정도의 열팽창계수 및 교통진행중의 진동하 시공에서도 모체 콘크리트와의 우수한 밀착성을 가지면서 피복재료와의 밀착성도 뛰어난 것이어야 한다. 또한, 경화시의 수축량이 적어야 하는 것도 중요하다.

단면복구재료의 종류에는 그림 10.6에서와 같은 것이 있다.

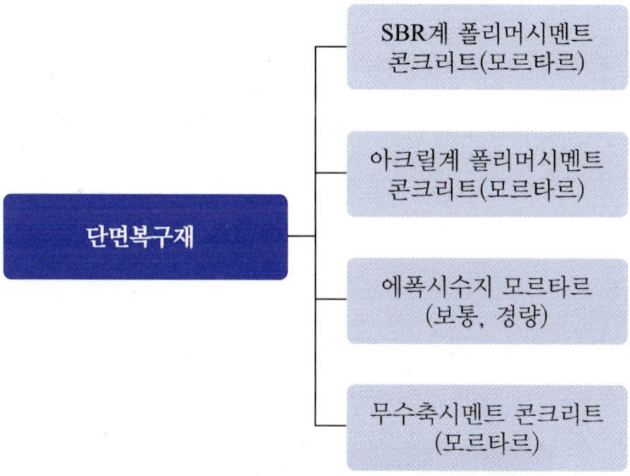

그림 10.6 단면복구재료의 종류[3)]

단면복구용 재료에는 폴리머시멘트 모르타르와 에폭시수지 모르타르의 2종류가 있다. 에폭시수지 모르타르는 시공성이 좋고 높은 부착성을 갖지만, 경화시의 온도 의존성이 크고 저온 시에는 경화되기 어려운 점이 있다. 또한 열팽창계수가 콘크리트보다 2~4배로 크고 열에 의한 변형량이 큰 점 등이 단점이다. 한편 폴리머시멘트 모르타르

재료에는 기본적으로 앞의 균열보수용 주입재에서 기술한 특징과 장점, 단점을 가지고 있다. 단면복구재로서의 효과로서는 폴리머시멘트 모르타르 중에 형성되는 폴리머 필름에 의해 흡수 저항성이 높아지기 때문에 염화물이온이 내부로 확산하기 어렵게 되어 염화물이온의 이동을 억제한다는 보고가 있다. 앞서 기술한 바와 같이 단면복구재료로서의 중요한 요구특성은 본체와의 일체화이기 때문에 그런 의미에서 폴리머시멘트 모르타르가 적합하지만, 폴리머디스퍼전의 종류나 첨가량에 따라서는 흙손바르기 작업성이 나쁘게 되거나 한 번에 발라 부착되는 두께가 비교적 얕게 되는(통상 1 cm 정도) 등 시공상에서의 개량이 요구되고 있다.

최근에는 복구 단면이 큰 토목구조물 등에 대해서 프리팩트 콘크리트공법이 실시되고 있다. 이것은 복구 단면부에 먼저 채움 골재를 충전한 후 무수축형의 유동화 시멘트 슬러리를 충전하는 공법이다.

(3) 철근 부식방지(물리적)재료

강재의 부식 진행을 억제 또는 대폭으로 둔화시키기 위해서 강재에 도포하는 재료를 말한다. 그 성능은 염분, 수분, 산소 등 어느 쪽이든 침투를 방지하는 것이어야 한다. 철근의 부식을 막기 위해서는 그 부식요인이 되는 물과 산소의 공급을 차단하고 부식환경을 만드는 유해성분인 탄소가스, 염소이온(염분)의 침입을 억제할 필요가 있기 때문이다. 동시에, 도장 대상면과의 강력한 부착력과 단면복구재료와의 양호한 부착력도 필요하다.

철근 부식방지(물리적)재료의 종류에는 그림 10.7과 같은 것이 있다.

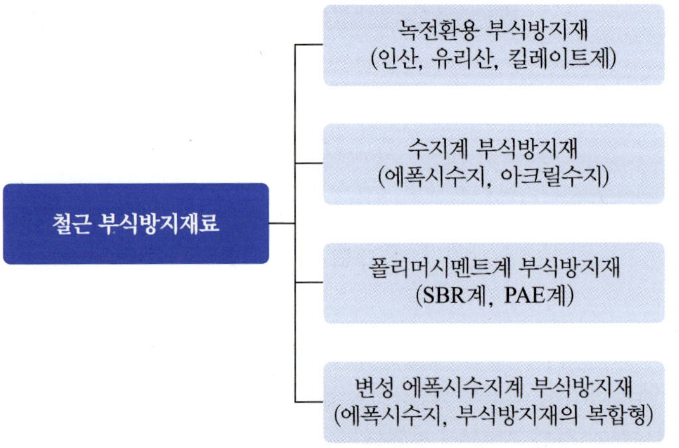

그림 10.7 철근 부식방지(물리적)재료의 종류[3)]

철근 부식방지용 재료로는 녹전환 재료(인산, 유기산chelate제 등), 수지계 방식도료(에폭시수지 도료, 아크릴수지 도료), 폴리머시멘트 페이스트(또는 모르타르) 등이 이용되고 있지만, 녹전환 도료는 콘크리트에의 부작용이 우려되기 때문에 철근 콘크리트 구조물의 보수용으로서는 그다지 이용되고 있지 않다. 수지계 방식도료에서는 에폭시수지계 도료가 가장 많이 이용되고 있다.

이는 산소·물의 차단에 의한 부식방지효과를 기대한 것이지만 에폭시수지 경화제의 종류에 따라서는 역으로 철근을 부식시킬 가능성도 있다. 또한, 콘크리트와 통전성이 다른 재료로 콘크리트 중의 철근을 피복하는 것도 철근의 부식속도를 촉진할 가능성이 있다는 보고가 있다.

이들 보수재료는 다음과 같은 특징을 갖고 있다.

1) 녹전환형 부식방지재료

사용되는 부식방지재료로는 인산계와 유기산계가 있지만, 단독으로 사용되는 경우는 콘크리트 자체나 시멘트 단면복구 재료에의 부작용 등이 우려된다.

2) 수지계 부식방지재료

에폭시수지 도료(프라이머계를 포함)가 많이 사용되고 있다. 경화가 빠르고 부착성·작업성도 좋은 것으로 여겨지고 있지만, 부식방지효과는 반드시 양호하다고는 할 수 없다. 경화제의 종류에 따른 문제와 통전성이 다른 재료이기 때문에 철근 부식이 촉진된다는 견해도 있다. 현재, 변성 에폭시수지 등이 개발되고 있나. 변성 에폭시수지는 에폭시수지와 녹전환형 도료와의 복합적인 부식방지재료이지만, 이들 재료의 특징은 녹층에 깊게 침투하여 녹을 강고히 고착화시키고, 적청을 흑청으로 전환하여 고분자 킬레이트제에 의해 비결정질 녹질을 형성함으로써 녹을 안정하게 하고 새로운 녹 발생을 억제하는 작용을 한다. 또한, 에폭시수지가 외부부식물질의 침투를 막고, 부착성을 향상시키는 성능을 갖도록 한다.

3) 폴리머시멘트계 부식방지재료

혼합되는 폴리머는 SBR계·PAE계가 많다. SBR계는 방수성, 중성화에 대한 저항성이 뛰어나고, PAE계는 초기접착성과 시공성이 뛰어나지만 장기접착은 SBR계 쪽이 크다고 여겨지고 있다. 이 밖에 초산비닐계에 대해서는 가수분해 등에 의한 초산이 생성되어 철근 부식을 역으로 촉진할 우려가 있어 사용 시 주의가 필요하다.

한편, 폴리머시멘트계 재료(페이스트)는 통전성이 콘크리트에 가까운 점과 이들 부식요인의 차단, 중성화 방지기능, 차염(遮鹽)성능을 갖고 있기 때문에 철근 콘크리트용 부식방지재료로서 적합하여 근래에 와서 이 재료계의 비율이 증가하는 경향에 있다. 최근에는 대상 구조물 본체의 표면에 폴리머시멘트계의 부식방지 모르타르를 피복하여 보다 광범위하게 부식방지효과를 도모하려 하고 있다. 이 재료의 부식방지효과를 늘리기 위해 아초산(亞硝酸)염[$LiNO_2$, $Ca(NO_2)_2$가 이용된다]을 함유시킨 부식방지제 혼입 페이스트가 이용되고 있다. 이들 재료는 일반적으로 철근에 1~2 mm 두께로 도포해서 이용된다. 이 부식방지 모르타르의 피복효과는 본체 표면으로부터 내부에 아초산염을 침투시켜 양(+)극 억제자로서 작용하게 함으로써 양(+)극 분극을 증대시키는 것으로, 콘크리트 내의 철근 전위를 +로 돌려 부동태화시킨데다 폴리머시멘트계 재료의 차단기능을 복합화한 것이다. 아초산염의 고농도 수용액을 철근 부식에 의해 발생한 균열에 직접 침투시켜도 부식방지효과는 어느 정도 기대할 수 있지만, 이 경우에는 국소적인 효과밖에 얻어지지 않기 때문에 광범위한 부식방지효과를 기대하기 위해서는 부식방지 모르타르에 의한 표면피복공법이 유효하다.

(4) 봉합재료

봉합재료에는 에폭시수지계 모르타르가 주로 사용된다.

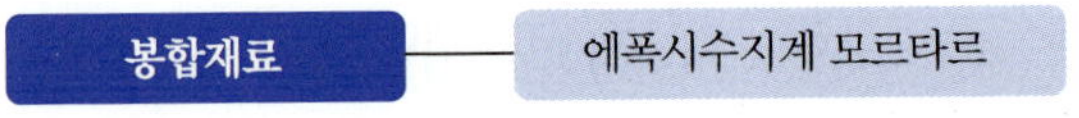

(5) 지수재료

지수재료의 종류에는 그림 10.8에서와 같은 것이 있다.

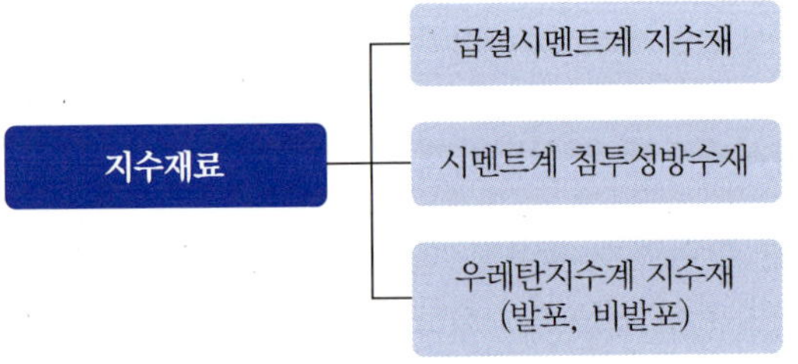

그림 10.8 지수재료의 종류[3)]

(6) 표면피복재료

콘크리트 표면피복재료란 염분, 수분, 산소 등 콘크리트 중의 강재 부식현상을 촉진시키는 요인이 외부로부터 투과 침투하는 것을 방지 또는 억제할 목적으로 도포하는 재료를 말한다. 콘크리트 표면피복재료는 이들 성능을 보유함과 동시에 내후성, 콘크리트와의 부착성, 균열 추종성, 내알칼리성에도 뛰어난 성능이 요구된다. 또한, 현장시공이기 때문에 용이하고 능률적으로 작업이 진행될 수 있는 재료가 바람직하다.

표면피복재료의 종류에는 그림 10.9에서와 같은 것이 있다.

내수성, 내균열성이 뛰어난 폴리머시멘트 모르타르계의 표면피복재를 이용해서 콘크리트 본체를 피복하면 뛰어난 중성화 억제효과를 기대할 수 있다. 이 표면피복재는 앞서 기술한 바와 같이 철근의 부식방지효과를 더욱 높이기 위해서 아초산염을 배합한 폴리머시멘트 모르타르가 이용되는 경우가 있다. 또한, 표면피복재 처리를 실시한 다음에 본체의 보호기능 향상, 내구성 부여, 미장 등의 관점으로부터 외벽용 마감재 등에 의해 마감처리가 실시된다.

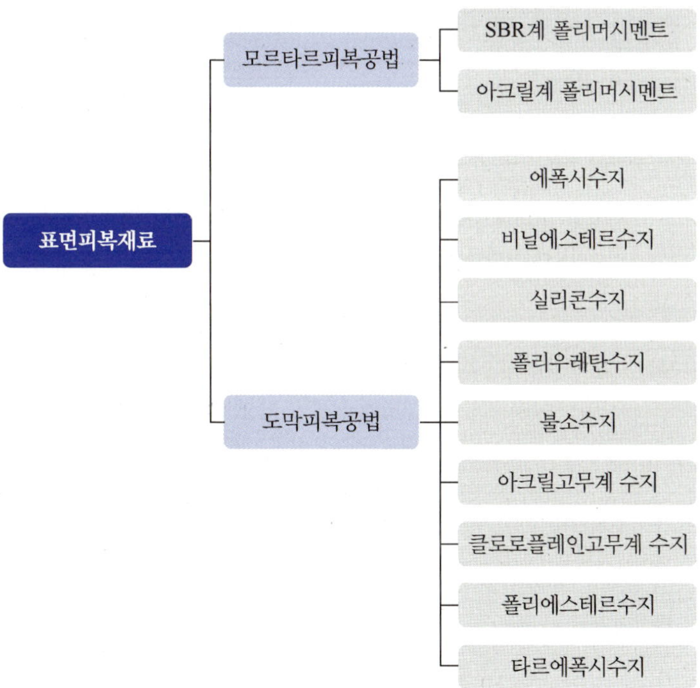

그림 10.9 표면피복재료의 종류[3)]

(7) 보수재료의 특성

보수공법을 채택한 후에 보수대상 구조물에 가장 적합한 재료를 선정하는 일은 중요하다. 상기에서 언급한 내용에 대한 대표적인 보수재료에 대해 그 장·단점을 열거하면 표 10.4와 같다.

한편, 표 10.5에는 이들에 보완하여 별도로 최근 사용중인 시멘트계 보수재료의 특성을 비교하였다. 현재, 시멘트계 보수용 재료로서 사용실적이 가장 많은 것은 폴리머 시멘트계(모르타르, 콘크리트 또는 페이스트) 재료이다. 폴리머시멘트계 재료는 시멘트 혼화용의 폴리머디스퍼전의 혼입에 의한 볼베어링 효과에 의해 프레시 모르타르(콘크리트)의 유동성이 향상된다. 그리고 시멘트가 수화하는 과정에서 그 조직 중에 시멘트 수화물과 폴리머필름과의 강고한 복합체를 형성하는 것으로 폴리머 미혼입 모르타르(콘크리트)에 비해 차염(遮鹽)성, 중성화 억제효과, 물 및 산소확산에 대한 저항성이 높은 경화체가 얻어진다. 이러한 이유로 인해 폴리머시멘트계 재료는 통상의 시멘트 모르타르에 비해 철근 콘크리트 구조물의 보수재료로서 높은 성능을 가지고 있다.

표 10.4 대표적 보수재료의 장·단점[3)]

종 류		장 점	단 점
단면복구재료	SBR계 폴리머시멘트 콘크리트(모르타르)	장기접착성 큼. 방수성 큼. 중성화에 대한 저항성 양호. 가격 저렴. 독성 없음. 습윤면 시공 가능.	초기작업성에 문제 있음. 도포공법에 부적당. 한 번에 두껍게 바르기 불가
	PAE계 폴리머시멘트 콘크리트(모르타르)	초기접착성 큼. 시공법 양호. 내수성 큼. 내알칼리성 큼. 독성 없음. 습윤면 시공 가능.	종류가 많아 선택에 유의 필요. 비교적 고가. 한 번에 두껍게 바르기 불가
	에폭시계	접착성 큼. 화학저항성 큼. 경화가 빠름. 방수성 큼. 압축강도 큼. 인장·휨강도 큼.	내열성이 떨어짐. 저온경화성이 떨어지고 고가. 독성 있음.
	무수축	두껍게 바르기 가능(1회 40 mm). 건조수축이 작고, 균열발생 억제. 압축강도 큼. 가격 저렴.	충분한 습윤환경이 필요
철근부식방지ㅣ물리적재료	녹전환형	인산 등의 부식방지력이 큼.	단면복구재와의 부착성에 불분명한 점이 많음.
	에폭시수지계	접착성이 높다. 화학적 부식방지 능력이 큼.	수지 표면을 방치하면 경화되어 접착성이 약해짐. 전위차 등에 의해 철근 부식이 촉진된다. 고온, 고열에 약함.
	폴리머시멘트계	알칼리성에 의한 부식방지효과가 크다. 내후성이 크고 가격이 저렴함.	핀홀로부터 부식분자의 침입 우려가 있음.
	변성 에폭시수지계	인산과 에폭시수지의 변성타입으로 쌍방의 이점을 가짐.	고가임.

종 류		장 점	단 점
표면피복재료	에폭시수지	내약품성 양호. 내수성 양호	내후성 불량. 가소성 작음. 저온환경에서의 경화성 불량
	비닐에스테르수지	방식성, 내약품성 양호. 내마모성 양호	사용가능시간 짧음. 품질에 따라서는 보수성이 떨어짐.
	실리콘	발수성 큼	상층도장 적합성이 떨어짐.
	폴리우레탄	내후성 양호. 가소성 큼. 속건성	고온환경에서의 가사시간이 짧음. 고습도환경시 두껍게 바를 때, 발포하는 경우가 있음. 경화도중에 수분의 영향을 받으면 백화를 일으킴.
	불소수지	내후성 큼. 속건성	폴리우레탄에 준함.
	아크릴고무계 수지 폴리부타젠고무 클로로플레인고무계 수지	유연성 풍부	고점도로 시공성이 떨어짐.
	폴리에스테르수지	내마모성	사용 가능시간 짧음.
	타르에폭시수지	내수성, 내해수성, 내약품성 큼. 에폭시수지에 비해 저렴.	내후성 불량. 백아화(白亞化)되기 쉬움.

표 10.5 시멘트계 보수재료의 비교[3)]

재료명	장 점	단점 및 한계	규 준	적 용
마이크로실리카 (실리카흄)	① 초고강도 ② 수밀성 향상 ③ 내구성을 향상	① 비용 높음 ② 단위수량 증가 ③ 점성 큼		① 고품질 뿜칠 콘크리트 ② 내마모성이 필요
뿜칠 콘크리트	① 부착 큼 ② 수축 작음 ③ 시공 용이	① 기능공 필요 ② 품질이 기능공에 의존	① ACI 605 ② Gunite Contractors Assn. G-76	한계 없음
섬유보강 콘크리트	① 균열저항성 큼 ② 덕틸리티 큼 ③ 피로저항 향상	① 표면부의 휘바가 부식함 ② 휘바를 분산시키기 곤란		① 균열 제어 ② 뿜칠 콘크리트 ③ 프리캐스트
폴리머	① 부착성 큼 ② 양생일수 1일 이내 ③ 투수·투기성 작음 ④ 내화학저항성 큼	① 가용시간 짧음 ② 믹싱·취급이 특수 ③ 기능공이 필요	FHWA RD 78-35	① 포장 ② 충진 ③ 화학적 침식을 방지하는 개소
팽창성·무수축그라우트 (팽창시멘트계)	① 취급 용이 ② 동결융해저항성 증가	① 배합이 시멘트 성분과 믹싱온도에 영향 받음	① ASTM C 827 ② ASTM C 938 ③ CRD C 621-82	① 공극충진 ② 균열충진 ③ 베이스플레이트

		② 경화하기까지 거푸집이 필요	B	의 충진
무수축·팽창성그라우트 (석고계)	① 취급 용이 ② 경화가 빠름 ③ 공기양생	① 습윤상태에서는 불안정 ② 경화가 너무 빠름 ③ 물에 용해하기 쉬움	CRD C 621-82 B	① 건조조건하에서 볼트, 파이프의 고정
팽창성·무수축그라우트 (팽창시멘트계)	① 취급 용이 ② 거푸집 불요 ③ 블리딩이 작음	① 습윤양생이 필요	① ASTM C 845 ② ACI 223-83 ③ CRD C 621-82 B	① 볼트의 고정 ② 크레인레일의 설치 ③ 중량물이 필요한 경우
팽창성·무수축그라우트 (산화금속계)	① 고강도 ② 피로성상 좋음 ③ 내충격저항성 좋음	① 건습조건하에서 불안정 ② 녹 얼룩이 있음	CRD C 621-82 B	① 볼트의 고정 ② 크레인레일의 설치 ③ 중량물이 필요한 경우
팽창성·무수축그라우트 (칼슘·알루미네이트계)	① 경화가 대단히 빠름 ② 내산·내황산염 ③ 내열	① 가용시간 짧음 ② 경화중의 온도가 높음 ③ 강도저하 초래 가능성		① 지수용의 충진
마그네슘인산염	① 취급 용이 ② 경화 빠름 ③ 부착 큼 ④ 동결온도하 사용가	① 가용시간 짧음 ② 표면굴곡이 커 마감 필요 ③ 암모니아 냄새가 심함		① 저온도하에서의 보수
프리팩트라텍스모르타르	① 취급 용이 ② 부착 큼 ③ 내마모성 ④ 내화학저항성	① 가용시간 짧음 ② 수축함 ③ 비교적 높음		① 얇은 마감 ② 불투수 마감 ③ 화장(化粧) 마감
프리팩트·셀프레벨링마감재	① 취급 용이 ② 펌프압송가 ③ 마감불요 ④ 부착 큼	① 옥외에서 사용불가 ② 동결융해 저항성 없음		① 바닥이나 바닥마감재
프리팩트·개량포틀랜드시멘트, 혼합물	① 취급용이 ② 특성은 포틀랜드시멘트에 가까움	① 경화가 늦음 ② 저온도하에서는 사용 불가		① 포장보수 ② 구조물의 국부적 보수
울트라파인시멘트	① 높은 침투성 ② 블리딩이 작음	① 포틀랜드시멘트가 아님 ② 다량의 물이 필요 ③ 취급이 불편(더스티)		① 구조물의 그라우팅 ② 지반이나 암반의 그라우팅

10.1.6 보수공법

(1) 보수공법의 종류

콘크리트 구조물의 보수공법은 보강공법과 비교하면 종류도 적고 간단히 생각되기 쉽지만, 실제로는 보강보다도 복잡한 면을 가지고 있다. 그것은 보강이 내하력만의 대책에 한정되기 쉬운 데 반해, 보수는 그 이외의 열화, 미관, 역학, 화학적 요인 등의 이상 전체에 대응되어야 하기 때문이다. 보수공법의 종류를 목적별로 나누어 각 공법을 열거해 보면 다음 표 10.6과 같이 정리해 볼 수 있다.

표 10.6 보수공법 종류[1)]

<table>
<tr><th>목 적</th><th colspan="4">보수공법</th></tr>
<tr><td rowspan="15">억제·회복</td><td colspan="2" rowspan="4">균열보수공법</td><td colspan="2">표면처리공법</td></tr>
<tr><td colspan="2">주입공법</td></tr>
<tr><td colspan="2">충전공법</td></tr>
<tr><td colspan="2">침투성 방수제 도포공법</td></tr>
<tr><td colspan="2" rowspan="3">단면복구공법</td><td colspan="2">흙손바름공법(모르타르패칭공법)</td></tr>
<tr><td colspan="2">뿜칠공법</td></tr>
<tr><td colspan="2">거푸집공법(프리팩트 콘크리트공법)</td></tr>
<tr><td rowspan="8">철근
부식방지
공법</td><td rowspan="3">물리적 공법</td><td colspan="2">녹전환형 공법</td></tr>
<tr><td colspan="2">수지계 공법</td></tr>
<tr><td colspan="2">폴리머시멘트계 공법</td></tr>
<tr><td rowspan="5">전기
화학적 공법</td><td rowspan="2">전기방식공법</td><td>외부전극방식</td></tr>
<tr><td>유전(流電)양극방식</td></tr>
<tr><td colspan="2">탈염공법</td></tr>
<tr><td colspan="2">재알칼리화공법</td></tr>
<tr><td colspan="2">전착공법</td></tr>
<tr><td rowspan="6">개 선</td><td colspan="2" rowspan="3">봉합공법</td><td colspan="2">걸쇠(ㄷ형 철근)붙임공법</td></tr>
<tr><td colspan="2">강봉앵커공법</td></tr>
<tr><td colspan="2">프리스트레스 도입공법</td></tr>
<tr><td colspan="2" rowspan="3">지수공법</td><td colspan="2">충전 보수</td></tr>
<tr><td colspan="2">표면 도포 보수</td></tr>
<tr><td colspan="2">주입 보수</td></tr>
<tr><td rowspan="2">억 제</td><td colspan="2" rowspan="2">표면피복공법</td><td colspan="2">도막피복공법</td></tr>
<tr><td colspan="2">모르타르피복공법</td></tr>
</table>

(2) 각종 보수공법

1) 균열보수공법

균열보수공법으로서는 표 10.7에 나타낸 바와 같이 범용성이 있는 주입공법 이외에 균열폭 0.2 mm 이하 정도의 미세한 균열에 이용되는 표면처리공법, 0.5 mm 이상의 비교적 큰 균열에 이용되는 충전공법, 0.2 mm 이하 정도의 미세한 균열에 이용되고 큰 경우에는 부적당한 침투성 방수제 도포공법 등이 있다. 가장 폭넓게 이용되고 있는 공법은 주입공법으로, 충전공법과 병용되는 경우가 많다.

표 10.7 균열보수공법의 분류[1)]

보수목적	균열의 현상·원인		균열폭[1)] (mm)	보수공법[2)] 표면처리공법	주입공법	충전공법	기타공법: 침투성 방수제 도포공법	기타공법: 기타
방수성	철근 부식 없음	균열폭 변동 : 작음	0.2 이하	○	△		○	
			0.2~1	△	○	○		
		균열폭 변동 : 큼	0.2 이하	△	△		○	
			0.2~1	△	○	○		
내구성	철근 부식 없음	균열폭 변동 : 작음	0.2 이하	○	△	△		
			0.2~1	△	○	○		
			1 이상		△	○		
		균열폭 변동 : 큼	0.2 이하	△	△	△		
			0.2~1	△	○	○		
			1 이상		△	○		
	철근 부식		-			○		
	염해		-					●
	반응성골재		-					●

(주) 1) 균열폭 3.0 mm 이상의 균열은 구조적인 결함을 동반하는 경우가 많기 때문에 여기 표시한 보수공법뿐만 아니라 구조내력 보강을 포함하여 실시하는 것이 보통이다.
2) ○ : 적당하다고 생각되는 공법, △ : 조건에 따라서는 적당하다고 생각되는 공법, ● : 연구단계인 공법

주입공법에 의한 보수목적은 부재의 일체성 확보가 주된 것이지만, 상세히는 균열에 기인해 발생하는 강재의 부식을 막아 내구성 확보를 도모함과 더불어 경우에 따라서는 방수성의 확보, 나아가서는 부재의 내하성능이 회복된다. 과거에는 균열에 대한 수지주입은 충전성에 관한 신뢰성이 낮아 내구성 향상에만 주안을 두었지만, 최근에는 고무압, 공기압 및 용수철압 등을 이용하는 저점도 에폭시수지의 장시간 저압주입공법(주입

압 : 0.1 N/mm^2 전후) 등의 개발에 의해 구조적 회복까지 기대할 수 있게 되었다.

주입재로서는 수지계와 시멘트계가 있고, 수지계 주입재 가운데에는 에폭시수지 주입재가 일반적으로 이용되고 있다. 에폭시수지계 주입재는 충전성과 접착성이 뛰어나지만 습윤한 곳에서는 접착성이 떨어지고, 시멘트계는 역으로 습윤한 곳에서는 접착성에 문제가 없지만 충전성과 건조한 곳에서의 접착성이 떨어지는 장·단점이 있다. 이에 따라 균열폭이 2 mm 미만의 작은 경우에는 수지계가, 2 mm 이상의 큰 경우에는 시멘트계가 이용되는 경우가 많았다. 그러나 최근에는 습기경화형의 에폭시수지가 개발되고, 시멘트계에서는 분쇄·분급기술의 향상에 의해 개발된 초미립자 시멘트와 폴리머디스퍼전을 이용하여 상기의 문제점을 개량한 주입재가 개발되어 사용되고 있다.

① **표면처리공법**

본 공법은 비교적 미세한 균열에 대해서 직접 그 균열의 표면을 피복하여 방수성·내구성을 가지게 하는 것이다. 피복 범위도 전면 혹은 부분으로 나누어져 있다. 그 효과는 균열표면의 보수에만 그치는 것이고, 진행성 균열에 대해서는 대처가 곤란한 점 등의 결점도 있다. 사용되는 재료는 폴리머시멘트 페이스트, 시멘트필러, 도막탄성방수재 등이다. 이들은 원래 피복재의 두께가 얇기 때문에 노후열화에 대해서는 주의를 기울여야 한다.

그림 10.10에 표면처리공법의 예를 나타내었다.

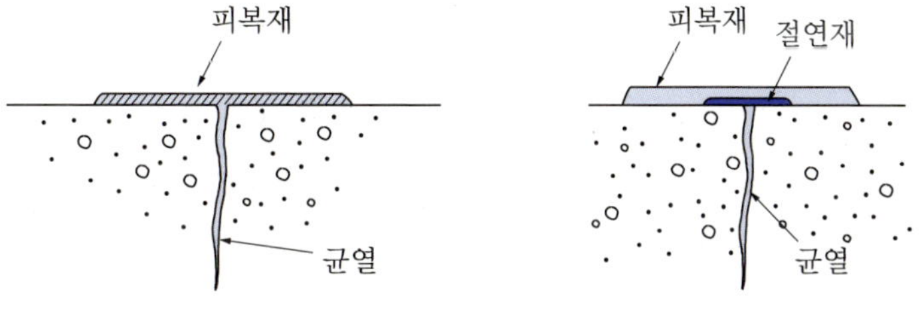

(a) 일반적인 경우 (b) 균열폭 변동이 큰 경우

그림 10.10 표면처리공법의 예[3]

② **주입공법**

본 공법은 균열 내에 수지계 또는 시멘트계의 재료를 주입해서 방수성·내구성을 향상시키는 것으로, 건축물 등에는 마감재와 본체와의 들뜸 보수공법으로서도 채용되고 있다. 공법의 주된 것은 에폭시수지주입공법이고, 종래에는 수동 또는 기계방식이 주였지만, 이 방법으로는 (ㄱ) 주입량을 확인할 수 없다, (ㄴ) 관통되어 있지 않은 균열에서는 끝부분까지의 주입이 곤란하다, (ㄷ) 주입압력이 너무 높으면

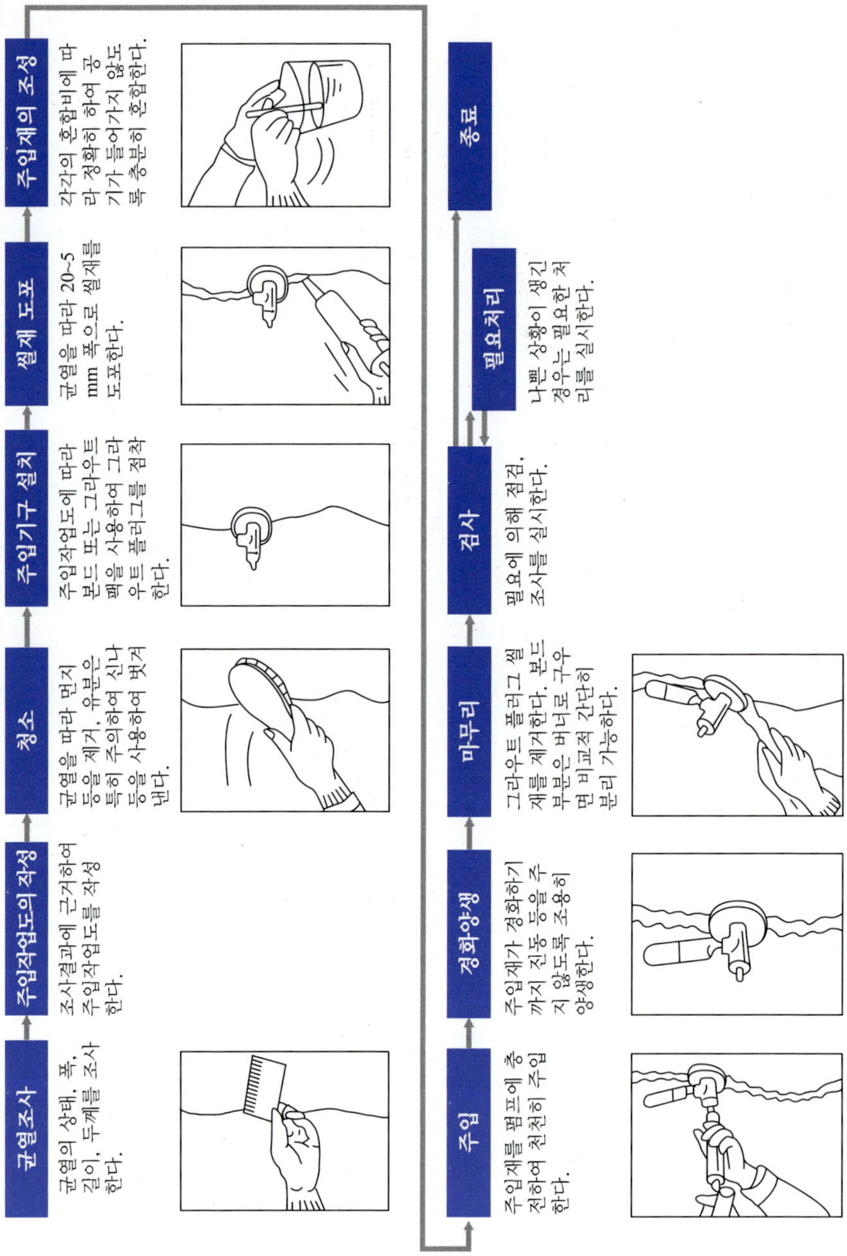

그림 10.11 주입공법의 시공흐름 예[3]

균열을 확대시켜 버린다 등의 문제가 생기고 있어 최근에는 저압·저속의 주입공법이 다양하게 개발 검토되어 적용되고 있다. 자동식 저압수지주입공법은 상기 문제를 해결하는 데 충분히 도움이 되고 있지만, 주입기구 내에 주입재가 잔존하기 때문에 재료의 손실이 많아지는 경우도 있다.

주입공법을 실시함에 있어서 가장 중요한 것은 주입해야 할 균열에 적합한 재료의 점도관리이다. 이는 점성에 따라서는 대응이 곤란한 균열도 발생하기 때문이다. 또한, 시공시기 및 그에 따른 가용시간에 대해서도 주의를 기울여야 한다. 에폭시수지의 경우는 용제의 양, 진행성 균열의 경우에는 균열 주입 후의 거동과 함께, 가소성타입의 검토와 충전공법의 채용도 고려해야 한다.

현재, 마이크로 균열에 대한 주입재료로서 무기계 재료인 폴리머시멘트 슬러리가 주목되고 있지만, 점도 문제, 수경성 문제 등의 개선대책이 필요로 하며 이의 해결이 이루어지면 많은 장점이 기대되고 있다.

그림 10.11에는 주입공법의 시공흐름 예를 나타내었다.

③ 충전공법

통상 0.5 mm 이상의 비교적 큰 균열의 보수에 적합한 공법으로 균열에 연해 콘크리트를 절삭하고, 보수재를 충전하는 방법이다. 이 공법은 균열 끝의 철근이 부식되고 있는 경우와 그렇지 않은 경우에 따라 적용방식이 약간 다르다.

㈀ 철근 부식이 없는 경우

균열에 연해 콘크리트를 U형 또는 V형으로 10 mm의 폭으로 절삭하고, 씰링재, 가소성 에폭시수지 및 폴리머시멘트 모르타르 등을 충전하는 방법이 있다. 이들 방법은 충전흔적이 남기 쉽다. 절삭에 대해서는 본래 U형 쪽이 박리·박락의 우려가 V형보다도 적다.

그림 10.12에는 철근 부식이 없는 경우의 충전공법의 예를 나타내었다.

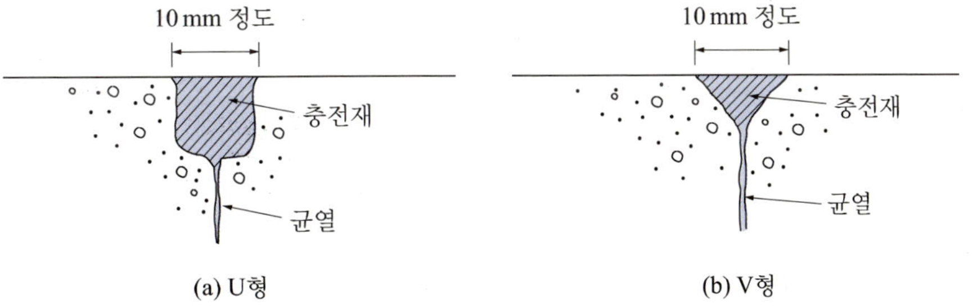

그림 10.12 충전공법의 예(철근 부식이 없는 경우)[3]

(ㄴ) 철근 부식이 있는 경우

철근의 녹을 제거하고 부식방지처리를 실시한 후 콘크리트에 프라이머를 도포하고, 폴리머시멘트 모르타르나 에폭시수지 모르타르 등의 재료를 충전한다.

콘크리트 구조물의 내구성 회복을 목적으로 하는 것으로 크게 구분하면, ㉮ 보수재료에 의해 물리적으로 부식을 방지하는 방법, ㉯ 콘크리트에 알칼리성을 부여하여 화학적으로 부식을 억제하는 방법, ㉰ ㉮와 ㉯를 조합시키는 방법으로 나눌 수 있다.

그림 10.13에는 철근 부식이 있는 경우의 충전공법의 예를 나타내었다.

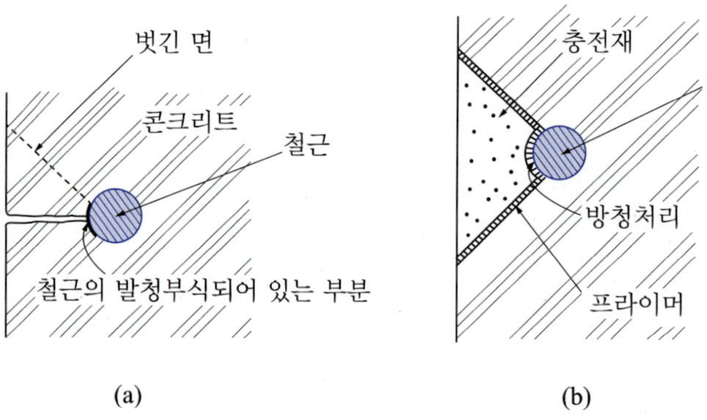

그림 10.13 충전공법의 예(철근 부식이 있는 경우)[3)]

④ 기타 공법

균열에 대한 기타 공법으로는 다음과 같은 것이 있다.

(ㄱ) 침투성 도포방수제에 의한 누수방지

침투성 도포방수제에 의한 누수방지를 목적으로 한 보수공법은 균열 폭 0.2 mm 이하인 경우를 대상으로 하고 있다. 이 공법은 태풍과 함께 비바람이 작용하더라도 누수되지 않는 것으로 알려져 있지만, 실적이 적고 내구성 측면에서는 불확실한 점도 많다.

(ㄴ) 염화물로 인한 철근 부식에 의해 발생된 균열 보수

충전공법에서 「철근 부식이 있는 경우의 균열 보수」와 같은 공법이 적용된다. 단, 골재중의 염화물이나 해염입자에 의한 염해도 방지해야 하기 때문에 염분, 물, 산소의 공급을 차단하는 의미에서 표면피복도 실시해야 한다.

㈐ 반응(알칼리골재반응)성 골재에 의해 발생된 균열의 보수
균열은 진행형인 것이 많기 때문에 가소성 에폭시수지의 주입 및 방수효과를 가진 재료의 도포에 의해 외부로부터의 물의 침입을 막는 공법이 채용되고 있다. 알칼리골재반응은 내부, 외부 양방의 물에 의해 반응이 진행된다. 따라서 알칼리골재반응에 대해 효과적인 방법은 외부로부터 물의 침입을 차단함과 더불어 콘크리트 내부의 수분을 증발시키는 것이다. 특히 서구에서는 무기계의 발수처리를 한 후, 유기계의 통기성 코팅을 병용함으로써 탄산가스, 해염입자 등을 차단하고 수증기는 통과시키는 방식의 통기시스템이 적용되고 있다고 한다.

2) 단면복구공법

손상에 의해 박락된 콘크리트와 보수를 위해 벗겨낸 콘크리트 단면을 원래 형상으로 복구해 피복 등을 확보함으로써 열화진행을 억제하고 구조물의 내구성을 향상시키는 공법이다. 단면복구재에 요구되는 성능은 복구부재, 환경조건, 시공법 등에 의해 다양하지만 일반적으로는

- 압축, 휨 및 인장강도 등이 기존 콘크리트와 동등 이상일 것.
- 열팽창계수, 탄성계수 및 푸아송 비 등이 기존 콘크리트와 동등할 것.
- 건조수축이 작고 접착성이 높을 것.
- 현장시공이기 때문에 작업성이 좋을 것.

등이 요구된다. 이에 따라 단면복구재로서는 시멘트계 및 폴리머시멘트계 재료가 많이 사용되고 있다. 단면복구재에 관한 품질규격은 보수목적에 따라 발주처 등에서 정해 놓은 경우가 많다. 재료적으로는 앞에서 기술한 것 이외에도 아초산리튬과 아미노알코올계 부식방지제를 첨가한 것, 그리고 염화물이온(Cl^-)과 알칼리금속이온(Na^+, K^+) 등의 유해물질을 흡착하는 특수혼화재를 첨가한 것 등 열화요인에 따라 다양한 기능성 재료가 최근에 개발되고 있다.

① 흙손바름공법(모르타르 패칭공법)

단면이 비교적 작은 경우의 복구에 사용되는 방법으로 단면복구를 위한 바탕처리[다음 3)항의 철근 부식방지공법(물리적 공법)과 같음]를 실시한 후, 복구에 적합한 질기로 비빈 복구재를 흙손이나 손가락 등으로 눌러 붙여 단면을 복구하는 공법이지만, 시공부위 혹은 진동, 자중 등에 의해 복구재료가 낙하하는 경우도 있기 때문에 복구재료를 잘 선정하도록 검토해야 한다. 또한, 두께바름 시의 수

축균열 등에도 충분히 유의해야 한다.

② **거푸집공법(프리팩트 콘크리트공법)**

일반적으로 결손단면이 큰 경우에 이용되는 공법으로 단면구조체에 거푸집을 설치하여 복구부에 굵은골재 충전, 주입재 충전, 양생, 탈형의 순서로 행한다. 시공 시에는 주입재의 성질을 잘 파악하고 있어야 한다. 충전골재에 대해서도 입도·함수량이 소정의 기준에 달하고 있는지의 여부, 거푸집 이음 시일(ceil)에 대해서도 주의하여 행해야 한다. 주입재의 특성에 따른 주입공 및 배출공을 설치하여 공극이 남지 않도록 주입하는 것이 중요하다.

3) 철근 부식방지공법(물리적 공법)

콘크리트 내의 철근이 노출되는 요인은 여러 가지가 있지만, 주로 철근의 녹 발생에 의한 체적팽창으로 콘크리트가 박락해 노출되는 경우가 많다. 또한, 철근의 녹물이 균열을 통해 콘크리트 표면에 나타나는 경우 등도 있다. 이와 같은 상황에서는 콘크리트를 철근의 건전한 부분까지 벗겨내고, 충전을 하기 전에 철근의 부식방지처리를 실시해야 한다. 철근의 부식방지처리에는 적절한 철근 부식방지 재료와 공법의 선택이 중요하다.

철근이 노출되고 있다고 하는 것은 콘크리트가 파괴되고 있다고 하는 것으로 철근 부식방지공법에 의한 처리가 필요하다. 그 부분이 노출된 채로 오랫동안 방치되어 있는 경우 피복면 및 철근에 염분, 탄산화물, 부착저해물 등이 부착되어 있어, 이들을 제거하기 위해서는 블라스트처리가 필요하다. 동시에 콘크리트를 건전한 부분까지 벗겨내고 철근의 녹 제거를 철근의 이면까지 행해야 한다. 소규모인 것은 와이어브러시 정도로도 좋지만, 이것만으로는 불완전하다. 또한, 에어브러시나 디스크 그라인더 등도 철근을 불필요하게 깎아내는 일이 많아 철근의 형상을 바꾸거나 종래의 직경을 감소시킬 우려가 있다. 녹 제거는 어디까지나 백색에 가까운 금속까지의 블라스트 처리를 행하는 것을 표준으로 한다. 블라스트 기기는 대형의 것이 많지만, 현재는 포터블한 소형 버큠블라스트 기구도 사용되어 블라스트 처리가 비교적 용이해지고 있다.

철근 부식방지공법은 콘크리트 단면복구 단계의 처리라 생각되지만, 철근 콘크리트 복구의 근간이 되기 때문에 가능한 한 완성시의 성능을 재현해야 한다.

또한, 상판 콘크리트 피복이 얇은 것이 박리되어 철근이 노출되어 있는 경우 단면복구는 매우 곤란하다. 이 경우는 노출된 철근에 그대로 부식방지처리를 실시해야 하고 재료에 대해서도 잘 고려해 주어야 한다.

4) 철근 부식방지공법(전기화학적 공법)

전기화학적 보수공법은 다양한 방법을 이용해 콘크리트 표면으로부터 콘크리트 내부의 강재에 전류를 유입시켜 강재의 부식을 근원적으로 방지하는 공법으로, 표 10.8에는 전기방식공법, 탈염공법, 재알칼리화공법 및 전착공법과 이들 각 공법의 적용범위를 나타내었다.

표 10.8 전기화학적 보수공법의 종류와 적용범위[1)]

적용대상 \ 보수공법			전기방식공법	탈염공법	재알칼리공법	전착공법
환경조건	육상·내륙부		○	○	○	-
	해양환경	대기중부	○	○	○	-
		물보라부	○	○	○	-
		간만대부	○	△	-	○
		해 중 부	○	-	-	○
구조부재	RC		○	○	○	○
	PC		○	-	-	○
기존구조물			○	○	○	○
신설구조물			○	-	-	○

① **전기방식공법**

전기방식공법은 염해, 중성화 등에 의해 콘크리트 내의 강재가 부식영역에 있거나 향후 부식영역에 들어갈 것으로 예상되는 강재의 방식방법으로서 적용되는 공법으로서, 강재를 음극으로 하고 콘크리트 표면에 설치한 전극으로부터 5~30 mA/m^2의 방식전류를 흘려보내 콘크리트 내의 강재를 불활성상태로 하는 공법이다. 전기방식공법에는 외부에 전극을 설치해 강제적으로 계속 방식전류를 흐르게 하는 외부전원방식과 내부강재에 의해 이온화경향이 큰 아연 등의 금속을 양극재로 하여 강재와 도통(導通)시켜 방식전류를 확보하는 유전양극(流電陽極)방식이 있다.

그림 10.14에는 전기방식공법의 한 종류인 티탄메시공법의 모식도를 나타내었다.

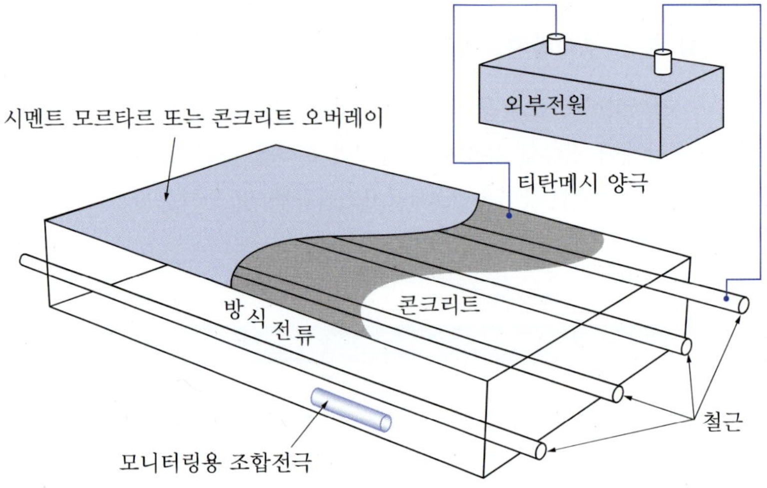

그림 10.14 티탄메시공법에 의한 전기방식공법의 모식도[3)]

② 탈염공법

탈염공법은 염분이 침입하여 콘크리트 내의 강재를 부식시키고 있거나 부식시킬 가능성이 있는 경우에 적용되는 비파괴 보수공법으로서, 전기방식보다 더욱 센 전류, 전압을 가한 전기분해로 염화물이온을 표면으로 끌어내는 공법이다(전기방식에서 사용되는 전류는 1 mA인 반면에 본 기술은 1 A로서 100배의 차이가 있다). 가설한 외부전극과 콘크리트 내의 강재와의 사이에 약 1 A/m^2의 직류전류를 1～2개월 간 흘려 콘크리트 내의 염분을 콘크리트 밖으로 내보내도록 하는 방식이다. 그 원리는 그림 10.15에서와 같이 전해질 용액을 함침시킨 셀룰로오스

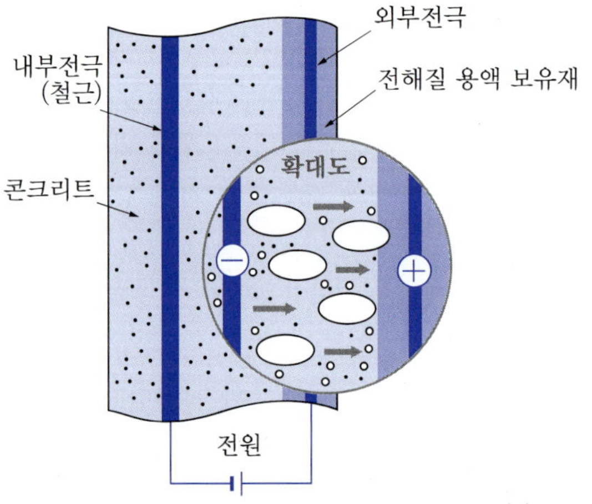

그림 10.15 탈염공법의 모식도[3)]

파이버 또는 전해질 용액의 비축이 가능한 패널을 양(+)극(통상은 내부식성의 티탄메시 등이 이용된다)과 함께 콘크리트 표면에 가설해 콘크리트 중의 철근을 음(−)극으로 해서 양전극 간에 직류전류를 인가하는 방법이 일반적이다. 그러나 전압을 너무 올리면 전기분해로 나트륨이 철근에 연하여 수소가 발생하게 되어 철근이 수소취성 파괴되거나, 표면에는 염소가스가 나오기 때문에 독성이 생길 우려가 있다. 향후 이러한 문제가 어떻게 해결되는지가 관심사이다.

③ **재알칼리화공법**

재알칼리화공법은 중성화에 의해 콘크리트 내의 강재를 부식시키고 있거나 부식시킬 가능성이 있는 경우에 적용되는 비파괴 보수공법으로서, 가설한 외부전극과 콘크리트 내의 강재와의 사이에 약 1 A/m^2의 직류전류를 약 1주간 흘려 가설강재가 보유한 알칼리성 용액을 콘크리트 내에 강제 침투시켜 알칼리성을 회복시키는 공법이다. 중성화된 콘크리트에 다시 알칼리성을 불어넣는 전기유도방법으로, 전해질인 탄소나트륨 수용액을 사용하고 있는 점이 다르다. 나트륨이 철근측에 연해서 알칼리를 회복해 간다고 하는 메커니즘인데, 그림 10.16에 그 원리를 나타내었다. 재알칼리화에 의한 콘크리트 중성화의 회복은 탄산칼슘을 원래의 수산화칼슘 혹은 C-S-H로 돌리는 것은 아니고, 외부로부터 일부러 알칼리 용액을 침투시키거나 철근 근처에 생긴 OH^-가 콘크리트의 중성화 부분까지 요동하는 것으로 콘크리트 중의 pH를 회복시키는 것이다. 그러나 이 공법도 나트륨이 내부에 들어가면 알칼리골재반응의 문제나 골재를 용해시켜 버릴 문제가 있어 그다지 바람직한 방법은 아닐 것으로 사료된다.

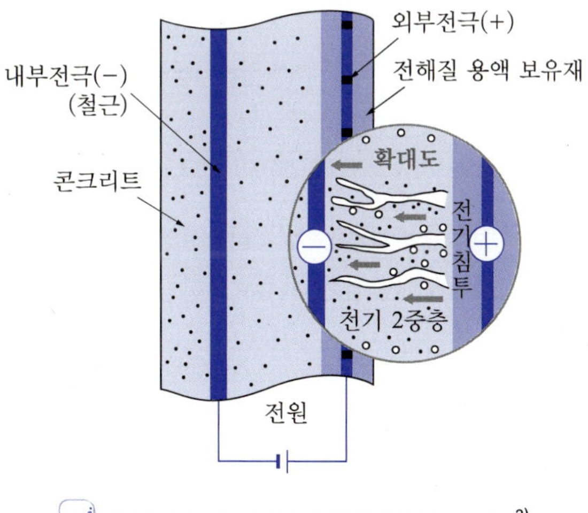

그림 10.16 재알칼리화공법의 모식도[3]

④ **전착공법**

전착공법은 콘크리트 내의 강재를 음극으로 하고, 해수 중에 대향(對向)된 양극과의 사이에 직류의 미약전류를 수개월간 통전시켜 주어 해수 중에 용존하는 칼슘이온과 마그네슘이온 등을 콘크리트 구조물의 균열부와 표층부에 탄산칼슘과 수산화마그네슘의 안정된 화합물로 석출되게 하여 균열부를 충전시키고 표층부를 치밀화시키는 공법이다.

그림 10.17에는 전착공법의 모식도를 나타내었다.

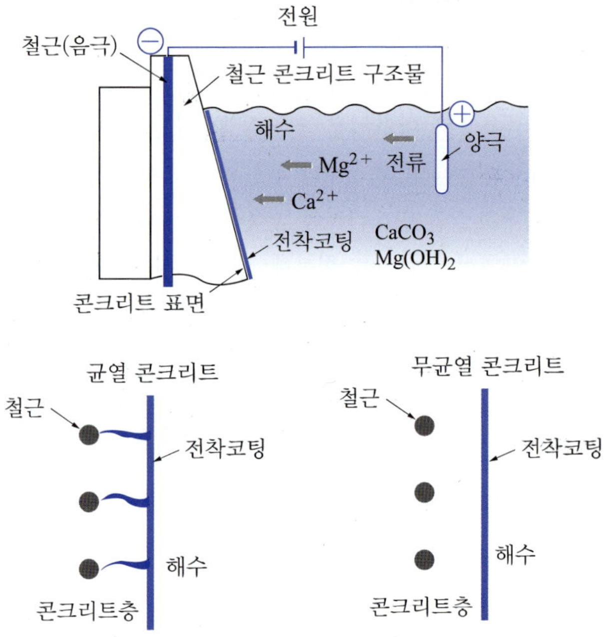

그림 10.17 전착공법의 모식도[3)]

5) 봉합공법

걸쇠붙임공법, 강봉앵커공법, 프리스트레스도입공법이 있지만, 이 중에서 강봉앵커공법, 프리스트레스도입공법은 보강효과도 겸하고 있다.

① **걸쇠붙임공법**

비교적 단면이 얇은 구조물(철근을 배근할 수 없을 정도)에 사용되고, 상판의 균열 보수 등에 이용된다. 공법은 균열에 수직으로 ∩형의 철근(걸쇠)을 설치하고, 에폭시수지 모르타르 등을 충전하는 방법이다.

그림 10.18에는 걸쇠붙임공법의 예를 나타내었다.

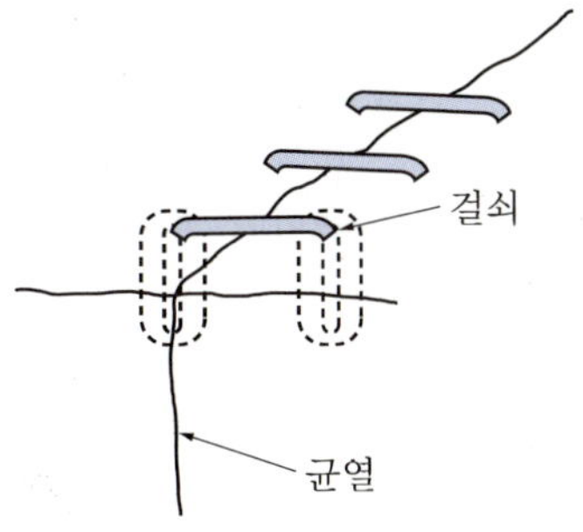

그림 10.18 걸쇠붙임공법의 예[3)]

② **강봉앵커공법**

앵커의 정착이 충분한 콘크리트 구조물의 비교적 큰 구조균열, 콜드조인트 등의 보강에 사용할 수 있는 공법이다. 균열 혹은 조인트부에 주입재를 주입, 그 후 균열에 따라 강봉을 경사지게 좌우교차로 삽입해 가는 방법으로, 강봉길이는 비교적 긴 것(150 mm 이상)이 사용된다. 경사근은 반드시 균열을 좌우로부터 관통시켜야 하는 점 혹은 삽입구 내의 거리가 긴 것으로 천공 시의 분말 제거를 염두에 두어야 하는 점 등 주의가 필요하다. 또한, 주입 후의 시일도 잊어서는 안 된다. 그림 10.19에는 강봉앵커공법의 예를 나타내었다.

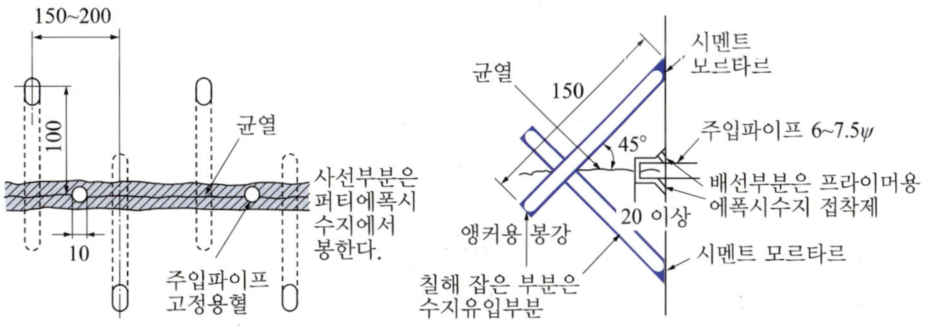

그림 10.19 강봉앵커공법의 예[3)]

③ **프리스트레스도입공법**

프리스트레스도입공법은 PC강재를 균열에 대해 직각으로 조여 붙이는 방향으로 배치하고, 이에 프리스트레스를 도입하는 공법이다.

6) 지수공법

콘크리트 구조물의 보수 중에서 구조물 내를 관통하는 누수는 큰 문제이다. 그것이 산성비나 화학물질(황산)을 포함한 물이며 콘크리트 내부를 중성화시키고, 누수개소와 철근의 거리가 가까우면 철근의 부식에도 영향을 미치지 않을 수 없다.

따라서 구조물이 체계화된 보수를 실시하기 위해서는 누수를 보수(지수)하는 것이 중요하다고 말할 수 있다. 토목구조물의 누수에는 지하수압에 의한 누수 등도 있지만, 대부분 구조물의 균열 및 콘크리트 내부의 결함이 큰 원인이다. 본 공법의 일반적인 절차는 다음과 같다. 누수되고 있는 보수(균열) 부분을 V절삭하여 충분히 청소하고 물로 씻는다. 지수시멘트가 경화하기 전에 충전개소에 강하게 눌러 넣어 굳을 때까지 누른다. 충전할 때에는 먼저 누수원의 주위에서부터 충전한다. 누수량이 많을 때는 누수원에 호스를 삽입해 호스 주위를 지수시멘트로 굳힌다. 지수시멘트가 경화한 후, 호스를 빼고 나무쐐기로 막아 지수시멘트를 강하게 채워 넣는다. 마지막으로 구조면과 평평하게 되도록 마무리한다.

7) 표면피복공법

콘크리트 구조물의 표면을 수지계와 폴리머시멘트계 재료로 피복함으로써 수분, 탄산가스, 산소 및 염분 등을 차단해 열화진행을 억제하고 구조물 내구성을 향상시키는 공법이다. 표면피복재에 요구되는 성능은 열화손상 요인, 시공환경조건 등에 따라 다르지만, 일반적으로는 상술한 차단성 이외에 기존 콘크리트와의 부착성, 균열추종성, 내알칼리성, 내후성 등이 뛰어나야 한다. 또한, 현장시공이기 때문에 용이하고 능률적으로 작업이 가능한 재료가 바람직하다. 피복할 두께에 따라 얇은 쪽부터 도장, 코팅이라 불리고 있다. 표면피복재에 관한 품질규격은 보수목적에 따라 발주처에서 정해 놓은 경우가 많다.

본 공법은 도막피복공법과 모르타르피복공법으로 크게 분류된다. 도막피복공법은 일반적으로 유기계 재료를 얇게 겹쳐 바르는 공법이고, 모르타르피복공법은 전자의 하층도포(하도)와 중층도포(중도)에 해당하는 부분을 어느 정도의 두께를 가진 무기계 재료의 층으로 치환하는 공법이다. 이 중에서 불균질재, 복합재이거나 보수성이 있는 콘크리트에 대해 가장 유효한 마감공법은 유기질계인 도막피복공법이다. 어느 공법도 부분피복은 피하고, 외면에 접하는 면의 전면에 대해 실시하는 것이 좋다.

최근의 재료개발 동향으로서, 경관을 중시한 고내구성 불소수지계의 도장재와 광촉매 기능을 갖는 산화티탄을 이용한 NO_x가스 흡수성이 있는 도장재, 하수분야에서는 에폭시수지보다도 더욱 내후성이 뛰어난 아크릴오일수지와 폴리우레아수지(초속건성도 있음)의 등장이 기대되고 있다.

10.2 보강재료 및 보강공법

10.2.1 개요

구조물의 보강(retrofitting, rehabilitation 또는 strengthening)은 부재의 극한강도를 증가시켜 안전을 확보하기 위해 약해진 부분을 구조적으로 강화하거나 약한 부재를 제거하고 새로운 부재를 설치하는 것을 말한다. 균열 메우기나 단면의 덧씌우기 등과 같은 보수만으로 구조 성능의 개선이 불가능할 경우 실시한다.

구조물의 보강공법을 설계할 경우에는 모든 파괴모드에 대한 검토가 필요하다. 예를 들어 휨에 대해서만 보강을 했을 때는 오히려 전단파괴가 발생하게 되어 구조물의 목표 내하력을 확보할 수 없게 된다. 또 취약한 부재만 보강을 실시하면 다른 부재가 취약한 부재가 될 수도 있으며, 부정정 구조에서는 보강에 의해 구조물의 강성이 변화하기 때문에 구조물 전체에 대해 구조검토를 실시해야만 한다. 일반적인 보강공사의 순서를 요약하면 그림 10.20과 같이 나타낼 수 있다.

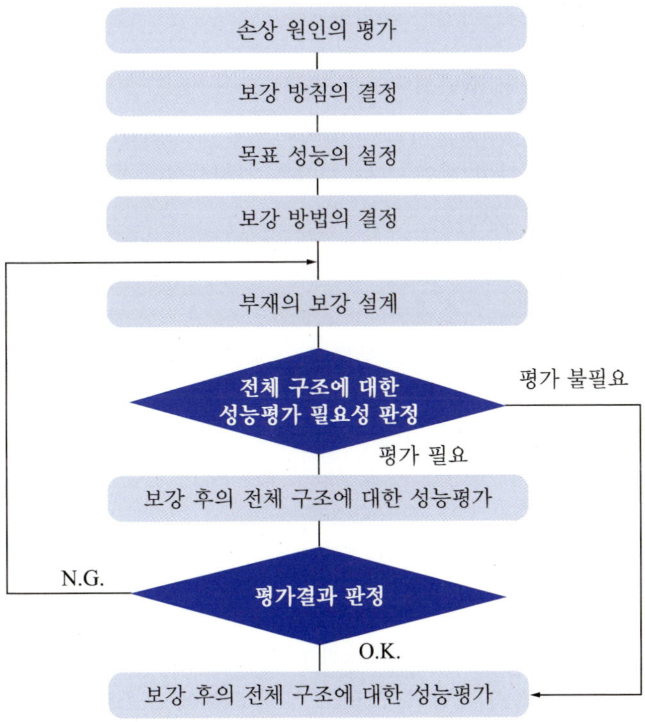

그림 10.20 보강공사 시행 순서[1)]

구조물의 보강공법을 선정하기에 앞서 체계적인 진단을 통해 구조물의 손상 원인과 손상의 정도를 포함한 구조물의 상태를 정확하게 평가하는 것이 무엇보다 중요하다. 구조물 진단 시 주요 검토사항은 다음과 같다.

1) 구조물의 도면(모든 변경사항 포함)
2) 실제 부재의 크기
3) 현재 사용재료의 실제 물성 표면 인장강도 포함
4) 균열이나 탈락의 위치, 크기, 발생원인
5) 철근의 부식 위치와 면적
6) 철근의 수량과 위치
7) 구조계에 작용하고 있는 하중의 크기

이 외에도 구조물 표면의 상태 역시 구조물을 보강할 때 고려해야 할 중요한 사항 중 하나이다. 콘크리트는 기존 구조물로부터 추가된 보강체로 충분히 하중을 전달할 수 있어야 하기 때문이다. 구조물의 표면이 심하게 열화되어 있는 경우에는 보강에 앞서 표면 콘크리트를 제거하고 보수를 실시해야 할 수도 있다. 보강공법과 재료를 결정할 때는 구조물의 상태뿐 아니라 구조물의 외적 제한조건도 함께 고려해야만 한다. 예를 들면 아래와 같은 사항이 포함된다.

1) 작업 위치로의 접근성
2) 작업 가능 시간(발주기관이 작업을 허용하는 시간, 교통 시설물의 경우에는 통행의 차단을 고려하여 작업 가능 시간을 결정하여야 함)
3) 예산(재정적 제약)
4) 목표 사용수명
5) 환경적 측면과 기후에 따른 영향
6) 보강이 인접한 다른 구조부재에 가해지는 하중에 미치는 영향

구조물의 보강공법은 목표 사용수명 동안 구조물이 가지고 있는 본래 목적에 맞게 성능을 발휘할 수 있어야 하고, 기능성을 저해하지 않도록 적절한 보강재료와 보강공법을 선택해야 한다.

지금까지 다양한 보강공법이 개발되어 적용되어 왔다. 기존에 주로 사용해 오던 보강공법으로는 부재 두께를 증설하는 방법이나 슬래브나 보 등의 부재를 추가로 늘리는 부재 증설 방법이 있고, 강판(steel plate)이나 섬유보강 플라스틱(FRP) 시트를 표면에 접착시키거나 감싸는 방법, 그리고 부재 외부에 포스트텐셔닝(post-tensioning)을 실시하여 보강하는 방법, 부재 표면 근처에 철근을 추가로 설치하는 방법 등이 있다.

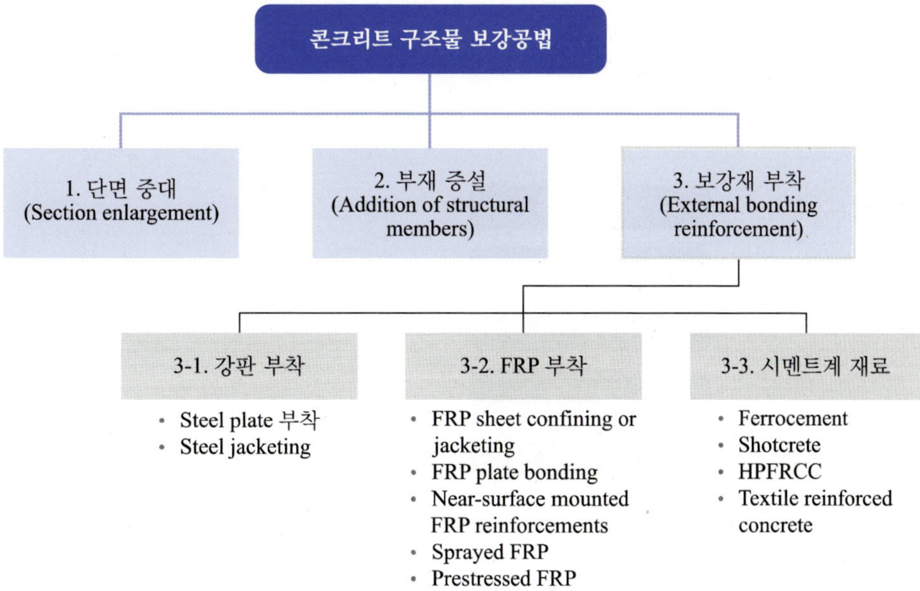

그림 10.21 구조물 보강공법의 종류[1)]

10.2.2 구조물의 보강

구조물의 보강은 통상 본래 설계 시의 구조성능을 회복시키는 것이 목표성능이 되지만, 부재의 열화상황을 콘크리트 내부 깊숙하게까지 파악하는 것이 곤란하고 현존하는 구조물에 대한 공사이기 때문에 시공상 제약조건을 수반하는 점 등을 함께 고려할 필요가 있다. 이에 따라 보강설계 시에는 충분한 여력을 확보할 수 있도록 설계를 할 필요가 있다. 특히, 시공상황에 따라 크게 성능이 변동되는 보강공법의 채용은 피해야 한다. 한편, 과하중 등에 의해 구조적으로 열화된 구조물에서는 원 설계 시에 가지고 있던 구조성능이 크게 저하되어 있는 경우가 일반적이기 때문에 이와 같은 구조열화가 재차 발생되지 않도록 구조물에 책정된 사용기간에 따라 원 설계 시의 성능을 할증시킨 목표성능을 설정해 신중하게 보강을 계획할 필요가 있다.

콘크리트 구조물에 보강을 필요로 하는 요인으로서는 그림 10.22에 나타낸 바와 같이 내구성 열화, 과대한 균열, 과대한 변형, 진동장해 등의 발생과 과하중에 의한 손상 등이 있다. 이에 대해 콘크리트 구조물의 보강방법은 보강대상 부재의 단면을 증대시키는 방법, 보강대상 부재에 강재 등의 보강재를 설치하는 방법, 새로운 구조부재를 설치하거나 지지점을 새롭게 추가함으로써 보강대상 부재의 응력을 경감시키는 방법 등이 있다. 각 보강방법은 그림 10.22에 나타낸 바와 같이 각 부재의 열화요인과의 적합 여부에 따라 현지조사에 의해 열화원인을 충분히 검토한 후 적절한 보강방법을 채용할 필요가 있다.

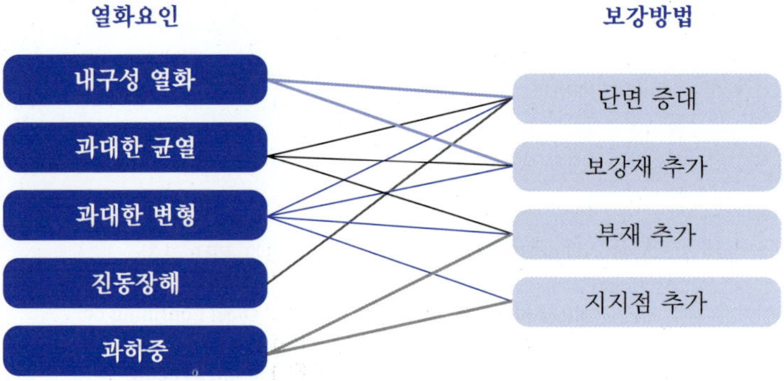

그림 10.22 구조물의 열화요인과 보강방법[1]

표 10.9 콘크리트 구조부재의 보강목적과 보강공법[1]

보강목적	보강의 고려방식	보강공법	
저항 휨모멘트의 증대	인장응력이 발생하는 부위에 보강재를 배치한다.	보강재 종별	강판접착
			탄소섬유시트 접착
			철근매설 접착
			외케이블 배치
	인장 또는 압축측에 콘크리트를 추가타설하고 단면을 증대시킨다.	전단키 종별	후시공 앵커
			쪼아넣기 쐐기(cotter)
			수지 접착
전단저항력의 증대	부재의 4면 둘레 또는 2면에 보강재를 배치한다.	보강재 종별	강판 감기
			강판 접착
			탄소섬유시트 감기
	부재의 4면 둘레 또는 2면에 콘크리트 등을 타설해 단면을 증대시킨다.	콘크리트 등의 타설방법	콩골재 콘크리트 타설
			모르타르 압입
			모르타르 뿜칠
축저항력의 증대	부재의 4면 둘레를 구속하여 축저항력을 증대시킨다.	보강재 종별	강판 감기
			띠판 감기
			탄소섬유시트 감기
	부재의 4면 둘레 또는 2면에 콘크리트 등을 타설해 단면을 증대시킨다.	콘크리트 등의 타설방법	콩골재 콘크리트 타설
			모르타르 압입
			모르타르 뿜칠
강성의 증대	부재의 4면 둘레~1면에 콘크리트 등을 타설해 단면을 증대시킨다.	콘크리트 등의 타설방법	콩골재 콘크리트 타설
			모르타르 압입
			모르타르 뿜칠

콘크리트 구조물의 내하성능에는 휨모멘트, 전단력, 축력 및 강성이 있다. 콘크리트 구조물의 구조열화는 이들 내하성능이 저하됨으로써 발생한다. 따라서 열화구조물의 보강계획에 있어서는 어느 내하성능의 회복(보강목적)을 목표로 하는가를 명확히 하여 적절한 공법을 선정하고 보강효과를 확인할 필요가 있다. 표 10.9에는 콘크리트 구조부재의 보강목적과 보강공법을 정리해 나타내었다.

장대경간 부재에서 큰 균열과 변형이 발생되고 있는 부재에서는 휨모멘트의 증대를 목표로 하는 보강을 실시한다. 이 방법에는 인장응력을 받는 부분에 강재와 탄소섬유시트 등을 에폭시수지로 접착하는 방법과 콘크리트를 증설하여 부재 단면을 크게 하는 방법이 있다. 휨모멘트의 증대를 목표로 하는 방법에서는 신구부재계면의 전단력 전달이 특히 중요하기 때문에 이 부분에 신뢰성이 높은 전단키를 배치할 필요가 있다.

콘크리트는 인장력에 약하기 때문에 큰 전단력이 발생하면 사장(斜張)력과 직각방향으로 경사균열(전단균열)이 발생한다. 철근 콘크리트 부재는 전단균열이 발생하면 외력의 증대에 저항하는 내력과 변형능력에 문제가 발생하기 때문에 큰 전단균열이 발생한 경우에는 시급히 보강을 해 줄 필요가 있다. 전단저항력의 향상을 위한 보강기술로서는 강판 감기와 탄소섬유시트 감기 등이 있다. 또한, 기둥 4면 둘레에 철근 콘크리트를 감아올리는 보강방법도 있다. 전단보강에서는 작용하중이 정적인 일방향 하중인 경우에는 하중방향에 작용하는 2면 보강으로도 좋지만, 지진력 등과 같이 정부(正負)의 반복하중을 받는 부재에서는 4면 보강으로 하는 것이 바람직하다.

기둥 등 큰 축방향력을 받는 부재에 대해서는 축방향 저항력을 증대시키는 보강을 필요로 하는 경우가 있다. 이 방법에는 크게 나누어 2종류의 방법이 있는데, 부재 단면을 변경하지 않고 부재 주변을 강판이나 탄소섬유시트 등으로 구속해 축저항력을 증대시키는 방법과 부재 단면 그 자체를 크게 해서 축저항력을 증대시키는 방법이 있다.

후자의 경우에는 증대시킨 단면의 철근을 주변에 충분히 정착시켜서 유연한 응력전달이 될 수 있는 형상으로 할 필요가 있다.

진동장해나 과대한 변형을 일으키고 있는 부재에서는 강성을 증대시키는 것이 보강목적이 된다. 이 경우에는 부재에 철근 콘크리트를 증설하는 것으로도 효과가 있다. 어느 쪽의 보강이더라도 강성의 증대에는 신구 콘크리트의 일체성이 특히 중요하기 때문에 신구 콘크리트 계면을 거칠게 하는 처리나 전단 연결재의 배치에 유의할 필요가 있다.

10.2.3 보강재료의 종류

(1) 연속섬유보강재의 종류

연속섬유보강재란 탄소섬유, 아라미드섬유 등의 연속섬유와 에폭시수지 등의 합성수지를 조합시킨 것으로, 그림 10.23과 같은 봉상과 격자상 등으로 성형한 것은 철근과 PC강재 대신에 이용되고, 그림 10.24와 같은 시트상의 것은 콘크리트 부재의 보수와 보강에 이용되고 있다. 이러한 종류의 신소재는 FRP(Fiber Reinforced Plastics, Fiber Reinforced Polymer)라 불리는 복합재료의 범주에 들지만, 섬유로 보강된 플라스틱(고분자재료)이라고 하기보다도 실제로는 매우 가는 섬유를 수많이 묶은 상태에서 섬유 자체의 강도를 균등하게 발휘시키기 위해 수지를 병용했다고 하는 쪽이 옳을 것이다.

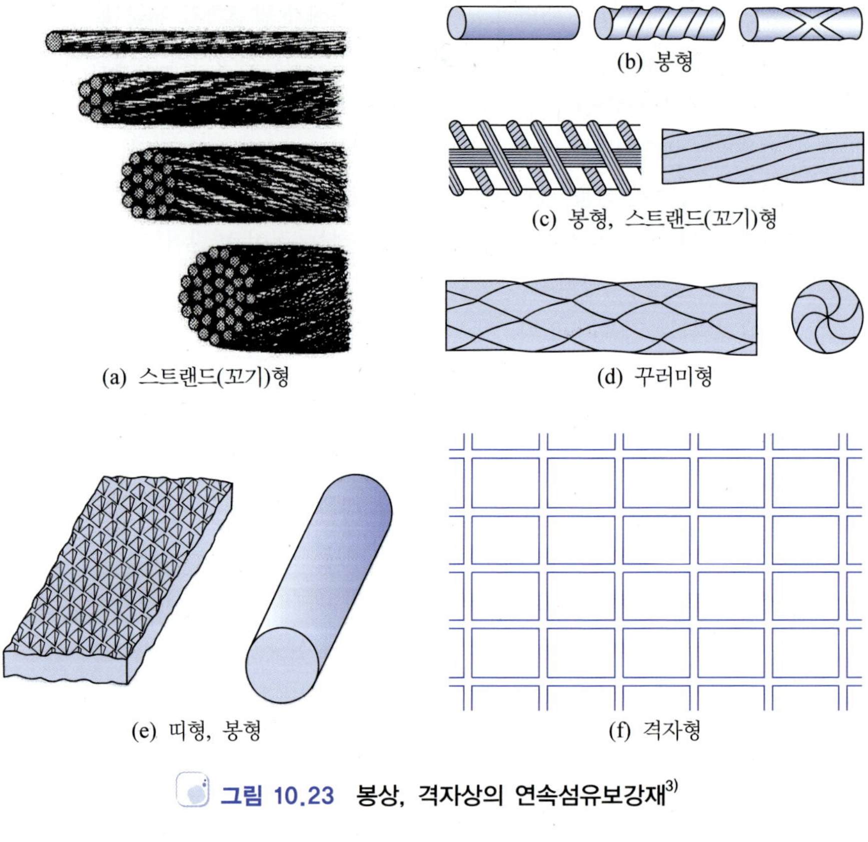

그림 10.23 봉상, 격자상의 연속섬유보강재[3)]

그림 10.24 시트상 연속섬유보강재를 이용한 터널 보강[3)]

연속섬유보강재는 직경이 5～20 μm 정도의 매우 가는 연속섬유를 집속하고, 에폭시 수지 등의 결합재를 함침시켜 성형하여 제조된다. 이들 재료는 일반적으로 탄소섬유가 가장 많이 이용되며, 아라미드섬유, 유리섬유 순으로 이용되고 있다. 또한, 결합재로서는 에폭시수지가 가장 많이 이용되고 있다.

연속섬유보강재로 이용되는 섬유의 특징은 다음과 같다.

1) 탄소섬유

탄소섬유는 고강도·고탄성·고내식성 등의 특징을 가지며, 첨단 복합재료를 지탱하는 섬유로서 중심적인 역할을 담당하고 있다. 원료에 따라 PAN계와 피치계로 대별되고, 각각의 특징을 갖는 성질을 나타낸다.

2) 아라미드섬유

아라미드섬유는 방향족 폴리아미드섬유의 약칭으로, 제조방법과 분자구조가 다른 2 종류의 패러형 섬유가 사용되고 있다. 아라미드섬유는 탄소섬유와 동등의 고강도를 갖지만, 탄성계수는 작다. 그러나 그 만큼 유연성이 큰 것이 특징이다.

3) 비닐론섬유

비닐론섬유는 강도에 있어 탄소섬유와 아라미드섬유보다 못하지만, 시멘트계 매트릭스에 대한 부착성이 뛰어나고, 석면재를 대신하는 단섬유 보강재료로서도 기대되고 있다.

4) 유리섬유

유리섬유는 고강도이며 인성도 크고 가격이 가장 싼 이점이 있지만, 내알칼리성에 있어 약간의 약점이 있다.

(2) 연속섬유보강재의 특성

연속섬유보강재에 이용되고 있는 연속섬유 소재의 성질은 표 10.10에 나타낸 바와 같다. 섬유 그 자체의 강도는 PC강재의 수배로 극히 고강도이지만, 이를 집속시키면 응력이 일정한 양상으로 발생하지 않는 것이 주원인이 되어 강도를 충분히 발휘할 수 없다. 이 때문에 각 섬유에 가능한 한 균등한 응력이 생기도록 섬유에 장력을 연속적으로 부가할 수 있는 수지를 함침시켜 성형하는 방법이 취해지고 있다.

표 10.10 연속섬유의 일반적 성질[1)]

성질 \ 종류		탄소섬유				아라미드섬유		유리섬유		폴리에틸렌섬유	폴리비닐알코올섬유	금속섬유
		피치계		PAN(폴리아크릴니트릴)계		전방향족폴리아미드	방향족폴리에틸아미드	E-유리	내알칼리유리			
		범용	고강도/고탄성	고강도	고탄성							
물리적 성질	단섬유직경 (μm)	7~20	8~14	7~8	7~8	12	12	8~12	8~12	50~100	14	13
	밀도 (g/cm^3)	1.5~1.8	1.8~2.2	1.7~1.8	1.8~1.9	1.45	1.39	2.6	2.27	0.97	1.25~1.3	7.74
	인장강도 (MPa)	500~1,200	2,450~3,430	3,500~4,500	2,500~2,700	2,750	3,040	3,500	1,800~3,430	1,500~3,500	700~1,500	4,400
	인장탄성계수 ×10^4(MPa)	5.0~10.0	17.7~78.5	23.0~24.0	35.0~40.0	13.1	7.0	7.3	6.9~7.4	8.0~10.0	1.1~3.7	200.0
	신도(伸度) (%)	2~2.5	0.4~1.5	1.4~1.5	0.6~0.8	2.3	4.4	4.8	2~3	4	7.0	-
내화학약품성	염산	○	◎	◎	◎	×	○	×	-	◎	○	×
	황산	◎	◎	◎	◎	×	○	×	-	◎	○	×
	초산	○	◎	◎	◎	×	○	×	-	◎	○	×
	수산화나트륨	◎	◎	◎	◎	○	○	△	○	◎	○	◎
	내해수성	◎	◎	◎	◎	○	○	△	-	◎	○	×
	아세톤	◎	◎	◎	◎	◎	-	◎	-	◎	○	◎
	벤젠	◎	◎	◎	◎	◎	○	◎	-	◎	○	◎
	가솔린	◎	◎	◎	◎	◎	○	◎	-	◎	○	◎

(주) ◎ : 매우 뛰어남, ○ : 비교적 양호, △ : 약간 불량, × : 불량

최근 제조되고 있는 봉상과 격자상 등의 연속섬유보강재의 형상은 그림 10.23에서와 같이 여러 가지이다. 봉상 가운데에도 섬유를 직선상으로 한 것, 스트랜드(꼬기)상으로 한 것, 꾸러미상으로 한 것이 있고, 표면에 섬유를 감아 붙이거나 모래를 고착시켜 부착강도를 증대시킨 것 등도 있다. 격자상의 것은 섬유다발에 수지를 함침시키면서 긴장시킨 상태에서 직각 2방향으로 교호되게 적층시켜 압력을 가해 성형하는 방법으로 제조되고 있다. 또한, 3차원 직물은 같은 양상으로 직각 3방향으로 적층시켜 성형하는 방법과 직물을 작성한 후에 수지를 함침시키는 방법으로 제조되고 있다.

시트상의 것은 지금까지도 항공·우주분야, 스포츠·레저분야에서 많이 이용되고 있다. 단, 이들은 시트극간부에 수지를 미리 함침시킨 상태의 것으로, 공장에서 소정의 형상으로 한 후 가열해 제품화한 것이다. 토목·건축분야에 이 재료를 적용하는 경우는 가열작업이 어렵기 때문에 수지가 함침되어 있지 않은 것을 현장에서 상온 경화형 수지로 함침시켜 이용하고 있다.

보수·보강에 이용되는 연속섬유시트는 가는 연속섬유 소재를 일정한 방향으로 배열시켜 면상으로 가공한 것이고, 그 두께는 일반적으로 0.1~0.4 mm 정도이다. 연속섬유시트에 이용되는 섬유소재의 성질은 표 10.10과 같다.

(3) 연속섬유보강재의 특징

연속섬유보강재는 다음과 같은 다양한 특징을 갖고 있고, 사용조건 등에 따라 그 유용성을 판단할 필요가 있다.

1) 경량

섬유 및 수지의 밀도가 작기 때문에 연속섬유보강재는 극히 경량이고, 그 밀도는 강재의 1/3 이하이다.

2) 고강도

인장강도는 500~1,900 MPa의 범위로 섬유의 종류에 따라 폭이 넓다. 봉상(棒狀)으로 사용실적이 많은 탄소섬유 및 아라미드섬유 보강재의 인장강도는 PC강재와 동등하거나 1.5배 정도로서, 어느 경우나 일반 강재보다도 상당히 높다. 이는 구조재로서 이용하는 경우의 최대 이점이다.

3) 낮은 탄성계수

탄성계수는 $3.0 \sim 21.0 \times 10^4$ MPa의 범위로 강재와 거의 같은 것에서부터 1/7 정도까지의 것으로 강도에 비해 낮다. 단, 탄소섬유의 시트상 연속섬유보강재에서는 고탄성형식으로 60.0×10^4 MPa 정도의 것도 있다. 낮은 탄성계수는 프리스트레스 긴장재로서 이용하는 경우에는 콘크리트의 크리프·건조수축에 의한 프리스트레스 감소를 작게 할 수 있는 유리한 점이 있다.

4) 항복역 없음

그림 10.25에 나타낸 바와 같이 연속섬유보강재는 강재의 소성역에 해당하는 성질이 없어 탄성적인 성상의 한계점에서 최대 응력에 달하면 파괴된다. 이 때문에 연속섬유보강재를 이용한 콘크리트 부재의 휨파괴는 보강재의 취성적 파괴 혹은 콘크리트의 압축 파괴에 의해 일어나고, 어느 쪽의 경우에도 취성적인 파괴형태가 된다.

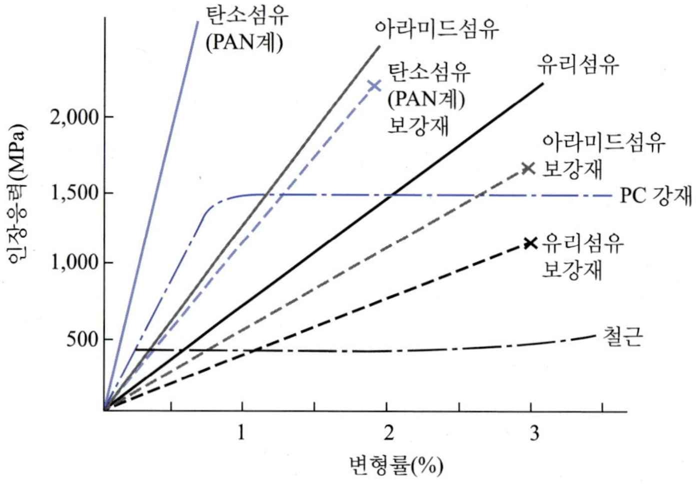

그림 10.25 연속섬유 및 연속섬유보강재의 응력 – 변형률 관계[1)]

5) 높은 내식성

일반적으로 강재와 같은 부식문제가 없어 엄한 환경에서 적용이 가능하다. 탄소섬유는 화학약품에 대해 안정적이고 아라미드섬유도 탄소섬유보다 다소 열세이지만, 안정적이기 때문에 연속섬유보강재의 내식성은 결합재에 의해 지배된다. 결합재는 긴 세월이 지나면 열화를 일으키지만, 콘크리트 내에서는 그 알칼리성 혹은 염화물에 의해 크게 열화되는 일은 없다. 단, 유리섬유보강재는 섬유 자체가 알칼리에 침식되기 때문에 내식성은 탄소섬유와 아라미드섬유만큼은 높지 않다.

6) 낮은 열팽창계수

연속섬유보강재의 열팽창계수는 일반적으로 작고, 강재 및 콘크리트의 열팽창계수가

10×10^{-6}/℃ 정도임에 반해 탄소섬유를 이용한 경우에는 1×10^{-6}/℃ 정도, 아라미드섬유를 이용한 경우에는 $-6 \sim -2 \times 10^{-6}$/℃ 정도이다. 한편, 유리섬유를 이용한 경우는 콘크리트와 거의 동등하다.

7) 낮은 내화성

연속섬유보강재에 이용되는 섬유의 인장강도에 대한 내화성은 보통 강재보다 못하고, 결합재로서 이용되는 수지도 내용(耐用)온도가 150℃로 낮기 때문에 연속섬유보강재의 내화성은 일반적으로 강재보다도 낮다. 따라서 내화성능이 요구되는 구조물의 설계에서는 피복 크기 등에 대해서 배려할 필요가 있다.

(4) 연속섬유보강재의 적용

연속섬유보강재를 이용하는 경우에는 상기와 같은 특징에 덧붙여 부착특성, 피로특성, 크리프, 릴랙세이션 특성 등을 명확히 할 필요가 있지만, 이들도 섬유 및 결합재의 종류, 섬유함유율, 표면처리방법 등에 따라 다르기 때문에 이용할 재료의 특성을 잘 파악한 다음에 사용하는 것이 중요하다.

1) 철근과 PC강재 대신 이용하는 연속섬유보강재

연속섬유보강재의 성질은 통상의 강재와 상당히 다르기 때문에 이를 철근 혹은 PC강재 대신 이용하려고 하는 경우에는 다음과 같은 주의가 필요하다.

① 연속섬유보강재가 소성역을 갖지 않는 취성재료이기 때문에 부재의 소성 회전능력을 기대할 수 없고, 휨모멘트의 재분배도 허용할 수 없다.
② 연속섬유보강재의 파괴에 의해 부재저항력이 정해지는 경우에 대한 설계상의 배려가 필요하다.
③ 취성재료이면서 낮은 탄성계수이기 때문에 전단저항력 산정식 등 종래의 RC설계식은 적용할 수 없는 경우가 많다.
④ 연속섬유보강재의 휨 가공부에서는 인장강도가 저하된다.
⑤ 연속섬유보강재의 강도는 약간의 손상으로도 저하될 우려가 있다.

봉상과 격자상 등의 연속섬유보강재는 토목 부재에서는 콘크리트교의 거더와 상판의 긴장재, 보강재 및 스테이케이블, 부두교와 해안벽 등 해양구조물의 보강재, 그랜드앵커, 뿜칠 콘크리트의 보강재, 그밖에 최신 시공구조물의 특정 부재로 사용되고 있다. 어느 경우도 경량, 고내식성, 고강도, 저강성, 비자성 등 재료의 특징을 살린 경우에 적용되고 있다.

2) 시트상 연속섬유보강재

시트상 연속섬유보강재는 기존 구조물의 보수와 보강에 이용된다. 이 공법은 연속섬유시트에 에폭시수지 등의 함침접착수지를 함침시켜 콘크리트 부재의 표면에 부착시키는 것이다. 시공성의 장점과 경량성으로 종래의 강재와 콘크리트를 이용한 보수·보강공법 대신의 새로운 유효한 공법으로서 주목받고 있다.

연속섬유시트는 섬유의 방향성에 따라 일방향 강화 시트와 2방향 강화 시트로 분류되지만 보수·보강에는 일방향 강화 시트를 이용하는 경우가 많다. 이를 기둥과 보 부재에 대해 부재축과 직교방향으로 부착하면 전단보강, 부재축방향으로 부착하면 휨보강이 된다. 연속섬유시트에 의한 휨모멘트에 대한 보강인 경우, 저항력 증가는 시트의 극한변형률을 고려해 통상의 휨이론으로 산정할 수 있다. 단, 시트가 박리되거나 정착장치의 능력에 의해 저항력이 정해지는 경우도 있기 때문에 설계 시에는 이들에 대해 배려할 필요가 있다. 한편, 전단보강인 경우의 전단저항력은 부재가 갖는 전단저항력에 연속섬유시트가 기여하는 만큼을 더해줌으로써 산정할 수 있다. 단, 일반적으로 부재의 전단저항력시의 연속섬유시트의 응력은 그 최대 인장강도까지 달하는 것은 아니기 때문에 설계에 이용하는 시트의 인장응력은 그 자체의 인장강도보다도 저감시킬 필요가 있다. 이와 같은 전단저항력과 인성능력의 평가방법에 대해서는 많은 연구가 수행되고 있다.

내진보강공법에 대해 종래의 공법과 비교하면 연속섬유시트에 의한 보수·보강공법에는 다음과 같은 이점이 있다.

① 양호한 시공성

연속섬유시트는 경량이면서 유연성이 풍부하기 때문에 인력으로 콘크리트 표면 형상에 맞추어 부착할 수 있고, 기계나 중기를 필요로 하지 않는다. 또한, 용접 등의 특수기능과 화기 사용을 필요로 하지 않으며 기타, 더불어 소음이나 분진발생이 적은 특징을 가지고 있다.

② 공기 단축

상기와 같은 양호한 시공성으로 연속섬유시트에 의한 보강은 종래의 강판이나 콘크리트 감기공법과 비교해 공기가 단축된다.

③ 구조물의 중량과 강성에 영향을 미치지 않는다.

본 공법은 시공 후에도 부재 단면 이 거의 증가되지 않기 때문에 구조물의 중량 증가는 설계상 무시할 수 있다. 더욱이 전단보강의 경우에는 부재의 강성도 거의 변화되지 않기 때문에 구조물 부재 강성의 균형에도 영향을 미치지 않는다.

④ **내구성 향상**

내구성이 높은 연속섬유시트로 부재를 감싸 넣은 보강의 경우에는 콘크리트 중성화와 염화물이온의 침입이 억제되어 구조물의 내구성 향상을 기대할 수 있다.

⑤ **전체 비용**

연속섬유시트는 재료만을 비교하면 강재에 비해 고가이지만, 시공조건과 공기를 포함한 전체 비용으로 보면, 종래의 강판감기공법에 비해 저렴해지는 경우도 많다.

이상과 같이 연속섬유시트에 의한 보수·보강공법은 종래의 공법에 비해 시공성이 좋은 점이 특징이지만, 반면에 시공의 좋고 나쁨에 따라 보강효과에 미치는 영향이 크다. 연속섬유시트는 함침접착수지의 함침에 의해 그 강도를 살릴 수 있기 때문에 콘크리트 표면과 연속섬유시트 사이에 들뜸과 느슨함이 발생하면 그 보강효과는 저하된다. 또한, 보강효과를 충분히 얻기 위해서는 연속섬유시트를 부재의 둘레방향으로 폐쇄형으로 감아 붙이든가 단부에서 충분히 정착시킬 필요가 있다. 이 때문에 본 공법은 바탕처리에서부터 연속섬유시트의 부착, 함침, 양생까지 전체 공정이 극히 중요하다.

연속섬유시트는 토목분야에서는 교각의 내진보강 및 설계용 차량하중의 등급상향에 따른 교량의 전단보강과 상판의 휨보강에 가장 많이 적용되고 있다. 그 밖에도 터널의 보수나 보강, 해양구조물의 보강, 옹벽의 보강, 기초의 보강 등에 폭넓게 적용되고 있다.

10.2.4 보강공법

(1) 보강공법의 종류

현재, 일반적으로 채용되고 있는 보강공법의 종류를 분류하여 나타내면 표 10.11과 같이 정리해 볼 수 있다.

이들 보강방법으로부터 대상 교량의 보강방법을 선정하는 경우에는 발생하고 있는 열화기구, 열화 정도, 부위·부재, 보강효과, 시공성, 경제성 및 공사 중 주변환경에 미치는 영향 등에 대해 배려할 필요가 있다. 또한, 보강 후 유지관리의 난이도, 주위 경관에의 영향 등에 대해서도 고려하는 것이 중요하다.

표 10.11 보강공법 종류[1]

목 적		보강공법
보강·사용성 회복 또는 향상	콘크리트 부재 교체	교체공법
	콘크리트 단면 증가	두께증설공법
		콘크리트감기공법
	부재 추가	종방향 거더 증설공법
	지지점 추가	지지공법
	보강재 추가	강판접착공법
		연속섬유시트 접착공법(FRP접착공법)
		강판감기공법
		FRP감기공법
	프리스트레스 도입	프리스트레스도입공법

표 10.12는 구조물의 역학적 특성을 변경시켜 성능향상을 도모하는 주된 공법의 예를 각각의 목적별로 분류하고 일반적으로 적용할 수 있는 대상 부재 등을 나타낸 것이다. 기존의 공법 중에서 적용 사례가 많고 시공 및 성능파악기술이 비교적 정비되어 있는 공법으로서, 두께증설공법, 접착공법, 감기공법, 외케이블공법을 들 수 있다. 실제 보강에서는 이들 공법을 조합하여 실시하는 경우도 있다. 본 항에서는 이들 표준적인 보강공법에 대해서 설명하기로 한다.

표 10.12 주된 보강공법의 예와 적용부재[1]

보강·사용성 회복의 목적	대책 개요	주된 공법 예[1]	적용부재					
			전반	보	기둥	슬래브	벽[2]	슈
콘크리트 부재	부재 교체	교체공법		○	○	◎	◎	
	단면두께 증설	두께증설공법		○		◎		
	접착	접착공법		◎	○	◎	○	
	감기	감기공법			◎		○	
	프리스트레스 도입	외케이블공법		◎	○	○		
구조체	보(거더) 증설	증설공법		◎		◎		
	벽 증설	증설공법					◎	
	지지점 증설	증설공법		◎		◎		
	면진화	면진공법	◎					◎

(주) 1) 두께증설공법 : 상부면 두께증설공법, 하부면 두께증설공법
접착공법 : 강판접착공법, 연속섬유시트접착공법(FRP접착공법)
감기공법 : 강판감기공법, 연속섬유시트감기공법, RC감기공법, 모르타르뿜칠공법, 프리캐스트 패널감기공법 프리스트레스도입 : 외케이블공법, 내케이블공법
증설공법 : 보(거더)증설공법, 내진벽증설공법, 지지점증설공법
2) 벽식교각을 포함함
◎ : 실적이 비교적 많은 것, ○ : 적용이 가능하다고 사료되는 것

(2) 각종 보강공법

1) 교체공법

교체공법은 열화된 부재의 일부 또는 전부를 철거하고, 새로운 콘크리트로 교체하거나 프리캐스트 부재로 교체하거나 내하력을 회복 혹은 향상시키는 보강공법이다. 단, 기존 부재단면의 복원에서는 내하력의 회복은 가능하지만 향상은 가능하지 않다. 내하력을 향상시키기 위해서는 배근량의 대폭적인 증가 및 강판접착, 두께증설공법 등 타공법과의 병용을 고려할 필요가 있다.

그림 10.26에는 기존 상판을 절단 철거하고 미리 적절한 크기로 제작한 프리캐스트 상판을 설치하는 교체공법의 예를 나타내었다.

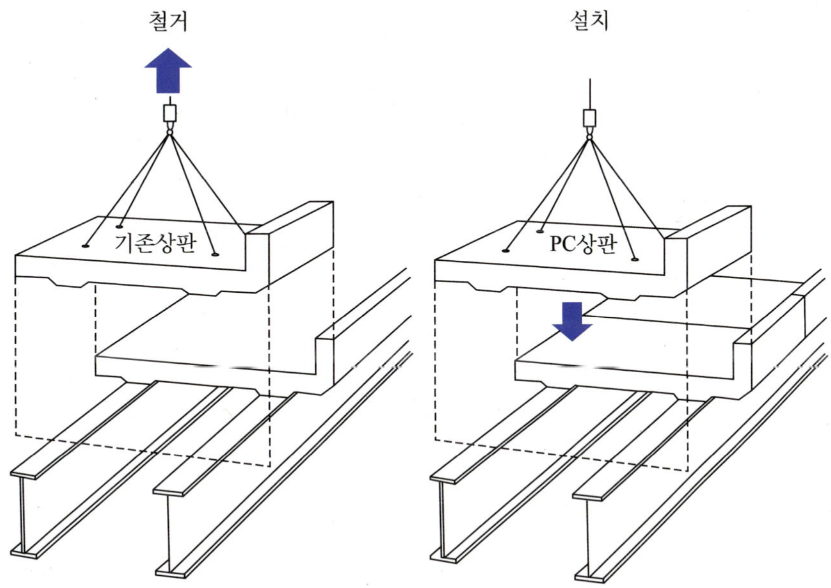

그림 10.26 프리캐스트 상판에 의한 교체공법의 시공 예[3]

2) 두께증설공법

두께증설공법에는 각각 상부면 두께증설공법과 하부면 두께증설공법으로 구분할 수 있다. 상부면 두께증설공법은 상판 콘크리트 상부면을 절삭, 연마, 청소한 후, 강섬유보강 콘크리트를 타설해 상판두께를 늘려 필요한 성능향상을 도모하는 상판 상부면 두께증설공법과 이에 보강철근을 배치해 필요한 성능향상을 도모하는 철근보강 상부면 두께증설공법으로 다시 나눌 수 있다. 상판 상부면 두께증설공법은 그림 10.27에 나타낸 바와 같이 주로 RC 상판의 압출전단에 대한 내하성능 향상을 목적으로 한 것으로, 중립축의 상승에 수반되는 저항 휨모멘트의 상승도 기대할 수 있다.

한편, 철근보강 상부면 두께증설공법은 단면 내에 보강철근을 배치함으로써 연속교 중간지점부의 주거더, 주상판과 내민 상판부 등의 부모멘트에 대한 내하성능 향상을 목적으로 하고 있다.

상판 상부면 두께증설공법에서는 기존의 아스팔트 포장 및 상판 콘크리트 상부면을 절삭하고, 절삭면을 스틸 숏블라스트 등으로 연마, 청소한 후, 강섬유 보강 콘크리트를 6 cm 정도의 비교적 얇은 층으로 타설한다. 강섬유 보강 콘크리트와 기존 상판과의 일체화에 의해 상판두께를 증가시키는 것이 가능하여, 상판의 주로 압출전단에 대한 내하

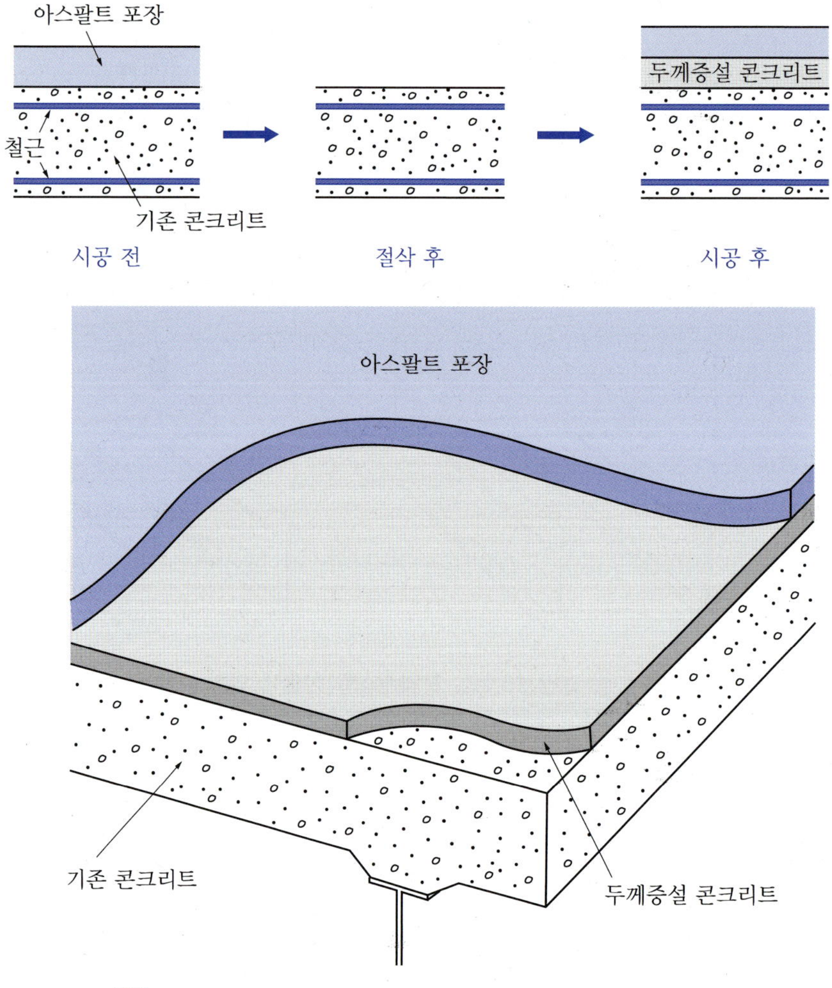

그림 10.27 상판 상부면 두께증설공법의 시공단면 예[3]

성능을 향상시킬 수 있다. 또한, 상판 상부면 두께증설공법은 교면 위 공사가 되어 교통규제를 수반하기 때문에 공기단축을 목적으로 하기 위해 초속경시멘트를 사용하는 예가 최근 들어 늘고 있다.

강섬유 보강 콘크리트의 제조에는 초속경시멘트를 사용하는 경우, 건조수축에 의한 균열을 저감하기 위해 슬럼프 50 mm 정도의 된 비빔 콘크리트로 하는 경우, 완성 후 보강효과를 높이기 위해 강섬유를 혼입하는 경우 등을 고려해서 전용 대형플랜트를 사용하는 것이 일반적이다.

이 현장용 콘크리트 플랜트에서 제조된 강섬유 보강 콘크리트는 전용의 콘크리트 피니셔에 의해 연속적으로 고르게 타설하고 다져서 마감할 수 있다. 또한, 교통통제가 가능한 노선이면 조강시멘트를 이용한 강섬유 보강 콘크리트를 이용하는 것도 가능하다.

하부면 두께증설공법은 주로 상판 하부면에 철근 등의 보강재를 배치하고, 주로 두께증설재료로 부착성이 높은 모르타르를 이용해 흙손 바르기 혹은 뿜칠시공에 의해 두께를 늘려 일체화함으로써 필요한 성능향상을 도모하는 공법이다. 하부면 두께증설공법은 현재 상판 보강을 주체로 실시하고 있고, 그 증설재료로는 폴리머시멘트 모르타르가 주로 사용되고 있다.

폴리머시멘트 모르타르를 이용한 하부면 두께증설공법은 종래에는 흙손 바르기에 의한 인력시공이었지만, 뿜칠시공이 가능하게 되어 시공성·경제성 모두 개선되고 있다.

또한, 하부면 두께증설공법은 주로 저항 휨모멘트의 향상을 목적으로 하여 실시되는 것으로서, 부수적으로 전단내하성능이 향상되지만, 전단저항을 상실한 상판에 적용하는 경우에는 상판의 부분교체공법을 채용하는 등의 별도의 검토가 필요하다.

3) 감기공법

감기공법은 기존 콘크리트 부재의 주위에 콘크리트를 추가 타설하여 저항단면을 증가시킴으로써 내하력을 회복 또는 증가시키는 공법이다. 이 공법은 신구 콘크리트의 확실한 일체화를 기하는 것이 중요하고, 기존 구조물에 대한 앵커와 신구 콘크리트의 이음매처리 등이 특히 중요하다. 그림 10.28에는 교각의 기존 콘크리트 표면을 치핑(벗겨내기)하고 삽입근을 시공한 후에 축방향 철근, 띠철근 및 거푸집을 설치하고, 신 콘크리트를 타설하여 일체화한 콘크리트감기공법의 예를 나타내었다.

또한, 감기공법은 보강재의 종류 등에 따라 강판 감기공법, 연속섬유시트 감기공법, RC감기공법, 모르타르뿜칠공법, 프리캐스트패널감기공법 등이 있으며, 사용되는 부재·부위, 필요한 성능, 시공조건 등에 따라 적절한 공법을 선정할 필요가 있다. 일반적으로 감기공법은 내진보강대책으로 이용되는 경우가 많다.

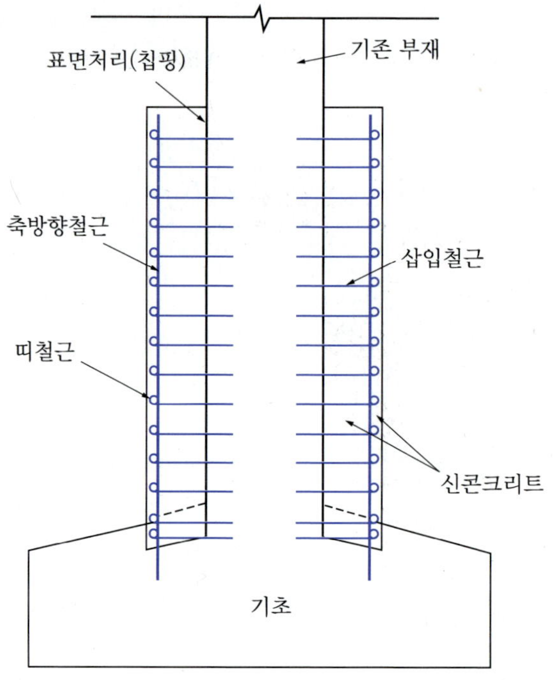

그림 10.28 콘크리트감기공법의 시공단면 예[3)]

4) 종방향 거더 증설공법

종방향 거더 증설공법은 교량 상판 등의 슬래브에 이용하는 것으로, 상판을 지지하는 기존 주거더 사이에 새롭게 종방향 거더를 증설해 상판을 지지시킴으로써 상판 지간을 단축해 작용 휨모멘트를 감소시키는 방법이다.

교량 상판에 적용하는 경우, 기존 지지거더의 강성에 비해 증설한 종방향 거더의 강성이 현저하게 작으면 보강효과는 거의 없기 때문에 기존 거더와의 상관관계에서 가능한 한 강성이 큰 종방향 거더를 이용하는 것이 효과적이다. 또한, 증설할 종방향 거더의 지점간 거리를 작게 하기 위해서 기존 횡방향 거더의 강성을 크게 하는 경우도 많다.

교량 상판을 하부면부터 보강하는 공법으로, 교통을 저해하지 않고 시공할 수 있고, 상판 하부면 일부만을 덮기 때문에 콘크리트의 열화진행을 직접 추적 조사할 수 있는 이점도 있다. 그림 10.29에는 본 공법의 시공 예를 나타내었다.

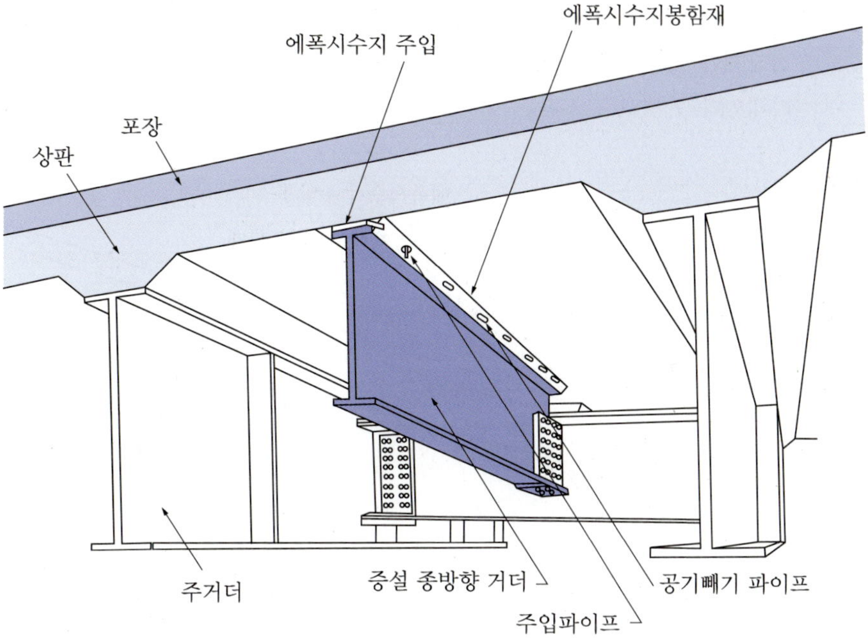

그림 10.29 종방향 거더 증설공법의 시공 예[3)]

5) 지지공법

지지공법은 기존 콘크리트 부재의 중간부를 새롭게 증설한 부재로 지지하고, 기존 부재 지간을 단축함으로써 내하력을 회복 혹은 향상시키는 공법이다. 보나 슬래브의 지지점 사이에 새롭게 지주를 설치하여 지간을 단축한다. 또한, 새로운 지주를 설치할 수 없는 경우에는 보의 양측에 강제(鋼製) 보를 설치하여 기존 콘크리트 부재를 지지하고 작용 단면력을 감소시키는 방법도 있다.

보나 슬래브의 하부에 지주를 설치하기 때문에 공간이 필요하고 설계, 시공상 제약도 많다.

6) 강판접착공법

강판접착공법이란 주로 콘크리트 부재의 인장응력 작용면에 강판을 설치하고 강판과 콘크리트의 공극에 주입용 접착제를 압입하여 콘크리트와 접착시켜 기존 부재와 일체화시킴으로써 필요한 성능향상을 도모하는 공법이다.

본 공법은 주로 콘크리트 부재의 인장응력면에 강판을 접착시켜 강판에 인장재로서의 효과를 기대하는 것으로 휨 및 전단보강에 적용할 수 있다. 또한, 콘크리트 면과 강판과의 극간에 주입용 접착제를 압입하는 것으로 균열 내에도 주입재가 침입하여 균열

개폐를 구속하는 효과도 기대할 수 있다. 또한, 일반적으로 주입재로서는 에폭시수지 접착제가 이용되고 있다. 그림 10.30에 교량상판에 대한 강판접착공법의 시공 예를 나타내었다.

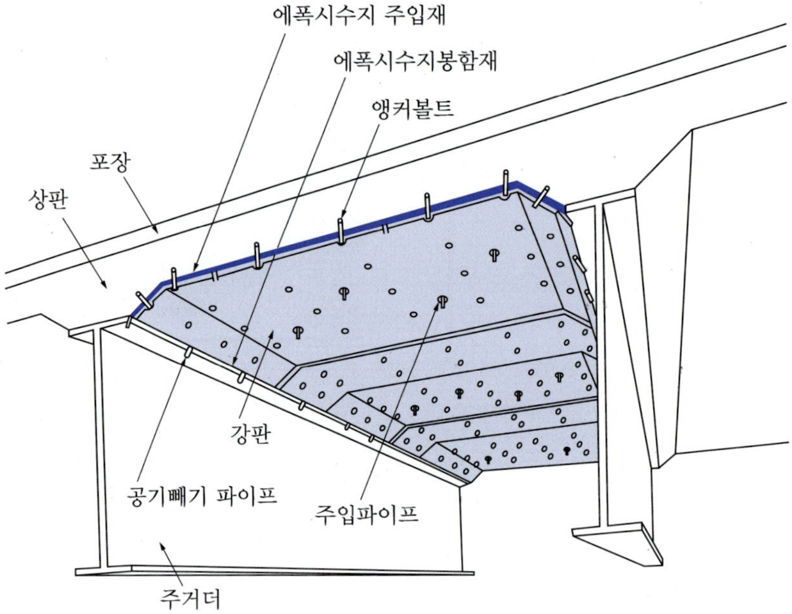

그림 10.30 강판접착공법의 시공 예[3)]

또한, 박스거더 등의 측면에 강판을 접착시켜 전단보강에 대한 효과도 기대할 수 있다.

강교 RC상판에 대해서는 상판 하부면에 강판을 접착시켜 휨보강과 압출전단보강에 대한 효과를 기대할 수 있다.

또한, 기존 콘크리트의 열화나 강도부족이 현저하거나 및 균열이 진행되고 있는 경우 등에는 강판과 기존 콘크리트의 일체화가 불충분하여 소정의 보강효과를 얻을 수 없기 때문에 사전에 적절한 보수를 실시하는 것을 검토할 필요가 있다.

7) 연속섬유시트(FRP) 접착공법

연속섬유시트(FRP) 접착공법이란 주로 콘크리트 부재의 인장응력과 사인장응력 작용면에 연속섬유를 1방향 혹은 2방향의 시트상으로 배치한 보강재 혹은 현장에서 함침 접착제를 함침·경화시킨 FRP의 연속섬유시트를 접착하여 기존 부재와 일체화시킴으로써 필요한 성능향상을 도모하는 공법이다.

연속섬유시트접착공법에는 아래와 같은 특징이 있다.

① 섬유시트는 경량이고 현장성형이 용이하기 때문에 작업공간이 한정되는 경우의 작업에 용이하다.
② 내식성이 뛰어나 염해지역의 콘크리트 구조물 보강에도 적용할 수 있다.
③ 보강효과로서 균열 구속효과와 내하성능 향상효과를 기대할 수 있고, 적층수의 조절에 의해 적정 보강량을 선정할 수 있다.
④ 일정간격을 가지고 격자상으로 붙이면 균열의 진전을 관찰할 수 있고, 부재 내의 체수도 피할 수 있다.
⑤ 단면강성의 증가가 적다.
⑥ 손상이 현저한 경우의 보강효과에 대해서는 별도의 검토가 필요하다.

연속섬유시트접착공법에 이용하는 섬유시트에는 탄소섬유, 아라미드섬유 등이 있지만, 실적이 많고 품질이 안정되며 고강도·고탄성인 탄소섬유를 사용하는 것이 바람직하다. 연속섬유시트 접착공법은 콘크리트교의 휨모멘트 작용방향으로 적용하면 철근의 응력저감 및 응력분산 효과가 있다. 또한, T거더교와 박스거더교의 복부(웨브)면에 적용하면 부재의 전단보강효과가 있지만 슬래브교에는 적용이 곤란하다. 연속섬유시트접착공법에서는 섬유시트의 박리에 의해 보강효과가 소실되기 때문에 부재 극한시의 내하성능 향상에는 적용할 수 없다.

박스거더의 하부플랜지면에 섬유시트를 붙여 거더 내의 철근변형률을 저감 및 분산시킬 수 있다. 또한, 균열에 대한 억제효과도 기대할 수 있기 때문에 균열의 집중, 진전, 콘크리트 박리 등도 방지할 수 있다. 박스거더의 웨브면에 충분한 정착면적을 확보할 수 있는 경우는 전단보강효과도 기대할 수 있다.

PC박스거더교는 보강을 실시할 대상 구조물 중에서 가장 효과를 기대할 수 있다. 박스거더 내부는 작업공간이 좁고, 강판 등을 가지고 들어가는 것이 불가능하다는 등의 문제가 있기 때문에 시트상 섬유보강재가 갖는 시공성과 작업성이 좋은 장점을 충분히 발휘할 수 있다고 볼 수 있다.

연속섬유시트접착공법에 사용하는 프라이머 및 함침접착수지는 에폭시수지가 일반적으로 이용되고 있다. 사용 시에는 섬유시트와의 적합성을 고려하여 사용해야 한다. 또한, 섬유의 눈메[단위면적당의 질량(g/m^2)]가 큰 섬유시트를 사용하는 경우에는 함침접착수지의 함침성에 대해서 충분히 주의할 필요가 있다.

또한, 함침접착수지로서 일반적으로 이용되고 있는 에폭시수지는 자외선 열화가 우려되기 때문에 표면도장에 이용하는 상도재는 내후성이 뛰어난 것을 선정해야 한다. 아울러, 박스거더내에서는 자외선의 영향을 받지 않기 때문에 표면도장은 불필요하다. 일반거더교 상판 하부면에 대한 격자상 연속섬유시트접착공법의 시공 예와 PC박스거더교에 대한 시공 예를 각각 그림 10.31과 그림 10.32에 나타내었다.

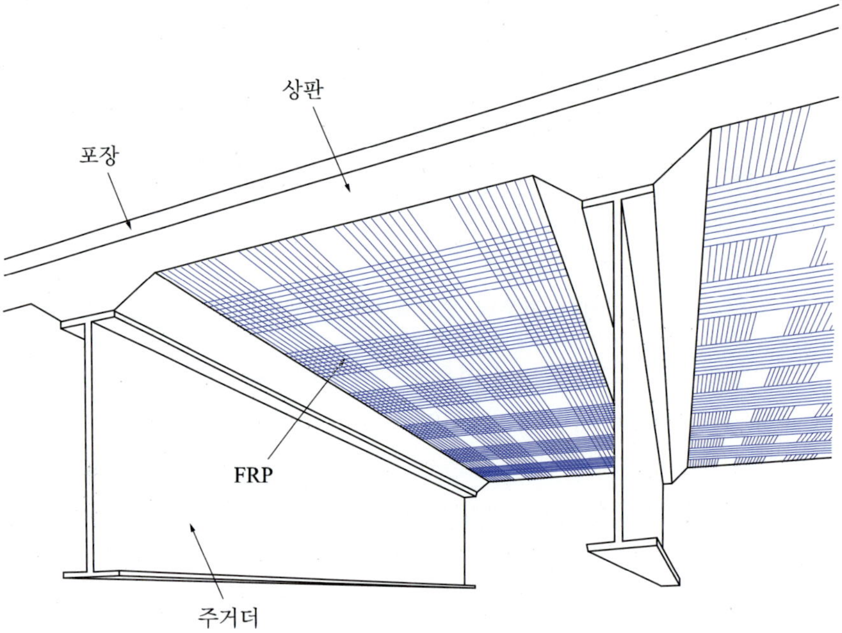

그림 10.31 일반거더교에 대한 연속섬유시트접착공법의 시공 예[3)]

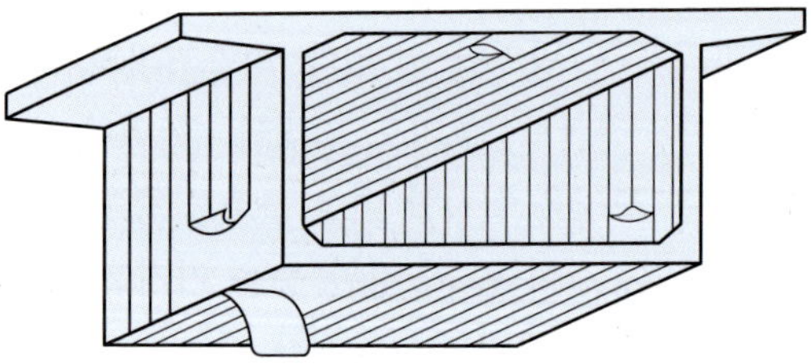

그림 10.32 PC박스거더교에 대한 연속섬유시트접착공법의 시공 예[3)]

8) 외케이블공법

외케이블공법이란 긴장재를 콘크리트 외부에 배치하여 정착부 혹은 편향부를 매개로 하여 부재에 긴장력을 주어 필요한 성능향상을 도모하는 공법이다.

외케이블공법은 프리스트레스를 도입하여 콘크리트교의 휨 및 전단보강을 목적으로 하는 보강공법으로서 구조물의 국부적인 보강보다는 오히려 구조계의 변경, 단면력의 개선을 목적으로 하여 채용되는 경우가 많고, 다음과 같은 특징을 가지고 있다.

① 보강효과가 역학적으로 명확하다.
② 편향부를 전단보강부로 설치하고 외케이블의 연직분력을 고려함으로써 설계전단력을 경감시킬 수 있다.
③ 보강 후의 유지, 관리가 비교적 용이하다.
④ 기본적으로 교통통제를 필요로 한다.
⑤ 콘크리트의 강도 부족과 열화에 대해서는 효과를 기대할 수 없다.
⑥ 외케이블에 의해 프리스트레스를 도입하더라도 강성은 향상되지 않는다.

PCT거더교 및 박스거더교의 휨보강에 관해서는 외케이블공법을 적용한 사례도 많아 보강효과를 기대할 수 있다. PC연속 합성 거더교와 다주판(多主版) 거더교의 교축방향에 대한 외케이블공법에 의한 보강은 설계적으로는 T거더교와 박스거더교와 같은 방식으로 보강이 가능하지만, 연구보고 및 시험시공 등이 적고 과거의 실시 예도 없기 때문에 적용하는 경우는 충분한 검토가 필요하다.

프리텐션 거더교는 거더 높이가 낮고 기존 PC강재 배치 등에 의해 정착부의 설치위치에 제약이 많고 PC강재의 편심량을 크게 할 수 없는 점 등으로부터 볼 때, 적용할 경우에 충분한 검토가 필요하다.

그림 10.33에는 교량 거더에 대한 외케이블공법의 시공 예를 나타내었다.

그림 10.33 외케이블공법의 시공 예[4)]

9) 프리스트레스도입공법

프리스트레스도입공법은 긴장재를 이용해 콘크리트 부분에 프리스트레스를 도입하여 콘크리트 부재의 휨 및 전단내력을 회복 혹은 향상시키는 보강공법으로, 콘크리트부재의 강성증가와 균열을 감소시킬 수 있다.

프리스트레스 도입에는 내케이블 방식과 외케이블 방식이 있다. 어느 쪽도 긴장재의 배치계획에서는 기존 부재의 구조형식, 보강할 부재 혹은 부위의 강도, 지지부재에의 영향, 미관, 시공성, 경제성 등을 검토할 필요가 있다. 그림 10.34에는 교각에 대한 프리스트레스도입공법의 시공 예를 나타내었다.

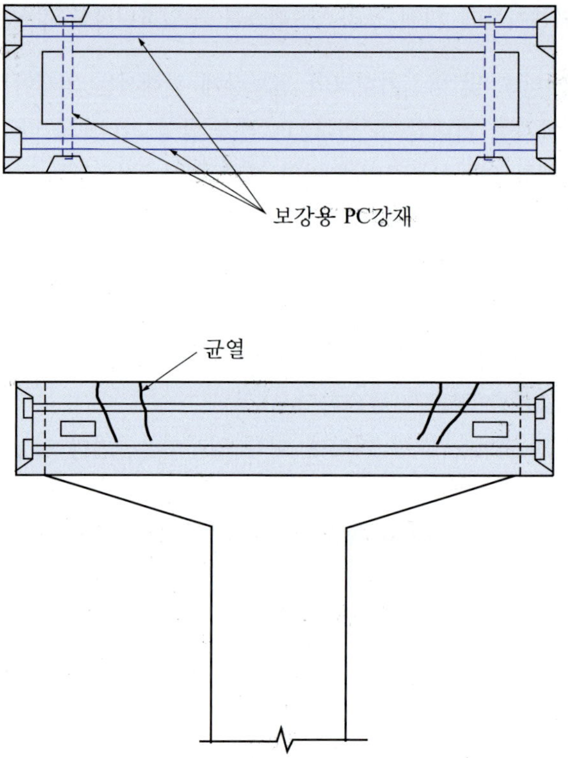

그림 10.34 프리스트레스도입공법의 시공 예[3)]

참고문헌

1. 한국구조물진단유지관리공학회, 콘크리트 구조물의 지속가능 보수보강 기술, 한국구조물진단유지관리공학회, 2016.
2. 이광호, 이현수, 철근 콘크리트 구조물의 균열에 관한 적정보수/보강공법 선정시스템, 대한건축학회논문집, 18(9), 171-181, 2002.
3. 최재진, 박석균, 최연왕, 김기형, 최신 토목재료학, 기문당, 2007.
4. 이석주, 케이블교량 ABC, 한국건설기술관리협회 Construction Management News, 2008.
5. (社)日本塗裝工業會, コンクリート土木構造物の補修マニュアル, 技報堂出版(株), 1995.
6. (社)日本コンクリート工學協會, 診斷技術, 2001.
7. (社)日本土木學會, コンクリート構造物の維持管理指針(安), 丸善(株), 1996.
8. (社)日本コンクリート工學協會, コンクリート便覽, (社)日本コンクリート工學協會, 1996.
9. 上田多門, 維持補强コンクリート-土木構造物-, コンクリート工學, Vol.39, No.1, (社)日本コンクリート工學協會, 2001. 1.
10. 日經コンストラクション編, 補修·補强の實踐手法, 日經BP社, 1996.
11. (社)日本コンクリート工學協會, コンクリート技術の要點, (社)日本コンクリート工學協會, 2001.
12. J. Warner, Selecting repair materials, Concrete Construction, 29(10), 1984.
13. 關傳, 補修·補强技術の發展, コンクリート工學, Vol.30, No.9, (社)日本コンクリート工學協會, 1992.
14. N.P.Mailvaganam and J.J.Deans, Repair and Protection of Concrete Structures Ch.2 Materials Selection and Handling, CRC Press Inc., 1982.
15. 岡木亭久 外, 最近のセメント系補修材と補修方法, コンクリート工學, 31(7), (社)日本コンクリート工學協會, 1993.
16. 松里廣昭 外, 最近の補修·補强材料について, コンクリート工學, 33(12), (社)日本コンクリート工學協會, 1995.
17. 大郎信明 外, 電氣化學的手法によるコンクリート構造物のリハビリテ-ション.
18. 박석균, 일본의 콘크리트보수·보강의 최신기술동향 및 전망, 건자재, 권10호, 1997.
19. 한국콘크리트학회, 콘크리트와 환경, 한국콘크리트학회, 2016.
20. 김진우, 토목 구조물의 시공과 보숫보강, 문운당, 2019.
21. 상영 엔지니어링, 건축 구조물 보수 보강 가이드북, 태림문화사, 2009.
22. 한국구조물진단유지관리공학회, 콘크리트 구조물의 지속가능 보수보강기술, 기문당, 2016.

11

강 재

11.1 철강의 분류

철강은 철과 탄소의 합금이지만 탄소(C) 이외에 규소(Si), 망간(Mn), 황(S), 인(P) 등을 함유하며, 특히 탄소의 양, 단련(鍛鍊) 여부 또는 제조방법에 따라 그 종류를 분류할 수 있다. 탄소 함유량은 철의 강도나 가공성에 큰 영향을 미친다. 철강을 분류하는 방법에는 여러 가지가 있으나 탄소의 함유량에 따라 철강을 선철(주철), 연철(연강), 강(강철)으로 구분한다.

(1) 선철

선철(pig iron)은 철광석을 용광로 내에서 환원시켜 얻는 것으로 주로 제강용의 원료가 되며, 탄소 함유량은 1.7% 이상이다. 또 선철에 철 부스러기를 섞어 용해시켜 주물의 주조용으로 사용하는 것을 일반적으로 주철(cast iron)이라 하며, 선철 주물로 만들어진 것으로 무쇠 솥이나, 무쇠 난로 등이 있다.

(2) 연철

연철(wrought iron)은 연강이라고도 하며, 탄소가 거의 들어 있지 않은 철(0.04% 이하)을 말한다. 무르고 전성(展性), 연성(延性)이 풍부하다는 특성이 있다. 연철 그대로 사용되는 경우는 적고 보통 탄소강, 합금강, 주철 등의 철 합금으로 사용된다.

(3) 강

강(강철, steel)의 탄소 함유량은 연철과 선철의 중간에 해당하는 0.04～1.7%의 범위이다. 상대적으로 선철은 부스러지기 쉽고, 연철은 가공하기 어려운 반면, 강철은 적당한 강도와 가공성을 가진다. 선철로 강철을 만들기 위해서는 제강로를 통해 정련(精鍊, refining) 과정을 거쳐야 한다. 철도 레일이나 철근, 냉장고, 못 등은 강재로 제조된다. 강에는 주로 탄소만 함유된 것을 탄소강 또는 보통강이라 하고, 니켈, 크롬, 망간, 텅스텐, 몰리브덴 등의 특수금속원소가 포함된 강을 특수강 또는 합금강이라 한다.

탄소량 0.1～0.3% 정도인 강재의 물리적 성질은 대략 표 11.1에 나타낸 바와 같다.

표 11.1 일반 강재의 물리적 성질

밀 도	열팽창계수	비 열	열전도율	탄성계수
7.85 g/cm^3	12×10^{-6}/℃ (20~100℃)	0.42×10^3 J/kg·m (20~100℃)	0.12 W/m·k (30℃)	2.0×10^5 MPa

11.2 철강의 생산 공정

철강을 생산하는 과정은 쇳물을 생산하는 기초공정인 제선공정, 쇳물에서 불순물을 제거해 강철로 만드는 공정인 제강공정 및 액체상태의 철이 고체가 되는 공정인 연주공정을 거쳐 철을 강판이나 선재로 만드는 공정인 압연공정으로 이루어진다.

(1) 제선공정	(2) 제강공정	(3) 연주공정	(4) 압연공정
선철을 생산하는 기초공정	선철에서 불순물을 제거하고 강철제조공정	액체상태의 철을 고체로 만드는 공정	철을 강판이나 선재로 만드는 공정

그림 11.1 철강의 생산 공정[1]

(1) 제선공정

철광석과 원료탄 유연탄을 높이 약 100 m의 고로에 넣은 뒤 1,200℃ 정도의 뜨거운 바람을 불어 넣으면 원료탄이 타면서 나오는 열에 의해 철광석이 녹아 쇳물이 된다. 다시 말해 원료탄이 연소되며 발생하는 일산화탄소(CO)가 철광석과 환원반응을 일으키면서 쇳물이 생산된다. 원료탄은 철광석을 녹이는 열원으로서의 역할과 동시에 산화철 상태인 철광석에서 산소와 쇳물을 분리시키는 역할을 한다. 이 쇳물은 용선이라고도 말하며, 이때 쇳물의 온도는 1,500℃까지 올라간다.

(2) 제강공정

고로에서 생산된 쇳물인 용선은 탄소(C) 함유량이 많고 인(P), 유황(S)과 같은 불순물이 포함되어 있다. 이 용선을 전로에 넣는데, 전로 속에는 고철과 용선을 함께 넣은 후 순수한 산소를 불어 넣는다. 이 과정을 통해 인이나 유황, 탄소성분을 걸러내며, 이렇게 불순물을 제거한 깨끗한 쇳물을 용강이라고 한다.

(3) 연주공정(연속주조공정)

아직 액체상태인 용강은 주형(mold)에 주입되고 연속주조기를 통과하면서 냉각, 응고돼 연속적으로 슬래브(slab)나 블룸(bloom), 빌릿(billet) 등의 중간 소재로 만들어진다. 이 과정에서 블룸은 다시 강편압연기를 거쳐 빌릿이 되며, 선재압연기를 통해 선재로 가공된다. 또한 슬래브는 후판압연기를 거쳐 후판으로 생산되거나 열간압연기로 들어가 열연강판 등으로 만들어지게 된다.

(4) 압연공정

압연이란 연속주조공정에서 생산된 슬래브, 블룸, 빌릿 등을 회전하는 여러 개의 롤(roll) 사이를 통과시켜 연속적인 힘을 가함으로써 늘리거나 얇게 만드는 과정을 말한다. 이 압연공정은 크게 열간압연과 냉간압연의 두 가지 방법으로 나뉜다.

11.3 철강제품의 용도와 규격

11.3.1 일반

철강제품에는 압연한 대로 사용되는 것에서부터 열처리, 선 늘리기 등의 가공을 거쳐 최종제품으로 사용되는 것까지 다양하다. 철강제품은 형상에 따라 판재류, 봉형강류, 강관류, 주강품 및 단강품 등으로 나눌 수 있다.

판재류에는 열연강판, 냉연강판, 아연도금강판, 후판 등이 있다. 열연강판은 냉연강판, 아연도금강판 등의 재료로 사용되고, 냉연강판은 자동차, 가전제품 등에 사용된다. 아연도금강판은 함석판으로 잘 알려진 지붕재료나 외벽재로서 사용되며, 두께가 두꺼운 후판은 선박의 건조나 LPG 탱크 등의 건설에 사용된다.

(a) 열연강판　　(b) 아연도금강판　　(c) 후판

그림 11.2 판재류 철강제품[2)]

봉형강류에는 봉강, 형강, 철근, 선재 등이 있다. 봉강은 단면이 원형, 사각형, 육각형 등으로 압연 혹은 단조된 것이다. 형강은 단면의 형상을 ㄱ, ㄷ, H, I, T자 등의 모양으로 가공한 것이다. 그리고 선재는 단면이 원형으로 압연된 코일 형태의 강재로서 철사, 철망 및 피아노 선 등의 제품 생산에 이용된다. 또한 강관류는 각종 파이프 모양을 말하고, 주강품은 전기로 등에서 생산된 용강을 일정 형상의 주형에 주입해 만들며, 단강품은 강괴, 빌릿 등의 소재를 가열해 프레스로 누르거나 해머로 두들겨서 만든 강을 말한다.[2)]

(a) 봉강　　(b) 형강　　(c) 선재

그림 11.3 봉형강류 철강제품[2)]

토목 건축 구조물에 사용되는 강재와 관련한 규격으로는 다음의 것들이 있다.

KS D 3501 열간압연 연강판 및 강대
KS D 3502 열간압연 형강의 모양·치수·무게 및 그 허용차
KS D 3503 일반 구조용 압연 강재
KS D 3504 철근 콘크리트용 봉강
KS D 3515 용접 구조용 압연 강재
KS D 3527 철근 콘크리트용 재생 봉강
KS D 3529 용접 구조용 내후성 열간압연 강재

KS D 3530 일반 구조용 경량 형강
KS D 3542 고 내후성 압연 강재
KS D 3558 일반 구조용 용접 경량 H형강
KS D 3566 일반 구조용 탄소 강관
KS D 3568 일반 구조용 각형 강관
KS D 3866 건축 구조용 열간압연 형강
KS F 4602 기초용 강관 말뚝
KS F 4605 강관 시트파일
KS D 3509 피아노 선재
KS D 7002 PC 강선 및 PC 강연선
KS D 7009 PC 경강선

11.3.2 철근 콘크리트용 봉강

(1) 강재의 역학적 성질

강재의 응력 - 변형률 곡선은 그림 11.4에서와 같이 철근의 품질에 따라 그 형상이 다소 다르다. 통상의 열간압연봉강의 경우는 명확한 항복점과 항복영역이 나타나지만,

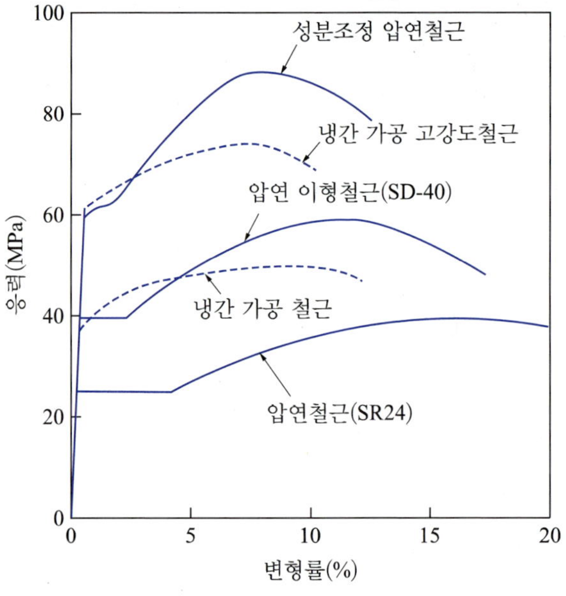

그림 11.4 강재의 응력 – 변형률 곡선의 예[3)]

고강도가 될수록 항복영역의 길이는 짧고 파괴시의 신장도 작아진다. 한편, 냉간 가공한 봉강과 PC 강재와 같이 열처리 등에 의해 고강도화 된 강재에서는 연강과 같은 명확한 항복현상은 나타나지 않고 파괴시의 신장도 작다. 이와 같이 명확한 항복점이 나타나지 않는 강재에 대해서는 그림 11.5에 나타낸 바와 같이 잔류변형률이 일정치가 되는 점을 취한 후, 이 점에서부터 응력 - 변형률 곡선의 접선 OA에 대한 평행선을 그어 곡선과 교차하는 점을 항복점으로 하고 있다. 이 경우 잔류변형률은 일반적으로 0.2%를 기준으로 하고 있다.

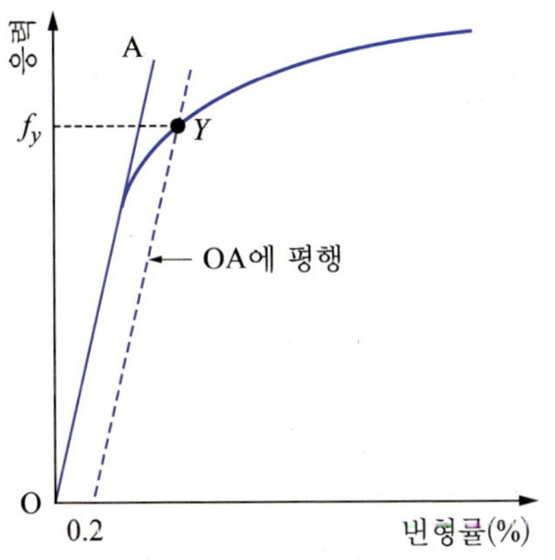

그림 11.5 냉간 가공 봉강의 항복점

연강의 응력 - 변형률 곡선은 그림 11.6과 같다. 여기서 응력을 제거하더라도 잔류변형률을 갖지 않는 한계인 탄성한도와 응력 - 변형률의 관계가 직선적인 비례한도와는 잘 일치한다. 항복점에 달하면, 강재 내부조직의 미끄러짐에 의해 응력 증가가 없더라도 변형률이 증가한다. 이 영역을 소성역이라 한다. 변형률이 어느 값에 달하면, 다시 변형률이 증가하기 때문에 응력 증가가 필요하게 되는 영역으로 된다. 이 영역을 경화역이라 한다. 통상의 철근 콘크리트 부재 내의 철근변형률은 일반적으로 경화역에 들어가지 않는 것으로 하고, 설계에서는 응력 - 변형률 관계를 탄소성 모델로 표현하고 있지만, 철근 콘크리트 부재의 휨거동 해석상에서는 이 경화역을 고려하는 것이 필요한 경우도 있다.

철근 콘크리트 구조물의 설계와 해석에 이용하는 철근의 응력 - 변형률 관계는 열간 압연재의 경우 그림 11.7에서와 같은 탄소성 모델을 고려할 수 있다. 여기서, 탄성계수는 철근의 종류와 제조방법에 따라 다소의 차는 있지만 2.0×10^5 MPa를 이용하고 있다. 또한, 철근의 응력 - 변형률 관계는 압축, 인장 모두 동일한 형태를 나타낸다.

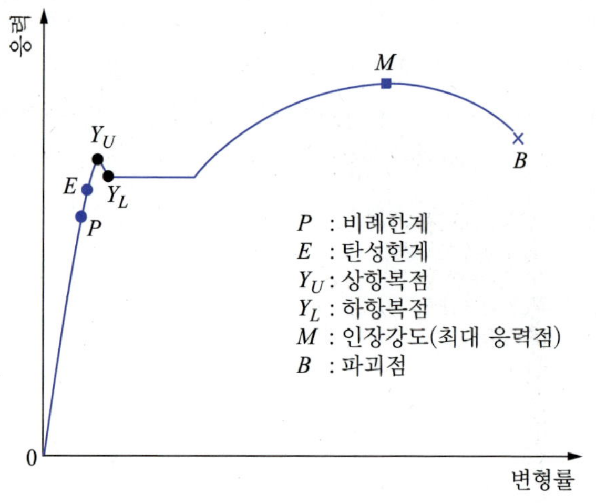

그림 11.6 연강의 응력 – 변형률 곡선

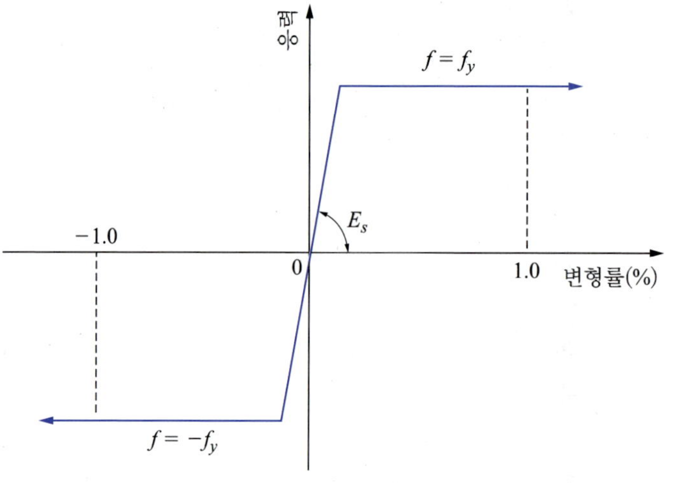

그림 11.7 모델화된 열간압연재의 응력 – 변형률 관계

(2) 철근 콘크리트용 봉강에 대한 규격

KS D 3504(철근 콘크리트용 봉강)은 철근 콘크리트 보강에 사용하는 봉강으로서, 열간압연으로 만든 이형 봉강에 대하여 규정한다.

1) 종류, 기계적 성질, 치수

이형 봉강의 종류는 표 11.2에 나타낸 바와 같이 일반용 5종류, 용접용 2종류 및 특수내진용 3종류로 규정된다.

표 11.2 종류 및 기호[4)]

종 류	기 호	용 도
이형 봉강	SD300 SD400 SD500 SD600 SD700	일반용
	SD400 W SD500 W	용접용
	SD400 S SD500 S SD600 S	특수내진용

이형 봉강의 기계적 성질로서 항복점 또는 0.2% 항복강도, 인장강도, 연신율 및 굽힘성은 표 11.3과 같이 규정되어 있으며, 치수는 표 11.4에 나타냈다.

표 11.3 기계적 성질[4)]

종류 기호	항복점 또는 항복강도 (N/mm^2)	인장강도[a] (N/mm^2)	인장 시험편	연신율[b] (%)	굽힘성	
					굽힘 각도	안쪽 반지름
SD300	300~420	항복강도의 1.15배 이상	2호에 준한 것	16 이상	180°	D16 이하 공칭 지름의 1.5배
			3호에 준한 것	18 이상		D16 초과 공칭 지름의 2배
SD400	400~520	항복강도의 1.15배 이상	2호에 준한 것	16 이상	180°	공칭 지름의 2.5배
			3호에 준한 것	18 이상		
SD500	500~650	항복강도의 1.08배 이상	2호에 준한 것	12 이상	90°	D25 이하 공칭 지름의 2.5배
			3호에 준한 것	14 이상		D25 초과 공칭 지름의 3배
SD600	600~780	항복강도의 1.08배 이상	2호에 준한 것	10 이상	90°	D25 이하 공칭 지름의 2.5배
			3호에 준한 것			D25 초과 공칭 지름의 3배
SD700	700~910	항복강도의 1.08배 이상	2호에 준한 것	10 이상	90°	D25 이하 공칭 지름의 2.5배
			3호에 준한 것			D25 초과 공칭 지름의 3배
SD400 W	400~520	항복강도의 1.15배 이상	2호에 준한 것	16 이상	180°	공칭 지름의 2.5배
			3호에 준한 것	18 이상		

종류 기호	항복점 또는 항복강도 (N/mm²)	인장강도[a] (N/mm²)	인장 시험편	연신율[b] (%)	굽힘성	
					굽힘 각도	안쪽 반지름
SD500 W	500~650	항복강도의 1.15배 이상	2호에 준한 것	12 이상	180°	D25 이하 공칭 지름의 2.5배
			3호에 준한 것	14 이상		D25 초과 공칭 지름의 3배
SD400 S	400~520	항복강도의 1.25배 이상	2호에 준한 것	16 이상	180°	공칭 지름의 2.5배
			3호에 준한 것	18 이상		
SD500 S	500~620	항복강도의 1.25배 이상	2호에 준한 것	12 이상	180°	D25 이하 공칭 지름의 2.5배
			3호에 준한 것	14 이상		D25 초과 공칭 지름의 3배
SD600 S	600~720	항복강도의 1.25배 이상	2호에 준한 것	10 이상	90°	D25 이하 공칭 지름의 2.5배
			3호에 준한 것			D25 초과 공칭 지름의 3배

표 11.4 치수, 무게 및 마디의 허용차[4)]

호칭명	단위 무게 (kg/m)	공칭 지름 d (mm)	공칭 단면적 S (cm²)	공칭 둘레 l (cm)	마디의 평균 간격 최대값 (mm)	마디 높이		마디 틈 합계의 최대값 (mm)	마디와 축선과의 각도
						최소값 (mm)	최대값 (mm)		
D4	0.110	4.23	0.140 5	1.3	3.0	0.2	0.4	3.3	45° 이상
D5	0.173	5.29	0.219 8	1.7	3.7	0.2	0.4	4.3	
D6	0.249	6.35	0.316 7	2.0	4.4	0.3	0.6	5.0	
D8	0.389	7.94	0.495 1	2.5	5.6	0.3	0.6	6.3	
D10	0.560	9.53	0.713 3	3.0	6.7	0.4	0.8	7.5	
D13	0.995	12.7	1.267	4.0	8.9	0.5	1.0	10.0	
D16	1.56	15.9	1.986	5.0	11.1	0.7	1.4	12.5	
D19	2.25	19.1	2.865	6.0	13.4	1.0	2.0	15.0	
D22	3.04	22.2	3.871	7.0	15.5	1.1	2.2	17.5	
D25	3.98	25.4	5.067	8.0	17.8	1.3	2.6	20.0	
D29	5.04	28.6	6.424	9.0	20.0	1.4	2.8	22.5	
D32	6.23	31.8	7.942	10.0	22.3	1.6	3.2	25.0	
D35	7.51	34.9	9.566	11.0	24.4	1.7	3.4	27.5	
D38	8.95	38.1	11.40	12.0	26.7	1.9	3.8	30.0	
D41	10.5	41.3	13.40	13.0	28.9	2.1	4.2	32.5	
D43	11.4	43.0	14.52	13.5	30.1	2.2	4.4	33.8	
D51	15.9	50.8	20.27	16.0	35.6	2.5	5.0	40.0	
D57	20.3	57.3	25.79	18.0	40.1	2.9	5.8	45.0	

2) 표시

① 제품 1개마다의 표시

이형 봉강은 1.5 m 이하의 간격마다 반복적으로 그림 11.8과 같이 롤링(rolling)에 의해 식별할 수 있는 마크가 있어야 한다. 다만, 호칭명 D4, D5, D6, D8은 롤링 마크에 의한 표시 대신 도색에 의한 색 구별 표시를 적용한다.

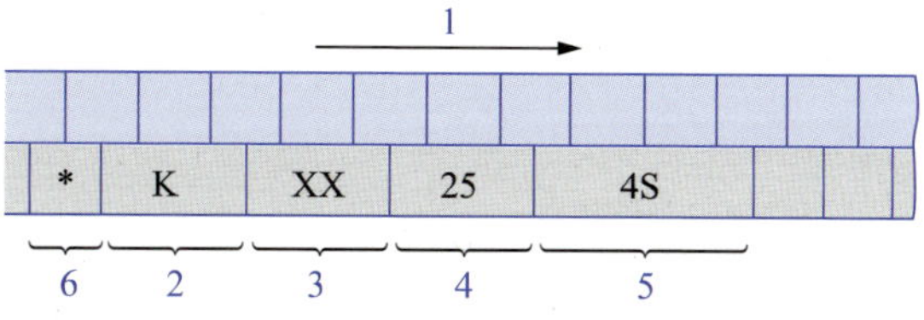

1 읽는 방향
2 원산지[예; Korea : K, Japan : J, China : C]
3 회사 약호[예; 표준제강(주) : PJ] 또는 회사 로고
4 호칭 지름[예; 지름 25 mm : 25]
5 강종 구분 지정숫자
(SD300 : 표시 없음, SD400 : 4, SD500 : 5, SD600 : 6, SD700 : 7, SD500 S : 5S, SD600 S : 6S)
6 용접용 철근은 2~5의 표기 이외에 2의 원산지 표기 앞에 *을 표시함.

그림 11.8 1개마다의 표시[4)]

② 1묶음마다의 표시

1묶음마다의 표시는 태그에 종류의 기호, 레이들 번호, 공칭지름, 제조자명 등을 표시하고, 색 구별 표시는 표 11.5를 따른다.

표 11.5 종류를 구별하는 표시방법[4)]

종류의 기호	종류를 구별하는 표시방법
	도색에 의한 색 구별 표시
SD300	녹 색
SD400	황 색
SD500	흑 색
SD600	회 색
SD700	하늘색
SD400 W	백 색
SD500 W	분홍색
SD400 S	보라색
SD500 S	적 색
SD600 S	청 색

(3) 철근 콘크리트용 재생 봉강에 대한 규격

KS D 3527(철근 콘크리트용 재생 봉강)은 콘크리트의 보강에 사용하는 재생 봉강에 대하여 규정한다.

1) 종류, 기계적 성질, 치수

재생 봉강의 종류를 재생 원형 봉강 2종류, 재생 이형 봉강 3종류로 하고, 그 기호는 표 11.6에 따른다.

표 11.6 종류 및 기호[4)]

구 분	종류의 기호	(참고) 종래의 기호	용 도
재생 원형 봉강	SBCR240 SBCR300	SBCR 24 SBCR 30	일반용
재생 이형 봉강	SDCR240 SDCR300 SDCR350	SBCR 24 D SBCR 30 D SBCR 35 D	

재생 봉강의 기계적 성질로서 항복점 또는 0.2% 항복강도, 인장강도, 연신율 및 굽힘성은 표 11.7과 같이 규정되어 있으며, 치수는 표 11.8에 나타냈다.

표 11.7 기계적 성질[4)]

종류의 기호	항복점 또는 항복강도[a] (N/mm^2)	인장강도 (N/mm^2)	인장 시험편	연신율 (%)	굽힘성	
					굽힘각도	안쪽 반지름
SBCR240	240 이상	380～590	2호	20 이상	180°	공칭지름의 1.5배
SBCR300	300 이상	440～620		18 이상		
SDCR240	240 이상	380～590		18 이상		
SDCR300	300 이상	440～620		16 이상		
SDCR350	350 이상	490～690		16 이상		

표 11.8 치수, 무게 및 마디의 허용값[4)]

호칭명	단위 무게 (kg/m)	공칭 지름 d (mm)	공칭 단면적 S (cm^2)	공칭 둘레 l (cm)	마디의 평균 간격 최대값 (mm)	마디 높이		마디 틈 합계의 최대값 (mm)
						최소값 (mm)	최대값 (mm)	
D6	0.249	6.35	0.316 7	2.0	4.4	0.3	0.6	5.0
D8	0.389	7.94	0.495 1	2.5	5.6	0.3	0.6	6.3
D10	0.560	9.53	0.713 3	3.0	6.7	0.4	0.8	7.5
D13	0.995	12.7	1.267	4.0	8.9	0.5	1.0	10.0

2) 표시

재생 봉강은 표 11.9의 방법으로 종류를 구별하는 표시를 제품 1개마다 하며, 한 묶음마다는 종류의 기호, 지름 또는 호칭명, 원산지 및 제조자를 표시한다.

표 11.9 종류를 구별하는 표시방법[4)]

구 분	종류의 기호	종류를 구별하는 표시	
		압연 마크에 의한 표시	색별 도장에 의한 표시
재생 원형 봉강	SBCR240 SBCR300	적용하지 않는다.	빨간색(한쪽 단면) 흰색(한쪽 단면)
재생 이형 봉강	SDCR240 SDCR300 SDCR350	마디 결합 1개(−) 마디 결합 2개(− −) 마디 결합 3개(− − −)	적용하지 않는다.

11.3.3 PC 강봉

(1) 분류

프리스트레스트 콘크리트의 긴장재로 이용되는 PC 강재는 PC 강선, PC 강연선 및 PC 강봉의 3종류로 대별된다.

이들 PC 강재로서는 콘크리트의 탄성변형, 건조수축 및 크리프 등에 의한 프리스트레스의 손실이 있더라도 가능한 한 큰 잔류 프리스트레스가 얻어질 수 있도록 인장강도, 탄성한계 및 항복점이 높아야 한다. 또한, 프리스트레스 손실을 억제할 수 있도록 릴랙세이션이 작을 필요가 있고, PC 구조물의 안전성이 확보되도록 충분한 인성(靭性)을 가지고 있어야 한다. 또한 배근작업과 긴장작업을 용이하도록 뛰어난 직선성과 이에 상응한 가공성을 갖추어야 하고, 용도에 따라서는 콘크리트와의 양호한 부착성과 높은 내피로 특성을 갖출 필요가 있다.

(2) PC 강봉의 종류

PC 강봉은 봉 모양 또는 코일 모양의 것이 있다. 원형 봉강은 평활한 표면을 가진 것이고, 이형 봉강은 거의 둥근 단면을 가지며, 일정한 돌기 혹은 들어감을 연속 또는 일정 간격으로 붙인 것이다.

PC 강봉에 대한 규격 KS D 3505에는 PC 강봉의 종류를 7종류로 하고, 그 기호는 표 11.10에 따른다. 그리고 PC 강봉의 기계적 성질은 표 11.11과 같다.

표 11.10 PC 강봉의 종류와 기호[4)]

종 류			기 호
원형 봉강	A종	2호	SBPR 785/1,030
	B종	1호	SBPR 930/1,080
		2호	SBPR 930/1,180
	C종	1호	SBPR 1,080/1,230
이형 봉강	B종	1호	SBPD 930/1,080
	C종	1호	SBPD 1,080/1,230
	D종	1호	SBPD 1,275/1,420

표 11.11 PC 강봉의 기계적 성질[4)]

기 호	내 력 (N/mm^2)	인장강도 (N/mm^2)	연신율 (%)	릴랙세이션 값 (%)
SBRP 785/1,030	785 이상	1,030 이상	5 이상	4.0 이하
SBRP 930/1,080	930 이상	1,080 이상	5 이상	4.0 이하
SBRP 930/1,180	930 이상	1,180 이상	5 이상	4.0 이하
SBRP 1,080/1,230	1,080 이상	1,230 이상	5 이상	4.0 이하
SBPD 930/1,080	930 이상	1,080 이상	5 이상	1.5 이하
SBPD 1,080/1,230	1,080 이상	1,230 이상	5 이상	1.5 이하
SBPD 1,275/1,420	1,275 이상	1,420 이상	5 이상	1.5 이하

11.3.4 PC 강선 및 PC 강연선

(1) 제조

PC 강선은 KS D 3509(피아노 선재) 및 그와 동등 이상의 선재로부터 패턴팅(patenting)한 후 냉간 가공하고 마지막 공정에서 잔류변형을 제거하기 위해 블루잉(bluing)한 선이다. 또한 PC 강연선은 KS D 3509 및 그와 동등 이상의 선재로부터 패턴팅(patenting)한 후 냉간 가공한 강선을 꼬아 합친 후 마지막 공정에서 잔류변형을 제거하기 위하여 블루잉한 강연선을 말한다.

여기서 패턴팅(patenting)이란 강선의 제조에서 강선을 수증기 또는 용융 금속으로 냉각하고 다시 상온까지 공기 중에서 냉각시키는 담금질 방법이다. 그리고 블루잉(bluing)은 저온에서 가열하면서 공기, 증기, 화공약품 등으로 표면에 청색 산화피막을 만들어 외관이 좋고 내식성을 증가시키는 처리이다.

(2) 종류, 호칭 및 기계적 성질

KS D 7002는 PC 강선 및 PC 강연선에 대해 규정하며, PC 강선 및 PC 강연선을 12종류로 나누고, 그 기호는 표 11.12에 따르도록 하였다. 또한 PC 강선 및 PC 강연선의 호칭은 표 11.13에 따르며 그의 기계적 성질은 표 11.14와 같이 규정하고 있다.

표 11.12 PC 강선 및 PC 강연선의 종류 및 기호[4)]

종 류			기 호	단 면
PC 강선	원형 선	A종	SWPC1AN, SWPC1AL	○
		B종	SWPC1BN, SWPC1BL	○
	이형 선		SWPD1N, SWPD1L	○
PC 강연선	2연선		SWPC2N, SWPC2L	
	이형 3연선		SWPD3N, SWPD3L	
	7연선	A종	SWPC7AN, SWPC7AL	
		B종	SWPC7BN, SWPC7BL	
		C종	SWPC7CL	
		D종	SWPC7DL	
	19연선		SWPC19N, SWPC19L	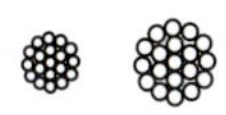

표 11.13 PC 강선 및 PC 강연선의 호칭[4)]

기 호	호 칭
SWPC1AN SWPC1AL SWPC1BN SWPC1BL SWPD1N SWPD1L	(2.9 mm) (3.5 mm) (4 mm) (4.5 mm) 5 mm (6 mm) 7 mm 8 mm 9 mm
SWPC2N SWPC2L	2.9 mm 2연선
SWPD3N SWPD3L	2.9 mm 3연선
SWPC7AN SWPC7AL	(7연선 6.2 mm) (7연선 7.9 mm) 7연선 9.3 mm 7연선 10.8 mm 7연선 12.4 mm 7연선 15.2 mm
SWPC7BN SWPC7BL	7연선 9.5 mm 7연선 11.1 mm 7연선 12.7 mm 7연선 15.2 mm
SWPC7CL	7연선 12.7 mm 7연선 15.2 mm
SWPC7DL	7연선 12.7 mm 7연선 15.2 mm
SWPC19N SWPC19L	19연선 17.8 mm 19연선 19.3 mm 19연선 20.3 mm 19연선 21.8 mm 19연선 28.6 mm

표 11.14 PC 강선 및 PC 강연선의 기계적 성질[4)]

기호	호칭	0.2% 영구 연신율에 대한 하중 (kN)	인장하중 (kN)	연신율 (%)	릴랙세이션 값(%) N	릴랙세이션 값(%) L
SWPC1AN SWPC1AL SWPD1N SWPD1L	(2.9 mm)	11.3 이상	12.7 이상	3.5 이상	8.0 이하	2.5 이하
	(3.5 mm)	14.2 이상	16.2 이상	3.5 이상	8.0 이하	2.5 이하
	(4 mm)	18.6 이상	21.1 이상	3.5 이상	8.0 이하	2.5 이하
	(4.5 mm)	22.6 이상	25.5 이상	4.0 이상	8.0 이하	2.5 이하
	5 mm	27.9 이상	31.9 이상	4.0 이상	8.0 이하	2.5 이하
	(6 mm)	38.7 이상	44.1 이상	4.0 이상	8.0 이하	2.5 이하
	7 mm	51.0 이상	58.3 이상	4.5 이상	8.0 이하	2.5 이하
	8 mm	64.2 이상	74.0 이상	4.5 이상	8.0 이하	2.5 이하
	9 mm	78.0 이상	90.2 이상	4.5 이상	8.0 이하	2.5 이하
SWPC1BN SWPC1BL	5 mm	29.9 이상	33.8 이상	4.0 이상	8.0 이하	2.5 이하
	7 mm	54.9 이상	62.3 이상	4.5 이상	8.0 이하	2.5 이하
	8 mm	69.1 이상	78.9 이상	4.5 이상	8.0 이하	2.5 이하
SWPC2N SWPC2L	2.9 mm 2연선	22.6 이상	25.5 이상	3.5 이상	8.0 이하	2.5 이하
SWPD3N SWPD3L	2.9 mm 3연선	33.8 이상	38.2 이상	3.5 이상	8.0 이하	2.5 이하
SWPC7AN SWPC7AL	(7연선 6.2 mm)	33.8 이상	40.2 이상	3.5 이상	8.0 이하	2.5 이하
	(7연선 7.9 mm)	54.9 이상	64.7 이상	3.5 이상	8.0 이하	2.5 이하
	7연선 9.3 mm	75.5 이상	88.8 이상	3.5 이상	8.0 이하	2.5 이하
	7연선 10.8 mm	102 이상	120 이상	3.5 이상	8.0 이하	2.5 이하
	7연선 12.4 mm	136 이상	160 이상	3.5 이상	8.0 이하	2.5 이하
	7연선 15.2 mm	204 이상	240 이상	3.5 이상	8.0 이하	2.5 이하
SWPC7BN SWPC7BL	7연선 9.5 mm	86.8 이상	102 이상	3.5 이상	8.0 이하	2.5 이하
	7연선 11.1 mm	118 이상	138 이상	3.5 이상	8.0 이하	2.5 이하
	7연선 12.7 mm	156 이상	183 이상	3.5 이상	8.0 이하	2.5 이하
	7연선 15.2 mm	222 이상	261 이상	3.5 이상	8.0 이하	2.5 이하
SWPC7CL	7연선 12.7 mm	182 이상	214 이상	3.5 이상	-	2.5 이하
	7연선 15.2 mm	255 이상	300 이상	3.5 이상	-	2.5 이하
SWPC7DL	7연선 12.7 mm	202 이상	237 이상	3.5 이상	-	2.5 이하
	7연선 15.2 mm	283 이상	333 이상	3.5 이상	-	2.5 이하
SWPC19N SWPC19L	19연선 17.8 mm	330 이상	387 이상	3.5 이상	8.0 이하	2.5 이하
	19연선 19.3 mm	387 이상	451 이상	3.5 이상	8.0 이하	2.5 이하
	19연선 20.3 mm	422 이상	495 이상	3.5 이상	8.0 이하	2.5 이하
	19연선 21.8 mm	495 이상	573 이상	3.5 이상	8.0 이하	2.5 이하
	19연선 28.6 mm	807 이상	949 이상	3.5 이상	8.0 이하	2.5 이하

참고문헌

1. 포스코(posco) 철강생산공정 (https://www.posco.co.kr/homepage/docs/kor5/html/pr oduct/ex-per/s91c5000101p.html).
2. Mild Steel Coil(https://www.indiamart.com/).
3. James M. Gere, Barry J. Goodno, Mechanics of Materials, Si Edition, Cengage Learning, 2017.
4. KS 규격
   KS D 3501 열간압연 연강판 및 강대
   KS D 3502 열간압연 형강의 모양·치수·무게 및 그 허용차
   KS D 3503 일반 구조용 압연 강재
   KS D 3504 철근 콘크리트용 봉강
   KS D 3515 용접 구조용 압연 강재
   KS D 3527 철근 콘크리트용 재생 봉강
   KS D 3529 용접 구조용 내후성 열간압연 강재
   KS D 3530 일반 구조용 경량 형강
   KS D 3542 고 내후성 압연 강재
   KS D 3558 일반 구조용 용접 경량 H형강
   KS D 3566 일반 구조용 탄소 강관
   KS D 3568 일반 구조용 각형 강관
   KS D 3866 건축 구조용 열간압연 형강
   KS F 4602 기초용 강관 말뚝
   KS F 4605 강관 시트파일
   KS D 3509 피아노 선재
   KS D 7002 PC 강선 및 PC 강연선
   KS D 7009 PC 경강선

12

역청재료

12.1 개요

역청(瀝青, bitumen)재료란 ASTM의 정의에 의하면 “천연 또는 인공의 탄화수소혼합물 또는 이들의 비금속 유도체의 혼합물로서 이황화탄소(CS_2)에 완전히 용해되는 물질”로 정의되며 상태에 따라서는 메탄가스(CH_4)와 같은 기체, 가솔린, 경유, 등유와 같은 액체 또는 반고체 또는 아스팔트, 피치, 파라핀과 같은 석유까지도 포함한다.

역청재료 중에서 토목재료로 주로 이용되는 것은 아스팔트, 타르 및 이것들을 원료로 한 유제로서, 유기질재료 특유의 도료와 줄눈재 등에 광범위하게 사용되고 있다.

역청재료는 온도에 가장 민감한 건설재료로서 다음의 조건을 갖추어야 한다.

1) 골재와의 양호한 부착성
2) 적당한 컨시스턴시
3) 내구성 및 경화 변질이 안 될 것

이러한 역청재료는 다음과 같은 특성을 가지고 있다.

1) 점온과 감온성을 가짐
2) 점착성을 가짐
3) 방수성이 우수
4) 컨시스턴시 제어 용이
5) 비교적 저렴한 가격

12.2 아스팔트의 분류

아스팔트는 ASTM의 정의에 의하면 “천연 또는 석유 정제 시에 증류 잔류물로 얻어지는 것으로 역청을 주성분으로 한 것”으로 되어 있으며, 이것은 천연 또는 석유 정제 시 경질의 부분이 인위적 또는 자연적으로 증발하고 남은 흑색 또는 흑갈색 물질로서 가열하면 서서히 액화되는 성질을 갖는다.

아스팔트는 천연 아스팔트(natural asphalt)와 석유 아스팔트(petroleum asphalt)로 크게 구분된다. 천연 아스팔트는 대표적으로 록 아스팔트(rock asphalt), 레이크 아스팔트(lake asphalt), 아스팔타이트(asphaltite)가 있으며, 록 아스팔트는 천연석유가 석회암, 사암 등의 암석 사이에 침투되어 휘발성 부분이 증발하여 생긴 것으로 품질이 일정하지 않은 결점이 있으며 역청분의 함유량은 5~20% 정도이다.

레이크 아스팔트는 지표의 낮은 부분으로 석유가 지상으로 유출되어 지표의 낮은 부분에 퇴적하여 이루어진 아스팔트로서 50% 이상의 역청분을 포함하며, 성질은 석유 아스팔트의 종류 중 스트레이트 아스팔트와 유사하다. 남미 Trinidad섬과 베네수엘라 북부해안 Bermudes에서 생산되는 것이 가장 유명하다. 한편 아스팔타이트는 천연석유가 지층의 갈라진 틈 및 암석의 틈 사이에 침투한 후 지열 및 공기 등의 작용에 의해 산화와 중합의 작용이 겹쳐 변질해서 생긴 것이다. 탄성이 크고 토사를 포함하지 않아 블론 아스팔트(blown asphalt)와 비슷한 성질을 가지며 길소나이트(gilsonite), 그라하마이트(grahamite), 글랜스 피치(glance pitch) 등이 있다. 석유 아스팔트는 원유를 인공적으로 증류하여 제조된 흑색 또는 흑갈색의 탄화수소 화합물로 원유 정제과정에서 부산물로 제조된 것으로서, 제조방법에 따라 스트레이트 아스팔트(straight asphalt)와 블론 아스팔트(blown asphalt) 등으로 나누며 각각의 성질과 용도가 다르다.

아스팔트는 표 12.1과 같이 분류된다.

표 12.1 아스팔트의 분류[1]

<table>
<tr><td rowspan="6">천연 아스팔트</td><td rowspan="3">천연 아스팔트</td><td>록 아스팔트</td></tr>
<tr><td>레이크 아스팔트</td></tr>
<tr><td>샌드 아스팔트</td></tr>
<tr><td rowspan="3">아스팔타이트</td><td>길소나이트</td></tr>
<tr><td>글랜스 피치</td></tr>
<tr><td>그라하마이트</td></tr>
<tr><td rowspan="4">석유 아스팔트</td><td colspan="2">스트레이트 아스팔트</td></tr>
<tr><td colspan="2">블론 아스팔트</td></tr>
<tr><td colspan="2">세미블론 아스팔트(partially-blown or semi-blown asphalt)</td></tr>
<tr><td colspan="2">용제추출 아스팔트(propane asphalt)</td></tr>
</table>

12.3 석유 아스팔트

12.3.1 석유 아스팔트의 제조

석유 아스팔트는 상온에서 고체 또는 반고체상이지만 가열을 하면 부드러워지는 열가소성 물질이며 상온에서는 탄성체에 가깝지만 저온에서는 충격에 취약한 점탄성체이다.

석유 아스팔트의 제조공정은 그림 12.1과 같다.

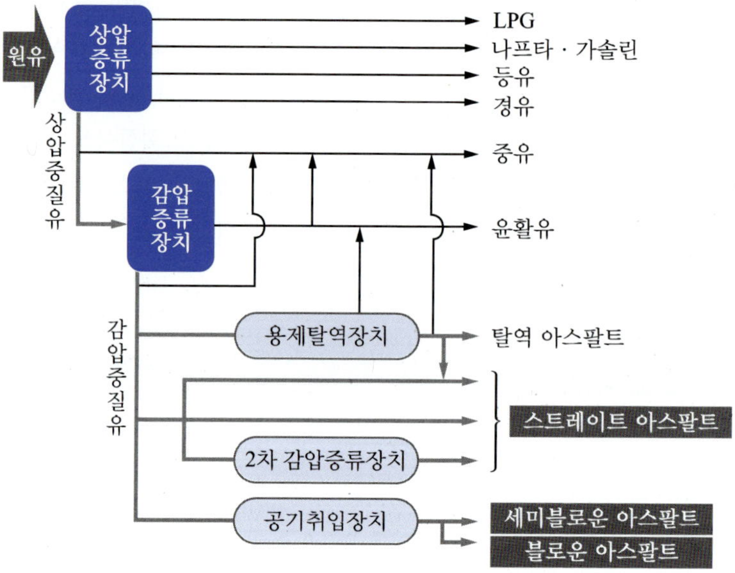

그림 12.1 석유 아스팔트의 제조공정[1)]

원유에서 염분을 제거하고 약 350℃로 가열한 후 상압증류장치에 보내지게 되는데 여기서 끓는점이 낮은 LPG, 나프타, 가솔린, 등유, 경유 등이 분리된다. 끓는점이 높은 잔류분은 재가열하여 감압증류장치로 수송되고, 여기서 중유, 윤활유 등의 잔류분이 분류되며 이때 탑저부에서는 끓는점이 높은 감압잔류 기름이 얻어지는데, 이것이 스트레이트 아스팔트이다. 이 스트레이트 아스팔트를 공기취입장치를 통과시키면 230~280℃에서 산소의 작용으로 탈수소, 산화, 중축합반응을 일으키게 되며, 이 때 고점도, 고탄성의 경질 아스팔트가 얻어지는데 이것을 블론 아스팔트라고 한다. 그리고 아스팔트에 나프타 및 등유 등의 휘발성 용제를 배합하여 제조한 것이 컷백 아스팔트(cut back asphalt)이고, 비교적 부드러운 스트레이트 아스팔트를 원료로 하여 물로 유화시켜 제조한 것이 아스팔트 유제(asphalt emulsion)이다.

스트레이트 아스팔트의 제조법에는 증류법이 대표적이지만 제품의 종류 및 성상에 따라서 용역탈제법과 침입도 등의 성능 향상을 위하여 수시간 동안 공기취입을 행하는 세미블로잉(semi blowing)법, 소요의 컨시스턴시를 얻기 위하여 경질과 연질의 아스팔트를 혼합하는 블렌드(blend)법이 있다.

12.3.2 석유 아스팔트의 성질

(1) 화학적 성질

아스팔트는 원소분석 시험결과 산소 1.1～2.1%, 질소 0.15～0.25%, 황 0.3～3.25%를 포함하고 있으며 그 외에도 약간의 철, 니켈, 칼슘 등의 금속성분을 함유한 탄화수소이다. 석유나프타에 녹는 성분을 말텐(maltene), 사염화탄소에 녹는 성분을 아스팔텐(asphaltene), 사염화탄소에 녹지 않고 이황화탄소에 녹는 성분을 카벤(carbene), 이황화탄소에 녹지 않는 성분의 카보이드, 말텐 중에서 규조토 등에 흡착되는 성분을 수지(resin), 흡착되지 않는 성분을 오일(oil)이라고 한다.

아스팔트는 유기 용제에는 용해되지만 농도가 약한 산 용액에는 저항성이 있으며 알칼리 용액과는 화학반응을 일으키지 않지만 변색이 된다. 표 12.2는 아스팔트 성분별 특징을 나타낸 것이다.

표 12.2 아스팔트의 성분별 특징[1)]

주성분 \ 성질	외 관	특 징
레진	적갈색, 암갈색의 점착성이 있는 고체 또는 반고체	밀도는 1보다 크며 온도변화에 예민하고 융점은 100℃ 이하임.
아스팔텐	검정색의 무른 분말	가열하면 용융하지 않고 분해되어 단단한 코크스로 됨. (아스팔트 검은색을 띠는 것)
카벤	검정색 고체	보통 아스팔트 중에는 거의 포함되어 있지 않음.
카보이드	검정색 고체	보통 아스팔트 중에는 거의 포함되어 있지 않음.
오일	적갈색의 맑은 점성 액체	대부분의 유기용제에 녹음. 형광을 발하는 경우가 많으며 밀도는 1 이하임.

아스팔트의 내부구조는 콜로이드 구조를 가지고 있는 것으로 추정되며, 용매, 친액성 보호물질, 소액성 물질로 된 일종의 콜로이드 용액으로서, 비교적 고분자의 아스팔텐

분자가 서로 결합하여 핵을 형성하고, 그 표면에 레진분이 흡착되어 이 레진분이 해교제로 작용함으로써 핵이 오일분 중으로 분산되어 있는 상태가 된다. 이 콜로이드 구조에는 핵 사이에 인력이 전혀 없거나 대단히 적은 졸(sol)형과 핵 사이에 인력이 작용하고 있는 겔(gel)형이 있다.

졸(sol)형은 아스팔텐이 거의 없거나 아스팔텐이 레진분에 의하여 잘 해교, 분산되어 있는 경우이고, 겔형은 아스팔텐이 다량으로 존재하고 레진분이 거의 없으므로 잘 해교되지 않아서 핵이 서로 연결되어 3차원 망상구조를 이루고 있다. 일반적으로 졸형은 탄성을 나타내고, 스트레이트 아스팔트는 졸 - 겔(sol-gel)형, 블론 아스팔트는 겔형으로 알려져 있다.

(2) 물리적 성질

1) 밀도 및 체적팽창계수

아스팔트의 밀도는 25℃에서 스트레이트 아스팔트의 경우 1.0～1.1 정도이며, 아스팔텐의 함유량이 많을수록, 그리고 침입도가 적을수록 밀도가 크다. 블론 아스팔트는 동일 침입도의 스트레이트 아스팔트에 비해 밀도가 작으며 1.0～1.07 정도이다. 온도가 상승하면 밀도는 저하하며, 아래에 나타낸 것처럼 체적은 증가한다.

$$V_t = V_0 + \alpha t$$

여기서, V_t : t℃에서의 체적

V_0 : 0℃에서의 체적

α : 체적팽창계수 $5.5 \sim 6.3 \times 10^{-4}$(20～200℃)

2) 비열 및 열전도도

아스팔트의 비열, 열전도도는 아스팔트의 제조 및 가열 시에 중요한 인자이다. 비열이 큰 아스팔트일수록 다량의 열량을 흡수하기 때문에 온도변화에 의한 팽창수축을 억제하는 경향이 있으며 일반적으로 0.4～0.6 cal/g · ℃ 정도이며, 온도가 높을수록, 밀도가 작을수록 크다.

한편, 열전도도는 주로 아스팔트 제조장치, 저장탱크, 아스팔트 플랜트 등의 설계 시 열손실 계산에 이용된다. 스트레이트 아스팔트보다 블론 아스팔트의 경우가 열전도도가 크며, 동일한 원유 및 제조방법으로 얻어진 아스팔트의 경우 침입도가 작고 온도가 낮을수록 열전도도는 약간 크지만, 일반적으로 0.12～0.15 kcal/m · ℃ · hr 정도이다.

아스팔트의 비열과 열전도도는 다음 식에 의하여 각각 근사적으로 구할 수 있다.

$$C = \frac{(0.388 + 8.1 \times 10^{-4} t)}{\sqrt{d}}$$

여기서, C : t℃의 비열(cal/g · ℃)

d : 밀도

$$K = \frac{(1 - 5.4 \times 10^{-4} t)d}{7.04}$$

여기서, K : 열전도도(kcal/m · hr · ℃)

d : 밀도

t : 온도(℃)

3) 흡수성 및 투수계수

아스팔트는 물에 거의 용해되지 않으며 흡수량은 무시할 정도로 작다. 투수계수는 일반적으로 $2.1 \sim 5.3 \times 10^{-2}$ cm/sec 정도이다. 아스팔트 그 자체는 실제로 불투수성으로 생각해도 좋다.

4) 부착성

아스팔트 혼합물에서는 아스팔트가 골재들을 강하게 결합시키는 역할을 하기 때문에 아스팔트가 충분한 부착강도를 가지고 있어야 한다. 부착파괴에 따른 박리현상에 의한 포장의 파괴는 포장 중에 물이 침투한 경우에 발생한다. 아스팔트가 잘 부착되기 위해서는 액체상태에서의 아스팔트가 골재 표면에 충분히 피복되어야 하며, 동일 점도의 아스팔트에서의 피복효과는 그 표면장력이 작을수록 좋다. 또한 아스팔트의 부착성은 사용하는 골재의 산성도(酸性度)와 표면상태에 따라 크게 영향을 받으며 염기성 골재가 부착에 유리하다.

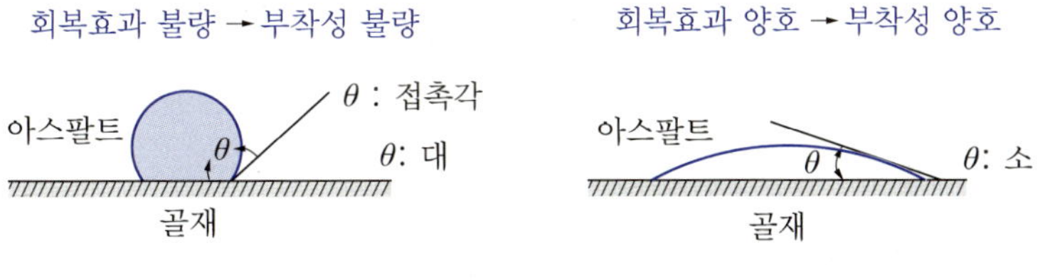

(a) 아스팔트의 표면장력이 큰 경우 (b) 아스팔트의 표면장력이 작은 경우

그림 12.2 아스팔트의 표면장력과 골재 표면의 피복효과[1)]

5) 전기적 성질

아스팔트는 일반적으로 절연재료로 이용되며, 전기저항값은 20℃에서 $10^{15}\,\Omega$ 이상, 50℃에서 $10^{14}\,\Omega$ 이상, 90℃에서 $10^{12}\,\Omega$ 이상으로 매우 큰 값을 나타내고 있다. 전기저항은 온도가 클수록 감소하는 경향을 나타내며 파괴전압은 침입도가 작은 것일수록 크고 온도를 상승시키면 저하한다.

6) 점도(viscosity)

점도는 아스팔트의 컨시스턴시(consistency)와 교착력(膠着力)을 나타내는 것으로 중요한 성질이다. 아스팔트는 저온에서는 고체이지만 고온에서는 액체상태로 되고, 온도에 의한 점도의 변화가 현저하다. 온도가 높아질수록 비뉴턴운동에서 뉴턴운동으로 유동특성이 변화한다. 점도를 측정하는 시험법으로는, 앵글러(Engler)법, 세이볼트 유니버설(Saybolt universal)법, 세이볼트 푸롤(Saybolt furol)법, 스토머(Stomer)법 등의 유출형 점도계를 이용하는 방법이 있으며, 일반적으로 앵글러 및 세이볼트 푸롤 점도계(ASTM E 102-62)를 사용한다. 단위로서 절대점도 μ는 Poise(dyne-sec/cm^2) 또는 cP(centi-poise), 동점성계수 ν는 cSt(centi-stokes, cm^2/sec)를 사용한다.

7) 감온성(temperature susceptibility)

아스팔트는 온도에 따라서 컨시스턴시가 현저하게 변화하는데 컨시스턴시가 변화하기 쉬운 정도를 감온성이라고 한다. 온도와 점도의 관계는 포장용 아스팔트의 경우에 중요한 성질이다. 스트레이트 아스팔트는 블론 아스팔트보다 감온성이 크다. 아스팔트 포장은 휨변형성(flexibility)이 있어야 되며, 온도변화에 따른 팽창수축뿐만 아니라 정적, 동적 재하에 저항할 수 있도록 탄성이어야 하므로 아스팔트는 감온성이 낮은 것이 요구된다. 일반적으로 온도 - 점도의 관계는 Walther의 실험식이 기준이 된다.

$$\log \cdot \log(V_k + 0.8) = -m \log T + b$$

여기서, V_k : 동점도(cSt, cm^2/sec)
T : 절대온도(°K)
m : 온도 - 점도 곡선의 기울기
b : 상수

8) 침입도(penetration)

플라스틱한 아스팔트의 컨시스턴시를 물리적으로 측정하는 것으로서 일정한 온도,

하중, 시간(일반적으로 25℃, 100 g, 5 sec)을 기준으로 하여 침(針)의 관입깊이를 나타낸 것이 침입도(penetration)이다. 일반적으로 온도상승에 따라서 증가하며 스트레이트 아스팔트가 블론 아스팔트보다 변화 정도가 현저하다. 온도와 침입도의 관계 예를 나타낸 것이 그림 12.3이다. 온도와 침입도의 관계는 일반적으로 직선으로 나타난다.

여기서 α는 직선의 기울기로서 다음과 같이 구한다.

$$\alpha = \frac{(\log P_2 - \log P_1)}{(T_2 - T_1)}$$

연화점에서의 침입도를 800으로 가정하고 표준 25℃에서 α와 PI(침입도 지수)의 관계는 다음과 같이 된다.

$$\mathrm{PI} = \frac{30}{(50\alpha + 1)} - 10$$

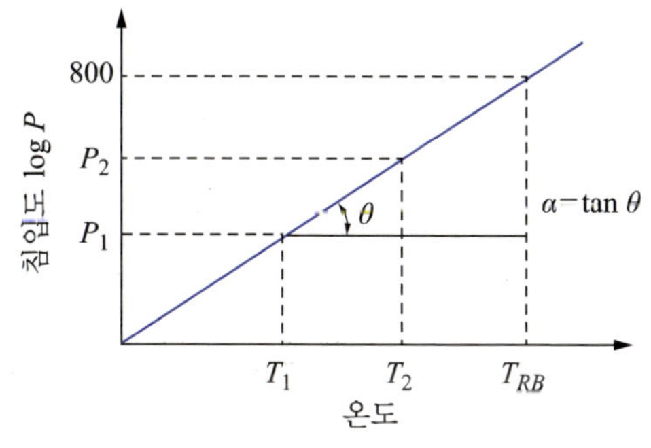

그림 12.3 아스팔트 온도와 침입도의 관계 예[2)]

9) 연화점(softening point)

아스팔트는 여러 가지 화합물의 혼합물이어서 일정한 융점은 없으나 서서히 가열하면 점차로 연화하여 액상으로 된다. 아스팔트의 연화점은 고체상에서 액상으로 되는 과정 중에 일정한 컨시스턴시(점도)에 달했을 때의 온도로 나타내는 것이다. 측정방법에는 ① 환구법(環球法, ring and ball method, R&B), ② Kraemer-Sarnow법(K&B), ③ Wendrinet법, ④ Ubbelohde법 등이 있으며, 일반적으로 환구법(R&B)이 사용된다.

스트레이트 아스팔트의 경우 침입도가 적을수록 연화점은 높으며 대략 30~60℃ 정도이다. 블론 아스팔트는 동일 침입도의 스트레이트 아스팔트보다 연화점이 높으며 70~130℃이다. 연화점은 침입도 지수와의 관계에서 중요하게 취급되며 연화점에서의 침입도는 약 600~1,000 정도이다.

10) 침입도 지수(PI, penetration index)

아스팔트의 온도에 대한 침입도의 변화를 나타내는 지수로서 침입도를 P, 연화점을 T라고 하면 이들의 관계식은 다음 식으로 나타낸다.

$$\frac{(\log 800 - \log P)}{(T-25)} = \frac{(20-\text{PI})}{(10+\text{PI})} \times \frac{1}{50}$$

실제 아스팔트에서의 침입도 지수는 $+8 \sim -2.6$이며 침입도 지수가 클수록 감온성이 저하하여 겔형에 가깝게 된다.

PI 값에 의하여 아스팔트를 분류하면,

① **보통형** : 스트레이트 아스팔트의 경우 $-2 < \text{PI} < 2$
② **피치(pitch)형** : $\text{PI} \leq -2$
③ **블론형** : 블론 아스팔트의 경우 $\text{PI} \geq 2$의 3종류가 있다.

11) 인화점(flash point)과 연소점(burning point)

인화점은 아스팔트를 가열하여 불을 가까이 하는 순간에 인화할 때의 온도를 나타내며, 계속 가열하게 되면 인화한 불꽃이 5초 동안 계속되는데 이때의 온도를 연소점이라고 한다. 아스팔트의 인화점은 원유의 종류, 제조방법, 침입도에 따라 다르지만 대체로 250~350℃의 범위이며 연소점은 인화점보다 높고 그 차이는 25~60℃ 정도이다.

12) 고화

시료가 고화하여 그 점성을 상실할 때의 최고 온도로서 고화점에 달하면 아스팔트는 취성이 되며 점착성이 없어진다.

13) 신도(ductility)

아스팔트의 연성(延性)을 나타내는 수치로서 온도와 함께 변화한다. 스트레이트 아스팔트가 블론 아스팔트보다 신도가 크며 블론 아스팔트는 아주 적다. 신도 측정 시 온도를 일정하게 해야 되며 시료의 양단을 잡아당겨 시료가 끊어질 때까지의 늘어난 길이를 cm 단위로 나타낸다. 신도는 PI에 따라서 온도가 미치는 영향이 다르게 나타나며 PI가 클수록 동일온도에서 신도가 적게 나타난다.

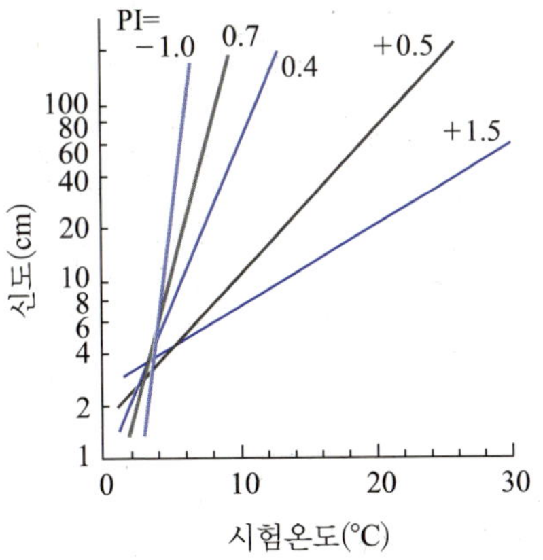

그림 12.4 아스팔트의 PI, 온도 및 신도의 관계 예[3)]

14) 강성(stiffness)

탄성재료의 탄성계수에 상당하는 것으로서 아스팔트의 응력에 의한 변형은 온도와 시간의 영향이 크기 때문에 Van der Poel은 아스팔트의 점탄성 거동을 강성이라고 나타내고, 다음 식으로 정의하였다.

$$S = \left(\frac{\sigma}{\epsilon}\right)_{T,\,t}$$

여기서, S : 강성
σ : 재하응력
ϵ : 변형률
T, t : 온도, 시간

아스팔트의 강성은 재하시간이 길수록, 온도가 높을수록, 침입도가 클수록, 그리고 PI가 클수록 작게 된다.

15) 취성(brittleness)

아스팔트는 저온에서 취성을 나타내며 수치적으로 나타내는 방법으로서 프래스(fraass)의 파괴점시험방법이 행해진다. 얇은 금속판의 한 측면에 아스팔트를 도포하여 냉각 후 휨을 가하는 조작을 반복하여 아스팔트에 균열이 생길 때에 온도를 파괴점으로 한다. 아스팔트의 종류, 원유의 산지 및 제법에 따라 파괴점이 다르며 스트레이트 아스팔트의 경우는 침입도가 클수록, 동일 침입도에서는 PI가 높을수록 낮은 경향을 나타낸다. 아스팔트의 취성은 한랭지에서 특히 중요하게 취급된다. 한편 휘발성 물질을 많이 함유하는 아스팔트는 증발감량(loss on heating)이 크다. 이것은 방청제 노면처리로 사용되는 아스팔트의 적부를 판단할 때 중요한 요소가 된다.

표 12.3 PI와 프래스 파괴점(스트레이트 아스팔트)[1)]

종 류	침입도(25℃)	PI	프래스 파괴점(℃)
A	80～100	−1.5	−4
B	80～100	−0.5	−17

12.3.3 아스팔트의 종류별 특성

(1) 스트레이트 아스팔트(straight asphalt)

증기증류법, 감압증류법 또는 이들 두 방법의 조합에 의하여 제조되며 성분 중의 오일(oil)분, 레진(resin)분의 총량이 아스팔텐(asphaltene)의 양보다도 많고, 블론 아스팔트에 비해 점도가 낮으며, 신장성(伸張性), 점착성, 방수성이 큰 반면에 탄력성은 작고 연화점이 낮아서 온도에 대한 감온성이 크며 내후성(耐候性)이 낮다. 주요 용도는 도로, 활주로, 댐 등의 포장용 혼합물의 결합재(binder)로 사용된다. 또한 가벼운 정도의 공기취입(blowing) 세미블론 아스팔트(semi-blown asphalt)도 보통 스트레이트 아스팔트의 일종으로 취급된다.

(2) 블론 아스팔트(blown asphalt)

블론 아스팔트는 오일분, 레진분이 감소하여 아스팔텐의 양이 많이 포함되어 있다. 스트레이트 아스팔트에 비해 침입도와 신도가 낮은 반면에 탄성, 내구성, 내충격성이 크고 감온성이 적다. 그러나 신장성, 점착성, 방수성 등은 스트레이트 아스팔트보다 약하다. 휨변형성(flexibility)이 작아서 얇은 피막으로서 이용되는 포장결합재에는 부적당하지만, 감온성이 작고 고탄성을 가지기 때문에 어느 정도의 두께를 갖는 용도에 널리 이용되고 있다. 스트레이트 아스팔트와 블론 아스팔트의 성질을 비교한 것이 표 12.4이며, 블론 아스팔트의 품질규격을 나타낸 것이 표 12.5이다.

표 12.4 스트레이트 아스팔트와 블론 아스팔트의 특성[1]

항 목 \ 종 류	스트레이트 아스팔트	블론 아스팔트
상 태	반고체	고체
밀 도	1.01 ~ 1.05	1.02 ~ 1.05
신 도	크다	작다
연화점	35 ~ 60℃	70 ~ 130℃
감온성	크다	작다
인화점	높다	낮다
비 열	0.487 cal/g · ℃	0.487 cal/g · ℃
열전도율	0.149 cal/m · h · ℃	0.139 cal/m · h · ℃
체적팽창계수	(6.0 ~ 6.3)×10^{-4}/℃	(6.0 ~ 6.3)×10^{-4}/℃
투수계수	4.1×10^{-9} g · cm/cm^2 · mmHg · h	6.0×10^{-9} g · cm/cm^2 · mmHg · h
침입도지수	−1 ~ +1	+1 이상
접착성	매우 크다	작다
유화성	좋다	나쁘다
유동성	크다	작다
내후성	좋다	매우 좋다

표 12.5 블론 아스팔트의 품질규격[2]

항 목 \ 종 류		0~5	5~10	10~20	20~30	30~40
침입도	25℃, 100 g, 5초	0 ~ 5	510	10 ~ 20	20 ~ 30	30 ~ 40
연화점(℃)		130 이상	110 이상	90 이상	80 이상	65 이상
신도(25℃, cm)		0 이상	0 이상	1 이상	2 이상	3 이상
증발질량백분율(질량 %)		0.5 이하				
침입도 지수		2.5 이상	3.0 이상	2.0 이상		0.5 이상
톨루엔 가용분(%)		98.5 이상				
인화점(COC, ℃)		210 이상				

(3) 컷백 아스팔트(cut-back asphalt)

컷백 아스팔트는 침입도 60 ~ 120 정도의 비교적 연한 액체 아스팔트(liquid asphalt)의 한 종류로서 스트레이트 아스팔트에 적당한 휘발성 용제(flux)를 가하여 유동성을 좋게 한 것이다. 이것은 아스팔트와 용제와의 단순한 혼합에 따라서 점도를 일시적으로 저하시킨 것으로서, 상온 시공이 가능하며 대부분 도로포장에 사용되고 있다.

컷백 아스팔트는 사용하는 용제, 즉 컷백유의 양과 질에 따라 제품의 성질이 크게 좌우되며, 컷백유는 대부분 석유 유출물(石油留出物)로 컷백 아스팔트 중에 중량으로 10 ~45% 정도 차지한다.

컷백 아스팔트는 사용한 컷백유의 증발속도의 차이에 따라 중유(重油)를 이용한 휘발성이 낮은 완속경화(SC, slow curing), 케로신(kerosene) 등을 이용한 중속경화(MC, medium curing), 가솔린, 나프타 등을 이용한 휘발성이 높은 급속경화(RC, rapid curing)의 3종류가 있다.

양생시간(curing time)은 휘발성이 큰 용제일수록, 그리고 용제량이 적을수록 짧고, 굳은 아스팔트일수록 짧다. 즉 SC는 양생시간이 길고 RC는 짧으며 MC는 그 중간이다.

표 12.6 급속경화형 컷백 아스팔트의 품질기준[3)]

용도 \ 종류	RC-0 1)	RC-1 1),2),4)	RC-2 1),2),3)	RC-3 1),2),4)	RC-4 1),4)	RC-5 1),4),5)
인화점(TOC)			27 이상	27 이상	27 이상	27 이상
점도(SFS)						
25℃	75~150	-	-	-	-	-
50℃	-	75~150	-	-	-	-
60℃	-	-	100~200	250~500	-	-
82.2℃	-	-	-	-	125~250	300~600
증류시험 증류량(360℃까지의 유출량에 대한 부피) (%)						
190℃까지	15 이상	10 이상	-	-	-	-
225℃까지	55 이상	50 이상	40 이상	25 이상	8 이상	-
260℃까지	75 이상	70 이상	65 이상	55 이상	40 이상	25 이상
316℃까지	90 이상	88 이상	80 이상	80 이상	80 이상	70 이상
증류찌끼(360℃까지 증류한 찌끼의 전 부피에 대한 부피) (%)	50 이상	60 이상	67 이상	73 이상	78 이상	82 이상
증류찌끼시험 침입도 (25℃, 100 g, 5 sec)	80~120	80~120	80~120	80~120	80~120	80~120
신도(25℃) (cm)	100 이상	100 이상	100 이상	100 이상	100 이상	100 이상
톨루엔 가용분(%)	99.0 이상	99.0 이상	99.0 이상	99.0 이상	99.0 이상	99.0 이상

표 12.7 중속경화형 컷백 아스팔트의 품질기준[3)]

용도 \ 종류	MC-0 6)	MC-1 6)	MC-2 1),6),8),9)	MC-3 1),2),3),7),9)	MC-4 1),2),3),9)	MC-5 1),9)
인화점(TOC, ℃)	38 이상	38 이상	66 이상	66 이상	66 이상	66 이상
점도(SFS)						
25℃	75～150	-	-	-	-	-
50℃	-	75～150	-	-	-	-
60℃	-	-	100～200	250～500	-	-
82.2℃	-	-	-	-	125～250	300～600
증류시험 증류량(360℃까지의 유출량에 대한 부피) (%)						
225℃까지	25 이하	20 이하	10 이하	5 이하	0	0
260℃까지	40～70	25～65	15～55	5～40	30 이하	20 이하
316℃까지	75～93	70～90	60～87	55～85	40～80	20～75
증류찌끼(360℃까지 증류한 찌끼의 전 부피에 대한 부피) (%)	50 이상	60 이상	67 이상	73 이상	78 이상	82 이상
증류찌기시험 침입도 (25℃, 100 g, 5 sec)	120～300	120～300	120～300	120～300	120～300	120～300
신도(25℃) (cm)	100 이상	100 이상	100 이상	100 이상	100 이상	100 이상
톨루엔 가용분(%)	99.0 이상	99.0 이상	99.0 이상	99.0 이상	99.0 이상	99.0 이상

(주) 1) 표면처리용 결합재
2) 개립도(開粒度)골재로서 노상 혼합공사용 결합재
3) 개립도(開粒度)골재로서 상온 보수공사 혼합물용 결합재
4) 개립도(開粒度)골재로서 상온 포설공사 기계혼합용 결합재
5) 찬 기후조건하에서 침투식 머커덤 공사용 결합재
6) 프라임용(Priming)
7) 밀입도(密粒度)골재로서 노상 혼합공사용 결합재
8) 밀입도(密粒度)골재로서 상온 보수공사 혼합물용 결합재
9) 밀입도(密粒度)골재로서 상온 포설공사 기계혼합용 결합재
(비고) 만일 중속경화용 컷백 아스팔트(MC) 찌끼의 침입도가 200 이상이고, 25℃에서 신도가 100 이하이거나 15.6℃에서의 신도가 100 이상이 되면 합격으로 본다.

(4) 고무혼입 아스팔트(rubberized asphalt)

아스팔트에 분말, 액상, 고형(固形)의 고무를 약 2～5% 정도 혼합한 것을 고무화 아스팔트라고 한다. 침입도를 60～150의 정도로서 낮게 하고, 연화점을 45～55℃로 증진시켜 감온성을 저감시키고 저온에서의 취성 개선, 응집력, 부착력을 증진시켜 탄성, 충격저항성 개선, 내노화성 증대 등을 도모할 수 있다. 아스팔트에 미리 고무를 혼합 용해한 permix형과 플랜트에서 액상고무를 혼입하는 plant-mix형이 있으며 사용고무는

천연고무, 합성고무, 라텍스(latex) 등이 있으며, 다음과 같은 특징이 있다.

1) 감온성이 작음
2) 응집 및 부착력 큼
3) 탄성 및 충격저항 큼
4) 내후성 큼
5) 마찰계수 큼

(5) 수지혼입 아스팔트(plastic asphalt)

폴리에틸렌, 폴리프로필렌, 폴리염화비닐 등의 열가소성 수지를 아스팔트에 혼입하여 인성, 내충격성, 부착성, 열안정성을 도모하고 저온에서의 취성을 개선시킨 것이다. 수지는 에틸렌, 염화비닐 공중합체, 에틸렌, 에틸아크릴레이트 공중합체가 효과적이다. 수지혼입 아스팔트는 다음과 같은 특징이 있다.

1) 신도가 큼
2) 점도가 높음
3) 감온성이 저하
4) 가열 안정성 큼

(6) 세미블론 아스팔트(semi-blown asphalt)

스트레이트 아스팔트에 공기취입(blowing) 조작을 가해 감온성을 개선시키고, 또 60℃에서의 점도를 높인 포장용 아스팔트이다. 60℃에서의 점도는 보통 스트레이트 아스팔트에 비해 3~15배 크고, 여름철 포장의 유동성 방지에 효과적이다.

(7) 촉매 아스팔트

촉매를 이용하여 아스팔트의 화학구조와 콜로이드 구조를 개선하여 수지혼입 아스팔트와 유사하게 개질한 것으로서, 가격이 비싸고 점도가 높아 시공성이 약간 결여된다.

12.4 역청유제

역청유제(bituminous emulsion)는 역청을 미립자 상태에서 수중에 분산시킨 것으로서 대부분 아스팔트유제가 사용된다. 아스팔트유제는 지름 1~5 μm의 아스팔트 미립자를 수중으로 분산시킨 콜로이드 액체이다. 아스팔트유제는 골재 위에 살포하거나 골재와 혼합시키거나 하면 분해를 일으켜서 물과 아스팔트가 분리된다. 수분은 서서히 증발하고 골재 표면에 아스팔트 피막이 남아 접착효과를 발휘한다. 역청유제는 구조 및 사용하는 유화제의 종류에 따라서 다음 3종류로 분류된다.

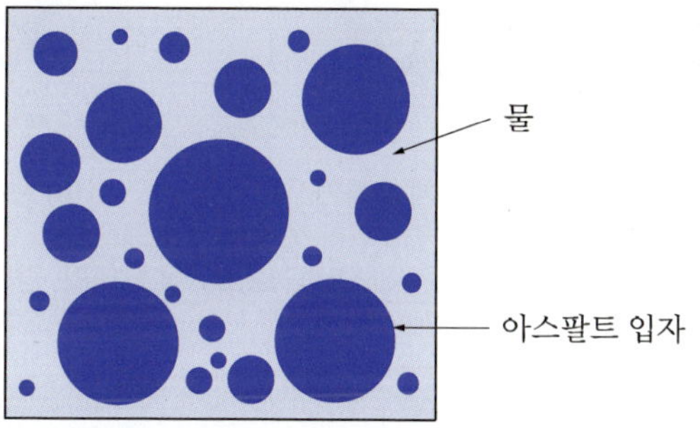

그림 12.5 유화제에 의한 아스팔트 입자의 분산모델[1)]

(1) 점토계 유제

벤토나이트(bentonite), 점토 무기수산화물과 같이 물에 녹지 않는 광물질을 수중에 분산시켜 역청제를 가하여 유화시킨 것이다.

(2) 음이온(anion)계 유제

유화제로서 고급지방산 비누, 합성세제, 황산에스테르염, 지방산 설퍼화합물 또는 알킬설폰산 등의 표면 활성제를 첨가한 알칼리성 수용액 중에 아스팔트 입자를 분산시켜 생성된 미립자의 표면을 전기적으로 負(−)전하로 대전시킨 것이다.

(3) 양이온(cation)계 유제

질산 등의 산성 수용액 중에 아스팔트를 분산시켜 미립자를 正(+)전하로 대전시킨 것으로 부착성이 좋다.

아스팔트 유제는 가열할 필요가 없이 사용하며 골재와 혼합하여 포설하면 수분의 일부는 침투하고 일부는 증발하여 유제는 분해되고 아스팔트만 남아서 골재 표면에 피막을 형성하여 점착력을 나타내어 골재와 결합한다. 분해속도에 따라서 급속응결(rapid setting, RS), 중속응결(medium setting, MS), 완속응결(slow setting, SS) 등이 있으며 유화제의 종류 및 용도에 따라서 표 12.8과 같이 분류한다.

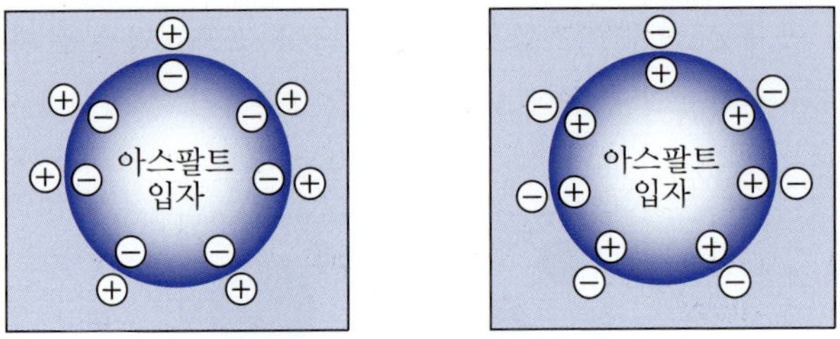

(a) 양이온계 유화제 (b) 음이온계 유화제

그림 12.6 유화제의 원리[1)]

표 12.8 유화 아스팔트의 종류와 용도[4)]

종 류		용 도
양이온계 유화 아스팔트	음이온계 유화 아스팔트	
RS(C)-1	RS(A)-1	보통 침투용 및 표면처리용(겨울철용 제외)
RS(C)-2	RS(A)-2	겨울철 침투용 및 겨울철 표면처리용
RS(C)-3	RS(A)-3	프라임코트용 및 시멘트 안정 처리용 양생용
RS(C)-4	RS(A)-4	택코트용
MS(C)-1	MS(A)-1	조립도 골재 혼합용
MS(C)-2	MS(A)-2	밀입도 골재 혼합용
MS(C)-3	MS(A)-3	흙덩어리(토양) 골재 혼합용

(비고) RS : 급속 응결(Rapid-setting)
MS : 중속 응결(medium-Setting)
C : 양이온(Cationic)
A : 음이온(Anionic)

12.5 아스팔트 혼합물

아스팔트는 단독으로 사용하는 경우가 거의 드물며 골재, 충전재와 같이 사용한다. 골재는 아스팔트의 골조 역할을 하며 지지력, 하중의 분산효과, 마찰저항성 등의 성질을 갖는다. 굵은골재는 부순돌, 잔골재는 강모래가 주로 사용되며 충전재는 아스팔트 혼합물 총 중량의 3～10% 정도를 차지하며, 아스팔트 혼합물의 강도, 충격저항성을 증가시키며 감온성을 적게 하는 역할을 한다. 0.074 mm 체를 70% 이상 통과하는 무기질의 미분말로서 주로 석회석 분말이 사용된다. 아스팔트 혼합물은 골재와 아스팔트를 가열 또는 상온에서 혼합한 것을 말하며, 사용목적에 따라서 여러 가지 성질이 요구되기 때문에 골재와 아스팔트의 물리적 성질을 조합하여 표 12.9와 같은 다양한 용도와 사용목적에 맞는 여러 가지 혼합물을 제조할 수 있다.

표 12.9 아스팔트의 용도[1)]

분야		이용현황
토목재료	포장용	가열 아스팔트 혼합물용으로 스트레이트 아스팔트가 가장 많이 이용됨. 가공제품으로는 아스팔트 유제, 컷백 아스팔트, 프라이머 또는 태크코트재로서 이용
	수리용	제방의 호안, 댐, 수로의 라이닝, 방파제의 기초 보강, 댐제체의 센터 코어의 불투수층 등에 많이 이용
	기 타	터널의 방수, 철도의 도상 및 줄눈재로서 이용
건축재료		방수, 방습 또는 접착의 목적으로 건축물의 옥상이나 벽 등에 이용
공업용 재료		아스팔트 단독이 아닌 가공 또는 첨가제를 가하여 방청용 도료로서 파이프의 라이닝, 코팅제로서 이용. 자동차의 언더코트재, 목재의 방부 등에 이용
농업용 재료		사막지역의 농업개발을 위해 지표 근처의 지중에 침투수를 방지하는 불투수층이나 용수로의 누수방지용 라이닝, 녹화 뿜어 붙이기공의 침식이나 양생제 등으로 이용

12.5.1 아스팔트 혼합물의 구성재료

(1) 아스팔트

1) 스트레이트 아스팔트

침입도가 낮은 것에서 높은 것까지 여러 종류가 있지만 아스팔트 혼합물에 이용되는 것은 침입도가 40～100 정도의 것이 일반적으로 사용되며 스트레이트 아스팔트 및 골재를 가열해서 만든 것이 가열혼합물이다.

2) 액체 아스팔트

액체 아스팔트를 이용한 혼합물은 상온 또는 어느 정도 열을 가해서 골재와 혼합시키므로 상온 혼합물이라고 한다. 컷백 아스팔트로는 RC-3, 4, 5, MC-3, 4, 5가 이용되고, 아스팔트 유제로는 MS-2, 3이 사용된다.

(2) 골재

1) 굵은골재

2.5 mm 체에 남는 골재로서 아스팔트 혼합물 중에서 굵은골재 표면의 형상과 거칠기는 중요하다. 부순돌이 이용되는 경우가 많지만 강자갈 또는 슬래그를 이용하는 경우도 있다. 점토, 실트 등의 유해물질이 없어야 한다.

2) 잔골재

2.5 mm 체를 통과하는 재료로서 강모래 또는 부순모래가 이용되며, 깨끗하고 강인하며 내구성이 풍부하고 점토, 실트 등의 불순물이 없어야 한다. 잔골재는 입자끼리 서로 맞물려 혼합물에 안정성을 부여하고 굵은골재의 공극을 채워준다. 2.5 mm 체에서 0.074 mm 체의 범위에서 적당한 입도를 가져야 한다. 특히 포장에 이용되는 아스팔트 혼합물에서는 2.5 mm 체에서 0.074 mm 체 사이의 잔골재는 포장 표면을 샌드페이퍼상으로 마무리하여 미끄러움이 없는 노면을 만드는 데 기여한다.

3) 충전재(filler)

석회석 분말, 시멘트, 소석회 등이 사용되고 No.200 체를 중량으로 65% 이상 통과하는 것을 말한다. 필러는 골재 입자의 아스팔트 피막의 점도를 상승시키고 강도에 영향을 주며 잔골재 이상의 골재간극을 채우는 역할을 한다.

12.5.2 아스팔트 혼합물의 종류별 용도

(1) 포장용 아스팔트 가열혼합물

포장용 아스팔트의 표준배합은 표 12.10과 같으며 일반적으로 골재는 120～170℃, 아스팔트는 130～160℃로 가열한다. 아스팔트 포장은 그림 12.7과 같으며 이 중에서 표층은 거의 아스팔트 혼합물로 형성되며 기층은 주로 시멘트 콘크리트 재료로 구성된다.

표 12.10 기층용 가열 아스팔트 혼합물의 표준배합[5)]

체의 호칭치수 \ 혼합물의 종류		BB-1	BB-2	BB-3	BB-4
		40	30	25	25R
통과질량백분율 (%)	50 mm	100	-	-	-
	40 mm	95～100	100	-	-
	30 mm	80～100	95～100	100	100
	25 mm	70～100	80～100	90～100	95～100
	20 mm	55～90	55～90	71～90	80～90
	13 mm	40～80	46～80	56～80	60～78
	10 mm	30～70	40～70	45～72	45～68
	5 mm	17～55	28～55	29～59	25～45
	2.5 mm	10～42	19～42	19～45	15～33
	0.6 mm	5～28	7～26	7～25	6～18
	0.3 mm	3～22	4～19	5～17	4～14
	0.15 mm	2～16	2～13	3～12	3～10
	0.08 mm	1～10	1～7	1～7	2～8

(주) 1) 여기에서 체는 각각 KS A 5101에 규정한 표준망체 53, 37.5, 31.5, 26.5, 19, 13.2, 9.5, 4.75, 2.36, 0.6, 0.3, 0.15 및 0.075 mm에 해당한다.

2) BB는 기층용 가열 아스팔트 혼합물(Black Base)의 약자이며, 혼합물의 최대 골재 크기 및 소성변형 저항성 등에 따라 4종으로 구분된다.

3) 「R」은 소성변형에 저항성이 높은 혼합물임을 나타낸다.

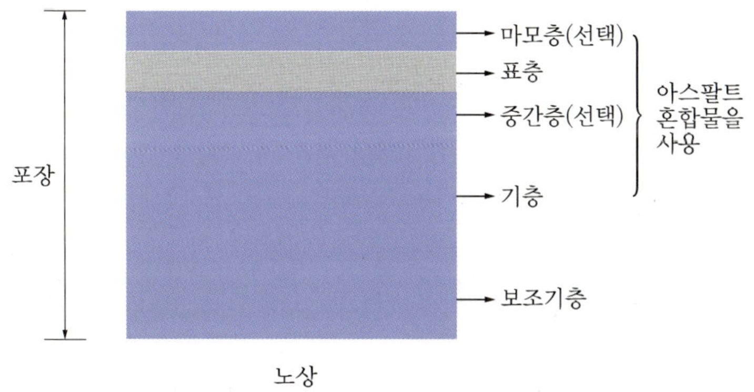

그림 12.7 아스팔트 포장단면의 구성 예[1)]

(2) 기층용 혼합식 아스팔트 혼합물의 품질

기층용 가열 아스팔트 혼합물은 KS F 2337(마샬 시험기를 사용한 역청 혼합물의 소성 흐름에 대한 저항력 시험방법)에 의하여 시험했을 때 표 12.11의 품질 기준에 합격해야 한다.

표 12.11 기층용 가열 아스팔트 혼합물의 마샬 시험 기준값[5)]

구 분		기준값
안정도	kN	3.5(4.9) 이상
	kg_f	350(500) 이상
흐름값(1/100 cm)		10～40
공극률(%)		4～6
포화도(%)		65～75
골재 간극률(%)		표 3.7 참조
다짐횟수(회)		양면 각 50(75)

(주) 1) ( ) 안은 대형차 교통량 1일 1방향 1,000대 이상, 또는 20년 설계 ESAL > 10^{-7}인 경우로서 유동에 의한 소성변형이 우려되는 포장에 적용한다. 그리고 WC-5, WC-6은 ( ) 안의 기준은 적용한다.
2) 이론최대밀도는 다져진 아스팔트 혼합물에 공극이 전혀 없다고 가정할 때 밀도로서, 가열 아스팔트 혼합물의 공극률을 구할 때 반드시 KS F 2366에 따라 시험에 의해 구하여야 하며, 계산식으로 구하면 안 된다.
3) 25 mm를 넘는 골재는 같은 중량만큼 25～13 mm의 굵은골재로 치환하여 공시체를 제작한다.
4) 골재의 혼합 입도가 세립 부분이 적어서 마샬 안정도가 규정 이하의 경우에는 채움재를 추가할 필요가 있다.

(3) 표층용 가열 아스팔트 혼합물의 배합 및 품질

표층형 가열 아스팔트 혼합물의 배합은 표 12.12의 표준배합 입도에 적합하여야 한다. 중간용 가열 아스팔트 혼합물은 굵은골재, 잔골재, 채움재 등을 혼합하여 사용하며 굵은골재, 잔골재 및 채움재를 혼합하였을 때의 골재 합성 입도는 표 12.12를 표준으로 한다.

표 12.12 표층용 가열 아스팔트 혼합물의 표준배합[1)]

혼합물의 종류 / 체의 호칭치수		WC-1	WC-2	WC-3	WC-4	WC-5	WC-6
		밀립도	밀립도	밀립도	밀립도	내유동성	내유동성
		13	13F	20	20F	20R	13R
통과질량백분율(%)	25 mm	-	-	100	100	100	-
	20 mm	100	100	90～100	95～100	90～100	100
	13 mm	90～100	95～100	72～90	75～90	69～84	90～100
	10 mm	76～90	84～92	56～80	67～84	56～74	73～90
	5 mm	44～74	55～70	35～65	45～65	35～55	40～60
	2.5 mm	28～58	35～50	23～49	35～50	23～38	25～40
	0.60 mm	11～32	18～30	10～28	18～30	10～23	11～22
	0.30 mm	5～21	10～21	5～19	10～21	5～16	7～16
	0.15 mm	3～15	6～16	3～13	6～16	3～12	4～12
	0.08 mm	2～10	4～8	2～8	4～8	2～10	3～9

(주) 1) 여기에서 체는 각각 KS A 5101에 규정한 표준망체 26.5, 19, 13.2, 9.5, 4.75, 2.36, 0.6, 0.3, 0.15 및 0.075 mm에 해당한다.
2) WC는 표층용 가열 아스팔트 혼합물(Wearing Course)의 약자이며, 아스팔트 혼합물 기층의 구분 기호인 BB와 구분하기 위하여 사용된 기호이다.
3) 「F」는 광물성채움재(석분)가 많이 함유된 혼합물, 「R」은 소성변형에 저항성이 높은 혼합물임을 나타낸다.

[해설]

- 공시체의 공극률 계산 시에 적용되는 이론최대밀도는 다져진 혼합물에 공극이 전혀 없다고 가정할 때의 밀도로서, 가열 아스팔트 혼합물의 공극률을 계산할 때에는 반드시 시험에 의하여 구한 이론최대밀도값을 사용하여야 한다.
- 상기의 이론최대밀도 시험방법은 KS F 2366에 따른다.

가열 아스팔트 혼합물은 KS F 2337(마샬 시험기를 사용한 역청 혼합물의 소성 흐름에 대한 저항력 시험방법)에 의하여 시험했을 때 표 12.13의 품질 기준에 합격해야 한다.

표 12.12의 입도 중 일반지역의 경우 WC-1, WC-2, WC-3, WC-4의 입도를 적용하며, 소성변형 발생 가능성이 높은 지역에는 내유동성 입도인 WC-5와 WC-6 입도를 적용한다.

표 12.13 표층용 가열 아스팔트 혼합물의 마샬 시험 기준값[5]

아스팔트 혼합물 종류		WC-1, WC-3, WC-5, WC-6	WC-2, WC-4
다짐횟수(회)		50 (75)[2]	50
안정도	kN	4.9 이상 (7.4) 이상[2]	4.9 이상
	kg_f	500 이상 (750) 이상[2]	500 이상
흐름값(1/100 cm)		20～40	
공극률(%)		3～6	3～5
포화도(%)		70～85 (65～80)[2]	75～85

(주) 1) ( ) 안은 대형차 교통량 1일 1방향 1,000대 이상, 20년 설계 ESAL $> 10^7$인 경우로서 유동에 의한 소성변형이 우려되는 포장에 적용한다. 그리고 WC-5, WC-6은 ( ) 안의 기준을 적용한다.
2) 물의 영향을 받기 쉽다고 생각되는 혼합물 또는 그와 같은 장소에 포설되는 혼합물에 대하여는 다음 식으로 구한 잔류안정도가 75% 이상인 것이 바람직하다.

$$\text{잔류안정도(\%)} = \frac{\text{60℃, 48시간 수침(水浸) 후의 안정도(kN)}}{\text{안정도(kN)}} \times 100$$

3) 이론최대밀도는 다져진 아스팔트 혼합물에 공극이 전혀 없다고 가정할 때의 밀도로서, 가열 아스팔트 혼합물의 공극률을 구할 때 반드시 KS F 2366에 따라 시험에 의해 구해야 하며, 계산식으로 구하면 안 된다.

12.6 아스팔트 혼합물의 배합설계

가열 아스팔트 혼합물의 배합설계는 소요 품질의 재료를 사용하여 소성변형과 균열 등에 대한 저항성과 내구성이 좋고, 소요의 기준을 만족하는 혼합물을 얻도록 하여야 한다.

배합설계 목적은 아스팔트 포장이 장기간 제 성능을 유지할 수 있도록 아스팔트, 골재 등의 배합을 결정하는 것이다. 즉 실험실에서 혼합 입도 기준에 따라 굵은골재, 잔골재, 채움재 등의 혼합 비율을 결정하고, 마샬특성치를 이용하여 최적 아스팔트 함량을 결정하는 과정과 아스팔트 플랜트에서 적합한 배합비율로 아스팔트 혼합물을 생산할 수 있도록 현장 배합을 결정하는 과정을 포함한다.

가열 아스팔트 혼합물의 배합설계는 원칙적으로 마샬 시험을 이용하며, 배합설계 순서는 그림 12.8과 같다. 가열 아스팔트 혼합물의 배합설계는 그림 12.8에 따르고 다음 사항에 유의한다.

1) 재료의 선정에 있어서는 소요의 품질을 구비하고 필요한 양을 확보할 수 있는 것이어야 한다. 재료의 품질에 대해서는 재료 시험을 실시하여 확인한다.
2) 아스팔트 혼합물은 적용층에 따라 표준 배합 범위에 들어가며, 원활한 입도 곡선이 얻어지도록 선정된 각 골재의 배합비를 결정한다.
3) 물의 영향을 받기 쉬운 곳에 사용하는 혼합물은 0.08 mm 체 통과량 중 50% 이상을 소석회로 치환하면 좋다.
4) 가열 아스팔트 혼합물에 자연 모래는 사용하지 않는 것이 좋다.
5) 마샬 시험체 공시체는 선정한 아스팔트 혼합물의 종류에 따른 아스팔트 바인더 함량 범위를 감안하여 0.5% 간격으로 제작한다.
6) 아스팔트 바인더의 동점도가 170±20 cSt 및 280±30 cSt로 되는 때의 온도를 각각 혼합온도, 다짐 온도를 한다.
7) 배합설계에 사용하는 골재 시료는 플랜트에서 오버 사이즈로 제거되는 것과 생산 중 집진시설에서 제거되는 것 등의 양을 추정해서 이들을 고려한 입도의 것으로 하는 것이 좋다.
8) 그림 12.8과 같은 실내 배합설계 후에 플랜트의 하트빈 골재를 이용하여 현장 배합을 설정하고, 시험배합하여 현장배합 비율을 결정하여야 한다. 상설 플랜트에서 실내 배합설계 후에 재료의 변동이 없을 경우에는 일상적인 품질관리 자료를 참고하여 현장배합을 실시한다.

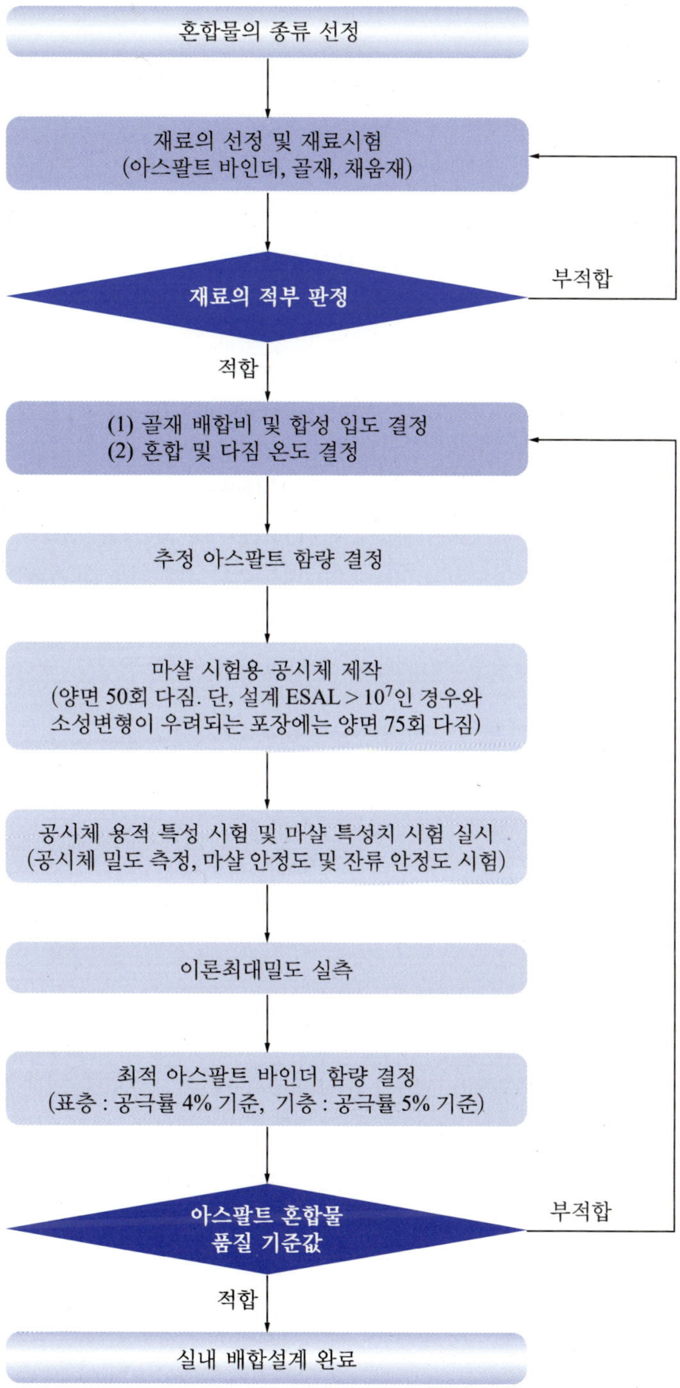

그림 12.8 가열 아스팔트 혼합물의 배합설계 절차[1)]

12.7 타르

석유원유, 석탄, 수목 등의 유기물의 건류(乾溜) 또는 증류(蒸溜)에 의해서 얻어지는 암흑색의 액상물질이다. 주성분은 방향족 화합물(芳香族化合物)로 이루어지며, 특유의 냄새를 가지고 있다. 타르에는 콜타르(coaltar), 피치(pitch), 가스타르(gas tar) 및 포장용 타르(road tar) 등이 있으며, 콜타르와 가스타르를 토목재료로 주로 사용한다.

12.7.1 콜타르

석탄의 건류에 따라 가스 또는 코크스(coke)를 제조할 때 생기는 부산물을 콜타르(coal tar)라고 한다. 건류 정도에 따라 고온타르 및 저온타르로 구분된다. 콜타르는 흑색의 점액체이며 밀도는 1.00~1.30 정도로서 유리탄소량(遊離炭素量)이 많을수록 커진다. 탄소량이 많으면 교착력(膠着力)이 감소하므로 결합재로서는 부적당하다. 아스팔트보다 감온성이 적고 연화점 및 인화점이 낮으며 연성도 작다.

12.7.2 가스타르

경유를 분해하여 수성가스를 제조할 때 부산물로 생긴 것을 수성가스 타르(water-gas tar)라고 하며 수성가스 타르는 콜타르와 비교하여 점성이 적고 유리탄소량도 적다.

12.7.3 피치

타르는 오일과 피치(pitch)의 혼합물로서 타르의 증류에 의해 얻어지는 유분이 비점(批點)이 낮은 순서에 따라서 경유, 중유, 안트라센(anthracene)유 등이 유출되고 최후에 남는 잔류물로 피치가 얻어지는데 이를 보통 경질 피치라 한다. 밀도가 비교적 크고 유리탄소량이 많고 연화점이 높으며 증발감량도 적으나 인화점이 높다.

12.7.4 포장용 타르

제조된 상태 그대로인 조제 타르는 물과 혼합 유기물을 많이 포함하고 있어서 그대로 도로포장에 사용하기에는 부적당하기 때문에 다시 증류하여 수분, 나프타, 경유 등을 유출하여 정제한 타르를 포장용 타르라고 한다. 밀도가 1.10~1.25로 액체 또는 반고체이며 온도변화에 의한 점도의 변화가 크다. 인화점이 낮고 연소점과 인화점의 차가 적으므로 사용할 때 주의해야 한다. 포장용으로는 다음과 같은 것이 사용된다.

1) **잔류타르(residual tar)** : 코크스로 또는 석탄 가스로에서 얻어진 타르를 적당한 온도로 증류한 것.
2) **컷백 타르(cut-back tar)** : 증류로부터 얻어진 잔류타르나 경질 피치를 경유, 안트라센유로 용해한 것. 널리 사용됨.
3) **혼성타르** : 잔류타르, 컷백 타르, 컷백 타르에 20% 이내의 석유 아스팔트 등의 다른 역청재료를 혼합한 것.

스트레이트 아스팔트와 포장타르의 성질을 비교하면 표 12.14와 같다.

표 12.14 포장타르와 스트레이트 아스팔트와의 성질 비교[6)]

항 목	스트레이트 아스팔트	포장타르
주성분	지방족 탄화수소	방향족 탄화수소
상 태	반고체	액체에서 반고체
냄 새	없음	특유한 냄새가 있음
증발성분	없음	5~23% 있음
페놀류	없음	5% 이히 있음
나프탈린	없음	6% 이하 있음
유리탄소	없음	25% 이하 있음
비 중	1.00~1.05	1.10~1.26
사용 시 가열온도	140~160℃에서 가열 사용	110℃ 이하의 온두에서 가열 사용
삼온성	PI : −2~+1, 작다	PI : −2 이하, 크다
내유성	불량	양호
투수성, 흡수성	적다	아스팔트보다 매우 적다
침투성	-	아스팔트보다 매우 양호
골재에 대한 접착성	물이 있으면 접착성이 불량	물이 있어서 잘 접착함
작업성	온도가 낮아지면 불량	낮은 온도에서도 양호

참고문헌

1. 최재진, 박석균, 최연왕, 김기형, 최신 토목재료학, 기문당, 2007.
2. KS M 2204, 블론 아스팔트, 2018.
3. KS M 2202, 컷백 아스팔트, 2016.
4. KS M 2203, 유화 아스팔트, 2018.
5. KS F 2337, 아스팔트 혼합물의 마샬 안정도 및 흐름값 시험방법, 2017.
6. 김성수, 토목재료학, 구미서관, 2009.
7. Ying Wang. et. al, Influence of asphalt microstructure to its high and low temperature performance based on atomic force microscope (AFM), 2020.
8. Ali Almusawi. et. al, Evaluation of mechanical properties of different asphalt concrete types in relation with mixing and compaction temperatures, 2020.
9. 文翰英, 건설재료학, 동명사, 2000.
10. 朴承範, 토목재료학, 문운당, 2000.
11. 박근배 외, 토목재료실험, 동명사, 2000.
12. 최계식, 토목재료시험법과 해설 및 응용, 형설출판사, 1996.
13. 구봉근 외, 건설재료학, 도서출판 나라, 1998.
14. David Whiteoak, 아스팔트 포장 핸드북, 대건사, 2015.
15. 한국도로학회, 내구성 증진을 위한 아스팔트포장기술, 2006.
16. 원기술, 아스팔트 혼합물의 지식, 원기술, 2011.
17. 건설교통부, 아스팔트 포장의 설계와 시공, 1999.
18. N. Jackson, Civil Engineering Materials, The Macmillan Press, 1980.
19. 片脇清士, 新しい土木材料とその開發, 山海堂, 1995.
20. 서울시설공단, 2019년 자동차전용도로 강남시설물 일상유지보수공사(연간단가), 2018.
21. 서울시설공단, 2020년 자동차전용도로 시설물 4지역 일상유지보수공사(연간단가), 2019.
22. 국토교통부, 아스팔트 콘크리트 시공지침, 2017.
23. 국토해양부, 아스팔트 혼합물 생산 및 시공 잠정지침, 2008.
24. 小谷 昇 (著), 井田 敏行 (著), 森田 幸義 (著), アスファルト混合物の知識(第3版) (図解土木講座), 技報堂出版, 1994.

13

콘크리트 재료 시험법

13.1 시멘트 관련 시험법

13.1.1 시멘트의 밀도 시험방법

(KS L 5110, Testing method for density of hydraulic cement, 2016)

(1) 적용범위

시멘트의 밀도 시험방법은 KS L 5110에 규정하고 있으며, 관련 규격은 KS L 5120의 포틀랜드시멘트의 화학 분석 방법이 있다.

(2) 시험목적

1) 콘크리트의 배합설계 시 시멘트가 차지하는 절대용적을 계산하기 위하여 필요하다.
2) 밀도 측정값을 비교하여 시멘트의 풍화정도를 판단할 수 있으며, 시멘트의 종류를 알 수 없을 경우 시멘트의 종류를 어느 정도 추정할 수 있다.

(3) 시험기구 및 재료

1) **르샤틀리에 플라스크(밀도병)** : 표준 르샤틀리에(Le Chatelier) 플라스크를 사용하며, 그림 13.1에 나타난 치수에 따르는 것을 원칙으로 한다.
2) **광유** : 온도 23±2℃에서 밀도 약 0.73 이상인 완전히 탈수된 등유 또는 나프타를 사용한다.

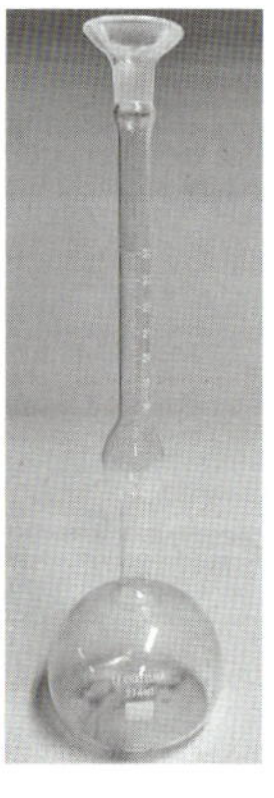

그림 13.1 르샤틀리에 플라스크

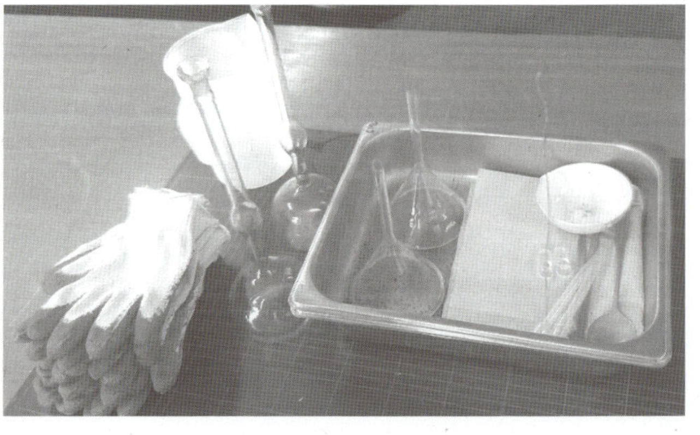

그림 13.2 시험기구

3) **저울** : 칭량 200 g, 감량 0.2 g까지 달 수 있는 것을 사용한다.

4) **수조** : 20±0.2℃ 이내의 일정온도를 유지할 수 있어야 한다.

5) 가는 철사 및 마른걸레

6) 측정하고자 하는 시멘트

7) 비커, 장갑, 깔때기, 약제스푼

(4) 시험방법 및 순서

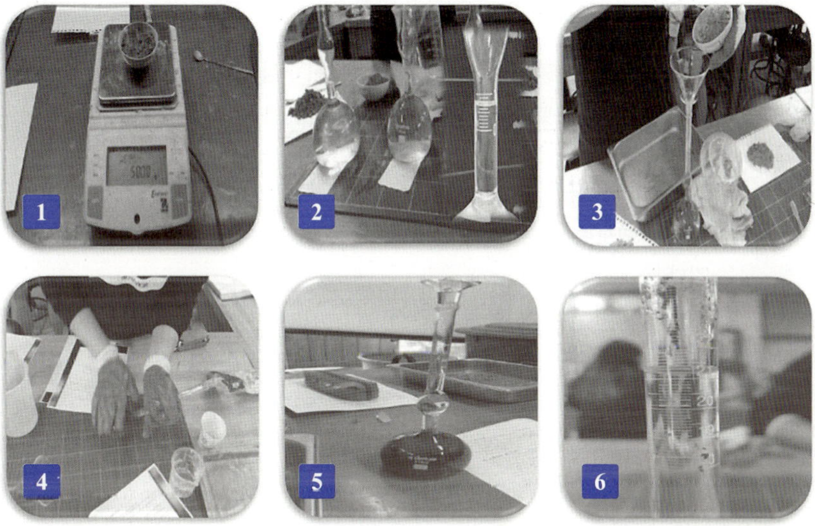

그림 13.3 시험방법

1) 밀도를 측정하고자 하는 시료를 계량한다. (포틀랜드시멘트는 약 64 g)

   * 0.05 g까지 정확히 계량한다.

2) 밀도병에 0~1 mL 사이의 눈금선까지 광유를 채운 후 처음 눈금을 측정한다.

   * 광유를 부은 다음 밀도병 내부에 묻은 광유를 철사에 감은 천 등으로 제거한다.

   * 눈금을 읽을 때는 미니스커스(meniscus)의 최저면을 읽는다.

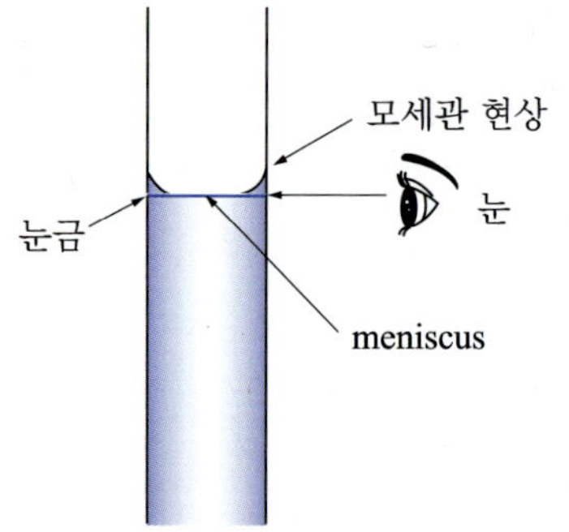

그림 13.4 눈금 읽기

3) 밀도병에 깔때기를 이용하여 계량된 시료를 천천히 넣는다.
   * 이 때 시료가 흐트러지지 않도록 주의하며, 액면 부분의 밀도병 내부에 묻지 않도록 주의하여야 한다.
4) 시료를 넣은 다음 밀도병 위의 마개를 막고 내부 공기를 제거한다.
   * 시료가 밀도병 안에 잘 들어갈 경우에는 밀도병 안벽에 묻어 있지 않도록 적당히 진동시킨다.
   * 공기 방울이 나오지 않을 때까지 병을 조금 기울여 굴리거나 천천히 수평하게 돌린다.
5) 밀도병 내의 시료 및 광유가 안정되도록 방치한다.
6) 광유의 나중 값을 측정한다.
   * 적당한 양의 시멘트를 넣은 경우 광유의 액면은 밀도병 윗부분의 눈금이 있는 곳에 위치하게 된다.

(5) 결과의 계산

밀도는 다음 식에 따라 계산하고 소수점 이하 셋째자리를 반올림하여 둘째자리까지 구한다. 이 방법에 의한 밀도의 결정은 두 번 이상 시험을 실시하여, ±0.03 이내로 일치한 것의 평균치를 취한다.

$$밀도 = \frac{시료의\ 질량\ (g)}{밀도병의\ 눈금차\ (mL)}$$

<table>
<tr><th colspan="6">시멘트의 밀도 시험</th></tr>
<tr><td>시험일</td><td colspan="5">20 년 월 일 요일 / 날씨</td></tr>
<tr><td rowspan="2">시험환경</td><td colspan="2">실온(℃)</td><td colspan="2">습도(%)</td><td>수온(℃)</td></tr>
<tr><td colspan="2"></td><td colspan="2"></td><td></td></tr>
<tr><td>시 료</td><td colspan="5"></td></tr>
<tr><td colspan="2">측정 번호</td><td>1</td><td>2</td><td>3</td><td>4</td></tr>
<tr><td rowspan="2">광유 표면의 눈금</td><td>처음 눈금(mL)</td><td></td><td></td><td></td><td></td></tr>
<tr><td>나중 눈금(mL)</td><td></td><td></td><td></td><td></td></tr>
<tr><td colspan="2">읽기의 차 ν(mL)</td><td></td><td></td><td></td><td></td></tr>
<tr><td colspan="2">시멘트의 질량 w(g)</td><td></td><td></td><td></td><td></td></tr>
<tr><td colspan="2">시멘트의 밀도 $\rho = \frac{w}{\nu}$</td><td></td><td></td><td></td><td></td></tr>
<tr><td colspan="2">평균 밀도</td><td colspan="4"></td></tr>
<tr><td colspan="6"><고찰></td></tr>
</table>

<table>
<tr><td>실험자</td><td>소 속</td><td></td><td>성 명</td><td>(인)</td></tr>
<tr><td>검 인</td><td colspan="2">20 년 월 일</td><td>성 명</td><td>(인)</td></tr>
</table>

13.1.2 시멘트의 응결 시험방법

(KS L ISO 9597, Determination of setting time and soundness of cements, 2019)

(1) 적용범위

시멘트의 표준주도에 의하여 제작된 표준반죽질기의 시멘트 풀을 비카트장치를 사용하여 시멘트의 응결시간을 시험하는 방법은 KS L ISO 9597의 규정에 따른다.

(2) 시험목적

1) 시멘트의 응결시간을 측정함으로써 모르타르나 콘크리트의 응결시간을 예측하고 시공작업의 공정을 보다 정확하게 계획할 수가 있다.
2) 시멘트의 분말도와 화학성분, 수량, 온도, 습도, 풍화 정도에 따라 응결시간이 달라지므로 시멘트의 품질을 추정할 수 있다.
3) 응결시간 조절을 목적으로 사용되는 혼화제의 효과를 측정할 수 있다.

(3) 시험기구 및 재료

1) **저울** : 용량 1,000 g, 감량 1 g
2) **메스실린더** : 용량 150～200 mL, 최소눈금 1 mL
3) **비카트장치** : 그림 13.5 참조
4) **혼합기** : KS L ISO 679에 규정된 혼합기
5) 시계, 시멘트용 칼, 온도계, 습기함
6) 측정하고자 하는 시멘트

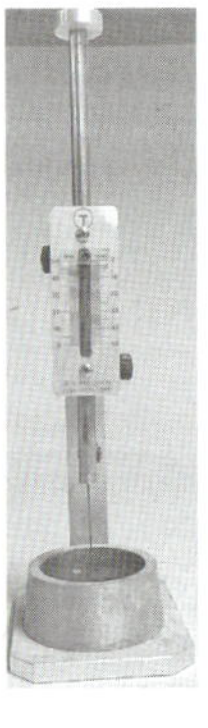

그림 13.5 비카트장치

그림 13.6 시험기구

(4) 시험방법 및 순서

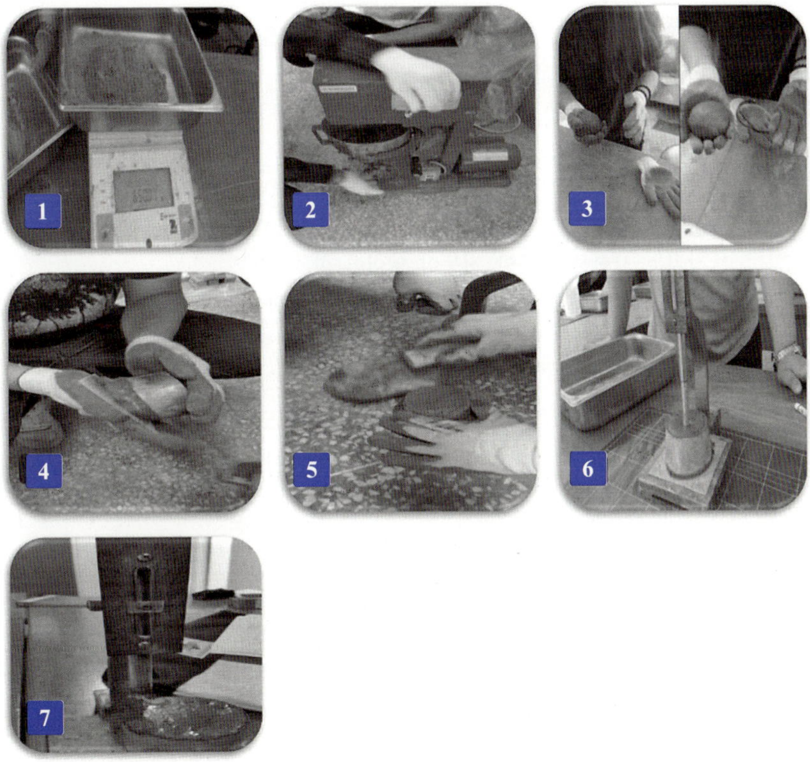

그림 13.7 시험방법

1) 시멘트 500 g을 1 g 단위까지 계량한다.
2) 표준반죽질기를 얻기에 적당한 물과 시멘트를 혼합기에 넣고 혼합한다.
   * 일반적으로 $W/C=26\%$ 정도 (약 125 g)
   * 혼합방법 : 1속 90초 혼합 → 30초 동안 정치 및 페이스트를 긁어모음 → 1속 90초 혼합
3) 혼합이 종료된 페이스트는 고무장갑을 낀 손으로 속히 구형으로 만든 다음 두 손을 약 15 cm 간격으로 벌려 한 손에서 다른 손으로 6번 던진다.
4) 한쪽 손바닥 위에 올려놓은 페이스트는 다른 손에 쥔 원뿔형 링의 큰 쪽에서 밀어 넣고, 링을 반죽으로 완전히 채운다.
   * 큰 쪽 끝에 있는 여분의 손바닥으로 한 번에 떼어 낸다.
5) 링의 큰 쪽 끝을 밑으로 하여 유리판 위에 놓고, 작은 쪽 끝에 있는 여분의 반죽은 링의 윗면에 대해서 조금 기울여 잡은 예리한 흙손 날로 한 번에 경사지게 문질러 링 윗부분을 잘라낸다. 필요하다면 흙손의 뾰족한 끝을 몇 번 가볍게 대어 윗면을

매끄럽게 한다.

* 잘라내고 매끄럽게 하는 작업 중 반죽을 압축하지 않도록 주의.

6) 10 mm 침을 이용하여 표준주도를 확인한다.

* 판 위 링 안의 반죽은 로드(rod)의 밑에 중심을 맞추고, 끝을 반죽의 표면에 접촉시켜 멈춤 나사를 죔.
* 로드를 풀어 놓은 30초 뒤에 처음 면에서 6±1 mm의 점까지 내려갔을 때의 반죽상태를 표준주도로 함.
* 가동지침을 눈금자 위쪽에 있는 0점에 맞추거나 처음 위치의 눈금을 읽고 30초 뒤에 로드를 품.
* 장치는 시험하는 동안 진동이 없어야 함.
* 이 표준주도를 얻을 때까지 물의 양을 변경하여 시험 반죽 만듦. 이때 물의 함량을 0.5% 단위까지 기록하여 표준주도의 물 함량으로 함. 각 시험 반죽은 새로운 시멘트로 만들어야 함.

7) 비카트장치의 표준침을 지름 1 mm의 침으로 변경하여 30분 이후부터 15분 간격으로 바늘과 바닥판의 거리가 4±1 mm의 침입도를 얻을 때까지 시험한다. 반죽 후 이 때까지의 시간을 초결시간으로 하며, 완전히 침의 흔적이 나타나지 않을 때를 종결시간으로 한다.

* 시험체는 성형한 다음 30분 동안 움직이지 않고, 습기함에 넣어두어 응결할 시간을 줌.
* 침입도 시험에 있어서는 로드 아래에 있는 침의 끝을 시멘트 반죽의 표면에 접촉.
* 멈춤나사를 늦추어 빨리 로드를 풀어 놓고 30초 동안 바늘이 내려가도록 하여 침입도 결정.
* 만약 초기에 반죽이 너무 연하다면 바늘이 휘어지게 되므로, 로드의 낙하를 뒤로 미루어야 하며, 로드는 실제 응결시간을 측정할 때에만 멈춤나사를 품.
* 침입도 시험은 이미 시험한 곳의 어떤 곳에서나 6 mm 이내로 접근시키면 안 되며, 몰드 내면에 9 mm 이내로 접근시켜도 안 됨.
* 매번 시험한 침입도의 결과를 기록함.

(5) 결과의 계산

1) 표준주도를 얻기 위한 물의 양은 건조 시멘트 질량의 백분율로 계산한다.
2) 응결시간은 사용한 물의 양이나 온도 또는 반죽의 반죽 정도뿐만 아니라 공기의 온도 및 습도에도 영향을 받으므로 측정한 시멘트의 응결시간은 근사값인 것이다.

시멘트 응결 시험

시험일	20 년 월 일 요일 / 날씨	
시험환경	실온(℃)	습도(%)
시 료		

측 정 번 호		1	2	3	4
시료의 중량(g)					
표준 반죽 질기 시험	물의 양(mL)				
	표준봉 침하량(mm)				
초결 시간	측정시간(시 : 분)				
	경과시간(시 : 분)				
	들어간 깊이(mm)				
종결 시간	측정시간(시 : 분)				
	경과시간(시 : 분)				
	들어간 깊이(mm)				
초결시간(시 : 분)					
종결시간(시 : 분)					

<고찰>

실험자	소 속		성 명	(인)
검 인	20 년 월 일		성 명	(인)

13.1.3 시멘트의 강도 시험방법

(KS L ISO 679, Methods of testing cements-determination of strength, 2016)

(1) 적용범위

시멘트의 강도 시험은 KS L ISO 679에 규정하고 있으며, 40×40×160 mm의 각주형 시험체를 사용하여 휨강도를 측정하며, 휨강도를 측정 후 양단된 2개의 시험편을 활용하여 40×40 mm 단면의 시험편을 사용하여 압축강도를 측정하는 방법이다. 모르타르의 플로우는 KS L 5105에 규정하고 있다.

(2) 시험목적

1) 시멘트의 강도 시험은 공시체의 강도 발현상태를 알 수 있다.
2) 시멘트의 강도 특성은 시멘트의 품질관리상 필요할 뿐만 아니라 콘크리트의 배합설계에도 필요하며, 이 시험에 의해서 역학적 성질 등 많은 성질을 예측할 수가 있다.

(3) 시험기구 및 재료

1) **저울** : 용량 2,000 g
2) **표준체** : 297 μm(No.50 체), 595 μm(No.30 체)
3) **메스실린더** : 250 mL, 500 mL
4) **혼합기, 혼합용기 및 패들(paddle)** : 전동 혼합기로서 그림 13.8과 같다.
5) **플로우 테이블(flow table) 및 플로우 몰드(flow mold)** : 플로우 테이블은 지름 254±2.5 mm의 주철제 원형판, 플로우 몰드는 상부지름 69.8±0.5 mm, 아래지름 102 mm, 높이 50 mm이다. (그림 13.9 참조)
6) 다짐 테이블
7) **흙손** : 길이 100～150 mm
8) **표준사** : 시험체 제작에 사용하는 모래는 ISO 표준의 규사이다.
9) 캘리퍼(30 mm 정도 측정용), 고무장갑, 마른걸레, 양생수조
10) 스크레이퍼, 온도계, 습도계, 고무망치
11) **강도 시험기** : 유압형이나 스크류(screw)형을 사용한다.
12) **시험체 성형용 몰드** : 그림 13.10 참조
    KS L ISO 679 - 40×40×160 mm 각주형 시험편

그림 13.8 믹서

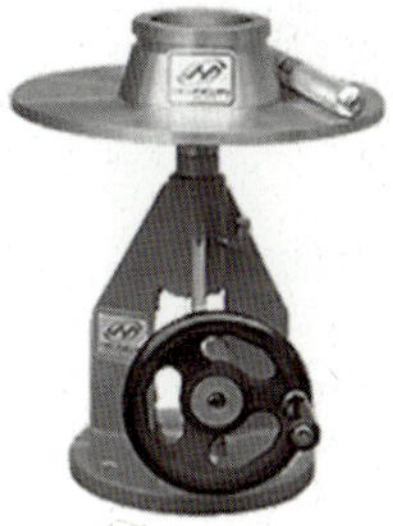

그림 13.9 플로우 시험장비

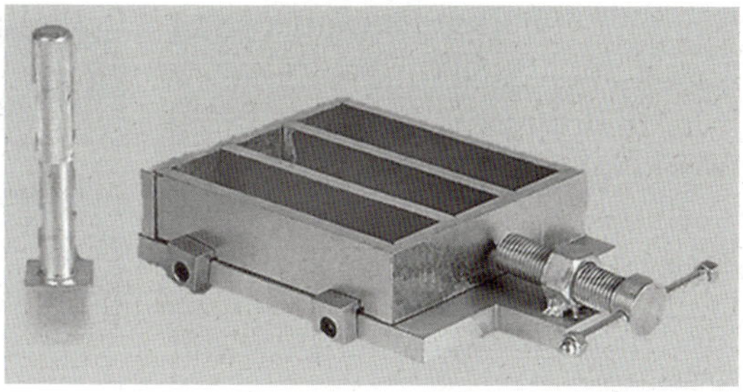

그림 13.10 시험편 몰드

(4) 시험방법 및 순서

1) 표준 모르타르의 배합은 질량으로 시멘트와 표준사를 1 : 3의 비율로 하며, 물 - 시멘트 비 0.5로 모르타르를 성형한다.
   * 40×40×160 mm 각주형 시험편 3개의 시험체에 소요되는 재료는 시멘트 450±2 g, 표준사 1,350±5 g 및 물 225±1 g.
2) 물, 시멘트 및 잔골재를 혼합 용기에 넣고 혼합한다.
   * 물을 붓고 시멘트를 투입한 다음 30초간 저속으로 작동.
   * 잔골재는 30초 동안 지속적으로 고르세 넣은 다음 이후 고속으로 30초간 혼합.
   * 90초 동안 혼합기를 작동을 멈추어 방치하며, 처음 15초 동안에 고무 스크레이퍼를 사용하여 용기 바닥과 벽에 부착된 모든 모르타르를 떼어내어 용기의 중간으로 모음.
   * 고속으로 60초간 혼합한 후 배출.
3) 배출된 모르타르는 테이블 플로우 중앙에 위치한 플로우 몰드에 약 25 mm 두께로 하여, 플로우 몰드 안에 넣고 다짐봉으로 20번 다짐을 실시하며, 다음에 모르타르를 틀에 마저 채우고 처음 층에서와 같이 다짐한다.
   * 모르타르를 평면으로 잘라낸 다음 틀의 윗면에 맞추어 흙손은 곧은 날로 틀의 면에 거의 직각이 되게 세우고, 틀의 윗면을 따라서 압력이 가해지지 않도록 톱질 운동을 통하여 표면을 평평하게 마감.
4) 표면을 마감한 다음 1분 후에 플로우 몰드를 직각으로 들어 올리며, 즉시, 테이블을 15초 동안에 25회, 1.27 cm의 높이로 낙하시킨다.
5) 플로우는 모르타르의 평균 밑지름의 증가를 적어도 거의 같은 간격으로 4개의 지름을 측정하며, 이것을 원지름의 백분율로 하여 표시한다.
   * 규정된 플로우를 얻을 때까지 물의 백분율을 변경하여 반복 제조하며, 새로운 시료로 모르타르를 만듦.

그림 13.11 시험방법

6) 시험편의 성형은 처음 반죽이 끝난 뒤로부터 즉시 성형하여야 한다. 시험체 틀과 테를 진동 다짐기 받침대에 단단히 고정한 후 적당한 작은 삽을 이용하여 시험체 틀에 한 번 혹은 여러 번으로 나누어 넣는다. 이때 모르타르의 층은 2층이 되도록 한다.

7) 각 층의 다짐은 60번의 진동을 이용하여 모르타르 층을 단단하게 다진다.

* 다짐이 끝난 시험편은 흙손을 사용하여 거의 수직으로 잡고 천천히 각 방향에 한 번씩 톱

질하듯이 마감.

8) 습기함에 넣어 재령 24시간 습기양생을 실시한다.
9) 몰드에서 탈형된 시험편은 20±1℃에서 수중양생을 실시한다.
10) 각주의 양쪽 끝부분을 지지봉에 얹어 놓고 각주의 긴축이 지지봉과 직교하도록 공시체를 시험기에 놓는다. 각주의 반대 측면 표면에 하중봉을 수직으로 재하하고 파괴에 이를 때까지 재하한다.

* 50 ±10 N/s의 비율로 부드럽게 재하.
* 휨강도 값이 필요없는 경우에는 이 시험을 생략할 수 있으나 유해한 응력이 각주에 재하되지 않는 알맞은 방법으로 부러뜨린 두 개의 시험체로 압축강도 시험을 실시.

11) 휨강도 시험에 의해 파단된 시험체의 측면 40×40 mm의 면적을 이용하여 압축강도 시험을 한다.

* 파단 시험체는 시험기의 가압판에 대하여 ±0.5 mm 이내에 위치하고, 각주의 단면이 가압판 또는 보조판으로부터 10 mm 거리에 둔다. 파괴에 이를 때까지 2,400 N/s ±200 N/s의 비율로 부드럽게 하중을 증가시킨다. 수동 재하의 경우에는 파괴 하중 부근에서 재하 속도가 감소하지 않게 조절한다.

그림 13.12 압축강도 측정지그

그림 13.13 휨강도 측정지그

(5) 결과의 계산

시험기가 나타낸 최대 총 하중을 기록하고, 그 강도를 MPa(N/mm^2)으로 계산한다. 명백한 불완전 시험체 또는 같은 시료, 같은 시간에 시험한 전 시험체 중에서 평균값보다 10% 이상의 강도차가 있는 시험체는 강도의 계산에서 제외한다.

1) 압축강도 시험

다음 식으로부터 압축강도 R_c(N/mm²)를 계산한다.

$$R_c = \frac{F_c}{A}$$

여기서, F_c : 최대 파괴 하중(N)

A : 가압판 또는 보조판의 면적(mm^2) (=40×40=1,600 mm^2)

2) 휨강도 시험

다음 식으로부터 휨강도 R_f(N/mm²)를 계산한다.

$$R_f = \frac{1.5 F_f l}{b^3}$$

여기서, F_f : 파괴 시에 각주의 중앙에 가한 하중(N)

l : 지지물 사이의 거리(mm)

b : 각 기둥의 직각을 이루는 절개면의 변(mm)

시멘트 모르타르의 강도 시험		
시험일	20 년 월 일 요일 / 날씨	
시험환경	실온(℃)	습도(%)
시 료		

측정번호				
시멘트의 질량(g)				
물의 양(g)				
물 - 시멘트 비(%)				
플로우 시험	플로우 몰드의 밑지름(mm)			
	4개의 평균 밑지름(mm)			
	플로우값(%)			
압축강도 시험	재령 7일			
	재령 28일			
휨강도 시험	재령 7일			
	재령 28일			

<고찰>

실험자	소 속		성 명	(인)
검 인	20 년 월 일		성 명	(인)

13.1.4 공기투과장치에 의한 분말도 시험방법

(KS L 5106, Testing method for fineness of portland cement by air permeability apparatus, 2019)

(1) 적용범위

블레인 공기투과장치를 사용하여 비표면적으로 나타나는 포틀랜드시멘트의 분말도 시험방법은 KS L 5106의 규정에 따른다. 이 때 단위는 cm^2/g으로 표시한다.

(2) 시험목적

1) 분말도 시험은 시멘트 입자의 가는 정도를 알기 위한 시험으로 분말도와 비표면적을 구할 수 있다.
2) 분말도는 수화속도, 수화열 및 강도 등 시멘트의 물리적 성질을 좌우하는 요인으로 분말도의 크기에 따라 콘크리트의 제 성질을 예측할 수 있다.

(3) 시험기구 및 재료

1) **블레인 공기투과장치** : 그림 13.14 참조
   * 플런저 머리 밑부분부터 플런저 끝부분까지의 길이는 베드의 높이를 (15±1) mm로 만드는 것이 가능한 길이로 한다.
   * 셀, 플런저 및 유공금속판의 재질은 시멘트에 부식되지 않는 금속으로 한다.
   * 셀의 내면은 연마처리하고, 셀의 아래 끝은 마노미터의 윗부분과 기밀 연결을 하도록 되어 있어야 한다.
   * 유공금속판의 구멍의 수는 25~35개로 하고, 원판의 전면에 고르고 구멍을 뚫는다.
2) **마노미터액** : 디부틸프탈레이트나 경질 광유와 같은 점도나 비중이 낮고, 비휘발성, 비흡수성인 액체를 사용한다.
3) **스탑워치** : 0.5초까지 정확히 읽을 수 있고 60~300초 사이에는 1% 이상의 정밀도를 가진 것으로 한다.
4) **거름종이** : KS M 7602 거름종이(화학 분석용)에서 규정하는 5종 A를 사용하고, 크기는 셀의 안지름에 꼭 맞도록 한다.
5) **저울** : 칭량 100 g, 감량 0.005 g까지 달수 잇는 것을 사용한다.
6) 시료병(50 mL 정도), 솔 및 숟가락

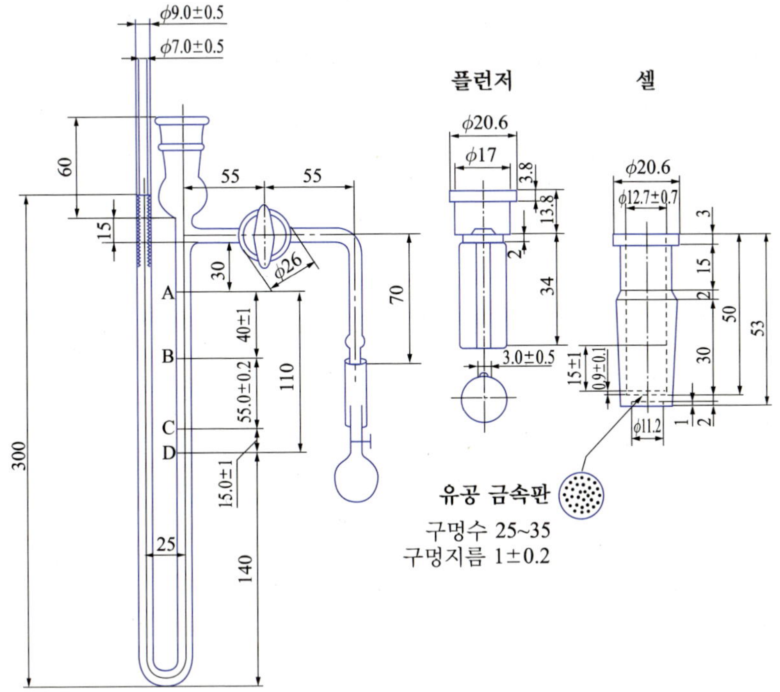

그림 13.14 블레인 공기투과장치(모식도)

(4) 시험방법 및 순서

1) 표준시료의 시멘트 약 10 g을 50 mL의 병 안에 넣고 밀봉하여 약 1분 동안 심하게 흔들어 덩어리를 잘 풀어 놓는다.
2) 표준시료의 무게는 다음 식에 따라 계산하고, 산출되는 양을 정확히 0.005 g까지 잰다.

$$W = P_a V(1-e)$$

여기서, W : 칭량할 시료의 무게

P_a : 시료의 비중 (포틀랜드시멘트는 3.15를 사용한다.)

V : 시멘트 베드의 부피(cm^3)

e : 시료 베드의 기공률 0.500±0.005

3) 셀을 마노미터로부터 분리하고, 셀 밑바닥에 유공금속판 및 거름종이를 바르게 깔고 그 위에 칭량한 시료를 넣어 셀의 측면을 살짝 두들겨 시료를 고르게 한다.
4) 거름종이 한 장을 시료 위에 올려놓고 플런저의 턱이 셀의 위쪽에 닿을 때까지 플런저를 가볍게 누른 다음 천천히 뺀다.

5) 셀을 마노미터 관에 밀착시키고 마노미터 U자관의 한쪽에 있는 공기를 천천히 빼내어 마노미터액이 A표선까지 오면 콕을 닫는다.

6) 마노미터액을 내리기 시작하여 B표선에서 C표선까지 내려오는 시간을 0.5초까지 정확히 측정한다. 이때의 실온을 기록한다.

(5) 결과의 계산

1) 시멘트 베드의 부피 측정은 다음 식에 따라 0.005 cm^3까지 시멘트 베드가 차지한 부피를 계산한다.

$$V = \frac{W_a + W_b}{D}$$

여기서, V : 시멘트 베드의 부피(cm^3)

W_a : 셀 안을 전부 채운 수은의 질량(g)

W_b : 셀 안에 시멘트 베드를 만들고 남은 공간을 채운 수은의 질량(g)

D : 시험할 때 온도에서 수은의 밀도(g/cm^3) (표 13.1 참조)

표 13.1 온도에 따른 공기의 점도(η), ($\sqrt{\eta}$)와 수은의 밀도

실 온	수은의 밀도	공기의 점도 η (poises)	$\sqrt{\eta}$
16	13.56	0.000 178 8	0.013 37
18	13.55	0.000 179 8	0.013 41
20	13.55	0.000 180 8	0.013 45
22	13.54	0.000 181 8	0.013 48
24	13.54	0.000 182 8	0.013 52
26	13.53	0.000 183 7	0.013 55
28	13.53	0.000 184 7	0.013 59
30	13.52	0.000 185 7	0.013 63
32	13.52	0.000 186 7	0.013 66
34	13.51	0.000 187 6	0.013 70

2) 비표면적은 다음 식에 따라 산출한다.

$$S = S_0 \frac{\rho_0}{\rho} T \frac{1-e_0}{\sqrt{e_0^3}} \frac{\sqrt{e3}}{1-e}$$

단, $T = \sqrt{\frac{t}{t_0}}$

여기서, S : 시료의 비표면적(cm^2/g)

S_0 : 교정용 표준시료의 비표면적(cm^2/g)

ρ_0 : 교정용 표준시료의 밀도 (3.15 g/cm^3)

ρ : 시료의 밀도(g/cm^3)

t : 시료를 베드로서 사용했을 때의 마노미터액이 B표선에서 C표선까지 내려오는 시간(s)

t_0 : 교정용 표준시료를 베드로서 사용했을 때의 마노미터액이 B표선에서 C표선까지 내려오는 시간(s)

e_0 : 교정용 표준시료의 베드의 기공률 (0.500)

e : 시료의 베드의 기공률

비표면적 시험은 매회 새롭게 베드를 만들고 2개의 측정값이 2% 이내로 일치한 것의 평균을 취하여 정수 첫째 자리를 0으로 한다.
또, 각 시멘트 시료는 각각 다음 식에 의해 산출한다.

① 보통포틀랜드시멘트의 경우

$$S = S_0 T$$

② 조강포틀랜드시멘트의 경우

$$S = 1.116\, S_0 T$$

③ 초조강포틀랜드시멘트의 경우

$$S = 1.236\, S_0 T$$

④ 중용열포틀랜드시멘트 및 내황산염포틀랜드시멘트의 경우

$$S = 0.984\, S_0 T$$

⑤ 저열포틀랜드시멘트의 경우

$$S = 1.081\, S_0 T$$

⑥ 고로슬래그시멘트, 실리카시멘트 및 플라이애시시멘트의 경우

$$S = 3.310 \frac{S_0}{\rho} T$$

* 포틀랜드시멘트 이외 물질의 분말도를 계산할 때는 ⑥의 식을 사용한다.

13.2 골재 관련 시험법

13.2.1 굵은골재 및 잔골재의 체가름 시험방법

(KS F 2502, Standard test method for sieve analysis of fine and coarse aggregates, 2019)

(1) 적용범위

콘크리트에 사용하는 골재(구조용 경량골재를 포함)의 체가름 시험은 KS F 2502에 규정되어 있으며, 여기에서 사용하는 체의 치수는 KS F 2523에 규정한 호칭치수에 따른다.

(2) 시험목적

1) 이 시험은 골재의 입도, 조립률, 굵은골재의 최대치수 등을 알기 위하여 필요하다.
2) 콘크리트의 배합설계에 있어서 잔골재율이나 입도를 조정하기 위한 자료를 얻기 위하여 필요하다.
3) 골재의 품질관리 및 각종 골재의 적당한 비율을 결정하는데 필요하다.

(3) 시험기구 및 재료

1) **저울** : 시료 질량의 0.1% 이상의 정밀도를 가진 것으로 한다.
2) **체** : 표준체 0.15, 0.3, 0.6, 1.2, 2.5, 5, 10, 15, 20, 25, 30, 40, 50, 65, 75 및 100 mm를 사용한다. 이들 체는 KS A 5101에 규정하는 표준 망체 150, 300, 600 μm 및 1.18, 2.36, 4.75, 9.5, 16, 19, 26.5, 31.5, 37.5, 53, 63, 75 및 106 mm이다.

그림 13.15 시료 분취기

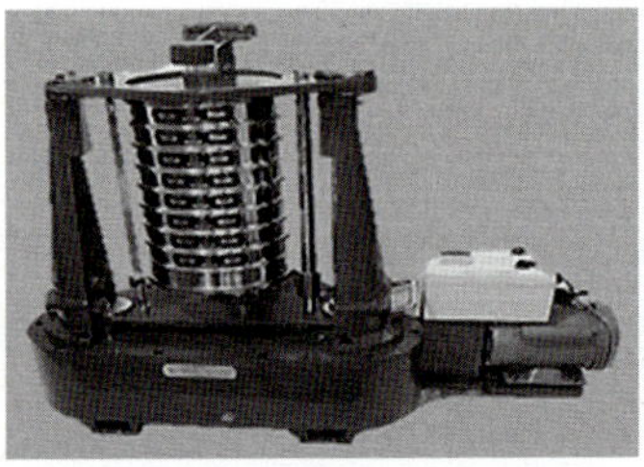

그림 13.16 체진동기

그림 13.17 표준망체

3) **건조기** : 105±5℃의 균일한 온도를 유지할 수 있는 건조로
4) **시료 분취기** : 그림 13.15 참조
5) **체진동기** : 그림 13.16 참조
6) 체 밑판 및 뚜껑, 삽
7) 스탑워치

(4) 시험방법 및 순서

1) 시료는 대표적인 것을 채취하여 4분법 또는 시료 분취기로 정해진 양을 계량한다.
   * 시료의 양은 건조 후 질량으로 다음과 같으며, 다만 구조용 경량골재에서는 원칙적으로 1/2로 함.
   * 시료는 105±5℃에서 일정 질량이 될 때까지 건조
   잔골재 1.2 체를 95%(질량비) 이상 통과하는 것 : 100 g
   잔골재 1.2 체에 5%(질량비) 이상 걸리는 것 : 500 g
   굵은골재의 최대치수 10 mm 정도인 것 : 1.0 kg
   굵은골재의 최대치수 15 mm 정도인 것 : 2.5 kg
   굵은골재의 최대치수 20 mm 정도인 것 : 5.0 kg
   굵은골재의 최대치수 25 mm 정도인 것 : 10 kg
   굵은골재의 최대치수 40 mm 정도인 것 : 15 kg
   굵은골재의 최대치수 50 mm 정도인 것 : 20 kg
   굵은골재의 최대치수 60 mm 정도인 것 : 25 kg
   굵은골재의 최대치수 80 mm 정도인 것 : 30 kg
   굵은골재의 최대치수 100 mm 정도인 것 : 35 kg
2) 준비된 시료는 각 골재의 체가름 시험 목적에 맞는 망체를 사용하여 체가름 한다.
   * 체가름은 체에 상하운동 및 수평운동을 주고 시료를 흔들어 시료가 끊임없이 체면을 균등하게 운동하도록 하며, 1분 동안에 각 체에 걸리는 시료량의 1% 이상이 그 체를 통과하지 않게 될 때까지 작업 함.
3) 기계를 사용하여 체가름 한 경우는 다시 손으로 체가름 하여 1분 동안에 각 체 통과량이 위의 값보다 작아진 것을 확인하여야 한다.
   * 체가름 중에 분쇄될 가능성이 있다고 판단되는 골재는 기계로 체가름을 함.
   * 체눈에 끼인 입자는 분쇄되지 않도록 주의하면서 다시 빼고 체에 걸린 시료로 간주함.
4) 체가름을 끝낸 후, 저울을 사용하여 각 체에 걸리는 시료의 질량을 단다.

(5) 결과의 계산

1) 체가름 계량 결과는 시료 전체 질량에 대한 백분율로 소수점 이하 첫째 자리까지 계산하여 가장 가까운 정수로 끝맺음한다.

2) 시험은 2회 이상으로 하고 그 평균치를 취한다.

(a) 굵은골재

(b) 잔골재

그림 13.18 시험방법

잔골재의 체가름 시험

시험일	20 년 월 일 요일 / 날씨	
시험환경	실온(℃)	습도(%)

시 료	채취장소	채취날짜	채취자

체크기 (mm)	각체에 남는 양		각 체에 남는 양의 누계		통과량
	(g)	(%)	(g)	(%)	(%)
10 mm					
No.4(4.76)					
No.8(2.38)					
No.16(1.19)					
No.30(0.595)					
No.50(0.297)					
No.100(0.149)					
팬(접시)					
계					
조립률(F.M)					

<고찰>	<입도분포곡선>

실험자	소 속		성 명	(인)
검 인	20 년 월 일		성 명	(인)

<table>
<tr><th colspan="6">굵은골재의 체가름 시험</th></tr>
<tr><td>시험일</td><td colspan="5">20 년 월 일 요일 / 날씨</td></tr>
<tr><td rowspan="2">시험환경</td><td colspan="2">실온(℃)</td><td colspan="3">습도(%)</td></tr>
<tr><td colspan="2"></td><td colspan="3"></td></tr>
<tr><td rowspan="2">시 료</td><td colspan="2">채취장소</td><td colspan="2">채취날짜</td><td>채취자</td></tr>
<tr><td colspan="2"></td><td colspan="2"></td><td></td></tr>
<tr><td rowspan="2">체 크기
(mm)</td><td colspan="2">각 체에 남는 양</td><td colspan="2">각 체에 남는 양의 누계</td><td>통과량</td></tr>
<tr><td>(g)</td><td>(%)</td><td>(g)</td><td>(%)</td><td>(%)</td></tr>
<tr><td>100</td><td></td><td></td><td></td><td></td><td></td></tr>
<tr><td>80</td><td></td><td></td><td></td><td></td><td></td></tr>
<tr><td>65</td><td></td><td></td><td></td><td></td><td></td></tr>
<tr><td>50</td><td></td><td></td><td></td><td></td><td></td></tr>
<tr><td>40</td><td></td><td></td><td></td><td></td><td></td></tr>
<tr><td>30</td><td></td><td></td><td></td><td></td><td></td></tr>
<tr><td>25</td><td></td><td></td><td></td><td></td><td></td></tr>
<tr><td>19</td><td></td><td></td><td></td><td></td><td></td></tr>
<tr><td>16</td><td></td><td></td><td></td><td></td><td></td></tr>
<tr><td>10</td><td></td><td></td><td></td><td></td><td></td></tr>
<tr><td>No.4(4.76)</td><td></td><td></td><td></td><td></td><td></td></tr>
<tr><td>No.8(2.38)</td><td></td><td></td><td></td><td></td><td></td></tr>
<tr><td>팬(접시)</td><td></td><td></td><td></td><td></td><td></td></tr>
<tr><td>계</td><td></td><td></td><td></td><td></td><td></td></tr>
<tr><td>최대치수(mm)</td><td colspan="2"></td><td>조립률</td><td colspan="2"></td></tr>
<tr><td colspan="3"><고찰></td><td colspan="3"><입도분포곡선></td></tr>
<tr><td>실험자</td><td>소 속</td><td></td><td>성 명</td><td colspan="2">(인)</td></tr>
<tr><td>검 인</td><td colspan="2">20 년 월 일</td><td>성 명</td><td colspan="2">(인)</td></tr>
</table>

13.2.2 잔골재의 밀도 및 흡수율 시험방법

(KS F 2504, Testing method for density and absorption of fine aggregate, 2019)

(1) 적용범위

잔골재의 밀도 및 흡수율을 측정하는 방법은 KS F 2504에 규정되어 있으며, 이 방법에서 얻어지는 밀도는 포틀랜드시멘트 콘크리트 중 골재가 차지하는 용적의 계산에 사용된다.

(2) 시험목적

1) 잔골재 밀도 시험은 잔골재의 일반적인 성질을 판단하고 또 콘크리트의 배합설계에 있어서 잔골재의 절대용적을 알기 위하여 실시한다.
2) 잔골재의 흡수율 시험은 잔골재의 공극을 알 수 있으며, 콘크리트 배합 시 사용 수량을 조절하기 위하여 필요하다.
3) 채취장소 및 풍화의 정도에 의하여 잔골재의 밀도와 흡수율이 변화되므로 잔골재의 품질을 평가할 수 있다.

(3) 시험기구 및 재료

1) **저울** : 칭량 1 kg 이상, 감도 0.1 g 이상이며, 시료 질량의 0.1% 이내를 읽을 수 있는 있는 것이어야 한다.
2) **플라스크** : 시료를 쉽게 집어넣을 수 있으며, 변화량 0.1 mL 이내로 내부 용량을 재현 시킬 수 있는 플라스크나 그 밖의 적당한 용기이어야 한다. 용기의 용적은 시험에 소요되는 부분보다 최소 50% 이상 커야 하며, 500 g의 시료에 대하여 500 mL의 메스플라스크가 적당하다. (그림 13.19 참조)
3) **원뿔형 몰드** : 윗지름 40±3 mm, 밑지름 90±3 mm, 높이 75±3 mm, 최소두께 0.8 mm의 원뿔형 몰드이어야 한다. (그림 13.20 참조)
4) **다짐대** : 질량 340±15 g, 지름 25±3 mm인 평평하고 원형인 다짐면을 가진 것.
5) **건조기** : 105±5℃의 균일한 온도를 유지할 수 있는 적당한 크기의 건조기

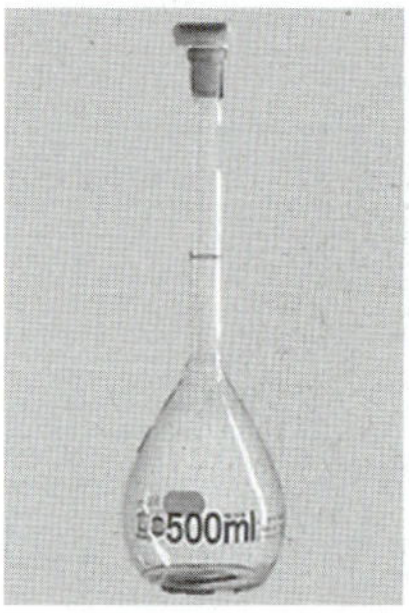

그림 13.19 플라스크

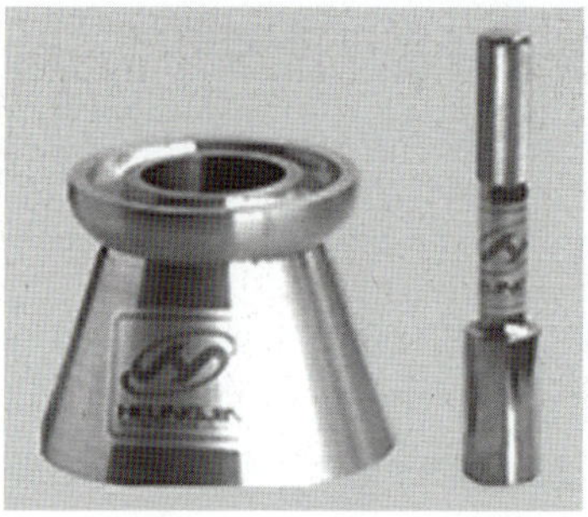

그림 13.20 몰드

그림 13.21 시험기구

(4) 시험방법 및 순서

1) 시료 분취기 또는 4분법에 의하여 시료에서 약 1,000 g의 잔골재를 준비한 다음 시료를 평평한 용기에 펴서 표면건조포화상태를 만든다.
   * 자주 시료를 헤쳐서 균일하게 되도록 함.
2) 잔골재를 원뿔형 몰드에 다짐없이 4분법에 의하여 서서히 넣은 다음 표면에 다짐대를 대고 가볍게 25회 다진다.
3) 몰드를 수직방향으로 들어올린다.
   * 표면수가 있으면 잔골재의 원뿔이 흘러내리지 않고 그 상태를 유지함.
   * 몰드를 빼 올릴 때 원뿔이 처음 흘러내릴 때까지 계속해서 잔골재를 말린 후 다시 측정한다.
4) 원추가 처음 흘러내린다는 것은 잔골재가 표면건조포화상태에 도달하였다는 것을 의미한다. 규정된 표면건조포화상태로 하는데 필요하다면 기계적인 방법을 사용하여도 좋다.
   * 흡수율 및 밀도의 값을 보통의 습윤상태의 골재를 사용하는 콘크리트 배합설계의 기준으로 이용할 때에는 잔골재를 항량이 될 때까지 건조시킬 필요가 없으며, 골재의 표면이 시험할 때까지 젖은 상태로 유지되어 있으면 24시간 동안 물속에 담글 필요가 없음.
   * 최초의 시험에서 원뿔이 흘러내린다면 이것은 잔골재가 표면건조포화상태의 한도를 넘어서 건조된 것을 의미하는 것이다. 이러한 경우에는 몇 mL의 물을 시료에 다시 가하고 잔골재를 완전히 섞은 다음 약 30분 동안 뚜껑이 있는 용기 속에 넣어 두었다가 다시 시험을 되풀이하여야 함.
5) 표면건조포화상태의 잔골재 500 g을 계량한다.
6) 플라스크에 물을 용량의 기준선 100%까지 채운 다음 플라스크와 물의 질량을 측정한다.
7) 플라스크에 물을 용량의 기준선 90%까지 채운 다음 표면건조포화상태의 잔골재

500 g을 플라스크에 서서히 넣는다.

8) 플라스크를 평평한 면에 굴려 기포를 모두 없어지도록 한 다음 기준선까지 물을 채워 넣고 플라스크 입구주변의 불순물을 철사 등을 활용하여 제거한다.
9) 플라스크, 물 및 잔골재의 질량을 0.1 g까지 측정한다.
10) 잔골재를 플라스크에서 꺼낸 다음 105±5℃에서 절대건조상태로 건조한다.
11) 실온에서 식힌 절대건조상태의 잔골재의 질량을 0.1 g까지 측정한다.

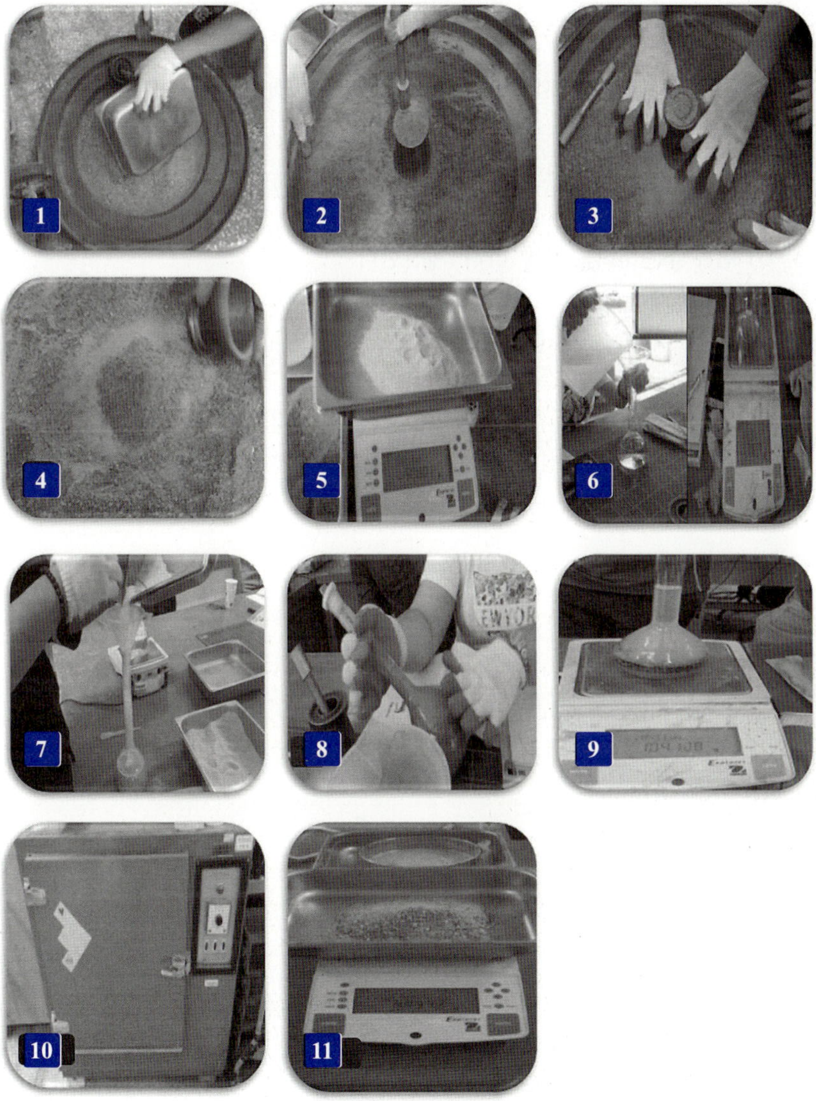

그림 13.22 시험방법

(5) 결과의 계산

1) 절대건조상태의 밀도는 다음과 같이 계산한다.

$$\text{절대건조상태의 밀도} = \frac{A}{(B+500-C)}$$

여기서, A : 대기 중 로 건조 시료의 질량(g)

B : 물을 채운 플라스크의 질량(g)

C : 시료와 물을 검정점까지 채운 플라스크의 질량(g)

2) 표면건조포화상태의 밀도는 다음과 같이 계산한다.

$$\text{표면건조포화상태의 밀도} = \frac{500}{(B-500-C)}$$

3) 흡수율은 다음 식에 따라 계산한다.

$$\text{흡수율}(\%) = \frac{(500-A)}{A} \times 100$$

4) 위의 시험을 2회 실시하여, 그 측정값의 차가 밀도 시험의 경우에는 그 값의 0.02 이하, 흡수율 시험의 경우에는 0.05% 이하이어야 한다.

잔골재의 밀도 및 흡수율 시험

시험일	20 년 월 일 요일 / 날씨			
시험환경	실온(℃)	습도(%)	수온(℃)	건조온도(℃)
시 료	채취장소	채취날짜	채취자	

측정번호	1	2	3	4
① 플라스크의 번호				
② 플라스크의 질량(물 포함) (g)				
③ 시료의 질량(표면건조 포화상태) (g)				
④ (플라스크)+(물)+(시료)의 질량(g)				
⑤ 물의 중량(g)				
⑥ 표면건조 포화상태의 밀도 ③/(②+③−④)				
⑦ 허용차				
⑧ 평균값				
⑨ 사료의 건조질량(g)				
⑩ 흡수율 {(③−⑨)/⑨}×100(%)				
⑪ 허용차				
⑫ 평균값				

<고찰>

실험자	소 속		성 명	(인)
검 인	20 년 월 일		성 명	(인)

13.2.3 굵은골재의 밀도 및 흡수율 시험방법

(KS F 2503, Testing method for density and absorption of coarse aggregate, 2019)

(1) 적용범위

굵은골재의 밀도 및 흡수율을 측정하는 방법은 KS F 2503에 규정되어 있으며, 이 방법에서 얻어지는 밀도는 포틀랜드시멘트 콘크리트 중 골재가 차지하는 용적의 계산에 사용된다.

(2) 시험목적

1) 굵은골재 밀도 시험은 굵은골재의 일반적인 성질을 판단하고 또 콘크리트의 배합설계에 있어서 굵은골재의 절대용적을 알기 위하여 실시한다.
2) 굵은골재의 흡수율 시험은 굵은골재의 공극을 알 수 있으며, 콘크리트 배합 시 사용수량을 조절하기 위하여 필요하다.
3) 채취장소 및 풍화의 정도에 의해 굵은골재의 밀도와 흡수율이 변화되므로 굵은골재의 품질을 평가할 수 있다.

(3) 시험기구 및 재료

1) **저울** : 감도 0.5 g 이상이거나 시료 질량의 0.05% 이내를 읽을 수 있는 것이어야 하며, 또 저울에는 물속에서 시료 용기를 달 수 있는 적절한 장치가 되어 있어야 한다.
2) **시료 용기** : 시료 용기는 3 mm 또는 그 이하의 철선으로 만든 철망태로서, 나비와 높이가 같은 것이어야 하며, 골재의 최대치수가 38 mm 이하일 때 4,000~7,000 cm, 골재의 최대치수가 38 mm 이상일 때는 시료 용기는 더 커야 한다.
   * 시료 용기는 물에 잠겼을 때, 갇힌 공기를 방지할 수 있는 구조이어여야 한다.
3) **물탱크** : 저울에 매달린 시료 용기를 담을 수 있는 물이 새지 않는 탱크
4) **체** : 5 mm 체

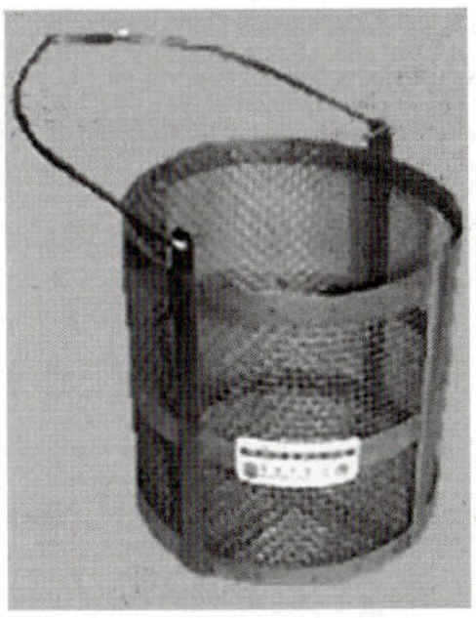

그림 13.23 철망태

그림 13.24 물탱크

그림 13.25 시험기구

(4) 시험방법 및 순서

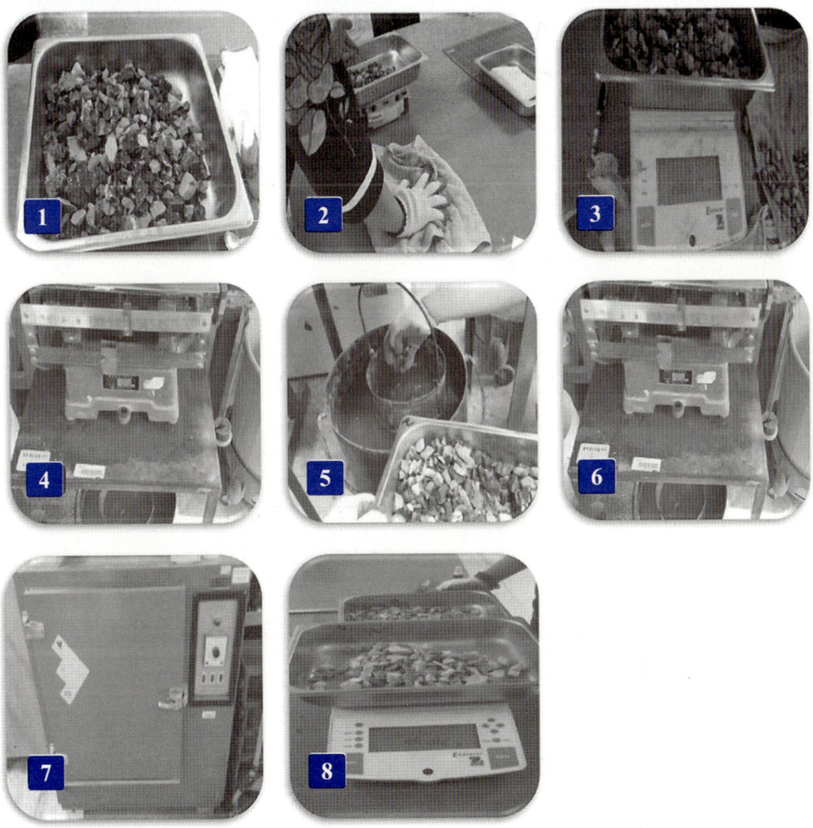

그림 13.26 시험방법

1) 굵은골재를 완전히 씻어서 표면의 먼지, 그 밖의 부착물을 제거한 후, 항량이 될 때까지 105±5℃의 온도로 건조시키고, 1～3시간 동안 실온으로 냉각시킨 다음, 24±4시간 동안 실온의 물에 담근다.

* 흡수율 및 밀도를 습윤상태의 골재를 사용하는 콘크리트 배합설계의 기준으로 이용할 때는 굵은골재를 항량이 될 때까지 건조시킬 필요가 없으며, 골재의 표면이 시험할 때까지 젖은 상태로 유지되어 있으면 24시간 동안 물속에 담글 필요가 없음.
* 굵은골재를 충분히 혼합한 다음 시료 분취기 또는 4분법으로 대략 소요되는 양을 채취하고 5 mm 체를 통과하는 시료는 모두 버려야 함. 일반의 경우 굵은골재를 여러 개의 무더기로 나누어서 시험하는 것이 좋으며, 시료가 40 mm 체에 15% 이상 잔류할 경우에는 38 mm의 무더기 또는 그 보다 작은 무더기에 합하여 시험을 실시함.
* 시료를 여러 개의 무더기로 나누어서 시험할 때, 시험 시료의 최소 질량은 다음과 같으며, 각 무더기의 최대치수에 따라 시료의 양을 결정함.

표 13.2 시료의 최소 질량

골재의 최대 호칭치수(mm)	시료의 최소 질량(kg)
13 또는 그 이하	2
20	3
25	4
40	5
50	8
65	12
80	18
90	25
100	40
112	50
125	75
150	125

2) 물속에서 시료를 꺼내어 눈에 보이는 수막이 없어질 때까지 큰 흡수천에 굴린 다음 큰 낱알을 일일이 닦아 표면건조 포화상태를 만들어준다.

* 표면건조포화상태동안 골재의 구멍에서 물이 증발하는 것을 방지하여야 하며, 표면건조포화상태의 질량을 측정하고 이 질량과 다음의 질량을 0.5 g 또는 시료 질량의 0.0001배 중 큰 쪽의 정밀도로 기록함.

3) 표면건조포화상태가 된 굵은골재를 표 13.2에 따라 계량한다.

* 밀도 시험에 사용할 2 kg을 계량하고(골재 최대치수 13 mm 이하의 경우) 흡수율 시험에 사용할 500 g을 별도로 계량하여 건조기에 넣음. (실험과정 7))

4) 저울의 0점을 맞춘 후 추의 질량을 기록한다.

5) 표면건조포화상태의 굵은골재를 철망태에 서서히 넣어준 다음 공기를 제거한다.

* 밀도 0.997± 0.002의 물속에서 질량을 측정하고 침수 중 질량을 달기 전에 용기를 흔들어 갇힌 공기를 조심스럽게 제거함.

6) 저울에 0점을 맞추기 위한 추의 질량을 기록한다.

7) 실험과정 3)에서 계량된 굵은골재는 건조로에 105±5℃의 온도로 항량이 될 때까지 건조시킨 다음 1～3시간 동안 실온에서 냉각시킨다.

8) 실온에서 식힌 절대건조상태의 굵은골재의 질량을 측정한다.

(5) 결과의 계산

1) 절대건조상태의 밀도는 다음과 같이 계산한다.

$$\text{절대건조상태의 밀도} = \frac{A}{(B-C)}$$

여기서, A : 대기 중 시료의 로 건조 질량(g)

B : 대기 중 시료의 표면건조포화상태의 질량(g)

C : 물속에서 시료의 질량(g)

2) 표면건조포화상태의 밀도는 다음과 같이 계산한다.

$$\text{표면건조포화상태의 밀도} = \frac{B}{(B-C)}$$

3) 흡수율은 다음과 같이 계산한다.

$$\text{흡수율(중량 배분율)} = \frac{(B-A)}{A} \times 100$$

4) 평균값의 계산

① 시료를 여러 개의 무더기로 나누어서 시험하였을 때 절대건조상태의 밀도, 표면건조포화상태의 밀도의 평균값은 다음 식을 사용해서 계산한 값의 평균값을 계산할 수 있다.

$$G = \frac{I}{\dfrac{P_1}{100G_1} + \dfrac{P_2}{100G_2} + \cdots + \dfrac{P_n}{100G_n}}$$

여기서, G : 평균 밀도

$G_1,\ G_2,\ \cdots,\ G_n$: 각 무더기의 밀도

$P_1,\ P_2,\ \cdots,\ P_n$: 원시료에 대한 각 무더기의 중량백분율

② 흡수율의 평균값은 다음과 같이 계산한다.

$$A = \left(\frac{P_1 A_1}{100}\right) + \left(\frac{P_2 A_2}{100}\right) + \cdots + \left(\frac{P_n A_n}{100}\right)$$

여기서, A : 평균 흡수율(%)

$A_1,\ A_2,\ \cdots,\ A_n$: 각 무더기의 흡수율(%)

$P_1,\ P_2,\ \cdots,\ P_n$: 원시료에 대한 각 무더기의 중량백분율(%)

5) 위의 시험을 두 번 실시하여, 그 측정값의 차가 밀도 시험의 경우에는 그 값의 0.02 이하, 흡수율 시험의 경우에는 0.05% 이하이어야 한다.

굵은골재의 밀도 및 흡수율 시험

<table>
<tr><td>시험일</td><td colspan="12">20 년 월 일 요일 / 날씨</td></tr>
<tr><td rowspan="2">시험환경</td><td colspan="3">실온(℃)</td><td colspan="3">습도(%)</td><td colspan="3">수온(℃)</td><td colspan="3">건조온도(℃)</td></tr>
<tr><td colspan="3"></td><td colspan="3"></td><td colspan="3"></td><td colspan="3"></td></tr>
<tr><td rowspan="2">시 료</td><td colspan="4">채취장소</td><td colspan="4">채취날짜</td><td colspan="4">채취자</td></tr>
<tr><td colspan="4"></td><td colspan="4"></td><td colspan="4"></td></tr>
</table>

<table>
<tr><td>측정번호</td><td>1</td><td>2</td><td>3</td><td>4</td></tr>
<tr><td>① 공기 중의 시료의 질량(g)</td><td></td><td></td><td></td><td></td></tr>
<tr><td>② 물속의 철망태와 시료의 질량(g)</td><td></td><td></td><td></td><td></td></tr>
<tr><td>③ 물속의 철망태의 질량(g)</td><td></td><td></td><td></td><td></td></tr>
<tr><td>④ 물속의 시료의 질량 ②－③(g)</td><td></td><td></td><td></td><td></td></tr>
<tr><td>⑤ 표면건조 포화상태의 밀도 ①/(①－④)</td><td></td><td></td><td></td><td></td></tr>
<tr><td>⑥ 허용차</td><td colspan="2"></td><td colspan="2"></td></tr>
<tr><td>⑦ 평균값</td><td colspan="2"></td><td colspan="2"></td></tr>
<tr><td>⑧ 건조 후의 시료의 질량(g)</td><td></td><td></td><td></td><td></td></tr>
<tr><td>⑨ 흡수율 {(①－⑧)/⑧}×100(%)</td><td></td><td></td><td></td><td></td></tr>
<tr><td>⑩ 허용차</td><td colspan="2"></td><td colspan="2"></td></tr>
<tr><td>⑪ 평균값</td><td colspan="2"></td><td colspan="2"></td></tr>
<tr><td colspan="5"><고찰></td></tr>
</table>

<table>
<tr><td>실험자</td><td>소 속</td><td></td><td>성 명</td><td>(인)</td></tr>
<tr><td>검 인</td><td colspan="2">20 년 월 일</td><td>성 명</td><td>(인)</td></tr>
</table>

13.2.4 골재의 단위용적질량 및 실적률 시험방법

(KS F 2505, Standard test method for bulk density and solid contents in aggregates, 2017)

(1) 적용범위

이 시험방법은 잔골재, 굵은골재 및 이들 혼합골재의 단위용적질량과 실적률을 측정하는 방법으로 KS F 2505에 규정되어 있다. 또한 여기에서 규정하는 시험방법은 호칭치수가 150 mm보다 큰 골재에는 적당하지 않다.

(2) 시험목적

1) 콘크리트 제조, 배합의 결정 및 현장에서 골재를 개량할 경우 필요하다.
2) 골재의 입도의 상태 및 입형의 양부를 판정하는데 사용된다.
3) 콘크리트의 질량배합비를 용적배합비로 환산할 때 사용된다.

(3) 시험기구 및 재료

1) **저울** : 시료 질량의 0.1%까지 측정할 수 있는 감도
2) **다짐봉** : 다짐봉은 지름 16 mm, 길이 600 mm의 크기를 가진 강제 직선봉으로, 끝은 지름 16 mm의 반구형으로 된 것이어야 한다.
3) **용기** : 금속제 원통형, 가급적이면 손잡이가 있는 것이 좋다.

* 상부의 둘레는 평활하여야 하며(0.25 mm), 바닥과 평행하여야 한다(0.5도 이내). 용기의 용량과 치수는 표 13.3과 일치하여야 함.

표 13.3 굵은골재 최대치수에 따른 용기의 용량과 치수

굵은골재의 최대치수 (mm)	용적 (L)	안높이/안지름	1층당 다짐횟수
5(잔골재) 이하	1～2	0.8～1.5	20
10 이하	2～3		20
10 초과 40 이하	10		30
40 초과 75 이하	30		50

그림 13.27 시험기구

(4) 시험방법 및 순서

1 봉 다지기에 의한 경우

1) 실온에서 용기에 물을 채운 후 기포나 여분의 물을 제거하도록 판유리로 덮고 용기의 질량, 용기와 물의 질량을 측정한다.
   * 용기 안의 물의 질량을 0.1%의 정밀도로 측정함.
   * 용기 안의 물의 온도를 측정하여, 물의 단위용적중량을 계산함.
   * 용기를 채우는데 필요한 물의 질량을 그 물을 단위용적질량으로 나누어 용기의 부피(V)를 계산하거나 물의 단위용적중량을 용기를 채우는데 필요한 물의 질량으로 나누어 용기의 계수($F = 1/V$)를 계산.
2) 절건된 시료를 준비한 다음 용기 높이의 1/3 정도만큼 시료는 넣는다.

표 13.4 물의 단위질량

온도(℃)	단위용적질량(kg/m^3)	온도(℃)	단위용적질량(kg/m^3)
4	1,000.00	18	998.62
5	999.99	19	998.43
6	999.96	20	998.23
7	999.93	21	998.02
8	999.87	22	997.80
9	999.80	23	997.56
10	999.73	24	997.32
11	999.63	25	997.07
12	999.52	26	996.81
13	999.40	27	996.54
14	999.27	28	996.26
15	999.12	29	995.97
16	999.97	30	995.67
17	999.80	-	-

(a) 잔골재 시험방법 (봉다짐)

(b) 굵은골재 시험방법 (봉다짐)

그림 13.28 시험방법 (봉다짐)

3) 1/3 정도 시료가 채워진 용기는 다짐을 실시한다.

* 용기의 1/3씩 3회에 걸쳐 시료를 추가.
* 봉다짐은 골재의 최대치수가 40 mm 이하인 경우 적용하며, 손가락으로 윗면을 고른 다음 다짐봉으로 25회 균등하게 다지며, 첫 층을 다질 때 다짐봉이 용기의 밑바닥을 타격하지 않도록 하고 2번째 및 3번째 층을 다질 때는 다짐봉이 그 전 층에 관통할 수 있는 힘만을

가함. 용기와 시료의 질량(G) 및 용기만의 질량(T)를 각각 0.01%까지 측정.

* 충격다짐은 골재의 최대치수가 40 mm 이상 100 mm 이하인 것에 대하여 적용하며, 용기를 시멘트 콘크리트 슬래브와 같은 견고한 기초 위에 놓고 용기의 한쪽이 50 mm 가량 올라가도록 기울인 후 슬래브에 닿아서 충격을 방을 수 있도록 용기를 떨어뜨려서 각 층을 채움. 이 방법은 한쪽에 25회씩 50회 떨어뜨려 다져야 함. 용기와 시료의 질량(G) 및 용기만의 질량(T)를 각각 0.01%까지 측정.

4) 1층 다짐이 완료되면 이를 반복하여 3층까지 다짐을 실시한다.
5) 용기의 윗면으로 골재가 튀어나온 것은 용기의 윗부분과 대략 같도록 손가락이나 곧은 날로 고른다.
6) 시료가 담긴 용기의 질량을 측정한다.

2 충격에 의한 경우

1) 용기를 콘크리트 바닥과 같은 튼튼하고 수평인 바닥 위에 놓고 시료를 거의 같은 3층으로 나누어 채운다.
2) 각 층마다 용기의 한 쪽을 약 50 mm 들어 올려서 바닥을 두드리듯이 낙하시킨다.
3) 다음으로 반대쪽을 약 50 mm 들어 올려 낙하시키고 각각을 교대로 25회, 전체적으로 50회 낙하시켜서 다진다.

(5) 결과의 계산

1) 골재의 단위용적질량(T)

$$T = \frac{m_1}{V}$$

여기서, T : 골재의 단위용적질량(kg/L)
V : 용기의 용적(L)
m_1 : 용기 안의 시료의 질량(kg)

2) 골재의 실적률(G)

$$G = \frac{T}{d_D} \times 100 \text{ 또는 } G = \frac{T}{d_S} \times (100 + Q)$$

여기서, G : 골재의 실적률(%)
T : 단위용적질량(kg/L)
d_D : 골재의 절건밀도(kg/L)

Q : 골재의 흡수율(%)

d_S : 골재의 표건밀도(kg/L)

* 절건상태의 시료를 사용하는 경우 또는 시료의 함수율이 1.0% 이하로 예상되는 경우에는 함수율의 측정은 생략하여도 좋다.
* 기건상태의 시료를 사용하여 시험을 수행하고, 함수율을 측정한 경우는 다음 식에 따른다.

$$T = \frac{m_1}{V} \times \frac{m_0}{m_2}$$

여기서, m_2 : 함수율 측정을 위한 시료의 건조 전의 질량(kg)

m_0 : 함수율 측정을 위한 시료의 건조 후의 질량(kg)

3) 공극률

$$\text{공극률(\%)} = 100 - \text{실적률(\%)}$$

4) 시험결과 동일한 시료와 시험방법을 사용한 시험결과의 차이는 1% 이내로 한다. 2회의 시험 평균값을 시험결과로 한다.

골재의 단위용적질량 시험			
시험일	20 년 월 일 요일 / 날씨		
시험환경	실온(℃)	습도(%)	
시 료	채취장소	채취날짜	채취자

측정번호	잔골재		굵은골재	
	1	2	1	2
① 용기 용량(m^3)				
② (시료+용기)의 질량(kg)				
③ 용기 질량(kg)				
④ 시료질량 ②−③(kg)				
⑤ 함수량을 측정하지 않는 경우 단위질량 ④/①(kg/m^3)				
⑥ 허용차				
⑦ 평균값				
⑧ 함수량을 측정하는 경우의 건조 전 시료질량				
⑨ ⑧의 건조 후 시료질량				
⑩ 단위질량 ⑤×(⑨/⑧)(kg/m^3)				
⑪ 허용차				
⑫ 평균값				

<고찰>	<고찰>

실험자	소 속		성 명	(인)
검 인	20 년 월 일		성 명	(인)

13.2.5 콘크리트용 모래에 포함되어 있는 유기 불순물 시험방법

(KS F 2510, Testing method for organic impurities in sands for concrete, 2017)

(1) 적용범위

이 시험은 시멘트 모르타르 또는 콘크리트에 사용되는 자연 모래 중에 함유되어 있는 유기화합물의 해로운 양을 측정하는 것에 대한 시험으로 KS F 2510에 규정되어 있다. 이 시험은 모래의 사용 여부를 결정함에 앞서 보다 더 정밀한 모래에 대한 시험의 필요성 유무를 미리 아는데 있다.

(2) 시험목적

1) 잔골재 중에 함유되어 있는 유기불순물의 양을 알아 그 모래의 사용 적부를 개략적으로 판단하는데 필요하다.
2) 모래에 보통 부식된 형태로 유기물이 들어 있으며, 육안으로 분별하기가 곤란하다.
3) 잔골재 중의 유기물은 콘크리트의 경화를 방해하고 콘크리트의 강도, 내구성, 안정성을 해친다.

(3) 시험기구 및 재료

1) **시험용 유리병** : 병은 고무마개를 가지고 눈금이 있는 용량 400 mL의 무색 유리병이 2개 있어야 하며, 그 중 1개는 130 mL와 200 mL의 눈금이 있어야 한다.
2) **수산화나트륨 용액(3%)** : 물 97에 수산화나트륨 3의 질량비로 용해
3) **식별용 표준색 용액** : 10%의 알코올 용액으로 2%의 탄닌산 용액을 만들고, 그 2.5 mL를 3%의 수산화나트륨 용액 97.5 mL에 가하여 유리 용기에 넣어 마개를 닫고 잘 흔든다. 이것을 표준색 용액으로 한다.
4) 메스실린더, 피펫

그림 13.29 시험기구

(4) 시험방법 및 순서

1) 표준용액의 제조를 위하여 비커에 알코올 10 g을 계량한다.
2) 탄닌산 분말 2 g를 계량한다.
3) 메스실린더에 알코올과 탄닌산 분말을 넣어 혼합한다.
   * 탄닌산 분말은 독극물이므로 직접 접촉하지 않도록 주의.
4) 알코올과 탄닌산 분말이 들어 있는 메스실린더에 수산화나트륨 용액을 97.5 mL를 혼합하여 유기불순물 판정을 위한 표준용액으로 활용하기 위하여 입구를 막는다.
5) 시료는 4분법 또는 시료분취기를 사용하여 대표적인 것 약 450 mL를 채취한다.
6) 시료를 시험용 무색 메스실린더에 130 mL 눈금까지 채운다.
7) 시료가 담긴 메스실린더에 3% 수산화나트륨 용액을 시료와 용액의 전량이 200 mL가 되도록 한다.
8) 시료에 용액이 전부 스며들 때까지 기다린 다음 줄어든 양만큼 수산화나트륨 용액을 추가하여 200 mL가 되도록 한다.
9) 마개를 닫고 잘 흔든 후 24시간 동안 정치한 다음 표준용액의 색과 비교한다.
   * 시료에 수산화나트륨 용액을 가한 유리 용기와 표준색 용액을 넣은 유리 용기를 24시간 정치한 후 잔골재 상부의 용액색이 표준색 용액보다 연한지, 진한지 또는 같은지를 육안으로 비교한다.

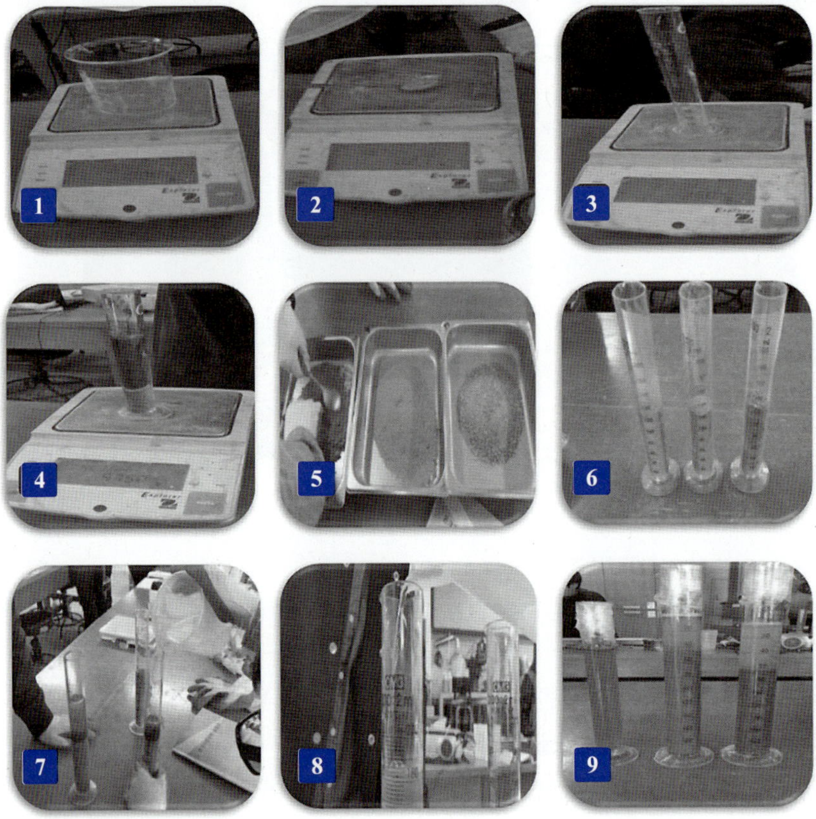

그림 13.30 시험방법

(5) 결과의 계산

1) 모래상부의 시험 용액의 색이 표준색 용액의 색보다 연한 경우 합격이다.
2) 시험 용액의 색도가 표준색 용액보다 진할 때는 그 모래를 사용하기 전에 골재로서 KS F 2514(모르타르 압축강도에 의한 잔골재 시험방법)의 시험을 할 필요가 있음을 나타낸다.

콘크리트용 모래에 포함되어 있는 유기 불순물 시험

시험일	20 년 월 일 요일 / 날씨		
시험환경	실온(℃)	습도(%)	수온(℃)
시 료	채취장소	채취날짜	채취자

측정번호	1	2	3	4
용액의 색	표준색의 ( )배	표준색의 ( )배	표준색의 ( )배	표준색의 ( )배
결 과				

<고찰>

실험자	소 속		성 명	(인)
검 인	20 년 월 일		성 명	(인)

13.2.6 로스앤젤레스 시험기에 의한 굵은골재의 마모 시험방법

(KS F 2508, Method of test for abrasion of coarse aggregates by use of the los angeles machine, 2017)

(1) 적용범위

이 시험은 로스앤젤레스 시험기에 의한 굵은골재의 마모 시험으로 KS F 2508에 규정되어 있다. 이 시험에서는 구조용 경량골재는 포함하지 않으며, 입자 지름의 범위가 2.5～5 mm인 골재에도 적용할 수 있다.

(2) 시험목적

1) 도로용 콘크리트 및 댐 콘크리트와 같이 마모저항이 요구되는 콘크리트에 사용되는 굵은골재의 사용 가능한지를 판단하는데 필요하다.
2) 부순돌, 부순광재, 자갈 등의 마모저항성을 측정하는데 사용된다.

(3) 시험기구 및 재료

1) **로스앤젤레스 시험기** : 안지름 710±5 mm, 안쪽 길이 510±5 mm의 강제 원통
2) **구** : 강제이고 그 수 및 전체 질량은 표 13.5에 나타내는 입도의 구분에 따라 표 13.6과 같이한다. 또한 구의 평균 지름은 약 46.8 mm이며, 1개의 질량은 390～445 g이다.
3) **저울** : 시료 전체 질량의 0.1% 이상의 정밀도
4) **체** : 망체 1.7, 2.5, 5, 10, 15, 20, 25, 40, 50, 65 및 75 mm
5) **건조기** : 105±5℃의 온도를 유지할 수 있는 것
6) 시료용기

그림 13.31 로스앤젤레스 시험기

표 13.5 구의 수 및 전체 질량

입도 구분	구의 수	구의 전체 질량(g)
A	12	5000±25
B	11	4580±25
C	8	3330±25
D	6	2500±25
E	12	5000±25
F	12	5000±25
G	12	5000±25
H	10	4160±25

표 13.6 시료의 질량

입도 구분	입자 지름의 범위 (mm)	시료의 질량 (g)	시료의 전체 질량 (g)
A	10～15	1250±10	5000±10
	15～20	1250±10	
	20～25	1250±25	
	25～40	1250±25	
B	15～20	2500±10	5000±10
	20～25	2500±10	
C	5～10	2500±10	5000±10
	10～15	2500±10	
D	2.5～5	5000±10	5000±10
E	40～50	5000±50	10000±100
	50～65	2500±50	
	65～80	2500±50	
F	25～40	5000±25	10000±75
	40～50	5000±50	
G	20～25	5000±25	10000±50
	25～40	5000±25	
H	10～20	5000±10	5000±10

(4) 시험방법 및 순서

1) 굵은골재를 체가름 하여 표 13.6에 나타내는 입도 구분 중 시험하는 골재의 입도에 가장 가까운 것을 선택하여 건조질량으로 계량한다.

   * 시험하는 골재는 물로 씻은 후 105±5℃의 온도에서 일정 질량이 될 때까지 건조하고 선택

한 입도에 맞도록 시료를 준비함.

* 시료의 질량은 건조 후 표 13.6에 나타내는 질량(m_1)을 계량.

2) 로스앤젤레스 실험기에 시료를 넣는다.
3) 시료의 입도 구분에 따라 표 13.5에 나타내는 구의 수를 선정하고 이것을 시료와 함께 원통에 넣는다.
4) 뚜껑을 부착하여 분당 30~33회전(30~33 rpm)으로 A~D 및 H의 입도인 경우는 500회, E~G의 입도인 경우는 1,000회 회전시킨다.
5) 회전이 끝난 원통에서 배출하고 구를 제거한다.
6) 배출된 시료는 망체 1.7 mm로 체질한다. 이 때, 습식으로 쳐도 좋다.
7) 체에 남은 시료를 물로 씻은 후 105±5℃의 온도에서 건조한다.
8) 건조된 시료의 질량을 측정한다.

그림 13.32 시험방법

(5) 결과의 계산

시험결과는 다음 식에 따라 산출하여 소수점 이하 첫째 자리까지 구한다.

$$R = \frac{m_1 - m_2}{m_1} \times 100$$

여기서, R : 마모 감량(%)

m_1 : 시험 전의 시료 질량(g)

m_2 : 시험 후 망체 1.7 mm에 남은 시료의 질량(g)

* 암석은 거의 입방체에 가까운 입자 모양으로 나눈 것을 이 방법에 따라 시험한 경우의 마모 감량은 같은 암석에서 만든 부순돌에 대하여 시험했을 때 마모 감량이 약 85% 정도인 것이다.

<table>
<tr><td colspan="5" align="center">굵은골재의 마모 시험</td></tr>
<tr><td colspan="2">시험일</td><td colspan="3">20 년 월 일 요일 / 날씨</td></tr>
<tr><td colspan="2" rowspan="2">시험환경</td><td>실온(℃)</td><td>습도(%)</td><td>건조온도(℃)</td></tr>
<tr><td></td><td></td><td></td></tr>
<tr><td colspan="2" rowspan="2">시 료</td><td>채취장소</td><td>채취날짜</td><td>채취자</td></tr>
<tr><td></td><td></td><td></td></tr>
<tr><td colspan="2">체의 크기 또는 번호</td><td rowspan="2">각 무더기의 질량(g)</td><td rowspan="2">각 무더기의 질량백분율(%)</td><td rowspan="2">① 시험 전의 시료의 질량(g)</td></tr>
<tr><td>남는 체(mm)</td><td>통과체(mm)</td></tr>
<tr><td></td><td>No.8</td><td></td><td></td><td></td></tr>
<tr><td>No.8(2.38)</td><td>No.4</td><td></td><td></td><td></td></tr>
<tr><td>No.4(4.76)</td><td>No.3(1/2)</td><td></td><td></td><td></td></tr>
<tr><td>No.3(1/2) (5.66)</td><td>10</td><td></td><td></td><td></td></tr>
<tr><td>10</td><td>13</td><td></td><td></td><td></td></tr>
<tr><td>13</td><td>19</td><td></td><td></td><td></td></tr>
<tr><td>19</td><td>25</td><td></td><td></td><td></td></tr>
<tr><td>25</td><td>40</td><td></td><td></td><td></td></tr>
<tr><td>40</td><td>50</td><td></td><td></td><td></td></tr>
<tr><td>50</td><td>65</td><td></td><td></td><td></td></tr>
<tr><td>65</td><td>80</td><td></td><td></td><td></td></tr>
<tr><td colspan="2">합 계</td><td></td><td>100.0</td><td></td></tr>
<tr><td colspan="2">입도구분</td><td colspan="3"></td></tr>
<tr><td colspan="2">철구의 수</td><td colspan="3"></td></tr>
<tr><td colspan="2">회전수</td><td colspan="3"></td></tr>
<tr><td colspan="2">② 시험 후 No.12 체에 남은 시료의 질량(g)</td><td colspan="3"></td></tr>
<tr><td colspan="2">③ 닳음손실질량 ①－②(g)</td><td colspan="3"></td></tr>
<tr><td colspan="2">④ 닳음(마모)률 (③/①)×100(%)</td><td colspan="3"></td></tr>
<tr><td colspan="5"><고찰></td></tr>
</table>

실험자	소 속		성 명	(인)
검 인	20 년 월 일		성 명	(인)

13.3 콘크리트 관련 시험법

13.3.1 콘크리트의 슬럼프 시험방법

(KS F 2402, Standard test method for concrete slump, 2017)

(1) 적용범위

이 시험은 실험실과 현장에서 콘크리트의 슬럼프를 측정하는 시험방법으로 KS F 2402에 규정되어 있다. 이 시험은 비소성이나 비점성인 콘크리트에는 적합하지 않으며, 콘크리트 중에 크기가 50 mm 이상인 굵은골재가 상당량 함유되어 있는 경우에는 이 방법을 적용할 수 없다.

(2) 시험목적

슬럼프 시험은 굳지 않은 콘크리트의 컨시스턴시를 정성적으로 측정하기 위하여 실시하는 것으로 소요의 성능 판정에 사용된다.

(3) 시험기구 및 재료

1) **슬럼프 콘** : 공시체 성형용 슬럼프 콘은 금속제로서 밑면의 안지름이 200 mm, 윗면의 안지름이 100 mm, 높이가 300 mm인 절두 원추형으로 된 것이다.
2) **다짐대** : 지름이 16 mm, 길이가 600 mm인 곧은 원형 강봉으로 그 한쪽 끝은 지름 16 mm의 반구형으로 둥글게 되어 있다.
3) **측정자** : 1 mm 간격으로 눈금이 기입되어 있어야 한다.
4) **수밀성 평판** : 한 변 700 mm 전후의 수밀성 평판
5) 소형 삽, 흙손

그림 13.33 시험기구

(4) 시험방법 및 순서

그림 13.34 시험방법

1) 슬럼프 콘을 젖은 걸레로 닦은 후 평평하고 습한 비흡수성의 단단한 평판 위에 놓고 콘크리트를 채워 넣을 동안 두 개의 발판을 디디고 서서 움직이지 않도록 고정해야 한다.
2) 채취한 콘크리트 시료를 즉시 슬럼프 콘 용적의 약 1/3씩 되도록 3층으로 나누어 채운 다음 각 층을 다짐봉을 통하여 25회씩 단면 전체에 골고루 다진다.
   * 슬럼프 콘 용적의 처음 1/3은 바닥에서 70 mm, 다음의 1/3은 바닥에서 160 mm까지 채움.

* 최하층에 대해서는 다짐봉을 약간 기울여서 다짐 횟수의 약 절반을 둘레에 따라 다지며, 그 다음에 다짐봉을 수직으로 하여 중심을 향해서 나선상으로 다짐. 최하층은 전 깊이를 다지고 둘째 층과 최상층은 각각 그 층의 깊이만 다지는데 그 아래층을 약간 관입할 정도로 다짐.
* 최상층을 채워서 다질 때는 콘크리트를 슬럼프 콘 위에 높이 쌓고서 다지기를 시작함. 만일, 다져서 콘크리트가 슬럼프 콘의 상단보다 아래로 낮아지면 여분의 콘크리트가 항상 슬럼프 콘 윗면의 위에 있도록 콘크리트를 추가하여 넣음.

3) 슬럼프 콘의 윗면의 넘친 콘크리트 시료는 흙손을 이용하여 표면을 마감한다.
   * 마감하는 과정에서 콘크리트 시료에 압력이 가해지면 안 되며, 비스듬히 깎아내듯이 미장함.
4) 슬럼프 콘을 수직방향으로 벗기기 위하여 자세를 잡고 주변을 정리한다.
5) 슬럼프 콘을 벗기는 작업은 5초 정도로 끝내야 하며, 콘크리트에 가로방향 운동이나 비틀림 운동을 주지 않도록 조용히 윗방향으로 들어 올려야 한다.
   * 슬럼프 콘에 채우기 시작해서 벗길 때까지 전 작업을 중단함이 없이 2분 30초 내로 끝마쳐야 함.
6) 슬럼프 콘의 높이와 공시체 밑면의 원 중심부터의 공시체 높이와의 차를 mm 단위(5 mm 정밀도)로 구하여 슬럼프를 측정한다.
   * 만일 거의 다 무너져 버리거나 또는 콘크리트의 한 면이나 부분이 전단되어 떨어지거나 하면 그 시험치는 버리고 시료의 다른 부분을 재시험을 실시함. 만일 한 콘크리트 시료에 대한 2회의 연속적 시험이 다 무너져 버리거나 일부분이 전단되어 떨어질 경우 그 콘크리트 슬럼프 시험을 하는데 필요한 소성과 점성이 부족한 것임.

(5) 결과의 계산

레디믹스트 슬럼프 값(mm) = 슬럼프 콘 높이 − 밑면 원 중심부터의 공시체 높이

콘크리트의 슬럼프 시험

<table>
<tr><td>시험일</td><td colspan="3">20 년 월 일 요일 / 날씨</td></tr>
<tr><td rowspan="2">시험환경</td><td>실온(℃)</td><td>수온(℃)</td><td>습도(%)</td></tr>
<tr><td></td><td></td><td></td></tr>
<tr><td>시 료</td><td colspan="3"></td></tr>
</table>

<table>
<tr><td rowspan="4">시방배합</td><td rowspan="3">굵은
골재의
최대
치수
(mm)</td><td rowspan="3">슬럼프
의
범위
(mm)</td><td rowspan="3">공기량
의
범위
(%)</td><td rowspan="3">물
-
시멘트
비
W/C
(%)</td><td rowspan="3">잔
골재
율
S/a
(%)</td><td colspan="7">단위질량(kg/m^3)</td></tr>
<tr><td rowspan="2">물
W</td><td rowspan="2">시
멘
트
C</td><td rowspan="2">잔
골
재
S</td><td colspan="2">굵은골재
G</td><td colspan="2">혼화재료</td></tr>
<tr><td>mm
~
mm</td><td>mm
~
mm</td><td>혼화재</td><td>혼화제
(cc/m^3)</td></tr>
<tr><td></td><td></td><td></td><td></td><td></td><td></td><td></td><td></td><td></td><td></td><td></td><td></td></tr>
</table>

측정 번호	1	2	3
슬럼프(mm)			
다짐봉으로 콘크리트측면을 때렸을 때의 상태			
콘크리트 온도(℃)			

<고찰>

실험자	소 속		성 명	(인)
검 인	20 년 월 일		성 명	(인)

13.3.2 압력법에 의한 굳지 않은 콘크리트의 공기량 시험방법

(KS F 2421, Standard test method for air content of fresh concrete by the pressure method(Air receiver method), 2016)

(1) 적용범위

이 시험은 굳지 않은 콘크리트의 공기량을 압력의 감소에 의하여 시험하는 방법으로 KS F 2421에 규정되어 있다. 이 시험방법의 원리는 보일의 법칙을 응용한 것으로서 보통의 골재를 사용한 콘크리트 또는 모르타르에 대해서는 적당하지만 골재의 수정계수를 정확히 구할 수 없는 다공질의 골재를 사용한 콘크리트 또는 모르타르에 대해서는 적당하지 않다.

(2) 시험목적

콘크리트의 공기량은 콘크리트의 워커빌리티, 강도, 내구성 및 수밀성 등에 크게 영향을 미치므로 콘크리트의 품질관리 및 배합설계를 위하여 공기량의 측정이 필요하다.

(3) 시험기구 및 재료

시험용 기구는 콘크리트와 뚜껑 사이의 공간에 물을 넣어서 시험하도록 만든 것 또는 물을 넣지 않고 시험하도록 만든 것 중 어느 것을 사용해도 좋다.

1) **공기량 측정기** : 플랜지가 붙은 원통형의 것으로서 강철 또는 시멘트 풀에 쉽게 상하지 않는 경질의 금속으로 만든 것이어야 한다. 용기의 지름은 높이의 0.9~1.1배로 한다. 용기의 최소용량은 콘크리트 중의 굵은골재의 최대치수에 따라 표 13.7과 같다.

표 13.7 용기의 최소용량

굵은골재의 최대치수(mm)	용기의 최소용량(L)
50 이하	6
80 이하	12

그림 13.35 시험기구

2) **검정용 기구** : 검정에 필요한 양의 물을 손쉽게 용기 밖으로 꺼낼 수 있는 기구
3) **목재 정규** : 크기 4.5×30 cm, 두께 1.2 cm의 목재 정규이어야 한다.
4) **다짐대** : 지름 16 mm, 길이 약 60 cm의 곧은 원형 강으로서 그 한 쪽 끝은 지름 16 mm의 반구형으로 둥글게 된 것이어야 한다.

(4) 시험방법 및 순서

그림 13.36 시험방법

1) 콘크리트 시료를 용기에 3층으로 나누어 채우되 각 층의 용적은 비슷하게 하며, 각 층을 25회씩 단면 전체를 균일하게 다진다.

* 콘크리트를 한 삽씩 넣을 때 콘크리트가 대칭으로 균일하게 채워지도록 용기의 위 끝 둘레를 따라 삽을 옮겨가면서 콘크리트를 넣음.
* 다짐은 원형으로 돌리면서 콘크리트를 고르게 분포시켜야 하며 다짐봉이 그 밑층의 표면에 도달할 정도로 다짐. 제1층을 찧을 때는 용기 바닥을 찧지 않도록 해야 함.

2) 다짐봉에 의해서 생긴 빈틈은 고무망치를 활용하여 용기의 측면을 두들겨 없앤다.
   * 진동기 다짐을 할 때에는 시료를 2층으로 나누어 넣고 다진다. 위층을 다질 때는 용기에 시료가 넘치도록 넣고, 진동기가 밑층에 2.5 cm 이상 들어가지 않도록 한다. 진동 시간은 콘크리트의 표면에 큰 기포와 일어나지 않을 때까지 필요한 최소 시간으로 함.
3) 최상층의 다짐이 완료되면 공기량 칼을 사용하여 콘크리트의 표면을 긁어내어 용기의 윗면과 일치시킨다.
4) 용기 플랜지의 윗면과 뚜껑 플랜지의 밑면을 완전히 닦아낸 다음 뚜껑을 공기가 통하도록 하여 가만히 뚜껑을 용기에 얹어 공기가 새지 않도록 잘 잠근다.
   * 주 밸브는 잠그고 배기구 밸브와 주수구 밸브를 열어둠. 물을 넣을 경우에는 배기구에서 물이 나올 때까지 주수구에 물을 넣고 배기구에서 기포가 나오지 않을 때까지 압력계를 가볍게 두들긴 다음 배기구와 주수구의 밸브를 잠근다.
5) 공기실 내의 기압을 초압력에 일치시킨다. 약 5초가 지난 뒤 주 밸브를 충분히 연다. 콘크리트 각 부에 압력이 잘 전달되도록 용기의 측면을 망치로 두들긴다. 다시 주 밸브를 충분히 열고 바늘이 안정되었을 때, 압력계의 눈금을 읽는다. 이 측정값을 콘크리트의 겉보기 공기량(A_1)으로 한다.

(5) 결과의 계산

골재 수정계수의 측정은 사용하는 잔골재의 질량(F_S) 및 굵은골재의 질량(C_S)을 다음 식에 따라 계산한다.

$$F_S = \frac{S}{B} \times F_B$$

$$C_S = \frac{S}{B} \times C_B$$

여기서, F_S : 사용하는 잔골재의 중량(Kg)
C_S : 사용하는 굵은골재의 중량(Kg)
S : 콘크리트 시료의 용적 (용기의 용적과 같다.)
B : 1배치의 콘크리트의 성형된 용적(L)
F_B : 1배치에 사용하는 잔골재의 질량(Kg)
C_B : 1배치에 사용하는 굵은골재의 질량(Kg)

* 잔골재 및 굵은골재의 대표적 시료를 각각 F_S 및 C_S만큼 채취하여, 별도로 약 5분간 물에 담가둔 다음 거의 1/3까지 물을 채운 용기에 넣음. 골재를 용기에 넣을 때는 잔골재를 한 삽 넣은 다음 굵은골재를 2삽 넣도록 하여 골재가 완전히 물에 잠겨지도록 함.
* 골재를 넣을 때는 될 수 있는 대로 공기가 들어가지 않도록 하여 표면에 나온 거품은 빨리 제거해야 한다. 공기를 추출하기 위해서 용기의 측면을 고무망치로 두들기고 또한 잔골재를 넣을 때마다 다짐대로 약 10회 다짐.
* 전부의 골재를 넣은 후 수면의 거품을 모두 없애고 뚜껑을 용기에 얹고 잠근다. 압력계의 공기량의 눈금을 읽고, 이것을 골재 수정계수(G)로 함.

콘크리트의 공기량은 다음 식에 따라 계산한다.

$$A(\%) = A_1 - G$$

여기서, A : 콘크리트의 공기량(콘크리트의 용적에 대한 백분율) (%)

A_1 : 콘크리트의 겉보기 공기량(콘크리트의 용적에 대한 백분율) (%)

G : 골재 수정계수(콘크리트의 용적에 대한 백분율) (%)

<table>
<tr><th colspan="13">굳지 않은 콘크리트의 공기량 시험(공기실 압력방법)</th></tr>
<tr><td>시험일</td><td colspan="12">20 년 월 일 요일 / 날씨</td></tr>
<tr><td rowspan="2">시험환경</td><td colspan="4">실온(℃)</td><td colspan="4">수온(℃)</td><td colspan="4">습도(%)</td></tr>
<tr><td colspan="4"></td><td colspan="4"></td><td colspan="4"></td></tr>
<tr><td>시 료</td><td colspan="12"></td></tr>
<tr><td rowspan="4">시방배합</td><td rowspan="3">굵은 골재의 최대 치수
(mm)</td><td rowspan="3">슬럼프의 범위
(mm)</td><td rowspan="3">공기량의 범위
(%)</td><td rowspan="3">물-시멘트비
W/C
(%)</td><td rowspan="3">잔골재율
S/a
(%)</td><td colspan="7">단위질량(kg/m^3)</td></tr>
<tr><td rowspan="2">물
W</td><td rowspan="2">시멘트
C</td><td rowspan="2">잔골재
S</td><td colspan="2">굵은골재
G</td><td colspan="2">혼화재료</td></tr>
<tr><td>mm
~
mm</td><td>mm
~
mm</td><td>혼화재</td><td>혼화제
(cc/m^3)</td></tr>
<tr><td></td><td></td><td></td><td></td><td></td><td></td><td></td><td></td><td></td><td></td><td></td><td></td></tr>
<tr><td>측정 번호</td><td colspan="4">1</td><td colspan="4">2</td><td colspan="4">3</td></tr>
<tr><td>① 겉보기 공기량
(%)</td><td colspan="4"></td><td colspan="4"></td><td colspan="4"></td></tr>
<tr><td>② 골재 수정계수
(%)</td><td colspan="4"></td><td colspan="4"></td><td colspan="4"></td></tr>
<tr><td>③ 공기량
①－②(%)</td><td colspan="4"></td><td colspan="4"></td><td colspan="4"></td></tr>
<tr><td>④ 콘크리트 온도
(℃)</td><td colspan="4"></td><td colspan="4"></td><td colspan="4"></td></tr>
<tr><td colspan="13"><고찰></td></tr>
</table>

<table>
<tr><td>실험자</td><td>소 속</td><td></td><td>성 명</td><td>(인)</td></tr>
<tr><td>검 인</td><td colspan="2">20 년 월 일</td><td>성 명</td><td>(인)</td></tr>
</table>

13.3.3 콘크리트의 압축강도 시험방법

(KS F 2405, Standard test method for compressive strength of concrete, 2017)

(1) 적용범위

이 시험은 성형된 콘크리트 원통의 압축강도 시험으로 KS F 2405에 규정되어 있다. 콘크리트 공시체를 제작하는 방법은 KS F 2403(시험실에서 콘크리트 압축 및 휨 강도 시험용 공시체를 제작하고 양생하는 방법)과 KS F 2404(현장에서 콘크리트 압축 및 휨 강도 시험용 공시체를 제작하고 양생하는 방법)에 따른다.

(2) 시험목적

1) 사용하는 시멘트, 골재, 물, 혼화재료 등이 콘크리트용 재료로서 적절한지의 여부를 조사하고 소요의 성질을 가진 콘크리트를 가장 경제적으로 만들 수 있는 재료를 선정한다.
2) 압축강도에 따라 다른 성질(인장강도, 탄성계수, 내구성 등)을 추정한다.
3) 콘크리트의 품질관리에 이용한다.
4) 임의의 배합의 콘크리트의 압축강도를 알고 적절한 허용응력을 결정하며 또 소요강도의 콘크리트를 얻는데 적합한 배합을 선정한다.

(3) 시험기구 및 재료

1) **압축강도 시험기** : 규정된 재하속도를 내는 데 충분한 용량을 가진 것이야 한다.
2) **압축강도 몰드** : 지름 100 mm, 높이 200 mm 또는 지름 150 mm, 높이 300 mm
3) **캡핑(capping)장치** : 지름보다 약 28 mm 이상으로 한다.

그림 13.37 시험기

그림 13.38 몰드

그림 13.39 캡핑장치

(4) 시험방법 및 순서

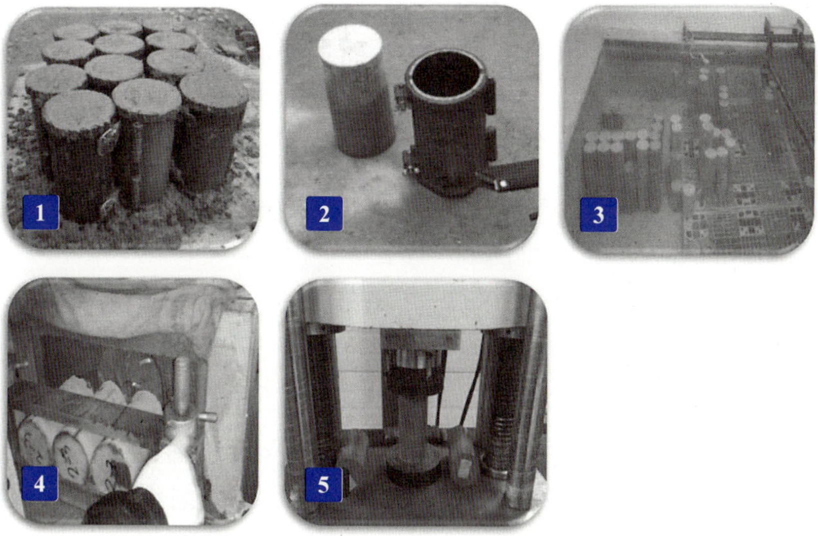

그림 13.40 시험방법

1) 압축강도 공시체는 최소 3개 이상 제작한다.
   * KS F 2403에 준하여 몰드를 성형하고 ϕ150×300 mm 몰드의 경우 2층 25회, ϕ100×200 mm 몰드의 경우 2층 7~8회 다짐을 실시하여 제작하며, 고무망치 등을 이용하여 기포 및 다짐봉에 의한 공극을 제거.
   * 배합에 따라 진동기를 사용하여 진동다짐을 실시하거나 고유동 콘크리트와 같이 특수 배합인 경우 다짐을 생략.
   * 제작한 몰드는 젖은 마포 또는 모포 등을 덮거나 항온항습실에 보관하여 습기를 보호.
2) 재령 24시간 습기양생을 실시하며, 이후 콘크리트 공시체는 몰드로부터 탈형한다.
3) 탈형된 콘크리트 공시체는 20±1℃에서 수중양생을 실시한다.
4) 압축강도를 측정하고자 하는 재령일에 콘크리트 공시체를 꺼내어 상부면을 연마를 실시한다.
   * 상부면을 연마하지 않을 경우 편심에 의하여 압축강도가 제대로 측정되지 않을 수 있음.
   * 연마하지 않는 경우에는 캡핑장치를 사용하여 상부면을 캡핑하거나 비접착 캡퍼 및 압축패드를 사용하여 언본드캡핑을 한 경우에는 압축강도를 측정할 수 있음.
   * 연마가 완료된 공시체는 젖은 마포나 모포로 덮어서 습기를 보호하여 반드시 습윤상태에서 시험
5) 연마가 완료된 공시체는 압축강도 시험기 가압판의 중심에 위치하도록 하여 압축하중을 재하하여 강도를 측정한다.

* 구면좌로 된 가압판 바로 밑에 있는 시험기의 시험대 또는 압판 위에 평평한 가압판을 놓음.
* 위, 아랫부분 가압판과 공시체의 지압면을 깨끗이 닦고 공시체의 아랫부분 가압판 위에 올려놓음. 이 공시체의 축이 윗부분 가압판의 구좌의 중앙에 똑바르게 오도록 하여야 함.
* 시험하기 전에 공시체의 지름을 최소 0.1 mm까지 측정하여야 하며, 공시체 높이의 중앙에서 서로 직교하는 두 방향의 지름을 측정하여 평균한 것을 공시체의 지름으로 함. 이 평균 지름은 공시체의 단면적을 계산하는데 사용함. 캡핑을 포함한 공시체의 높이를 최소 1 mm까지 측정함.
* 재하 속도 하중은 충격을 주지 않도록 계속적으로 가하며, 하중을 매초 0.6±0.4 MPa의 일정한 속도로 가하여야 한다. 하중을 공시체가 파괴될 때까지 가압하고 시험 중에 공시체가 받은 최대 하중을 유효숫자 3자리까지 기록함.

(5) 결과의 계산

공시체의 압축강도(MPa, N/mm^2)는 시험 중에 공시체가 받은 최대 하중(유효숫자 3자리, N)을 공시체의 평균 단면적(mm^2)으로 나누어 계산한다.

* 콘크리트의 압축강도는 3개 이상의 평균값으로 나타낸다.

<table>
<tr><th colspan="5">콘크리트의 압축강도 시험</th></tr>
<tr><td>시험일</td><td colspan="4">20 년 월 일 요일 / 날씨</td></tr>
<tr><td rowspan="2">시험일의 상태</td><td>실온(℃)</td><td colspan="2">수온(℃)</td><td>습도(%)</td></tr>
<tr><td></td><td colspan="2"></td><td></td></tr>
<tr><td>시 료</td><td colspan="4"></td></tr>
</table>

<table>
<tr><td rowspan="5">시방배합</td><td rowspan="4">굵은 골재의 최대 치수
(mm)</td><td rowspan="4">슬럼프의 범위
(mm)</td><td rowspan="4">공기량의 범위
(%)</td><td rowspan="4">물-시멘트비 W/C
(%)</td><td rowspan="4">잔골재율 S/a
(%)</td><td colspan="7">단위질량(kg/m^3)</td></tr>
<tr><td rowspan="3">물
W</td><td rowspan="3">시멘트
C</td><td rowspan="3">잔골재
S</td><td colspan="2">굵은골재 G</td><td colspan="2">혼화재료</td></tr>
<tr><td rowspan="2">mm ~ mm</td><td rowspan="2">mm ~ mm</td><td rowspan="2">혼화재</td><td rowspan="2">혼화제
(cc/m^3)</td></tr>
<tr></tr>
<tr><td></td><td></td><td></td><td></td><td></td><td></td><td></td><td></td><td></td><td></td><td></td><td></td></tr>
</table>

<table>
<tr><td>공시체 번호</td><td>1</td><td>2</td><td>3</td><td>4</td></tr>
<tr><td>재령(일)</td><td></td><td></td><td></td><td></td></tr>
<tr><td>평균 지름(mm)</td><td></td><td></td><td></td><td></td></tr>
<tr><td>평균 높이(mm)</td><td></td><td></td><td></td><td></td></tr>
<tr><td>파괴 하중(N)</td><td></td><td></td><td></td><td></td></tr>
<tr><td>압축강도
(MPa, N/mm^2)</td><td></td><td></td><td></td><td></td></tr>
<tr><td>평균 압축강도
(MPa, N/mm^2)</td><td colspan="4"></td></tr>
<tr><td>양생방법 및
양생온도</td><td colspan="4"></td></tr>
<tr><td>시험체의 파괴
상황</td><td colspan="4"></td></tr>
<tr><td colspan="5"><고찰></td></tr>
</table>

<table>
<tr><td>실험자</td><td>소 속</td><td></td><td>성 명</td><td>(인)</td></tr>
<tr><td>검 인</td><td colspan="2">20 년 월 일</td><td>성 명</td><td>(인)</td></tr>
</table>

13.3.4 콘크리트의 휨강도 시험방법

(KS F 2408, Standard test method for flexural strength of concrete, 2016)

(1) 적용범위

이 표준은 4점 재하법에 따른 경화 콘크리트 공시체의 휨강도 시험방법에 대하여 규정한다.

(2) 시험목적

1) 콘크리트 보에 휨모멘트를 가하여 파괴하고 그 인장 측에 생기는 휨강도를 계산한다.
2) 포장판처럼 휨강도를 기준으로 배합설계하는 경우 필요하다.
3) 콘크리트의 품질관리에 이용한다.
4) 임의의 배합의 콘크리트의 압축강도를 알고 적절한 허용응력을 결정하며 또 소요강도의 콘크리트를 얻는데 적합한 배합을 선정한다.

(3) 시험기구 및 재료

1) **시험기** : 시험기는 KS B 5533에서 규정하는 1등급 이상의 것으로 한다.
2) **4점 재하장치** : 4점 하중을 재하하기 위한 장치는 4점 하중을 연직으로, 또한 중심이 치우치지 않도록 가할 수 있으며, 공시체를 설치하였을 때 안정되고 그 밖에도 충분한 강성을 가지는 것으로 한다.

(4) 시험방법 및 순서

1) 휨강도 공시체는 최소 3개 이상 제작한다.
   * KS F 2403에 준하여 몰드를 성형하고 고무망치 등을 이용하여 기포 및 다짐봉에 의한 공극을 제거.
     - 일반적으로 공시체는 150×150×600 mm 또는 100×100×400 mm 사이즈를 사용함.
   * 배합에 따라 진동기를 사용하여 진동다짐을 실시하거나 고유동 콘크리트와 같이 특수 배합인 경우 다짐을 생략.
   * 제작한 몰드는 젖은 마포 또는 모포 등을 덮거나 항온항습실에 보관하여 습기를 보호.
2) 재령 24시간 습기양생을 실시하며, 이후 콘크리트 공시체는 몰드로부터 탈형한다.
3) 탈형된 콘크리트 공시체는 20±1℃에서 수중양생을 실시한다.
4) 시험기에 4점 재하장치를 설치하고 공시체는 시험기 중심에 위치하도록 하여 휨 하

중을 재하하여 휨강도를 측정한다.

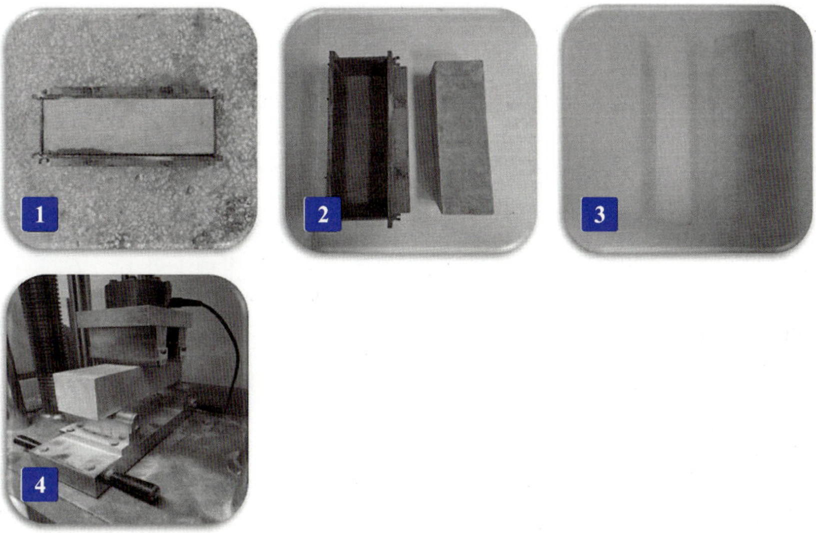

그림 13.41 시험방법

(5) 결과의 계산

1) 공시체가 인장쪽 표면 지간 방향 중심선의 4짐 사이에서 파괴되었을 때는 휨강도를 다음 식으로 산출하여, KS Q 5002에 따라서 유효숫자 3자리에서 끝맺음한다.

$$f_b = \frac{Pl}{bh^2}$$

여기서, f_b : 휨강도(MPa)

P : 시험기가 나타내는 최대 하중(N)

l : 지간(mm)

b : 파괴단면의 너비(mm)

h : 파괴단면의 높이(mm)

2) 공시체가 인장쪽 표면의 지간 방향 중심선의 4점의 바깥쪽에서 파괴된 경우는 그 시험결과를 무효로 한다.

콘크리트의 휨강도 시험

시험일	20 년 월 일 요일 / 날씨		
시험일의 상태	실온(℃)	수온(℃)	습도(%)
시 료			

시방배합	굵은 골재의 최대 치수 (mm)	슬럼프의 범위 (mm)	공기량의 범위 (%)	물 - 시멘트비 W/C (%)	잔골재율 S/a (%)	단위질량(kg/m^3)						
						물 W	시멘트 C	잔골재 S	굵은골재 G		혼화재료	
									mm ~ mm	mm ~ mm	혼화재	혼화제 (cc/m^3)

공시체 번호	1	2	3	4
재령(일)				
평균 지름(mm)				
평균 높이(mm)				
파괴 하중(N)				
압축강도 (MPa, N/mm^2)				
평균 압축강도 (MPa, N/mm^2)				
양생방법 및 양생온도				
시험체의 파괴 상황				

<고찰>

실험자	소 속		성 명	(인)
검 인	20 년 월 일		성 명	(인)

13.3.5 콘크리트의 쪼갬 인장강도 시험방법

(KS F 2423, Standard test method for tensile splitting strength of concrete, 2016)

(1) 적용범위

이 시험은 콘크리트 원주 공시체를 할렬시키는 인장강도 시험으로 KS F 2423에 규정되어 있다. 시험은 압축강도 시험에 이용되는 것과 동일한 형상의 원주형 공시체를 사용하며 압축 시험기의 상하 가압판 사이에 가압판과 공시체의 접촉선에 틈새가 없도록 옆으로 놓고 하중을 가해 가며 그 최대 하중을 구한다.

(2) 시험목적

콘크리트의 인장강도는 압축강도에 비하여 매우 작으므로 철근 콘크리트 설계에는 무시하고 있지만, 콘크리트의 건조수축 및 온도변화 등에 의한 균열의 경감 및 방지를 도모하기 위해서는 인장강도의 크기를 알 필요가 있다.

(3) 시험기구 및 재료

1) **시험기** : KS B 5533의 8절(시험기의 등급)에 규정하는 1급 이상의 것으로 한다.
2) **상하 가압판** : 압축면은 연마 가공을 하고, 평면도는 0.2 mm 이내, 쇼어 경도는 70 HS 이상으로 한다.

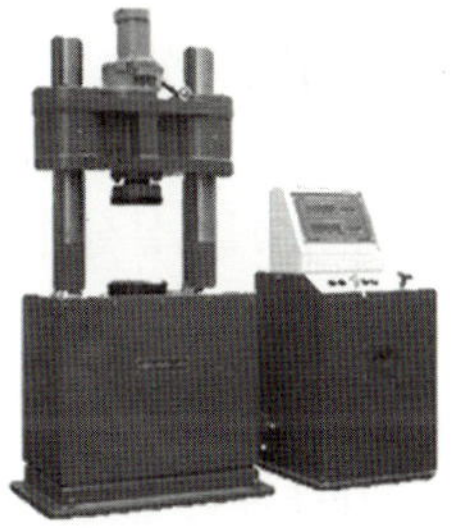

그림 13.42 시험기

그림 13.43 몰드

(4) 시험방법 및 순서

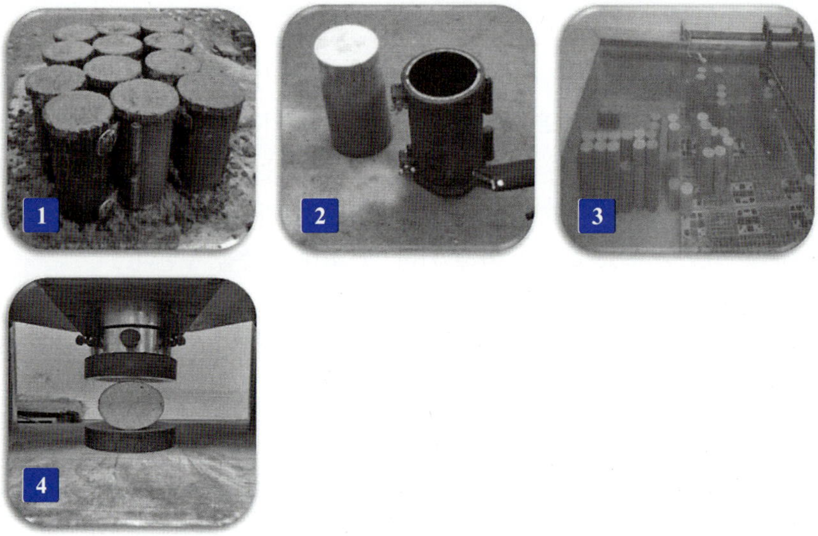

그림 13.44 시험방법

1) 쪼갬 인장강도 공시체는 최소 3개 이상 제작한다.
   * KS F 2403에 준하여 몰드를 성형하고 ϕ150×300 mm 몰드의 경우 2층 25회, ϕ100×200 mm 몰드의 경우 2층 7~8회 다짐을 실시하여 제작하며, 고무망치 등을 이용하여 기포 및 다짐봉에 의한 공극을 제거.
   * 배합에 따라 진동기를 사용하여 진동다짐을 실시하거나 고유동 콘크리트와 같이 특수 배합인 경우 다짐을 생략.
   * 제작한 몰드는 젖은 마포 또는 모포 등을 덮거나 항온항습실에 보관하여 습기를 보호.
2) 재령 24시간 습기양생을 실시하며, 이후 콘크리트 공시체는 몰드로부터 탈형한다.
3) 탈형된 콘크리트 공시체는 20±1℃에서 수중양생을 실시한다.
4) 공시체는 쪼갬 인장강도 시험기 가압판의 중심에 위치하도록 하여 쪼갬 인장하중을 재하하여 강도를 측정한다.
   * 구면좌로 된 가압판 바로 밑에 있는 시험기의 대나 또는 압판 위에 평평한 가압판을 놓음.
   * 위, 아랫부분 가압판과 공시체의 지압면을 깨끗이 닦고 공시체의 아랫부분 가압판 위에 올려놓음. 이 공시체의 축이 윗부분 가압판의 구좌의 중앙에 똑바르게 오도록 하여야 함.
   * 시험하기 전에 공시체의 지름을 최소 0.1 mm까지 측정하여야 하며, 공시체 높이의 중앙에서 서로 직교하는 두 방향의 지름을 측정하여 평균한 것을 공시체의 지름으로 함. 이 평균 지름은 공시체의 단면적을 계산하는데 사용함. 공시체의 높이를 최소 1 mm까지 측정함.
   * 재하 속도 하중은 충격을 주지 않도록 계속적으로 가하며, 하중을 매초 0.06±0.04 MPa의

일정한 속도로 가하여야 한다. 하중을 공시체가 파괴될 때까지 가압하고 시험 중에 공시체가 받은 최대 하중을 유효숫자 3자리까지 기록함.

(5) 결과의 계산

쪼갬 인장강도는 다음 식에 따라 계산하고 KS Q 5002에 따라 유효숫자 3자리로 끝맺는다.

* 콘크리트의 압축강도는 3개 이상의 평균값으로 나타낸다.

$$f_{sp} = \frac{2P}{\pi d l}$$

여기서, f_{sp} : 쪼갬 인장강도(MPa)

P : 최대 하중(N)

d : 공시체의 지름(mm)

l : 공시체의 길이(mm)

<table>
<tr><th colspan="13">콘크리트의 쪼갬 인장강도 시험</th></tr>
<tr><td>시험일</td><td colspan="12">20 년 월 일 요일 / 날씨</td></tr>
<tr><td rowspan="2">시험일의 상태</td><td colspan="4">실온(℃)</td><td colspan="4">수온(℃)</td><td colspan="4">습도(%)</td></tr>
<tr><td colspan="4"></td><td colspan="4"></td><td colspan="4"></td></tr>
<tr><td>시 료</td><td colspan="12"></td></tr>
<tr><td rowspan="4">시방배합</td><td rowspan="3">굵은 골재의 최대 치수
(mm)</td><td rowspan="3">슬럼프의 범위
(mm)</td><td rowspan="3">공기량의 범위
(%)</td><td rowspan="3">물-시멘트비 W/C
(%)</td><td rowspan="3">잔골재율 S/a
(%)</td><td colspan="7">단위질량(kg/m^3)</td></tr>
<tr><td rowspan="2">물
W</td><td rowspan="2">시멘트
C</td><td rowspan="2">잔골재
S</td><td colspan="2">굵은골재 G</td><td colspan="2">혼화재료</td></tr>
<tr><td>mm ~ mm</td><td>mm ~ mm</td><td>혼화재</td><td>혼화제
(cc/m^3)</td></tr>
<tr><td></td><td></td><td></td><td></td><td></td><td></td><td></td><td></td><td></td><td></td><td></td><td></td></tr>
<tr><td>공시체 번호</td><td colspan="3">1</td><td colspan="3">2</td><td colspan="3">3</td><td colspan="3">4</td></tr>
<tr><td>재령(일)</td><td colspan="3"></td><td colspan="3"></td><td colspan="3"></td><td colspan="3"></td></tr>
<tr><td>평균 지름(mm)</td><td colspan="3"></td><td colspan="3"></td><td colspan="3"></td><td colspan="3"></td></tr>
<tr><td>평균 높이(mm)</td><td colspan="3"></td><td colspan="3"></td><td colspan="3"></td><td colspan="3"></td></tr>
<tr><td>파괴 하중(N)</td><td colspan="3"></td><td colspan="3"></td><td colspan="3"></td><td colspan="3"></td></tr>
<tr><td>압축강도
(MPa, N/mm^2)</td><td colspan="3"></td><td colspan="3"></td><td colspan="3"></td><td colspan="3"></td></tr>
<tr><td>평균 압축강도
(MPa, N/mm^2)</td><td colspan="12"></td></tr>
<tr><td>양생방법 및
양생온도</td><td colspan="12"></td></tr>
<tr><td>시험체의 파괴
상황</td><td colspan="12"></td></tr>
<tr><td colspan="13"><고찰></td></tr>
<tr><td>실험자</td><td colspan="3">소 속</td><td colspan="3"></td><td colspan="2">성 명</td><td colspan="4">(인)</td></tr>
<tr><td>검 인</td><td colspan="6">20 년 월 일</td><td colspan="2">성 명</td><td colspan="4">(인)</td></tr>
</table>

13.3.6 콘크리트의 압축강도 추정을 위한 반발경도 시험방법

(KS F 2730, Testing method for rebound number to conclude compressive strength of concrete, 2008)

(1) 적용범위

이 표준은 스프링 작동식 테스트 해머를 사용하여 현장 콘크리트의 반발경도를 측정함으로써 콘크리트의 압축강도를 추정하기 위한 것이다.

이 시험방법에 의해 결정되는 반발경도는 콘크리트의 균등성을 평하고 품질이 저하되었거나 시멘트의 수화 작용에 의해 발생된 콘크리트의 특성 변화를 평가하는데 이용할 수 있다. 또한 반발경도는 거푸집 및 동바리를 제거할 수 있는 시간을 결정할 때 이용할 수 있다.

이 시험방법은 콘크리트의 반발경도와 압축강도 사이의 상관관계에 따른 상관식을 구하여 적용한다.

(2) 시험목적

1) 콘크리트의 압축강도를 추정할 수 있다.
2) 콘크리트 압축강도 추정 이외에도 콘크라트의 균일성 확인, 특정 요구 조건에 관련된 참고용 자료 제공, 성능에 직접적 영향을 미치는 콘크리트 표면 특성(마모 저항 등)의 결정, 재령의 변동에 따른 강도 발현 양상을 파악하여 거푸집 및 동바리의 제거시기를 결정하는 데 이용할 수 있다.
3) 반발경도는 콘크리트의 탄성계수와 비례 관계에 있고, 강도는 탄성계수와 관계가 있으므로 이에 의해 반발경도와 압축강도의 관계식을 이용하여 압축강도를 추정할 수 있다.

(3) 시험기구 및 재료

1) **테스트 해머** : 테스트 해머는 스프링에 의해 장전된 한 개의 중추로 구성되며, 이 중추의 제어장치가 풀렸을 때 콘크리트 표면과 접한 반구형 선단의 타격봉을 때릴 수 있어야 한다. 스프링 작동식 해머는 일정한 속도 조건에서 움직여야 한다. 타격봉이 콘크리트 면을 타격한 후 반발하는 물리량(반발 간격)을 시험기의 지침에서 읽는다.

   * 여러 종류의 테스트 해머가 다양한 크기 및 종류의 콘크리트 구조물을 시험할 수 있도록

상용화 되어 있다(N형, NR형, P형 등). 종류가 다른 테스트 해머는 다른 충격 에너지를 나타내며, 경량 콘크리트, 보통 콘크리트 및 매스 콘크리트에 작용되는 접촉 면적이 달라야 한다.

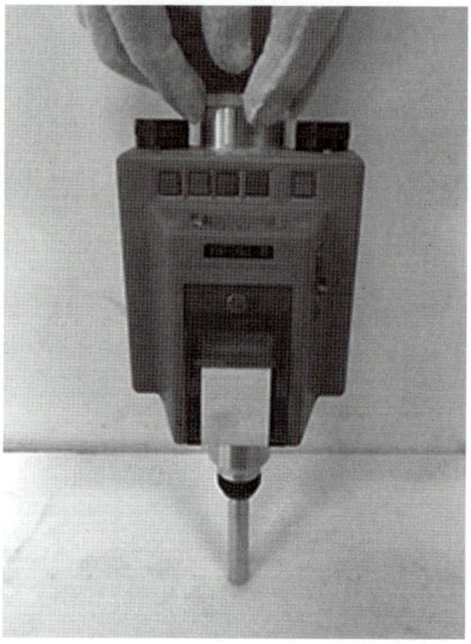

그림 13.45 테스트해머(슈미트해머)

2) **연삭 숫돌** : 시험 대상면이 미장·도장되어 있거나 푸석푸석하고 평활하지 않은 경우, 그라인더나 손으로 연삭숫돌을 이용하여 콘크리트 면이 노출될 때까지 연마해야 한다. 통상 중간 거칠기의 탄화규소나 그와 동등 수준의 재질이 시판되고 있으며, 콘크리트 연마에 무리없이 이용될 수 있다.

3) **테스트 앤빌** : 테스트 해머는 엄밀한 검사를 하더라도 사용 후에 기계적인 오차가 발생하는 것이 단점으로 지적된다. 품질 관리와 내력 진단을 위한 범위 내에서 테스트 해머를 사용하는 경우 사전에 테스트 앤빌(test anvil)에 의한 정기 교정을 실시하여야 하며, 테스트 해머 사용 시에 정상적인 시험값을 가질 수 있도록 사용 직전 또는 정기적으로 테스트 앤빌에 의해 교정할 필요가 있다. 시판되는 테스트 앤빌의 피타격부의 강도는 브리넬 500 또는 로크웰 52C 등이다.

(4) 시험방법 및 순서

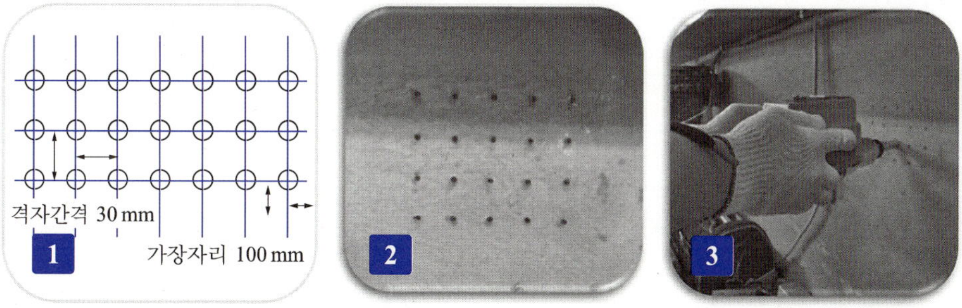

그림 13.46 시험방법

1) 시험 부위를 결정한다.

   * 시험할 콘크리트 부재는 두께가 100 mm 이상이어야 하며, 하나의 구조체에 고정되어야 한다. 시험면은 다공질의 조악한 면은 피하고 평활한 면을 선택해야 한다. 사용된 거푸집의 재질이 다르거나 미장 및 도장이 되어 있는 면안 평활한 콘크리트의 반발경도와 크게 차이가 있으므로 마감면을 완전히 제거한 후 시험을 해야 한다.

2) 타격봉이 시험면에 수직으로 위치할 수 있도록 하며, 한 위치에서 시험기구를 움직이지 않게 고정한다.

3) 타격봉이 부딪힌 후, 지침상의 값을 읽고 이 값을 기록한다.

   * 타격 위치는 가장자리로부터 100 mm 이상 떨어지고, 서로 30 mm 이내로 근접해서는 안 된다. 각 시험 영역으로부터 20개의 시험값을 취한다. 타격 후 표면의 흔적을 검사한 다음 타격에 의해 시험면이 파손되었거나 균열이 발생하는 경우 해당 시험값을 버린다.

(5) 결과의 계산

시험값 20개의 평균으로부터 오차가 20% 이상이 되는 경우의 시험값은 버리고 나머지 시험값의 평균을 구한다. 이 때 범위를 벗어나는 시험값이 4개 이상인 경우에는 전체 시험값군을 버리고, 새로운 위치에서 20개의 반발경도를 구한다.

콘크리트의 압축강도 추정을 위한 반발경도 시험

시험일	20 년 월 일 요일 / 날씨		
시험일의 상태	실온(℃)	수온(℃)	습도(%)
시 료			

공시체 번호	1	2	3	4
재령(일)				
측정값				
측정평균 R				
반발경도 보정값				
압축강도 f_c				
재령 보정값				
보정 압축강도 R_0				

<고찰>

실험자	소 속		성 명	(인)
검 인	20 년 월 일		성 명	(인)

13.3.7 콘크리트 원주 공시체의 정탄성계수 및 푸아송 비 시험방법

(KS F 2438, Standard test method for static modulus of elasticity and Poisson's ratio in compression of cylindrical concrete specimens, 2017)

(1) 적용범위

이 표준은 성형한 콘크리트 원주 공시체 및 절취한 콘크리트 코어가 세로 압축 응력을 받았을 때의 정탄성계수 및 푸아송 비를 구하는 방법에 대하여 규정한다. 이 표준에서의 정탄성계수는 모두 탄성계수라 명시한다.

(2) 시험목적

콘크리트의 탄성적 성질 중 세로 압축 응력을 받았을 때의 정탄성계수 및 푸아송 비를 구할 수 있다.

(3) 시험기구 및 재료

1) **컴프레서미터** : 컴프레서미터는 원주형 공시체에 압축 하중을 가하여 종방향의 변형을 측정하기 위한 시험기구를 말한다.

① 탄성계수를 측정하기 위해 접착한 또는 접착하지 않은 측정장치를 사용하고, 지름 반대쪽에 2개의 게이지 선을 각각 축과 평행하게 공시체 높이의 중간에 붙여서 10 mm에 대해 0.05 μm의 정밀도로 평균 변형을 측정한다.

② 각 게이지 라인의 유효 길이는 콘크리트에 사용한 굵은골재 최대치수의 3배 이상, 공시체 높이의 2/3 이하로 하고, 추천할 수 있는 길이는 공시체 높이의 1/2로 한다.

③ 게이지 포인트는 공시체 안에 묻거나 접착시켜 2개 게이지 라인의 변형은 따로 기록하거나 또는 컴프레서미터를 사용하여 2개의 요크 중 1개는 공시체에 정확히 고정시키고, 다른 1개는 지름 반대쪽 2점에 붙여 자유롭게 회전할 수 있도록 한다.

④ 회전하는 요크의 2개 지점 중간에 긴 중심대를 붙여 2개 요크 사이의 거리를 일정하게 유지하고, 원주 반대쪽 점에서의 요크 간 거리의 변화가 지름 반대쪽 2개 게이지 라인의 변형 합과 같도록 한다.

⑤ 변형은 다이얼 게이지로 직접 또는 레버 확대 방식으로 와이어 스트레인 게이지나 변차 트랜스포머로 측정한다.

그림 13.47 컴프레서미터

그림 13.48 탄성계수 시험전경

2) **엑스텐소미터** : 엑스텐소미터는 원주형 공시체에 압축 하중을 가하여 횡방향의 변형을 측정하기 위한 시험기구를 말한다.

① 푸아송 비를 구할 경우의 가로 변형을 측정하려면, 공시체 높이 중앙에서의 지름 변형을 접착시키지 않은 엑스텐소미터로 0.25 μm까지 읽는다.

② 2개의 접착한 스트레인 게이지를 공시체 높이 중간에 지름 반대쪽 점에 원주를 따라 붙이고, 원주 변형을 10 mm에 대해 0.05 μm까지 정확하게 읽는다.

③ 컴프레서미터와 엑스텐소미터를 조합한 것이 편리하다. 이 기구에는 제3의 요크(2개의 같은 세그멘트로 이루어져 있다)가 있고, 2개의 컴프레서미터 요크 중간에 공시체 지름 반대쪽 2점에 붙인다. 이 2점 중앙에 짧은 중심대를 긴 중심대에 이어 붙여서 아래쪽 요크와 중앙 요크 사이의 거리가 일정하게 되도록 유지한다.

④ 중앙 요크는 피벗인 점에서 힌지를 만들고, 멍에 모양으로 끊은 2개의 세그먼트가 수평면에서 자유롭게 회전할 수 있도록 한다. 원주 반대쪽 점에서 2개의 세그먼트 다이얼 게이지나 다른 측정장치를 사용하여 연결하고, 가로 변형을 0.5 μm까지 측정할 수 있도록 한다.

⑤ 이 변형은 공시체 지름 가로 변형의 2배가 된다(만일 게이지의 편심이 힌지의 편심보다 클 경우). 힌지와 게이지의 편심이 같지 않을 경우 공시체 지름의 가로 변형은 각주에 따라 계산할 수 있다.

3) **저울** : 감도 50 g의 저울이어야 한다.

(4) 시험방법 및 순서

1) 시험 중의 온도와 습도는 가급적 일정하게 유지하며, 온도 및 습도에 변동이 생기면 기록해 둔다.
2) 만일 같은 조 공시체를 이용할 수 있을 경우, 탄성계수의 시험에 앞서 KS F 2405에 의해 압축강도를 구한다.
3) 공시체는 변형 측정장치를 붙여 시험기의 하판 또는 기기 블록 위에 둔다. 조심하여 공시체의 축을 바르게 구좌 상부지지 블록의 압력 중심과 일치시킨다. 변형 지시계를 읽고 기록해 둔다. 구좌 블록을 조용히 공시체 위에 내려, 블록의 가동 부분을 손으로 회전시켜 균등한 가압이 되도록 한다.
4) 공시체에는 하중을 2회 이상 가한다. 제1회의 하중에 대하여는 어떠한 기록도 하지 않고, 계산은 그 이후 하중 결과에 평균으로 한다. 시험의 반복성을 얻기 위해 적어도 2회 이상의 하중을 가하는 것이 좋다. 제1회의 하중은 주로 게이지를 정착시키기 위해 가하고, 그 사이에 게이지의 동작을 관찰하여 제2회 하중을 가하기 전에 비정상적인 동작을 수정한다. 각 회의 읽음은 다음과 같이 구한다.

   하중을 연속해서 충격이 가지 않도록 가한다. 스크루형 시험기는 그 가동 베드가 무하중인 경우에 약 0.125 mm/min의 속도로 움직이도록 조정한다. 유압 시험기는 하중을 1초당 (0.25±0.035) MPa 범위로 가한다. 하중은 계속하여 가하며, 그 하중의 크기와 세로 변형은 다음과 같을 때 기록한다.

   ① 세로 변형률이 50/1,000,000일 때
   ② 가해진 하중이 극한 하중의 40%와 같을 때

   세로 변형은 총 세로 변형을 유효 게이지 길이로 나눈 것으로 정의된다. 푸아송 비를 구하기 위해 같은 점에서 가로 변형을 기록한다. 만일 응력 변형 곡선을 구하기 위해서는 하중을 계속 가해 2점 이상의 읽음을 읽든가, 또는 연속 기록을 할 수 있는 장치를 사용한다. 최대 하중에 달하는 동시에 극한 하중인 경우를 제외하고는 하중을 적용할 때와 동일 속도로 0으로 되돌린다. 만일 읽지 못하였으면 하중 사이클을 완성하고 다시 반복한다. 이 여분의 하중 사이클을 기록해 둔다.
5) 극한 하중이 불명확한 경우에는 세로 변형이 표 13.8의 값에 도달하였을 때 각 하중 사이에 제2조의 읽음을 읽는다. 보통의 콘크리트에서 이 변형은 하중이 극한 하중의 50% 범위에 도달하였을 때 생긴다.

표 13.8 최대 변형값

시험 시의 단위질량 (kg/m^3)	다음 재령에서의 최대 변형(mm/mm)	
	7일 이상	7일 미만
3,280 이상	0.00030	0.00020
2,640～3,264	0.00038	0.00025
2,160～2,624	0.00045	0.00030
1,840～2,144	0.00052	0.00035
1,680～1,824	0.00060	0.00040
1,520～1,664	0.00067	0.00045
1,360～1,504	0.00075	0.00050
1,200～1,344	0.00082	0.00055

6) 탄성계수 및 강도는 동일 하중에 대하여 구해지고, 게이지는 계속해서 사용하든지 제거하든지 또는 연속 하중에 견디도록 잘 보호되어 있어야 한다. 후자의 경우에는 제2조를 읽음에 대하여 표 13.8의 변형값을 사용하든가 또는 몇 회의 읽음을 기록하여 극한 하중의 50% 변형값을 보간법에 따라 구한다. 표 13.8의 변형값은 예비 하중에 대한 안내로 이용할 수 있다.

(5) 결과의 계산

1) 탄성계수를 350 MPa까지 다음 식으로 계산한다.

$$E = \frac{S_2 - S_1}{\epsilon_2 - 0.000050}$$

여기서, E : 탄성계수(MPa)

S_1 : 세로 변형률 0.00000에 대한 응력(MPa)

S_2 : 가해진 최대 하중의 40%에 대한 응력(MPa)

ϵ_2 : 응력 S_2로 생긴 세로 변형률

2) 푸아송 비는 0.01까지 다음 식으로 계산한다.

$$\mu = \frac{\epsilon_{t2} - \epsilon_{t1}}{\epsilon_2 - 0.000050}$$

여기서, μ : 푸아송 비

ϵ_{t1} : 응력 S_1으로 공시체 높이의 중앙에 생긴 가로 변형률

ϵ_{t2} : 응력 S_2로 공시체 높이의 중앙에 생긴 가로 변형률

ϵ_2 : 응력 S_2로 생긴 세로 변형률

13.3.8 관입 저항침에 의한 콘크리트의 응결 시간 시험방법

(KS F 2436, Standard test method for setting times of concrete mixture by penetration resistance, 2017)

(1) 적용범위

이 표준은 굳지 않은 콘크리트에서 체로 쳐서 얻은 모르타르에 대해 관입 저항에 의한 콘크리트의 응결 시간을 측정하는 시험방법에 대하여 규정한다.

이 시험방법은 모르타르 부분을 시험함으로써 요구되는 조건을 얻을 수 있는 경우에 한하여 사용할 수 있다.

이 시험방법은 조건에 맞게 준비한 모르타르나 그라우트에 대해서도 적용할 수 있다.

시험방법은 현장 조건뿐만 아니라 잘 조절된 실험실 조건에서도 적용할 수 있다.

(2) 시험목적

1) 굳지 않은 콘크리트에서 체로 쳐서 얻은 모르타르에 대해 관입 저항에 의한 콘크리트의 응결 시간을 측정할 수 있다.
2) 모르타르 부분을 시험함으로써 요구되는 조건을 얻을 수 있고 그 경우에 한하여 사용할 수 있다.
3) 조건에 맞게 준비한 모르타르나 그라우트에 대해서 적용할 수 있다.
4) 현장 조건뿐만 아니라 잘 조절된 실험실 조건에서도 적용할 수 있다.

(3) 시험기구 및 재료

1) **모르타르 시료 용기** : 용기는 강하고 수밀성을 가지며 비흡수성이어야 하고, 기름을 바르지 않은 금속제로서 그 단면은 원통형 또는 직사각형이어야 한다. 용기 안지름 또는 한 변의 최소치수는 150 mm이고, 깊이는 적어도 150 mm까지 모르타르 시료를 넣을 수 있는 것이어야 한다.
2) **관입 침** : 침은 재하장치에 붙어 있는 것으로 지지 면적이 645 mm^2, 323 mm^2, 161 mm^2, 65 mm^2, 32 mm^2, 16 mm^2이어야 하고, 지지면에서 25 mm 위의 둘레에 표시가 있어야 한다. 16 mm^2 침은 길이가 90 mm 이하여야 한다.
3) **재하장치** : 재하장치는 침의 관입을 일으킬 수 있는 것이어야 하며, 정확도 10 N으로 관입력을 측정할 수 있고, 최소 용량 600 N을 가진 것이어야 한다.
4) **다짐막대** : 원형의 곧은 강봉으로, 지름 16 mm, 길이 약 600 mm로서 한쪽 끝이나

양쪽 끝이 지름 16 mm의 반구형이어야 한다.

5) **피펫** : 시료의 표면에서 블리딩 현상으로 생기는 물을 제거할 수 있는 기구를 말한다.

6) **온도계** : 굳지 않은 콘크리트의 온도를 ±0.5℃까지 측정할 수 있고, (−20～50)℃의 온도 범위를 가져야 한다.

그림 13.49 관입시험기

(4) 시험방법 및 순서

1) 관입 시험 직전에 피펫이나 기타 적당한 기구를 사용하여 블리딩수를 제거한다. 블리딩수를 모으기 쉽도록, 물을 제거하기 2분 전에 시험편의 한쪽에 블록을 괴어 수평면에 대해 약 10° 정도 조심스럽게 기울인다.

2) 모르타르의 경화 상태에 따라, 적당한 치수의 침을 관입 저항 기구에 붙여, 침의 지지면을 모르타르 표면에 접촉시킨다. 천천히 그리고 균등하게 기구를 아래쪽으로 연직력을 작용시켜, 침을 모르타르 안으로 (25±2) mm 깊이까지 관입한다. 25 mm의 깊이까지 관입하는 데 소요되는 기간은 약 (10±2)초로 한다. 25 mm 관입에 소요된 힘의 크기와 처음 시멘트와 물을 접촉시킨 후의 경과 시간을 기록한다. 기록된 하중을 침의 지지면적으로 나누어 관입 저항을 계산하고 기록한다.

다음의 관입시험에서는 이전의 시험에 의해 흐트러진 면을 피해야 한다. 이전 시험의 침 관입 위치와의 순간격은 사용하는 침 지름의 최소 2배 이상이고 15 mm 이상이어야 한다. 임의의 침 관입 위치와 용기 가장자리의 순간격은 25 mm 이상이어야 한다.

3) 보통의 배합에 대해, (20～25)℃ 온도의 실험실에서 최초의 시험은 시멘트와 물이 처음 접촉한 이후부터 (3～4)시간이 경과하였을 때 시작하고, 이후의 시험은 (30～60)분 간격으로 실시한다. 응결 촉진제를 사용한 배합이나 실험실 조건보다 고온에서 시험할 때는, 최초의 시험은 (1～2)시간이 경과하였을 때 시작하고, 이후의 시험은 30분마다 하는 것이 좋다. 응결 지연제를 사용한 배합이나 실험실 조건보다 저온에서 시험할 때는 최초 시험을 (4～6)시간 경과할 EO까지 미룬다. 모든 경우 시험의 시간간격은 응결속도에 따라 필요한 수의 관입 저항값을 얻을 수 있도록 필요에 따라 조절한다.
4) 만족할 만한 관입 저항 - 경과 시간 곡선을 얻을 수 있는 시간 간격으로 6회 이상 시험하며, 관입 저항 측정값이 적어도 28.0 MPa 이상이 될 때까지 시험을 계속한다.

(5) 결과 도식화 방법

1) **핸드 피팅(hand-fitting)에 의한 방법** : 3.5 MPa과 1시간이 각각 최소 15 mm 눈금이 되는 정도의 축척으로 종축에는 관입 저항을, 횡축에는 경과 시간을 표시하여 그래프를 그린 다음, 경과 시간에 대한 관입 저항값을 도시하고 각 점을 부드러운 곡선으로 핸드 피팅하여 응결 시간을 결정한다.

2) **선형 회귀 분석에 의한 방법** : 종축에는 관입 저항을, 횡축에는 경과 시간을 분 단위로 로그축의 그래프를 그린다. 종축의 관입 저항의 한계값을 (0.1～100) MPa, 횡축의 경과 시간의 한계값은 (10～1,000)분으로 한다, 응결이 느리게 나타나는 배합을 사용했다면, 경과 시간 한계값은 (10～10,000)분이 될 수도 있다. 경과 시간에 대해 관입 저항값을 도시한다. 적당한 계산기를 이용하여 데이터의 로그값을 선형 회귀 분석하여 응결 시간을 결정한다.

3) **컴퓨터를 이용하는 방법** : 시험결과를 구하면, 경과 시간과 관입 저항을 입력하여 종축은 관입 저항, 횡축은 경과 시간으로 그래프를 도시한다. 데이터를 회귀 분석하여 응결 시간을 결정한다. 선형 회귀 분석만이 가능한 소프트웨어를 사용할 경우에는 각 데이터를 로그값을 취하여 변환하면, 변환된 데이터는 직선으로 피팅된다.

$$\log(PR) = a + b\log(t) \tag{1}$$

여기서, PR : 관입 저항
t : 경과 시간
$a,\ b$: 회귀 상수

소프트웨어가 지수함수를 직접 피팅(fitting)할 수 있다면, 데이터를 변환할 필요가 없다.

$$PR = ct^d \tag{2}$$

여기서, c, d : 회귀 상수

선형 회귀 분석에 의한 방법과 컴퓨터를 이용하는 방법의 절차는 측정 결과가 식 (1)과 식 (2)를 따른다고 가정한 것이다. 결과가 이 두 관계식 중 하나를 따르는지 확인해 보도록 한다. 전체 경향에서 벗어나는 점들을 제거하고 난 후 회귀 분석의 상관 계수가 0.98 이하이면 핸드 피팅(hand-fitting)에 의한 방법의 절차를 사용한다.

(6) 결과의 계산

1) 각 조사 대상 변수에 대해 세 번 이상의 응결 시험결과를 따로 도시한다. 위 결과 도식화 방법 3가지 중 어느 한 가지 절차에 따라 그래프를 도시한다. 이때 나머지 측정점들에서 정의한 경향에서 명백히 벗어나는 점은 버린다.
2) 각 그래프에서, 관입 저항이 3.5 MPa, 28.0 MPa이 될 때의 시간을 각각 초결 시간과 종결 시간으로 결정한다. 응결 시간을 시, 분으로 5분까지 기록한다. 핸드 피팅(hand-fitting)에 의한 방법의 절차를 따를 경우, 그려진 그래프를 눈으로 관측하여 응결 시간을 결정한다. 선형 회귀 분석에 의한 방법과 컴퓨터를 이용하는 방법의 절차를 따를 경우에는 최적 곡선으로부터 보간하여 응결 시간을 결정한다. 응결 시간을 시, 분으로 5분까지 기록한다.
3) 각 조사 대상 변수에 대해 각 응결 시험결과의 평균값을 구하여 초결 시간과 종결 시간을 계산한다. 평균 응결 시간을 시, 분으로 5분까지 기록한다.

13.4 내구성 관련 시험법

13.4.1 급속 동결융해에 대한 콘크리트의 저항 시험방법

(KS F 2456, Standard test method for resistance of concrete to rapid freezing and thawing, 2013)

(1) 적용범위

이 시험은 실험실 내에서 동결융해의 급속 반복 사이클에 대한 콘크리트 공시체의 저항을 구하기 위한 시험에 대하여 규정한다.

(2) 시험목적

동결융해의 급속 반복 사이클을 진행하여 콘크리트 공시체의 저항을 구할 수 있다.

(3) 시험방법의 종류

시험방법의 종류는 다음과 같이 2종류로 한다.

1) 수중 급속 동결융해 시험방법
2) 기중 급속 동결 후 수중 융해 시험방법

(4) 시험기구 및 재료

1) **동결융해장치**

① 동결융해장치는 공시체가 소정의 동결융해사이클을 받는 데 적당한 체임버, 동결 및 가열 장치, 소정의 요구 온도 하에서 연속적이고 자동적으로 재현성 사이클을 발생시킬 수 있는 조절장치로 구성된다. 장치가 자동적으로 작동하지 않을 경우에는 1일 24시간 기준으로 연속적인 수동 조작을 하거나 또는 장치가 작동하지 않을 때는 공시체를 동결 상태로 저장하여야 한다.

② 공시체와 공시체를 지지해 주는 장치를 제외한 모든 장치는 다음과 같이 패치되어야 한다.

㈀ 수중 급속 동결융해 시험방법에서는 동결융해사이클 동안 언제나 약 3 mm 정도의 물로 완전히 둘러싸여 있어야 한다.

(ㄴ) 기중 급속 동결 후 수중 융해 시험방법에서는 동결 단계 시 공기 중, 융해 단계 시 수중에 놓이도록 배치되어야 한다.

③ 열 교환 매체의 온도는 동결과 융해가 바뀌는 순간을 제외하고는 모든 공시체의 표면 어느 곳에서 언제 측정하더라도 3.3℃ 이내로 균등하여야 한다.

2) **온도 측정장치** : 온도 측정장치는 온도계, 저항 온도계 또는 열전대로 구성되어 있고, 공시체 용기 내의 여러 점과 조절용 공시체의 중심점 온도를 1℃ 이내까지 측정할 수 있어야 한다.

3) **동탄성계수 측정장치** : 동탄성계수 측정장치는 KS F 2437의 규정에 따른다.

4) **저울** : 저울은 용량이 공시체 질량보다 50% 이상 크고, 감도가 5 g 이하의 정밀도를 가진 것이어야 한다.

5) **조절 수로** : 수조에서 꺼내어 변형 진동의 1차 공명 진동수와 길이 변화를 측정할 때, 수중에서 공시체의 온도를 유지시킬 수 있는 설비가 마련된 수조이어야 하고, 시험편은 사용되는 설비와 동결융해사이클에서 −1~2℃가 유지되어야 한다. 융해사이클이 끝났을 때 장치의 가동을 중지시키고 공시체를 동결융해장치의 공시체 체임버에 넣어두면 이 조건을 만족시킬 수 있게 된다.

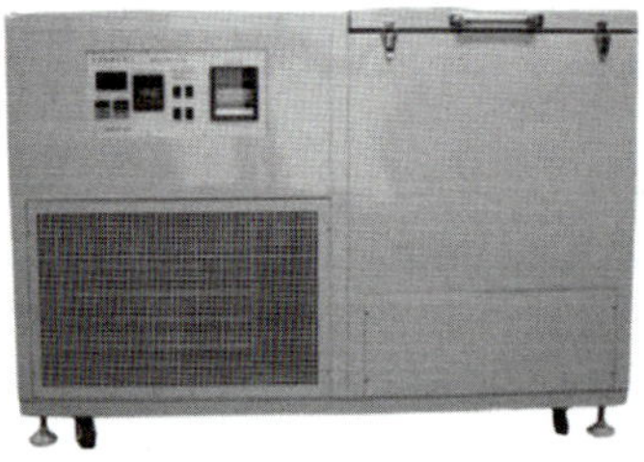

그림 13.50 급속동결융해 시험기

그림 13.51 동결융해 시험전경

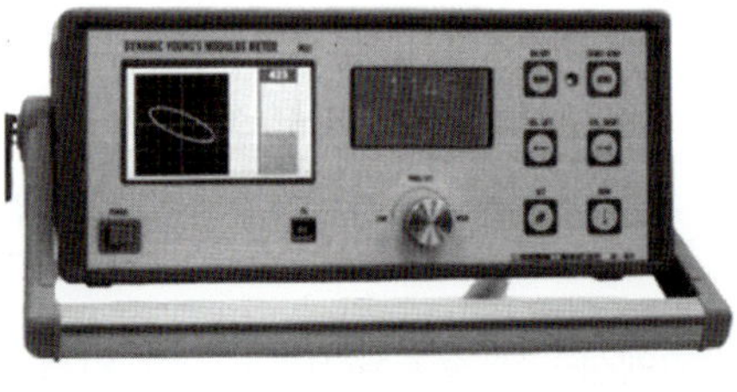

그림 13.52 동탄성계수 측정장비(오실로스코프)

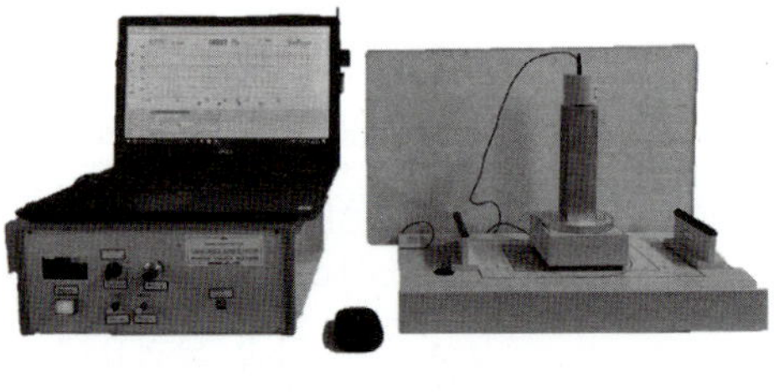

그림 13.53 동탄성계수 측정전경

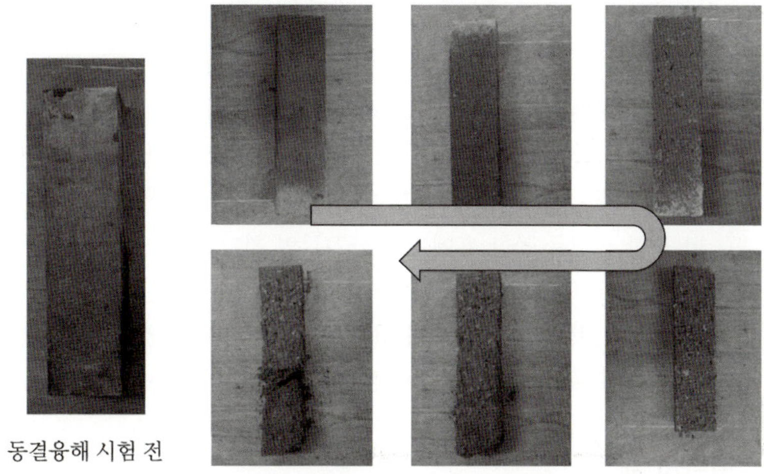

그림 13.54 동결융해 시험 후 시험편의 상태변화

(5) 시험방법 및 순서

1) 소정의 양생기간이 끝나면 즉시 공시체를 (6±3)℃의 상태로 옮겨 변형 진동의 1차 공명 진동수와 질량을 KS F 2437에 따라 측정한다. 공시체는 양생이 끝나는 시간부터 동결융해사이클이 개시되는 기간까지 함수량이 변하지 않도록 보호해야 한다.
2) 사이클 중 동결 상태의 초기에 융해수 내에 공시체를 넣고 동결융해 시험을 시작한다. 동결융해사이클이 36사이클을 초과하지 않는 범위의 간격으로 융해 상태에서 장치로부터 공시체를 꺼낸다. 다음에 바로 (6±3)℃의 온도 조건하에서 가로 1차 주파수 시험을 하고, 질량을 잰 후 다시 시험장치 내로 옮긴다. 공시체가 완전히 융해 상태에 있는지, 그리고 어떤 특정 온도 조건으로 조절 수조 내에 놓여 있는지를 확인하고, 또 융해 사이클이 끝날 때까지 시험 중인 각 공시체 전체가 이런 상태가 되도록 공시체를 충분히 동결융해 시험기 내에 두었는지를 확인한다. 공시체를 장치에 꺼내는 동안 함수량의 손일이 없도록 보호하고, 다시 넣을 때는 양 끝이 반대가 되도록 돌려놓는다. 수중 급속 동결융해 시험방법으로 실험할 경우에는 용기를 씻어 내고 깨끗한 물을 첨가한다. 장치에 동시체를 다시 넣을 경우는 장치내의 어느 곳에 넣어도 좋고, 어떤 기간 계속 시험하는 공시체는 동결 장치 내 모든 부분의 조건을 받는다는 것을 확인할 수 있는 예정된 순번에 따라 위치를 바꾸어 넣어도 좋다. 시험의 종료는 300사이클로 하며, 그때까지 상대 동탄성계수가 60% 이하가 되는 사이클이 있으면 그 사이클에서 시험을 종료한다. 변형 진동의 1차 공명 진동수 측정은 공시체마다 매번 하며, 또한 육안으로 관측한 공시체의 상태를 기록한다.

3) 동결융해사이클이 계속될 수 없을 때는 동결 상태로 공시체를 저장하여야 한다.

4) 장치의 고장 또는 다른 이유로 어떤 기안 사이클을 중지하여야 한다면, 수분의 손실을 방지하면서 동결 상태로 공시체를 저장하여야 한다. 수중 급속 동결융해 시험방법인 경우, 공시체를 용기 안에 놓은 후에 가능한 얼음으로 둘러싸야 한다. 용기 속에 공시체를 놓아두기가 어려우면 탈수 현상을 방지할 수 있는 재료로 싸서 가능한 한 습한 상태로 봉한 후에 (－18±2)℃인 차가운 방이나 냉장고 속에 저장하여야 한다. 기중 급속 동결 후 수중 융해 시험방법인 경우는 후자를 택하여야 한다. 일반적으로 공시체를 2사이클 이상 융해 조건 내에 두는 것이 바람직하지 못하지만, 전체 시험을 하는 동안 이런 일이 한두 번만 있게 된다면 기간이 길어져도 무방하다.

(6) 결과의 계산

1) **상대 동탄성계수** : 상대 동탄성계수는 아래와 같이 계산한다.

$$P_c = \left(\frac{n_c^2}{n_0^2}\right) \times 100$$

여기서, P_c : 동결융해 c사이클 후의 상대 동탄성계수(%)

n_0 : 동결융해 0사이클에서의 변형 진동의 1차 공명 진동수(Hz)

n_c : 동결융해 c사이클 후의 변형 진동의 1차 공명 진동수(Hz)

2) **내구성 지수** : 내구성 지수는 아래와 같이 계산한다.

$$DF = \frac{PN}{M}$$

여기서, DF : 시험용 공시체의 내구성 지수

P : N사이클에서의 상대 동탄성계수(%)

N : 상대 동탄성계수가 60%가 되는 사이클 수 또는 동결융해의 누출이 끝나게 되는 순간의 사이클 수

M : 동결융해의 노출이 끝날 때의 사이클 수

13.4.2 콘크리트의 촉진 탄산화 시험방법

(KS F 2584, Standard test method for accelerated carbonation of concrete, 2010)

(1) 적용범위

이 시험은 실험실에서 이산화탄소 농도를 증가시킨 후 탄산화를 촉진시키는 실험에 관한 표준으로서 이에 대한 탄산화 깊이의 측정방법을 규정한다.

이 시험방법은 콘크리트 구조물에 있어서 탄산화 저항성의 직접적 평가 또는 탄산화 저항성에 따라 결정되는 콘크리트 구조물의 내구 수명을 예측하기 위한 것은 아니다.

(2) 시험목적

이산화탄소 농도를 증가시켜 탄산화를 촉진시켜 탄산화 깊이를 측정할 수 있다.

(3) 시험기구 및 재료

1) **시험용 장치** : 시험용 장치는 공시체에 촉진 탄산화 조건을 만드는 데 필요한 온도 및 습도 제어장치, 이산화탄소 농도 제어장치, 시험대, 온도 및 습도 측정장치, 이산화탄소 측정장치로 이루어지며, 온도는 1℃, 상대 습도는 1%, 이산화탄소는 0.1% 단위로 조절 및 측정 할 수 있는 장치를 기본으로 한다.

2) **측정용 장치 및 기구** : 측정용 장치 및 기구는 다음 항목 중 필요한 것을 이용한다.
   ① 공시체를 할렬할 수 있는 압축 시험기, 휨 시험기, 해머 등의 장치 또는 기구
   ② 공시체를 절단할 수 있는 콘크리트 커터 등의 장치
   ③ 측정면에 부착된 콘크리트의 작은 조각이나 가루를 제거할 수 있는 솔 또는 전기 청소기 등의 기구
   ④ 드라이어
   ⑤ 분무기
   ⑥ 정규 눈금 0.5 mm까지 읽을 수 있는 것으로, 강재 거푸집을 사용한 경우에 대해서는 1 mm의 눈금이 부착된 것을 이용해도 좋다.

그림 13.55 시험전경

그림 13.56 측정전경

(4) 시험방법 및 순서

1) **탄산화 시험방법** : 탄산화 촉진 조건은 온도 (20±2)℃, 상대 습도 (60±5)%, 이산화탄소 (5±0.2)%로 한다. 공시체 개개의 환경 조건이 같게 바닥과 연직이 되도록 설치한다.

2) **탄산화 깊이의 측정방법** : 탄산화 깊이의 측정방법은 다음에 따른다. 측정면은 소정의 촉진 기간에 달한 시점에서 공시체의 길이 방향과 직각이고, 공시체의 단부로부터 60 mm의 떨어진 위치에서 할렬 또는 절단면으로 한다. 탄산화 깊이를 측정할 때 이용하는 시약에는 KS M 8238에서 규정한 페놀프탈레인 용액 또는 이와 같은 성능을 가지는 시약을 이용한다. 지시약으로 사용되는 페놀프탈레인 용액은 95%의 에탄올 90 mL에 페놀프탈레인 분말 1 g을 녹이고 물을 첨가하여 100 mL로 한 것이다. 다만 공시체가 매우 건조한 경우에는 95%의 에탄올 양을 79 mL로 하여 첨가하는 물의 양을 많게 할 수 있다. 이후 이 시약을 분무기 등으로 분사한 뒤 적자색으로 변색된 구간까지의 깊이를 표면으로부터 측정하도록 한다. 측정면의 준비 및 측정방법은 KS F 2596에 따른다.
계측 장소는 1측면을 6등분한 5곳으로 한다. 탄산화 깊이의 측정위치는 그림 13.57과 같다. 한편 1회 측정을 목적으로 한 실린더 시험편을 제작한 경우에는 쪼갬 시험 또는 절단면에 대하여 탄산화 깊이를 측정하도록 한다.

3) **탄산화 깊이의 측정시기** : 탄산화 깊이의 측정시기는 촉진 시험 개시 후, 촉진 시기가 1, 4, 8, 13, 26주가 되었을 때 실시한다. 시험의 목적에 따라서는 위에 언급한 촉진 기간 이외의 기간이라도 좋다.

4) **측정면의 밀봉(할렬면 또는 절단면)** : 측정을 계속하는 공시체의 할렬면 또는 절단면은 에폭시 수지, 폴리우레탄 수지, 알루미늄 테이프 등을 이용하여 봉인하고 그 후 탄산화 시험방법에 따라 시험을 계속한다. 공시체를 시험기 내부로 되돌릴 때에는 시험기 내에서 시험편이 전체적으로 동일한 환경에 노출될 수 있도록 다시 존치시킨다.

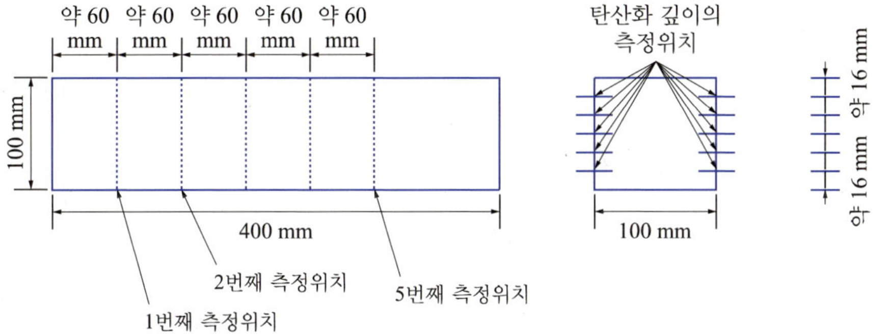

그림 13.57 탄산화 깊이 측정위치

(5) 결과의 계산

탄산화 깊이의 계산은 3개의 공시체에 대하여 각 공시체의 2면 10점의 평균값, 즉 합계 6면 30점의 탄산화 깊이 평균값을 각각 계산하여 0.5 mm 단위로 반올림 한다.

13.4.3 전기전도도에 의한 콘크리트의 염소이온 침투 저항성 시험방법

(KS F 2711, Standard test method for resistance of concrete to chloride ion penetration by electrical conductance, 2017)

(1) 적용범위

이 시험은 콘크리트의 염소이온의 침투에 대한 저항성을 빠른 시간에 알아내기 위한 목적으로, 콘크리트의 전기전도도를 결정하는 시험방법에 대해 규정한다.

(2) 시험목적

콘크리트의 염소이온의 침도에 대한 저항성을 확인할 수 있다.

(3) 시험기구 및 재료

1) **진공 포화 장치**

① **분리용 깔때기** : 최소 500 mL 이상의 용량을 가져야 한다.

② **비커**(1,000 mL 이상) **또는 다른 용기** : 콘크리트 시험편과 물을 담을 수 있고, 데시케이터에 넣을 수 있어야 한다.

④ **진공 데시케이터** : 내부 지름이 250 mm 또는 그 이상이어야 한다. 데시케이터는 고무마개와 관을 따라 혹은 고무마개만을 따라 두 개의 호스로 연결되어야 하며, 각 연결부는 수도꼭지가 장착되어 있어야 한다.

⑤ **진공 펌프** : 데시케이터 내부의 압력을 133 Pa 이하로 유지할 수 있어야 한다.

⑥ **진공 게이지 또는 압력계** : (0～1,330) Pa의 범위에서 ±66 Pa 이하로 유지할 수 있어야 한다.

2) **도막용 기구 및 재료**

① **도막체** : 빠르게 경화되고, 절연체이며, 콘크리트 코어의 옆면을 밀폐시킬 수 있어야 한다.

② **저울, 종이컵, 나무주걱, 일회용 솔** : 배합 및 코팅을 위하여 필요하다

③ **시험편 절단 장비** : 이동이 가능한 수랭식 다이아몬드 톱 또는 실리콘 카바이드 톱을 말하여, 요구되는 시험편의 크기를 만족할 경우에는 필요가 없다.

3) **시험편 – 셀 봉함제** : 물과 희석돈 수산화나트륨 및 염화나트륨 용액에 대해 90℃까지 콘크리트와 폴리메틸메타아크릴레이트, 예를 들어 플렉시글라스와 같은 재료의 경계를 밀봉할 수 있는 것이라야 한다. 이러한 봉함제로는 RTV 실리콘 고무, 실리콘 고무 코킹, 그 외 합성 고무 봉함제, 실리콘 그리스, 고무 개스킷 등이 있다.

4) **염화나트륨 용액, 수산화나트륨 용액** : 증류수에 각각 3% 염화나트륨 수용액, 0.3 N 수산화나트륨 수용액을 만든다.

5) 거름종이 지름 90 mm인 것을 사용한다. 단, 봉함제로 고무 개스킷을 사용하는 경우 또는 봉함제가 심으로부터 망으로 넘쳐 들어가지 않을 때에는 필요가 없다.

6) **시험셀** : 두 대칭형의 폴리메틸메타아크릴레이트 재질의 용기로서, 각각은 전기 전도성을 가진 망과 외부 연결부를 가지고 있어야 한다.

7) **온도 측정장치** : (0～120)℃ 범위의 온도 측정이 가능해야 한다.

8) **전압 작용 및 데이터 측정장치** : 전체 전류 범위 내에서 시험셀 양쪽에 60 V의 직류 전압을 유지할 수 있어야 하며, 전압은 ±0.1 V, 전류는 ±0.1 mA까지 표시할 수 있어야 한다.

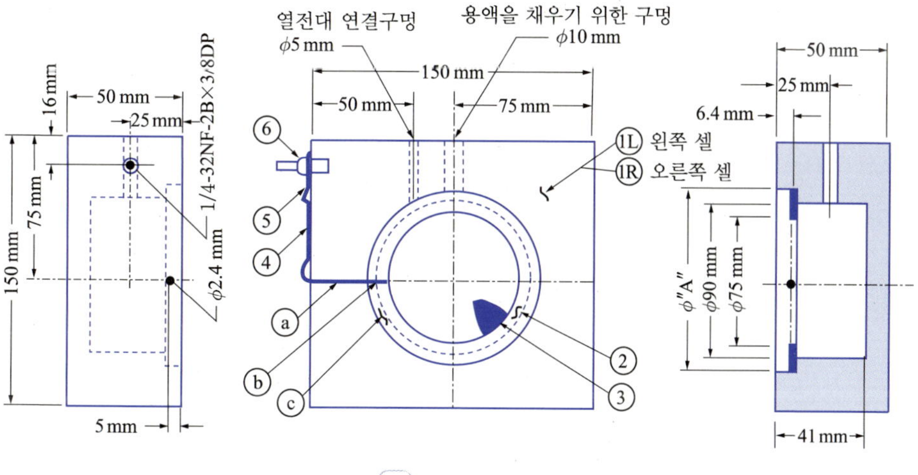

그림 13.58

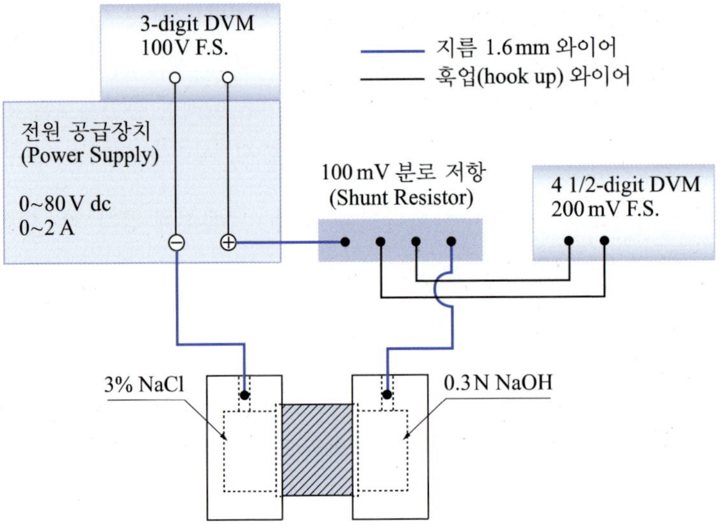

그림 13.59 전기 회로도

(4) 시험방법 및 순서

1) 시험편 윗면에 닿고 있는 시험셀을 3% NaCl 용액으로 채우고, 이 부분을 전원 공급장치의 음극부에 연결한다. 시험셀의 반대편에는 0.3 N NaOH 용액을 채우고 전원 공급장치의 양극부에 연결한다.
2) 리드선을 시험셀의 바나나 플러그에 연결한다. 전원 공급장치와 데이터 측정장치를 연결한다. 전원 공급장치를 켜고 (60.0±0.1) V에 맞춘 다음, 초기 전류값을 기록한다. 시험편, 시험셀과 용액의 시험 시작온도는 전원 공급장치를 켤 때의 온도이며, (20～25)℃이어야 한다.
3) 시험 중 시험편 주변 공기의 온도는 (20～25)℃를 유지해야 한다.
4) 최소 30분마다 전류를 측정하고 기록한다. 전류 측정을 위해 전압계를 분로 저항과 함께 사용한다면, 전압 측정값을 전류값으로 바꾸는 적절한 변환 인수를 사용해야 한다. 각 시험셀은 시험 시간 내내 용액으로 채워진 채로 있어야 한다.
5) 침투성이 매우 큰 콘크리트의 경우 고온 현상이 발생하여 50 mm 두께 시험편의 시험이 종결되는 경우 외에는 6시간 이후 시험을 종결한다.
6) 시험편을 시험셀로부터 분리시킨 후 시험셀을 수돗물로 세척하고 남은 봉함제를 제거한다.

그림 13.60 염소이온확산 셀 시험장치

그림 13.61 시험전경

(5) 결과의 계산

1) 시간(s)에 따른 전류(A) 변화를 도시한다. 측정 데이터를 연속된 곡선으로 그리고, 곡선 아랫부분의 면적을 계산하여 총 6시간 동안의 전하량(C)을 결정하거나 시험이 진행되는 동안 혹은 시험이 종료된 후에 면적을 자동으로 계산하여 전하량을 결과로 제시하는 자동 데이터 처리장치를 사용한다. 총 통과 전하량은 시험 시간 동안의 콘크리트의 전기전도도를 나타내는 값이다.

$$Q = 900\left(I_0 + 2I_{30} + 2I_{60} + \cdots + 2I_{300} + 2I_{330} + I_{360}\right)$$

여기서, Q : 통과 전하량(C)

I_0 : 전압을 가한 직후의 전류(A)

I_t : 전압을 가한 후 t분 경과 후의 전류(A)

2) 만약 시험편의 지름이 95 mm가 아니려면, 앞의 1)에서 계산된 통과 전하량은 수정되어야 한다. 수정은 1)에서 계산된 값에 기준 시험편과 실제 시험편의 단면적의 비를 곱하여 행한다. 즉,

$$Q_s{}' = Q_x \times \left(\frac{95}{x}\right)^2$$

여기서, $Q_s{}'$: 지름 95 mm 시험편에 대한 통과 전하량(C)

Q_x : 지름 x mm 시험편에 대한 통과 전하량(C)

x : 비표준 시험편의 지름(mm)

3) 시험결과를 평가할 때에는 표 13.9를 사용한다. 이 값은 다양한 종류의 콘크리트로 만든 실험실 슬래브에서 채취한 코어를 절단한 시험편에 대한 시험결과를 토대로 제시한 것이다.

표 13.9 전하량에 따른 염소이온 침투성

통과 전하량(C)	염소이온 침투성
>4,000	높음
2,000~4,000	보통
1,000~2,000	낮음
100~1,000	매우 낮음
<100	무시할만함

참고문헌

1. KS L 5110, 시멘트의 밀도 시험방법, 2016.
2. KS L ISO 9597, 시멘트의 응결 시험방법, 2019.
3. KS L ISO 679, 시멘트의 강도 시험방법, 2016.
4. KS F 2502, 굵은골재 및 잔골재의 체가름 시험방법, 2019.
5. KS F 2504, 잔골재의 밀도 및 흡수율 시험방법, 2019.
6. KS F 2503, 굵은골재의 밀도 및 흡수율 시험방법, 2019.
7. KS F 2505, 골재의 단위용적질량 및 실적률 시험방법, 2017.
8. KS F 2510, 콘크리트용 모래에 포함되어 있는 유기 불순물 시험방법, 2017.
9. KS F 2508, 로스앤젤레스 시험기에 의한 굵은골재의 마모 시험방법, 2017.
10. KS F 2402, 콘크리트의 슬럼프 시험방법, 2017.
11. KS F 2421, 압력법에 의한 굳지 않은 콘크리트의 공기량 시험방법, 2016.
12. KS F 2405, 콘크리트의 압축강도 시험방법, 2017.
13. KS F 2408, 콘크리트의 휨강도 시험방법, 2016.
14. KS F 2423, 콘크리트의 쪼갬 인장강도 시험방법, 2016.
15. KS F 2730, 콘크리트의 압축강도 추정을 위한 반발경도 시험방법, 2008.
16. KS F 2438 콘크리트 원주 공시체의 정탄성계수 및 푸아송 비 시험방법, 2017.
17. KS F 2436 관입 저항침에 의한 콘크리트의 응결 시간 시험방법, 2017.
18. KS F 2456, 급속 동결융해에 대한 콘크리트의 저항 시험방법, 2013.
19. KS F 2584, 콘크리트의 촉진 탄산화 시험방법, 2010.
20. KS F 2711, 전기전도도에 의한 콘크리트의 염소이온 침투 저항성 시험방법, 2017.

찾아보기

저자 소개

최 연 왕 (crete77@semyung.ac.kr)

- 현) 세명대학교 토목공학과 교수
- 현) 한국건설순환자원학회 회장
- 현) 한국토지주택공사 기술심사평가위원
- 전) 한국콘크리트학회 부회장
- 전) 한국구조물진단유지관리공학회 부회장
- 전) 한국건설순환자원학회 부회장
- 전) 해양수산부 기술자문위원
- 전) 국토교통부 중앙건설기술심의위원(설계심의분과위원)
- 전) 한국시설안전관리공단 기술자문위원

학력

- 한양대학교 공과대학 토목공학과 졸업
- 한양대학교 대학원 토목공학과 졸업, 공학박사

저서

콘크리트공학(공저), 철근콘크리트공학(공저), 콘크리트기사 · 산업기사(공저), 프리스트레스트 콘크리트(공저), 콘크리트 표준시방서(공저)

김 기 형 (yitkim@yit.ac.kr)

- 현) 여주대학교 토목방재과 교수
- 전) 한국건설순환자원학회 부회장
- 전) 한국토지주택공사 구조안전자문위원
- 현) 경기도 건설본부 기술자문위원
- 현) 경기도 테크노파크 기술닥터
- 현) 한국환경공단 기술자문위원

학력

- 한양대학교 공과대학 토목공학과 졸업
- 한양대학교 대학원 토목공학과 졸업, 공학박사
- 토목품질시험기술사

저서

쉽게 배우는 콘크리트, 쉽게 배우는 철근콘크리트 및 PSC, 콘크리트기사 · 산업기사(공저), 토목재료학(공저)

오 성 록 (cgdbs02@nate.com)

- 현) ㈜넥트 대표이사
- 현) ㈜뉴저스트 책임연구원
- 전) 세명대학교산학협력단 외부연구원
- 전) 성균관대학교산학협력단 친환경자기치유연구센터 연구원
- 전) 세명대학교 토목공학과 전임강사
- 전) 세명대학교 건축공학과 전임강사
- 전) 대원대학교 철도공학과 전임강사

학력

- 세명대학교 토목공학과 졸업
- 세명대학교 대학원 건설공학과 졸업, 공학박사

최 재 진 (jjchoi@kongju.ac.kr)

- 현) 공주대학교 사회환경공학과 교수

학력

- 한양대학교 공과대학 토목공학과 졸업
- 한양대학교 대학원 토목공학과 졸업, 공학박사

건설재료학

정가 32,000원

발 행 2022년 3월 10일 초판 1쇄

저 자 최연왕 · 김기형 · 오성록 · 최재진

발행인 정우용

발행처 도서출판 동화기술

경기도 파주시 광인사길 201(문발동, 파주출판도시)

Tel (031)955-4211~6 donghwapub@nate.com

Fax (031)955-4217 www.donghwapub.co.kr

(등록) 1977년 12월 19일/9-16호

ISBN 978-89-425-9355-2